有人航天器设计原理

Manned Spacecraft Design Principles

〔美〕Pasquale M. Sforza　著

张育林　王兆魁　译

U0194019

科学出版社

北京

图字:01-2017-6271号

内 容 简 介

　　本书系统论述有人航天器的设计原理,介绍太空环境及其对人类太空飞行的影响、轨道力学、大气再入力学、发射力学以及航天器飞行力学等理论基础和技术约束,重点论述发射飞行器、太空飞机、太空舱和返回舱的设计原理,分析伞系统和水平着陆回收的力学问题,关注再入返回的加速度过载和热防护设计;简单介绍典型太空发射系统、太空舱与太空飞机的构型设计;描述有人航天器设计中的可靠性、安全性以及经济成本模型。本书体系完整,理论与实践并重。

　　本书可以作为太空工程专业高年级本科生和研究生的专业教材,也可作为太空飞行领域的系统工程管理人员和工程技术人员的技术参考用书。

图书在版编目(CIP)数据

有人航天器设计原理 / (美)帕斯夸莱 M. 斯福尔扎(Pasquale M. Sforza)著;
张育林,王兆魁译 . —北京:科学出版社,2019.5

书名原文:Manned Spacecraft Design Principles

ISBN 978-7-03-056819-9

Ⅰ.①有… Ⅱ.①帕… ②张…③王… Ⅲ.①航天器–设计 Ⅳ.①V423

中国版本图书馆 CIP 数据核字(2018)第 048446 号

责任编辑:孙伯元 / 责任校对:郭瑞芝
责任印制:师艳茹 / 封面设计:陈 敬

科学出版社 出版
北京东黄城根北街 16 号
邮政编码:100717
http://www.sciencep.com

三河市春园印刷有限公司 印刷
科学出版社发行 各地新华书店经销
*
2019 年 5 月第 一 版　开本:720×1000　1/16
2019 年 5 月第一次印刷　印张:35 1/2　彩插:12
字数:716 000
定价:248.00 元
(如有印装质量问题,我社负责调换)

注意

　　本书涉及领域的知识和实践标准在不断变化。新的研究和经验将拓展我们的理解，因此须对研究方法、专业实践或医疗方法作出调整。从业者和研究人员必须始终依靠自身经验和知识来评估和使用本书中提到的所有信息、方法、化合物或实验。在使用这些信息或方法时，他们应注意自身和他人的安全，包括负有专业责任的当事人的安全。在法律允许的最大范围内，Elsevier Inc、译文的原文作者、原文编辑及原文内容提供者均不对使用或操作书中提到的方法、产品、说明或思想而导致的人身伤害或财产损失承担责任。

译 者 序

太空探索与飞行的根本目的,在于将人类生产与生活的空间拓展到地球之外的广袤太空。有人航天器是这类探索与飞行得以实现的最基本的物质基础。太空飞行的基本原理是太空飞行器在天体中心引力场的约束下进行轨道飞行,轨道飞行的本质是飞行器在保守力场中持续进行动能与势能间的能量守恒转换。在不进行轨道变换的情况下,轨道飞行中作用在飞行器上的只有保守力。因此,只要太空飞行器在飞行过程中所经受的非保守力可以忽略不计,轨道飞行就能够实现。广义的太空飞行器包括在天体大气层外飞行的轨道飞行器、给轨道飞行器赋予特定动能和势能的发射飞行器以及由轨道返回天体表面的进入或再入飞行器。太空飞行器也称为航天器,可以根据其是否承载人类乘员被划分为有人航天器和无人航天器。

有人航天器的设计与无人航天器相比,具有许多特殊性。首先,有人航天器不仅要满足太空环境和太空飞行的一般要求,而且为了保证人类乘员的安全,需要更加良好的太空环境保护,同时需要在发射入轨、轨道控制和再入返回过程中满足更加严格的力热载荷约束。其次,因为要确保人类乘员的安全,在可靠性与安全性方面,对有人航天器的要求远远高于对无人航天器的要求,而且,有人航天器在发射入轨的过程中要具备逃逸救生的功能。另外,有人航天器必须提供人类太空飞行所必需的生命支持系统和生命维持物资,在飞行器结构布局、舱内环境以及操作控制装置的设计上,都要把人的因素放在突出位置。因此,有人航天器的设计与制造往往代表了航天器设计与制造的最高水平。

本书正是着眼于保障人类太空飞行的突出特点,对有人航天器的设计原理进行系统论述。虽然本书的初衷只是为有人航天器的概念设计提供一个基本的指南,但本书紧紧扣住"有人"所构建的航天器设计原理的知识框架也有可取之处。本书论述太空环境及其对人类太空飞行的影响,从轨道力学、发射力学、再入力学以及飞行力学等方面系统介绍有人航天器设计的理论基础和技术约束;重点介绍发射飞行器、太空飞机、太空舱和返回舱的设计原理,给出相关的气动力与气动热载荷的计算以及纵向与横向稳定性分析的简化模型;分析伞系统和水平着陆回收的力学问题,对再入返回的加速度过载和热防护设计给予重点关注;简要介绍典型太空发射系统和太空舱与太空飞机的构型设计,并且简要描述有人航天器设计中的可靠性、安全性以及经济成本模型。在本书的翻译过程中,为了准确表达原书的概念,对太空飞行和太空工程领域的一些专有名词没有采用中文的习惯译法,对原书中的个别数据计算和原理表述中存在的疏漏进行了更正。

　　本书的所有算法与模型虽然只限于有人航天器的概念设计阶段,但为系统理解有人航天器设计的科学原理和基本理论提供了有益的参考,也为有人太空飞行任务的规划论证和系统工程建模以及有人航天器的方案设计提供了有效的工具。

　　限于译者的水平,书中不足之处在所难免,敬请批评指正。

译　者

2018 年 2 月于清华园

前　　言

　　本书的前身是为期一个学期的高年级本科生课程手册,其目的是向学生介绍有人航天器和相关发射飞行器的初步设计知识。其上一门课程是为期一个学期的商用喷气飞机设计课程。商用飞机设计是比较成熟的,有充分的参考资料可供学生研究和学习使用。有人航天器设计课程对学生提出了更高的要求,因为这个课题没有大量的翔实数据库,其中的内容也是当前教学大纲很少涉猎的。这里采取的是工业式的处理方法,以便把设计过程的精神传授给学生。这种精神就是从一系列的比选方案中作出有依据的选择,然后为选择进行论证。在课堂上,设计工作最后的成果就是编制一份具有专业质量的设计报告,并进行口头汇报,讲述所设计的太空访问飞行器的设计过程。这会培养学生在成功职业生涯中所需的技术、时间管理和交流技巧。

　　本书内容的编撰形式对于指导团队合作执行标准的行动流程有较大帮助,同时提供了足够的参考,可以让学生进行独立研究中的设计工作。本书强调在设计过程中要采用标准、经验和经典的方法,以提高对基本概念的理解,并在一定程度上熟悉这些实际工作中经常用到的方法。本书没有明确采用具体的计算方法,读者可以选择使用已有的代码。工程课程中通常都要求学习计算机辅助设计(computer aided design,CAD)课程,本书鼓励使用 CAD。多年的设计教学经验证明,采用简单的基本分析方法和经验知识,能让学生有机会学习很多空天工程技能;而因为总学时的压缩,这部分空天工程技能已经不包括在现在的教学大纲内。在初步设计过程中,掌握电子表格的使用技能已经足够,这对于学生来说是很宝贵的。大学的课堂上,学生们很少有超过 40 小时的接触时间来解释设计过程并同老师进行讨论。所以,在设计上必定需要大量的课外时间。

　　本书也是作者多年来在佛罗里达大学以及布鲁克林理工学院(现纽约大学工学院)讲授课程的结晶。由于课程涉及的内容非常广泛,采用的方法很多,疏漏在所难免。请读者指正,我表示感激,并会及时纠正。

　　第一位宇航员被送入太空时,我刚从布鲁克林理工学院毕业。高超声速飞行和进入太空的科学研究构成了我的大部分职业生涯。我要感谢空天开拓者们富有灵感的研究,尤其要感谢超燃冲压发动机的支持者 Antonio Ferri 教授,他照亮了我通往星辰的道路。最后,再次感谢我的妻子 Anne,感谢她在我写作期间给予的鼓励和支持。

Pasquale M. Sforza

美国佛罗里达州高地海滩

sforzapm@ufl. edu

目　　录

彩图

第0章 引言及航天器设计报告大纲

本书源自一本为期一个学期的课程手册。在这一学期的学习过程中,学生分为若干小组,需要完成太空运输系统的初步设计,而这套运输系统要求同国际空间站(International Space Station,ISS)对接一段时间,然后把乘员安全送回地球。尽管任务范围有限,但为人类重访月球及其他行星、小行星的访问任务奠定了良好的基础。

0.1 涉及的课题

将卫星送入轨道附带了重大的地缘政治影响,而接下来把人送入太空并安全返回则标志着掌握了高超技术,可激发国民自豪感,提高国家实力。第1章简要介绍有人太空飞行的发展情况,首先介绍1961年苏联发射的东方号飞船和1962年美国作为回敬而发射的水星号飞船。一段时间后,国家间的竞争变为全球性合作,最终形成了ISS的合作。未来人类太空飞行前景涵盖了星际探索任务和将太空作为主题公园的旅游产业。

第2章介绍地球大气以及地球大气模型的理论基础,这种理论基础也可延伸用于其他星球大气。本书选择了1976年版本美国标准大气,并得出了有人航天器飞行走廊上相关数据的计算公式以及有关大气特性的确定方法。为了便于使用,本书给出这些公式编制成的表格,并给出它们的国际单位制数据。本书采用标准的大气模型,以便按相同基准来比较不同小组的研究,同时,还介绍几种实际应用采纳的模型。飞行中常常遇到的大气特性有别于标准模型的情况,在设计中必须考虑到这种情况。

第3章介绍太空环境,有人航天器飞出大气后必须要在太空环境中完成一部分任务。经证明,有人太空旅行的主要影响是太阳风、地球重力场和磁场。该章讨论太阳辐射性质以及由高能质子和电子组成的太阳风与地球磁场间的相互影响,说明了重力实现轨道运动的影响,还介绍稀薄大气阻力对轨道维持的影响。范艾伦辐射带的高能粒子、电离层的电子密度、越来越多的太空碎片对宇航员健康、太空对地面通信、航天器的完整性都构成了威胁。

第4章讨论能够入轨的高速大气飞行的性质。该章介绍近年研发的瞄准有人太空飞行的太空飞机,介绍可感大气中的飞行轨迹特性,指出在有人太空飞行成功运行过的飞行器;从设计问题方面讨论类似传统飞机运行的可重复使用太空飞机的目的;讨论不久的将来可能会发展起来的跨大气层有人任务。

第 5 章介绍轨道运动方程,尤其是地球轨道的特征和地球轨道变轨方式。该章介绍闭轨道和开轨道的能量守恒与角动量守恒原理,借此说明轨道保持以及星际任务的轨道逃逸方法;分析轨道的地面轨迹、地球自转和进动的影响、经度的计算、航天器地平及其对通信的影响;讨论星际轨迹以及大气再入的轨道转移过程。

有人太空飞行中最有压力的部分是大气再入,第 6 章的研究内容就是大气再入力学。该章推导航天器大气再入的运动方程,讨论滑翔轨迹的一般特征。在控制减速对人体生理影响方面,重要的因素有航天器弹道系数和地球大气密度剖面。综合考虑这些因素,就得到一条再入轨迹走廊,这条走廊位于狭窄的容许动压力水平内。该章还给出一条类似的确保再入航天器安全加热水平的走廊。再入动力学的详细研究可分为三个类别:弹道(零升力)、低升阻比(L/D)、中等升阻比。这种区分可分别用流星体和早期太空舱(如水星号飞船)、下一代太空舱(如阿波罗号飞船和猎户座号飞船)和太空飞机(如航天飞机轨道器)加以说明。低速返回与回收分为降落伞型系统(如太空舱回收)和飞机型系统(如航天飞机轨道器)两部分来分析。

只有确信能把人安全地从太空中返回,才可能设想把他们送入太空。第 7 章提出航天器入轨发射的一般方程,并讨论推力、升力和阻力的影响;求解适用于初步设计的恒定推力和可忽略升力阻力情况下的方程,这些方程可用来计算助推轨迹、燃尽速度、燃尽后助推轨迹。特定质量的航天器发射系统的选择需要考虑是采用一级、二级还是三级,而且每一级都需要详细的分析。设计方案的选择取决于结构以及发动机重量方面的假设,在初步设计时也是如此。因为发射系统属于大型结构,所以必须将它们当作刚体对待;而弹性变形的影响通常要推迟到后期的设计阶段。在发射系统构型和尺寸设计中,要考虑到转动惯量、力和力矩计算、静态纵向稳定性要求,还要对推力向量控制要求进行分析。该章讨论了液体和固体推进剂火箭,计算了推进剂储箱的尺寸和重量。

第 8 章介绍的是有人航天器在高超声速再入期间的飞行力学。法向应力的牛顿理论和剪应力的平板参考焓(flat plate reference enthalpy,FPRE)法都是航天器的简单而可靠的设计方法。由于牛顿理论与局部流偏转有关,可以定义局部表面压力的单位问题,其中涉及元表面和冲击速度向量。因此,较复杂的航天器设计可以表示为一组表面面板,然后简单相加就得到各种压力和相关的力矩。FPRE 也表示为单位问题,这样就可以计算层流和湍流条件下的摩擦力。该章还给出边界层过渡的简单准则;比较详细地分析钝体太空舱和细长体太空飞机。高超声速飞行会产生高温,因此,该章推导了大气再入的空气热力学和传输特性,还介绍了有用的近似处理方法;把太空舱和太空飞机都当成刚体对待,计算它们的纵向和横向静态稳定特性,介绍它们的动态稳定特性评估情况,还介绍再入航天器的空气动力和反作用力控制系统。

第 9 章的内容是对安全可靠有人太空飞行至关重要的热防护系统。热防护中的首要决定因素是滞止点热传递,该章介绍设计中最有用的一些关系式。高温使空气分子出现了离解和电离化,所以该章介绍空气化学的近似处理;说明钝体半球体和球形罩头锥的热传递,以重点说明不同的作用机制;把展开的讨论推广应用在再入飞行器的热防护层设计上,分析热沉、熔化烧蚀体、碳化烧蚀体,也分析冷却剂表面注入的主动热防护系统;介绍热传递效应的关键相似性参数。

第 10 章的内容是航天器构型设计。该章讨论航天器环境及其对设计的影响,对比航天器乘员所需的容积要求和商业、商务及战斗机上乘员所需的容积要求;考虑任务持续时间对座舱构造的影响;探讨成功的有人航天器的质量特性以及相应的弹道系数;讨论航天器设计中作为温度控制和可居用空间重要内容的人因设计;讨论环境控制和生命支持系统,包括制热、通风和空调以及水净化、废物管理,还讨论消防和应急控制系统以及通信;介绍基本的结构设计问题以及太空推进与能源系统。

第 11 章介绍安全性和可靠性的定义、任务可靠性分配方法以及可靠性函数。可靠性计算中采用了失效率模型,评估了分配目标。该章将推进系统可靠性作为例子,介绍如何计算任务成功率;对概率风险评估进行概括介绍,以航天飞机为例介绍了功能失效的问题;介绍韦布尔分布及其在风险和可靠性研究中的作用。

第 12 章讨论有人太空飞行经济方面的内容,包括之前的有人太空项目(如阿波罗号飞船和航天飞机)的成本;从在轨有效载荷方面评估太空飞行的一般成本;按组成部分对太空飞行成本进行分析,包括开发、生产、飞行运行、翻修、回收、保险等组成部分;介绍发射飞行器不同组成部分成本的一般特征。

附录 A 介绍正文中的大气层中上升和再入高超声速飞行的技术基础知识,包括正激波和斜激波、小扰动理论、普朗特-迈耶流、牛顿理论、锥形流等。附录 B 给出几款飞行过的或者经过风洞测试的太空飞机的详细构型数据。其中几款飞行器的飞行特性是采用第 8 章介绍的方法算得的。这些资料还无法在其他同一出处全部获取到。

0.2　设计课程的方法

在一学期课程中曾成功用到过一个基本的任务剖面,其包括以下内容:

(1) 搭载特定数量的乘员从地面升空;

(2) 穿过大气上升/加速,进入 400km 高度的轨道;

(3) 在轨道上完整运行两圈;

(4) 同国际空间站对接并停留规定的时长;

(5) 分离,然后离开 400km 高度的轨道;

(6) 在 100km 高度处开始大气再入,下降减速;

(7) 接近地面,在地面着陆。

六个人的设计小组是最有效的。其中有一名项目经理和五名专家,各负责以下领域:空气动力学、推进、轨迹与轨道、热防护、构型设计。每名学生根据自己的喜好提交一份这几个专业的申请。根据申请,指导教师为每位学生指定一个具体的角色,然后把他们分派给某个设计小组。这样,学生在开始工程职业生涯之前就会体验在由一群陌生人组成的团队内工作。今后他们的首份工作也将是这样的。团队是需要合作的,让学生认识到这一点也是设计教育的内容之一。阅读本书的学生都处在最后一个学期,已经学习或正在学习所列领域的分析课程。所以,所有学生都曾接触过相关方面的资料,而本书就是要把这方面的大量资料更好地用起来。本过程的主要成果就是设计报告,采用研讨会的形式,邀请老师和专业人士,在研讨会上作口头报告也是重要的辅助形式。

0.2.1 设计报告的编写

对于每位工程师来说,一项最重要的任务就是编写技术报告。可以是一份建议报告,目的是吸引资助方的兴趣,以便为报告的技术项目争取到资金支持,也可以是一份项目完成的工作报告。工程师一般喜欢从事解决具体问题的技术工作,而畏惧规划、编写、编制介绍工作的技术文件。

报告需要清晰传递信息,报告的形式既要完整,又要有吸引力。从概念上看,报告编制是很简单的,本质上就是对完成的工作进行日志编辑,或是对提议的或待完成的工作进行编辑。因此,不妨对工作和相关背景及所用的说明资料进行记录。对于天天从事技术工作的工程师来说,这些技术工作是最容易理解的,但是对于需要了解这些技术工作的其他人来说未必如此。如果报告编制得不完善,让读者觉得报告难以理解,那么工程师就浪费了所做的全部技术工作,因为信息不能从这些技术工作人员那里传递出去。设计报告需要满足一些基本要求,例如,读者不必自己查找重要的事实,不因行文糟糕而使技术内容晦涩难懂,要避免歧义。

报告的读者对象是需要关心的。对于设计报告来说,一般有三类读者:业务与销售高层管理人员、技术经理、技术主管工程师。同一份报告要针对这样广泛的群体,通常就需要包含执行摘要、正文、详细附录。业务与销售高层管理人员一般阅读简要的执行摘要,对研究的总体方法和结构有明确了解。技术经理会阅读执行摘要和正文,以便必要时对执行小组进行指导。技术主管工程师则需要阅读全部内容,因为其他两个群体在进行重大商业决策时可能要求技术主管工程师查看具体的问题。

0.2.2 设计报告的大纲

飞机和航天器公司通常有标准的内部和外部报告格式。具体格式因公司而异，不过总体上有一个大纲模式。表 0.1 是一学期课程的典型最终报告的章节编排情况以及对需要研究的资料的简要介绍。表 0.1 中的标题可供指导老师在报告评分时参考。

表 0.1　典型的最终报告编排情况

编号	标题	评论
i	封面/标题页	
ii	执行摘要	
iii	目录	
1	任务和市场调查 a. 任务技术要求 b. 任务的市场情况 c. 竞争系统	
2	飞越大气层 a. 大气特性 b. 上升轨迹 c. 转移轨道 d. 再入轨迹 e. 制导、导航与控制	
3	飞行器构型设计 a. 飞行器选型 b. 组成部分及系统 c. 飞行器布局 d. ECLSS e. 能源与温度管理	
4	飞行器重量计算 a. 有效载荷 b. 按子系统进行重量分解 c. 结构分析	
5	发射组合设计 a. 分级注意事项 b. LEO 入轨性能 c. 重量计算 d. 发动机选用 e. 发射组合图纸	

续表

编号	标题	评论
6	飞行器高速特性 a. 高超声速飞行的牛顿理论 b. 阻力极图和俯仰力矩 c. 稳定性 d. 热传递 e. 热防护系统	
7	飞行器低速特性 a. 超声速特性 b. 亚声速特性 c. 末期运行	
8	风险、可靠性、安全性 a. 系统风险评估 b. 系统可靠性	
9	成本与经济分析 a. 评估的成本依据 b. 成本与对比	
10	结论与建议	
11	附录	

0.3 报告编写建议

报告编制应当及时,在学习过程中,就是要在课程报告过程中随时编写,而不是拖到期末。要在文字处理程序上编写报告,并定期备份文件。图纸要在已有的CAD系统上绘制。同样地,要备份全部文件。报告采用螺旋装订或者订书钉装订,采用标准的 $21.59cm \times 27.94cm$ 白纸打印。整篇报告采用标准方式连续标注页码,必须跟目录保持一致。

以下是报告编制中的一些常见的错误,不妨了解一下:

(1)标题页遗漏或不完整;

(2)目录遗漏或页码错误;

(3)遗漏了报告的重要章节,如执行摘要或一章正文;

(4)章末正确列出了参考文献,但是正文中未援引,或者正好相反;

(5)有图的地方都有正确的标题,但是正文中未引述,或者正好相反;

(6)页码未按顺序编排,或者完全遗漏了页码;

(7)航天器的三视图以及类似的辅助图纸遗漏,或者图纸质量较差;

(8) 打印质量较差,或者采用了不标准的字体;

(9) 拼写、语法、标点使用欠佳;

(10) 从报告内容可看出作者对报告内容不是很了解;

(11) 大量引述或剽窃之前出版物的内容;

(12) 附录使用不恰当,为了保持正文的思路连贯,重复的内容、表格等要移到附录中;

(13) 正文中包含了不恰当的计算,应当有足够的信息(如公式),可以让其他同行工程师得出结果而不必真的代入数据;

(14) 章节之间的重点不均衡,这通常反映了不同章节作者的努力程度不同;

(15) 太多重复或者讨论不相关的内容;

(16) 工作得出的结论表述得不清楚。

以下是图表编制的一些建议:

(1) 图要在正文中加以介绍,并配上编号和标题;

(2) 图要靠近正文中描述的地方,这样便于查看;

(3) 图应当是独立完整的,这样在描述性标题的帮助下很容易理解;

(4) 必须清楚表明图表的纵坐标和横坐标,包括单位和刻度;坐标轴的线条要稍微粗点;

(5) 比例选取要适当,以便能看清正文中介绍的现象,必须留意绘图软件中的自动比例功能;

(6) 表示分析结果的线条要不借助颜色就可分辨,因为报告一般都不是彩色印制的,可以采用不同形式的线条,如点线、点画线;

(7) 试验值要用离散符号表示,同样,要避免采用全靠颜色加以区分的符号;

(8) 为了便于理解,对于基本相同的课题,采用的符号和线条最好要具有一定的统一性;

(9) 外推和内插要用不同的线条形式表示,如从实线变为点线;

(10) 纵横两个方向都要标出主要的网格线。

第1章 有人太空飞行

1.1 太空的起点

在太空飞行的早期阶段,著名的气体动力学专家西奥多·冯·卡门提出了一个比较有效的太空起点的定义:太空起点指这样一种高度,在此高度上沿直线路径以轨道速度飞行的飞机无法再仅依赖空气动力升力平衡其重力。升力平衡条件可以用飞机最大升力系数 $C_{L,max}$ 表示,具体如下:

$$L = \frac{1}{2} C_{L,max} \rho(z) S V^2 = mg \tag{1.1}$$

根据式(1.1),密度必定等于

$$\rho(z) = \frac{2}{C_{L,max}} \frac{1}{V^2} \frac{mg}{S}$$

采用 $V = 7900 \text{m/s}$ 的轨道速度(详见后面的论述),名义机翼荷载取 $mg/S = 3000 \text{N/m}^2$,这相当于航天飞机轨道器或者 X-15 超声速研究型飞机,密度(单位为 kg/m^3)为

$$\rho(z) = \frac{9.61 \times 10^{-5}}{C_{L,max}}$$

第2章介绍地球的大气,查标准的大气资料可发现,当 $50\text{km} < z < 70\text{km}$ 时,大气密度的取值范围为 $3 \times 10^{-4} \text{kg/m}^3 > \rho > 8 \times 10^{-5} \text{kg/m}^3$。因此,当最大升力系数的合理取值范围满足 $0.3 < C_{L,max} < 1$ 时,对应的高度为 $50 \sim 70\text{km}$。这个定义有点随意,所以常将其取整为 $z_e = 100\text{km}$,这就是通常所称的"卡门线"。国际航空联合会(Federation Aeronautique Internationale,FAI)就采用卡门线来区分航空和航天活动。美国空军(US Air Force,USAF)将宇航员定义为飞越约 80km 高的人,而美国国家航空航天局(National Aeronautics and Space Administration,NASA)则沿用了 FAI 的 100km 数据。地球的平均半径为 $R_E = 6371\text{km}$,因此太空起点是非常近的($z_e/R_E = 0.015$),而"近太空"的重力加速度基本上与地球表面相同,在本书的分析中也是这样假设的。

1.2 太空停留

要停留在太空的起点,就不能再像飞机那样沿直线飞行,而必须飞行弯曲的路

径。为简单起见,设某圆形路径的半径为 $r=R_E+100\mathrm{km}$,这样使离心力 mV^2/r 与飞行器的重力 mg 刚好平衡。这个圆形路径上达到的平衡状态就是大家所说的"失重":尽管飞行器的质量没有变化,地球的引力也基本上与地球表面一样,但作为载荷的净力为零,即净径向加速度等于零。这种情形就产生了一个术语,叫"零 g",严格来讲这是不正确的,而应该是零净加速度。为了简便,这里讨论圆形轨道,第 5 章将更全面地介绍轨道与轨迹。

可以看到,净径向加速度为零也意味着 $V^2/r=g$。若这个平衡条件成立,则飞行器的速度 $V=(gr)^{1/2}$,其中,$r=R_E+z$,且 $g=g(z)$。地球的平均半径 $R_E=6371\mathrm{km}$,在地球表面有 $r=R_E$,同理有 $g=g_E$,则 V_E 约为 7900m/s,这就是环绕速度。严格地说,这是维持地球表面圆形轨道所需的速度。对于太空起点,可任意选取高度为 $z_e=100\mathrm{km}$,因为当 $z/R_E\ll 1$ 时,准确的海拔对计算的影响并不大。后面将证明,在地球表面和 100km 高度上,V 不过相差百分之几而已。

太空起点的大气密度很低,但并不为零。作用在物体上的空气动力阻力可以让物体慢下来,足以引起轨道衰减,把物体送入坠向地面的轨迹。航天器在减速推力的作用下,可脱离轨道,进入高速的坠向地面的轨迹。第 6 章将详细介绍大气进入过程及其对宇航员的影响。经验表明,在低于约 150km 的高度,作用在无动力轨道物体上的阻力足以让轨道衰减。有人航天器的典型轨道大约位于 400km 的高度处,这些轨道称为低地球轨道(low earth orbit,LEO)。就是在低地球轨道的高度,像 ISS 这样的大型航天器也会发生轨道衰减,常常需要乘载推力器将 ISS 推回到合适的高度。

1.3　进　入　太　空

要将物体送入太空,必须向其做功,改变其能量状态。第 7 章将详细介绍有人航天器的发射过程。质量为 m 的物体,其总能量等于其势能和动能之和。设地球表面的势能为零,则总能量等于

$$me_t=me_p+me_k=mg_ER_E\Big(1-\frac{R_E}{r}\Big)+\frac{1}{2}mV^2 \tag{1.2}$$

圆形轨道的速度为 $V=(g_ER_E^2/r)^{1/2}$。这里讨论的是圆形轨道,原因在于其具有简单性,而且在实际中也很常见。注意,当 $r=R_E$ 时,公式简化为 $V=V_E$。第 5 章将进行更一般性的分析,包括了其他形状的轨道。把圆形轨道速度的通用形式代入式(1.2),得到单位质量的总能量为

$$e_t=g_ER_E\Big(1-\frac{R_E}{r}\Big)+\frac{1}{2}g_E\Big(\frac{R_E^2}{r}\Big)=g_ER_E\Big(1-\frac{1}{2}\frac{R_E}{r}\Big) \tag{1.3}$$

其中,单位质量的特征能量为 $g_ER_E=6.247\times 10^7\mathrm{J}$,故式(1.3)中的总比能可以归一表示为

$$\frac{e_t}{g_E R_E} = 1 - \frac{1}{2}\frac{R_E}{r} \tag{1.4}$$

同理,归一化的比势能可表示为

$$\frac{e_p}{g_E R_E} = 1 - \frac{R_E}{r} \tag{1.5}$$

对于其他星体,这些比能表达式也是成立的,只需要代入相应星体的正确半径值,并用该星体的特征能量进行替换即可。图 1.1 为归一化能量随轨道半径的变化情况。对于特定地心半径圆形轨道,比势能和比动能之和即为这个圆形轨道的总比能。给轨道动能再施加逃逸能量,就能使物体脱离地球引力场。根据图 1.1 和式(1.5),可计算出归一化逃逸能量为

$$1 - \frac{e_p}{g_E R_E} = \frac{R_E}{r} = \frac{1}{2}\frac{V_e^2}{g_E R_E} \tag{1.6}$$

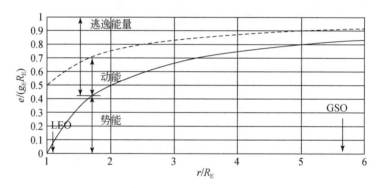

图 1.1　地球的能量图,给出了单位质量的势能、动能和轨道逃逸能量随半径大小的变化情况。
LEO 和 GSO(geosynchronous orbit)分别表示低地球轨道和地球同步轨道的位置

故逃逸速度是与星球间距离的函数,可以表示为

$$V_e = V_E \sqrt{2\frac{R_E}{r}} \tag{1.7}$$

据式(1.7)可知,地球表面的逃逸速度为 $1.414V_E$,即约为 11200m/s。表 1.1 给出了太阳系中星体和某些小行星的半径、特征能量和逃逸速度。

表 1.1　星体和某些小行星的特征数据

星体	半径/km	特征能量/(kJ/kg)	逃逸速度/(km/s)
太阳	6.96×10^5	1.9×10^8	618
水星	2440	9680	4.4
金星	6052	53660	10.36
地球	6371	62500	11.18

续表

星体	半径/km	特征能量/(kJ/kg)	逃逸速度/(km/s)
月球	1738	2332	2.38
火星	3397	12550	5.03
木星	71490	1772000	59.54
土星	60330	630100	35.5
天王星	22680	226300	21.3
海王星	27610	276100	23.5
冥王星	1195	605	1.1
谷神星	469	130	0.51
智神星	272	51.2	0.32
灶神星	262	31.3	0.25
爱神星	8.4	0.018	0.006

地球的特征能量为 6.247×10^7 J/kg，相当于图 1.1 中的满竖向尺度。RP-1 煤油这样的火箭燃料，其化学潜能大约为 43MJ/kg，所以地球特征能量大约等于完全燃烧 1.45kg 的 RP-1 所获得的能量，而燃烧还需要 3.8kg 的氧气。当然，推进剂必须连同载荷一起发射升空，所以推进剂中的大量能量就浪费在携带推进剂本身升空所做的功中。第 7 章将详细介绍发射过程。图 1.1 还给出了 LEO 的相对位置，对于 $z=400$km，有 $r/R_E=1.062$，而 GSO 的 $r/R_E=5.65$，按这个尺度，月球位置则在 $r/R_E=60.33$。

1.4　人类太空飞行的前五十年

太空竞赛在降低核武器质量和提高弹道导弹运载能力这两个方面同时加速。将卫星送入轨道的地缘政治影响是巨大的，而接下来把人送入太空并安全返回则标志着高超技术，可激发国民自豪感，提高国家的实力。后面简要介绍有人航天飞行的发展，首先介绍苏联在 1961 年发射的东方号飞船，还有 1962 年美国作为回敬而发射的水星号飞船。

苏联发射的东方号飞船是一个球形舱，重 4700kg，它首次将人类送入了太空轨道。太空舱为球形，其阻力较低，升力为零，使东方号飞船在进入大气时沿弹道轨迹飞行，类似于弹道导弹弹头的飞行轨迹，从而使乘员承受了较高的减速过载。水星号飞船太空舱是美国的首个太空舱，它也携带了一名乘员，搭载宇宙神号火箭入轨，这也是美国的首枚洲际弹道导弹（intercontinental ballistic missile，ICBM）。宇宙神号火箭的第一级基本上就是一个靠内部压力支撑的推进剂储箱，就好像一个饮料罐,用来装载煤油基燃料和液氧(liquid oxygen,LOX)。宇宙神 MA-5 推进系统含有一个中心芯级(也称主发动机),这个芯级一直与位于其两侧的两个助推火箭协同工作。这是首次采用的一级半火箭,即其中的主发动机在整个过程中都是燃烧的,而助推发动机在飞行前期某点被燃尽。水星号飞船太空舱形如底朝前的圆锥,阻力比东方号飞船更大,不过也不产生升力,因此也以弹道轨迹再入,使舱内乘员承受高减速作用力。

苏联的上升号飞船和美国的双子座号飞船则是东方号飞船和水星号飞船之后出现的最新版,对太空舱设计进行了改进。两者都让太空舱的重心有所偏置,使太空舱可产生一定的升力。升力不但可减轻减速过载,还提供了更大的着陆位置选择余地。双子座号飞船太空舱携带了两名乘员,其质量是其前身水星号飞船的两倍。它也是搭载 ICBM 火箭(大力神 2 号)升空的,这种火箭使用的是混肼 50,是肼(N_2H_4)燃料的衍生物,一种非低温可存储推进剂,氧化剂则为四氧化二氮(N_2O_4)。上升号飞船可容纳 2～3 名乘员,主要取决于他们是否穿了太空服。这种航天器之后,又出现了联盟号飞船,它最多可容纳 3 名乘员,并从 1967 年开始开展了 LEO 飞行。根据这个基本设计出现了若干不同的型号,它们如今还在服役。此飞船重约 6300kg,比最初的东方号飞船增加了 40%。

当时,为了响应肯尼迪总统要在 20 世纪 60 年代结束前把人送上月球的承诺,阿波罗计划在 1968 年开拓有人太空飞行的新景象。以此为目的专门研制了巨大的土星号火箭,其能将约 136000kg 物体送入 LEO,有望脱离地球引力,完成前往月球的旅行。土星 5 号火箭的第一级就有 5 个 F-1 发动机,是截至当时最强大的发动机,每个能产生 667 万牛的推力。阿波罗计划成功地进行了 9 次逃离地球引力束缚的发射,实现了 6 次登月,曾让 12 名乘员在月球表面行走(或者驾驶月面车)。这些登月成就是在预算受限的情况下取得的,这项计划也因为预算受限而在 1973 年终止。在计划的缩减阶段,利用了强大的土星运载系统将 77t 的空间站(天空实验室)送入了 LEO。这个大型空间站的寿命为 6 年,在其中 6 个月期间,有 3 名乘员驻留在空间站中。苏联在 1974 年发射了礼炮 4 号空间站,其质量为 18.2t。它的在轨时间为 2 年,乘员停留时间总共约 3 个月。1975 年,苏联的联盟号飞船太空舱同阿波罗号飞船对接,这是首次美苏联合任务。这也是阿波罗号飞船的最后一次飞行,也是美国 1981 年航天飞机开始试飞前的最后一次有人飞行任务。

有种设想,就是乘坐可重复使用的太空飞机,定期进入太空,这种设想逐渐演化成了美国的航天飞机项目。最初的想法是研制一个完全可重复利用的航天运输系统(space transportation system,STS),因为 20 世纪 70 年代美国空间计划的预算有限,后来这个项目进行了改动,只包含了一个真正可重复利用的部件,即轨道器太空飞机。这个大型可飞行和可重复使用的轨道器运载器能把 25000kg 的载荷送入 LEO,STS 成了美国太空飞行的支柱。1986 年进行了首次任务飞行,截至

2011 年退役时,航天飞机总共执行了 135 次飞行,成功 133 次。航天飞机轨道器设计采用了许多重要的新技术。其中一项进步就是研制了轻型高功率涡轮泵(1650kW/kg),用于以极高压力(22MPa)把低温 LH_2/LOX 推进剂送入航天飞机的主发动机(SSME 或 RS-25)。另一项重大进步是新型热防护系统(thermal protection system,TPS),它保护轨道器内部结构和乘员在大气再入期间不受到高热的影响。TPS 采用了轻质硅基隔热瓦,这些镶嵌的隔热瓦覆盖了轨道器大部分的裸露表面,TPS 还在头部和前缘表面采用了耐高温的增强碳复合材料。

苏联的和平号空间站是首个模块化空间站,它于 1986～1996 年期间建造完成。直到 2001 年,在这个 130t 的空间站离轨之前,它一直都处于运行状态。在空间站的寿命期间,三人乘组的入住时间占到了 80%。首个 ISS 部件发射于 1998 年,自 2000 年以来,来自多个国家的乘员持续停留在 ISS 中。为了服务 ISS,航天飞机飞行了 27 次,包括添加新的太空舱和设备,而联盟号飞船则成了乘员的运输工具。截至 2015 年年中,有 547 名乘员进入太空,其中 8 人为平民太空游客。在 ISS 上,国家间的太空竞争演化为星球合作。现在可以展望的未来人类太空飞行前景包含从星际探索任务到太空游客的度假航行。

图 1.2 为 1961 年有人太空飞行开始以后,以送入 LEO 的质量表示的有人太空飞行的发展情况。需要说明的是,为了直观表达图中含义,本书部分线条图(见图 1.2)并未严格按照比例绘制。图 1.2 中第 12 项表示苏联的暴风雪号航天飞机,这是一个可飞行的太空飞机,它在大小和形状上类似于美国的航天飞机轨道器,是按搭载一名乘组人员进行设计的,尽管它的唯一一次飞行就是无人飞行,但还是取得了成功。从图 1.3 所示的累计发射数量中可以明显看出有人太空飞行的增长。

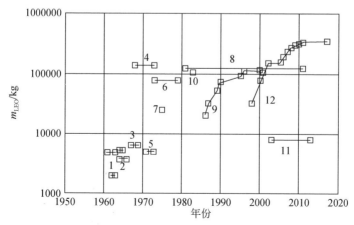

图 1.2 用送入近地轨道的质量表示的有人太空飞行以及出现的年份

1-水星号飞船;2-双子座号飞船;3-联盟号飞船;4-阿波罗号飞船;5-礼炮 1 号空间站;6-阿波罗-天空实验室;7-阿波罗-联盟号试验飞行;8-航天飞机;9-和平号空间站;10-暴风雪号航天飞机;11-神舟飞船;12-国际空间站

在有人太空飞行的前五十年,美国每年平均飞行 3.4 次,苏联/俄罗斯平均每年飞行 2.4 次。在这五十年期间的最后十年,中国完成了 3 次有人太空飞行。2010~2015 年,美国完成了 3 次太空飞行,但从 2011 年航天飞机退役后,美国就没有进行过有人太空飞行了,而俄罗斯完成了 16 次太空飞行,中国完成了 2 次太空飞行。在第 12 章将介绍,如果飞行的频率远低于 20 次/年,那么由于太空飞行的经济性原因,可重复使用运载系统将带来严重的经济负担。有人太空飞行的发射历史表明,如果太空飞行不出现模式性的变化,20 次/年这种频率是不太可能达到的。只有 8 次前往月球或其附近的阿波罗号飞船飞行才是需要逃离地球引力的有人太空飞行。如果考虑有人星际航行,所需航行时间将非常长,航行的频率必定很低。在 LEO 飞行和亚轨道飞行方面,高频率有人太空飞行的唯一商业案例就是太空旅行,这是往返旅行服务。

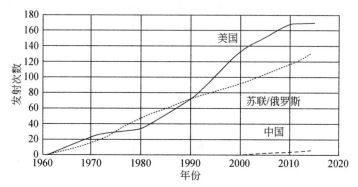

图 1.3　有人太空飞行累计发射随发射年份的变化情况,
总数中包含了 STS-51-L 号和联盟 T-10-1 号这两次失败发射

1.5　近期的人类太空飞行

美国、俄罗斯、中国这些具备有人太空飞行经验的国家,正朝着超越地球引力的有人太空飞行发展。近期的总体目标似乎是再回月球,或飞向小行星,而最终目标是火星。各方都认为月球的往返飞行是可以实现的,但是更大的问题是太空(不管是路途上,还是轨道上和星球表面上)的长时间停留。需要改进的地方有再生性生命支持系统、利用原位物质补充推进剂、微重力环境下的制造和组装能力。

因为具有太空飞行能力国家对有人太空飞行的近期发展都有相同的看法,所以不妨用 NASA 的分类来说明未来的道路。NASA 将自己的有人太空飞行计划分为如下三个大标题。

(1) 依赖地球的。这属于近地球区域,任务持续 6~12 个月,轨道和地面之间的行程时间以小时计。这个区域大部分已被征服,因为离地球不远,在这些区域从事基本的星际空间探索不太具有风险性。

（2）验证场。这里超出了地球引力的影响范围，任务会持续 1～12 个月，往返行程大约需要 10 天。在这个空间区域，乘员受到的太阳和宇宙辐射更能代表火星之旅将会遇到的辐射情况。这里的风险更大，但是对于应对星际任务将遇到的问题而言，更有现实性。为了解决这些问题，需要开展的一个任务就是 NASA 的小行星转向任务（asteroid redirect mission，ARM）。

（3）火星就绪。它表示准备好了星际任务，这些任务会持续 2～3 年，回到地球的行程需要几个月。对于这个行程时间，要求飞行器和乘员不"依赖于地球"。

ARM 的目的就是向近地小行星发射机器人航天器，捕获直径为 2～6m 的小行星，如果无法实现，就从较大的小行星上收集质量为数吨的一部分，然后把它运到绕月轨道上。猎户座乘员探索飞行器（crew exploration vehicle，CEV）中的乘员可以接近轨道上飞行的小行星块，然后取样，带回地球进行详细研究。这个任务安排在 21 世纪 20 年代，它属于超 LEO 的长历时任务经验积累计划的一部分，此计划也是为了探索 21 世纪 30 年代火星有人任务所需的先进技术。表 1.2 列出了一些可能的小行星任务，其中的"科学"表明了 ARM 的基本目的，"减缓"表示开发这些技术来安全地推开可能撞击地球的小行星（NRC，2010），"商业"表示探测潜在资源，如小行星上有价值的矿物或水，其开采可以增进商业太空活动。

表 1.2　近地小行星任务分类

任务类型	科学	缓减	商业
飞越	观察，返回的数据有限	直接作用	表面探测
会合	利用应答器和断层扫描进行表面探索	轨道跟踪与调整	详细研究，现场取样，有限的资源采集
返回	探测器和样本返回，可进行详细表征	多个交互式轨道监测、跟踪与调整	大规模开采

太阳电力推进（solar electric propulsion，SEP）将成为近地小行星取样机器人航天器的重要组成部分。在地球到火星之间的地带，利用先进的光伏电池收集太阳辐射，可以为离子发动机提供足够的电力。采用电场来加速离子，以产生推力，而不是用喷管来加速炙热气体，其燃料效率要高得多，详见 Sforza（2012）的介绍。因此，SEP 所需的推进剂质量要远小于化学推进的情况，对于飞往近地小行星的航行，这是一大优势。离子发动机的燃料效率更高，其代价是它比化学火箭发动机的推力低，这意味着航行时间更长。2015 年 3 月，NASA 的曙光号航天器在离子发动机的驱动下进入了环绕谷神星的轨道。曙光号航天器于 2007 年发射，在 2011 年和 2012 年访问了灶神星。离子推进在空间探索中已应用了一段时间，但是目前能达到的推力水平较低（<1N），所需航行时间远超有人任务所能接收的期限。在

追求 ARM 的过程中,有望取得的一个进展就是研制大得多的离子发动机。

要同小行星成功会合,从其表面采集合适的样本,把样本运至月球附近,再送入合适的月球轨道,需要完美的轨迹设计和导航技术,这超出了目前的技术水平。要把货船运往火星,在火星周围建立准确的轨道,就需要在 ARM 实施过程中研发上述技术。必须解决猎户座 CEV 同机器人航天器会合并对接的问题,这其中也涉及类似的难题。

在 NASA 的远期有人太空飞行目标中,人的因素发挥着重大的影响。在持续数月甚至更长的任务期间,航天器座舱的宜居性就是首要考虑的问题,同样,维持乘员健康和舒适所需的一般生理要求也是首要问题。第 10 章讨论航天器座舱的设计问题。在通往星际探索的准备过程中,生命支持系统技术所需的一项进步就是主生命支持系统(primary life support system,PLSS),即太空服。目前,太空服必须在地面进行维护和修整,而这对于深空任务是不行的。除了需要更容易维护外,太空服的 CO_2 排出、湿度控制、氧气调节还必须更加有效率。NASA 希望在 ARM 这块试验场中,能在星际航行之前对各种太空服进行有现实意义的测试。

针对计划中的小行星任务,NASA 正在研发重型太空发射系统(space launch system,SLS)来替代曾经由航天飞机提供的能力。模块 1 版的 SLS 将采用由 3 个 SSME 组成的发动机集束和两个 5 节航天飞机型固体火箭助推器,最早可能于 2020 年把 70t 的物体送入轨道。规划中还有更大的模块 2 版的 SLS,这个版本将采用由 5 个 SSME 组成的发动机集束和 2 个捆绑式固体火箭助推器,可发射 130t 的物体,不过现在要过多推测这个版本的运载火箭还为时过早。在这期间,只有俄罗斯和中国能将人类送入轨道。俄罗斯在继续改进其联盟号飞船,正加大对 LEO 以外的有人探索技术的研发。同样,中国也在研发重型运载火箭,如长征 5 号、长征 9 号,它们的发射能力跟 NASA 的 SLS 模块 1 和模块 2 可以相比拟。

有人航天飞行的商业关注点目前在新型轨道航天器的研发上,此类研发可用来填补 NASA 对太空探索的需求,同样也关注新型亚轨道航天器的研发,用来满足太空旅行需求。波音公司和太空探索技术公司正在研发新型轨道太空舱,名为 CST-100 和龙。它们能达到目前洛克希德·马丁公司的猎户座太空舱的运行能力。所有太空舱都依赖传统的降落伞辅助着陆。Sierra Nevada 公司正在制造可重复使用的轨道太空飞机“逐梦者”,依据的是美国空军和 NASA 早期的高超声速升力体的研究,以便具备跑道着陆的能力。XCor Aerospace 公司可乘载二人的天猫(Lynax)亚轨道太空飞机的目的是在约 60km 高的飞行中给唯一的乘客提供 1min 的微重力体验,后期版本有望给乘客以宇航员的地位,飞机将爬升至 100km 的高度,提供约 3min 的微重力体验。Blue Origin 公司的新谢巴德号可重复使用航天器可以携带 3 名乘员,能爬升到 100km 高度,可提供 4min 的微重力体验。新谢巴德号的低温推进剂发动机可以进行 5 倍节流,这样,在乘员舱抛离降落伞辅助着陆后,火箭就能实现推进模块垂直、尾部朝下着陆。人们最熟悉的新型可重复使用亚轨道航天器可能算是维珍航空公司的银河太空船 2 号(SS2)了,这架太空飞机在超过 20km 的高度上实现了超声速飞行。太空旅游的商业兴趣点在于对亚轨道飞行的大量消费需求,然而其票价不菲。商业太空旅游飞船的计划飞行高度为100km,乘客若希望号称当了一回宇航员,这就是要求的最低飞行高度。

参 考 文 献

NRC(2010). Defending planet earth near earth objects surveys and hazard mitigation strategies Washington, DC: National Research Council, National Academies Press.

Sforza, P. M. (2012). Theory of aerospace propulsion Oxford, UK: Elsevier.

第 2 章 地 球 大 气

2.1 大 气 环 境

要设计在轨飞行或者穿越大气的飞行器,就需要对所穿越的大气环境有充分的了解。环境中的压力、密度和温度影响着作用在飞行器上的气动力和热应力的大小,而环境的成分则影响着飞行器表面材料与环境之间的化学和电子相互作用。

地球大气可看成由一系列同心壳体组成的,它们具有明显不同的温度梯度,相互间的过渡区域较薄,在过渡区,温度梯度会改变正负号。图 2.1 给出了一种地球大气描述,其中按温度梯度区分出了 4 个不同的大气分层。本书依据行业惯例,保留了部分英制单位。

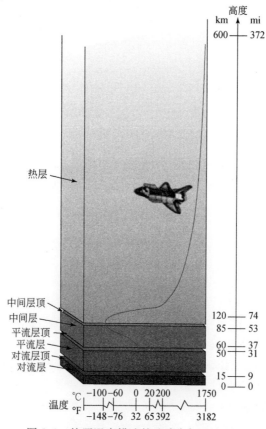

图 2.1 按照温度描述的地球大气(NASA)

2.1.1 对应于温度的垂直结构

第一层始于地面,向上延伸8~14.5km。这一层称为对流层,在这一层中,从海平面开始温度就持续下降,一直到约-50℃。对流层顶是薄薄的一层,其中的温度梯度开始上升至零,然后变为正值,从而把对流层同后一层分开。对流层顶和对流层共同构成了低层大气。

第二层是平流层。它就在对流层的上方,其温度梯度为正,温度逐渐增加,在大约50km的高度处温度达到0℃。温度的上升是由于吸收太阳紫外线辐射。臭氧层也位于平流层内,它会吸收和散射太阳紫外线辐射。平流层顶是一层薄过渡层,它把平流层同后一层分开。在平流层顶中,温度梯度降到零,然后又变为负值。

第三层是中间层。它始于平流层顶,向上延伸到约90km的高度。在这一层,温度梯度是负的,随着高度的增加,温度降低到-100℃。中间层顶是一层薄过渡层,它把中间层同后一层分开。平流层、平流层顶、中间层、中间层顶构成的区域统称作中层大气。需要注意的是,通常认为从太空返回的气动再入就始于中间层顶,约100km的高度,这也是中层大气的名义边界。

第四层是热层,始于中间层的上方,向上延伸到约600km的高度。由于太阳激励的原因,这一层的温度随高度的增加而上升,因此能达到的温度水平就取决于太阳活动的程度。温度是变化的,可以低到600K,也可以高到2000K。平均温度一般取为1000K。这一层叫做高层大气。如图2.1中航天飞机轨道器的位置所示,热层是LEO所处的区域。

所谓的外大气层则始于热层的顶部,而且超出了图2.1所示的尺度。外大气层延伸下去,最终融入太空的星际气体。在这个区域,几乎只有氢气和氦气的踪迹,且极为稀薄。

2.1.2 对应于成分的垂直结构

在100km高度以内,大气成分上基本没有变化,其中氮气占78%,氧气占21%,其他气体占1%(氩0.93%、二氧化碳0.03%,后面依次有含量越来越少的氖、氦、氪、氢、氙和臭氧)。对于大部分热化学目的来说,可以认为大气为二元混合物,含79%的氮气和21%的氧气。由于这种较固定的近似构成,温度分布可用作大气不同重要区域划分的可靠依据。具有特定温度特性的区域,其压力和密度很容易通过物态方程和流体静力平衡条件算出。

超过100km的高度以后,不同物质的扩散分离变得明显,大气成分就取决于高度了。这个区域也因此称作非均匀层。热层中,如氮气和氧气等较重分子的浓度快速下降,但由于分子氧的离解,原子氧浓度相对增大。原子氧的活性较高,对航天器表面材料具有不利影响。在外大气层(约600km高度之上),存在的元素就是氦和氢。因此非均匀层的分子量持续下降,从中间层顶的 28.96 下降到外大气层的 4 以下。

2.2　状态方程与流体静力平衡

设大气具有理想气体特性,则

$$p=\rho RT=\rho \frac{R_u}{W}T \tag{2.1}$$

大气混合物的分子量在高度 100km 以内基本上是常数,即 $W_m=28.96$,大气气体常数 $R=0.287\text{kJ}/(\text{kg}\cdot\text{K})$。超出 100km 的高度之后,大气分子量随高度的增加而显著降低,必须考虑其带来的影响。大气的流体静力方程为

$$\mathrm{d}p=-\rho g\mathrm{d}z \tag{2.2}$$

由于重力加速度与高度有关,不妨定义一个新的高度函数。这就是重力势高度 h,它与几何高度的关系如下:

$$g_E\mathrm{d}h=g\mathrm{d}z$$

其中,$g_E=9.807\text{m/s}^2$ 为地球表面($z=0$)上的重力加速度。重力加速度随高度的变化符合牛顿万有引力定律,可表示为

$$g=\frac{g_E R_E^2}{(R_E+z)^2}=g_E\frac{1}{\left(1+\dfrac{z}{R_E}\right)^2}$$

地球的平均半径取为 $R_E=6371\text{km}$,所以对于 LEO 来说(高度约 400km),比值 z/R_E 约等于 0.06,因此 h 和 z 之间的差别较小。对 h 和 z 的关系式进行积分,得到重力势高度为

$$h=z\frac{1}{1+\dfrac{z}{R_E}}$$

因此,对于不超过 400km 的 LEO 来说,几何高度和重力势高度相差小于 6.3%。将状态方程代入流体静力平衡方程中,可以得到

$$\frac{\mathrm{d}p}{p}=-g\frac{\mathrm{d}z}{RT}=-g_E\frac{\mathrm{d}h}{RT} \tag{2.3}$$

2.3　1976 年版本美国标准大气模型

大气层中某点的状态性质是位置和时间的函数,而且还会显著变化。为了科学和工程中的可重复性与一致性,需要有一个基本的标准大气。世界气象组织把这样一个标准定义为"大气温度、压力和密度的一种假设性的垂直分布,其基于国际协定和历史原因确定,能大致代表全年的中纬度区域的条件"。关于大气结构和

标准模型的介绍,可以参见 Handbook of Geophysics(1985)等资料。

除另有注明的地方外,本书采用的标准大气为 1976 年版本美国标准大气。美国标准大气扩展委员会(Committee on Extension to the Standard Atmosphere, COESA)编制了 1976 年版本美国标准大气(COESA,1976)。在海平面到 1000km 几何高度范围内的大气,其热力学和状态性质的标准剖面是依据火箭和卫星所搭载的传统气象仪器所获的数据以及理想气体理论而建立的。这个模型体现了中等太阳活动期间中纬度区的理想化、稳态大气情况。列出的特性包括温度、压力、密度、重力加速度、标高、数密度、平均粒子速度、平均碰撞频率、平均自由程、平均分子量、声速、动力黏度、运动黏度、导热系数、重力势高度。

注意,本书采用的 1976 年版本美国标准大气考虑的是干空气,它没有计及大气特征的日间变化或周日变化,也不包含纬度、季节、太阳活动程度等。美国标准大气补充(COESA,1966)中列出了 5 个不同北纬纬度(15°、30°、45°、60°、75°)的冬夏时期的温度、压力、密度、声速、黏度、导热率。

2.3.1　低层和中层大气:0~100km

标准大气的基本前提是温度同重力势高度之间的这样一个关系假设,$T = T(h)$。利用这个剖面,可以积分流体静力方程式(2.3),求出压力 $p = p(h)$,然后利用状态方程求出密度 $\rho = \rho(h)$。大气的化学成分在约 100km 的高度以下基本上是恒定的,原因是在这个高度以下,全球尺度上湍流导致的混合起主导作用。因此这一层大气也叫作均匀层,在这一层中的空气成分是均匀的。在 100km 高度之上,分子扩散占主导地位,化学分离的概率随着分子量而变得越来越显著。在 86km 高度之下,大气的分子量是恒定的,为 $W = 28.96$,然后会稍微下降,在 $z = 100$km 时降低 2%,下降到 28.40。注意,该模型忽略了水蒸气。水的分子量等于 18,它会降低大气混合物的分子量,使特定压力和温度下的大气密度更低。不过,典型的湿度水平一般都是这样的,这使它的影响不大(<1%),而且基本上局限于对流层。按照恒定成分假设,气体常数是不变的,而且流体静力方程和状态方程是很容易结合在一起的。

1976 年版本美国标准大气定义了大气的各个层,每层具有 $T = T_i + \lambda_i(h - h_i)$,其中 T_i 为 i 层起点温度,h_i 为 i 层起点的高度,λ_i 为该层的垂直梯度,即 $\mathrm{d}T/\mathrm{d}h$。积分非零 λ 的流体静力学方程,可得

$$p = p_i \left[\frac{T_i}{T_i + \lambda_i(h - h_i)} \right]^{\frac{g_E}{R\lambda_i}} \tag{2.4}$$

在同温层,$\lambda = 0$,温度 $T = T_i =$ 常数,压力则等于

$$p = p_i \exp\left[-\frac{g_E}{RT_i}(h - h_i) \right] \tag{2.5}$$

在地球表面,$h=z=0$,温度取为 $T=15℃=288.15K$,并且 $g_E/R=34.17K/km$。这个大气模型的各层特性如表 2.1 所示。在 98.45km 重力势高度(即几何高度 100km)以内,可按不同的温度变化分为 9 层。温度层的划分惯例是在不超过几何高度 $z=86km$(重力势高度 $h=84.85km$)范围内采用重力势高度。若采用 h,流体静力方程(2.3)更容易积分,这是因为 g_E 是不变的。在地球表面上空的这个高度,重力势高度和几何高度相差不大。而且,在 86km 以下区域,大气成分是恒定的,气体常数 R 因此也是恒定的,利用状态方程(2.1)则可直接算出密度。在飞机和航天器的实际运行中,几何高度更有意义。随着在地球表面上高度的增加,重力势高度和几何高度之间的差别持续增加,因此,通常根据几何高度给出热力学特性和输运特性。

表 2.1　1976 年版本大气模型中的各层的定义[a]

层	重力势高度 h/km	几何高度 z/km	直减率 λ_i/(K/km)	温型
1	0	0	-6.5	中性
2	11	11.019	0	同温
3	20	20.063	$+1.0$	逆温
4	32	32.162	$+2.8$	逆温
5	47	47.351	0	同温
6	51	51.413	-2.8	中性
7	71	71.802	-2.0	中性
8	84.85	86	0	同温
9	90.69	92	$+1.03$	逆温
10	98.45	100	增长	逆温

注:a 第 8 层和第 9 层数据为近似值,依据其他大气数据。

表 2.1 中的大气分层就是遵循这一约定的。从 $z=86km$ 到 $z=92km$ 可认为温度是恒定的,在此高度之上,温度线性上升,直到 $z=100km$。在这个区域,空气的相对分子质量降低约 2%,从 86km 的 28.96 下降到 100km 的 28.40。超过 $z=100km$ 后,这个模型的大气温度单调增加,在 500km 高度处增加至 1000K 的渐近值。后面将详细讨论这个大气模型外层的相应状态条件。需要注意的是,外层的渐近温度值会因太阳活动而出现大幅变化。例如,图 2.1 所示的 1500K,就是在较高太阳活动期间出现的。

不同层的压力分布,单位为 kPa,按如下方式计算。

第 1 层(0～11km):

$$p=101.33\left(\frac{288.15}{288.15-6.5h}\right)^{\frac{34.17}{-6.5}}$$

第 2 层(11～20km):

$$p = 22.64 \exp\left[\frac{-34.17(h-11)}{216.65}\right]$$

第 3 层(20～32km):

$$p = 5.474 \left[\frac{216.65}{216.65+(h-20)}\right]^{\frac{34.17}{1}}$$

第 4 层(32～47km):

$$p = 0.8680 \left[\frac{228.65}{228+2.8(h-32)}\right]^{\frac{34.17}{2.8}}$$

第 5 层(47～51km):

$$p = 0.1109 \exp\left[\frac{-34.17(h-47)}{270.65}\right]$$

第 6 层(51～71km):

$$p = 0.06694 \left[\frac{270.65}{270.65-2.8(h-51)}\right]^{\frac{34.17}{-2.8}}$$

第 7 层(71～84.85km):

$$p = 0.003957 \left[\frac{214.65}{214.65-2(h-71)}\right]^{\frac{34.17}{-2}}$$

第 8 层(84.85～90.69km):

$$p = 0.0003733 \exp\left[-\frac{34.17}{186.95}(h-84.85)\right]$$

第 9 层(90.69～98.45km):

$$p = 0.0001288 \left[\frac{186.95}{186.95+1.03(h-90.69)}\right]^{\frac{34.17}{1.03}}$$

2.3.2 低层大气和中层大气的特性

图 2.2 为表 2.1 所列的均匀层的温度剖面。显然,在平流层的下段,即 10～20km 的高度处,温度为常数,大约为 216K。这也是从商业喷气式航班到军用飞机直至马赫数为 3 的 SR-71 黑鸟侦察机等高速有人飞行的区域。声速则可根据其对理想气体的定义得出:

$$a^2 = \left(\frac{\partial p}{\partial \rho}\right)_s = \gamma R T = \gamma \frac{R_u}{W} T \tag{2.6}$$

因为声速与温度的平方根成正比,而标准大气的温度变化不大,所以在 100km 高度以内,空气的声速是基本恒定的,如图 2.3 所示。在初步设计时,声速通常取为恒定值,这样在整个范围内所产生的误差大约在 ±10% 的量级上。

动力黏度 μ(单位为 Pa·s)和导热系数 k[单位为 W/(m·K)]可根据

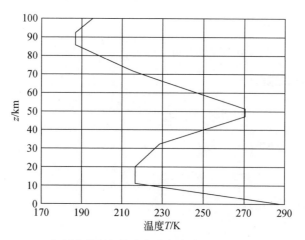

图 2.2　1976 年版本美国标准大气几何高度 100km 以内的温度分布

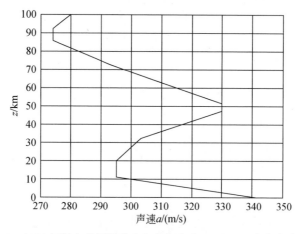

图 2.3　1976 年版本美国标准大气几何高度 100km 以内的声速分布

Handbook of Geophysics(1985)给出的如下公式算出：

$$\mu = 1.458 \times 10^{-6} \left(\frac{T^{3/2}}{T + 110.4} \right) \tag{2.7}$$

$$k = 2.6502 \times 10^{-3} \left(\frac{T^{3/2}}{T + 245.4 \times 10^{-12/T}} \right) \tag{2.8}$$

图 2.4 和图 2.5 给出了这些重要气体性质的变化图。

100km 高度以内的温度变化范围较小，在 195~288K 内，平均温度为 230K，如图 2.2 所示。因此其比热可取为恒定值，为 $c_p = 1.005 \text{kJ}/(\text{kg} \cdot \text{K})$。普朗特数即运动黏度($\nu = \mu/\rho$)与散热系数($\alpha = k/\rho c_p$)之比，可表示为

$$Pr = \frac{\mu c_p}{k} \approx 0.732 \tag{2.9}$$

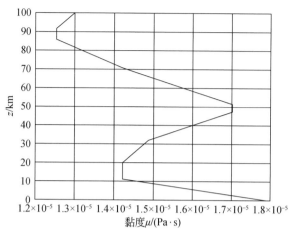

图 2.4　1976 年版本美国标准大气在海平面以上与 100km 高度之间的黏度分布

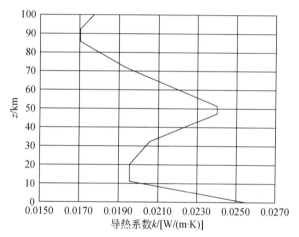

图 2.5　1976 年版本美国标准大气在海平面以上与 100km 高度之间的导热系数分布

因为 μ/k 同 c_p 一样,不怎么随温度而变,因此在 $z=100$km 以内,普朗特数基本上是恒定的,为 $0.715<Pr<0.748$。取这个温度段的平均值 $T_{av}=230$K,即得到式(2.9)给出的数字。比热比与气体常数一样,取决于空气的成分,但是 100km 高度以下,有 $\gamma=1.4$ 且 $R=0.287$kJ/(kg·K)。

已知模型空气的各高度的温度和压力后,就能根据状态方程(2.1)算出密度。图 2.6 和图 2.7 分别为压力和密度的变化情况。图中的高度范围分为了两段:一个是从海平面到 50km,另一个是 50~100km,以便能更清晰地突出压力和密度分布的近似指数变化特性。图中也突出了这两个高度段内压力和密度数值的巨大差别。

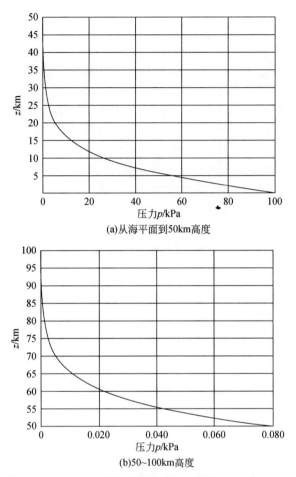

(a)从海平面到50km高度

(b)50~100km高度

图 2.6 1976 年版本美国标准大气从海平面到 50km 高度与 50～100km 高度的压力分布

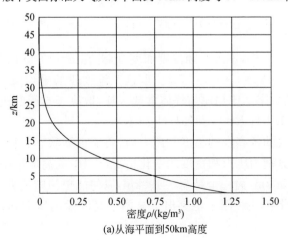

(a)从海平面到50km高度

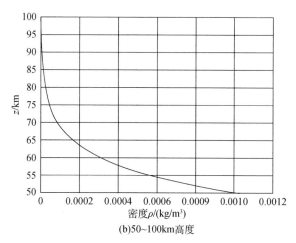

(b)50~100km高度

图 2.7　1976 年版本美国标准大气从海平面到 50km 高度与 50~100km 高度的密度分布

2.3.3　大气标高

用大气压力比 $\delta = p/p_{sl}$ 和特征长度 H 对式(2.3)进行归一化处理,可获得如下大气特征:

$$\frac{\mathrm{d}\delta}{\delta} = \left(\frac{g_E H}{RT}\right)\mathrm{d}\left(\frac{h}{H}\right)$$

可以设大气的特征长度即标高为

$$H = \frac{RT}{g_E}$$

则流体静力方程变为

$$\frac{\mathrm{d}\delta}{\delta} = \frac{\mathrm{d}h}{H}$$

显然,若 R 和 T 都为常数,不随高度而变,则压力剖面是指数性的,等于

$$\delta = \exp\left(-\frac{h}{H}\right) \tag{2.10}$$

在 100km 以下,h 和 z 的差异小于 2%,因此在式(2.10)中,可用 z 代替 h,只会对准确性带来很小的损失。这样,可以将 H 当做一种标高,大气压力相对于标高以 e^{-1} 的速度下降。状态方程(2.1)表明,对于常数 T 和 R,大气压力比 δ 等于大气密度比 $\sigma = \rho/\rho_{sl}$。如前所述,100km 内的大气成分恒定,所以可设 $H = 0.2926T$,其中 H 的单位是 km。在 $z = 100$km 以内,温度虽然不是恒定的,但变化并不大,因此有 $\sigma \sim \delta$。故密度在性质上应接近指数变化,如图 2.8 所示。图中标准大气的密度比与如下指数近似关系进行对比:

$$\sigma = \exp\left(-\frac{z}{H}\right) \tag{2.11}$$

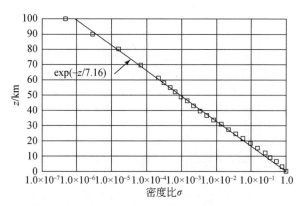

图 2.8　1976 年版本美国标准大气密度比同式(2.11)的指数近似关系之间的对比,$H=7.16\mathrm{km}$

　　选取的标高为 $H=7.16\mathrm{km}$,这对应于平均温度 $T_{\mathrm{av}}=245\mathrm{K}$,这也是航天器再入初步设计分析中通常采用的值。

2.3.4　高层大气:100~500km

　　根据气体的分子运动论,平均自由程 λ 指气体分子碰撞间的平均距离。在标准大气中,λ 随高度的变化情况如图 2.9 所示。在内层和中层大气,这个距离呈指数增加,大约从 $10^{-7}\mathrm{m}$ 增加到 $z=100\mathrm{km}$ 高度时的 $10^{-1}\mathrm{m}$。其后,这个距离增长很慢,在热层终点($z=500\mathrm{km}$)达到数十公里。

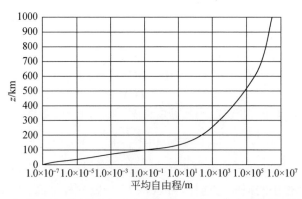

图 2.9　1976 年版本美国标准大气从海平面到 1000km 高度之间的平均自由程分布

　　在热层上部,平均自由程很大,这使分子间的碰撞频率变小。在分子越来越稀薄的情况下,碰撞次数将大量降低,这意味着每种化学成分都在重力作用下独立活动。如此一来,不同成分就按其质量沿高度分层。因此,大气中的气体分子量就随高度的增加而降低,如图 2.10 所示。热层的平均分子量降低,一大原因是分子氧发生了离解。注意,在 $z=300\mathrm{km}$ 到 $z=500\mathrm{km}$ 之间,大气分子量与原子氧分子量相差不过±12.5％。LEO 区域存在原子氧,而原子氧具有化学活性,这对航天器表面的完好性是一个威胁。一旦到了外大气层($z>500km$),基本上就只存在氦和原子氢。在太阳活动较活跃期间,热层中除了原子氧外还会有较高水平的分子氮。分子氮尽管受到太阳辐射的大量激励,但还是难以发生离解。这些物质可能与氦相当,甚至更高。

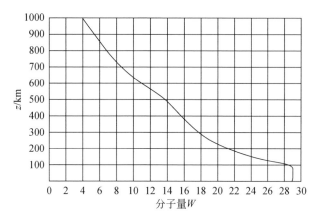

图 2.10　1976 年版本美国标准大气从海平面到 1000km 高度的分子量分布

可以认为其中的分子速度符合麦克斯韦-玻尔兹曼分布,其平均分子速度与温度的关系为

$$\bar{a}=\sqrt{\frac{8R_{\mathrm{u}}T}{\pi W}} \tag{2.12}$$

图 2.11 为 1976 年版本美国标准大气在 500km 高度以内的温度剖面。按该模型,这个高度范围内的温度渐近地接近 1000K。

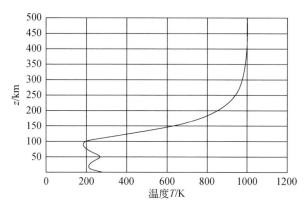

图 2.11　1976 年版本美国标准大气在海平面至 500km 高度的温度分布,
500～1000km 高度内,温度稳定在 1000K

　　图 2.12 为该大气模型整个范围内(从 $z=0\mathrm{km}$ 到 $z=1000\mathrm{km}$)的压力比和密度比。显然,大气的压力和密度剖面不再随高度而呈指数变化。如图 2.9 所示,在热层的边缘($z=500\mathrm{km}$),平均自由程约为 $100\mathrm{km}$,即约为此处的标高。实际上,热层的边缘就是按照自由程等于所在点标高时所对应的高度来设定的。

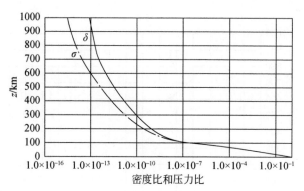

图 2.12　1976 年版本美国标准大气海平面至 1000km 高度范围的
压力比 δ 和密度比 σ 分布

$100\mathrm{km}$ 高度以上的温度比,可用以下拟合曲线近似表示,误差在 $\pm7\%$ 内:

$$\theta \approx 3.477 - 2.85\exp\left[-\left(\frac{z-100}{70}\right)\right] \tag{2.13}$$

　　图 2.13 给出了式(2.13)和标准大气剖面的对比情况。如前所述,热层中的温度容易受太阳活动的影响,因此在实际中,可以把热层 1000K 的标准值框入 $600\sim1900\mathrm{K}$ 范围之内。

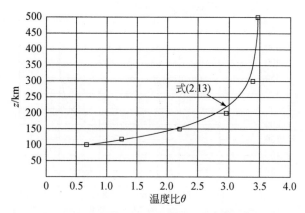

图 2.13　1976 年版本美国标准大气温度比(空框符号)和式(2.13)
指数近似表示的对比情况

2.4　使用大气模型的流动性质

要分析和设计穿越大气的航天器,就需要知道自由流参数方面的信息,如单位雷诺数(单位长度的雷诺数)、马赫数、动压力。这些仅与前面介绍的大气性质有关。通常采用解析形式表示这些性质,下面将介绍它们的几种简化形式。

2.4.1　雷诺数和马赫数

雷诺数是无量纲的相似参数,它表示流体中的动压力和黏性力的相对重要性。它的定义如下:

$$Re = \frac{\rho V l}{\mu} = \frac{\rho V^2}{\mu\left(\dfrac{V}{l}\right)} = \frac{a Ma \cdot l}{\nu} \tag{2.14}$$

其中,l 为流体中物体的特征长度。马赫数等于气体的局部速度与气体所处局部位置的声速之比,即

$$Ma = \frac{V}{a} \tag{2.15}$$

式(2.6)定义了声速 a。马赫数跟单位雷诺数(Re/l)之比只与大气性质有关:

$$\frac{Ma}{Re/l} = \frac{\nu}{a} \tag{2.16}$$

如前所述,根据气体的分子运动论,平均自由程 λ 指气体分子碰撞间的平均距离。Liepmann 等(2002)证明,这种碰撞特征长度可以用分子平均速度 $\bar{a}$ 和运动黏度或导热系数表示,具体如下:

$$\lambda \sim \frac{\nu}{\bar{a}} \sim \frac{k}{\bar{a}} \tag{2.17}$$

平均分子速度与声速成正比,也在同一数量级上,具体如下:

$$a = \sqrt{\gamma R T} = \bar{a}\sqrt{\frac{\pi\gamma}{8}} \tag{2.18}$$

在 $z = 100\text{km}$ 高度以内,$Ma \cdot l/Re$ 和 λ 随高度的一般变化情况如图 2.14 所示。这两个长度之间的关系可用式(2.19)表示,误差在 $\pm7\%$ 以内:

$$\frac{Ma}{Re/l} \approx \frac{3}{5}\lambda \tag{2.19}$$

可将式(2.19)改写为

$$\frac{Ma}{Re} \approx \frac{3}{5}\frac{\lambda}{l} = \frac{3}{5}Kn \tag{2.20}$$

其中,$Kn = \lambda/l$ 就是克努森数,即气体的平均自由程同浸泡在该气体流体内物体的特征尺寸之比。正如 Liepmann 等(2002)所指出的,克努森数反映了气体内分子

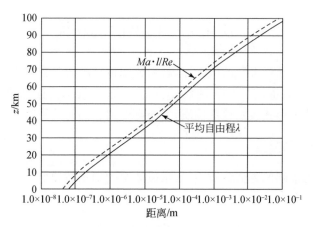

图 2.14　$Ma \cdot l/Re$ 参数和平均自由程 λ 随几何高度的变化情况

的碰撞特性。如果 $Kn \ll 1$，分子间碰撞以及分子同其他分子间的碰撞是主要的碰撞，这时可认为流体是连续的。如果 $Kn \gg 1$，则分子同物体表面的碰撞将是主要的碰撞，这时可认为流动是分子流。

式（2.21）为 $Ma \cdot l/Re$ 的简单的近似解析表达式，单位为 m，但 z 的单位为 km：

$$\frac{Ma \cdot l}{Re} = 3.906 \times 10^{-8} \exp\left(\frac{z}{7.16}\right) \tag{2.21}$$

在大约 90km 的高度之下，式（2.21）的准确率仅为 $\pm 25\%$，在 90～100km 内误差会更高。采用相同的单位，式（2.21）的另一个修正公式为

$$\frac{Ma \cdot l}{Re} = 3.906 \times 10^{-8} \exp\left(\frac{z}{7.16}\right)\left[1 + 0.27\sin\left(\frac{\pi z}{29}\right)\right]^{-1} \tag{2.22}$$

当高度不超过 90km 时，式（2.22）的参数 $Ma \cdot l/Re$ 同利用图 2.15 中实际大气模型算出的结果相比，准确率在 $\pm 10\%$ 以内。在 $z = 100$km 高度以内，对于 $\lambda = 1$m 的特征长度，有 $Ma \cdot l/Re \leqslant 0.1$。因此，有理由认为这种大小的航天器及更大航天器周围的流体属于连续流。

关于如何表示连续流的问题，可以从分子碰撞的松弛时间与流体在物体上的驻留时间之比的角度进行考虑。可以用前面的变量表示为

$$\frac{Ma^2}{Re} = \frac{V^2}{a^2}\frac{\nu}{Vl} = \frac{\nu/a^2}{l/V} \approx \frac{3}{5}\frac{\lambda/a}{l/V} = \frac{3}{5}\sqrt{\frac{8}{\pi\gamma}}\frac{\lambda/\overline{a}}{l/V} \approx \frac{\tau_{\text{coll}}}{\tau_{\text{res}}} \tag{2.23}$$

如果流体质点中的分子碰撞间的时间 τ_{coll} 远小于流场中流体质点在物体上的驻留时间 τ_{res}，则可认为流场是连续的。于是，更严格的连续流的条件可以表示为

$$\frac{Ma^2}{Re} \approx \frac{3}{5}Ma \cdot Kn \ll 1 \tag{2.24}$$

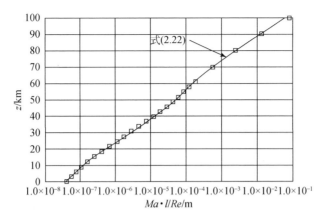

图 2.15　利用 1976 年版本标准大气算出的马赫数跟单位雷诺数之比随高度的变化情况

2.4.2　动压力

流动中的惯性力与动压力成比例,即

$$q=\frac{1}{2}\rho V^2=\frac{1}{2}\gamma p Ma^2 \tag{2.25}$$

动压力与马赫数的平方之比仅取决于气体的成分和状态,具体为

$$\frac{q}{Ma^2}=\frac{1}{2}\gamma p \tag{2.26}$$

该比值随高度的一般变化情况如图 2.16 所示。图中还显示了式(2.27)所示的近似解析关系式的情况:

$$\frac{q}{Ma^2}=0.88\left[1+0.175\sin\left(\frac{\pi z}{24.4}\right)\right]\exp\left(-\frac{z}{7.16}\right) \tag{2.27}$$

其中,q 的单位为 kPa;z 的单位为 km。按图 2.16 所示比例,利用 1976 年版本美国标准大气所得的曲线同式(2.27)的近似模型之前的差别不明显,不过在两端,式(2.27)的准确度低于±8%。

动压力与飞行器的升力有关系,对于质量为 W、参考面积(一般为平面形状)为 S 的飞行器,在稳定巡航飞行期间,动压力可表示为

$$q=\frac{L}{C_L S}=\frac{1}{C_L}\left(\frac{W}{S}\right)_{\text{cruise}} \tag{2.28}$$

因此,对于特定机翼(更广义地讲,是特定平面形状)载荷所承受的动压力,就决定了平衡状态飞行所需的升力系数 C_L。通常将恒定动压力 q 的廓线表示为高度和马赫数的函数,利用前面介绍的解析近似方法,就很容易实现。图 2.17 和图 2.18 给出了不同飞行马赫数范围的结果。图 2.17 涵盖了整个有人飞行范围,包括了从 LEO 再入时的 $Ma\approx25$ 到 $Ma=40$ 所对应的月球任务返回地球时的上

限值。图 2.18 为较高的超声速和较低的超声速巡航条件下,有人任务的飞行马赫数范围。

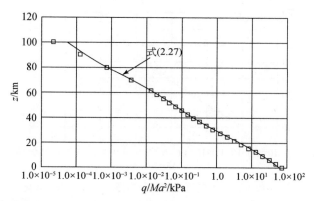

图 2.16　分别采用 1976 年版本美国标准大气和式(2.27)的近似公式得到的动压力 q（单位 kPa）与马赫数平方之比随高度的变化情况

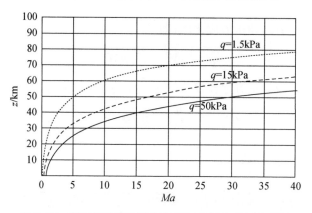

图 2.17　高马赫数实际飞行条件下的恒定动压力廓线

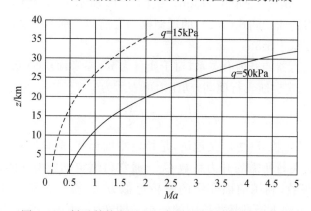

图 2.18　低马赫数实际飞行条件下的恒定动压力廓线

2.4.3　大气性质曲线拟合

在设计研究中,能够使用具有合理精度的大气性质的解析表达式通常是有利的。在许多飞行应用中,尤其是航天器的发射和再入,大气密度是按高度的简单指数函数表示的。如果在较宽的高度范围使用,会产生较大的误差。本小节介绍 $0 < z < 100$ km 范围内具有均匀成分的大气热力学特性的几个表达式。温度比可以近似表示为

$$\theta = 0.9 - 0.00165z + 0.12\sin\left(\pi\frac{z-35}{35}\right) \tag{2.29}$$

图 2.19 对比了式(2.29)计算结果同实际温度比的情况。在 $6 \sim 100$ km 内,误差小于 $\pm 4\%$。依据式(2.30),式(2.29)也可用来计算声速。

$$a = a_{sl}\sqrt{\theta} \tag{2.30}$$

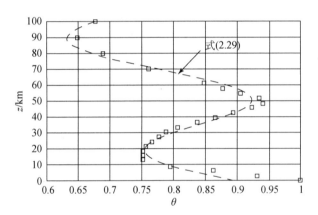

图 2.19　分别采用 1976 年版本美国标准大气和式(2.29)的近似公式
得到的温度比 θ 随高度的变化情况

图 2.20 对比了计算的声速和实际声速剖面情况,误差约为 $\pm 2\%$。
式(2.31)给出的大气密度的近似剖面比较合理。

$$\sigma = \frac{\rho(h)}{\rho(0)} = 1.065\left[1 + 0.18\sin\left(\frac{\pi z}{28.48}\right)\right]\exp\left(-\frac{z}{7.12}\right) \tag{2.31}$$

压力比可用状态方程进行计算,于是

$$\delta = \frac{p}{p_{sl}} = \sigma\theta \tag{2.32}$$

图 2.21 为由式(2.29)、式(2.31)和式(2.32)计算出的压力剖面和密度剖面准确度。对于 $0 < z < 18$ km,误差在 $\pm 8\%$ 之内;对于 $18\text{km} < z < 82\text{km}$,误差在 $\pm 3\%$ 之内。在超过 80km 的高度,近似方程得出的值明显偏高。从图 2.21 可以看出,超过 $z =$

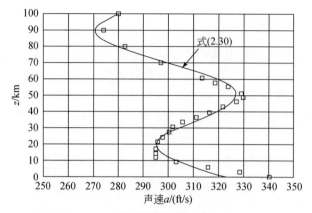

图 2.20　分别采用 1976 年版本美国标准大气和式(2.30)的近似公式
得到的声速 a 随高度的变化情况

100km 的高度时,密度不再呈指数降低。不过,就如本章开篇所述,影响最大的空气
动力效应发生在大气的初始 100km 以下。

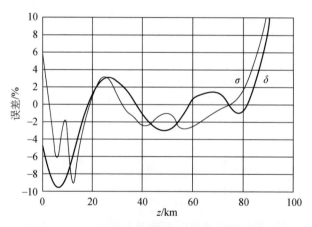

图 2.21　大气压力比和密度比的近似值同实际值的误差

2.5　大气性质表

本节所列表格采用国际制单位,列出了 1976 年版本美国标准大气的性质。
表 2.2～表 2.9 列出了不同高度范围与增量的热力学和输运性质。表 2.10 列出了用
国际制单位表示时的美国标准大气所用的基本参数。

表 2.2　1976 年版本美国标准大气 $z=0\sim30km$ 范围的热力学性质(按 1km 增量)

z/km	T/K	p/kPa	$\rho/(kg/m^3)$	θ	δ	σ
0	288.15	1.013×10^2	1.225	1.000	1.000	1.000
1	281.65	89.88	1.112	9.774×10^{-1}	8.873×10^{-1}	9.075×10^{-1}
2	275.15	79.51	1.007	9.549×10^{-1}	7.848×10^{-1}	8.217×10^{-1}
3	268.66	70.12	9.093×10^{-1}	9.324×10^{-1}	6.922×10^{-1}	7.423×10^{-1}
4	262.17	61.66	8.194×10^{-1}	9.098×10^{-1}	6.087×10^{-1}	6.689×10^{-1}
5	255.68	54.05	7.364×10^{-1}	8.873×10^{-1}	5.336×10^{-1}	6.012×10^{-1}
6	249.19	47.22	6.601×10^{-1}	8.648×10^{-1}	4.661×10^{-1}	5.389×10^{-1}
7	242.70	41.11	5.900×10^{-1}	8.423×10^{-1}	4.058×10^{-1}	4.817×10^{-1}
8	236.22	35.65	5.258×10^{-1}	8.198×10^{-1}	3.520×10^{-1}	4.292×10^{-1}
9	229.73	30.80	4.671×10^{-1}	7.973×10^{-1}	3.041×10^{-1}	3.813×10^{-1}
10	223.25	26.50	4.135×10^{-1}	7.748×10^{-1}	2.616×10^{-1}	3.376×10^{-1}
11	216.77	22.70	3.648×10^{-1}	7.523×10^{-1}	2.241×10^{-1}	2.978×10^{-1}
12	216.65	19.36	3.112×10^{-1}	7.519×10^{-1}	1.911×10^{-1}	2.541×10^{-1}
13	216.65	16.42	2.640×10^{-1}	7.519×10^{-1}	1.621×10^{-1}	2.156×10^{-1}
14	216.65	13.86	2.229×10^{-1}	7.519×10^{-1}	1.368×10^{-1}	1.819×10^{-1}
15	216.65	11.63	1.870×10^{-1}	7.519×10^{-1}	1.148×10^{-1}	1.527×10^{-1}
16	216.65	9.704	1.560×10^{-1}	7.519×10^{-1}	9.580×10^{-2}	1.274×10^{-1}
17	216.65	8.044	1.293×10^{-1}	7.519×10^{-1}	7.941×10^{-2}	1.056×10^{-1}
18	216.65	7.565	1.216×10^{-1}	7.519×10^{-1}	7.468×10^{-2}	9.930×10^{-2}
19	216.65	6.467	1.040×10^{-1}	7.519×10^{-1}	6.384×10^{-2}	8.489×10^{-2}
20	216.65	5.529	8.890×10^{-2}	7.519×10^{-1}	5.458×10^{-2}	7.258×10^{-2}
21	217.58	4.727	7.569×10^{-2}	7.551×10^{-1}	4.667×10^{-2}	6.178×10^{-2}
22	218.57	4.047	6.451×10^{-2}	7.585×10^{-1}	3.995×10^{-2}	5.266×10^{-2}
23	219.57	3.467	5.500×10^{-2}	7.620×10^{-1}	3.422×10^{-2}	4.490×10^{-2}
24	220.56	2.972	4.694×10^{-2}	7.654×10^{-1}	2.934×10^{-2}	3.831×10^{-2}
25	221.55	2.549	4.008×10^{-2}	7.689×10^{-1}	2.516×10^{-2}	3.272×10^{-2}
26	222.54	2.188	3.425×10^{-2}	7.723×10^{-1}	2.160×10^{-2}	2.796×10^{-2}
27	223.54	1.880	2.930×10^{-2}	7.758×10^{-1}	1.856×10^{-2}	2.392×10^{-2}
28	224.53	1.616	2.507×10^{-2}	7.792×10^{-1}	1.595×10^{-2}	2.047×10^{-2}
29	225.52	1.390	2.148×10^{-2}	7.826×10^{-1}	1.373×10^{-2}	1.753×10^{-2}
30	226.51	1.197	1.841×10^{-2}	7.861×10^{-1}	1.182×10^{-2}	1.503×10^{-2}

表 2.3　1976 年版本美国标准大气 $z=0\sim30\text{km}$ 范围的输运性质(按 1km 增量)

z/km	$a/(\text{m/s})$	$\mu/(\text{N}\cdot\text{s/m}^2)$	$\nu/(\text{m}^2/\text{s})$	$k/[\text{W}/(\text{m}\cdot\text{K})]$
0	340.29	1.789×10^{-5}	1.461×10^{-5}	2.533×10^{-2}
1	336.43	1.758×10^{-5}	1.581×10^{-5}	2.481×10^{-2}
2	332.53	1.726×10^{-5}	1.715×10^{-5}	2.430×10^{-2}
3	328.58	1.694×10^{-5}	1.863×10^{-5}	2.378×10^{-2}
4	324.59	1.661×10^{-5}	2.027×10^{-5}	2.326×10^{-2}
5	320.54	1.628×10^{-5}	2.211×10^{-5}	2.273×10^{-2}
6	316.45	1.595×10^{-5}	2.416×10^{-5}	2.220×10^{-2}
7	312.30	1.561×10^{-5}	2.646×10^{-5}	2.167×10^{-2}
8	308.10	1.527×10^{-5}	2.904×10^{-5}	2.114×10^{-2}
9	303.85	1.493×10^{-5}	3.196×10^{-5}	2.060×10^{-2}
10	299.53	1.458×10^{-5}	3.525×10^{-5}	2.006×10^{-2}
11	295.15	1.422×10^{-5}	3.899×10^{-5}	1.952×10^{-2}
12	295.07	1.422×10^{-5}	4.568×10^{-5}	1.950×10^{-2}
13	295.07	1.422×10^{-5}	5.384×10^{-5}	1.950×10^{-2}
14	295.07	1.422×10^{-5}	6.379×10^{-5}	1.950×10^{-2}
15	295.07	1.422×10^{-5}	7.601×10^{-5}	1.950×10^{-2}
16	295.07	1.422×10^{-5}	9.111×10^{-5}	1.950×10^{-2}
17	295.07	1.422×10^{-5}	1.099×10^{-4}	1.950×10^{-2}
18	295.07	1.422×10^{-5}	1.169×10^{-4}	1.950×10^{-2}
19	295.07	1.422×10^{-5}	1.367×10^{-4}	1.950×10^{-2}
20	295.07	1.422×10^{-5}	1.599×10^{-4}	1.950×10^{-2}
21	295.70	1.427×10^{-5}	1.885×10^{-4}	1.958×10^{-2}
22	296.38	1.432×10^{-5}	2.220×10^{-4}	1.967×10^{-2}
23	297.05	1.438×10^{-5}	2.614×10^{-4}	1.975×10^{-2}
24	297.72	1.443×10^{-5}	3.074×10^{-4}	1.983×10^{-2}
25	298.39	1.448×10^{-5}	3.614×10^{-4}	1.992×10^{-2}
26	299.05	1.454×10^{-5}	4.244×10^{-4}	2.000×10^{-2}
27	299.72	1.459×10^{-5}	4.981×10^{-4}	2.008×10^{-2}
28	300.38	1.465×10^{-5}	5.841×10^{-4}	2.017×10^{-2}
29	301.05	1.470×10^{-5}	6.844×10^{-4}	2.025×10^{-2}
30	301.71	1.475×10^{-5}	8.014×10^{-4}	2.033×10^{-2}

表 2.4 　 1976 年版本美国标准大气 $z=0 \sim 50 \text{km}$ 范围的热力学性质(按 2km 增量)

z/km	T/K	p/kPa	$\rho/(\text{kg/m}^3)$	θ	δ	σ
0	288.15	1.013×10^2	1.225	1.000	1.000	1.000
2	275.15	79.51	1.007	9.549×10^{-1}	7.848×10^{-1}	8.217×10^{-1}
4	262.17	61.66	8.194×10^{-1}	9.098×10^{-1}	6.087×10^{-1}	6.689×10^{-1}
6	249.19	47.22	6.601×10^{-1}	8.648×10^{-1}	4.661×10^{-1}	5.389×10^{-1}
8	236.22	35.65	5.258×10^{-1}	8.198×10^{-1}	3.520×10^{-1}	4.292×10^{-1}
10	223.25	26.50	4.135×10^{-1}	7.748×10^{-1}	2.616×10^{-1}	3.376×10^{-1}
12	216.65	19.40	3.119×10^{-1}	7.519×10^{-1}	1.915×10^{-1}	2.546×10^{-1}
14	216.65	14.17	2.278×10^{-1}	7.519×10^{-1}	1.399×10^{-1}	1.860×10^{-1}
16	216.65	10.35	1.664×10^{-1}	7.519×10^{-1}	1.022×10^{-1}	1.359×10^{-1}
18	216.65	7.564	1.216×10^{-1}	7.519×10^{-1}	7.467×10^{-2}	9.929×10^{-2}
20	216.65	5.529	8.890×10^{-2}	7.519×10^{-1}	5.458×10^{-2}	7.257×10^{-2}
22	218.57	4.047	6.450×10^{-2}	7.585×10^{-1}	3.995×10^{-2}	5.265×10^{-2}
24	220.56	2.971	4.693×10^{-2}	7.654×10^{-1}	2.933×10^{-2}	3.831×10^{-2}
26	222.54	2.188	3.425×10^{-2}	7.723×10^{-1}	2.160×10^{-2}	2.796×10^{-2}
28	224.53	1.616	2.507×10^{-2}	7.792×10^{-1}	1.595×10^{-2}	2.047×10^{-2}
30	226.51	1.197	1.841×10^{-2}	7.861×10^{-1}	1.181×10^{-2}	1.503×10^{-2}
32	228.49	8.889×10^{-1}	1.355×10^{-2}	7.930×10^{-1}	8.775×10^{-3}	1.106×10^{-2}
34	233.74	6.632×10^{-1}	9.885×10^{-3}	8.112×10^{-1}	6.547×10^{-3}	8.069×10^{-3}
36	239.28	4.984×10^{-1}	7.256×10^{-3}	8.304×10^{-1}	4.920×10^{-3}	5.923×10^{-3}
38	244.82	3.770×10^{-1}	5.365×10^{-3}	8.496×10^{-1}	3.722×10^{-3}	4.380×10^{-3}
40	250.35	2.871×10^{-1}	3.994×10^{-3}	8.688×10^{-1}	2.834×10^{-3}	3.261×10^{-3}
42	255.88	2.199×10^{-1}	2.994×10^{-3}	8.880×10^{-1}	2.171×10^{-3}	2.444×10^{-3}
44	261.40	1.694×10^{-1}	2.258×10^{-3}	9.072×10^{-1}	1.673×10^{-3}	1.843×10^{-3}
46	266.92	1.313×10^{-1}	1.714×10^{-3}	9.263×10^{-1}	1.296×10^{-3}	1.399×10^{-3}
48	270.65	1.023×10^{-1}	1.317×10^{-3}	9.393×10^{-1}	1.010×10^{-3}	1.075×10^{-3}
50	270.65	7.977×10^{-2}	1.027×10^{-3}	9.393×10^{-1}	7.875×10^{-4}	8.382×10^{-4}

表 2.5 　 1976 年版本美国标准大气 $z=50 \sim 100 \text{km}$ 范围的热力学性质(按 2km 增量)

z/km	T/K	p/kPa	$\rho/(\text{kg/m}^3)$	θ	δ	σ
50	270.65	7.977×10^{-2}	1.027×10^{-3}	9.393×10^{-1}	7.875×10^{-4}	8.382×10^{-4}
52	269.03	6.221×10^{-2}	8.055×10^{-4}	9.337×10^{-1}	6.141×10^{-4}	6.575×10^{-4}
54	263.52	4.833×10^{-2}	6.389×10^{-4}	9.145×10^{-1}	4.771×10^{-4}	5.216×10^{-4}

z/km	T/K	p/kPa	ρ/(kg/m³)	θ	δ	σ
56	258.02	3.736×10^{-2}	5.044×10^{-4}	8.954×10^{-1}	3.688×10^{-4}	4.117×10^{-4}
58	252.52	2.872×10^{-2}	3.962×10^{-4}	8.763×10^{-1}	2.835×10^{-4}	3.234×10^{-4}
60	247.02	2.196×10^{-2}	3.096×10^{-4}	8.573×10^{-1}	2.167×10^{-4}	2.528×10^{-4}
62	241.53	1.669×10^{-2}	2.407×10^{-4}	8.382×10^{-1}	1.647×10^{-4}	1.965×10^{-4}
64	236.04	1.260×10^{-2}	1.860×10^{-4}	8.191×10^{-1}	1.244×10^{-4}	1.519×10^{-4}
66	230.55	9.460×10^{-3}	1.429×10^{-4}	8.001×10^{-1}	9.338×10^{-5}	1.167×10^{-4}
68	225.07	7.052×10^{-3}	1.092×10^{-4}	7.811×10^{-1}	6.962×10^{-5}	8.910×10^{-5}
70	219.58	5.220×10^{-3}	8.282×10^{-5}	7.621×10^{-1}	5.153×10^{-5}	6.761×10^{-5}
72	214.26	3.836×10^{-3}	6.236×10^{-5}	7.436×10^{-1}	3.787×10^{-5}	5.091×10^{-5}
74	210.35	2.801×10^{-3}	4.638×10^{-5}	7.300×10^{-1}	2.765×10^{-5}	3.786×10^{-5}
76	206.45	2.033×10^{-3}	3.431×10^{-5}	7.165×10^{-1}	2.007×10^{-5}	2.801×10^{-5}
78	202.54	1.467×10^{-3}	2.524×10^{-5}	7.029×10^{-1}	1.448×10^{-5}	2.060×10^{-5}
80	198.64	1.052×10^{-3}	1.846×10^{-5}	6.894×10^{-1}	1.039×10^{-5}	1.507×10^{-5}
82	194.74	7.500×10^{-4}	1.342×10^{-5}	6.758×10^{-1}	7.404×10^{-6}	1.095×10^{-5}
84	190.84	5.310×10^{-4}	9.693×10^{-6}	6.623×10^{-1}	5.242×10^{-6}	7.912×10^{-6}
86	186.95	3.733×10^{-4}	6.957×10^{-6}	6.488×10^{-1}	3.686×10^{-6}	5.679×10^{-6}
88	186.95	2.615×10^{-4}	4.872×10^{-6}	6.488×10^{-1}	2.581×10^{-6}	3.977×10^{-6}
90	186.95	1.833×10^{-4}	3.415×10^{-6}	6.488×10^{-1}	1.809×10^{-6}	2.788×10^{-6}
92	186.95	1.285×10^{-4}	2.394×10^{-6}	6.488×10^{-1}	1.268×10^{-6}	1.954×10^{-6}
94	188.89	9.027×10^{-5}	1.665×10^{-6}	6.555×10^{-1}	8.911×10^{-7}	1.359×10^{-6}
96	190.83	6.365×10^{-5}	1.162×10^{-6}	6.623×10^{-1}	6.284×10^{-7}	9.486×10^{-7}
98	192.77	4.505×10^{-5}	8.142×10^{-7}	6.690×10^{-1}	4.448×10^{-7}	6.646×10^{-7}
100	195.08	3.201×10^{-5}	5.726×10^{-7}	6.757×10^{-1}	3.160×10^{-7}	4.674×10^{-7}

表 2.6　1976 年版本美国标准大气 $z=0\sim50$km 范围的输运性质(按 2km 增量)

z/km	a/(m/s)	μ/(N·s/m²)	ν/(m²/s)	k/[W/(m·K)]
0	340.29	1.789×10^{-5}	1.461×10^{-5}	2.533×10^{-2}
2	332.53	1.726×10^{-5}	1.715×10^{-5}	2.430×10^{-2}
4	324.59	1.661×10^{-5}	2.027×10^{-5}	2.326×10^{-2}
6	316.45	1.595×10^{-5}	2.416×10^{-5}	2.220×10^{-2}
8	308.10	1.527×10^{-5}	2.904×10^{-5}	2.114×10^{-2}
10	299.53	1.458×10^{-5}	3.525×10^{-5}	2.006×10^{-2}

z/km	$a/(\mathrm{m/s})$	$\mu/(\mathrm{N \cdot s/m^2})$	$\nu/(\mathrm{m^2/s})$	$k/[\mathrm{W/(m \cdot K)}]$
12	295.07	1.422×10^{-5}	4.557×10^{-5}	1.950×10^{-2}
14	295.07	1.422×10^{-5}	6.239×10^{-5}	1.950×10^{-2}
16	295.07	1.422×10^{-5}	8.540×10^{-5}	1.950×10^{-2}
18	295.07	1.422×10^{-5}	1.169×10^{-4}	1.950×10^{-2}
19	295.07	1.422×10^{-5}	1.367×10^{-4}	1.950×10^{-2}
20	295.07	1.422×10^{-5}	1.599×10^{-4}	1.950×10^{-2}
22	296.38	1.432×10^{-5}	2.220×10^{-4}	1.967×10^{-2}
24	297.72	1.443×10^{-5}	3.074×10^{-4}	1.983×10^{-2}
26	299.05	1.454×10^{-5}	4.244×10^{-4}	2.000×10^{-2}
28	300.38	1.465×10^{-5}	5.841×10^{-4}	2.017×10^{-2}
30	301.71	1.475×10^{-5}	8.014×10^{-4}	2.033×10^{-2}
32	303.02	1.486×10^{-5}	1.096×10^{-3}	2.050×10^{-2}
34	306.49	1.514×10^{-5}	1.531×10^{-3}	2.093×10^{-2}
36	310.10	1.543×10^{-5}	2.126×10^{-3}	2.139×10^{-2}
38	313.66	1.572×10^{-5}	2.930×10^{-3}	2.185×10^{-2}
40	317.19	1.601×10^{-5}	4.007×10^{-3}	2.230×10^{-2}
42	320.67	1.629×10^{-5}	5.441×10^{-3}	2.275×10^{-2}
44	324.11	1.657×10^{-5}	7.338×10^{-3}	2.320×10^{-2}
46	327.52	1.685×10^{-5}	9.831×10^{-3}	2.364×10^{-2}
48	329.80	1.704×10^{-5}	1.294×10^{-2}	2.394×10^{-2}
50	329.80	1.704×10^{-5}	1.659×10^{-2}	2.394×10^{-2}

表 2.7　1976 年版本美国标准大气 $z=50\sim100\mathrm{km}$ 范围的输运性质(按 2km 增量)

z/km	$a/(\mathrm{m/s})$	$\mu/(\mathrm{N \cdot s/m^2})$	$\nu/(\mathrm{m^2/s})$	$k/[\mathrm{W/(m \cdot K)}]$
50	329.80	1.704×10^{-5}	1.659×10^{-2}	2.394×10^{-2}
52	328.81	1.696×10^{-5}	2.105×10^{-2}	2.381×10^{-2}
54	325.43	1.668×10^{-5}	2.610×10^{-2}	2.337×10^{-2}
56	322.01	1.640×10^{-5}	3.252×10^{-2}	2.292×10^{-2}
58	318.56	1.612×10^{-5}	4.068×10^{-2}	2.248×10^{-2}
60	315.07	1.584×10^{-5}	5.114×10^{-2}	2.203×10^{-2}
62	311.55	1.555×10^{-5}	6.461×10^{-2}	2.158×10^{-2}
64	307.99	1.526×10^{-5}	8.203×10^{-2}	2.112×10^{-2}

续表

z/km	$a/(\mathrm{m/s})$	$\mu/(\mathrm{N \cdot s/m^2})$	$\nu/(\mathrm{m^2/s})$	$k/[\mathrm{W/(m \cdot K)}]$
66	304.39	1.497×10^{-5}	1.047×10^{-1}	2.067×10^{-2}
68	300.74	1.467×10^{-5}	1.344×10^{-1}	2.021×10^{-2}
70	297.06	1.438×10^{-5}	1.736×10^{-1}	1.975×10^{-2}
72	293.44	1.408×10^{-5}	2.258×10^{-1}	1.930×10^{-2}
74	290.75	1.387×10^{-5}	2.990×10^{-1}	1.897×10^{-2}
76	288.04	1.365×10^{-5}	3.978×10^{-1}	1.864×10^{-2}
78	285.30	1.343×10^{-5}	5.321×10^{-1}	1.831×10^{-2}
80	282.54	1.321×10^{-5}	7.156×10^{-1}	1.798×10^{-2}
82	279.75	1.298×10^{-5}	9.677×10^{-1}	1.764×10^{-2}
84	276.94	1.276×10^{-5}	1.316	1.731×10^{-2}
86	274.09	1.253×10^{-5}	1.801	1.697×10^{-2}
88	274.10	1.253×10^{-5}	2.572	1.697×10^{-2}
90	274.10	1.253×10^{-5}	3.670	1.697×10^{-2}
92	274.10	1.253×10^{-5}	5.235	1.697×10^{-2}
94	275.52	1.265×10^{-5}	7.597	1.714×10^{-2}
96	276.93	1.276×10^{-5}	1.098	1.730×10^{-2}
98	278.33	1.287×10^{-5}	1.581	1.747×10^{-2}
100	279.73	1.298×10^{-5}	2.267	1.764×10^{-2}

表 2.8 1976 年版本美国标准大气 $z=86\sim1000\mathrm{km}$ 范围的热力学性质

z/km	W	T/K	p/kPa	$\rho/(\mathrm{kg/m^3})$	θ	δ	σ
86	28.96	186.9	3.73×10^{-4}	6.96×10^{-6}	6.49×10^{-1}	3.68×10^{-6}	5.68×10^{-6}
88	28.92	187.0	2.61×10^{-4}	4.87×10^{-6}	6.49×10^{-1}	2.58×10^{-6}	3.98×10^{-6}
90	28.88	187.0	1.83×10^{-4}	3.41×10^{-6}	6.49×10^{-1}	1.81×10^{-6}	2.79×10^{-6}
92	28.80	186.9	1.29×10^{-4}	2.40×10^{-6}	6.49×10^{-1}	1.27×10^{-6}	1.96×10^{-6}
94	28.72	189.0	9.05×10^{-5}	1.67×10^{-6}	6.56×10^{-1}	8.93×10^{-7}	1.36×10^{-6}
96	28.67	191.0	6.38×10^{-5}	1.16×10^{-6}	6.63×10^{-1}	6.30×10^{-7}	9.50×10^{-7}
98	28.64	193.1	4.52×10^{-5}	8.15×10^{-7}	6.70×10^{-1}	4.46×10^{-7}	6.65×10^{-7}
100	28.56	195.1	3.21×10^{-5}	5.73×10^{-7}	6.77×10^{-1}	3.17×10^{-7}	4.68×10^{-7}
120	28.48	360.0	2.54×10^{-6}	2.22×10^{-8}	1.25	2.51×10^{-8}	1.81×10^{-8}
150	24.10	634.4	4.54×10^{-7}	2.08×10^{-9}	2.20	4.48×10^{-9}	1.69×10^{-9}
200	21.30	854.6	8.47×10^{-8}	2.54×10^{-10}	2.97	8.36×10^{-10}	2.07×10^{-10}

z/km	W	T/K	p/kPa	ρ/(kg/m³)	θ	δ	σ
300	17.73	976.0	8.77×10^{-9}	1.92×10^{-11}	3.39	8.66×10^{-11}	1.56×10^{-11}
500	13.75	999.2	3.02×10^{-10}	5.22×10^{-13}	3.47	2.98×10^{-12}	4.26×10^{-13}
700	8.53	1000.0	3.19×10^{-11}	3.07×10^{-14}	3.47	3.15×10^{-13}	2.51×10^{-14}
1000	3.94	1000.0	7.71×10^{-12}	3.56×10^{-15}	3.47	7.61×10^{-14}	2.91×10^{-15}

表 2.9　1976 年版本美国标准大气 $z=100 \sim 1000 \text{km}$ 范围的气体运动学性质

z/km	λ/m	W/(kg/kmol)	n/(1/m³)	f/(1/s)	a/(m/s)	H/km
100	1.42	28.40	1.19×10^{19}	2.7×10^{3}	381.4	6.01
150	33.0	24.10	5.19×10^{16}	23	746.5	23.38
200	2.42×10^{2}	21.30	7.18×10^{15}	3.9	921.6	36.18
300	2.60×10^{3}	17.73	6.51×10^{14}	4.2×10^{-1}	1080	51.19
400	1.60×10^{4}	15.98	1.06×10^{14}	7.2×10^{-2}	1149	59.68
600	2.80×10^{5}	11.51	5.95×10^{12}	4.8×10^{-3}	1356	88.24
800	1.40×10^{6}	5.54	1.23×10^{12}	1.4×10^{-3}	1954	193.9
1000	3.10×10^{6}	3.94	5.44×10^{11}	7.5×10^{-4}	2318	288.2

表 2.10　$z=0 \sim 100 \text{km}$ 范围内美国标准大气所采用的参数

特性	符号	值
通用气体常数	R_u	$8.3145 \text{J}/(\text{mol} \cdot \text{K})$
空气的分子量	W	$28.964 \text{kg}/(\text{k} \cdot \text{mol})$
空气的气体常数	R	$0.28706 \text{kJ}/(\text{kg} \cdot \text{K})$
重力加速度	g_E	9.8067m/s^2
比热比	γ	1.40
地球半径	R_E	6371km
海平面密度	ρ_{sl}	1.225kg/m^3
海平面温度	T_{sl}	288.16K
海平面压力	p_{sl}	101.3kPa

2.6　其他大气模型

AIAA(2010)编制了一本指南,提供了 70 多个地球和行星的大气模型,涵盖了一系列的高度,最高达到 4000km。这本指南介绍了模型的内容和技术依据、不确定性和局限性、计算机代码源。NASA 编制了一套大气模型档案,存放在协调模型中心(NASA Goddard,2013),可以在网络上查到,其中包括了模型运行的选项,还可以通过在线界面查看结果。以下简要介绍其他几种常用的大气模型。

ISO(1982)给出了地球表面到 80km 之间高度的大气性质数据,包括因季节、纬度和经度引起的日波动。模型展示了 80km 高度以内的大气性质的系统变化,其中包括热带、亚热带、中纬度地区、副北极地区、北极地区。还给出了观测温度和密度的时空变化和频率分布。这个大气模型也是国际民航组织(International Civil Aviation Organization,ICAO)采用的模型。

Picone 等(2002)讨论了海军研究实验室质谱仪非相干散射雷达模型,描述了地球大气中性温度和化学成分种类密度。后面跟的两位数字表示模型的发布年份。该模型依据卫星、火箭和雷达的一系列数据,这些数据具有较宽的时空分布,经过了实际数据的广泛验证。该模型具有灵活的数学表达式,适用于地面到外大气层高度。

Bowman 等(2008)提出了 JB2006,这是一个大气密度经验模型,描述的是 120km 以上热层和外大气层的中性温度和总密度。该模型表示了半年的变化规律,对如今大气密度的预测比之前的模型更准确。对比许多卫星算出的准确日密度空气阻力数据,该模型可用于 120km 到外大气层的高度。对于 400km 的高度,在低地磁暴活动期间,JB2006 模型的标准差会降低到 10%。

CIRA-86(1986)指空间研究委员会(Committee on Space Research,COSPAR)国际参考大气(COSPAR international reference atmosphere,CIRA)。它可提供 0~2000km 高度范围内的若干大气温度和密度模型,这些模型也是 COSPAR 所推荐的。在热层(100km 以上),CIRA-86 与 NRLMSIS-86 模型是一样的。对于较低高度(0~120km),该模型提供了月平均温度表格和 ±80° 纬度范围内的纬向风表格。该模型较低高度部分(在 120km 高度)同 NRLMSIS-86 相融合。该模型准确地再现了大气的大部分特性如赤道风,以及对流层顶、平流层顶和中间层顶的总体结构。

Justus 等(2008)提出了 NASA 有人太空飞行中心(Manned Space Flight Center,MSFC)全球参考大气模型(global reference atomspheric model,GRAM)。该模型提供了全球性的地理变化情况,涵盖了整个高度(从地面到轨道高度),还提供了热力学变量和风分量的季节性和月份变化情况。该模型还可以模拟热力学变量因湍流和其他大气扰动现象而出现的时空扰动。

Drob 等(2008)描述了水平风模型(horizontal wind model,HWM),这是一个中间层和热层(中层大气和高层大气)中水平风的全球经验模型。该模型可提供必要的风信息(考虑到时间、空间、地球物理方面的变化),对关于热力学性质的大气模型进行了补充。

参 考 文 献

AIAA(2010). AIAA guide to reference and standard atmosphere models (G-003C-2010e) American Institute of Aeronautics and Astronautics. eISBN: 978- 1- 60086- 784- 2, http://dx. doi. org/10. 2514/4. 867842.

Bowman, B. R. , Tobiska, W. K. , Marcos, F. A. , & Valladares, C. (2008). The JB2006 empirical thermospheric density model. Journal of Atmospheric and Solar-Terrestrial Physics, 70, 774,793.

CIRA-86(1986). The COSPAR International Reference Atmosphere(CIRA- 86). Committee on Space Research (COSPAR), NCAS British Atmospheric Data Centre. 2006, http://badc. nerc. ac. uk/view/badc. nerc. ac. uk__ATOM__dataent_CIRA.

COESA(1966). U. S. Standard Atmosphere Supplements. Washington, DC: National Oceanic and Atmospheric Administration, NASA, and USAF, U. S. Government Printing Office.

COESA (1976). U. S. Standard Atmosphere. Washington, DC: National Oceanic and Atmospheric Administration, NASA, and USAF, U. S. Government Printing Office.

Drob, D. P. , et al. (2008). An empirical model of the earth's horizontal wind fields: HWM07. Journal of Geophysical Research, 113, A12304. Available from http://dx. doi. org/10. 1029/2008JA013668.

Handbook of Geophysics(1985). In J. A. Jursa(Ed.), Handbook of geophysics and the space environment. Bedford, MA: Air Force Geophysics Laboratory, USAF.

ISO(1982). Reference atmospheres for aerospace use International Standards Organization, ISO 5878:1982.

Justus, C. J. , & Leslie, F. W. (2008). The NASA MSFC Earth Global Reference Atmospheric Model—2007 Version. NASA/TM—2008 215581.

Liepmann, H. W. , & Roshko, A. (2002). Elements of gasdynamics. Dover, NY.

NASA Goddard (2013). Model web catalog and archive. Community Coordinated Modeling Center, NASA Goddard Space Flight Center. http://ccmc. gsfc. nasa. gov/modelweb/models_home. html.

Picone, J. M. , Hedin, A. E. , Drob, D. P. , & Aikin, A. C. (2002). NRLMSISE- 00 empirical model of the atmo-sphere: Statistical comparisons and scientific issues. Journal of Geophysical Research, 107(A12), 1468. Available from http://dx. doi. org/10. 1029/2002 JA009430.

Schlatter, T. W. (2010). Atmospheric composition. Encyclopedia of aerospace engineering. NY: John Wiley and Sons. Available from http://dx. doi. org/10. 1002/9780470686652. eae319.

Von Karman, T. (1954). On the foundation of high speed aerodynamics. In W. R. Sears(Ed.), General theory of high speed aerodynamics(Vol. VI, pp. 3 30). Princeton, NJ: Princeton University Press, High Speed Aerodynamics and Jet Propulsion.

第 3 章 太 空 环 境

太空环境始于地球表面,向外延伸穿越大气,然后进入外层空间的星际区域。从地球表面出发,有人航天器感受到的第一个效应就是大气本身引起的。第 2 章详细介绍了地球大气,本章简要介绍有人航天器执行任务时所处的更广阔的环境。James 等(1993)对太空环境给航天器造成的影响进行了很适用的介绍。关于更详细的太空环境介绍,可以参考 Anderson 等(2005)的文献。

3.1 重 力 作 用

牛顿的引力理论准确地描述了太空运动物体的普遍规律,这将在第 5 章进行详细讨论。由该理论可以得到朝向地心的重力加速度等于

$$g = \frac{m_E G}{r^2} = \frac{m_E G}{R_E^2 \left(1 + \frac{z}{R_E}\right)^2} = \frac{g_E}{\left(1 + \frac{z}{R_E}\right)^2} \tag{3.1}$$

其中,地球质量为 $m_E = 5.9736 \times 10^{24}\,\text{kg}$;万有引力常数 $G = 6.67 \times 10^{-11}\,\text{m}^3/(\text{kg} \cdot \text{s}^2)$;$z$ 为地球平均半径 $R_E = 6371\text{km}$ 之上的高度。在 400km 高度上的重力加速度与地球表面的标准重力加速度(9.807m/s^2)相差仅 -6%。因此,在典型的有人轨道上,重力加速度大致与地球表面相同,航天器内的乘员也并不处于"零重力"状态。实际上,他们处在径向力平衡中,朝向地心的重力加速度同因轨道曲率而产生的离心加速度相互抵消了。轨道上这种失重状态会引起一些健康问题,包括骨质和肌肉的损失等(Gunga,2015),还会引起航天器的问题,尤其是在失重状态下输送液态推进剂,这是因为推进剂在储箱中的位置是不确定的。通常需要采用如 Huzel 等(1992)描述的利用金属或弹性膜或可移动活塞的容积式排出装置,以确保推进剂合适地流动。

为简单起见,设有一圆形轨道,离心加速度与重力加速度相等,得到平衡状态下的速度为

$$\frac{V^2}{r} = g \tag{3.2}$$

展开 r 和 g,得到以下速度(单位为 m/s):

$$V = \sqrt{\frac{g_E}{\left(1 + \frac{z}{R_E}\right)^2} R_E \left(1 + \frac{z}{R_E}\right)} = \frac{7904}{\sqrt{1 + \frac{z}{R_E}}} \tag{3.3}$$

因此,圆形轨道上的平衡速度稍微低于地面上的速度,并且随轨道半径的增加而降低。对于 LEO 来说,可以大致认为轨道速度 $V \approx V_E = 7.9 \text{km/s}$,也就是算得的地面轨道速度。

在圆形轨道上,运行一周的时间为

$$\tau = 2\pi \frac{r}{V} = 2\pi \sqrt{\frac{r}{g}} = 2\pi \sqrt{\frac{R_E}{g_E}} \left(1 + \frac{z}{R_E}\right)^{3/2} = 5067 \left(1 + \frac{z}{R_E}\right)^{3/2} \quad (3.4)$$

在典型的 400km 高的轨道上,$\tau = 92.52 \text{min}$,因此可以大致说 LEO 的典型轨道周期约为 90min。

3.2 气体密度和阻力效应

进入太空时代后,人们对发射飞行器上升段以及再入大气时的高动压期的空气阻力都比较熟悉。后面的部分内容将主要介绍这些因素及其对设计的影响。阻力定义为

$$D = \frac{1}{2} C_D \rho S V^2 \quad (3.5)$$

阻力系数 C_D 以及参考面积 S(即阻力作用的面积)取决于飞行器的几何要素。飞行器的速度可以利用搭载或地基测量技术以一定的精度测量得到。最不确定的是大气中某点的密度 ρ,不能准确确定这个特性,就意味着不能准确确定航天器的主要受力。大气密度随高度的增加而不断降低,这一点是很容易理解的,因为如果高度足够高,最终会进入所谓的太空的真空。尽管真空意味着完全是空的,但是太空中还有一系列的运动粒子。在太空中,这些粒子通常相距较远,它们很少相互碰撞。但是,粒子会(也确实要)同航天器碰撞,进而影响航天器的性能,也对人员和硬件产生危害。

首先,假设大气密度随高度呈指数下降,正如第 2 章所表明的,这是一个有较好事实根据的假设。这样,大气密度就可表示为 $\rho = \rho_{sl} \exp(-z/H)$,其中,$H$ 为常数,单位与高度 z 相同。在海平面上,作用在面积 A 上的空气柱的重量,可以通过求微小高度增量的空气柱重量 $\rho g_E A dz$ 的积分而得到,积分范围为 $z = 0$ 到任一较高高度 $z = h$。积分结果为 $W = \rho_{sl} g_E H A [1 - \exp(-h/H)]$,因此海平面位置的气压为 $p_{sl} = W/A = \rho_{sl} g_E H [1 - \exp(-h/H)]$。如果令 h 为无限大,则海平面的气压为 $p_{sl} = \rho_{sl} g_E H$。利用标准值,可以得到 $H = 8.43 \text{km}$。第 2 章指出,大气密度数据的较佳拟合为 $H = 7.16 \text{km}$,对于目前的全局分析来说,这个细小差别无关紧要。因此,1m^2 面积上全部大气的重量约等于密度为海平面大气密度的高度为 8.43km 的空气柱的重量,即约为珠穆朗玛峰的高度。

大气主要由氮气和氧气组成,这些气体是具有特定质量的原子和分子的组合。任一体积包含的质量等于该体积所包含粒子的质量之和。密度就是一定体积内气

体质量与该体积大小的比值。首先从非常大的样本体积开始计算,然后对较小的样本体积进行计算,就会发现算出的密度随体积而变化,这是因为粒子具有不同的空间分布。不过,可以设想一个试验性的极限过程,定义

$$\rho = \lim_{l \to 0} \frac{m}{l^3}$$

在这个极限过程中,样本体积越来越小,空间分布变异性的影响就会消失,在一个极小的样本体积范围内,密度就成为确定值。在小样本体积情况下,可以忽略具体的粒子,认为体积内的气体质量是均匀分布于整个体积的。这就是连续介质的概念。当然,随着 l 逐渐接近于零,这个试验性极限过程就会得到确定的密度,但是在某个程度时样本体积非常小,可能在测量时只有一个粒子在样本体积内。这时,两个粒子之间的平均距离必定大致等于特征尺寸 l,这个平均距离就叫做粒子的平均自由程 λ。这个长度 λ 同这个体积立方体的边长 l 之比就称做克努森数:

$$Kn = \frac{\lambda}{l}$$

当 $Kn \ll 1$ 时,这个体积 l^3 内有相当多相互靠得很近的粒子,这样就有确切的密度,而且在特定时间段将发生大量的粒子相互碰撞。连续介质气体动力学就是以 $Kn \ll 1$ 的情景为基础而建立的。

显然,如果认可大气密度随高度而降低,那么特定体积内的粒子数量也必定会随高度的增加而减少。如果上升到足够高,这个体积内很快就会只存在少许粒子,直至出现 Kn 约等于1,这时连续介质假设不再成立。在这个高度及其以上的气体流动就称做自由分子流,属于气体的运动理论范畴,而不再是气体连续介质理论范畴。在地球大气中,平均自由程从海平面的 10^{-7}m 大致线性增加至 100km 高度处的 10^{-1}m(即 10cm),然后放缓增加的速度,在典型的 400km LEO 轨道高度处增加至 10^4m,当 z 超过 1000km 时,自由程几乎增加到 10^7m。典型横向尺寸为 5m 的航天器在海平面时,$Kn = 2 \times 10^{-8}$,在 $z = 100$km 高度时有 $Kn = 2 \times 10^{-2}$,在 $z = 400$km 的高度处,Kn 变为 2×10^6,因此在航天器爬升到轨道高度的过程中,会穿越连续流、稀薄流,最后来到自由分子流。

如前所述,航天器速度及其随时间的变化是可以测得的,航天器质量是已知的,因此在前面给出的阻力公式中,未知的信息就是 $C_D \rho S$。参考面积 S 属特定面积,可以任意选取。通常选取航天器正面的投影面积作为参考面积。就是说 ρC_D 是未知量,因此利用公式 $D = -m(\mathrm{d}V/\mathrm{d}t)$,可以根据测得的轨道速度变化来计算出这个未知量。在连续气体动力学的情况下($Kn \ll 1$),阻力系数取决于气流的具体物理特性,如马赫数和雷诺数等相似参数以及物体的几何形状,是能够非常准确地确定的。

在高空大气研究中,在一个时期内的常用做法是采用 $C_D = 2.2$ 这个值,尽管当时已经意识到在稀薄流条件下阻力系数取决于单个粒子同航天器表面碰撞的细

节。Gaposchkin 等(1988)讨论了卫星大气阻力分析中采用的不同大气模型和阻力系数模型。Mo 等(2005)讨论了吸附在卫星表面上的原子氧的重要影响,提出了利用轨道上测得的气体-表面相互作用参数来计算卫星阻力系数。他们针对一些简单的实际形状给出了阻力系数,在 $150\sim300\text{km}$ 内,这些阻力系数都会随高度的增加而增加。球体 C_D 的值的变化范围在 150km 的 2.1 到 300km 的 2.3 之间,其他形状也有类似的变化趋势,只是变化值有的更高。经验表明,由于空气阻力的影响,低于 100km 的轨道是无法维持的;而对于 500km 高度以上的轨道,遇到的自由分子阻力是可忽略的,而太阳辐射压力、地球反照辐射、地球发射的红外辐射的影响更大。大气随着太阳加热的情况而膨胀和收缩,因此大气密度分布还取决于季节、周日变化、纬度等。正如第 2 章所讨论的,通常建立标准大气用于设计目的,但对于高级设计研究以及任务规划,还必须考虑到标准分布的各种变化。

沿着轨道路径的减速度公式为

$$\frac{\mathrm{d}V}{\mathrm{d}t} = -\frac{D}{m} = -\rho_{\mathrm{sl}}\exp\left(-\frac{z}{H}\right)\frac{C_D V^2}{2m}S$$

根据式(3.3),利用前面的经典值 $C_D = 2.2$ 和 $H = 8.34\text{km}$,阻力与表面积比就等于

$$\frac{D}{S} = \frac{1}{2}(1.225\text{kg/m}^3)\exp\left(-\frac{z}{8.34}\right)2.2\frac{V_{\mathrm{E}}^2}{1+\frac{z}{R_{\mathrm{E}}}}$$

对于 200km 高度的 LEO,单位面积的阻力为 $D/S = 0.0031\text{N/m}^2$。对于参考面积 $S = 3\text{m}^2$、质量为 1000kg 的飞行器,阻力等于 0.0093N,产生的减速度为 $a = D/m = 0.0093\text{N}/1000\text{kg} = 9.3\times10^{-6}\text{ m/s}^2$,或者约为 $9.5\times10^{-7}\ g_{\mathrm{E}}$。如果作用在飞行器上的只有这个力,则有 $\mathrm{d}V/\mathrm{d}t = -9.3\times10^{-6}$,且 $V = V_{\mathrm{E}} - 9.3\times10^{-6}t$。在轨 100 天($8.64\times10^6\text{s}$)后,速度 $V = 7904 - [9.3\times10^{-6}(8.64\times10^6)] = 7824\text{m/s}$。第 6 章和第 7 章将讨论飞行路径法向的运动方程,这个方程可写为

$$\frac{\mathrm{d}\gamma}{\mathrm{d}t} = \frac{\cos\gamma}{V}\left(\frac{V^2}{r} - g\right) \tag{3.6}$$

径向速度的辅助方程为

$$\frac{\mathrm{d}r}{\mathrm{d}t} = V\sin\gamma \tag{3.7}$$

飞行路径角 γ 就是速度向量与当地水平面之间的夹角(在正 r 方向的半平面为正)。在圆形轨道中,有 $\gamma = 0$,式(3.6)就简化为式(3.2),也就是平衡条件的表达式。然而,如果对于给定的半径 r,V 因阻力而降低了,那么式(3.6)符号右端的括号项将变为负值,这会引起 γ 随着时间的流逝而变为负值,且绝对值越来越大。式(3.7)表明,因为飞行路径角 γ 为负,也就是 r 在降低,这意味着 200km 的轨道是无法维持的。因此,轨道会以螺旋路径衰减,直到航天器进入大气,并在沿着再入轨迹的某个点被烧尽。

在航天器所处的高度,大气密度和压力极低,这会引起另一个现象,就是释气,各种材料的分子就会从母材中逃逸,就像蒸发一样。材料损失成分后,由材料制成的物件特性可能出现显著的变化。另外,逃逸的分子可影响航天器的其他部件,在它们表面形成一层薄膜,从而影响它们的性能。Campbell 等(1993)整理了释气数据,在选择航天器材料时可以用作参考。

3.3　太　　阳

极度炙热的日冕将其中一些粒子的速度加速到足以挣脱太阳引力的约束。这种粒子的外向流动中主要包括电离氢(电子和质子)和少量的氦核(α 粒子)以及痕量的重离子。这种气体实际上是等离子体,尽管在电荷上是中性的,但是有大量的自由电子存在,气体也因此成为良导体。太阳发射的粒子流属于微粒辐射,称作太阳风。在 1 个天文单位(简称 AU,即地球到太阳的距离,约 $1.496 \times 10^8 \mathrm{km}$),太阳风的速度为 $350 \sim 700 \mathrm{km/s}$,质子密度为 $1 \sim 10/\mathrm{cm}^3$,质子流一般在 $2 \times 10^8 \sim 4 \times 10^8 \mathrm{cm}^{-2} \mathrm{s}^{-1}$ 内变化。太阳还发射电磁辐射,频率介于射频(radio frequency,RF)和 X 射线之间。在垂直于太阳光线平面上的电磁能通量的平均值就叫做太阳常数,在 1AU 距离上,该值等于 $1.361 \mathrm{kW/m}^2$。

太阳以约 27 天的周期自转,太阳风也因此呈螺旋状向外发射,就如花园中旋转的喷水嘴洒出的水雾一样。喷射过程不完全是均匀的,太阳表面某些部位会有局部无规律间隔的剧烈的粒子爆发。这些爆发叫做太阳耀斑,可持续数分钟或数小时,其中携带的粒子浓度更高,因此比平常太阳风的能量更高。太阳耀斑会扰乱地球上的通信,对太空中的乘组人员和硬件设备构成重大危险。English 等(1973)介绍了阿波罗任务期间针对太阳耀斑的任务计划规程。本书第 11 章将讨论太阳耀斑对航天器设计的影响。来自太阳系外的其他高能粒子(主要是质子和原子核)叫做宇宙射线,其有可能来自超新星。它们的通量低,不构成较大危险,但是若与电子设备碰撞则可能造成破坏。针对这种危险进行屏蔽往往是得不偿失的,原因在于重量的约束。相反,设计人员会采用冗余、关键设备抗辐射设计等办法。

太阳的热辐射也必须加以考虑。向空间环境散热是不容易的,因此航天器环境下的热管理就更复杂了。太阳光直射或反射到航天器表面,引起温度急剧上升,而阴影面则把热量辐射到真空的太空中。比较简单的一个办法就是让航天器缓慢而稳定地自旋,这样其表面就间断地进出阳光的照射。Hughes 等(1992)提出了多个模型,借此可根据航天器的轨道运动和姿态来确定航天器表面的温度。通常,航天器表面的平均温度可以维持在相当于同温层的温度上。这还没有计算航天器内部的人员和电气设备的热源,这些必须用其他方式解决,详见第 10 章的介绍。

3.4　磁　　场

地球周围围绕有磁场,磁力线从磁南极发出,伸向太空,然后回到地球汇入磁北极,形成所谓的磁层。如果没有什么来干扰磁层的磁力线,磁力线将形成简单的条形磁铁的轴对称磁力线束,如图 3.1 所示。这个条形磁铁相对于地球自转轴倾斜 11°。垂直于这个偶极子的平面就叫做磁赤道,它也相对于地理赤道倾斜 11°。

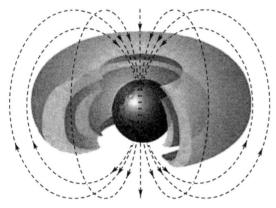

图 3.1　无外部干扰的情况下地磁场的形状(NASA)

地球磁场的强度在磁赤道面与地球表面相交的地方最弱,约为 $3 \times 10^4 \mathrm{nT}$。家用电磁铁的强度约 100Gs。磁场的强度随高度的增加而缓慢降低,在 1000km 高度处的磁场强度大约降至地球表面强度的一半。磁场强度随纬度的增加而增强,在极地附近的磁场强度大约为磁赤道的两倍。如图 3.2 所示,地球磁场的对称性在靠近地球时是比较明显的,但是当远离地球表面时由于带电粒子太阳风对磁层的干扰,这种对称性也受到了影响。

图 3.2 是一个较复杂的示意图,它包含了近地空间的许多空间物理因素。在图 3.2 中可发现,因受到太阳喷射的不间断粒子流的影响,地球磁力线出现了变形。

磁场比较重要,它保护地球表面不受太阳风的侵害,在某些方面,其作用就好像超声速气流中的固体钝体。在地球的上游,出现了弓形激波和磁力线压缩。大约在 $10R_E$ 的位置处,上游磁力线的磁压同太阳风压力相平衡,可以认为这就是一个驻点。视太阳风的变化情况,这个边界的变化程度可达 $\pm 3R_E$ 甚至更高。在地球的下游,磁力线可以向外拖尾延伸至 $200R_E$ 处甚至更长。可以认为磁层顶是地球磁场和太阳风之间的分界。磁层顶和弓形激波之间的区域是磁鞘,就是通过它使太阳风发生偏转。磁尾处在下游区域,其中包含了所谓的等离子片,等离子片

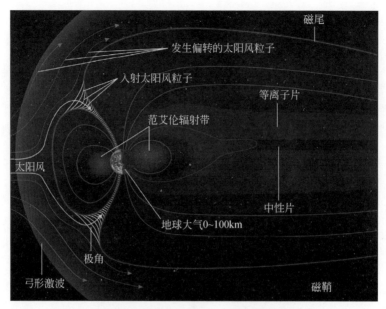

图 3.2　近地空间出现的各种效应的示意图(NASA)

是高密度高能量等离子体。它可以向外延伸至 $300R_E$ 远。中性片位于等离子片中,在中性片内离开南极的磁力线同朝向北极的磁力线相互分离。

3.5　范艾伦辐射带

用卫星进行空间探测具有若干优势,如范艾伦辐射带的发现就是一例。范艾伦辐射带是磁层内围绕地球周围的两个环形区域,如图 3.2 所示。这两个环状的区域内存在着带电粒子、质子、电子,它们被束缚在地球磁场内。辐射带得名于詹姆斯·范·艾伦博士,他根据探索者 1 号卫星(1958 年发射的美国卫星)传回的数据推断存在这样的辐射带。图 3.3 详细地画出了范艾伦带。

内范艾伦辐射带以高能质子为主,能量可达 100MeV(一个 U-235 原子核裂变释放的能量平均为 200MeV),它的高度范围为 1000～6000km,纬度范围为40°N～40°S。外范艾伦带以高能电子(0.1～10MeV)为主,高度从 18000km(取决于纬度)向外延伸到 60000km,外边界取决于太阳的活动情况。电子、质子和其他带电粒子遇到地球磁场后,许多会被地球磁场捕获。它们沿磁力线在南北磁极之间往返穿行。

辐射带内的辐射是具有危害性的,不过 LEO 一般都低于内辐射带,所以不构成健康危害。但是,辐射带的范围因太阳的活动情况而变,在某些纬度内辐射带可能在某些时刻接近有人航天器轨道,如 ISS 的轨道。穿越范艾伦辐射带前往外层

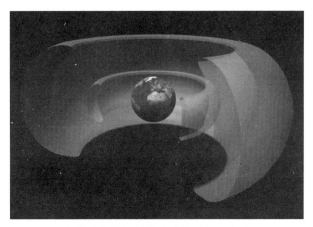

图 3.3　内外范艾伦辐射带的总体形状示意图(NASA)

空间,最好的办法是快速穿越,从而降低乘员的暴露时间。一旦穿越磁层,乘员就一直暴露在宇宙射线之中。阿波罗计划的一个标志性特点就是周到的乘员辐射保护。English 等(1973)介绍了太空飞行的辐射保护问题,介绍他们找到的解决方法,这些方法保护了阿波罗乘员的安全。

3.6　电　离　层

在 60~500km 的高度区间,大气含有较高的电离粒子浓度。太阳 X 射线和紫外线的辐射使这个区域的气体被光电离化,也就是电离程度取决于太阳活动、纬度、一天中的时刻等具体因素。电离层分为 3 个基本层,用字母 D、E、F 表示。D 层位于平流层高层到穿越中间层的区域,在约 90km 高度处结束,其电子密度是最低的。E 层位于 90~150km,F 层位于 150~500km。F 层涵盖了 LEO 卫星的轨道高度。图 3.4 为电离层(按电子密度水平进行分类)同大气层(按温度分类)叠加在一起的示意图。

临界频率为 $f_c=9(n_e)^{1/2}$,单位为 Hz,其中 n_e 为电子数密度,即每立方米内的电子数量,小于或等于这个频率时,无线电信号就无法传播。在 F 层,图 3.4 有一个约等于 10^6 个/cm^3 电子密度的标称峰值,因此 $f_c=9MHz$。这个值随太阳活动、纬度等因素而变,也存在其他大气因素限制了数百兆赫兹以下频率信号的传播。300MHz(UHF)到 300GHz(EHF)频带内的多数无线电信号会在电离层内传播。这些频率用于航天器和地面站之间的通信,但是大气吸收和散射有时会影响通信的效果。

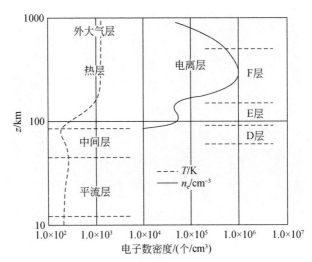

图 3.4　按电子密度分类的电离层叠加在按温度分类的大气层上的示意图

3.7　流星体和轨道残骸

流星体是天然的太空残骸,它们尺寸各异,绕太阳运转。轨道残骸是曾经有功能的人造航天器的残留物,其在轨道上环绕地球。据 NASA 报道,尺寸大于跳棋子的残骸有 50 万个,其中大于垒球的有 2 万个。尺寸更小的残骸最危险,因其无法跟踪。航天飞机轨道器的舷窗就曾被颗粒损坏,后来确定这些颗粒是油漆屑。如第 11 章将讨论的,安全规程就是躲避较大尺寸的空间残骸。要对航天器和残骸的轨道进行跟踪,如果必要就稍微调整航天器的轨道,以避开碰撞。

在 300km 高度以下,3.2 节介绍的阻力效应会使太空残骸的轨道衰减,并使其在大气中燃尽。此外,在高轨道上,如 35740km 的地球同步轨道,轨道速度较低,大约为低轨道的 40%。因此撞击的交会速度也较小,由于能量跟交会速度的立方成正比,因此这种撞击的危险性要低得多。

NASA 的长时间暴露设施(long duration exposure facility,LDEF)的目的就是提供太空环境及其对太空系统与运行影响方面的长期数据。这个设施为长 9.1m,宽 4.3m 的圆柱形结构,质量几乎达到 10000kg,已完成了 57 次试验。这套设施于 1984 年搭载航天飞机升空,在 6 年后被回收,期间环绕地球飞行了 32422 圈。截至那时,LDEF 的轨道已经衰减了约 320km,接近再入地球大气。其中一项研究就是太空残骸撞击。Stuckey(1993)报道,LDEF 表面出现了 34000 处大于等于 $50\mu m$ 的撞击,最大的直径为 0.57cm。因撞击坑大小的选取不同,LDEF 前后缘表面的撞击数量之比在 10~20 内变化。

3.8 航天器带电

航天器表面上可能聚集电荷,从而形成相对于周围等离子体的静电势。同样,如果航天器表面的导电性不是均匀的,表面电荷分布就不是均匀的,从而产生不均匀带电。航天器带电的主要原因是等离子体同航天器表面的相互作用以及太阳的光电效应。在航天器的向阳面,光电效应使电子从表面脱离,从而使表面呈净正电。在阴影面,等离子体相互作用占主导地位,往往会释放出质子,从而使表面带净负电。电荷可持续积累,直到达到放电电势,然后产生放电(电弧),可破坏电路,还可引起结构性破坏。

3.9 常用常数、缩写和换算关系

地球质量 $m_E = 5.9736 \times 10^{24} kg$。

地球平均半径 $R_E = 6371 km$。

地球表面的标准重力加速度 $g_E = 9.807 m/s^2$。

万有引力常数 $G = 6.67 \times 10^{-11}\ m^3/(kg \cdot s^2)$。

地月距离 $= 384400 km$。

$1 AU = 1.496 \times 10^8 km$,即地球太阳之间的平均距离。

$1 Gs = 10^5 nT$。

参 考 文 献

Anderson, B. J., & Mitchell, D. G. (2005). The space environment. In V. L. Pisacane(Ed.), Fundamentals of space systems(2nd ed.). New York, NY: Oxford.

Campbell, W. A., & Scialdone, J. J. (1993). Outgassing data for selecting spacecraft materials. NASA RP-1124, Revision 3.

English, R. A., Benson, R. E., Bailey, J. V., & Barnes, C. M. (1973). Apollo experience report—protection against radiation. NASA TN D-7080.

Gaposchkin, E. M., & Coster, A. J. (1988). Analysis of satellite drag. The Lincoln Laboratory Journal, 1(2), 203_224.

Gunga, H. C. (2015). Human physiology in extreme environments. New York, NY: Elsevier.

Hughes, P. C., & Tennyson, R. C. (1992). Long duration exposure facility surface temperatures. Journal of Spacecraft and Rockets, 29(1), 96_101. Available from http://dx.doi.org/10.2514/3.26319.

Huzel, D. K., & Huang, D. H. (1992). Modern engineering for the design of liquid propellant engines. Reston, VA: American Institute of Aeronautics and Astronautics.

James, B. F., Norton, O. W., & Alexander, M. B. (1993). The natural space environment:

Effects on spacecraft. NASA Reference Publication 1350.

Mo K. , Moe, M. M. (2005). Gas_surface interactions and satellite drag coefficients. *Planetary and Space Science*, 53, 793_801.

Stuckey, W. K. (1993). Lessons learned from the long duration exposure facility. Aerospace Corporation Report No. TR 93(3935)-7.

第4章　大气层中的高超声速有人任务

4.1　跨大气层有人任务

第1章把太空的边界定在 $z_e=100\mathrm{km}$ 的高度。图4.1给出了这个高度以下大气中高超声速有人任务的一般空气动力学和热力学特征。在图4.1中应注意如下问题。

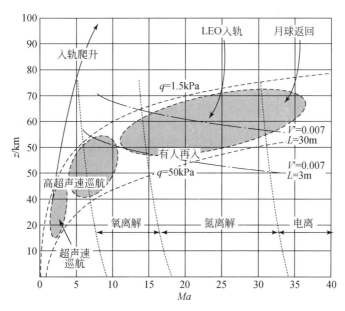

图4.1　高超声速有人任务的飞行包络图，$q=1.5\mathrm{kPa}$ 和 $q=50\mathrm{kPa}$ 两虚线之间的区域为安全有人飞行廊道，$V'=(C^*/R\epsilon)^{1/2}=0.007$，两条虚线之间的区域为特征长度 L 的完全连续介质流的最大高度。氧离解、氮离解、电离区域由几乎竖直的点线分隔开

（1）标注有"入轨爬升"的上升线包括了两次任务，它们的历时为 $3\mathrm{min}<t<10\mathrm{min}$，马赫数范围为 $0<Ma<8$，滞止温度范围为 $500\mathrm{K}<T_t<2000\mathrm{K}$，很少或几乎没有原子氧。所描绘的任务包括了实际的入轨爬升，如航天飞机（$Ma=5$），以及X-15（$Ma=6$）的亚轨道运行，还有当前的商业太空飞行器设计。

（2）左起第一个椭圆区域包含了 $1.5<Ma<4$ 的超声速巡航飞行。这包括典型的军用飞机，如 SR-71（$Ma=3.3$）、X-B70A（$Ma=2.8$），也包括协和 SST（$Ma=2.04$）与苏联图 144 SST（$Ma=2.35$）等商用飞机。

（3）左起第二个椭圆区域涵盖了大气层中扩展的高超声速巡航的一般性任务。这种任务的持续时间一般为 10~100min，马赫数范围为 $4 < Ma < 12$，滞止温度范围为 $500K < T_t < 4000K$，有很少到中等的原子氧浓度。过去认为这个区域可望成为高超声速运输或者"东方快车"类飞机的领域，但是目前还没有制造出来。在稀薄参数 $V' = \sqrt{C^*/Re} = 0.007$ 所对应的高度之上，稀薄空气动力效应就比较显著了。其中，$Re = Vl/\nu$ 就是雷诺数，取决于飞行器的尺寸 l，$C^* = \rho^* \mu^* / (\rho_e \mu_e)$ 为 Chapman-Rubesin 系数。8.4 节将详细讨论这些参数。典型的飞行器尺寸都会大于 3m，因此在这个飞行状态下，低大气密度的影响是轻微的。

（4）左起第三个椭圆是爬升入轨或离轨返回的一般升力飞行任务区域。LEO 返回任务一般历时 10min，马赫数的范围为 $10 < Ma < 25$，滞止温度范围为 $1500K < T_t < 5500K$，有大量的氧离解和中等的氮离解。月球返回任务一般历时 15min，马赫数的范围为 $10 < Ma < 36$，滞止温度的范围为 $1500K < T_t < 9500K$，有大量的氧离解和氮离解，还有中等的电离。如前所述，在常数 $V' = 0.007$ 高度之上，稀薄效应就比较明显了。相关的飞行器大小可能为 3m（阿波罗乘员舱）、30m（航天飞机轨道器），还可能更长，所以低密度飞行的效应只会在 50km 高度以上才有。

4.2　跨大气层飞行器

一次性以一定频率和安全性把人类送入太空已经持续五十多年，不过可重复使用发射飞行器（reusable launch vehicle，RLV）对人们的诱惑并没有减弱。航天运输系统（space transportation system，STS），俗称航天飞机，当初就设想成为可重复使用的发射系统，就如商用飞机那样经常飞行。

20 世纪 70 年代，因经费问题，原设计不得不改为图 4.2 所示的 X-20"代纳索（Dynasoar）"滑翔机。它是 1957~1963 年期间的项目，目的是建造一个有人滑翔

图 4.2　X-20 有人滑翔机在进入大气期间的概念图（USAF），
飞行器总长 10.8m，翼展 6.32m，尾翼高 2.6m

机,可以搭乘火箭升空,然后像飞机那样返回地面。X-20 项目在还没来得及制造出一架原型机时就被取消,可重复使用 STS 计划就演变为可重复使用的航天飞机轨道器。30 年后,研究人员设想了如图 4.3 所示的 X-30 国家空天飞机(national aero-space plane,NASP),它是超燃冲压吸气式飞行器,可从机场起飞入轨然后返回。它仅是停留在概念图上,与 X-20 一样,它从未制造出来过。自 STS 开始,有多次要设计和建造可重复使用航天发射系统的尝试,表 4.1 总结了这些项目的情况。

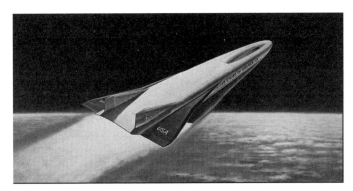

图 4.3　穿越地球大气层前往近地轨道过程中的 X-30 NASP 概念图(NASA)

表 4.1　美国可重复使用太空发射飞行器项目

发射飞行器	机构	年份	设计 LEO 载荷/kg	级数	状态
X-30 NASP	DARPA-USAF-NASA	1986~1993	4500	1	从未飞过
DC-X"德尔塔快帆"	SDIO-NASA	1991~1996	9000	1	低速验证飞行
X-33"冒险之星"	NASA-LMT	1996~2001	29000	1	从未飞过
Rascal	DARPA	2000~2005	136	2	从未飞过
ALASA	DARPA-Boeing	2012~2016	45	2	计划 2016 年飞行

　　麦道公司的 DC-X"德尔塔快帆"就是垂直起降、单级入轨飞行器的试验平台。通过建造一个重 18900kg,高 12m,宽 4.1m 的快帆来验证垂直起飞和降落的这样一个科幻概念。公司总共进行了 12 次动力垂直起降,图 4.4 是试验期间的飞行器照片。如表 4.1 所述,这个项目部分研究是在太空防御倡议办公室(Space Defense Initiative Office,SDIO,俗称星球大战)的管辖之下进行的。整个计划由于财政压力而撤销。

　　RLV 依然是备受追求的目标,后来的工作吸取了 X-30 NASP 项目惨痛的教训。这里的半尺寸火箭动力亚轨道飞行器(X-33"冒险之星")如图 4.5 所示,就用做试验平台和验证器,用来测试成功的全尺寸 RLV 所需的技术。X-33"冒险之星"的设计依据三个先进概念:升力体(Kempel et al,1994)、直线爆燃发动机

图 4.4　动力试验飞行中的 DC-X"德尔塔快帆",用于研究垂直
起飞航天器尾部着陆的可行性(NASA)

(Sforza,2012)和金属热防护系统(Dorsey et al,2004)。计划中,这个飞行器要垂直发射,然后自主控制爬升至 90km 高度以上,马赫数大约达到 13,然后回到基地,像飞机一样水平着陆。研究者打算制作缩比尺寸试验飞行器,这样成本更低,尽管只能局限于亚轨道飞行,但是依然能体验轨道进入中的苛刻条件。如表 4.1 所示,这个概念从没有进入金属下料的加工阶段。

图 4.5　X-33"冒险之星"概念图,半尺寸亚轨道火箭动力太空飞机,
用于测试可重复使用太空飞机技术

可重复使用的无人太空飞机也曾出现,即波音 X-37B,它搭乘宇宙神 5 号 4 次进入 LEO,第一次发射在 2010 年 4 月。此飞机具备长期在轨飞行的能力,一次飞

行可持续约 15 个月,还成功进行了自主离轨、再入、跑道着陆。12.6.3 小节将介绍这架飞机,以及一张飞机照片。从表 4.1 中设计 LEO 载荷一栏可以看出,只有前 3 个项目是打算送人进入太空的。可重复使用发射飞行器系统的技术难题与相关的开支打击了投资机构的热情和信心,有人项目就被取消了。表 4.1 中的最后一个项目 ALASA(空中发射辅助太空进入)基本上是 1985 年反卫星试验的改进,试验中在 13km 高度上从 F-15 战机发射一枚 ASM-135 导弹,导弹以 $Ma=0.92$ 的速度爬升,成功拦截并摧毁了 550km 高度的一颗在轨卫星。人们对完全可重复使用太空发射系统的兴趣依然没有消失,后续章节将提到,对这种系统的支持理由源自廉价进入太空这个念头。除了无时不在的技术障碍,研制这种系统的一个绊脚石就是需求不足,难以实现可重复使用的经济性。

4.3　大气层中的飞行轨迹

图 4.6 为可感大气层内有人飞行的轨迹,其飞行包络线与图 4.1 中的基本相同。需要注意的是,如 NASP 那样的单级入轨飞行器的飞行走廊会进入高速大气飞行区域,这个区域的飞行载荷过大,不适宜于军事巡航任务(NRC,1998)。图 4.6 的意图是强调竖直火箭爬升只需数分钟就可入轨,而不像吸气式飞行入轨飞行器那样需要数十分钟的时间。航天飞机(飞行了 135 次,最后一次在 2011 年)和其他火箭在上升期间,一般以低马赫数穿越可感大气层,然后在极低阻力的近太空环境中旋转至水平飞行姿态并加速。作用在竖直爬升飞行器上的空气动力荷载一般较小,如第 7 章所述。

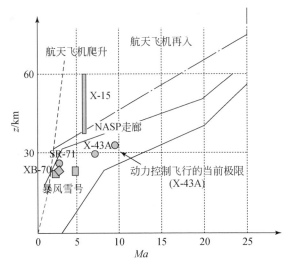

图 4.6　低层大气中有人飞行轨迹。在对 NASP 概念进行讨论中,
20 世纪 80~90 年代曾多次修改此图(Schweikart,1998)

当然,鉴于像 NASP 这样的太空飞机还没有飞行过,所以在可行的 NASP 有人飞行走廊内存在多种可能路径。20 世纪 60 年代早期,X-15 的飞行时间为数分钟,只有 SR-71 才是真正的巡航飞行器,它能以超声速巡航飞行几小时,也能进行日常的(亚声速)空中加油,从而扩大飞行里程。XB-70 是试验性超声速轰炸机,而苏联的风暴号则是无人冲压喷气动力洲际巡航导弹。X-43A 有两次成功的空中发射火箭助推飞行,名义马赫数为 6.8 和 9.7,这鼓舞了太空飞机的研制。X-43A 的超燃冲压发动机使用了氢燃料,图 4.7 为该发动机在风洞试验中的场景。空中发射火箭助推的 X-51A 在后续飞行中(超燃冲压发动机采用了煤油基喷气发动机燃料)达到了 $5Ma$,这又朝高超声速吸气发动机飞行迈进了一步。该飞行器如图 4.8 所示,它安装在 B-52 的机翼下,在做空中发射的准备。

图 4.7　X-43A 全尺寸模型,上下颠倒安装在支柱上,在 NASA 的兰利 2.4m 高温
风洞内进行测试。在模型的中间部分,可清晰地看到超燃冲压发动机的进气口

图 4.8　X-51A"乘波者"高超声速超燃冲压飞行器以及安装在尾部的火箭助推器,
搭载在 B-52 飞机的机翼吊架上,正在准备进行空中发射(USAF)

图 4.9 详细给出了飞行走廊。图中的虚线描述了恒动压线，$q = 0.5\gamma p Ma^2$（单位为 kPa，或者 kN/m²），描绘了可行的有人飞行器走廊。在平衡巡航飞行中，恒 q 线就等价于恒 $(W/S)/C_L$ 线。跨大气飞行器设计的一个需要慎重处理的地方，就是飞行器在平衡的高超声速飞行中要能产生合理的 C_L 值，同时还把翼载荷 (W/S) 维持在合理值。翼载荷会影响飞行器可达到的着陆速度。例如，为了把着陆速度维持在 95m/s 左右（这也是 X-15 的名义着陆速度）就必须有 $[(W/S)/C_L]_{\text{land}}$ 约为 5.51kN/m²。航天飞机轨道器的名义着陆速度为 87m/s 左右，但是图 4.9 并未给出这个轨道器，因为它并不巡航，而是沿标出的走廊内的轨迹持续减速。

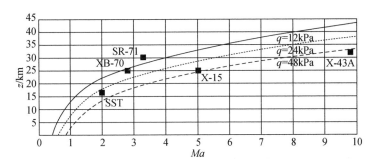

图 4.9　包络图的低速端，显示了翼载荷对高度性能的影响

4.4　可重复使用太空飞机的设计问题

起飞和着陆对满足所需巡航条件的飞行器特性施加了严格的要求。Sforza (2014) 利用如图 4.10 所示的发动机选择图，说明了这种相互作用及其对设计空间的限制。

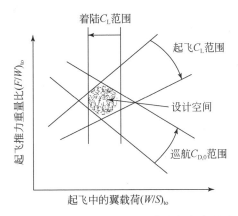

图 4.10　定义飞行器设计空间的发动机选择图。箭头方向为所示系数大小的增加方向

4.4.1　空气动力设计问题

当给定着陆速度和减速度(也就是跑道长度)时,着陆升力系数决定了允许的着陆翼载荷$(W/S)_1$。6.8节将详细讨论高速太空飞机的着陆能力。虽然机翼面积S是不变的,不过着陆重量要比起飞重量低得多,这是由于高超声速飞行器需要消耗很大一部分燃料,因此起飞时的翼载荷要比着陆时大很多。因此,对如飞机那样运行的可重复使用太空飞机,起飞才是主要问题。因为高速翼通常不太适宜低速飞行,所以要提高性能就需要研究高升力装置。一个办法就是采用低翼载荷,但是这需要增加翼面积,而表面摩擦实际上会降低细长体飞行器的高速巡航性能,因此这个方法会适得其反。

跑道长度是一个起飞约束,可以采用高起飞推重比$(F/W)_{to}$来解决,这个方法通常会增加燃料消耗,并且/或者造成推进系统的过设计。同样,降低翼载荷虽然有用,但是会造成表面摩擦问题。高升力装置是有效的传统解决办法,不过其他技术如火箭助推起飞,或者一次性起飞加速辅助装置等,也能以可承受的代价提供性能改进。

巡航约束要求发动机推力能够兼顾海平面高度起飞和高空巡航。重要的参数是巡航条件下飞行器的零升力阻力系数$C_{D,0}$。有动力的纤细飞行器一般不存在底部阻力问题;相反,表面摩擦占据主导作用,如第8章将讨论的。虽然在理解以及试图推迟转捩方面已经付出了艰苦的努力,但是在寻求新思路、装置、材料以降低高速表面摩擦方面还没有类似的工作。这些能力会减轻翼载荷约束,反过来也会缓解着陆和起飞问题。

4.4.2　运行设计问题

起飞和着陆需要可控的低速运行及其他附加系统,例如,能应对沉重起飞重量的可收起的起落架,但这对于大量燃料消耗后变得很轻的着陆重量而言是过设计。以低燃油重量起飞,然后在飞行中需空中加油,这就要权衡起落架以及到时是否有空中加油机可用这个实际问题。让加油机和高超声速飞行器在加油高度准备就绪,然后加满任务所需的全部燃料,这需要耗费多少时间和燃料?长途巡航占用的燃油比例较高,而空中加油造成的不便可能会给任务时间安排带来很大的影响。根据掌握的资料来看,高超声速巡航飞行器的燃油占比在总起飞重量(gross take-off weigh,GTOW)的$60\%\sim70\%$,因为$Ma=3$的航空飞行器如XB-70和SR-71等,已经在$50\%\sim60\%$内。同理,载荷占比也可能接近火箭的值,即约占GTOW的10%,这也是XB-70和SR-71飞行器的大致载荷占比。

热管理也是一个问题,因为对于规定的距离来说,飞行的马赫数越高,加热速率就越高,但是持续时间比以低马赫数飞行的短。除了恰当选择材料外,高的表面温度也会影响地面操作和周转时间。高超声速飞行器的转弯半径很大（200～2000km），而且随马赫数的平方而增加。对全球抵达轰炸机的多项研究表明，高超声速轰炸机要回到美国大陆基地可能需要绕地球继续飞完一圈才行。NRC(1998)评估了这类问题。因为音爆的存在，飞行器起飞后必须在水域上空才能加速到超声速，若以亚声速飞往水域上空，将用掉宝贵的燃料和任务执行时间。因此，可以把基地设在海岸附近，从而避免这样的问题，如果不能飞行器掉头，可能需要两个基地，东西海岸各一个，以应对环球飞行。

这些设计问题给发展可以像飞机般的方便着陆与频繁起飞的太空飞机带来了不利影响。作为替代，太空飞机的设计概念已经演化为火箭助推起飞、像飞机一样在跑道上着陆、能够整修和重复使用。现在主要把精力放在回收全部或部分火箭上，做到像太空飞机那样经济，可以翻新后重复使用。从这个角度来看，研制整体性的可完全重复使用的飞行器这一目标已经转化为研制具有可重复使用部件的系统，该系统可再次集成供重复使用。这种方法最简单的体现就是飞回式火箭助推器设想。在太空飞机发射之后，要使一个大型柔性空储箱像飞机那样飞回基地，会有一系列设计问题，因此需要寻求更简单的办法。通过海上降落伞辅助着陆来回收航天飞机的固体燃料火箭助推器发动机(solid rocket booster motor，SRBM)，就是这个设想的一种尝试，但事实证明这既费时又费钱。Svitak(2015)介绍了当前的一些办法：回收整个核心级（太空探索技术公司）；只回收液体燃料火箭发动机和相关系统，将其作为简单的有翼回收系统的一部分（空中客车公司）；抛离发动机并使用翼伞飞行，然后用直升机在空中回收（联合发射联盟）。

4.4.3　推进设计问题

对于一架可像飞机那样起飞，可飞行到亚轨道或轨道高度，然后像飞机那样返回着陆的可重复使用的太空飞机，设想一下远程高超声速($Ma \gg 1$)巡航任务，就能大概明白其研制中的关键性推进问题。飞机的巡航里程（单位为 km）可用 Breguet 公式(Sforza，2012)估算：

$$R \approx -0.3 I_{\mathrm{sp}} \left(Ma \frac{L}{D} \right) \ln \left(1 - \frac{W_{\mathrm{f}}}{W_1} \right) \tag{4.1}$$

比冲 I_{sp}（见 7.2.1 小节）表示推进系统对飞行器航程性能的贡献。对于吸气式喷气发动机，比冲可以表示为

$$I_{\mathrm{sp},j} = \frac{k_j}{Ma} \tag{4.2}$$

其中，系数 k_j 取决于所用的燃料类型。典型比冲特性如图 4.11 所示。如第 7 章所述，火箭的比冲不是飞行马赫数的函数，它与飞行高度有很微弱的函数关系。

升阻比（升力对阻力之比）L/D 表示空气动力构型对飞行器航程性能的贡献。第 8 章将比较详细地介绍高超声速飞行器的空气动力特性。由 Thorne 提出并由

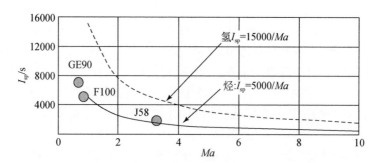

图 4.11　采用两种不同燃料的吸气式喷气发动机典型比冲特性

Kuchemann 等(1968)发表的常用 L/D 公式为

$$\frac{L}{D}=k_{\mathrm{a}}\frac{Ma+3}{Ma}$$

(4.3)

　　这个公式在取 $k_{\mathrm{a}}=4$ 的情况下被广泛使用,但是没得到任何有意义的数据的支持。对现有数据进行研究,得到如图 4.12 所示的结果,图中表明在较高马赫数处, k_{a} 接近于 2.5。

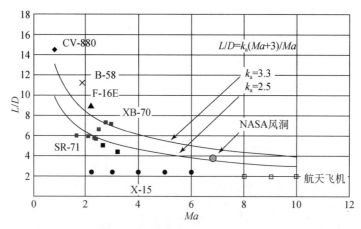

图 4.12　不同飞机的飞行试验数据与 Thorne 经验关系式(其中的 k_{a} 取值不是通常选取的 4)的对比

NASA 风洞数据点取自 Fetterman 等(1965)的文献

　　从图 4.12 可看出,虽然可用的飞行试验数据不多,但数据还是表明在超声速和高超声速飞行状态下不应该取 $k_{\mathrm{a}}=4$,不过总体趋势表明 L/D 随马赫数的增加而快速降低,直到在高超声速阶段,该比值变得平坦,其值大约为 2。数据及来源见表 4.2。如表 4.2 所示,SR-71 数据并不是飞行测量值,而是用以下数据从 Breguet 公式推导而得的:巡航开始时刻, $R=3685\mathrm{mi}(1\mathrm{mi}=1.609344\mathrm{km})$, $V=2181\mathrm{mi/h}(Ma=3.2)$, $W=1400001\mathrm{b}(1\mathrm{lb}=0.453592\mathrm{kg})$,巡航期间燃烧掉了

80000lb 的燃料,油耗推力比(thrust specific fuel consumption, TSFC)为每小时 2.19(J-58 配加力燃烧室时的数据)。利用纽约到伦敦的创速度纪录飞行,航程为 3461mi,平均速度为 1807mi/h,在大西洋上空有一次低速飞行进行空中加油,也可以导出另外的值。由此数据可以得出 $Ma=2.65$ 和 $L/D=5$。据 Saltzman 等 (1966)报道,在 $2<Ma<6$ 范围进行平衡状态飞行时,X-15 具有比较恒定的 L/D ($=2.4$)值。这显然是由于当马赫数跨声速时,底部阻力降低而诱导阻力增加,从而产生了抵消效应。

表 4.2　不同空天飞行器的升阻比

型号	Ma	L/D	来源
CV-880	0.8	14.5	Heffley 等(1972)
B-58	2	11.3	Loftkin(1985)
F-16E	2.2	9	Whitford(1987)
XB-70	2.8	7.5	Heffley 等(1972)
—	$1.65<Ma<3$	$5.9<L/D<7.5$	Arnaiz(1977)
SR-71	3.2	4.4	由 Breguet 公式导出
—	2.65	5	由速度记录导出
X-15	$2<Ma<6$	2.4	Saltzman 等(1966)
航天飞机	$Ma>4$	2	Kirsten 等(1983)
NASA 风洞	6.8	4	Fetterman 等(1965)

图 4.12 中标为 NASA 风洞的点能代表 Fetterman 等(1965)报道的数据。他们给出了各种细长体在 $Ma=6.8$ 和基于长度的雷诺数约为 150 万条件下的风洞试验数据。物体用无量纲体积参数 $v^{2/3}/S$ 进行表征,其中 v 为物体的体积,S 为机翼面积。选择点所对应的物体,其体积参数为 $v^{2/3}/S=0.2$,这大致相当于 X-15 的值。可以认为,对于体积适中的物体,高超声速 $L/D=4$ 应该是可信的。第 8 章将讨论体积参数及其对 L/D 的影响。

设火箭动力和喷气动力飞机具有相同的航程、马赫数以及 L/D,则可利用式(4.1)得出以喷气动力飞行器的占比表示的,火箭动力飞行器所需的推进剂占比

$$\frac{W_{p,r}}{W}=1-\left(1-\frac{W_{f,j}}{W}\right)^{k_j/(Ma \cdot k_r)} \tag{4.4}$$

设有一相对较长的航程 $R=5000km$,式(4.3)中取 $k_a=2.5$,即得到图 4.13 所示的结果,若是氢燃料则为 $I_r=450s$ 且 $I_j=(15000s)/Ma$,对于烃燃料则为 $I_r=$

350s 且 $I_j=(5000s)/Ma$。对比表明，随着马赫数的增加，这两类推进系统所需推进剂占比的差别会降低。降低推进剂占比就意味着载荷的增加。要注意，吸气式喷气发动机的推进剂只是燃料，而火箭的推进剂包括燃料和氧化剂。然而，经过飞行运行验证的吸气式喷气发动机，使用烃燃料（HC）的还没有超过 $Ma=6$，使用氢燃料的还没有超过 $Ma=10$。在 $Ma<12$ 时的差异清楚表明了在高速巡航中使用吸气式冲压喷气发动机和超声速燃烧冲压喷气发动机的吸引力。这种燃油占比的改进带到了助推加速上，这也是学者们对高超声速吸气式发动机感兴趣并持续开展研究的原因所在。

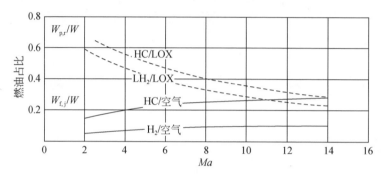

图 4.13　火箭和喷气发动机动力飞行器在 5000km 航程和
相同的 L/D 条件下的巡航油耗占比对比情况

　　尽管空气-涡轮-冲压喷气（air-turbo-ramjet，ATR）和可变循环-涡轮-冲压-火箭（variable-cyck-turbo-ram-rocket，VCTRR）发动机结合了火箭和冲压喷气发动机的特点，但是它们严重依赖涡轮机械。涡轮机复杂而昂贵，因此不适合用作一次性系统。另外，因为涡轮机必须在低速和高速都能提供巨大的推力，必然要求其横截面很大，这给超声速和高超声速飞行都带来了负担。吸气式的冲压喷气和超燃冲压喷气发动机的设计还有另外的困难。尽管运动部件少，但这些部件并未包括进气道，而进气道未必是简单的部件，改变进气道几何形状往往在经济上得不偿失。鉴于这些原因，目前还没有发动机能在很宽的马赫数范围内有效运行，而对于要像传统飞机那样运行的太空飞机来说，这却是一个主要的要求。

4.5　近期内的跨大气层飞行任务

　　高超声速火箭或者吸气式有人太空进入任务可服务于军事、商业和民用政府（如 NASA）客户。太空进入任务要建立 LEO，必须要求加速穿越大气层达到约 $Ma=25$ 的速度，不过高空或亚轨道任务在较低的高超声速马赫数下就可实现，如 X-15 是在 $Ma=5$ 或 6 下。同样，高马赫数巡航可提供远程高速运输的能力。

在 20 世纪 50 年代末,弹道导弹的飞行性能已广泛领先于有人轰炸机。Ferri (1961)是高超声速飞行和超声速燃烧冲击喷气(超燃冲压喷气)推进的先驱,他曾提出"用于太空研究的理想飞行器就是……能像飞机那样起飞……并可再次用于后续任务的飞行器"。这就是可重复使用跨大气层飞行器的常见支持理由。尽管美国军方对高超声速飞行很有兴趣,不过似乎也并不强调搭载人类乘员。实际上,USAF 持续利用火箭助推的无人 X-37 可重复使用太空飞机来执行长期的与空间情报收集相关的任务,这是他们对进入太空存在兴趣的一种表现形式。他们也很关注快速响应打击能力,不过这很明显是大气层内高超声速巡航自主无人飞行器的使命。

根据 Caceres(2015)的预测,2013~2022 年的卫星发射市场是比较强劲的,但是有人航天器的发射可能不会超过每年 5 次。Futron(2002)的研究预测,截至 2021 年,亚轨道太空旅游中,每年使 15000 名乘客亚轨道飞行可以带来 7 亿美元的收入,每年使 60 名乘客 LEO 飞行可以带来 3 亿美元的收入。预测时,亚轨道飞行的票价定在 10 万美元,到 2021 年会大约降至一半。对于轨道飞行,开始的票价会在 2000 万美元,到 2021 年会大约降到 500 万美元。在一项后续研究中,Futron (2006)修改了亚轨道飞行人数的预测,同时把初始票价上调到 20 万美元,但是当初对 2021 年降到 5 万美元的预测依然没变。太空旅游需求的潜在热度大部分来自"高收入阶层"人口的增长以及对刺激性主题度假冒险的渴望。Tauri(2012)提出了一项 10 年期可重复使用亚轨道飞行器的需求预测,其中除了太空旅游外,还考虑以下市场需求:基础和应用研究、教育、小卫星部署、媒体、公共关系。鉴于太空游客数量增长的可能性,FAA(2014)提出了正确规范建议,以确保有人航天乘客的安全。

对哈勃望远镜进行的两次宇航员舱外活动(extra vehicular activity,EVA)任务验证了人类在太空进行维修工作的可行性(Waltz,1993,1998)。Shooman 等(2002)提出把国际空间站用作 LEO 卫星的维修、翻新、燃料加注的基地,并且证明在卫星完成一个生命周期的运行后对其补充推进剂和更换机电姿态控制部件、电池、太阳能帆板,以获得第二个生命周期的成本远低于发射一个卫星。作为 NASA 的 ISS 商用补给服务计划的衍生效应,这种卫星寿命的在轨延长方法当前正重新获得人们的兴趣(Morring,2015)。有人指出,这种太空的商业化活动将扩大跨大气层飞行的需求,并将使太空进入更加便宜。

参 考 文 献

Arnaiz, H. H. (1977). Flight-measured lift and drag characteristics of a large, flexible, high su-personic cruise airplane. NASA TM X-3532.

Caceres, M. (June, 2015). Expanding customer base for space payloads. Aerospace America, 22_24.

Dorsey, J. T. , Chen, R. R. , Wurster, K. E. , & Poteet, C. C. (2004). Metallic thermal protection system requirements, environments, and integrated concepts. Journal of Spacecraft and Rockets, 41(2), 162_172.

FAA (2014). Recommended practices for human space flight occupant safety, version 1. Washington, DC: Federal Aviation Administration, Office of Commercial Space Transportation.

Ferri, A. (1961). Possible directions of future research in air breathing engines. In A. L. Jaumotte, A. H. Lefebvre, & A. M. Rothrock(Eds.), Combustion and propulsion, fourth AGARD colloquium, Milan, Italy, 1960(pp. 3_67). New York, NY: Pergamon Press.

Fetterman, D. E. , Henderson, A. , Bertram, M. H. , & Johnston, P. J. (1965). Studies relating to the attainment of high lift-drag ratios at hypersonic speeds. NASA TN D-2956.

Futron(2002). Space tourism market study. Bethesda, MD: Futron Corporation.

Futron(2006). Suborbital space tourism demand revisited. Bethesda, MD: Futron Corporation.

Heffley, & Jewell(1972). NASA CR-2144, December(also in Appendix F of McCormick, Aerodynamics, Aeronautics, and Flight Mechanics).

Kempel, R. W. , Painter, W. D. , & Thompson, M. O. (1994). Developing and flight testing the HL-10 lifting body: A precursor to the Space Shuttle. NASA Reference Publication 1332.

Kirsten, P. W. , Richardson, D. F. , & Wilson, C. M. (1983). Predicted and flight test results of the performance, stability and control of the space shuttle from reentry to landing. In Shuttle performance: Lessons learned, NASA conference publication 2283, Part I.

Kuchemann, D. , & Weber, J. (1968). An analysis of some performance aspects of various types of aircraft designed to fly over different ranges at different speeds. Progress in Aerospace Sciences, 9, 329_456.

Loftkin, K. (1985). Quest for performance—the evolution of modern aircraft. NASA SP-468.

Morring, F. (2015). Jupiter space tug could deliver cargo to the moon. Aviation Week & Space Technology.

NRC (1998). Review and evaluation of the air force hypersonic technology program. Washington, DC: National Research Council, National Academy Press.

Saltzman, E. J. & Garringer, D. J. (1966). Summary of full-scale lift and drag characteristics of the X-15 airplane. NASA TN D-3343.

Schweikart, L. (1998). The hypersonic revolution, case studies in the history of hypersonic technology, Volume III, the quest for the orbital jet, The National Aerospace Plane Program (1983_1995), Air Force History and Museums Program, Bolling AFB.

Sforza, P. M. (2012). Theory of aerospace propulsion. Waltham, MA: Elsevier.

Sforza, P. M. (2014). Commercial aircraft design principles. Waltham, MA: Elsevier.

Shooman, M. L. , & Sforza, P. M. (2002). A reliability driven mission for space station. In 2002 annual reliability and maintainability symposium, Philadelphia, PA.

Svitak, A. (2015). In return. Aviation Week & Space Technology, June 22_July 5.

Tauri(2012). Suborbital reusable vehicles: A 10 year forecast of market demand Alexandria,

VA: The Tauri Group.

Waltz, D. M. (1993). On-orbit servicing of space systems Malabar, FL: Krieger Publishing Co.

Waltz, D. M. (1998). Supplement to on-orbit servicing of space systems Malabar, FL: Krieger Publishing Co.

Whitford, R. (1987). Design for air combat UK: Jane's Information Group, Ltd. , p. 59.

第5章 轨道力学

5.1 太空任务几何学

轨道力学的基础建立在 17 世纪后半叶出现的三个重大发现上：

（1）第谷·布拉赫对行星运动的详细观察。

（2）开普勒定律对行星轨道特性的描述。这与第谷的观察数据相吻合。开普勒第一定律指出，轨道是以太阳为焦点的椭圆；第二定律指出，连在太阳和某一行星之间的半径向量，在单位时间内扫过的面积是相同的；第三定律则是某一行星的轨道周期的平方与其距太阳的平均距离的立方成正比。

（3）牛顿的万有引力定律。该定律为之前的行星运动观察打下了理论基础，这将在后面讨论。

本章的目的是介绍有人航天器的设计和运行中用得着的一些轨道力学知识。

5.1.1 轨道及轨道运行原理

牛顿万有引力定律指出，质量为 m_1 和 m_2 的两物体间的相互吸引力跟它们的质量之积成正比，跟它们之间的距离的平方成反比，即

$$\vec{F} = G \frac{m_1 m_2}{r^2} \hat{r}$$

其中，$\hat{r}$ 为连接两物体质心的单位向量；G 为万有引力常数，$G = 6.67 \times 10^{-11}$ m³/(kg·s²)。

如果太空中有多个天体，它们会相互影响。对于绕地球轨道上的卫星，Pisacane（2005）证明对于多数应用而言，其他天体的影响是可忽略的。例如，太阳和月球对地球附近航天器的影响要比地球产生的影响小 3～4 个数量级。因此，对基本设计而言仅需考虑两个质量参数，即航天器质量 m 和被绕星体的质量 m_P。这就属于经典的中心力场中的二体问题。运用牛顿第二运动定律，得

$$\ddot{\vec{r}} = -\frac{G(m_P + m)}{r^2} \hat{r} \tag{5.1}$$

航天器的质量远小于行星的质量，即 $m \ll m_P$，假设两者是具有均匀密度的球形物体，这样就可将其当成质点。Pisacane（2005）还指出，多数行星的不圆度都极小。行星不呈圆球形主要体现在极地压平上，即扁率。例如，对于地球来说，这个现象只引起了 0.1% 的重力势变化，在基本设计研究中是可忽略的。于是，指向地

心的重力加速度为

$$g=\frac{m_{\mathrm{E}}G}{r^2} \tag{5.2}$$

5.1.2 中心力场中的封闭轨道

在采用上述假设之后,绕行星轨道运行的航天器的轨迹就是一条圆锥曲线,即双曲线、抛物线或椭圆。航天器的唯一闭合轨迹就是椭圆,椭圆的原点位于行星中心,如图 5.1 所示。椭圆的一般方程为

$$r=r_{\mathrm{p}}\frac{1+e}{1+e\cos\theta}=\frac{a(1-e^2)}{1+e\cos\theta} \tag{5.3}$$

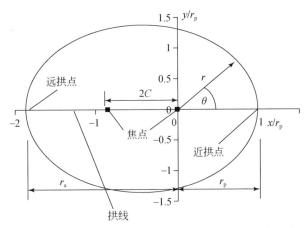

图 5.1 偏心率 $e=0.3$ 的椭圆轨道,椭圆的两个焦点用黑色正方形表示

r_{p} 表示近拱点,即航天器距离行星质心最近的点。e 为偏心率,其定义如下:

$$e=\frac{C}{a}=\frac{r_{\mathrm{a}}-r_{\mathrm{p}}}{r_{\mathrm{a}}+r_{\mathrm{p}}} \tag{5.4}$$

其中,C 表示椭圆两焦点间距离的一半;长半轴为 $a=(r_{\mathrm{a}}+r_{\mathrm{p}})/2$,即 $a=C+r_{\mathrm{p}}$;r_{a} 为远拱点,在这点上航天器距离行星质心最远。近拱点和远拱点位于拱线上,拱线与椭圆长轴重合。对于绕地球轨道来说,近拱点就叫着近地点,远拱点就叫着远地点。

对于设计目的而言,轨道飞行器的运动速度和周期是主要考虑的因素。速度用称为活力方程的公式计算:

$$V^2=\left[\frac{k}{m}\left(\frac{2}{r}-\frac{1}{a}\right)\right] \tag{5.5}$$

若行星是地球,则

$$\left(\frac{k}{m}\right)_{\mathrm{E}}=m_{\mathrm{E}}G=398600\mathrm{km}^3/\mathrm{s}^2 \tag{5.6}$$

假设航天器的质量基本上是不变的,但是实际上质量会有少许变化,例如,轨道或指向控制会消耗掉一些燃料。运动周期就是完成一圈轨道所需的时间。运动周期按下式计算:

$$\tau=\frac{2\pi}{f}=2\pi\sqrt{a^3\left(\frac{k}{m}\right)^{-1}}=\frac{2\pi r_p^{3/2}}{\sqrt{k/m}}\left(\frac{a}{r_p}\right)^{3/2} \tag{5.7}$$

其中,f 为轨道卫星的平均角速度。注意,若是圆形轨道,则有 $r=r_p=r_a=$ 常数,速度和周期同样为常数。若是地球表面的圆形轨道,则 $r=R_E$,恒定轨道速度为 $V_E=7.909\mathrm{km/s}$,轨道周期为 $\tau_E=84.35\mathrm{min}$。随着圆形轨道半径的增加,轨道速度会降低,轨道周期会变长。对于地球表面上空 200km 高的圆形轨道,轨道速度就降至 7.788km/s,轨道周期增加到 88.35min。

5.1.3 地球轨道特性

现在主要介绍地球轨道。可以把径向坐标 r 取为地球半径 R_E 和地球的平均表面之上的高度 z 之和,具体如下:

$$r=R_E+z \tag{5.8}$$

图 5.2 所示为两条代表性的绕地球轨道,其中一条为圆形轨道,偏心率 $e=0$,另一条为椭圆轨道,偏心率 $e=0.3$。速度和周期取决于轨道偏心率 e 和轨道的近地点 r_p。将式(5.3)和式(5.4)代入式(5.5)和式(5.7),得

$$V^2=\frac{1}{r_p}\left(\frac{k}{m}\right)\left[\frac{2(1+e\cos\theta)}{1+e}-(1-e)\right] \tag{5.9}$$

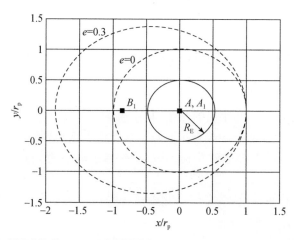

图 5.2 绕地球圆形轨道($e=0$)和椭圆轨道($e=0.3$)的示意图,A 表示圆形轨道中心,A_1 和 B_1 表示椭圆轨道的焦点

$$\tau = \frac{2\pi}{\sqrt{k/m}} = \left(\frac{r_p}{1-e}\right)^{3/2} \tag{5.10}$$

以 ISS 为例,这是一个椭圆轨道,其远地点高度为 $z_a = 437\text{km}$,近地点高度为 $z_p = 361\text{km}$。据式(5.4)可算得其轨道的偏心率为

$$e = \frac{r_a - r_p}{r_a + r_p} = \frac{z_a - z_p}{2R_E + z_a + z_p} = 0.0056$$

利用式(5.10)计算得到 ISS 的轨道周期为 $\tau = 5544\text{s}$ 即 92.39min。

决定性的轨道参数是 r_p 和 e,分别为轨道近地点和偏心率。理想的情况是,航天器轨道的这两个参数可随意选取,而唯一的明显限制就在于发射系统能否提供所需的轨道速度 V。但是,实际上还需要考虑到轨道参数的其他限制。

第一个限制就是大气引起的空气动力阻力。这个限制对于所有卫星都存在。第 2 章中指出了大气密度随高度的升高而迅速变低,但是低密度大气也能消耗卫星的动能。速度长时间降低,最终会引起轨道的衰减并使卫星开始朝向地球坠落,除非施加一个推进力使卫星加速并回到所需的轨道上。阻力大小不仅取决于所在位置的大气密度,也即轨道高度,还取决于卫星的尺寸和几何构型。对于具有阿波罗指令舱那样尺度和几何构型的航天器,最低轨道高度 z_d(单位为 km)和任务延续时间 t(单位为 h)之间的关系为

$$z_d = 100t^{0.15} \tag{5.11}$$

图 5.3 给出具有阿波罗尺寸的有人航天器的安全高度走廊与任务延续时间的关系,可以看出即便是短期任务,轨道高度都至少要大于 200km。

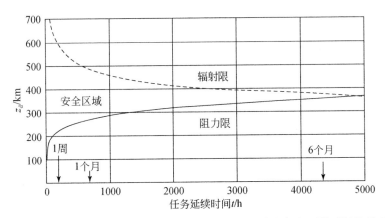

图 5.3　具有阿波罗尺寸的有人航天器的安全高度走廊与任务延续时间的关系,
辐射效应(虚线)和阻力效应(实线)之间的区域是长时间任务的安全区

第二个限制在于需要确保乘员不受到高空范艾伦辐射带的伤害。辐射危险不仅取决于轨道高度,还取决于航天器材料和构造所能提供的辐射屏蔽程度。显然,专门为了提供防护而增加材料重量,会影响航天器的性能。对于阿波罗尺寸的有

人航天器,当辐射防护材料用量为 $20kg/m^2$ 时,能确保辐射安全的最大高度 z_r(单位为 km)与任务延续时间 t(单位为 h)之间的关系为

$$z_r = 1300t^{-0.15} \tag{5.12}$$

图 5.3 也显示了这种关系,可以看出,即便是短期任务,轨道高度都不应大于 600km。还可以看出,ISS 轨道的高度为 250~450km,位于安全走廊内。当然,由于 ISS 尺寸较大,ISS 轨道会因大气阻力而衰减,所以必须定期将其推回正常轨道。

椭圆轨道的远地点和近地点也有同样的限制。利用式(5.4),取远地点高度为上限高度 600km,近地点高度为下限高度 200km,则得到轨道偏心率为 $e=400/(2R_E+800)=0.0296$,这基本上还是圆形轨道。再来看实际的 ISS 例子,设它运行在圆形轨道上,而不是实际的 $e=0.0056$ 椭圆轨道。可以发现,$z=z_p=361km$ 的圆形轨道的轨道周期为 5497s,$z=z_a=437km$ 的圆形轨道的轨道周期为 5590s,而实际值为 5544s。轨道周期的差别为 ±46s,也即约 0.83%。因此,在实际的初步设计中,可以认为有人航天器轨道是圆形的,从而合理地简化问题。

设轨道为标称半径 $r=r_E+z$ 的圆形地球轨道,则式(5.9)和式(5.10)变为

$$V = \frac{1}{R_E^{1/2}(1+z/R_E)^{1/2}}\left(\frac{k}{m}\right)^{1/2} = \frac{7.909}{(1+z/R_E)^{1/2}} \tag{5.13}$$

$$r = 2\pi\sqrt{\frac{R_E^3(1+z/R_E)^3}{(k/m)}} = 5061\left(1+\frac{z}{R_E}\right)^{3/2} \tag{5.14}$$

图 5.4 以无量纲的方式给出了轨道速度和周期的变化情况。注意,在这个高度范围内,轨道速度只降低了约 5%,而轨道周期增加了约 17%。

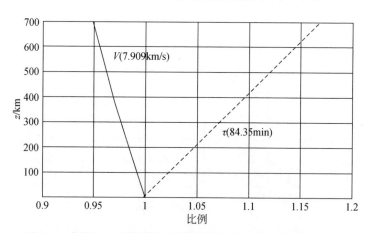

图 5.4 高度为 z 的圆形绕地球轨道的速度 V 和周期 τ 的关系,
V 和 τ 相对于各自在 $z=0$ 处的值进行了归一化处理

5.1.4 平面内轨道转移:相交轨道

向航天器施加推进力,可打乱轨道的平衡,使航天器速度发生变化。一旦力消失后,航天器将会获得新的轨道。为简单起见,首先考虑平面内转移,质量为 m 的航天器从轨道 1 转移到相交轨道 2 上,如图 5.5 所示。假设在轨道 1 的点 A 处向航天器施加一个脉冲推力 F,使

$$F\Delta t = m\Delta V \tag{5.15}$$

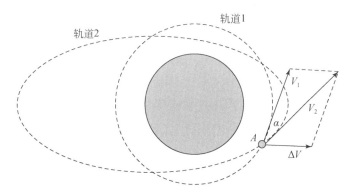

图 5.5 同一平面内的两相交轨道 1 和轨道 2 之间轨道转移的速度变化

传递给航天器的速度变化刚好产生了位于点 A 时轨道 2 所需的速度,于是航天器开始进入轨道 2 运行。图 5.5 中的速度向量图表明

$$\vec{V_1} + \Delta \vec{V} = \vec{V_2}$$

所需的速度增量大小为

$$(\Delta V)^2 = V_1^2 + V_2^2 - 2V_1V_2\cos\alpha \tag{5.16}$$

其中,V_1 表示轨道 1 上点 A 处的速度;V_2 为轨道 2 上点 A 的速度;α 是点 A 处 V_1 和 V_2 之间的夹角。注意,当 $\alpha = 0$ 时,ΔV 的值最小,这时两轨道在点 A(转移点)处相切。

有人航天器的最常见相交轨道转移就是从开始大气再入到下降到星球表面之前的离轨过程。第 6 章将会介绍这些内容,减速度和加热对人类太空飞行的限制,要求在再入时的飞行路径角必须非常小,通常为 $-0.5° < \gamma < -2.5°$。这在实践中非常重要,因为由式(5.16)可知,这时所需的 ΔV 将尽可能接近最小。

5.1.5 平面内轨道转移:非相交轨道

对于平面内非相交轨道间的轨道转移,沿着一个称为霍曼转移椭圆的过渡性轨道,所需的能量最低。这是意料之中的,因为转移运用了前面介绍的相交轨道间的最低 ΔV 转移。只不过这里运用了两次,第一次在初始轨道上的某个点上,第二

次是在所需最终轨道的某个点上。转移的初始位置也很特别：这些点位于霍曼椭圆的拱线上，如图 5.6 所示，初始脉冲推力施加点位于近拱点上，最终脉冲推力施加点则位于远拱点上。因此，初始脉冲推力在点 P 施加，产生了 ΔV_1，点 P 的近拱点径向坐标为 $r_P = r_1$。

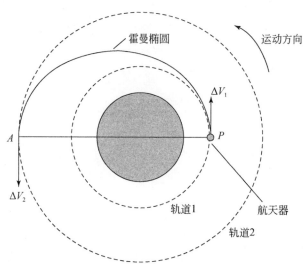

图 5.6　霍曼转移，把航天器的高度从轨道 1 提高到轨道 2，点 A 和点 P 分别为霍曼椭圆的远拱点和近拱点，脉冲推力也在这两点上施加，从而产生了图示的速度增量

同样，最终的脉冲推力在点 A 处施加，产生了 ΔV_2，点 A 的远拱点径向坐标为 $r_A = r_2$。点 P 和点 A 处所需的速度变化为

$$\Delta V_1 = V_P - V_1 \tag{5.17}$$

$$\Delta V_2 = V_2 - V_A \tag{5.18}$$

据式(5.5)和式(5.6)可得

$$\Delta V_1 = \frac{631.34}{\sqrt{r_1}}\left(\sqrt{\frac{r_2}{a}} - 1\right) \tag{5.19}$$

$$\Delta V_2 = \frac{631.34}{\sqrt{r_2}}\left(1 - \sqrt{\frac{r_1}{a}}\right) \tag{5.20}$$

其中，a 为轨道长半轴。

$$a = \frac{1}{2}(r_P + r_A) = \frac{1}{2}(r_1 + r_2) \tag{5.21}$$

抬升轨道高度时，如图 5.6 所示，在点 P 航天器需要脉冲速度增量 ΔV_1，以便爬升到更高的高度。当到达点 A 时，航天器需要一个脉冲速度增量 ΔV_2，以达到最终轨道所需的速度。由于最终轨道半径 $r_2 > a$，初始轨道半径 $r_1 < a$，故根据式(5.19)和式(5.20)，有 $\Delta V_1 > 0$，$\Delta V_2 > 0$。显然，在点 P 处，霍曼椭圆轨道上的速

度 V_P 大于轨道 1 的速度 V_1;在点 A 处,霍曼椭圆轨道上的速度 V_A 小于轨道 2 的速度 V_2。因此,抬升轨道的霍曼转移需要对航天器进行两次脉冲加速。

由于没有考虑耗散力,因此整个过程是可逆的。如果需要从轨道 2 的高度降低到轨道 1 的高度,就可以采用相同的霍曼转移,只是把所有的速度方向颠倒即可。在图 5.6 中,设想航天器以逆时针方向运行,ΔV_1 和 ΔV_2 的方向需要反向。于是,在点 A 施加反向脉冲推力,产生负的速度增量 ΔV_2,使航天器慢下来并进入霍曼椭圆轨道。当航天器到达点 P 时,施加反向脉冲推力产生负的速度增量 ΔV_1,从而把航天器减速到低轨道 1 所需的速度。也就是说,降低轨道的霍曼转移需要对航天器进行两次脉冲减速。

霍曼转移所需时间 τ_H 就是完成半圈霍曼椭圆轨道所需的时间,可以用式(5.7)算出半周期。得到如下的时间 τ_H:

$$\tau_H = \frac{1}{2}\tau = \pi\sqrt{\frac{(r_1+r_2)^3}{8(k/m)}} = 42.17\left(1+\frac{z_1+z_2}{2R_E}\right)^{3/2} \qquad (5.22)$$

设想在两个极端适用轨道高度 200km 和 600km 之间的轨道转移情况,这时霍曼转移时间约为 46.2min,大约为航天器完成半圈典型轨道所需时间。

5.2 轨道上的能量与角动量

求速度向量 $\dfrac{\mathrm{d}\vec{r}}{\mathrm{d}t}$ 和式(5.1)的标量积,得

$$\frac{\mathrm{d}\vec{r}}{\mathrm{d}t}\cdot\frac{\mathrm{d}}{\mathrm{d}t}\left(\frac{\mathrm{d}\vec{r}}{\mathrm{d}t}\right)+\frac{m_E G}{r^2}\left(\frac{\mathrm{d}\vec{r}}{\mathrm{d}t}\cdot\hat{r}\right)=\frac{1}{2}\frac{\mathrm{d}}{\mathrm{d}t}\left(\frac{\mathrm{d}r}{\mathrm{d}t}\right)^2+m_E G\frac{\mathrm{d}}{\mathrm{d}t}\left(\frac{-1}{r}\right) \qquad (5.23)$$

式(5.23)可写为

$$\frac{\mathrm{d}}{\mathrm{d}t}\left(\frac{1}{2}V^2-\frac{m_E G}{r}\right)=0 \qquad (5.24)$$

式(5.24)的积分是一个运动常数:

$$\frac{1}{2}V^2-\frac{m_E G}{r}=\frac{U}{m}=\frac{1}{m}(U_{kin}+U_{pot})=\text{const} \qquad (5.25)$$

轨道上物体的单位质量总能即比能是一个常数,等于轨道上物体的比动能和比势能之和。同样,可以求半径向量和式(5.1)的向量积,得

$$\vec{r}\times\frac{\mathrm{d}\vec{V}}{\mathrm{d}t}+\frac{m_E G}{r^2}(\vec{r}\times\hat{r})=\vec{r}\times\frac{\mathrm{d}\vec{V}}{\mathrm{d}t}=0 \qquad (5.26)$$

因为 $\vec{V}\times\dfrac{\mathrm{d}\vec{V}}{\mathrm{d}t}=0$,所以可将式(5.26)重写为

$$\frac{\mathrm{d}}{\mathrm{d}t}(\vec{r}\times\vec{V})=\frac{\mathrm{d}}{\mathrm{d}t}(\vec{h})=0 \qquad (5.27)$$

式(5.27)的积分也是一个运动常数,等于

$$\vec{h} = \vec{r} \times \vec{V} = \text{const} \tag{5.28}$$

向量$\vec{h}$等于环绕中心点的物体的角动量。

因此,可以预料,在未施加其他力或力矩的情况下,在诸如重力场这样的保守力场中,运动物体的总比能和角动量均是恒定的。

5.2.1 能量守恒

根据式(5.2)和式(5.6),轨道半径为r、质量为m的环绕地球航天器的势能可以写成

$$U_{\text{pot}} = \int_{R_E}^{r} mg\,\mathrm{d}r = \int_{R_E}^{r} m\frac{k}{r^2}\,\mathrm{d}r = mg_E R_E \left(1 - \frac{R_E}{r}\right) \tag{5.29}$$

其中,设卫星在地球表面高度的势能为零。利用式(5.3)和式(5.4),可将式(5.29)进行变换,用轨道近地点r_p和偏心率e表示航天器单位质量的势能,具体为

$$\frac{U_{\text{pot}}}{m} = g_E R_E \left(1 - \frac{R_E}{r_p}\frac{1 + e\cos\theta}{1 + e}\right) \tag{5.30}$$

根据式(5.5)和式(5.6),可以将该航天器的动能表示为

$$U_{\text{kin}} = \frac{1}{2}mV^2 = \frac{1}{2}\left(\frac{k}{m}\right)\left(\frac{2}{r} - \frac{1}{a}\right) = \frac{1}{2}mg_E R_E \left(2\frac{R_E}{r} - \frac{R_E}{a}\right) \tag{5.31}$$

这里,也用了式(5.2)和式(5.6),得

$$g_E R_E = \frac{m_E G}{R_E} = \frac{1}{R_E}\left(\frac{k}{m}\right) = \frac{3.986 \times 10^{14}}{R_E} \tag{5.32}$$

其中,$m_E G = 3.986 \times 10^{14}\ \text{m}^3/\text{s}^2$;$m_E G/R_E = 62.56 \times 10^6\ \text{m}^2/\text{s}^2 = 62.56\text{MJ/kg}$。同理,可以用轨道的近地点和偏心率表示航天器的单位质量动能,具体如下:

$$\frac{U_{\text{kin}}}{m} = \frac{1}{2}g_E R_E \left(\frac{R_E}{r_p}\right)\frac{1 + e\cos\theta}{1 + e}\left(2 - \frac{1 - e^2}{1 + e\cos\theta}\right) \tag{5.33}$$

式(5.30)和式(5.33)表明,势能和动能随轨道上的位置而变化。式(5.30)和式(5.33)相加,得到航天器的单位质量总能为

$$\frac{U}{m} = g_E R_E \left[1 - \frac{R_E}{r_p}\frac{1 - e^2}{2(1 + e)}\right] \tag{5.34}$$

航天器的总能为常数,其大小只取决于近地点和偏心率。对于一个给定的近地点,当轨道为圆形轨道($e=0$)时能量最低。

例如,设有一椭圆轨道,其偏心率$e=0.3$,近地点为$r_p=400\text{km}$,据式(5.3)和式(5.4)得到如图5.7所示的该轨道图。该轨道的比势能和比动能变化情况如图5.8所示。航天器的动能在近地点最大,在远地点最小;其势能则正好相反。该轨道上航天器单位质量的总能为

$$\frac{U}{m} = g_E R_E \left(1 - 0.35\frac{R_E}{r_p}\right) = 41.9\text{MJ/kg}$$

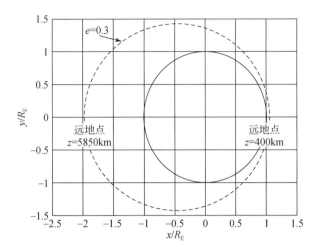

图 5.7　偏心率 $e=0.3$、近地点 $z_p=400$km 的椭圆轨道

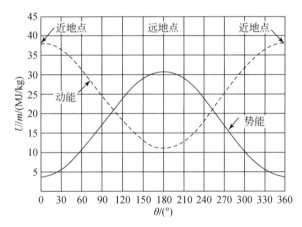

图 5.8　图 5.7 所示轨道的比势能和比动能随极角 θ 的变化情况

如前所述,更为常见的是圆形和近似圆形的地球轨道。对于圆形轨道,有 $e=0$ 且 $r_p=r_E+z_O$,比势能和比动能则为

$$\frac{U_{\text{pot}}}{m}=g_E R_E\left[1-\left(1+\frac{z_O}{R_E}\right)^{-1}\right]$$

$$\frac{U_{\text{kin}}}{m}=\frac{1}{2}g_E R_E\left(1+\frac{z_O}{R_E}\right)^{-1}$$

图 5.9 为圆形轨道上,能量分布与地球表面到航天器之间距离 z_O 的函数关系。图 5.9 还一并给出了内外范艾伦辐射带的大致区域。内辐射带以高能质子居多,外辐射带以高能电子居多。出于前面提到的辐射安全缘故,按图 5.9 所示比例尺,人类太空飞行必须要局限在非常靠近原点的高度。在 LEO 之外,航天器所需总能

急剧上升,这也是人类太空飞行优选近地轨道的另一个原因。

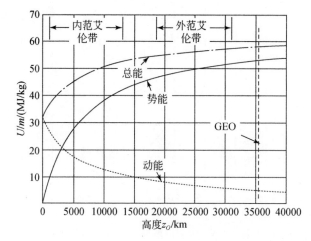

图 5.9　圆形轨道($e=0$)上,比能分布与地球表面到航天器之间距离 z_O 的函数关系

图 5.9 给出了地球静止轨道(geostationary Earth orbit,GEO)的高度,无人地球观察和通信卫星可使用这个轨道。GEO 为赤道($i=0$)圆形($e=0$)轨道,所处的径向距离(r_{GEO})正好使卫星的旋转角速度等于地球的自转角速度,从而确保观察到的地面是不变的。地球的自转周期为 23.93h,即 86164s,求解式(5.14),得到 GEO 的高度 $z_{GEO}=35800$km($r_{GEO}=42170$km)。

5.2.2　角动量守恒

角动量为向量,其定义如下:

$$\vec{h}=\vec{r}\times\vec{V} \tag{5.35}$$

角动量向量所处方向为半径向量和速度向量形成的平面的法向方向,因此也是轨道面的法向方向。如果不施加外部力矩,角动量将是一个运动常数。角动量的大小可表示为

$$h=rV\cos\phi \tag{5.36}$$

其中,变量间的关系如图 5.10 所示。当速度法向分量 $V\sin\phi$ 的朝向与半径向量相反时,就认为飞行路径角 ϕ 是负的。第 6 章将详细讨论大气再入,再入期间飞行路径角就是负的。需要注意的是,对于圆形轨道,速度与直径垂直,所以有 $\phi=0$。

Bate 等(1971)证明,角动量的大小与轨道几何要素之间的关系可用如下公式表示:

$$p=\frac{h^2}{m_E G} \tag{5.37}$$

其中,p 为轨道的半通径,即轨道长半轴和轨道之间在焦点位置的垂直距离。因

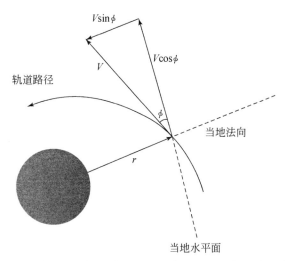

图 5.10 轨道的飞行路径,当地法向为半径向量方向,而当地水平面
垂直于这个方向,图中还定义了飞行路径角

此,轨道还可以表示成

$$r=\frac{p}{1+e\cos\theta} \tag{5.38}$$

图 5.11 为 $p=1$,具有相同角动量和不同偏心率的不同形状和大小的轨道。$e<1$ 时,轨道是椭圆;$e=1$ 时,轨道为抛物线;$e>1$ 时,轨道为双曲线。据式(5.37)可看出,椭圆轨道的半通径与轨道的长半轴成正比,具体为

$$p=a(1-e^2) \tag{5.39}$$

椭圆和圆形轨道是闭曲线,抛物线和双曲线轨道是开曲线。若是圆形轨道($e=0$),则半通径 $p=a=r$,对于抛物线和双曲线轨道,则半长轴为无穷大,突显了轨道是开放的。

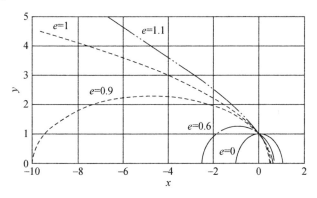

图 5.11 半通径 $p=1$ 的,原点在焦点的不同偏心率的轨道,竖向比例尺已拉长

5.2.3　开轨道:抛物线轨道与逃逸速度

航天器的单位质量总能是恒定的,如果利用式(5.29)来计算势能,则有

$$\frac{U}{m} = \frac{1}{2}V^2 + g_E R_E \left(1 - \frac{R_E}{r}\right) = \text{const} \tag{5.40}$$

式(5.38)表明,对于抛物线轨道($e=1$),因为根据式(5.37),角动量 h 是常数,p 也是常数,所以当角 θ 趋近于 π 时,半径为无穷大。于是可得出,为了保持 h 为恒值,当 r 接近于无穷大时,航天器的速度 V 必定接近于零。同时,航天器的总能必定保持恒定。将轨道上某个初始点(用下标 1 表示)的能量同 r 接近于无穷大时的能量等同起来,得到

$$\frac{1}{2}V_1^2 + g_E R_E \left(1 - \frac{R_E}{r_1}\right) = \lim_{r \to \infty}\left[\frac{1}{2}V^2 + g_E R_E \left(1 - \frac{R_E}{r}\right)\right] = g_E R_E \tag{5.41}$$

当位于 r_1 点的航天器达到式(5.41)中的速度时,就说航天器可以逃脱地球的影响,该速度为

$$V_1 = V_{esc} = \sqrt{2\frac{g_E R_E^2}{r_1}} = \sqrt{2\frac{m_E G}{r_1}} \tag{5.42}$$

这里针对地球轨道的讨论也适用于其他星球,只需用相关星球质量代替 m_E 即可。表 5.1 列出了月球和太阳系行星的基本性质的数据。

表 5.1　NSSDC 的星球数据(2013)

星球	轨道周期 /年	距太阳距离 /(10^6 km)	m/m_E[d]	半径 /km	g/g_E	逃逸速度[e] /(km/s)
太阳[a]	—	—	332948	6.96×10^8	28.1	617.7
水星	0.241	57.9	0.0553	2440	0.378	4.3
金星	0.615	108.2	0.815	6052	0.907	10.4
地球	1.000	149.6	1.000	6378	1.000	11.2
月球	0.0748[b]	0.384[c]	0.0123	1738	0.166	2.4
火星	1.881	227.9	0.107	3396	0.377	5.0
木星	11.86	778.6	317.8	71492	2.36	59.5
土星	29.43	1434	95.2	60268	0.916	35.5
天王星	83.75	2873	14.5	25559	0.889	21.3
海王星	163.7	4495	17.1	24764	1.12	23.5
冥王星	248	5870	0.0022	1195	0.059	1.1

注:a 太阳的数据摘自 Pisacane(2005)。

　　b 地球轨道周期。

　　c 距地球的平均距离。

　　d $m_E = 5.97 \times 10^{24}$ kg。

　　e 距离星球表面或者气态巨星 1 巴压力水平的高度。

　　逃逸速度的概念用于确定轨道的特征何时从闭合变为开放。逃逸是指中心引力场没有能力保持航天器置于自己的影响之下,让其形成"闭合"轨道。就如针对奔月轨道所述,增加切入速度在节省飞行时间方面获得的收益会递减,而在推进剂消耗方面的代价会更大。

5.2.4　开轨道:双曲线轨道和剩余速度

　　对于抛物线轨道这个特殊情况,航天器在远离中心天体时,其速度最终会降至零。在 r_1 位置,航天器的速度可以加速到逃逸速度之上,即 $V_1 > V_{esc}$,这样,当航天器远离中心天体时还有剩余速度。航天器的这个轨道就属于双曲线轨道。再次运用能量守恒条件,得

$$\frac{1}{2}V_1^2 + g_E R_E \left(1 - \frac{R_E}{r_1}\right) = \lim_{r \to \infty}\left[\frac{1}{2}V_\infty^2 + g_E R_E \left(1 - \frac{R_E}{r}\right)\right] = \frac{1}{2}V_\infty^2 + g_E R_E \quad (5.43)$$

将式(5.42)所示的逃逸速度定义用在式(5.43)中,即得到航天器远离中心天体时具有的速度为

$$V_\infty^2 = V_1^2 - V_{esc}^2 \quad (5.44)$$

　　发射的星际任务无人航天器的速度必须大于逃逸速度,才能有足够的剩余速度,以降低转移时间。若无须回到地球,就可以使用双曲线轨道。小行星和彗星的飞行速度一般都超过了表 5.1 所列的太阳系内大部分行星的逃逸速度。巨型行星——木星和土星的逃逸速度更高,表明它们的引力吸引力很大,意味着它们能够影响小行星和彗星等天体的路径。

5.3　大气再入的轨道转移

　　第 6 章将讨论到,为了人类太空飞行安全,在再入界面 z_e 处的飞行路径角 γ(航天器速度和当地水平面之间的夹角)必须非常小。作为具有明显空气动力效应的大气顶点的标志,再入界面通常设在一个随意的高度($z_e = 100$km)。为了安全再入,有人太空飞行的再入飞行路径角应该满足 $-10° < \gamma_e < 0°$。在图 5.12 中,在轨航天器在 r_1 处以 $\theta = 180°$ 角度点燃制动火箭,给航天器施加 $\Delta V < 0$ 的速度增量。航天器就进入霍曼转移椭圆,朝向假想的一个新且在 r_3 处的圆形轨道转移。这个转移路径被设计成要以所需的飞行路径角 γ 穿过再入界面 $z_e = 100$km。航天器接下来的运动将在第 6 章加以详细介绍。

　　为了计算所需的 ΔV,首先要计算霍曼转移轨道,为此要在 r_3 处的假想轨道选择一个值,并用式(5.4)算出偏心率 e,得

$$e = \frac{r_1 - r_3}{r_1 + r_3} \quad (5.45)$$

因为地球质心是转移椭圆的一个焦点,而再入界面 $r_e < r_1$,因此假想的最终轨

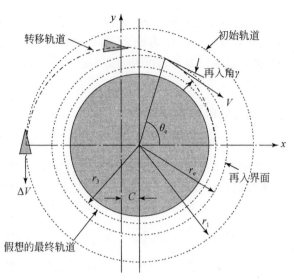

图 5.12　从 r_1 圆形轨道转移到 r_3 假想新轨道,制动脉冲产生所需的 ΔV,
使航天器以 γ 的飞行路径角穿越再入界面 r_e

道的值必定满足 $0<r_3<r_1$。转移椭圆的长半轴为

$$a=\frac{1}{2}(r_1+r_3) \tag{5.46}$$

地心和转移椭圆中心之间的距离为

$$C=ae=\frac{1}{2}(r_1-r_3) \tag{5.47}$$

利用式(5.3)算出 $r(\theta_e)=r_e$ 时的 $\theta=\theta_e$ 值:

$$\theta_e=\arccos\left[\frac{a}{r_e}\left(\frac{1-e^2}{e}\right)-\frac{1}{e}\right] \tag{5.48}$$

再入界面处的飞行路径角 γ_e 为

$$\gamma_e=\frac{\pi}{2}-\theta_e+\arctan\left[\left(\frac{ae}{r_e\sin\theta_e}-\frac{1}{\tan\theta_e}\right)(1-e^2)\right] \tag{5.49}$$

该角等于再入点 (r_e,θ_e) 位置上的圆曲线切线和椭圆曲线切线间的夹角。因此,对于允许范围内的任一 z_3 值,都可求出航天器再入大气的点和再入时的飞行路径角。图 5.13 给出了 $z_1=300\text{km}$、400km、500km 的几个初始圆形轨道的再入飞行路径角随 $\pi-\theta$(从 ΔV 施加点量起的再入极角)的变化情况。显然,要获得有人航天所需的较小飞行路径角,脉冲制动火箭必须几乎提前半圈点火。

图 5.14 列出了上述几个轨道的离轨所需速度变化值。达到较浅的飞行路径角所需的 ΔV 值较小,角度稍微更陡一些,这个值会快速增加。式(5.50)表示脉冲等于航天器的动量变化,所以可以算出各脉冲推力情况下实现 ΔV 所需的推进剂质量。

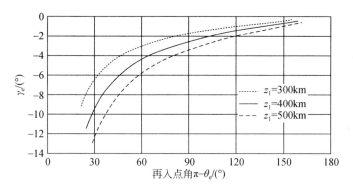

图 5.13 几个初始轨道高度的再入飞行路径角随 $\pi-\theta_e$
（从 $\theta=\pi$ 即施加 ΔV 的点量起的再入极角）的变化情况

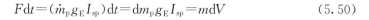

$$Fdt=(\dot{m}_p g_E I_{sp})dt=dm_p g_E I_{sp}=mdV \qquad (5.50)$$

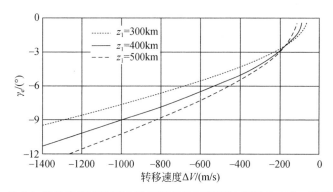

图 5.14 几个初始轨道高度的再入飞行路径角随所需速度脉冲变化 ΔV 的变化情况

注意到 $dm_p=-dm$，这是由于消耗了推进剂，因此航天器的质量在降低，于是可以对式(5.50)进行积分，即得到火箭方程为

$$\frac{m_e}{m_1}=\exp\left(-\frac{\Delta V}{g_E I_{sp}}\right) \qquad (5.51)$$

其中，m_1 为 r_1 轨道上航天器的质量；m_e 为航天器穿越再入界面 $r=r_e$ 时的质量；I_{sp} 为制动火箭的比冲，表示制动火箭的比推进剂消耗，计算公式为

$$I_{sp}=\frac{F}{\dot{m}_p g_E} \qquad (5.52)$$

比冲的单位为秒，对于制动火箭系统中会用到的使用固体燃料的火箭发动机，典型的值为 $I_{sp}=260s$。图 5.15 给出了不同初始高度 z_1 下，航天器穿越再入界面时的质量分数 m_e/m_1 随再入角 γ_e 的变化情况。对于极小的再入角，只需要初始轨道上航天器质量的 5%（的推进剂）就能让航天器进行正确的再入状态。当再入角

陡于−4°时,所需的推进剂消耗质量就相当大了。

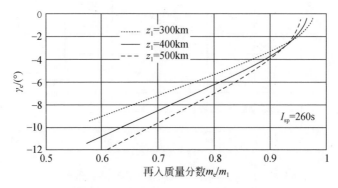

图 5.15　在不同高度 z_1 和制动火箭比冲为 260 s 的情况下,航天器穿越
再入界面时的质量分数 m_e/m_1 与再入角的函数关系

5.4　轨道的地面轨迹

图 5.16 所示,一个环绕地球的航天器以速度 V 在地球自转方向上飞行。其轨道面穿过地心,倾斜于赤道 i 角度。轨道的地面轨迹就是轨道面同地球表面之间的交线。这条轨迹也称作轨道的星下点(subsatellite point,SSP)。

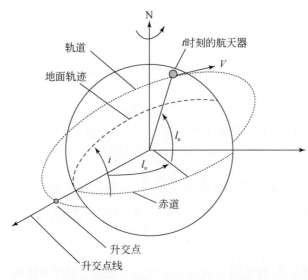

图 5.16　环绕地球的航天器以速度 V 在地球自转方向上飞行

5.4.1　轨道的定义

轨道由极坐标 (r,θ) 确定,其中 θ 为轨道的真近点角,等于轨道上某点的半径 r 同近拱点(对应于地球轨道上的近地点)半径之间的夹角,如图 5.1 所示。在图 5.16 中,航天器轨道半径扫过一个平面,该平面穿过地心,地心就是轨道的一个焦点。轨道面同赤道面形成的夹角 l_a 决定了航天器位置在地球上的地面轨迹的纬度。同理, r 在赤道面上的投影与升交点轴之间的夹角 l_o 决定了航天器在地球上的相对经度。

航天器轨道的升交点指 SSP 向北方运动穿过赤道的那个点,它定义了轨道的起点。图 5.17 画出了近拱点(对于地球轨道则为近地点),即 $r=r_p$,一起画出了近点幅角 ω,即最近一次的升交点同 r_p 之间的夹角。真近点角 θ 是从近拱点量起的,因此轨道方程可写成

$$r=r_p\frac{1+e}{1+e\cos(\theta-\omega)} \tag{5.53}$$

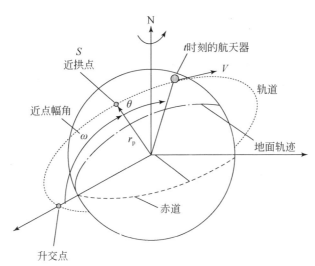

图 5.17　一个环绕地球的航天器以速度 V 在地球自转方向上飞行,
图中标注了近拱点(对地球则为近地点)、近拱点的半径 r_p、近点幅角 ω

SSP 朝北方运动穿过升交点的时刻可以作为某个基准,如 $t=0$,航天器随后的所有位置都可以相对它进行表示。

过近地点后的时间可以根据偏近点角求出,这个角等于图 5.18 所示的角 E。偏近点角和真近点角之间的关系为

$$\cos E=\frac{e+\cos\theta}{1+e\cos\theta} \tag{5.54}$$

偏近点角的这种关系永远把 E 和 θ 置于同一半平面内,以便从 $\cos E$ 中选择 E

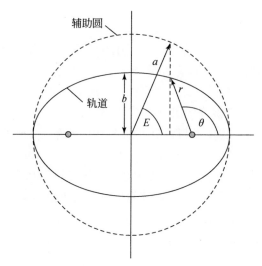

图 5.18　半径等于轨道长半轴 a 的辅助圆以及偏近点角 E 的定义

的合适取值是唯一的。

开普勒第二定律指出,轨道上半径向量在相同时间扫过的面积是相同的。因此,从 $\theta=0$(即近拱点)开始到任一位置的过程中,扫过的面积与轨道总面积 πab 之比等于这个运动过程所需时间与轨道周期之比。Bate 等(1971)证明,偏近点角可用来计算扫过的面积,于是得到时间 $t(\theta)$ 和近拱点时间 $t(0)=t_p$ 之间的关系为

$$t-t_p=\sqrt{\frac{a^3}{m_E G}}(E-e\sin E) \tag{5.55}$$

应该注意的是,对于圆形轨道($e=0$),近拱点是未定义的,因此式(5.55)不适用。不过,根据开普勒第二定律,定义 $t_p=t(0)=0$,则可以方便地写出

$$t-t_p=\frac{\theta}{2\pi}\tau=\theta\sqrt{\frac{a^3}{m_E G}} \tag{5.56}$$

例如,图 5.7 所示的轨道,其偏心率 $e=0.3$,近地点 $r_p=6778$km(近地点高度 $z_p=400$km),远地点 $r_a=12590$km。根据式(5.21)算得长半轴 $a=9684$km。根据式(5.10),该轨道的轨道周期 $\tau=158.0$min。

(1) 真近点角 $\theta=1139°$ 对应 $n=\theta/360=3.164$ 圈轨道,即第 4 圈轨道的 $\theta_4=59.04°$。用式(5.54)算出偏近点角,对于轨道中的这一点,有

$$\cos E=\frac{0.3+\cos 59.04°}{1+0.3\cos 59.04°}=0.7056$$

因为 θ_4 位于 $0°\sim180°$,所以 E 也必定位于这个范围内。这对应于 $E=45.13°=0.7876$rad,因此用式(5.55)算出的时间 t_4(即从第 4 圈轨道近拱点开始算起的时间)为

$$t_4 - t_{p,4} = \sqrt{\frac{9684^3}{3.989 \times 10^5}} (0.7876 - 0.3\sin 0.7876) = 867.6(s)$$

从第 1 个近拱点算起的总时间为

$$t = 867.6s + 3\tau = 14.46 + 3 \times 158 = 488.5(\text{min})$$

(2) 稍后在同一圈(第 4 圈)轨道,若真近点角为 $\theta = 1367°$,这相当于 $n = 3.797$ 圈轨道,即第 4 圈轨道的 $\theta_4 = 287.0°$,其偏近点角为

$$\cos E = \frac{0.3 + \cos 287°}{1 + 0.3\cos 287°} = 0.5445$$

同样,因为 θ_4 位于 $180° \sim 360°$,所以 E 也必定位于这个范围内。这对应于 $E = 360° - 57.00° = 5.287\text{rad}$,因此根据式(5.55)计算出的自近拱点之后的时间为

$$t_4 - t_{p,4} = \sqrt{\frac{9684^3}{3.989 \times 10^5}} (5.287 - 0.3\sin 303°) = 8356(s)$$

从第 1 个近拱点算起的总时间为

$$t = t_4 - t_{p,4} + 3\tau = 139.2 + 3 \times 158 = 613.2(\text{min})$$

真近点角是从近拱点量起的,但是轨道的近拱点不一定就位于升交点,因此得到自升交点(即轨道的开始)之后需要多少时间才能到达某个真近点角 θ,就必须考虑到从升交点到近拱点所需的时间,即飞越图 5.17 中近点幅角 ω 所对的圆弧所需的时间。这个问题比较重要,因为后面将说明,自转星体的升交点位置会随每圈轨道而变,因此 ω 也会同样变化。

Bate 等(1971)证明,从轨道上某个真近点角 θ_0 点运动到轨道上另一真近点角 θ 点,所花时间可以表示为

$$t(\theta) - t(\theta_0) = \sqrt{\frac{a^3}{m_E G}} \left[2 n_p \pi + (E - e\sin E) - (E_0 - e\sin E_0) \right] \tag{5.57}$$

其中,n_p 表示航天器从 θ_0 飞到 θ 期间穿越近拱点的次数。把式(5.57)运用到前面的两个例子中,会得到相同的解。对于圆形轨道,情况会更简单。例如,设有一个与前面椭圆轨道类似的圆形轨道,其近地点、远地点、长半轴都为 $r_p = 6771\text{km}$(近地点高度 $z_p = 400\text{km}$)。根据式(5.10),该轨道的周期为 $\tau = 92.52\text{min}$,即大约为 $e = 0.3$ 轨道周期的 58.5%。

(1)对于 $\theta = 1139°$ 的真近点角,即 3.164 圈轨道,相当于第 4 圈轨道开始后的 59.04°,用掉的时间 $t = \theta\tau/360 = 292.7\text{min}$。

(2) 稍后在同一圈轨道(第 4 圈),设真近点角 $\theta = 1367°$,这相当于 3.797 圈,即第 4 圈轨道后的 287.0°,则用掉的时间 $t = \theta\tau/360 = 351.3\text{min}$。

5.4.2　航天器的纬度

航天器轨道上任一点的纬度角 l_a 如图 5.16 所示,根据球面三角学,该角度为

$$l_a = \arcsin(\sin i \sin \theta) \tag{5.58}$$

轨道面的倾角总是满足 $0 \leqslant i \leqslant 180°$，因此根据式(5.58)，$\sin i$ 由一个不大于 1 的常数乘以 $\sin \theta$ 得出。θ 是按上升到北半球方向从升交点开始量起的，因此对于 $0° < \theta < 180°$，航天器在北半球，计算机或计算器一般给出的是 $0° < l_a < 90°$ 纬度角度值。于是，航天器的纬度就定义为 $L_a = l_a N$。对于 $180° < \theta < 360°$ 范围内的真近点角，航天器在南半球上空，计算机或计算器一般给出 $-90° < l_a < 0°$ 值。这种情况下，航天器的纬度就定义为 $L_a = -l_a S$。注意，地球自转对纬度的计算没有影响，这是因为当 θ 每圈增加 2π 时，式(5.58)总得到相同的纬度答案。

利用前面提到的轨道例子(图 5.7)，并假设轨道的倾角为 $i = 30°$，可得如下结论：

(1) 对于 $\theta = 1139°$ 和 $t = 488.5 \text{min}$，有 $\sin l_a = \sin 30° \sin 1139° = 0.4236$，即 $l_a = 25.38°$。于是，航天器的纬度就是 $L_a = 25.38°N$。

(2) 稍后，当 $t = 613.2 \text{min}$ 时，$\theta = 1367°$，有 $\sin l_a = -0.4782$，进而得出纬度角 $l_a = -28.56°$。故纬度为 $L_a = -(-28.56°)S = 28.56°S$。

注意，纬度只取决于 θ 角和 i 角，因此圆形轨道的纬度与 $e = 0.3$ 的椭圆轨道是相同的。但是达到相同纬度的时间是不一样的，圆形轨道在 292.7min 时达到 25.38°N，在 351.3min 时达到 28.56°S。

5.4.3　航天器的经度角

由于地球自转和扁率以及东经西经的约定，航天器地面轨迹的经度计算要更麻烦。如图 5.16 所示，经度角 l_o(不是传统的地基经度)位于赤道面上，并且总是朝向东方量取。它等于最近一次升交点线和航天器半径向量在赤道面上投影线之间的夹角，为

$$\sin l_o = \frac{\tan l_a}{\tan i} \tag{5.59}$$

以 $e = 0.3$ 的椭圆轨道为例，在 488.5min 和 613.2min 时，可以分别得到 $\sin l_o = \tan 25.38° / \tan 30° = 0.8216$，也即 $l_o = 55.26°$，以及 $\sin l_o = \tan(-28.56°) / \tan 30° = -0.9428$ 也即 $l_o = -70.52°$。若希望连续测量 $0° \sim 360°$ 内的经度角，需要完善式(5.59)。

需要考虑如下几个问题：①从式(5.58)可看出，纬度角 l_a 的大小必定小于等于轨道倾角 i 的大小；②l_o 的计算限制在单圈轨道中，因此位于这圈轨道内，$0° \leqslant l_o \leqslant 360°$；③为了在航天器发射中利用地球自转，一般更关心直接即顺行(朝东的)轨道，因此有 $0° \leqslant i \leqslant 90°$ ($i = 0°$ 表示赤道轨道，$i = 90°$ 表示极地轨道)；④因为每个 $\sin l_o > 0$ 有两个可能 l_o 值，每个 $\sin l_o < 0$ 也有两个可能 l_o 值，所以必定能够选定符合卫星位置的相应 l_o 值。

最后一个问题需要细心，以下介绍可以表明这点。任一轨道上某点位置航天器的真近点角可以表示为 $\theta_n = \theta - 360°(n-1)$，其中，$n = 1, 2, 3, \cdots$ 表示轨道的圈

数。航天器朝北纬方向上升至最大值,然后在纬度上回落,穿过赤道,达到最大南纬,最后南纬回落,直到穿过下一升交点,从而开始下一圈轨道。因此 l_a 在北纬上从 0°增加到最大值(小于 90°),然后回到 0°,经度角则在 0°~180°内变化。于是,当航天器的 l_a 从 0°持续增加到南纬最大值(小于 90°)并回落到 0°时,经度角 l_o 也从 180°变化到 360°,从而完成第 n 圈轨道。

研究一圈轨道近点幅角与真近点角之和,就可以了解其中的详情。利用式(5.59)求得 $\sin l_o$,注意根据角 l_a 和 i 的定义,$\sin l_o$ 的范围为 $-1 \leqslant \sin l_o \leqslant 1$,就得到基本结果 $-90° < l_o < 90°$。又由于任一轨道的经度角都位于 $0° \leqslant l_o \leqslant 360°$ 内,因此,对第 n 圈轨道引入一个修正经度角 λ,具体如下:

$$0° < \theta_n + \omega_n < 90° \rightarrow \lambda = l_o$$
$$90° < \theta_n + \omega_n < 180° \rightarrow \lambda = 180° - l_o$$
$$180° < \theta_n + \omega_n < 270° \rightarrow \lambda = 180° + l_o$$
$$270° < \theta_n + \omega_n < 360° \rightarrow \lambda = 360° - l_o \tag{5.60}$$

继续 5.4.1 小节中的运行例子,注意本例从一开始就假设各圈轨道的近点幅角 $\omega = 0$,于是可得如下结论:

(1) 当 $t = 488.5\text{min}$ 时,位置处于第 4 圈轨道,其中 $\theta_4 = 59.04°$,纬度为 25.38°N,得到 $l_o = 55.26°$。于是,根据式(5.60),对于 $\theta_4 = 59.04°$,取 $\lambda = 55.26°$。

(2) 稍后在 $t = 613.2\text{min}$,位置依然位于第 4 圈轨道,其中 $\theta_4 = 287.0°$,纬度为 28.56°S,有 $l_o = -70.52°$。利用式(5.60),取 $\lambda = 360° + (-70.52°) = 289.5°$。

后面将讨论近点幅角 ω 及其随时间的变化情况。

5.4.4　地球自转对经度的影响

我们已经规定了第 n 圈轨道的恰当经度角 λ,但是还没有确定航天器 SSP 的实际经度,这是因为并未考虑地球自转及扁率的影响。在一个恒星日 86164s(23.9345h)内,地球自转 360°引起的经度角增量为

$$\Delta_r = -f_E t = -\left(\frac{360}{86164}\right)t = -4.178 \times 10^{-3} t \tag{5.61}$$

其中,负号表示地球自转方向与航天器的通常轨道运动方向(即顺行)相同,因此这个角运动使经度角 λ 减少了。对于本书中的例子:

(1) 当 $t = 488.5\text{min} = 29310\text{s}$ 时,求出的经度角增量为 $\Delta_r = -122.5°$。
(2) 稍后,当 $t = 613.2\text{min} = 36792\text{s}$ 时,求出的经度角增量为 $\Delta_r = -153.7°$。

5.4.5　交点退行对经度的影响

地球不是完全球对称的,即存在扁率,这使重力加速度出现了变化,进而给航天器造成轨道面外的作用力,使航天器轨道发生进动,于是每圈轨道升交点线都会轻微转动。把升交点的经度角表示为 $l_{o,1}$,运动速率则为[单位为(°)/s]

$$\frac{\mathrm{d}l_{\mathrm{o},1}}{\mathrm{d}t} = -2.3963 \times 10^9 \frac{\cos i}{r^{3.5}} \tag{5.62}$$

对于顺行轨道,这种名为交点退行的效应与地球自转速度方向相同。因扁率引起的经度角增量为

$$\Delta_{\mathrm{o}} = \left(\frac{\mathrm{d}l_{\mathrm{o},1}}{\mathrm{d}t}\right)t = -2.3963 \times 10^9 t \frac{\cos i}{r^{3.5}} \tag{5.63}$$

继续利用前面的例子:

(1) $t = 488.5\mathrm{min}$ 时因扁率引起的角度增量为

$$\frac{\mathrm{d}l_{\mathrm{o},1}}{\mathrm{d}t} = -2.3963 \times 10^9 \cos 30° \left[\frac{(6378+400) \times (1+0.3)}{1+0.3\cos 1139°}\right]^{-3.5}$$
$$= -5.343 \times 10^{-5} (°)/\mathrm{s}$$
$$\Delta_{\mathrm{o}} = (-5.705 \times 10^{-5}) \times 29310\mathrm{s} = -1.672°$$

(2) 稍后,当 $t = 613.2\mathrm{min}$ 时,有

$$\frac{\mathrm{d}l_{\mathrm{o},1}}{\mathrm{d}t} = -2.3963 \times 10^9 \cos 30° \left[\frac{(6378+400) \times (1+0.3)}{1+0.3\cos 1367°}\right]^{-3.5}$$
$$= -4.337 \times 10^{-5} (°)/\mathrm{s}$$
$$\Delta_{\mathrm{o}} = (-3.926 \times 10^{-5}) \times 36790 = -1.444°$$

5.4.6 拱线转动对经度的影响

地球的非球对称性还引发了另一个与交点退行类似的效应。在球对称星体的轨道上,近点幅角 ω 是固定不动的。然而,在实际情况下,完全球对称是不存在的,拱线(即轨道椭圆的长轴,如图 5.1 所示)可能会被引起转动。当轨道上的航天器接近地球的赤道隆起时,航天器的法向加速度会增强,使拱线以如下速率发生转动:

$$\frac{\mathrm{d}\omega}{\mathrm{d}t} = 1.1943 \times 10^{10} \frac{4 - 5\sin^2 i}{a^{3.5}(1-e^2)^2} \tag{5.64}$$

其中,转动速率的单位为 $(°)/\mathrm{s}$;轨道长半轴 a 的单位为 km。式(5.64)有如下 3 个特别之处:①它只适用于椭圆轨道,因为圆形轨道的近点幅角是没有定义的,圆轨道上每点都是近地点(也是远地点);②如果 $i = (4/5)^{1/2}$,即如果轨道面的倾角 $i = 63.43°$,那么对于任何偏心率都有 $\mathrm{d}\omega/\mathrm{d}t = 0$,这个轨道就称作临界轨道,也叫闪电轨道;③对于 $0 < i < 63.43°$ 和 $123.43 < i < 180°$,转动速率是正的;对于 $63.43° < i < 123.43°$,转动速率是负的。另外需要注意的是,对于低倾角(i 较小)的低轨道(半长轴 a 较小的轨道),这个效应最大。由拱线转动引起的经度角增量为

$$\Delta_{\omega} = \frac{\mathrm{d}\omega}{\mathrm{d}t}t \tag{5.65}$$

在前面的例子中,有 $e = 0.3$,$a = 9684\mathrm{km}$ 且 $i = 30°$,因此 $\mathrm{d}\omega/\mathrm{d}t = 4.437 \times 10^{-4}$ $(°)/\mathrm{s}$,由于轨道面倾角为 $30°$,因此变化率还是正的。由此可发现:

(1) 当 $t = 488.5 \mathrm{min}$ 时,$\Delta_\omega = 13.00°$。

(2) 当 $t = 613.2 \mathrm{min}$ 时,$\Delta_\omega = 16.32°$。

5.4.7 航天器的经度

到目前计算了第 n 圈轨道的经度角 λ,这个角度是从这圈轨道升交点开始朝东方向量起的。要确定地基经度 L_o,就必须考虑到地球角运动、自穿过第一次升交点后这段时间发生的交点退行、拱线转动等影响。修正经度角的计算公式如下:

$$L_o = \lambda + \{l_{o,1}(0) + \Delta_o + \Delta_r + \Delta_a\} \tag{5.66}$$

式(5.66)表明,第 n 圈航天器 SSP 的修正经度角等于那个时刻航天器的经度角加上一个修正项。修正项是列在式(5.66)的括号中的,其中分别包含了第 1 圈轨道升交点的经度角、地球扁率引起的升交点角运动、地球自转引起的角运动、地球扁率造成的近拱点角运动。

将经度表示为常规的东经西经还需要如下步骤。首先,如果第 1 圈轨道的升交点经度 $L_{o,1}(0)$ 位于东半球,并用东经度数表示,那么对应的经度角为 $l_{o,1}(0) = L_{o,1}$,如果是位于西半球并用西经度数表示,那么对应的经度角则为 $l_{o,1}(0) = 360 - L_{o,1}$。

再来看前面的例子,其中:

(1) 位置在第 4 圈轨道,其中 $\theta_4 = 59.04°$,纬度 $L_a = 25.38°\mathrm{N}$,经度角 $\lambda = 55.26°$,自转引起的增量为 $\Delta_r = -125.3°$,交点退行引起的增量为 $\Delta_o = -1.602°$,拱线转动引起的增量为 $\Delta_a = 13.31°$。于是,$\lambda + \Delta_r + \Delta_o + \Delta_a = 55.26° + (-122.50°) + (-1.672°) + (13.00°) = -55.91°$。设第 1 圈轨道的升交点位于 $150°\mathrm{W}$。在西半球,经度角为 $l_{o,1} = 360° - 150° = 210°$。然后将修正项相加,得 $L_o = -55.91° + 210° = 154.1°$。又由于 $L_o < 180°$,航天器位于东半球,经度可以写成 $L_o = 154.1°\mathrm{E}$。

(2) 对于该例,在稍后的 $t = 613.2 \mathrm{min}$ 时刻,位置依然在第 4 圈轨道,有 $\theta_4 = 287.0°$,纬度为 $L_a = 28.56°\mathrm{S}$,经度角为 $\lambda = 289.5°$,自转引起的增量为 $\Delta_r = -153.7°$,扁率引起的增量为 $\Delta_o = -1.444°$,拱线转动引起的增量为 $\Delta_a = 15.97°$。于是,$\lambda + \Delta_r + \Delta_o + \Delta_a = 289.5° + (-153.7°) + (-1.444°) + 16.32° = 150.7°$。前面已假设第 1 圈轨道的升交点位于 $150°\mathrm{W}$,因此有 $l_{o,1} = 360° - 150° = 210°$。然后,修正项相加,得 $L_o = 150.7° + 210.0° = 360.7°$。在这个稍后时刻,有 $L_o = 0.7°$,因此航天器刚刚跨越本初子午线,进入了东半球,经度为 $L_o = 0.7°\mathrm{E}$。

5.4.8 例子中的地面轨迹情况

综合例子中的全部地面轨迹信息,就可以在网格上画出刚开始时的 4 圈轨道,正 L_a 表示北纬,负 L_a 表示南纬,正 L_o 表示东经,负 L_o 表示西经。图 5.19 为 4 圈轨道的地面轨迹情况,其中轨道的 $e = 0.3$,近地点高度为 $z_p = 400 \mathrm{km}$,第 1 圈轨道的升交点位于 $L_o = -150°$,即 $150°\mathrm{W}$。图 5.19 明确显示了交点退行,每圈轨道中的升交点(航天器朝北运行穿过赤道上的点)都向东移动。

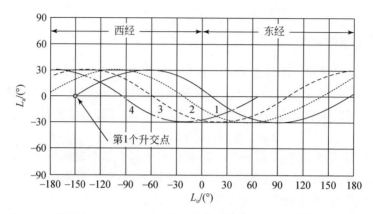

图 5.19　例子中 $e=0.3$、$z_p=400km$ 轨道刚开始的 4 圈轨道的地面轨迹，
第 1 个升交点位于 $-150°$，就是 $150°W$

高度等于这个偏心轨道近地点 $z_p=400km$ 的圆形轨道，也表现出了类似的特征，但是时间线不同。图 5.20 画出了这两种轨道的刚开始两圈地面轨迹情况，第 1 个升交点位于 $L_o=-150°$，即 $150°W$。注意，在第 2 圈轨道后，偏心轨道的下一个升交点位于 $137°$，即 $137°E$，而圆形轨道的升交点位于 $167°$，即 $167°E$。图 5.21 给出了偏心轨道和圆形轨道地面轨迹纬度随时间的变化情况。椭圆轨道的周期为 $158min$，几乎是圆形轨道的 2 倍($92.5min$)。

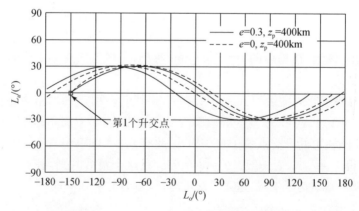

图 5.20　例子中偏心轨道($e=0.3$，$z_p=400km$)和圆形轨道(高度等于 z_p)刚开始时的
两圈轨道的地面轨迹，两者的第 1 个升交点都位于 $-150°$，也就是 $150°W$

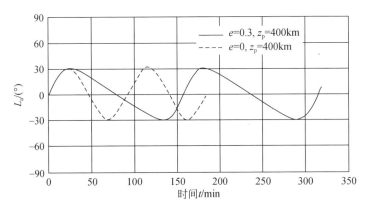

图 5.21 偏心轨道($e=0.3$,$z_p=400\text{km}$)和圆形轨道(高度等于 z_p)刚开始的
两圈轨道中航天器纬度随时间的变化情况

5.5 航天器地平线

图 5.22 为从 ISS 观看卡纳维拉尔角发射亚特兰蒂斯号航天飞机(STS-115)的
情形。在照片的上方三分之一处可以清楚看见部分地平线。在轨航天器所有可见
地平线的点在地面形成一个闭合的覆盖区,如图 5.23 所示。这个覆盖区在球体表
面所形成的面积,由一个以航天器当地半径为顶点并与球体相切的圆锥围成。随
着航天器的在轨飞行,这个覆盖区扫过一刈幅,在刈幅内可以进行地面和航天器之
间的双向通信和观察。

图 5.22 从 ISS 观看卡纳维拉尔角的亚特兰蒂斯号航天飞机(STS-115)的发射情形

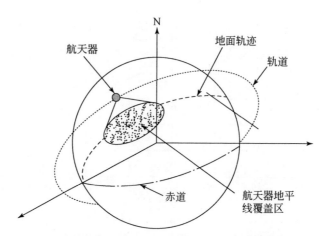

图 5.23　航天器地平线覆盖区示意图,覆盖区内可以与地面进行视线通信

5.5.1　地平线覆盖区

图 5.24 为两个轨道的地平线覆盖区几何要素。两者的近地点高度都为 $z_p =$ 400km,但是其中一个是圆形轨道($e=0$),另一个是椭圆轨道($e=0.3$)。切锥面所对的表面上,覆盖区弧线长度为

$$C_f = 2\beta R_E = 2R_E \arccos\left[\frac{1}{1+z/R_E}\right] \tag{5.67}$$

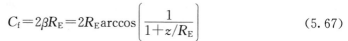

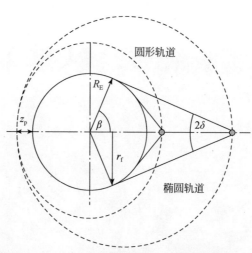

图 5.24　椭圆轨道($e=0.3$,近地点高度为 z_p)和圆形轨道($e=0$,高度为 z_p)
上航天器地平线覆盖区的半径 r_f 几何示意图

图 5.25 为式(5.67)的弧线长度随航天器高度 z 的变化情况。为了便于比较，图 5.25 给出了 GEO 卫星高度位置和地球的半个周长的弧长。因此，GEO 上的卫星几乎可以观察到半边地球。因为 GEO 卫星轨道周期等于地球自转周期，所以地球的整个视野几乎都不随时间而变化，这使 GEO 具有极大的通信和观测价值。

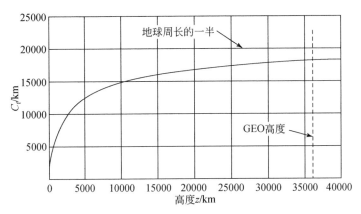

图 5.25　地平线覆盖区弧线长度 C_f 随航天器高度 z 的变化情况

因图 5.25 比例尺的缘故，无法看清有人航天器轨道高度的具体覆盖区弧线长度，不过对于 $z=400km$ 的高度，根据式(5.67)可算出 $C_f=4400km$，稍长于纽约到旧金山之间的大圆弧长。因此，对于 $z=400km$ 高度的航天器(如 ISS)，若位于美国中心，都能同时看到东西海岸。但是，必须记住这个覆盖区的弧长仅约为地球周长的 10%，而且航天器轨道周期只有 90min，所以航天器和地面上某点之间的视线通信最多只能持续约 9min。

5.5.2 同航天器的通信

在实际情况下可能会有仪器局限性和大气干扰，全地平线范围内的通信不一定能是可行的。例如，实际的视线可能从 δ 降低 ε 幅度，如图 5.26 所示。到切点的夹角 β 降低到 β'；航天器径向坐标、地球半径以及实际视线长所构成的三角形所包含的夹角 ϕ 可用如下三角公式算出：

$$\frac{R_E}{\sin(\delta-\varepsilon)}=\frac{r}{\sin\phi}$$

利用下式，可算出角 β'：

$$\beta'=180°-\phi-(\delta-\varepsilon)$$

对于 $z=400km$ 的圆形轨道上的航天器来说，有 $\delta=70.22°$、$\beta=19.78°$。如果实际视野降低 $\varepsilon=3°$，则有 $\phi=101.6°$、$\beta'=11.23°$。航天器的轨道周期为 92.52min，因此要飞越 $2\beta'=22.46°$ 的角度，需要 $t=(22.46/360)\times92.52=5.77min$，明显低于前面的约 9min。同航天器进行直接通信时，这个时间周期很短，所以通常利用一

个卫星系统进行上行通信,然后由其向地面站下传信息来实现。实际上,这也是研发跟踪和数据中继卫星(tracking and data relay satellite system, TDRSS)的主要原因。

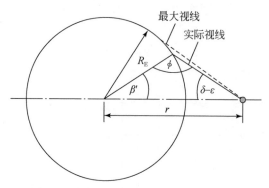

图 5.26　因为仪器局限性或大气干扰而产生的缩减视线的几何要素

5.6　行星际轨迹

实现有人深空飞行是太空探索的远大理想,这也需要更多的费用支持和谋划。当然,对于这样的创举,最好是从地球轨道出发,这点在阿波罗项目中就得到了验证。虽然月球与行星际任务(如其他行星及其卫星、小行星、彗星)的详细分析已超出了本书的范围,但这里还是简要讨论关于这些努力的一些简单概念。

5.6.1　奔月轨迹

为了简化起见,假设月球运行在圆形轨道,轨道半径 $r_M = 384400\mathrm{km}$。这个假设是比较合理的,因为月球的运行轨道偏心率 $e \approx 0.055$。进一步地,忽略月球引力对航天器运动的影响。图 5.27 为从圆形 LEO 到月球轨道的转移轨道示意图。实线为最低能耗霍曼转移轨道,它到达月球轨道所需的时间最长。随着 LEO 上航天器受到的速度增量 ΔV_1 的增加,转移轨道就会变宽,如图 5.27 中的虚线所示,抵达月球轨道的时间也会越来越短。当然,如果 ΔV_1 太小,航天器就永远不能抵达月球轨道,如图中的点线所示。

设 LEO 的高度为 $z = 400\mathrm{km}$,则可得 $r_1 = R_E + z = 6771\mathrm{km}$,根据式(5.21)得到霍曼转移轨道的长半轴为 $a = (r_M + r_1)/2 = (384400 + 6771)/2 = 195585.5\mathrm{km}$。同理,根据式(5.19)和式(5.20),分别可得 $\Delta V_1 = 3.083\mathrm{km/s}$,$\Delta V_2 = 0.8288\mathrm{km/s}$。400km LEO 上航天器的速度为 $V_1 = 7.669\mathrm{km/s}$,因此要脉冲式地把航天器置于霍曼转移轨道,所需的速度为 $V = V_1 + \Delta V_1 = 10.752\mathrm{km/s}$。根据式(5.22),转移所需时间为 $\tau_H = 119.6\mathrm{h}$,即稍稍少于 5 天。

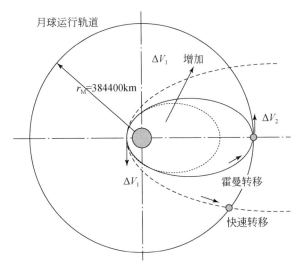

图 5.27　LEO 和月球之间各种可能的转移轨道

如果航天器被送入更大的轨道,如图 5.27 中的虚线轨道,那么就能早于霍曼转移轨道与月球轨道交汇。这时,转移时间会更短,但是需要更大的速度增量把航天器置于月球轨道。现在来看一种简单的快速转移情况,其椭圆轨道的中心位于地心之外的 r_M 处。转移轨道的长半轴为 $a = r_E + z + r_M = 391171 km$。这时,式(5.54)的偏近点角为 $E = 89.13°$,利用式(5.55),得到前往同月球轨道交汇所需时间为 $t = 61.68 h$,即 2.57 天,大约为霍曼转移所需时间的一半。但是,把航天器置入月球轨道所需的速度增量现在变为 $\Delta V = 1.435 km/s$,几乎是霍曼转移所需值的两倍。这种情况下,LEO 上航天器的奔月进入速度为 $10.8 km/s$,对于霍曼转移来说这个速度为 $10.75 km/s$。

根据式(5.51)可算出这两种情况下的推进剂消耗。注意,对于燃料消耗来说,速度增量 ΔV 的符号是没有影响的,这个符号仅表示推力施加的方向而已。选取液态推进剂发动机的典型较高比冲,即 $I_{sp} = 400 s$,那么霍曼转移将消耗掉大约占航天器初始质量 63% 的推进剂,快速转移情形消耗掉的推进剂约占 69%。此外,霍曼转移的行程更长,将消耗掉更多的生命支持物资,而且乘员承受的宇宙射线风险更大。这个例子很好地说明了航天器的设计,尤其是有人飞行航天器设计中必须要进行的取舍。

图 5.28 为两个初始 LEO 高度 z_1 值下,计算出的与月球轨道交汇所需时间和进入速度 V_1 之间的关系,还给出了阿波罗 11 号($z_1 = 335 km$)的飞行数据。由图可以看出,飞行时间对进入速度和初始 LEO 的高度都非常敏感。

不妨来看奔月行程时间的敏感性随进入速度的变化情况,这有利于判断采用何种最佳的进入速度。图 5.29 为行程时间(h)随进入速度(m/s)的变化情况。在

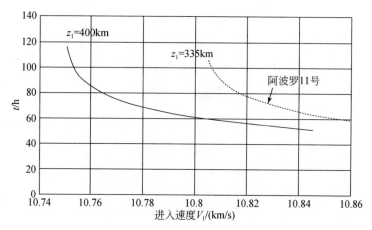

图 5.28　两个初始 LEO 高度 z_1 值下,计算出的与月球轨道交汇
所需时间和进入速度 V_1 之间的关系

图 5.29 所示曲线上,刚好选择曲线"膝盖"形之外的进入速度可确保经济地奔月入轨。"膝盖"形曲线部位之外较远点的进入速度会消耗更多的推进剂,但是节省的转移时间不多。

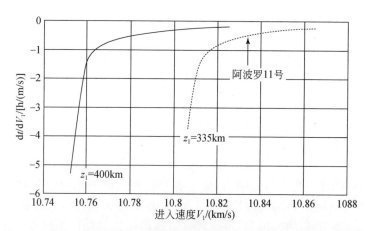

图 5.29　两个 LEO 高度下,奔月行程时间敏感度与进入速度之间的关系,
图中还显示了阿波罗 11 号($z_1 = 335$km)的进入速度

需要注意的是,奔月分析中,$z_1 = 400$km 高度的逃逸速度为 10.85km/s,$z_1 = 335$km 高度处则为 10.90km/s,这两个速度仅比上述讨论的大偏心椭圆轨道的入轨速度稍微高一点。

5.6.2　奔火星轨迹

有人探测太阳系内其他行星依然是一个有兴趣的话题,在阿波罗成功登月后更是如此。在这点上,火星最有吸引力,一来它比较近,环境还算宜居,二来已经有机器人探测器安全登陆火星表面并进行了勘探。图 5.30 为地球到火星之间的一例简单霍曼转移。为简化起见,设两个星球的轨道都是圆形且共面。实际上,$e_E =$ 0.0167,$e_{Mars} = 0.093$,火星轨道相对于地球轨道倾斜 1.9°。火星和地球轨道半径用天文单位表示,$1AU = 1.496 \times 10^8 km$。

图 5.30 表明,这个霍曼转移轨道的长半轴为 $a = (r_1 + r_2)/2 = 1.26AU = 1.882 \times 10^8 km$。5.1.5 小节介绍的是两个绕地轨道之间的霍曼转移。而现在这两个轨道是围绕太阳的,所以必须重新计算中心星体的重力常数值 k/m。根据式(5.6)和表 5.1 可算得

$$\left(\frac{k}{m}\right)_{sun} = \frac{m_{sun}}{m_E} m_E G = 3.329 \times 10^5 \times 3.986 \times 10^5 = 1.327 \times 10^{11} (km^3/s^2)$$

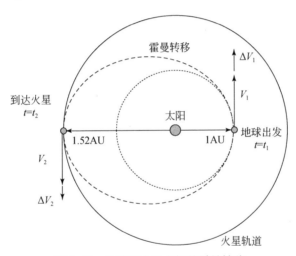

图 5.30　地球和火星之间的霍曼转移

同理,由式(5.5)可得,霍曼轨道上的航天器,在从地球出发时的速度为 $V_1 = 32.64km/s$,在火星轨道时为 $V_2 = 21.55km/s$。根据式(5.5),地球绕太阳的轨道速度为 $V_E = 29.78km/s$。类似地,火星绕太阳的轨道速度为 $V_{Mars} = 24.15km/s$。采用脉冲方式将航天器推入霍曼转移轨道,所需的航天器增速为 $\Delta V_1 = V_1 - V_E = 32.64 - 29.78 = 2.86km/s$。在火星轨道上的转移点,航天器进入火星轨道所需的脉冲速度增量为 $\Delta V_2 = V_{Mars} - V_2 = 24.15 - 21.55 = 2.6km/s$。注意,地球轨道上的航天器必须要得到剩余速度才能进入霍曼转移轨道,必须在远日点施加脉冲推力使航天器加速到火星的轨道速度,如图 5.30 所示。

根据式(5.22),求出转移所需的时间为

$$\tau_H = \pi \sqrt{\frac{a^3}{m_{sun} G}} = \pi \sqrt{\frac{(1.888 \times 10^8)^3}{1.327 \times 10^{11}}} = 258.3 (天)$$

采用相同的方法,可以计算出从地球到其他星球的霍曼转移时间。因为两个行星都是运动的,所以需要注意有人航天器的转移必须要考虑到返程。例如,如果是按图 5.30 所示方式转移到火星,那么在 258.3 天后,航天器将处于图示的火星位置,但是地球已经旋转了 261°。假设地球和火星轨道都为圆形,那么地球和火星之间的角度位置随时间的关系如图 5.31 所示。由图可见地-火系的会合周期,即两个星球之间的某个相对角度再次出现所需等待的时间,大约为 2.13 年。因此,如果希望进行最低能量的返程转移,必须在火星上或者绕火星逗留大约 16 个月,才会等到下次最佳时机。

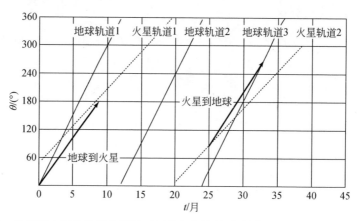

图 5.31　地球和火星的轨道位置随时间的变化情况,粗线箭头表示的是可行霍曼转移

除了最低能量转移轨迹外,还可用其他转移轨迹,如图 5.32 所示。航天器在 $t=t_1$ 时发射,这时火星在地球前方,领先 ψ_1 角度。航天器到达火星轨道时,会刚好遇上火星。转移轨迹的参数 e 和 p,其飞行时间为 t_2-t_1,期间需要飞行角度 $\psi_1+\psi_2$,这个时间必须刚好等于火星飞行 ψ_2 角度所花时间。角 ψ_1 称为出发相位角;对于刚才讨论的霍曼转移,这个相位角大约为 45°。

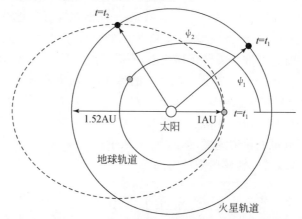

图 5.32　地球和火星之间的转移轨迹,显示了两个行星间的相位角

不要低估火星任务的困难。在过去 50 年中,有 49 次火星任务,当然全部是无人飞行,其中失败 26 次,2 次部分成功,21 次是成功的。

5.6.3 奔其他行星的轨迹

人类探测太阳系中除火星之外的其他行星,目前还是一个遥远的可能,这不仅仅是因为火星表面最适宜人类,而且曾经可能存在过生命。从 NSSDC(2013)摘录了一些其他行星的特征并列在表 5.2 中,这些特征也同样构成了技术问题。利用本章的方法,算出了其他行星最低能量霍曼转移所需的时间,一并列在表 5.2 中。带外行星全部需要大约 3 年才能到达,而对乘员进行宇宙射线防护会牵涉到巨大的质量代价。所有带外行星的会合周期大约只有 1 年,而离我们最近的行星(火星和金星),会合周期大约是上述的 2 倍,这使返程出发窗口非常受限。对于带外行星,霍曼转移轨道所需的进入速度大约比火星和金星大 3 倍,这对航天器推进系统提出了非常高的要求。注意,相对于地球轨道速度,带内行星需要负的速度增量,因为这是从大轨道向小轨道转移。

表 5.2 太阳系行星及冥王星的部分轨道特征

星体	轨道速度 V/(km/s)	轨道 e	轨道 i/(°)	轨道 r_p/(10^6 km)	会合周期 /天	霍曼[a]转移 /年	ΔV_1[b] /(km/s)
水星	47.9	0.205	7.0	46.0	115.9	0.289	−7.55
金星	35.0	0.007	3.4	107.5	583.9	0.400	−2.51
地球	29.8	0.017	0.0	147.1	—	—	—
火星	24.1	0.094	1.9	206.6	777.9	0.709	2.93
木星	13.1	0.049	1.3	740.5	398.9	2.73	8.78
土星	9.7	0.057	2.5	1353	378.1	6.09	10.3
天王星	6.8	0.046	0.8	2741	369.7	16.1	11.3
海王星	5.4	0.011	1.8	4445	367.5	30.6	11.6
冥王星	4.7	0.244	17.2	4435	366.7	45.1	11.8

注:a 利用本章方法算得。

b 霍曼转移中,相对于地球轨道速度的出发速度。

阿波罗计划验证了成功的有人登月。21 世纪 30 年代的有人登陆火星计划,需要在 2014～2020 年间利用猎户座太空舱和航天发射系统再次进行奔月太空活动。面向星际太空的真正一步将是 2025 年左右的猎户座飞船访问小行星。NASA 的小行星转向任务的目标是捕获直径 7～10m(约 500t)的小行星,然后改变其方向,使其进入月外太空的稳定轨道内。近地天体(near-earth object,NEO)可能会撞击地球,而这项计划有望能保护地球免于这样的碰撞,还有望发展出星际航行所需的技术能力。在轨道动力学方面,这项计划将进一步发展和完善今后有人太空探测所需的深空导航和交会技术。

5.7　常数与换算系数

表 5.3 中列出了本章使用的部分常数和换算关系。

表 5.3　部分常数和换算系数

参数	值	说明
恒星日	86164s	地球自转一周所需时间
AU	$1.496 \times 10^8 \text{km}$	太阳到地球的平均距离
f_E	$7.292 \times 10^{-5} \text{ s}^{-1}$	地球绕自转轴的平均旋转速度
$m_E G$	$3.9860 \times 10^5 \text{km}^3/\text{s}^2$	地球的引力常数
R_E	6371km	地球的平均半径
V_E	7.909km/s	R_E 处的圆轨道速度
r_M	384400km	地球到月球的平均距离
$m_{sun} G$	$1.327 \times 10^{11} \text{km}^3/\text{s}^2$	太阳的引力常数
G	$6.67 \times 10^{-11} \text{m}^3/(\text{kg} \cdot \text{s}^2)$	万有引力常数
1n mile	1852m	标准距离换算
1ft	0.3048m	标准长度换算

参 考 文 献

Bate, R. R. , Mueller, D. D. , & White, J. E. (1971). Fundamentals of astrodynamics. New York, NY: Dover.

Brown, C. D. (1998). Spacecraft mission design. Reston, VA: AIAA.

NSSDC(2013). Planetary fact sheet. www. nssdc. gsfc. nasa. gov/planetary/factsheet/.

Pisacane, V. L. (2005). Fundamentals of space systems(2nd ed.). New York, NY: Oxford.

USAF(1965). Space planners guide. HQ USAF Systems Command.

第6章　大气再入力学

6.1　一般运动方程

亚轨道、轨道或行星返回任务结束后,有人飞行器再入大气层的问题备受关注。在初步设计分析阶段,一般认为轨迹平面过星体中心,除非特别注明无须考虑面外力。图6.1描述了再入轨迹的一些基本性质和变量,图6.1(a)大致按照实际比例绘制,标示了典型低轨空间(400km以下)的大气层轮廓;图6.1(b)并非按实际比例绘制,给出了某一最终会返回地平面的再入轨迹的一些分析变量。推力F与速度V的夹角为χ,速度V与地水平面夹角为γ,$\gamma<0$代表再入航天器,而对于上升段飞行器,速度方向指向当地水平面上方,即$\gamma>0$。升力L垂直于速度方向向上,阻力D与速度方向相反,重力mg指向地心,z为航天器轨道高度,w表征航天器矢径方向划过的角度,x表示星下点轨迹的长度,即$x=\omega R_E$。

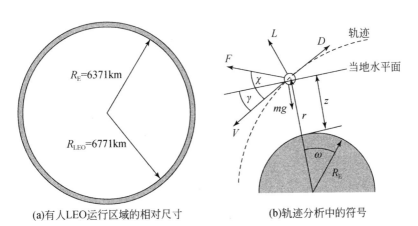

(a)有人LEO运行区域的相对尺寸　　　(b)轨迹分析中的符号

图6.1　绕地球平面轨迹上的航天器示意图

沿轨迹方向和沿轨迹法向方向的一般运动方程分别为

$$a_t = \frac{\mathrm{d}V}{\mathrm{d}t} = \frac{F_t}{m}$$

$$a_n = V\left(\frac{\mathrm{d}\gamma}{\mathrm{d}t} - \frac{\mathrm{d}\omega}{\mathrm{d}t}\right) = \frac{F_n}{m}$$

根据牛顿万有引力定律,重力加速度随高度的变化而变化,可表示为

$$g=g_E\frac{R_E^2}{r^2}=\frac{k}{r^2}=g_E\frac{1}{(1+z/g_E)^2}$$

其中,$R_E=6371km$;$z=400km$;当地的重力加速度为 $g=0.885g_E$。显然,在 LEO 上重力加速度还是比较明显的。在再入标称阈值高度 $z=100km$ 处,重力加速度为 $g=0.969g_E$。在有人再入任务中,在 $z=70km$ 高度处减速效应开始明显起作用,在这个高度处有 $g=0.978g_E$,所以再入中近似假设 $g=g_E$ 是合理的。

对于初步设计和分析,可以假定地球不自转,假定航天器为质点。地球每天绕自转轴一圈,所以在赤道上的地面速度最大,为 $2\pi R_E/24=1667km/h=0.463km/s$。航天飞机轨道器从 $z=120km$ 高度开始再入,再入持续约 30min,卡纳维拉尔角位于 $28.5°N$、$80.5°W$,在这个再入期间,它会朝东运动约 700km。显然,实际任务规划中,必须考虑地球自转。在航天器稳定性分析和控制分析时,必须把航天器当作刚体。

在上述条件下,航天器沿飞行路径方向和法向的加速度可以表示为如下的无量纲形式:

$$\frac{1}{g_E}\dot{V}=\frac{F}{mg_E}\cos\chi-\frac{D}{mg_E}-\frac{k}{r^2g_E}\sin\gamma \tag{6.1}$$

$$\frac{1}{g_E}V\dot{\gamma}=\frac{F}{mg_E}\sin\chi+\frac{L}{mg_E}-\frac{k}{r^2g_E}\cos\gamma+\frac{V^2}{rg_E}\cos\gamma \tag{6.2}$$

高度 z 的变化速度和轨迹角 ω 的变化速度分别为

$$\dot{r}=\dot{z}=V\sin\gamma \tag{6.3}$$

$$\dot{\omega}=\frac{\dot{x}}{R_E}=\frac{V}{r}\cos\gamma \tag{6.4}$$

式(6.1)和式(6.2)表明,航天器运动由 V 和 γ 表征,只能通过控制推力 F、升力 L 和阻力 D 来控制再入飞行。

如果施加推力,航天器会消耗推进剂,航天器质量的变化率为

$$\dot{m}=-\frac{F}{g_E I_{sp}} \tag{6.5}$$

太空飞行的再入阶段标志着任务的结束,通常不太可能在整个任务期间携带着推进剂为再入轨迹控制提供推力。再入期间,推力可用来进行航天器姿态控制,这一用途只需要较小的推进器,相应的推进剂消耗也较少。

通常更为有效的做法是利用被动空气动力方法产生大小足够的力来影响整个轨迹。航天器在再入期间会始终产生阻力,而航天器很小的形状不对称或者攻角就往往足以产生足够的升力。恰当的航天器质心位置,就能使升力和阻力产生一个俯仰力矩,用于进行姿态控制。在较高的高度,空气动力没有多少效果,用小型推进器来产生俯仰力矩和滚转力矩。俯仰推进器改变攻角,从而改变升力向量的

大小,滚转推进器使航天器左右倾斜,从而使升力向量改变方向,后面将进行详细的讨论。

6.2 滑翔再入轨迹

由于上述原因,再入一般采用滑翔(零推力)方式。飞行开始时的再入角 $\gamma < 0$,因此在再入界面有 $V = V_e$,且方向朝向当地水平面以下,所以假设 $F = 0$ 且 $m = $ 常数是成立的。质量恒定的前提是没有施加推力,所以飞行器质量是固定的,不过没考虑有些隔热材料可能会被烧蚀掉。在这些假设条件下,运动方程为

$$\frac{1}{g_E}\dot{V} = -\frac{D}{mg_E} - \sin\gamma \tag{6.6}$$

$$mV\dot{\gamma} = \frac{mV^2}{r}\cos\gamma + L - mg_E\cos\gamma \tag{6.7}$$

高度和主要变量之间的辅助关系为

$$\dot{z} = \dot{r} = V\sin\gamma \tag{6.8}$$

利用式(6.8)可将时间导数转换为空间导数:

$$\frac{\mathrm{d}}{\mathrm{d}t} = \frac{\mathrm{d}}{\mathrm{d}z}\dot{z} = V\sin\gamma\frac{\mathrm{d}}{\mathrm{d}z} \tag{6.9}$$

升力和阻力可用传统的空气动力形式表示:

$$L = q(C_L S) = \frac{1}{2}\rho V^2(C_L S) = \frac{1}{2}\gamma p M^2(C_L S)$$

$$D = q(C_D S) = \frac{1}{2}\rho V^2(C_D S) = \frac{1}{2}\gamma p M^2(C_D S)$$

其中,q 是动压力;C_L 和 C_D 分别为升力系数和阻力系数;S 为参考面积。C_L 和 C_D 就是基于参考面积的。在滑翔再入中,航天器下降途中的运动控制全部由升力和阻力提供。

地球的名义再入高度大约为 100km,由此可以做几个有用而不失一般性的假设。重力加速度不随高度的变化而变化,这样,在 $h = 100$km 以下有 $g \approx g_E$。以前证明过,这个假设的误差大约在 3% 以内。同样,可取 $r \approx R_E$,其误差在 1.6% 以内。在第 2 章推导大气模型时,提到过在 100km 高度以内大气温度变化较小,因此大气压力和密度随高度的变化大致是指数形式的。第 2 章还指出,可以用指数曲线进行拟合,对相关区域内的大气变化规律进行表征。采用这个方法,可以用式(6.10)近似表示大约 100km 高度以内的大气密度剖面:

$$\rho \approx \rho_0 \exp\left(-\frac{z}{H}\right) \tag{6.10}$$

其中，H 为第 2 章中引入的大气标高，它按下式计算：

$$H = \frac{RT}{g} = (0.02926/K)T$$

如果大气中的温度恒定，那么 H 也是恒定的，根据流体静力平衡方程可得出大气压力剖面呈指数变化规律。而且根据理想气体状态方程，大气密度剖面也是指数变化的。在 $z = 10 \sim 100\text{km}$ 高度之间，平均标高为 6.9km，对应的平均温度为 235.87K。选择这个标高值，得

$$\frac{p}{p_{\text{sl}}} = \delta = \exp\left(-\frac{z}{H}\right)$$

为了一致性，假设温度不变，为 235.8K，海平面的密度会比标准值大一些，密度剖面计算公式为

$$\frac{\rho}{\rho_{\text{sl}}} = \sigma \approx \frac{\rho}{\rho_0} = \exp\left(-\frac{z}{H}\right)$$

NASA 的早期再入研究中，曾取 $\rho_0 = 1.752\text{kg/m}^3$、$H = 7.16\text{km}$，后期的研究中曾取 $\rho_0 = 1.752\text{kg/m}^3$、$H = 6.7\text{km}$。本书中取 $\rho_{\text{sl}} = 1.225\text{kg/m}^3$，采用基于压力的标高 $H = 6.9\text{km}$ 时，建议取 $\rho_0 = (\rho_0/\rho_{\text{sl}})\rho_{\text{sl}} = 1.22 \times 1.225 = 1.5\text{kg/m}^3$，这在 $10 \sim 100\text{km}$ 高度范围内是比较合适的。当然，可以根据需要选择 H 和 ρ_0 值，以优化特定高度范围内的近似准确性。

将式(6.9)和式(6.10)代入式(6.6)和式(6.7)中，设 $z/H = s$ 为非量纲高度，则得到如下滑翔再入公式：

$$\frac{\text{d}}{\text{d}s}\left(\frac{V^2}{g_{\text{E}}R_{\text{E}}}\right) + \frac{\rho_0 HC_{\text{D}}S}{m}\frac{e^{-s}}{\sin\gamma}\left(\frac{V^2}{g_{\text{E}}R_{\text{E}}}\right) = -\frac{2H}{R_{\text{E}}} \tag{6.11}$$

$$\frac{\text{d}}{\text{d}s}\cos\gamma - \frac{H}{R_{\text{E}}}\left(\frac{g_{\text{E}}R_{\text{E}}}{V^2} - 1\right)\cos\gamma = -\frac{1}{2}\left(\frac{L}{D}\right)\frac{\rho_0 HC_{\text{D}}S}{m}e^{-s} \tag{6.12}$$

式(6.11)和式(6.12)中的自变量是 $s = z/H$，即无量纲高度，因变量为航天器的比动能 $V^2/2$ 和飞行路径角 γ，3 个无量纲参数为航天器的升阻比 $L/D = O(1)$、大气模型比例因子 $H/R_{\text{E}} = 1.083 \times 10^{-3} \sim 923.3^{-1}$，以及如下量值：

$$\frac{\rho_0 HC_{\text{D}}S}{m} = (\rho_0 g_{\text{E}} H)\left(\frac{C_{\text{D}}S}{mg_{\text{E}}}\right) = \frac{\rho_0 g_{\text{E}} H}{B} \tag{6.13}$$

6.2.1　弹道系数 B

式(6.13)等号最右侧的分子取决于大气模型采用的 ρ_0 和 H 值。按上例采用的值，并取 $g_{\text{E}} = 9.807\text{m/s}^2$，则 $\rho_0 g_{\text{E}} H$ 的积为 $101.5 \sim 101.3\text{kPa} = 1\text{atm}$，故

$$\rho_0 g_E H \frac{C_D S}{m g_E} = \frac{\rho_0 g_E H}{B} \approx \frac{1}{B'}$$

B 为航天器重量与其阻力面积之比,称作弹道系数,单位为压强的单位。因 $\rho_0 g_E H \sim 1 \mathrm{atm}$,不妨引入 B',即归一化的弹道系数,单位为大气压。随着航天器弹道系数的增加,航天器上的阻力效应会越来越小。这里给出的数值是针对地球上的条件的,其他行星的值会有不同。

注意,式(6.13)确定的参数大约为海平面大气压力与弹道系数(单位为压强的单位)之比。如第 10 章将介绍的,大部分有人太空舱,如水星号飞船、双子座号飞船、阿波罗号飞船、东方号飞船、联盟号飞船、神舟飞船,还有计划中的猎户座飞船,其 B 的取值范围为 2~5kPa。进行快速计算时有翼再入航天器,如 X-38 乘员救生飞行器,其 B 值约为 3.7kPa,航天飞机的 B 值约为 4kPa。

洲际弹道导弹携带的再入飞行器的 B 值约为 10kPa 甚至更高(GE Mark-6 再入飞行器由大力神 2 号发射升空,携带 W-53 数百万吨当量的核弹头,这个再入飞行器的 B 值约为 30kPa),后来的核弹头再入飞行器的 B 值甚至更大。GE Mark-12 再入飞行器是 3 个一组搭乘在民兵-3 洲际导弹上,它们比 GE Mark-6 的尺寸小许多,弹道系数 B 值约为 300kPa。这类再入飞行器形状纤细,呈比较尖的圆锥形状,所以阻力系数小,弹道系数值很高。

流星的弹道系数 B 也很高:普通的球粒状陨星、石铁流星和铁流星的 B 值分别约为 $22d \mathrm{kPa}$、$30d \mathrm{kPa}$、$50d \mathrm{kPa}$,其中的 d 表示流星直径(单位为 m)。Chelyabinsk 流星在 2013 年 2 月 15 日闯进地球大气,这是一颗普通的球粒状陨星,直径估计为 17m<d<20m,因此其弹道系数为 374kPa<B<440kPa。

在第 10 章将看到,有人航天器比较合理的近似质量(单位为 kg)关系式为

$$m \approx 470 \left(d^2 l\right)^{\frac{2}{3}}$$

其中,d 和 l 分别表示航天器的特征横向和纵向尺寸(单位为 m)。于是,弹道系数(单位为 kPa)大约为

$$B \approx \frac{5.87}{C_D} \left(\frac{l}{d}\right)^{\frac{2}{3}} \tag{6.14}$$

故对于 $l/d \sim O(1)$、$C_D \sim O(1)$ 的舱类航天器来说,弹道系数约为 5kPa,这是近期和当前航天器的典型值。这里的阻力系数依据飞行器的最大截面积确定。

6.2.2　用密度表示的方程

将密度比($\sigma = \rho/\rho_0$)与弹道系数 B 合并为新的无量纲变量,可以再次改变自变量

$$\eta = \frac{\rho_0 g_E H}{B} \sigma = \frac{\sigma}{B'}$$

于是,利用下式可以把变量从 s 变为 η:

$$\frac{\mathrm{d}}{\mathrm{d}s} = \frac{\mathrm{d}\eta}{\mathrm{d}s}\frac{\mathrm{d}}{\mathrm{d}\eta} = \frac{\mathrm{d}}{\mathrm{d}s}\left(\frac{e^{-s}}{B'}\right)\frac{\mathrm{d}}{\mathrm{d}\eta} = -\frac{\sigma}{B'}\frac{\mathrm{d}(\cdot)}{\mathrm{d}\eta}$$

此外,定义一个无量纲的能量比:

$$U = \frac{V^2}{g_E R_E} = \left(\frac{V}{V_E}\right)^2 \tag{6.15}$$

$V_E = (6.371\times10^6 \times 9.807)^{1/2} = 7.904\mathrm{km/s}$ 为地球表面位置的轨道速度。改写式(6.11)和式(6.12),那么基本的再入轨迹方程可以改写为

$$\frac{\mathrm{d}U}{\mathrm{d}\eta} - \frac{U}{\sin\gamma} - \frac{2}{\eta}\left(\frac{H}{R_E}\right) = 0 \tag{6.16}$$

$$\frac{\mathrm{d}\cos\gamma}{\mathrm{d}\eta} + \left(\frac{H}{R_E}\right)\left(\frac{1}{U} - 1\right)\frac{\cos\gamma}{\eta} - \frac{1}{2}\left(\frac{L}{D}\right) = 0 \tag{6.17}$$

需要注意的是,这组方程中出现的与飞行器有关的参数只有升阻比,除此之外,唯一的参数就是大气标高与地球半径之比,本书中该比值固定为 $H/R_E = 1/923.3$。

6.3　再入期间的减速

有人太空飞行的一项重要设计要求是,把航天器的加速度大小和持续时间限制在人体可承受的程度以内。故首先必须注意到式(6.6)算出的沿飞行路径方向的无量纲加速度为

$$\frac{1}{g_E}\frac{\mathrm{d}V}{\mathrm{d}t} = -\left(\frac{C_D S}{m g_E}\right)q - \sin\gamma = -\frac{q}{B} - \sin\gamma \tag{6.18}$$

其中,q 为动压力:

$$q = \frac{1}{2}\rho V^2 = \frac{1}{2}(\rho_0 g_E R_E)\sigma U \tag{6.19}$$

6.3.1　有人太空飞行的最大减速度

根据式(6.18),由于阻力的关系,再入飞行器的减速度与弹道系数 B 成反比。同时,由于重力的关系,飞行器还有一个加速度,该加速度与飞行路径角 γ 成正比(回想一下,在坐标系中,再入时 γ 是负的)。阻力和重力所产生的净效应应当使飞行器以合理的方式减速。

人类能承受的典型最大加速度值大约为 $9g_E$,为夺取空中优势的战斗机就具有这个加速度值。Haber(1959)曾介绍过快速加速的生理效应的早期研究情况,

需要注意的是,人类一般加速耐受力不仅取决于加速度的大小,还取决于加速的方向和持续时间。图 6.2 表明,对于持续 100s 以上的加速,加速度要低于 $6g_E$;考虑到一定的安全裕度,合理的值要低于 $4g_E$。关于更多的 g 荷载的生理效应,可以参见 Voshell(2004) 的文献。

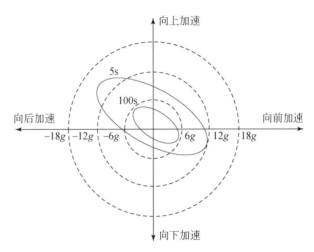

图 6.2　在不降低乘员有效意识的条件下,不同大小和方向的加速度持续时间

考虑到这些效应,阿波罗飞行的加速度水平一般都维持在 $\pm 8g_E$ 以内。图 6.3~图 6.5 给出了 NASA(1989) 的部分阿波罗任务中助推和再入期间的加速度历程。此外,表 6.1 列出了阿波罗 7~17 号记录的最大减速度。显然,所示任务中,大部分时间都把加速度维持在 $\pm 3g_E$ 之内。

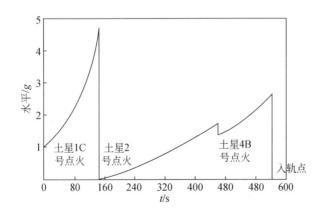

图 6.3　土星 5 号典型的阿波罗发射加速剖面(NASA,1989)

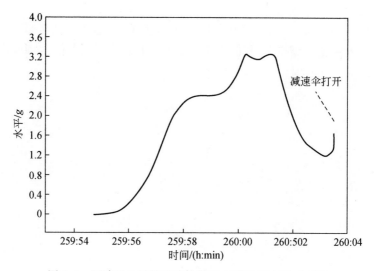

图 6.4　阿波罗 7 号的地球轨道再入减速（NASA，1989）

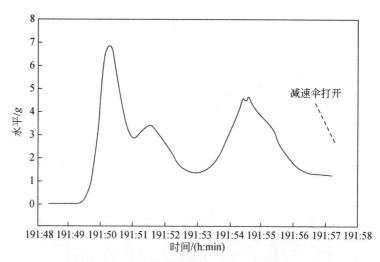

图 6.5　阿波罗 10 号月球轨道返程任务的再入减速剖面（NASA，1989）

表 6.1　阿波罗有人太空飞行再入减速度

飞行任务	再入时的最大 g_E
阿波罗 7 号	3.33
阿波罗 8 号	6.84
阿波罗 9 号	3.35

飞行任务	再入时的最大 g_E
阿波罗 10 号	6.78
阿波罗 11 号	6.56
阿波罗 12 号	6.57
阿波罗 13 号	5.56
阿波罗 14 号	6.76
阿波罗 15 号	6.23
阿波罗 16 号	7.19
阿波罗 17 号	6.49

由式(6.18)可以发现,对于不超过 $9g_E$ 的减速,由于飞行路径角 $-1 < \sin\gamma < 0$,假设为了安全有人飞行,动压力与弹道系数之比应满足:

$$\frac{q}{B} \leqslant O(10) \qquad (6.20)$$

从这个结果只能得出比值 q/B 的大小,不过可以利用式(6.14),假定航天器的长细比为 $l/d = O(1)$,因此有 $B \sim 5.87/C_D$,其中 B 的单位为 kPa。详细的航天器设置和质量特性是由需求决定的,而不仅是为了获得某个弹道系数。实际上,情况正好相反,B 值是为了满足其他设计事项而得出的,这些事项决定了容许动压力水平。对于典型的高超声速有人航天器,有 $C_D = O(1)$,因此对于 $B \approx 5$ kPa,动压力的最大容许值约为 50 kPa,即 0.5 atm。有人再入飞行器的弹道系数一般为 $B < 5$ kPa,再入角 $\gamma_e \ll 1$,就是为了把加速度限制在人类的安全极限水平之内。

6.3.2 有人太空飞行的最小减速过载

为了让再入飞行器减速,由式(6.18)可得

$$-\frac{q}{B} - \sin\gamma < 0$$

对于典型的再入路径,γ 的范围为 $-90° < \gamma < 0°$,因此 $-1 < \sin\gamma < 0$,于是 q/B 必须至少为 $O(1)$。根据前面的讨论可知,有人航天器的弹道系数可能处于 1.5 kPa $< B < 5$ kPa 的范围,那么期望的 q 最小实际值大约为 1.5 kPa。

在减速过载大小方面,另一个需要考虑的因素是再入所要求的时间。求式(6.18)的积分,积分范围为从 $t = 0$ 时的 $V = V_e$ 到 $t = t_f$ 时的 $V = 0$,可得

$$-\frac{V_e}{g_E} = -\int_0^{t_f} \left(\frac{q}{B} + \sin\gamma \right) dt = -a_{avg} t_f$$

积分符号下的变量在整个飞行期间可能会发生变化,取按时间平均的减速过载平均值,则可算出飞行时间为

$$t_f \approx \frac{1}{a_{avg}} \frac{V_e}{g_E} \tag{6.21}$$

从 LEO 返回时的再入速度通常为 7.6km/s 左右;于是,对于 $0.3g_E \sim 4g_E$ 的平均减速过载水平,再入历时为 2600~200s。航天飞机轨道器的典型再入历时为 1820s 左右,平均减速过载大约为 $0.4g_E$,水星 7 号舱的再入历时约为 380s,平均负加速度约为 $2g_E$,其中最大负加速度约为 $8g_E$,持续约 30s。更长的再入时间会施加给乘员温和得多的负加速度水平,这种情况下构成的应力是可以接受的。然而,过长的再入时间会对航天器和乘员造成热约束。

6.3.3　有人航天器的动压力走廊

已经证明,有人航天器可容许轨迹的再入走廊位于 $1.5\mathrm{kPa} < q < 50\mathrm{kPa}$ 动压力范围内。图 6.6 为用恒定动压力曲线表示的这个安全再入走廊。按大于 50kPa 的动压力进行飞行,航天器会承受 $10g_E$ 以上的减速过载;按小于 1.5kPa 的动压力进行飞行,飞行时间和降落距离会过长。因此,为了有人再入的安全,就减速过载效应而言,飞行轨迹需要位于图 6.6 所示的动压力走廊内。

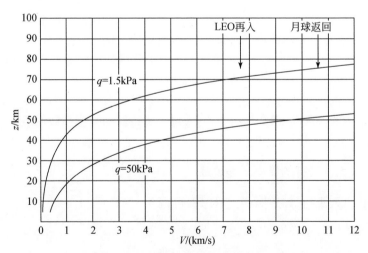

图 6.6　有人再入中允许的最大减速过载水平对应的飞行走廊,
图中也标出了 LEO 和月球返回任务的典型再入速度

考虑一个假想的例子,一个恒定压力轨迹具有一个特定设计动压力值 q_{design},这时式(6.18)可写为

$$\frac{1}{g_E} \frac{\mathrm{d}V}{\mathrm{d}t} = -\frac{q_{design}}{B} - \sin\gamma \tag{6.22}$$

显然,要求 $q_{design} < 10B$,以确保合理的有人再入减速环境。

由于 q_{design} 是人为选定的参数,而再入时 $U \approx 1$,式(6.19)确定的再入高度不一定就是常规的标称值 100km。实际上,再入高度为

$$z_e = -H \ln \left(\frac{q_{design}}{46860} \right)$$

例如,对于 $q_{design} = 10$kPa(相当于较低弹道系数 $B \leqslant 1$kPa 的情况),恒定动压力轨迹的起点为 $z_e = 58.32$km。因此,对于光滑轨迹,需要有一条介于 $z = 100$km 到 $z = 58.32$km 间的过渡路径,该路径的动压力从 $q \approx 0$ 变化到 $q = 10$kPa,然后可以利用空气动力控制在余下的下降路径中保持 $q = 10$kPa。此外,对于高动压力设计,如 $q_{design} = 40$kPa(相当于 $B \leqslant 4$kPa 的较高弹道系数),恒定动压力轨迹始于 $z = 48.75$km。故在有人太空飞行的弹道系数范围的两端,只有在穿越了名义 100km 大气的大约一半高度后才开始进入再入安全下降走廊。

6.4 再入期间的加热

将式(6.6)乘以速度 V,就可以得到飞行器的能量变化率为

$$m \left(V \frac{dV}{dt} + g_E V \sin\gamma \right) = m \left(\frac{1}{2} \frac{dV^2}{dt} + g_E \frac{dz}{dt} \right) = -\frac{1}{2} C_D \rho S V^3$$

将该式进行归一化处理,可得

$$\frac{d}{dt} \left(\frac{z}{H} + \frac{1}{2g_E H} V^2 \right) = -\frac{1}{2H} \left(\frac{C_D S}{m g_E} \right) \rho_0 \sigma V^3$$

重新用动压力表示该式,有

$$\frac{d}{dt} \left(\frac{z}{H} + \frac{1}{2g_E H} V^2 \right) = -\frac{q^{3/2}}{BH \sqrt{\rho_0 \sigma}} \tag{6.23}$$

因此,航天器总能的减少与它对大气做功的速率成正比。航天器穿越大气时会使空气加热,热量基本来自航天器头部冲击波绝热压缩和航天器表面边界层内摩擦。大气加热的能量中的一部分热也会使航天器加热。为了确保航天器的完好和乘员安全,必须恰当管理好再入产生的热负荷。朝向气流方向的防热层提供了热防护,热防护受到边界层摩擦的对流热传递以及头部冲击波和防热层表面之间的热气体层的辐射热传递的影响。

第 9 章将介绍高速大气再入情况下的热传递详细过程,但对于现在讨论的轨迹设计目的来说,可采用其中的一些一般性结论。Sutton 等(1971)给出了对流引起的驻点传热速率公式,具体为

$$q_{t,c} = C \sqrt{\rho} V^3 = C \frac{(2q)^{3/2}}{\rho} \tag{6.24}$$

需要注意的是,式(6.24)中的热通量函数形式类似于式(6.23)中的阻力引起的能量耗散的函数形式。式(6.24)中的系数 C 取决于防热层表面的曲率半径 R_N(单位为 m),一般按下式计算:

$$C=1.7415\times10^{-4}\frac{1}{\sqrt{R_N}}$$

Tauber 等(1991)给出式(6.25)来计算冲击层热气体的热辐射引起的驻点的热通量:

$$q_{t,r}=KR_N^\varpi\rho^\xi f(V) \tag{6.25}$$

其中,K 和指数 ξ 为常数;指数 ϖ 和函数 $f(V)$ 取决于相应的高度和飞行速度。

如在第 9 章将详细讨论的,高超声速下驻点热传递分析研究主要关注具有球形对称头帽的物体。式(6.24)和式(6.25)清楚地表明,头帽的半径 R_N 是影响驻点热通量的重要参数。需要注意的是,$q_{t,c}\sim R_N^{-1/2}$,且 $q_{t,r}\sim R_N^a$,其中,$0<a<1$,因此小曲率半径将增加对流加热,大曲率半径将增加辐射加热。还必须要注意,实际航天器一般会用一定的攻角来获得升力,这会使流体具有三维性,这样,在热传递分析中就不能采用驻点的局部曲率半径,而必须使用有效曲率半径。除热传递因素外,有人航天器的尺寸和形状还取决于其他因素,详见第 10 章的介绍。就目前的目的来说,可以认为曲率半径的实际范围是 $1m<R_N<4m$。

滞止点热传递 q_t 的单位为 W/m^2,不过通常采用 W/cm^2。一般认为 $1kW/cm^2$ 左右的传热速率是实际热防护系统的上限;对于登月再入这种高应力情况,现有有人航天器能承受的典型值为 $500W/cm^2$。LEO 再入通常会牵涉到 $100\sim200W/cm^2$ 的速率。像确定安全减速走廊(即动压力)那样,我们也可以同样确定温度方面的一般容许飞行走廊。图 6.7 为仅考虑对流热传递时的容许走廊,其中防热层曲率半径 $R_N=4m、1m$,这也是有人航天器的常见值。对于其他头部半径,将 $q_{t,c}$ 值乘以 $R^{-1/2}$ 即可。图 6.8 为仅考虑辐射热传递的容许走廊,同样,曲率半径为 $R_N=4m、1m$。对于 $V<9km/s$ 时的其他头部半径,将所示 $q_{t,c}$ 值乘以 R_N 即可(如第 9 章所述,当 $V>9km/s$ 时,曲率半径的影响是非线性的)。需要注意的是,对于 LEO 再入的典型速度,辐射热传递明显小于对流热传递,对于更高的再入速度,如月球返回轨迹遇到的速度,辐射热传递具有同一数量级。

这里需要考虑两个因素:传向航天器的最大传热速率 $q_{t,c}+q_{t,r}$ 和航天器吸收的最大热量 Q_c+Q_r。滞止点的传热速率受隔热材料限制,这是因为传热速率可以使防热层材料热到不可接受的程度;航天器的总吸热量 Q 受航天器热管理系统能力限制,要求该系统把乘员的环境条件维持在安全的水平。

总热负荷 $Q=Q_c+Q_r$ 不仅取决于最大传热速率的大小,还取决于飞行持续时间。传递到航天器表面的流体湿面积 S_w 的总热量可以写成

$$Q=Q_c+Q_r=\int_0^{t_f}\left[q_{t,c}\iint_{S_w}\left(\frac{q_c}{q_{t,c}}\right)dS_w+q_{t,r}\iint_{S_w}\left(\frac{q_r}{q_{t,r}}\right)dS_w\right]dt$$

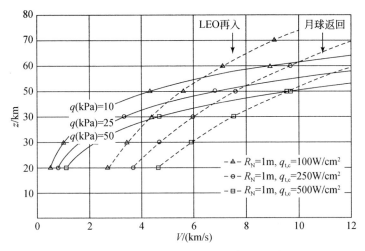

图 6.7　容许对流加热走廊和安全减速的动压力走廊,虚线表示 $R_N=1m$ 和 4m 的
对流驻点传热速率

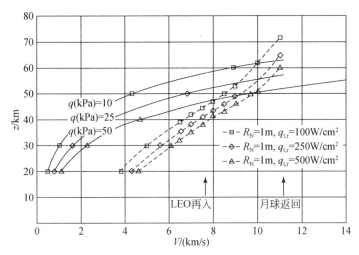

图 6.8　容许辐射加热走廊和安全减速的动压力走廊,虚线表示 $R_N=1m$ 和 4m 的
辐射驻点传热速率

决定传递给航天器的总热量的重要参数是对流和辐射引起的驻点热通量(分别与 $1/R_N^{1/2}$ 和 R_N 成正比)、航天器的表面积(与 R_N^2 成正比)和飞行时间。飞行时间按式(6.21)计算为

$$t_f \approx \frac{V_e}{a_{avg} g_E}$$

前面提到,航天器安全加速水平的范围为 $0.3 \leqslant a_{avg} \leqslant 3.0$,例如,对于 V_e 约为

7.6km/s 的 LEO 再入,飞行持续时间为 $250s<t_f<2500s$。健康人员都能轻松应对较低的加速水平,正常机能不受影响,因此再降低只会使航天器承受不必要的额外加热。第 9 章将详细讨论航天器的加热问题。

6.5 弹 道 再 入

式(6.16)和式(6.17)没有方便的解析解,因此必须数值求解或近似求解。但不幸的是,提出的各种近似解要么不够简单,要么不够实际,所以都没有受到多大关注。式(6.16)和式(6.17)中出现的 $H/R_E=923.3^{-1}$、$L/D=O(1)$ 参数是确定的,但是像 $1/\sin\gamma$、$1/U$、η^{-1} 等参数在轨迹的路径上是可能出现大幅变化的,不太可能有简单解。因此,本节讨论数值解法。

6.5.1　弹道或零升力再入

如果升阻比为零,典型的例子如弹道导弹弹头、早期的太空舱以及流星等天然物体,对于地球大气而言,式(6.16)和式(6.17)可重新写为

$$\frac{dU}{d\eta}+\frac{U}{\sin\gamma}+\frac{1}{461.6\eta}=0 \tag{6.26}$$

$$\frac{d\gamma}{d\eta}-\left(\frac{1}{U}-1\right)\frac{\cos\gamma}{923.3\eta}=0 \tag{6.27}$$

初始条件为:归一化高度 $\eta_e=\sigma/B'$、归一化动能 $U_e=\dfrac{V_e^2}{g_E R_E}$、再入角 γ_e。通常,假定再入密度比为 100km;对于取整的 $\sigma_e=10^{-7}$,对应的再入高度为 $z_e=111$km。变量 $\eta=\sigma/B'$ 包含了归一化的弹道系数 $B'=B/(\rho_0 g_E H)$,这个系数基本上是用大气压度量的弹道系数。其中,飞行路径角 γ 用弧度表示。

由于式(6.26)和式(6.27)中没有自由参数,因此可以针对典型值 $V_e=7.6$km/s 或者 $U_e=0.9266$,以及几个再入角 γ_e 进行数值求解。图 6.9 为 $L/D=0$ 的情况下归一化动能 U 随归一化高度 η 的变化而衰减的情况。注意,小 η 对应于高空,η 增加则表明落向地球表面。因此,随着航天器的下降(即 η 增加),归一化动能 U 快速降低,而且再入角(负的)越大,U 就在更深大气内保持恒定,表明基本上维持了恒定的能量。

从图 6.10 中可更清楚地发现,再入角 γ_e 越陡,航天器再入大气就越陡直。同样还可以发现,直到航天器已经再入大气层相对远的距离内,飞行路径角 γ 都是保持恒定的。当然,对于任意位置 η,对应密度比为 $\sigma=B'\eta$,因此弹道系数 B' 越高,σ 值就越高,几何高度 z 就越低。

如前面指出的,有人航天器再入性能最重要的一点是维持在容许的减速度

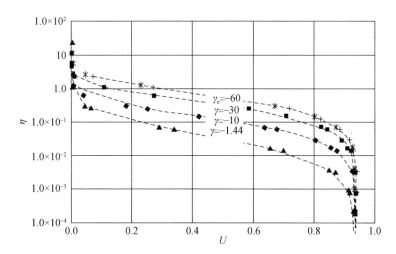

图 6.9　在 $L/D=0$ 和 $U_e=0.9266$ 的条件下，对于不同再入角（单位为度），归一化动能 U 作为归一化高度 η 的函数的数值解

水平，图 6.11 给出了不同再入角情况下航天器加速度随 η 的变化情况。显然，在没有任何升力的情况下，维持安全减速度水平的唯一办法是让再入角小于 $-1.5°$。

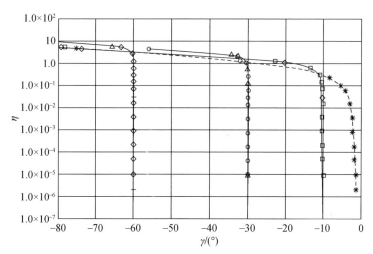

图 6.10　$L/D=0$ 和 $U_e=0.9266$ 的条件下，不同再入角时，飞行路径角 γ 的数值解随归一化高度 η 的变化情况，图中最低再入角 $\gamma_e=-1.44°$

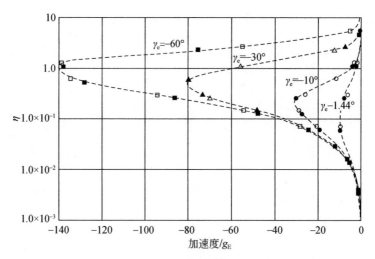

图 6.11 $L/D=0$ 和 $U_e=0.9266$ 的条件下,不同再入角时,
加速度的数值解随归一化高度 η 的变化情况

这一点在美国太空计划开始时就已达成共识,那时,在 1962 年 2 月的水星计划中,"友谊 7 号"使约翰·格伦上校承受了约 30s 的 $-7g_E \sim -8g_E$ 的减速度。当时的再入条件为 $V_e=7.1km/s$,即 $U_e=0.8085$,再入角 $\gamma_e=-1.5°$。"友谊 7 号"舱的弹道系数为 $B'=0.025atm$。这种再入情况与前面的 $\gamma_e=-1.44°$ 的情况类似,因此其加速度历程也很类似于图 6.11 所示的情况。为了说明物理变量的一般行为,图 6.12 和图 6.13 呈现了速度和飞行路径角随高度变化的情况。图 6.14 为加速度随高度变化的情况。

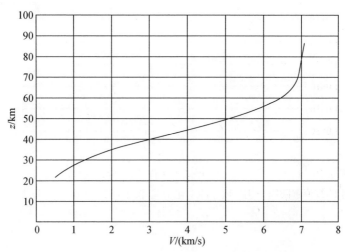

图 6.12 水星计划中"友谊 7 号"太空舱的速度随高度变化的数值解

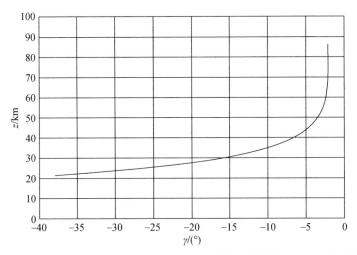

图 6.13　水星计划中"友谊 7 号"太空舱飞行路径角随高度变化的数值解

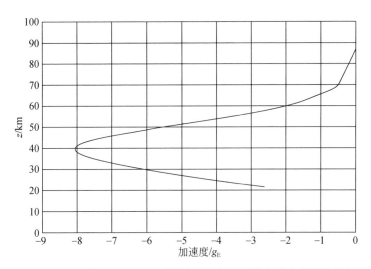

图 6.14　水星计划中"友谊 7 号"太空舱加速度随高度变化的数值解

6.5.2　陡直弹道再入的近似解

除了 $L/D=0$ 外,如果进一步假设航天器以较陡的负角度再入大气(注意,再入的飞行路径角 $\gamma<0$),如 $-90°<\gamma<-45°$,则有 $-1<\sin\gamma<-0.707,0>\cot\gamma>-1$。选取的大气参数的代表值为 $\rho_0 g_E H=1\mathrm{atm},H/R_E=1.085\times10^{-3}$。利用这些数据,式(6.26)和式(6.27)可写为

$$\frac{\mathrm{d}U}{\mathrm{d}\eta}-\frac{U}{\sin\gamma}-\frac{1}{461.6\eta}=0 \tag{6.28}$$

$$\frac{\mathrm{d}\cos\gamma}{\mathrm{d}\eta}+\left(\frac{1}{U}-1\right)\frac{\cos\gamma}{923.3\eta}=0 \tag{6.29}$$

图 6.10 所示的数值解表明,在大部分下降过程中,较陡的再入角都会保持恒定。因此对于较陡直再入,可以假设 $\gamma\approx\gamma_e$,这样就可将式(6.28)进行积分,得到

$$U=U_e\left(\frac{\eta}{\eta_e}\right)^{1/(461.6U_e)}\exp\left(\frac{\eta-\eta_e}{\sin\gamma_e}\right)=U_e\left(\frac{\sigma}{\sigma_e}\right)^{1/(461.6U_e)}\exp\left[\frac{\sigma-\sigma_e}{\sin\gamma_e}\left(\frac{\rho_0 g_E H}{B}\right)\right] \tag{6.30}$$

图 6.15 将这个结果同前面的数值解进行了对比,显然比较吻合,即便是对于较小的初始再入角也是比较吻合的。

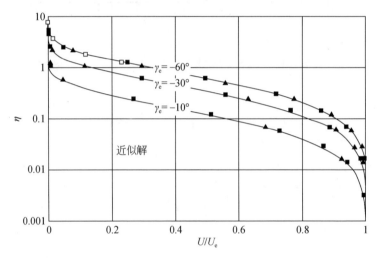

图 6.15　陡直弹道再入时 U/U_e 作为 η 的函数的近似解(实线)与数值解(数据符号)的对比

求解地面高度 $z=0$ 即 $\sigma=1$ 时的式(6.30),得到如下地面速度 V_0 与再入高度的速度 V_e 之比,其中 $\sigma_e\sim10^{-7}$:

$$\frac{V_0}{V_e}=\sqrt{\frac{U_0}{U_e}}\approx\left(\frac{1}{10^{-7}}\right)^{0.001085}\exp\left(\frac{\rho_0 g_E H}{2B\sin\gamma_e}\right)=0.98\exp\left(\frac{50.75}{B\sin\gamma_e}\right) \tag{6.31}$$

注意到 $\gamma_e<0$,此时有 $\sin\gamma_e<0$。航天器重量显然对速度没有多大影响,因为它在式(6.31)中仅带来了 0.98 的系数,无升力的陡直再入可以忽略,故地面附近达到的速度取决于弹道系数与再入角正弦之积。弹道系数 $B>50$kPa 的物体会以很高的速度撞击地球,而那些 $B<10$kPa 的物体在撞击前会降到很低的速度。

式(6.29)可以重写为

$$\mathrm{d}(\ln\cos\gamma)=\frac{-1}{923.3}\left(\frac{1}{U}-1\right)\mathrm{d}(\ln\eta) \tag{6.32}$$

至少在归一化动能降到极低的数值之前,都有系数 $(U^{-1}-1)/921.3\ll1$。例如,当 $U=0.04$ 时,即相对于 $V=1.579$km/s 的速度,亦即 $Ma<5$,有系数 $(U^{-1}-$

1)/921.3＝0.026。可以假设式(6.32)右侧的系数是恒定的,从而对再入中的飞行路径角变化幅度进行估算,得到如下近似结果：

$$\cos\gamma \approx \cos\gamma_e \left(\frac{\eta}{\eta_e}\right)^{-\left(\frac{1}{U}-1\right)/923.3} = \cos\gamma_e \left(\frac{\sigma}{\sigma_e}\right)^{-\left(\frac{1}{U}-1\right)/923.3}$$

取 5km 高度的 $U=0.04$,得 $\cos\gamma \approx 0.7\cos\gamma_e$；对于 $\gamma_e = -60°$,则有 $\gamma = -69.5°$。因此,即便是在较低高度和能量水平来计算这个系数(这时是其变化的最大结果),得到的飞行路径角变化也小于 16°,其所对应的 $\sin\gamma$ 的变化约为 8%,实际的变化当然会更小。所以,有理由假定式(6.32)表明了在大部分再入飞行路径上 γ 是近似恒定的,只有当动能降到很低水平时才可能有偏离。图 6.10 表明,对于陡直弹道再入,飞行路径角在大部分路径上都保持恒定,并结束于归一化密度纵坐标 η 有明显的总体变化时。由于比例尺是半对数的,因此可以推断对于陡直再入角和较低高度,飞行路径角与 η 的对数的关系为

$$\gamma = -35\ln\eta \tag{6.33}$$

γ 与 η 的关系如图 6.16 所示,也表明对于陡直弹道再入($\gamma_e \approx -30°$ 或更小),从再入点($\eta \ll 1$)式(6.33)算得的 η 值所对应的高度,飞行路径角可以近似表示为常数 $\gamma = \gamma_e$,然后余下的高度区间可以用 $\gamma = -35\ln\eta$ 近似表示。

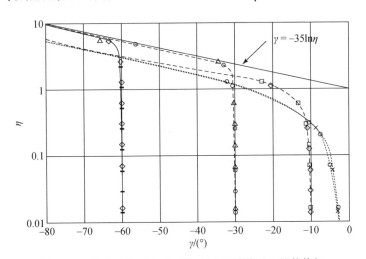

图 6.16　陡直角度再入的对数关系与弹道再入的数值解

图 6.17 为弹道导弹头锥的典型亚轨道再入情况,其中再入条件为 $V_e = 6.91\text{km/s}$,也即 $Ma=22$,$\gamma_e = -60°$。注意到对于 50km 以上的高度,飞行器的速度没有明显的变化,就好像没有任何阻力一样。在较低高度,弹道系数的大小就决定了速度的变化情况；对于高弹道系数的情况,B' 为 1atm～100kPa,速度从 $Ma=22$ 仅降到地面的 $Ma=12.9$ 左右,而在 B' 为 0.1atm～10kPa 的情况时,在地面速

度会衰减到零。

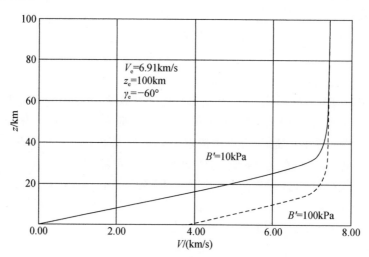

图 6.17　低弹道系数和高弹道系数头锥的陡直弹道再入的近似速度随高度的变化过程，
再入条件为 $V_e = 6.91km/s(U_e = 0.88)$ 且 $\gamma_e = -90°$

　　如前所述，在飞行速度大幅降低（即 $U \ll 1$）之前，飞行路径角将基本保持恒定，并且只有弹道系数值相对较小时 $B \leqslant O(10kPa)$ 才会发生。式(6.29)表明，随着 U 趋近于零，γ 必将趋近于 $-90°$。这种情况的发生，是因为物体的动能一旦耗尽，物体的势能将占据主导，物体就开始竖直下落。因此，对于足够低的弹道系数值，飞行路径角会迅速变小（绝对值增大），最后阶段物体几乎是垂直下降的。对于这种情况，最后降落阶段的飞行路径角变化可大致这样描述，在物体减速至 $Ma = 1$ 即约 0.34km/s 之前按恒定的再入轨迹角度降落，然后物体会快速垂直降落（$\gamma = -90°/2$），直至地面。当然，对于较高的弹道系数值，如 $B = O(100kPa)$，动能从来都不会显著减小，所以不会明显改变飞行路径角。

　　由式(6.31)可以看出，控制因素不仅仅是 B，而是 $B\sin\gamma$。这个乘积，要使因阻力引起的阻滞忽略不计，这个乘积就必须足够大。如果速度变化不大，式(6.32)表明飞行路径角也同样变化不大。只有以较小角度再入地球大气层的流星，且尺寸足够大，才可能具有足够大的 $B\sin\gamma_e$ 值，使其速度和角度小幅变化。

6.5.3　典型弹道再入特性

　　本小节介绍典型无升力再入轨迹特征的求解方法，这个轨迹参照水星计划太空舱的轨迹（如"友谊 7 号"，美国的第一个有人太空舱，1962 年 2 月入轨，由约翰·格伦驾驶）。给出这些解的目的是说明典型再入的特征。在 LEO 上，轨道速度约为 7.74km/s，约为地球表面轨道速度 $(g_E R_E)^{1/2}$ 的 98%。假设制动火箭点火，将太空舱减速离轨，使其在名义再入高度 111km 时的再入速度为 $V_e = 7.6km/s$，这相

当于归一化动能 $U = 0.9266$，再入角为 $\gamma_e = -1.44°$。代入求解式(6.26)和式(6.27)，得到如图 6.18 所示的速度与高度的关系和如图 6.19 所示的飞行路径角与高度的关系。由于 80km 高度之上没有多大变化，因此图中忽略了这部分高度；在 60km 以下，速度发生了快速变化，但是直到抵达约 30km 时飞行路径角相比再入角并没有多大变化。

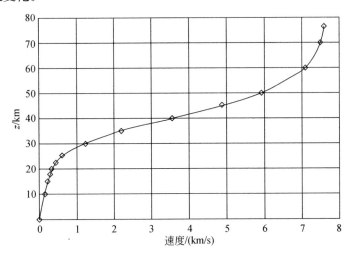

图 6.18　水星计划太空舱代表性轨迹的再入速度与高度的关系

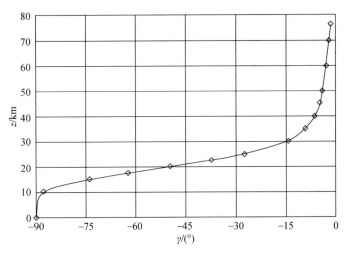

图 6.19　水星计划太空舱代表性轨迹的再入飞行路径角与高度的关系

更常见的做法是将重要的再入参数表示为自某个初始点开始的飞行时间的函数。这里，在名义再入点上，取 $t = 0$，其中再入飞行条件为 $V_e = 7.6\text{km/s}$、$\gamma_e = -1.44°$、$z_e = 111\text{km}$。飞行路径角和速度决定了时间和高度之间的如下关系：

$$\frac{\mathrm{d}z}{\mathrm{d}t} = V\sin\gamma$$

轨迹的高度与时间历程的关系如图 6.20 所示。同理,可根据式(6.4)求出沿航向距离变化为

$$\frac{\mathrm{d}x}{\mathrm{d}t} = V\cos\gamma$$

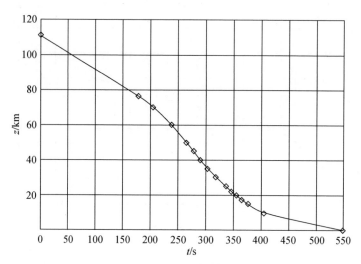

图 6.20　水星计划太空舱代表性轨迹的再入高度与时间的关系

轨迹的沿航向距离与时间的关系如图 6.21 所示,以高度和沿航向距离之间的函数关系所表示的轨迹的形状如图 6.22 所示。图 6.23 和图 6.24 显示了速度与飞行路径角和时间的函数关系。

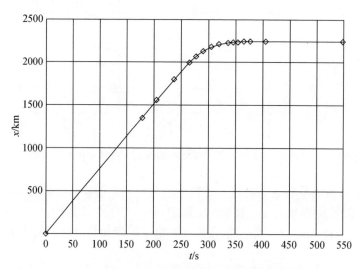

图 6.21　水星计划太空舱代表性轨迹的沿航向距离和时间的关系

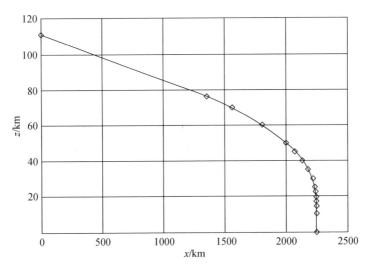

图 6.22　水星计划太空舱代表性轨迹的再入沿航向距离和高度的关系,高度的尺度被拉长
以便能同沿航向距离的尺度相比

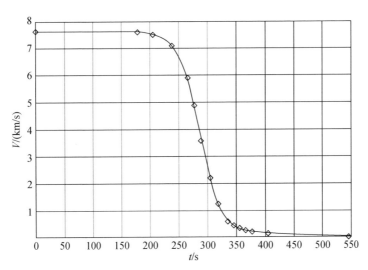

图 6.23　水星计划太空舱代表性轨迹的再入速度和再入开始后的时间的关系

可计算轨迹沿程的 dV/dt,求出飞行器下降途中的减速过载,如图 6.25 所示。图中,在 $270s < t < 310s$ 期间的大约 40s(对应于 $35km < z < 47km$ 高度范围)中,出现了减速过载峰值(值大于 $7g_E$)。这个减速过载水平几乎是有人飞行器的极限了,这也是 NASA 最初航天员计划只挑选高超试验飞行员的原因。为了降低这个减速过载约束,有必要制造一些升力,改变飞行轨迹。后期的阿波罗计划就利用了升力,对再入荷载进行调节,航天飞机轨道器则改进得更加完美。

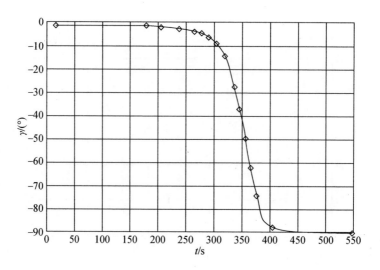

图 6.24　水星计划太空舱代表性轨迹的再入飞行路径角和再入开始后的时间的关系

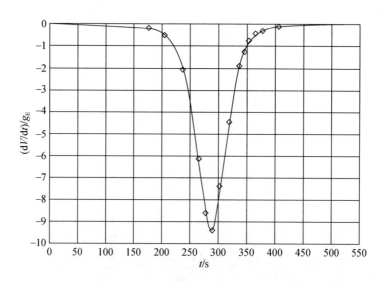

图 6.25　水星计划太空舱代表性轨迹的减速度和时间的关系

　　如图 6.26 所示,动压力在 0～29kPa(即 0.29atm)内变化,最大值出现在约 40km 的高度处。滞止点的对流传热率按式(6.24)计算,传热率随时间的变化如图 6.27 所示。第 9 章将更详细地讨论再入的加热特性。

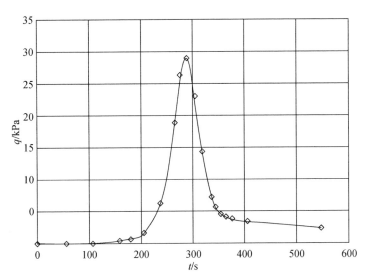

图 6.26　水星计划太空舱代表性轨迹的动压力的变化和时间的关系

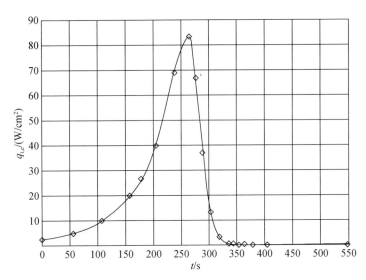

图 6.27　水星计划太空舱代表性轨迹的滞止点对流热通量和时间的关系

6.6　滑翔再入

前面对弹道再入的讨论表明,为了将加速度维持在有人太空飞行容许的水平,就需要极小的初始飞行路径角。然而,对于实际的弹道系数,下降过程中负的飞行路径角会越来越小,式(6.6)表明这种情况会影响到减速过载。因此,为了控制减速过载,有必要控制飞行路径角的变化,而式(6.7)表明可通过施加升力来实现这个目的。

6.6.1　Loh 二阶近似解

通常,像式(6.6)和式(6.7)那种形式的控制方程,是必须数值求解的。Loh(1968)提出了一种近似解法,并将其称作二阶解法。该方法基于对数值解的观察,数值解显示,式(6.17)的第二项在感兴趣的轨迹范围内是相对保持不变的。也就是说,尽管 U、η、γ 都在轨迹范围内变化,但是它们结合起来产生一个基本恒定的值。这种近似是没有坚实的理论基础的,其适用范围也未明确规定,哪怕是试探性的。此外,这种近似并未得出特别的简化算法,因为现在常微分方程组的数值解很容易用个人计算机执行,所以就直接求解数值结果,以便对设计进行指导。关于Loh 二阶近似解法的综合讨论,可以参考 Ashley(1992)或者 Regan 等(1993)的文献。

6.6.2　有升力的再入

由于需要求出数值解,考虑基本的时间相关的式(6.6)～式(6.8)的归一化形式是方便的,其可以写成如下形式:

$$\frac{\mathrm{d}v}{\mathrm{d}\tau}=-\frac{923.3}{2\,B'}\mathrm{e}^{-s}v^2-\sin\gamma \tag{6.34}$$

$$\frac{\mathrm{d}\gamma}{\mathrm{d}\tau}=\left(v-\frac{1}{v}\right)\cos\gamma+\frac{923.3}{2\,B'}\frac{L}{D}v\mathrm{e}^{-s} \tag{6.35}$$

$$\frac{\mathrm{d}s}{\mathrm{d}\tau}=923.3v\sin\gamma \tag{6.36}$$

时间(单位为 s)按下式进行归一化:

$$\tau=\frac{g_{\mathrm{E}}}{V_{\mathrm{E}}}t \tag{6.37}$$

速度(单位为 km/s)通过 V_{E} 归一化为

$$v=\frac{V}{V_{\mathrm{E}}}=\frac{V}{7.904} \tag{6.38}$$

飞行路径角 γ 如前面一样以弧度为单位,高度 z(单位为 km)通过标高进行无量纲化处理,得

$$s=\frac{z}{H}=\frac{z}{6.9} \tag{6.39}$$

式(6.34)～式(6.36)可以用来求解再入过程,初始条件为

$$v(0)=v_{\mathrm{e}}$$

$$\gamma(0)=\gamma_{\mathrm{e}} \tag{6.40}$$

$$s(0)=s_e$$

注意在式(6.34)和式(6.35)中,有

$$\frac{923.3}{2\,B'}=\frac{(R_E/H)\rho_0 g_E H}{2[mg_E/(C_D S)]}=\frac{1}{2}\frac{\rho_0 V_E^2}{B} \tag{6.41}$$

这样就得到了地球表面圆形轨道的动压力与弹道系数之比(q_E/B)。

6.6.3 低 L/D 再入:阿波罗

类似水星号太空舱的飞行是弹道或者无升力轨迹,因此为了将加速度水平勉强维持在有人再入所能接受的水平,就只能限制在小再入角。如前面指出的,当航天器以特定 V_e 和 γ_e 值穿越再入界面后,对再入轨迹的唯一控制方法就是调整升阻比 L/D。缺少调节 L/D 的方法,其结果就是无法飞行更长的沿航向距离,而更长的沿航向距离意味着能量可以更慢,更合适的速率耗散,热传递和飞行器减速过载都在可承受范围内。

阿波罗太空舱设计时就考虑了这个功能,第 8 章将比较详细地介绍。针对大气再入特性讨论的目的,只需指出阿波罗太空舱最高可产生 $0.3<L/D<0.4$ 的升阻比即可。尽管产生的 L/D 是攻角的函数,不过发现改变 L/D 的有效方法是保持攻角不变,而把太空舱倾斜一定的角度,从而使竖直下降面内的升力 L_v 降低幅度等于倾斜角的余弦值,如图 6.28 所示。通过正、负倾斜角度来滚动太空舱,可得到正和负的侧向力 L_h,从而在总体上还是使太空舱保持在所需的轨迹面内。

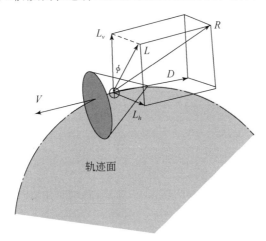

图 6.28 太空舱倾斜示意图:升力向量 L 相对于轨迹面成 ϕ 的角度,
在轨迹面内和轨迹面法向方向分别产生分量 L_v 和 L_h

阿波罗航天器从月球轨道返回,其再入速度 V_e 约为 11km/s,大约比从近地轨道的再入速度($V_e \approx 7.7$km/s)高出 50%。因此,再入中需要耗散的动能是近地再

入的 3 倍多,这产生较高的传热率,而且还需要把减速过载维持在可控的水平。这促使了对控制规律的研究,以便使再入过程中太空舱的指向最优。对于初步设计来说,也为了更清楚地说明再入过程的微妙之处,现在介绍可变 L/D 的例子,这也是个比较简单的例子,其中升力系数和阻力系数在控制方程中保持恒定。

例如,可以观察阿波罗 4 号的情况;太空舱以 $V_e=10.74\mathrm{km/s}$ 的相对地球速度在 $z_e=120\mathrm{km}$ 的高度穿过再入界面,再入角度为 $\gamma_e=-6.9°$,详见 Hillje (1967) 的文献。太空舱的质量为 5357kg,阻力系数作用其上的前端面积为 $S=12\mathrm{m}^2$。可以得到弹道系数 $B=W/(C_D S)=3.65\mathrm{kPa}$,即 $B'=0.036\mathrm{atm}$。这里使用的阻力系数的值为 $C_D=1.2$,该系数在飞行试验时也得到了证实,是阿波罗太空舱在 25° 攻角时的特征参数;详见第 8 章的讨论。在大部分飞行期间都维持了这个攻角,因此也维持了这个阻力系数。

在飞行期间,通过倾斜太空舱来改变轨迹面(竖直向的)的有效升阻比$(L/D)_v$。在大约 585s 的飞行期间,有效升阻比的变化范围是 $-0.35<(L/D)_v<0.375$。按照报道的飞行$(L/D)_v$时间历程,提出了如图 6.29 所示的$(L/D)_v$阶梯变化法,其中也画出了总体 0.211 的平均值。

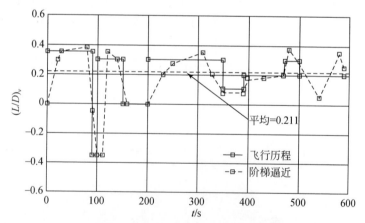

图 6.29　阿波罗 4 号再入期间$(L/D)_v$的大致变化,以及用在数值计算中的
对应的阶梯拟合结果,图中也显示了飞行过程的简单平均值

尽管可以插入一个 L/D 的时间或者高度历程的详细方程用于式(6.35),不过对于解释性的目的而言,使用如图 6.29 所示的$(L/D)_v$阶梯变化法计算出性能似乎也足够了。当然,在针对具体需要进行轨迹设计时,必须对升阻比$(L/D)_v$历程进行调节,因为这是可以达到此目的的唯一可行的方法。经常认为可以采用恒定的$(L/D)_v$平均值,不过对于典型再入问题,这不是一个很好的办法。

在图 6.30 中,将图 6.29 所示的$(L/D)_v$逼近法算得的高度-时间历程变化情况以及按恒定平均值$(L/D)_v=0.211$计算得到的结果同 Hillje(1967)报道的飞行结果进行了对比。时间历程表明,在下降一段之后出现了高度的增加,这称为"跳跃",它与升阻比无关。这主要是因为在下降到约 60km 之前,空气动力都是很小的。从月球返回的再入角 $\gamma_e < 0$ 和高再入速度,确保了式(6.35)中以向心加速度为主导,这使 $d\gamma/dt > 0$。在某个点,γ 会穿过零值(产生如图 6.30 所示的 z 的局部最小值),然后会增加,带动航天器返回更高的高度。从图 6.30 中可以清楚地看出,增加升阻比会促进航天器爬升。然而,在进行轨迹规划时,必须避免飞行器跳出大气之外。

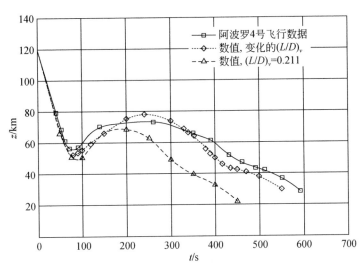

图 6.30 阶梯变化$(L/D)_v$和$(L/D)_v = 0.211$ 计算的高度历程与
Hillje(1967)报道中的阿波罗 4 号飞行数据的对比

简化的阶梯变化$(L/D)_v$的计算结果,提供了合理的轨迹描述,其与实际飞行的目标沿航向距离非常接近。恒定$(L/D)_v = 0.211$ 得出的结果与变化$(L/D)_v$得出的结果较为符合,在"跳跃"形式上(即飞行的前三分之一阶段)竟然也与实际飞行数据比较吻合,不过在飞行的最后三分之二阶段,升力不足限制了结果的准确性。

实际飞行的轨迹,也就是高度 z 随沿航向距离 x 的变化,具有实际运行意义,因为回收小组必须位于预计的飞行终点附近,以便回收舱体和接回乘员。这里所考虑的单次跳跃再入轨迹在图 6.31 中以沿航向距离的函数给出。图 6.31 清楚地表明了进行升力调节以控制再入轨迹的必要性,因为恒定平均升力只能达到三分之二的沿航向距离。从图 6.32 中也可以看出,飞行路径角也表现出了相似的特性;对于平均 L/D 的情况,由于没有足够的升力使航天器飞行更长,因此飞行路径角下降得更快。

图 6.33 为速度历程,其中采用平均$(L/D)_v$时,比航天器的实际经历的情况的减

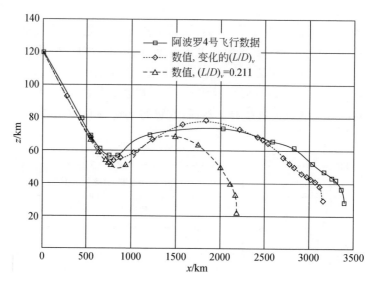

图 6.31　阶梯变化 $(L/D)_v$ 和 $(L/D)_v = 0.211$ 计算轨迹与
Hillje(1967)报道中的阿波罗 4 号飞行数据的计算轨迹对比

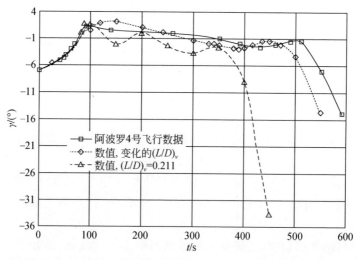

图 6.32　阶梯变化 $(L/D)_v$ 和 $(L/D)_v = 0.211$ 计算飞行路径角历程与
Hillje(1967)报道中的阿波罗 4 号飞行数据的对比

速更快,插入大气也更陡直。利用阶梯分布的 $(L/D)_v$ 进行计算,情况也差不多,不过程度要轻一点。图 6.34 给出了计算的高度-速度变化与飞行数据的对比。可以看出,在 9km/s$<V<$11km/s 范围内,对速度-高度的相对较小的预测偏差,都对其他重要飞行参数(如动压力、减速过载、最大热通量)峰值预测的准确性有显著影响。

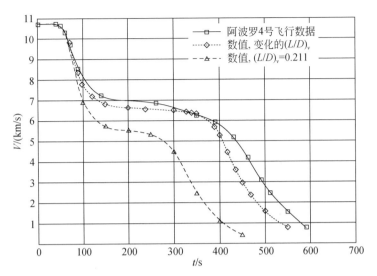

图 6.33　阶梯变化$(L/D)_v$和$(L/D)_v=0.211$计算速度历程与
Hillje(1967)报道中的阿波罗 4 号飞行数据的对比

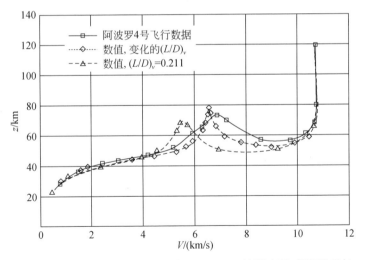

图 6.34　阶梯变化$(L/D)_v$和$(L/D)_v=0.211$计算速度-高度关系与
Hillje(1967)报道中的阿波罗 4 号飞行数据的对比

　　航天器结构的完好性取决于空气动力荷载,空气动力荷载反过来又直接取决于动压力 $q=\rho V^2/2$ 的大小。图 6.35 显示了动压力历程,可以看出计算是偏于保守的,当采用阶梯变化$(L/D)_v$时最大值高估了约 20%,采用平均$(L/D)_v$则高估了约 50%。

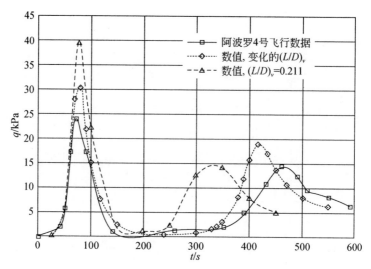

图 6.35　阶梯变化$(L/D)_v$和$(L/D)_v=0.211$计算动压力历程与
Hillje(1967)报道中的阿波罗 4 号飞行数据的对比

　　航天器乘员的安全和舒适,依赖于将再入期间的减速过载维持在可受忍的水平。图 6.36 所示的飞行数据表明,阿波罗 4 号舱受到了较高的但可接受的约 $7g_E$ 的最大减速过载。对于较小的飞行路径角,式(6.18)表明航天器的负加速度($a=\mathrm{d}V/\mathrm{d}t$)直接与动压力 q 成正比。图 6.36 显示了计算的归一化加速度 a/g_E 的时间变化情况;与图 6.35 一样,计算也偏于保守,当采用阶梯变化$(L/D)_v$时最大负加速度被高估了约 20%,当采用平均$(L/D)_v$时则被高估了约 55%。

　　热防护程度主要取决于传热率,而如第 9 章所述,驻点对流传热部分 $q_{t,c}$ 与 $\rho^{1/2}V^3$ 成比例。与用阿波罗 4 号飞行数据计算的结果相比,最大对流发热率 $q_{max,c}$ 的计算值大约保守了 20%,如图 6.37 所示。

　　根据 Lee(1972)的报道,阿波罗 4 号防热层中用于测量对流传热的热量计在飞行中很早就坏了,因此无法获得最大值。图 6.37 所示的阿波罗 4 号飞行数据结果是采用式(6.24)根据报告的高度和速度数据计算得出的。与依据报告飞行数据算出的结果相比,采用的相同公式,变化 L/D 和平均 L/D 两者算出的对流热通量再次偏于保守。

　　阿波罗 4 号上的辐射计确实收集到了高速再入阶段的辐射热通量数据,得到如图 6.38 所示的结果。辐射热通量是采用式(6.25)计算的,对于实际飞行轨迹,结果比较接近测量的飞行数据。然而,利用这里所考虑的变化 L/D 或 $L/D=0.211$ 轨迹,得出最大辐射热通量几乎是实际测得值的两倍。这种差异完全是因为在再入过程中辐射热通量对速度极为敏感。图 6.39 为最大热通量 q_{max} 与时间的关系,但是必须强调的是所示数据不是实际飞行数据,而是根据飞行数据推导出

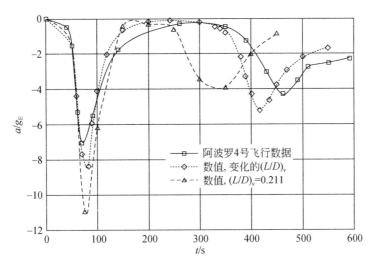

图 6.36 阶梯变化$(L/D)_v$和$(L/D)_v=0.211$计算加速度历程与
Hillje(1967)报道中的阿波罗 4 号飞行数据的对比

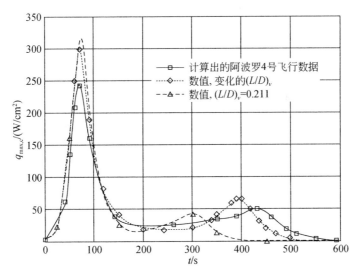

图 6.37 阶梯变化$(L/D)_v$和$(L/D)_v=0.211$计算出的最大对流热通量历程与
依据 Hillje(1967)报道中的阿波罗 4 号飞行数据计算结果的对比

来的。注意,根据变化或恒定 L/D 计算得到的最大的总热通量约为 $500\text{W}/\text{cm}^2$,
与 Pavlosky 等(1974)报道的阿波罗 4 号的预测值 $483\text{W}/\text{cm}^2$ 接近。

如第 6.4.1 小节介绍的,总热负荷 Q 与总热通量在时间和表面积上的积分成
比例,但在这里不予计算,第 9 章将详细讨论。然而,因为总热负荷跟最大热通量

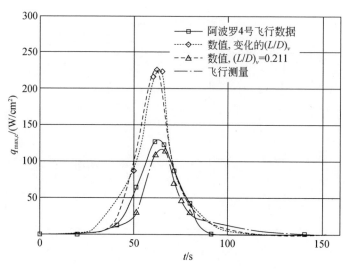

图 6.38　阶梯变化$(L/D)_v$和$(L/D)_v=0.211$计算最大辐射热通量历程与
依据 Hillje(1967)报道的阿波罗 4 号轨迹和测量数据计算结果的对比

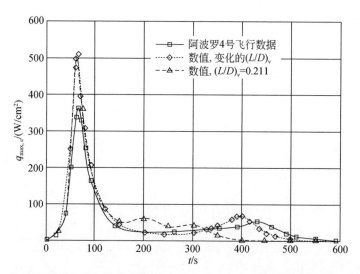

图 6.39　图 6.29 所示的阶梯变化$(L/D)_v$以及$(L/D)_v=0.211$情形中的计算总热通量与
依据 Hillje(1967)报道的阿波罗 4 号而算得的数据随时间变化情况的对比

成比例,因此可以定义如下参考加热负荷:

$$Q_{ref} = \int_0^{t_f} (q_{max,c} + q_{max,r}) dt$$

求图 6.37 中驻点热通量分布的积分,得到如图 6.40 所示的结果。

对于变化的$(L/D)_v$情形,预测的热负荷($Q_{ref} = 32kJ/cm^2$)比依据飞行轨迹数

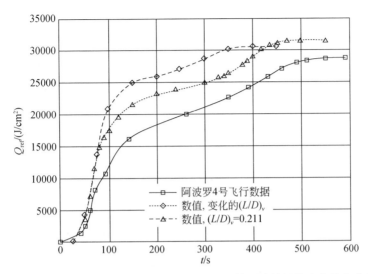

图 6.40　阶梯变化$(L/D)_v$以及$(L/D)_v=0.211$情形中的计算参考热负荷与
依据 Hillje(1967) 报道的阿波罗 4 号而算得的数据随时间变化情况的对比

据计算的值($Q_{ref}=29$kJ/cm²)高出 10%。这大部分是由 $t=50\sim70$s 期间最大热通
量值的差异造成的,如图 6.39 所示。用恒定$(L/D)_v=0.211$计算的热负荷 $Q_{ref}=$
31kJ/m²要低于按变化$(L/D)_v$计算的结果,主要是因为飞行时间是同样被低估了
的。因此,在计算航天器必须承受的总热负荷时,最大热通量以及飞行时间的准确
性是比较重要的。

6.6.4　中等 L/D 再入:航天飞机轨道器

　　航天飞机轨道器飞行的轨迹可产生平滑的速度变化,没有类似阿波罗太空
舱的跳跃现象。图 6.41 给出了航天飞机轨道器从 LEO 再入的典型轨迹图。图
中,描绘的是航天运输系统 STS-5 的名义轨迹。再入速度、飞行路径角、高度分
别为 $V_e=7.7$km/s、$\gamma_e=-1.5°$、$z_e=120$km。在飞行器到达高度约 80km 之前,
其高度基本上是按恒定速度快速下降的,在这之后,速度和高度的下降就更为
平缓。在下降期间,通过减小攻角 $\alpha(t)$ 来调节航天飞机轨道器的俯仰,同时通
过一系列不同的倾斜角 $\varphi(t)$ 控制来回滚动,如图 6.42 所示。利用这些俯仰和
倾斜操纵来调节有效升力与阻力,从而控制再入过程。左右倾斜可调节竖直
面内的升力,同时还能保持侧向力总体上大致为零,使飞行器轨迹位于同一竖
直面内。

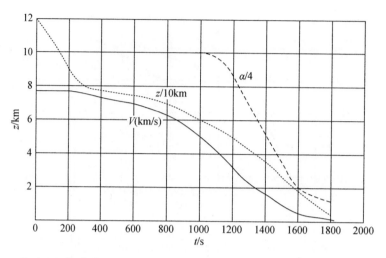

图 6.41　航天飞机轨道器(STS-5)名义再入轨迹图,给出了速度、高度和攻角的时间函数

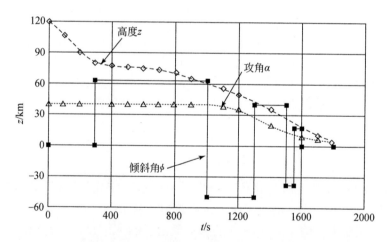

图 6.42　典型的航天飞机轨道器再入轨迹图,给出了轨道器倾斜角
ϕ、攻角 α、高度 z 随时间的变化曲线

　　沿着这个路径,根据前面的公式利用 STS-5 名义轨迹数据计算的动压力、减速过载、对流传热,都几乎从零持续增加到最大值,然后再降低,如图 6.43 所示。注意到在所列的典型任务中,这些变量在不同时间达到最大值,因此是在不同高度达到最大值的。同时,图 6.41 所示的 STS-5 名义再入轨迹位于图 6.44 所示的有人太空飞行的容许走廊内。

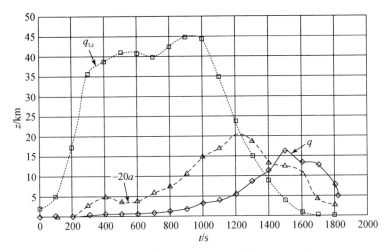

图 6.43　图 6.41 所示的典型的航天飞机轨道器的驻点传热率、
减速过载、动压力的名义随时间的变化曲线

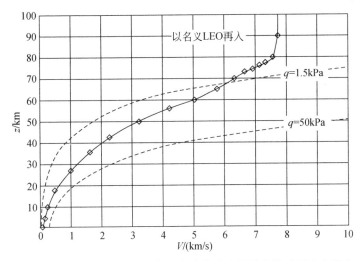

图 6.44　STS-5 的名义轨迹位于有人太空飞行的容许动压力走廊内

　　航天飞机轨道器实际上就是太空飞机,其空气动力特性与飞机相似。换言之,升力和阻力是攻角 α 的函数,同时如前所述,竖直面内的升力也是倾角 ϕ 的函数。第 8 章将比较详细地讨论升力和阻力特性,其高超声速飞行($Ma>5$)时的特性总结在图 6.45 中。显然,在 STS-5 所覆盖的攻角范围内,升力系数和阻力系数都有明显的变化。此外,因为没有掌握 STS-5 的倾角历程数据;或许攻角变化也会引起升力变化。

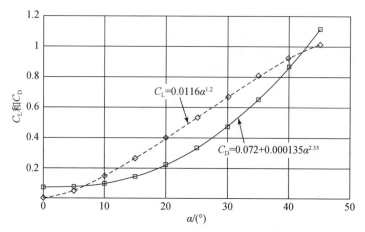

图 6.45 航天飞机轨道器高超声速飞行($Ma>5$)期间的近似升力与阻力特性

可以利用 STS-5 的轨迹结果,对到目前为止导出的方程的数值解进行评估。在图 6.46 中,将图 6.41 所示的 STS-5 的名义速度历程同式(6.34)~式(6.36)的数值解进行了对比,对比的是一种简单情况,其中假定整个飞行过程中的升力系数和阻力系数都保持恒定。利用名义质量 $m=90000\text{kg}$,参考面积 $S=250\text{m}^2$,阻力系数 $C_D=0.86$,得到归一化的 $B'=mg_E/(C_D S)=0.0406$,相当于按 $\alpha=40°$ 进行飞行,在超过一半的飞行时间中就是这种情况,如图 6.42 所示。利用恒定的 B' 值,并假设式(6.34)~式(6.36)中的 L/D 是恒定值,可以得到如图 6.46 和图 6.47 所示的结果,可以看出当 $B'=0.0406$、$L/D=0.9$ 时所得到的结果能相当好地拟合再入之后的名义飞行数据中速度和高度与时间的函数关系。

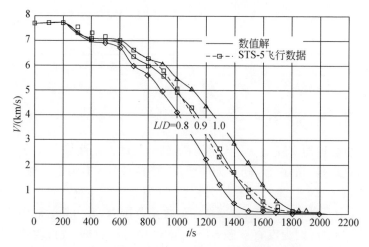

图 6.46 航天飞机轨道器(STS-5)再入轨迹的速度历程与恒定
L/D 值和 $B'=0.0406$ 的数值解之间的对比

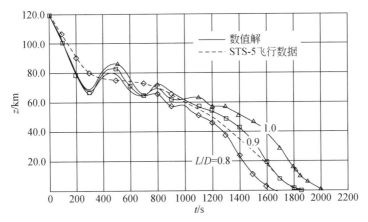

图 6.47　航天飞机轨道器(STS-5)再入轨迹的高度历程与恒定
L/D 值和 $B'=0.0406$ 的数值解之间的对比

注意到图 6.46 和图 6.47 中的计算速度和高度历程在高空呈现了长周期振动型运动。这是高 $L/D(>1)$ 飞行器以小角度再入大气时的特性。当到达低空时,由于大气密度增加而产生了阻尼作用,降低了这种振荡,如图 6.46 所示。STS-5 没有飞行路径角测量值,不过其一般特性如图 6.48 所示。

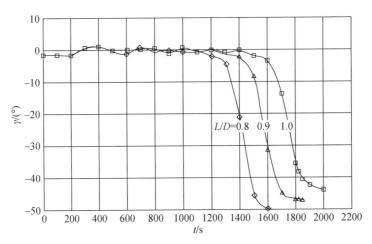

图 6.48　各个恒定 L/D 值及 $B'=0.0406$ 时的计算飞行路径角历程对比

虽然这个简单办法具有指导意义,但是并没有一个办法可以选择出合适的 B' 和 L/D 常值。如果使用图 6.41 所示 STS-5 的攻角历程,并采用图 6.45 所示的近似升力和阻力特性的曲线拟合,由式(6.34)~式(6.36)就分别得到图 6.49 和图 6.50 所示的速度的时间历程。需要考虑两种情形,一种是零倾斜角,另一种是变化的倾斜角。从图 6.49 和图 6.50 中可以清楚地看出,零倾斜角的情况得到的速度和高度值比 STS-5 的大得多。这个结果表明,得到的升力太高,会使再入时间过长,飞行距离太远。然而,如果通过降低攻角来降低升力,阻力也会降低,又会导致速度提高,因此需要其他办法来降低升力。滚动飞行器使轨迹的竖直平面内的升力按倾斜角的余弦值降低,从而提供这样的升力控制。图 6.42 为航天飞机轨道器的一种典型控制。

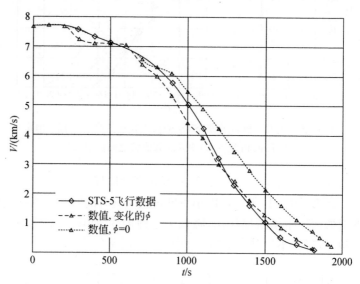

图 6.49　变化倾斜角和零倾斜角时的 STS-5 飞行器的计算速度历程与名义 STS-5 数据对比

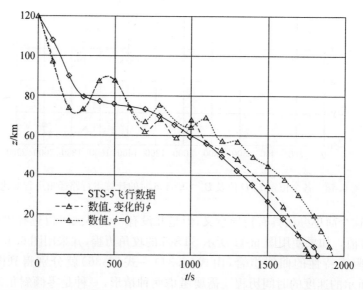

图 6.50　变化倾斜角和零倾斜角时的 STS-5 飞行器的计算高度历程与名义 STS-5 数据对比

　　为了便于说明,图 6.51 给出了倾斜角施加简单控制时的情况。图 6.52 为相应的 C_L 和 C_D 特性。图 6.49 和图 6.50 分别给出了在有和无倾斜角调节时航天器对攻角变化的响应情况。显然,即使攻角的变化是固定的,滚动斜操纵对减少飞行时间也是有效的。回想一下,采用 STS-5 轨迹是为了便于说明问题,因为可以获得更为复杂攻角历程数据。没有获得 STS-5 的实际滚动操纵数据,这里也没有用到,否则就会得到正如图 6.42 所示的典型的复杂变化情况。

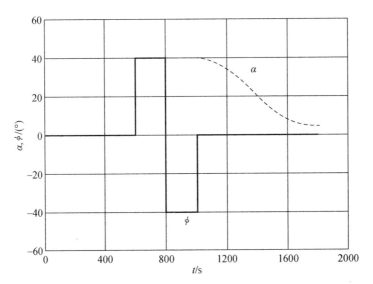

图 6.51　攻角不变,概念性地进行倾斜角操纵来降低升力系数

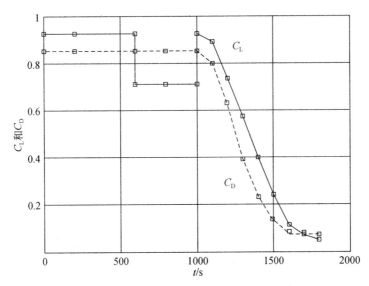

图 6.52　图 6.51 中的概念性倾斜角操纵时的 C_L 和 C_D 变化

　　图 6.53 为有无滚动操纵升力调节时的飞行距离。显然,滚动操纵实际上是使轨迹在时间轴上发生了平移,但是并没有改变轨迹特性。同样,在图 6.54 中的飞行路径角历程上也存在这种情况,这跟图 6.48 所示的恒定 L/D 轨迹具有相似的表现。

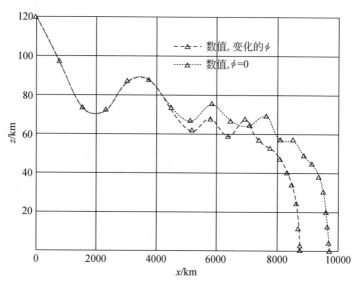

图 6.53　有无滚动操纵升力调节时的飞行距离随航天器高度的变化曲线

　　值得再次注意的是,图 6.47、图 6.50 和图 6.53 中的计算轨迹表现出跳跃行为,这点有别于图 6.50 中 STS-5 的飞行数据。如前所述,这种情况的发生是由于式(6.34)～式(6.36)涉及很小数字之间的细小差别,尤其是在高空时(在飞行路径上,大气密度的变化达到 8 个数量级),这使飞行特性的细节被放大了。因此,尽管在飞行的大部分过程中,计算得到的飞行路径角一直保持很小。图 6.54 显示再入角度正负变化,使计算轨迹中出现了长周期运动。把有和无滚动调节情形中的速度与高度的变化情况同图 6.55 所示的 STS-5 数据加以比较,就能发现这一点。计算得到的速度表现出了上述波动情况,尤其是在 60km 以上的高度。滚动操纵发生在 60～70km 的高度,而在 60km 以下,航天飞机的速度-高度特性基本上不因有无滚动调节而异。计算的结果与 STS-5 的数据不是非常吻合,尽管使用了其攻角历程,但是它的实际滚动历程是未知的,而前面所述的简单滚动操纵仅仅是为了便于进行说明。

　　计算高度的这种变化与大气的指数变化特性相耦合,这使驻点对流热通量、动压力、加速度水平等计算得到的飞行特性出现了相应的振荡,分别如图 6.56～图 6.58 所示。如 6.4 节介绍,对流热通量取决于 $\rho^{1/2}V^3$,因此对轨迹数据的波动比较敏感。由图 6.56 可以看出,对流热通量在 60km < z < 80km 高度范围内

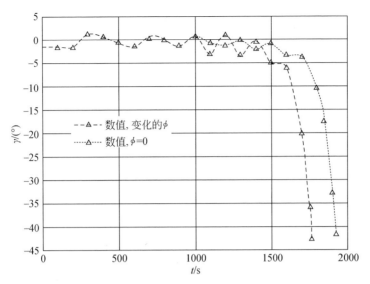

图 6.54　计算飞行路径角历程在有无升力滚动调节情形下的对比

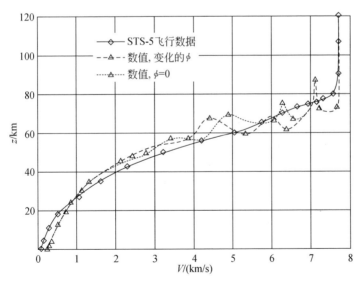

图 6.55　有无滚动调节情形下,航天器速度随高度的变化情况与 STS-5 数据的对比

最明显,计算的峰值偏离可以达到 2。然而,对于有滚动操纵的情况,计算得出的轨迹在这个高度范围的平均值为 43W/cm^2,无滚动操纵的情况时为 39W/cm^2,相比较根据 STS-5 数据算出的峰值约为 44W/cm^2。相似地,可以求出最大热通量在整个飞行范围内的积分,得到有滚动操纵时的参考热负荷大约为 44kW/cm^2,无滚动操纵时的值大约为 45kW/cm^2,相比较根据 STS-5 数据算得

的为 $42\mathrm{kW/cm^2}$。因此,利用滚动操纵会缩短飞行时间,增加峰值热通量,但是会降低航天器的总热负荷。相比 STS-5 数据得出的结果,这些计算结果偏于保守。

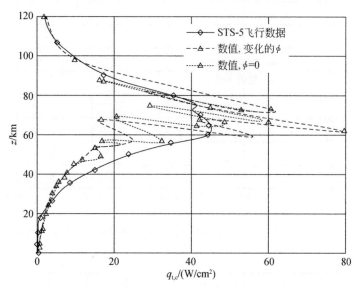

图 6.56　有无滚动调节情形下,滞止点对流热通量随高度的变化情况与依据 STS-5 数据计算得出的结果的对比

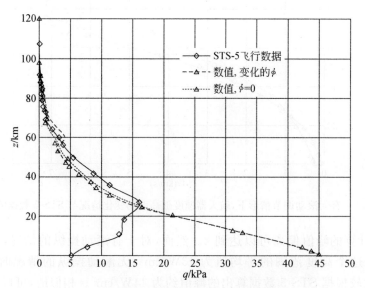

图 6.57　有无滚动调节情形下,动压力随高度的变化情况与 STS-5 数据计算结果的对比

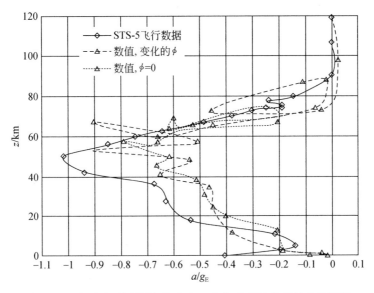

图 6.58　有无滚动调节情形下,归一化加速度随高度的变化情况
与 STS-5 数据计算结果的对比

STS-5 数据的峰值动压力出现的高度远低于 q 计算值出现波动时的高度,如图 6.57 所示。计算的 q 值没有出现峰值,其大小大约是 STS-5 数据的 3 倍,这是因为计算得到的速度不是非常吻合飞行数据,如图 6.55 所示。STS-5 数据的峰值动压力出现在超声速阶段($Ma \leqslant 3$),这时升力系数和阻力系数有别于计算中使用的高超声速时的值。在图 6.58 中,计算的加速度水平显示了前面讨论的在高度上的变化情况,但是都位于 STS-5 数据的范围内(其最大值 a/g_E 约为 -1)。航天飞机轨道器是设计用来乘载科学专家的,他们不一定是经过训练的飞行员,也不要求能够承受之前太空舱常见的那种相对高的减速过载水平。要给乘员提供宜人的环境,太空飞机的升力能力至关重要,不过还是需要采用非常小的再入角。因此,太空飞机的再入轨迹计算依赖于在整个飞行过程中采用准确的升力和阻力信息。

6.7　低速返回与回收:降落伞

舱体状的再入飞行器没有足够高的 L/D 去避免不可承受的末端高速度,所以需要额外的气动力减速器的辅助。降落伞回收系统重量轻、简单和可靠性高,可以安全回收太空舱。以双子座飞船为例的典型着陆事件顺序如图 6.59 所示。表 6.2 列出了回收的名义展开条件。

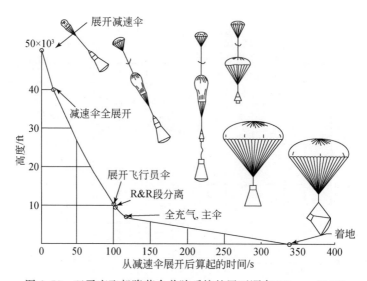

图 6.59　双子座飞船降落伞着陆系统的展开顺序(Vincze,1966)

表 6.2　双子座降落伞系统的名义展开条件(Vincze,1966)

参数	在 15.24km 的高度 展开收口的减速伞	在 12.19km 的高度 完全展开减速伞
Ma	0.84	0.57
动压力 q/kPa	57.45	4.692
飞行路径角 γ/(°)	−65	−89

　　双子座回收系统采用了高空减速降落伞来展开引导降落伞包。结合使用减速降落伞和引导降落伞来展开主着陆降落伞,这被证实是很有效的。采用引导降落伞和减速降落伞还可以防止回收与救援(R&R)部分同主降落伞伞衣重新接触。如图 6.59 中展开顺序中最后一步所示,载人舱从防热层一端入水,可以减缓着陆时的冲击,避免了加装减振器设备带来的额外重量和复杂性,这一设计经检验是有效的。

　　对于重型载荷,可能需要使用由几个伞组成的伞簇。伞簇相比单一的伞衣会稍微减小阻力,但是这种方法提供了一定程度的冗余,考虑了单个降落伞无法成功展开的可能性。图 6.60 为阿波罗 15 号着陆所采用的典型三伞伞簇,清楚说明了现实中的这种安全因素。

　　因为降落伞能够以占用很小空间的方式折叠和打包,所以特别适宜航天器的紧缺空间。当展开时,一般不让它们完全自由展开,刚开始时是收口的。降落伞的收口与帆收口一样,就是为了减小它们的迎风面,从而降低产生的阻力。因此,通过收口可以控制对降落伞构成的开启冲击载荷。完全展开就是割断(一般采用火

图 6.60　阿波罗 15 号的降落伞回收。其中一个降落伞没有正确充气

工装置)收口绳的过程,收口绳最初抑制降落伞的开度,这样就可以让降落伞完全打开,从而产生所需的阻力。完全展开可以分几个阶段完成,从而更精确地控制减速过程。

6.7.1　降落伞空气动力学

　　降落伞属于简单轻质的气动力减速器,主要通过纯阻力发挥作用。通常,静止空气中定常竖直下降的降落伞所产生的阻力可以表示为

$$D = q_v C_D S \tag{6.42}$$

　　在假设的飞行条件下,作用在降落伞上的阻力 D 在竖直方向上,与下降速度 V_v 的方向相反,经受的动压是按下降的等效空速 $q_v = \rho_{sl}(V_{E,v})^2/2$ 计算的,其中等效空速一般定义为 $V_E = \sigma^{1/2} V$(在海平面上,有 $V_E = V$)。在这里,C_D 和 S 是相关的,这是因为参考面积 S 有几种不同的常用定义,而 C_D 取决于 S 所选用的定义。

　　(1) 名义面积 S_0:实际的三维伞衣结构表面面积等于所有伞衣幅面积之和,其中包含排风面积、缝口以及伞衣幅轮廓内的其他开口。注意,一片伞衣幅就是拼在一起构成伞衣的众多三角巾之一。根据降落伞充气后的直径大小,一个降落伞的伞衣幅数量从 2 片到 12 片不等。加强肋、鼓风兜、裂幅以及伞衣幅的其他充胀的面积也包含在内。展开圆面积为 S_0,其直径即名义直径 D_0 所对应的阻力系数就表示为 C_{D0}。

(2) 构造面积 S_C：指直径为 D_C 的圆的面积，这里的构造直径 D_C 是指降落伞展开在平面上的直径（沿径向缝测量）。名义直径 D_0 是降落伞的理论直径，而 D_C 是降落伞的实际直径。除平面圆形降落伞外，D_C 都不等于 D_0。

(3) 投影面积 S_P：指竖直降落的充气伞衣投影在水平面上的面积；简单地说，就是充气降落伞的平面图。投影圆面积为 S_P，其直径即投影直径 D_P 所对应的阻力系数就表示为 C_{D_P}。

6.7.2　降落伞设计参数

伞衣的孔隙包括了降落伞织物纤维之间的细小缝隙，以及特别纳入伞衣设计的较大的通气口和各种缝。孔隙大小及其在伞衣上的分布会影响阻力系数、伞衣的特征充气时间、冲击载荷以及降落伞系统的静态稳定性。构造剖面（平的、圆锥形的、球形的）和平面形状（圆形、正方形、三角形、十字形）都是降落伞性能的重要影响因素，悬挂绳的相对长度（l/D_0）也是重要的影响因素。单位伞衣载荷 $W/(C_D S)$，也就是降落伞的弹道系数，决定了在静止空气中的平衡降落速度。单位伞衣载荷的变化会对降落伞操作特性产生影响，使阻力系数随降落的速度而变化。由圆环型纤维制造的伞衣，如航天器回收一般采用的环缝型和环帆型，其阻力系数随单位载荷的变化很小。在确定降落伞展开动力学时，还有一些其他因素也很重要，但是它们超出了本书的初步设计分析的范畴；更详细的内容，可参考 Cockrell（1987）、Maydew 等（1991）、Knacke（1992）的文献。

6.7.3　降落伞材料

降落伞制造采用的织物包括尼龙、涤纶、诺梅克斯和凯夫拉。固态尼龙的密度为 1138kg/m³，而涤纶和诺梅克斯的密度在 1377kg/m³ 左右，凯夫拉的密度为 1440kg/m³。实际降落伞因为不同的打包方式而具有如下的不同密度（单位为 kg/m³）：手工打包为 350～450；真空、机械或气动压紧为 480～580；液压压紧为 640～740。例如，双子座回收降落伞使用的尼龙织物，其面密度为 0.038kg/m² 和 0.075kg/m²。假设伞衣只由一片面积为 S_0 的伞衣幅制成，那么表 6.3 中伞衣的面密度为 0.077～0.123kg/m²，平均值为 0.098kg/m²。

6.7.4　环帆降落伞

正如 Ewing（1971）、Cockrell（1987）、Maydew 等（1991）、Knacke（1992）所介绍的，有许多降落伞及其他气动力减速系统的设计已经被使用。然而，由 Ewing 于 1953 年发明的环帆降落伞被证明是美国有人航天器项目的支柱。这种降落伞具有独特的形状，如图 6.61 所示。上层的伞衣由宽同心布条组成，布条间有间隙，从而形成孔隙，这点正如环缝降落伞一样。然而，在伞衣的其余部分就没有间隙了，而孔隙则由月牙状的缝取代,这个缝是由每片帆布的进气边和其下方的出气边之间的长度差造成的张口而形成的。

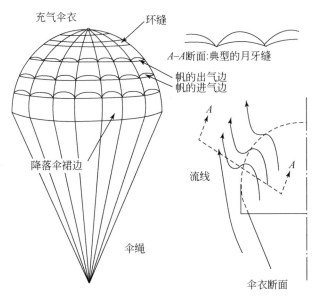

图 6.61　环帆降落伞主要构造特点示意图

　　航天器回收中采用的环帆构造,其特性见表 6.3,其包含了 Ewing(1972) 和 Delurgio(1999)的数据。垂直速度是用等效空速 $V_{E,v}$ 表示的,C_D 的计算值是利用式(6.42)并采用文献给出的 S_0 和 $V_{E,v}$ 值计算得到的。悬挂绳的长度与伞的名义直径之比 l/D_0 也对 C_{D0} 有影响,这在后面将予以介绍。表 6.3 中的阻力系数数据(计算值和文献值)连同如下关系式一并画在图 6.62 中:

$$C_{D0} = \sqrt{\frac{K_D}{V_v}} \tag{6.43}$$

其中,K_D 是一个取值范围为 4.5~6.8 的系数。图 6.62 还显示了当 K_D 取两个极端值时式(6.43)的曲线。数据存在散布现象,不过对于初步设计来说,其趋势还是足够准确的。降落伞及其自身柔性结构的复杂设计和构造,使降落伞性能特性存在一定程度上的变化性。

表 6.3　各种回收任务使用环帆的特性

任务	质量/kg	伞衣数量	V_v /(m/s)[a]	D_0/m	S_0/m^2	C_{D0} 计算值	C_{D0} 文献值	l/D_0
阿波罗号	2152	1	8.47	26.9	566.0	0.848	0.85	1.4
阿波罗号	4304	2	8.50	26.9	566.0	0.842	0.845	1.4

续表

任务	质量/kg	伞衣数量	V_v/(m/s)[a]	D_0/m	S_0/m²	C_{D0}计算值	C_{D0}文献值	l/D_0
阿波罗号	4304	3	7.01	26.9	566.0	0.826	0.825	1.4
阿波罗号	4960	3	8.08	26.1	534.4	0.760	0.798	1.4
阿波罗号	5853	3	9.39	26.1	534.4	0.664	0.698	1.4
阿波罗号	6455	3	8.99	26.1	534.4	0.798	0.85	1.4
双子座号	1993	1	9.02	25.7	517.0	0.759	0.76	0.94
水星号	978	1	8.41	19.2	289.5	0.765	0.76	0.97
水星号	1060	1	7.32	19.2	289.5	1.097	0.91	0.97
ASSET 项目[b]	492	1	16.8	9.0	63.90	0.439	0.67	0.93
E-6 返回式卫星[c]	589	1	10.7	12.5	122.6	0.676	0.68	0.93
E-5 返回式卫星	770	1	6.28	22.6	401.5	0.780	0.78	0.94
世纪系列项目[d]	4422	1	8.50	39.3	1210	0.810	0.9	1.15
EELV 项目[e]	9060	3	6.10	41.5	1349	0.965	1.03	1.15
K-1 轨道级运载器[f]	12231	3	5.97	47.5	1775	1.031	1.1	1.15
K-1 助推级运载器	20385	6	5.58	47.5	1775	0.986	1.1	1.15
20K 项目[g]	9060	1	8.38	56.0	2464	0.839	0.84	1.18
20K 项目	9060	1	7.77	57.8	2622	0.917	0.92	1.23

注:a 等效空速。

b 气动热力弹性结构系统环境试验(aerothermodynamic elastic structural systems environmental test, ASSET)是美国空军关于升力体研究的 START 项目的首个部分,ASSET 计划在 1963~1965 年进行 6 次试验。

c 卫星和导弹观测系统(satellite and missile observation system,SAMOS)是美国空军主导的军用成像侦察卫星计划,E-5 和 E-6 是 1961~1962 年多次发射的两型返回式卫星,由于 SAMOS 卫星项目屡次发射失败,在 1962 年底并入 Corona 卫星项目。

d 世纪系列(century series)项目是 NASA 约翰逊航天中心 20 世纪 70 年代专门研究大型航天器降落伞设计、测试、生产的工程项目。

e EELV 改进型一次性运载火箭(evolved expandable launch vehicle,EELV)项目是美国空军 1995 年提出的运载火箭计划,随后衍生出"德尔塔"-4 和"宇宙神"-5 型运载火箭,主要满足美国军用卫星的发射需求,项目计划延续到 2030 年。

f K-1 运载火箭是由研制可重复使用运载火箭技术的美国 Rocketplane Kpstler 公司提出的火箭设计方案,火箭分为两级,均可回收。该项目由于该公司 2010 年破产被迫中断。

g 20K 项目是诺斯罗普集团文图拉分部 1964 年提出的研制 20000lb(20K 由此而来)级阿波罗返回舱的专工程项目。

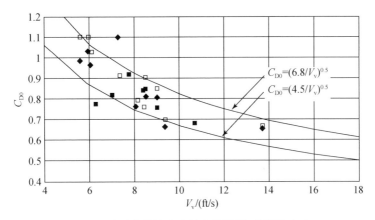

图 6.62 C_{D0} 随垂直等效空速的变化情况,数据取自表 6.3,
实心框和空心框分别表示计算值和文献值

图 6.63 给出了 C_{D0} 随悬挂绳相对长度的变化情况。Ewing(1972)认为在 $l/D_0=1.15$ 附近,可获得最佳阻力系数。图 6.63 所示的关系式为

$$C_{D0}=1-K_1\left[\left(\frac{l}{D_0}\right)^2-1.17\right] \tag{6.44}$$

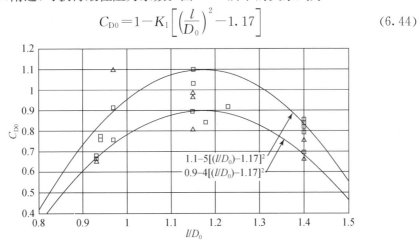

图 6.63 C_{D0} 随悬挂绳相对长度变化的关系,数据取自表 6.3,
实心框和空心框分别表示计算值和文献值

由图 6.63 可以看出,当悬挂绳相对长度大于或小于 1.17 而不是 1.15 时,阻力系数都将从最大值往下降。系数 K_1 的取值范围为 $4\leqslant K_1\leqslant 5$。图 6.63 还显示了 K_1 取两个极端值时基于式(6.44)的曲线。同样,数据存在散布现象,不过对于初步设计来说,其趋势还是足够准确的。

伞衣质量 m_c 随名义直径 D_0 变化的关系如图 6.64 所示。数据也基本符合如下期望的平方增长关系:

$$m_c=K_m D_0^2 \tag{6.45}$$

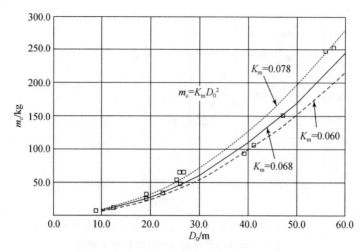

图 6.64　伞衣质量 m_c 随伞衣名义直径 D_0 变化的关系，数据取自表 6.3，
曲线分别为重型、中等、轻型构造的关系式

　　系数 K_m 的大小取决于具体构造，对于轻型、中等和重型构造，K_m 可以分别近似取 $0.060\mathrm{kg/m^2}$、$0.068\mathrm{kg/m^2}$ 和 $0.078\mathrm{kg/m^2}$。这些值似乎也涵盖了图 6.64 中的伞衣质量范围。然而，降落伞着陆系统中常常还含有其他物品，如备用降落伞、舱体吊挂、水上回收漂浮设施、需要在特定高度启动设施的压力开关等，这些都会增加整个回收系统的重量。根据 Ewing(1972)报道的水星号、双子座号、阿波罗号着陆系统的数据，降落伞回收系统的质量(不含备用降落伞)与主伞衣质量成正比，即 $m_p = K_p m_c$，其中，$1.3 < K_p < 1.45$。根据这一近似，得出了图 6.65 所示的整个降落伞回收系统质量 m_p(不含备用降落伞)随回收航天器质量 m 变化的关系。

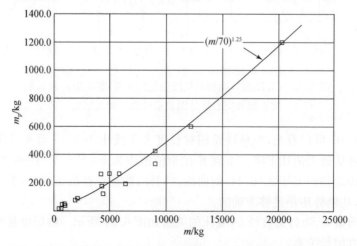

图 6.65　降落伞回收系统质量 m_p 随回收航天器质量 m 变化的关系，
数据取自表 6.3，采用的关系式为 $m_p = 1.25 m_c$

根据上述近似关系,已知伞衣质量 m_c 后,就可以算出整个降落伞回收系统的预计质量 m_p。这个值连同航天器质量 m,代入图 6.65 中,可以检查其与现有的数据库的一致性。

尽管推荐采用单一的伞衣进行再入太空舱的空中回收,但是出于操作和安全方面的要求,可能需要选用由相同伞衣构成的伞簇。通常,要尽量避免伞簇,因为有可能开启不一致,而且相比单一伞衣,它们的阻力系数会降低。Ewing(1972)报道的环帆降落伞数据表明,由 n 个降落伞($n \leqslant 4$)组成的组簇的阻力系数与单一伞的比值可用下式近似表示:

$$\frac{C_{D,c}}{C_{D0}} = 1 - 0.027(n-1)$$

这里收集的降落伞设计信息,可为可回收航天器的详细设计阶段提供重量和体积要求方面的参考。

6.8　低速返回与回收:太空飞机

由于太空舱的操作简单性与可靠性,其用于有人太空飞行一直以来都很成功。但想要进一步降低访问太空成本的目标催生了研制可重复使用飞行器的想法,类似传统飞机的航天飞机也就应运而生。航天飞机是首个也是目前唯一一个可重复使用的太空飞机,它可以像太空舱一样发射入轨,而且可以在完成任务后离轨再入大气层,并顺利降落在水平跑道上。人们希望这一特性可以使有人航天器经过翻新就能转入新的太空旅程。除了可重复使用的优点外,航天飞机的升阻比高,要比太空舱大几倍,因此沿航向和横向上有明显的灵活性。图 6.66 展示了典型的航天飞机再入大气过程,从中可以看出,当高度大于 80km 时,航天飞机主要使用反作用控制系统;当高度降低到 80km 后,俯仰和滚转通道将利用气动力控制;当高度降低到 30km 以下时,偏航通道也将从推力器控制转为气动力控制。此时,航天飞机依然处于超声速飞行状态($Ma < 4$),SR-71“黑鸟”侦察机项目获取的相关飞行数据可以为分析这一阶段的航天飞机飞行状态提供参考。而当降至民航客机飞行高度后,航天飞机开始像飞机一样飞行并将飞行速度降低到声速以下。本节集中介绍航天飞机返回的最后阶段,即如图 6.66 所示的进场、拉平和着陆段。

6.8.1　太空飞机的低速特性

Kempel 等(1994)介绍了 HL-10 的研制情况,这是一个称为升力体的无翼飞行器。20 世纪 60 年代,有关升力体结构的研究兴起,一度成为可重复使用航天器的备选方案,升力体也具备和飞机一样的着陆能力。图 6.67 展示了几种早期研制的升力体,NASA 和美国空军对它们进行了大量飞行测试,如图 6.67 所示。在升

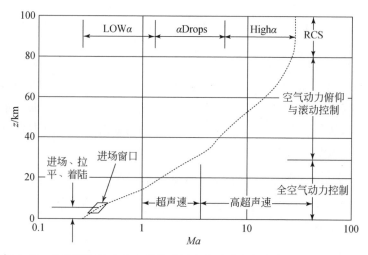

图 6.66　航天飞机类太空飞机的进场和着陆阶段与整个再入过程的关系

力体以及 X-15 高超声速试验机飞行测试中所获得的宝贵经验为航天飞机的成功研制打下了良好基础。

图 6.67　三个早期设计的升力体设计(NASA Dryden 研究中心)，
从左到右分别为 X-24A、M2-F3、HL-10

　　着陆过程包括三部分:最后进场、拉平、拉平后减速,如图 6.68 所示。当在地面上空 1200m 时,飞行员首先确定拉平前在地面上的瞄准点,同时以 $140\sim156\mathrm{m/s}$ 的速度沿着 $-16°\sim-18°$(头朝下)的陡直滑翔路径作最后进场飞行。在地面上空约 300m 时开始拉平,载荷系数 n 大约为 1.5,使飞行器以 γ_0 约为 $-1.5°$ 的浅角度滑翔。这个操作将飞行器的速度降到 $115\sim125\mathrm{m/s}$,此时放下起落架。沿着浅角度滑翔路径继续减速,当速度达到 $81\sim116\mathrm{m/s}$ 时就可着地。Kempel 等(1994)指出,"陡直进场对飞行员来说从来不是问题,虽然其看起来很惊险。M2-F2 试验机的下降在其陡直度方面尤为壮观"。

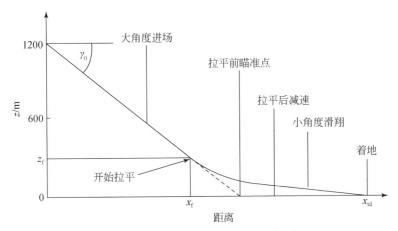

图 6.68　高速飞行器的低 L/D 着陆进场

Hoey(1963)指出,在着陆拉平期间升阻比 $L/D < 3$ 对于驾驶着陆而言是不能接受的,这与着陆翼载荷 $(W/S)_1$ 无关。拉平期间的 L/D 基本上与 $(L/D)_{max}$ 相等。X-15 和航天飞机轨道器的 $(W/S)_1$ 在 3350~3830N/m² 的范围内, $(L/D)_{max}$ 为 4.15~4.75。HL-10 和 M2-F2 的 L/D 为 3.5~4,但是其 $(W/S)_1$ 约为 X-15 和航天飞机的一半。而 $(L/D)_{max}$ 为 3.5~5 的飞行器,是很容易实现无动力着陆的。在构型设计因素中,有利于这种着陆的因素包括良好的能见度、良好的操纵性能、有效的速度制动以及最小的配平变化。图 6.69 给出了高速飞行器在着陆拉平期间的升阻比值和着陆翼载值。

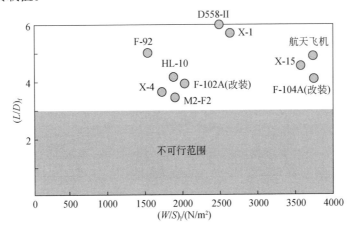

图 6.69　几种高速飞机和升力体在拉平期间的升阻比与翼载荷的关系

进场和着陆可以看作准静态过程,因此升力近似等于着陆时的重力。Sforza(2014)讨论商业飞机,当着陆期间进场速度 $V_a > 1.3V_s$ 时,考虑到着陆过程中的阵风,着陆速度一般取 $V_l = 1.2V_s$,其中,V_s 表示失速速度:

$$V_s = \sqrt{\frac{W/S}{\frac{1}{2}\rho_{sl}\sigma C_{L,max}}} \tag{6.46}$$

可以认为失速速度就是最小稳定飞行速度,而 $C_{L,max}$ 就是最大可用升力系数。因为高速飞机的机身一般都比较长,存在尾部着地和其他操控性问题的风险,所以着陆中真正的失速攻角从未达到过。例如,Johnston 等(1963)指出,X-15 的最大可用攻角为 13°。图 6.70 给出了他们得出的 X-15 攻角的限制范围,这对大部分高速飞行器都具有代表性。图 6.71 为几种典型高超声速飞行器的名义升力随攻角的变化曲线。它们涵盖了从尖状细长体(X-15)到三角翼钝头体(航天飞机)再到纯升力体(HL-10)范围。

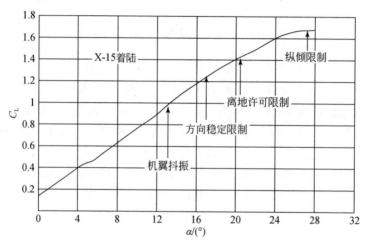

图 6.70　X-15 的升力系数与攻角的变化关系,图中显示的是着陆中的限制性操作

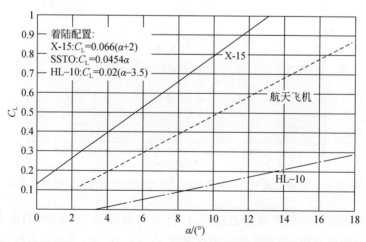

图 6.71　几种太空再入飞行器着陆配置中的名义升力随攻角的变化曲线

　　图 6.72 对比了几种典型太空再入飞行器的升阻比随攻角的变化情况。关于太空飞机的升力与阻力数据的汇总和评估，可以参考 Saltzman 等（2002）的文献。图 6.72 表明，相比细长体飞行器，升力体为了满足着陆所需升阻比大约等于 4 的条件，必须要以大得多的攻角飞行。图 6.73 表明了这一点，图中 HL-10 正在着陆，旁边的是 NASA 的 F-104 追踪飞机。此外，X-15 则要以更适合攻角着陆，如图 6.74 所示。位于这两个极端着陆状态之间的是航天飞机，如图 6.75 所示。

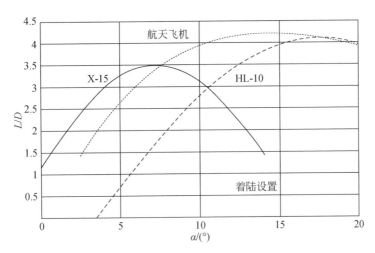

图 6.72　几种太空再入飞行器着陆配置中的 L/D 随攻角的变化

图 6.73　正在着陆的 HL-10 升力体与观察其飞行状态的 F-104
战斗机（NASA 德莱顿研空中心）

图 6.74　正在着陆的 XD-15 与观察其飞行状态的 F-104 战斗机，注意 X-15 的适中攻角，
它的主起落装置采用了起落橇而不是轮子(NASA)

图 6.75　STS-46 亚特兰蒂斯号航天飞机着陆在肯尼迪航天中心 33 号跑道上(NASA)

通常采用的是等效空速，因为这也是飞行员可以有效监视的指示空速，其计算公式为

$$V_E = V\sqrt{\sigma}$$

在实际中，等效速度通常用节数度量，因此对于在单位载荷系数下的平衡飞行，等效速度可写成

$$V_E = 17.17\sqrt{\frac{W/S}{C_L}} \tag{6.47}$$

用节表示的速度大约是米每秒的两倍，具体为 $V_E(\text{kts}) = 1.943 V_E(\text{m/s})$。

正如以前关于失速速度方程的讨论中所述的，太空飞机很少在接近其最大升力系数下飞行，并且以相当高的速度着陆。而且，对于所讨论的这些太空飞机，其名义进场速度一般在 $1.4 < V_a / V_1 < 1.6$ 的范围内,明显高于商用飞机,商用飞机一般为 $V_a / V_1 = 1.25$。图 6.76 给出了典型太空飞机的着陆速度和进场速度。式(6.47)用来计算相关的升力系数,图 6.71 中的公式用来计算相应的攻角,图 6.76 也列出了这些公式。

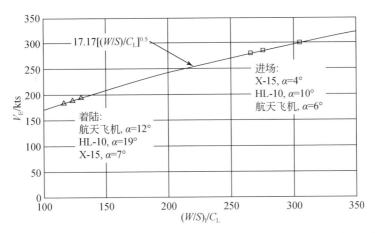

图 6.76　典型太空飞机的名义着陆和进场等效速度,一并给出了相关的攻角

虽然名义上假设进场和着陆过程在本质上是准静态的,相比高性能飞机来说,这个假设对传统飞机更为准确。高性能飞机一般会更激进地拉平,竖向的荷载系数 n 更接近 1.4 而不是 1,后者对应于商业和运输飞机(Sforza, 2014)。图 6.77 给出了 X-15 的拉平高度随载荷系数变化的典型情况。图中,曲线的弯曲部分确定了最容易实现拉平的高度。对于较低的载荷系数,拉平就必须在更高高度以上开始,这需要增加时间完成拉平动作;而对于较高的载荷系数,拉平的开始高度就较低,减少了着陆进场时间,因此对驾驶技术产生更高要求。

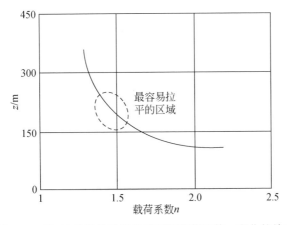

图 6.77　X-15 进场拉平起始高度随载荷系数 n 变化的关系

6.8.2 5000~500m 的陡直滑翔

最后降落阶段就是让太空飞机以陡直滑翔进场以便快速着陆。图 6.78 给出了航天飞机典型飞行条件下的陡直滑翔路径。陡直滑翔路径一般在大约 $z=5km$ 的高度处被捕获,此时到跑道起点的距离大约为 12km,跑道起点(图 6.78 中 $x=0$ 的点)。飞行员将拉平前瞄准点定位在地面上,并利用减速板控制速度,以便保持恒定的等效飞行速度 V_E,直到高度降低到约 $z=500m$,然后执行拉起操作,为着陆前的最后拉平操作做准备。

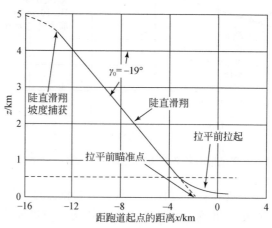

图 6.78　航天飞机典型飞行情况下的陡直滑翔路径进场

在按恒定飞行路径角 $\gamma=\gamma_0$ 进行陡直滑翔过程中,平衡条件为

$$\frac{1}{g}\frac{dV}{dt}=-\frac{D}{W}-\sin\gamma_0 \tag{6.48}$$

$$mV\frac{d\gamma}{dt}=0=L-mg\cos\gamma_0 \tag{6.49}$$

结合这些公式,可得

$$\tan\gamma_0=-\frac{D}{L}-\frac{W}{L}\left(\frac{1}{g}\frac{dV}{dt}\right) \tag{6.50}$$

在沿恒定飞行路径角下降中,加速度为

$$\frac{dV}{dt}=\frac{dV}{dz}\frac{dz}{dt}=V\sin\gamma_0\frac{dV}{dz}=\frac{1}{2}\sin\gamma_0\frac{d}{dz}\left(\frac{V_E^2}{\sigma}\right)$$

对于恒定等效空速下降,就变为

$$\frac{dV}{dz}=\frac{1}{2}V_E^2\sin\gamma_0\left(-\frac{1}{\sigma}\frac{d\sigma}{dz}\right) \tag{6.51}$$

陡直滑翔发生的典型高度低于 5000m,在这个高度上,标准大气的第一层($z<$ 11000m)的温度被描绘为具有恒定的温度直减率(详见第 2 章)。利用式(2.4)的

压力随高度的变化关系、表 2.1 给出的数据,以及式(2.1)所示的状态方程,可以得到如下密度比的表达式:

$$\sigma = 1.225 \, (1 - 2.2557 \times 10^{-5} z)^{4.256} \tag{6.52}$$

则

$$-\frac{1}{\sigma}\frac{\mathrm{d}\sigma}{\mathrm{d}z} = \frac{9.6 \times 10^{-5}}{1 - 2.2557 \times 10^{-5} z} \approx 9.6 \times 10^{-5} \tag{6.53}$$

在上述近似计算中,$z=0\text{km}$ 时的飞行路径角或飞行速度与 $z=4\text{km}$ 大约有 1% 的误差。于是,把式(6.51)和式(6.53)代入式(6.50)中,得

$$\tan\gamma_0 = -\frac{D}{L} - \frac{W}{L}\frac{9.6 \times 10^{-5}\sin\gamma_0}{g}\left(\frac{1}{2}V_{\mathrm{E}}^2\right) \tag{6.54}$$

根据式(6.49),有

$$\frac{W}{L} = \frac{1}{\cos\gamma_0}$$

将其代入式(6.54)中,得

$$\tan\gamma_0 = -\frac{D}{L} - \frac{9.6 \times 10^{-5}V_{\mathrm{E}}^2\tan\gamma_0}{2g} \tag{6.55}$$

设阻力系数只取决于翼型阻力、诱导阻力以及减速板展开所引起的阻力。L/D 的倒数为

$$\left(\frac{D}{L}\right) = \frac{C_{\mathrm{D0}} + kC_{\mathrm{L,t}}^2 + \left(\frac{\partial C_{\mathrm{D}}}{\partial \delta_{\mathrm{sb}}}\right)\delta_{\mathrm{sb}}}{C_{\mathrm{L,t}}} = \frac{C_{\mathrm{D0}} + \left(\frac{\partial C_{\mathrm{D}}}{\partial \delta_{\mathrm{sb}}}\right)\delta_{\mathrm{sb}}}{C_{\mathrm{L,t}}} + kC_{\mathrm{L,t}} \tag{6.56}$$

配平升力系数为

$$C_{\mathrm{L,t}} = \frac{L}{qS} = \frac{W\cos\gamma}{qS} = \left(\frac{W}{S}\right)\frac{\cos\gamma}{q} \tag{6.57}$$

将式(6.57)代入式(6.56)中,得

$$\left(\frac{D}{L}\right) = q\frac{C_{\mathrm{D0}} + \left(\frac{\partial C_{\mathrm{D}}}{\partial \delta_{\mathrm{sb}}}\right)\delta_{\mathrm{sb}}}{\left(\frac{W}{S}\right)\cos\gamma} + \frac{k\cos\gamma}{q}\left(\frac{W}{S}\right) \tag{6.58}$$

然后,把式(6.58)代入式(6.55)中(取 $\gamma = \gamma_0$),利用式 $q = \rho_{\mathrm{sl}}V_{\mathrm{E}}^2/2$,重新排列各项,得到如下关系式:

$$q\sin\gamma_0\left(1 + \frac{9.6 \times 10^{-5}q}{\rho_{\mathrm{sl}}g}\right) = -\left[C_{\mathrm{D0}} + \left(\frac{\partial C_{\mathrm{D}}}{\partial \delta_{\mathrm{sb}}}\right)\delta_{\mathrm{sb}}\right]q^2\left(\frac{W}{S}\right)^{-1} - k\cos^2\gamma_0\left(\frac{W}{S}\right)$$

这是一个具有 $Aq^2 + Bq + C = 0$ 形式的二次方程,其中

$$A = \sin\gamma_0\left(1 + \frac{9.6 \times 10^{-5}}{\rho_{\mathrm{sl}}g}\right) + \left[C_{\mathrm{D0}} + \left(\frac{\partial C_{\mathrm{D}}}{\partial \delta_{\mathrm{sb}}}\right)\delta_{\mathrm{sb}}\right]\left(\frac{W}{S}\right)^{-1}$$

$$B = \sin\gamma_0$$

$$C = k \cos^2 \gamma_0 \left(\frac{W}{S} \right)$$

这个二次方程的解 q 为

$$q = \frac{-B \pm \sqrt{B^2 - 4AC}}{2A}$$

可采用表 6.4 所列的航天飞机名义平衡滑翔条件。

表 6.4　航天飞机轨道器的名义平衡滑翔条件

着陆重量 W_s/kN	934000
翼面积 S/m²	250
着陆翼载 $(W/S)_1$/(N/m²)	3740
空气重量密度 $\rho_{sl}g$/(kN/m³)	12
诱导阻力因子 k	0.173
零升力阻力系数 C_{D0}	0.067
减速板效率 $\dfrac{\partial C_D}{\partial \delta_{sb}}$/(°)	0.00068
减速板展开角度 δ_{sb}/(°)	0~87.5

平衡滑翔的结果如图 6.79 所示,图中还列出了 STS-4 的一个特定的工作点。虽然所示的数据点是针对 $\delta_{sb} = 15°$ 的,在亚声速飞行中速度制动的偏转角的工作范围可以达到 25°。图中给出了用节表示的速度量值,可以发现用节表示的速度大约是用米每秒表示的速度的两倍:$V_E(\text{kts}) = 1.943 V_E(\text{m/s})$。

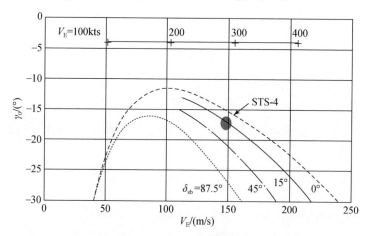

图 6.79　航天飞机相应条件下,平衡滑翔坡度随等效速度的变化,
图中给出了 STS-4 飞行的一个特定的工作点

对于$-19°$的平衡滑翔道和恒定的等效速度 $V_E = 150\text{m/s}(291\text{kts})$,从大约 4500m 降低到 500m 所用时间为

$$\Delta t = t_2 - t_1 = \frac{1}{\sin\gamma_0}\int_{z_1}^{z_2}\frac{\mathrm{d}z}{V} = \frac{1}{V_E\sin\gamma_0}\int_{z_1}^{z_2}\sqrt{\sigma}\,\mathrm{d}z \qquad (6.59)$$

利用式(6.59),得到如下运行时间:

$$\Delta t = \frac{-1.4173\times10^3}{V_E\sin\gamma_0}\Big[(1-2.2557\times10^{-5}z_2)^{3.128} - (1-2.2557\times10^{-5}z_1)^{3.128}\Big] \qquad (6.60)$$

对于上述航天飞机例子,所需时间约为 72.4s,并且移动的水平距离 $\Delta x = \Delta z/\tan\gamma_0$ 大约为 11.63km。因此,对于图 6.78 所示的典型航天飞机,在平衡滑翔结束时,航天器将大约处于 500m 的高度,距离跑道起点约 2000m,等效速度约 150m/s,真实速度为 153.7m/s。在这个阶段,执行拉起机动,使飞行器进入适合着陆的姿态。

6.8.3 拉平前拉起,从 500m 降到 150m

在到跑道起点 2~3km 远的距离,太空飞机在大约 500m 的高度飞行,等效速度为 125~150m/s(250~300kts),陡直平衡下滑角为 $-15°\sim-20°$。陡直滑翔结束于一个拉起操作,使飞行路径角提到 $-1°\sim-3°$,以准备好最后的拉平和着陆。这个机动是在约 500m 的高度处开始的,因此可以认为大气密度是恒定的。假设是按恒定载荷系数 $n = L/W$ 实施拉起。这种情况下的适用运动方程为

$$\frac{\mathrm{d}V}{\mathrm{d}t} = -g\left[\left(\frac{D}{W}\right) + \sin\gamma\right] = -g\left[n\left(\frac{D}{L}\right) + \sin\gamma\right] \qquad (6.61)$$

$$\frac{\mathrm{d}\gamma}{\mathrm{d}t} = \frac{g}{V}\left[\left(\frac{L}{W}\right) - \cos\gamma\right] = \frac{g}{V}(n - \cos\gamma) \qquad (6.62)$$

航天器在轨迹上的位置辅助方程为

$$\frac{\mathrm{d}z}{\mathrm{d}t} = V\sin\gamma \qquad (6.63)$$

$$\frac{\mathrm{d}x}{\mathrm{d}t} = V\cos\gamma \qquad (6.64)$$

如果引入新的无量纲变量 $X = V/V_{ref}$、$Y = \gamma$、$T = t/t_{ref}$,归一化量为 $V_{ref} = V_0$、$t_{ref} = V_0/g$,其中,V_0 为拉起开始时刻的初速度,于是运动方程变为

$$\frac{\mathrm{d}X}{\mathrm{d}T} = n\left(\frac{D}{L}\right) + \sin Y \qquad (6.65)$$

$$\frac{\mathrm{d}Y}{\mathrm{d}T} = \frac{n - \cos Y}{X} \qquad (6.66)$$

初始条件为

$$X(0) = 1, \quad Y(0) = \gamma(0)$$

直到飞行阶段末期以前,飞行路径角一般都不会很小,正如前面对再入阶段的分析所指出的,这个方程组没有闭合解,所以需要数值解法。

要以恒定载荷系数飞行,当飞行速度因阻力而降低时就必须提高升力。这就要求在机动过程中适当增加飞行器的攻角。然而,如果按恒定升阻比拉起,这里保持恒定攻角的结果就与恒定载荷系数的结果很相近。这是因为拉起是在较高 L/D 的情况下进行的,这时 L/D 随攻角的变化是较小的。

考虑升力再入飞行器的典型情况,其按恒定载荷系数进行拉起机动,初始条件设为 $V_0 = 150\mathrm{m/s}$、$\gamma_0 = -19°$、$z_0 = 500\mathrm{m}$。考虑两种情形:① $n = 1.4, L/D = 4$;② $n = 1.2, L/D = 3$。在拉起期间,飞行路径角随时间的变化几乎是线性的,如图 6.80 所示。操作目标是把飞行路径角增加到 $\gamma = -2°$,因此对于 $n = 1.4$ 的操作持续时间大约为 $10\mathrm{s}$,而对于 $n = 1.2$,这个时间几乎翻倍。注意到,如果拉起继续,飞行路径角将变为正,飞行器会向上爬升。在这个操纵过程中,飞行速度的变化情况如图 6.81 所示,高度的变化情况如图 6.82 所示。

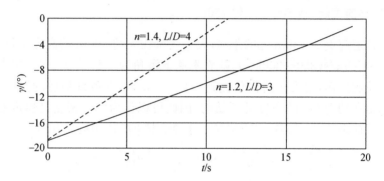

图 6.80 在 $n = 1.4$ 和 $n = 1.2$ 的拉起机动过程中,飞行路径角的变化,机动刚开始时两者的初速度都为 $V_0 = 150\mathrm{m/s}$,高度都为 $z = 500\mathrm{m}$

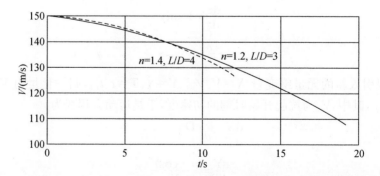

图 6.81 在 $n = 1.4$ 和 $n = 1.2$ 的拉起机动过程中,飞行速度的变化,机动刚开始时两者的初速度都为 $V_0 = 150\mathrm{m/s}$,高度都为 $z = 500\mathrm{m}$

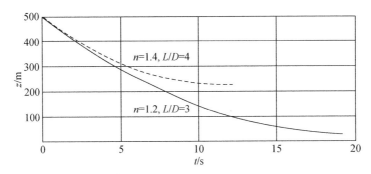

图 6.82　在 $n=1.4$ 和 $n=1.2$ 的拉起机动过程中,飞行高度的变化,机动刚开始时
两者的初速度都为 $V_0=150\text{m/s}$,高度都为 $z=500\text{m}$

飞行器拉起过程中的轨迹描绘如图 6.83 所示。其中所示的沿航向距离 x 是从拉起机动开始算起的。对于 $n=1.4$ 的拉起,大约在 $x=1600\text{m}$ 时达到合适的小飞行路径角,但是这时高度在 $z=230\text{m}$ 处,高于最后进场的滑翔路径所要求的值。所以需要再次拉平,以充分降低高度,捕获到最后的着陆滑翔路径。对于 $n=1.2$ 的拉起,大约在 $z=30\text{m}$ 处达到最后的下滑角 $-1.5°$,但是沿航向距离长了 800m,大约位于 $x=2400\text{m}$ 处。

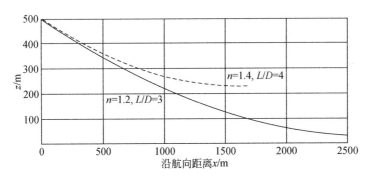

图 6.83　在 $n=1.4$ 和 $n=1.2$ 的拉起机动过程中,飞行路径角的变化;机动刚开始时
两者的初速度都为 $V_0=150\text{m/s}$,高度都为 $z=500\text{m}$

6.8.4　着陆空中运行

着陆过程接着前面描述的事件序列之后,就是发生在跑道上的着陆的最后阶段,如图 6.84 所示。其中着陆场长度记为 $x_1=x_a+x_g$,也就是空中平飘段和地面滑跑段之和。下面依次介绍着陆过程中的这两个部分。

可以认为空中运行始于 $h_1=15.24\text{m}$ 的高度,这样在 x-z 坐标系中有 $z=h_1$ 时 $x=0$,进场速度等于 V_a,对于太空飞机来说,一般在 $1.4V_1<V_a<1.6V_1$ 的范围,对

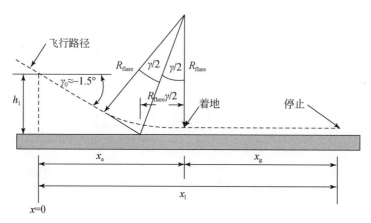

图 6.84　着陆过程阶段,图中显示了浅滑翔、最后拉平以及实际着陆。飞行路径角和所有距离都是夸大了的,以便能看清楚

于民用航班,这个值较低,约为 $1.25V_1$。飞行器按大半径 R 完成平缓的最后拉平动作,将飞行路径角 γ_0 从 $-1.5°\sim-3°$ 提高到 $0°$,这时飞行器减速到 V_1,也就是说,以可接受的下降率可以达到 $1.2V_s\sim1.25V_s$,并在跑道上着地,从而在 $x=x_a$ 处结束平飘。

对平飘进行简化分析时,对于在着陆阶段为负值的飞行路径角,考虑其变化如此缓慢,可以在分析力的平衡中忽略角加速度,从而得到如下近似公式:

$$-W\sin\gamma-D=m\frac{\mathrm{d}V}{\mathrm{d}t} \tag{6.67}$$

$$L-W\cos\gamma=m\frac{\mathrm{d}}{\mathrm{d}t}\left(R\frac{\mathrm{d}\gamma}{\mathrm{d}t}\right)\approx0 \tag{6.68}$$

在拉平的过程中,沿轨迹的减速度可以写成 $\dfrac{\mathrm{d}V}{\mathrm{d}t}=V\dfrac{\mathrm{d}V}{\mathrm{d}x}$。从 $x=0$ 时 $V=V_a$ 到 $x=x_a$ 时 $V=V_1$ 过程中的飞行距离,可通过对以下方程积分得到:

$$-D-mg\gamma=mV\frac{\mathrm{d}V}{\mathrm{d}x}=\frac{1}{2}m\frac{\mathrm{d}V^2}{\mathrm{d}x} \tag{6.69}$$

$$L-W=0 \tag{6.70}$$

在这组方程中,假设飞行路径角足够小,可以合理地将正弦和余弦函数用其展开式的首项代替。从而得到飞行器机械能(动能加上势能)变化的如下方程:

$$\mathrm{d}\left(\frac{1}{2}mV^2\right)+mg\gamma\mathrm{d}x=-D\mathrm{d}x \tag{6.71}$$

机械能的变化量等于作用在飞行器上的所有外力所做的功。拉平过程中,重力近似等于升力(载荷系数 n 约为 1),所以 $mg\sim L$,并且其在拉平过程中可以认为是恒定的。故式(6.71)变为

$$d\left(\frac{1}{2g}V^2\right) = -\left(\gamma + \frac{D}{L}\right)dx \tag{6.72}$$

如果假设可以用一个平均值如 γ_a 来代替实际的缓慢变化的小飞行路径角,则可求式(6.72)的积分,得

$$V_1^2 - V_a^2 = -2g\left[\left(\frac{D}{L}\right)_1 + \gamma_a\right]x_a \tag{6.73}$$

因为假设在着陆过程中平飘阶段的升力重力与近似相等,而阻力与升力的平方成正比,因此也必须认为 $(D/L)_1$ 值也近似保持恒定并等于包含地面效应的有效值,当飞行器离地面高度在一个翼展之内时地面效应会比较显著。

式(6.73)可以重新排列,得到如下平飘距离:

$$x_a = \frac{1}{2g}\frac{V_a^2 - V_1^2}{(D/L)_1 + \gamma_a}$$

为了在着陆中提供一定的失速裕度,着陆速度取为 $V_1 = 1.2V_s$,其中失速速度为

$$V_s = \sqrt{\frac{2(W/S)}{\rho_{sl}\sigma C_{L,max}}}$$

于是,若用飞行器失速特性表示,平飘运动方程变为

$$x_a = 1.44\left[\left(\frac{V_a}{V_1}\right)^2 - 1\right]\frac{(W/S)_1}{g\rho_{sl}\sigma C_{L,max,1}}\left[\left(\frac{D}{L}\right)_1 + \gamma_a\right]^{-1} \tag{6.74}$$

如前所述,进场速度与着陆速度之比为 $1.25 < V_a/V_1 < 1.6$。这个范围的下限是商用航班的典型值(Sforza, 2014),而范围的上限则是高性能飞机的典型值。注意到着陆中的有效升阻比 $\left(\frac{D}{L}\right)_1$ 可以近似表示为

$$\left(\frac{D}{L}\right)_1 \approx \frac{C_{D,1}}{C_{L,1}} = \frac{\left(C_{D0} + \frac{C_L^2}{\pi eA}\right)_1}{C_{L,1}} = 1.44\frac{C_{D,0,1}}{C_{L,max,1}} + \frac{C_{L,max,1}}{1.44\pi eA}$$

在不知道升力和阻力特性(如在初步设计的初始阶段)时,对于太空飞机的着陆配置,可以近似将有效阻升比取为 $\left(\frac{D}{L}\right)_1 \approx 1/4$,如图 6.72 所示,而平均飞行路径角可取为 $-1.5°$ 或 -0.026rad 左右;注意到,x_a 的值应该为正。例如,设 $V_a/V_1 = 1.5$,总的着陆空中运行可近似表示为

$$x_a \approx 8\frac{(W/S)_1}{g\rho_{sl}\sigma C_{L,max,1}} \tag{6.75}$$

对于典型的太空飞机,可以取 $(W/S)_1 = 3.6$kPa、$C_{L,max,1} = 1$,测量的平飘运动距离大约为 2400m。

6.8.5 地面滑跑

在最简化的程度上,可以假设地面滑跑期间的平均负加速度为

$$\frac{\mathrm{d}V}{\mathrm{d}t} = \frac{\mathrm{d}}{\mathrm{d}x}\left(\frac{1}{2}V^2\right) = -a_{\mathrm{avg}} = \mathrm{const}$$

从滑跑开始$(x=0)$到滑跑结束$(x=x_{\mathrm{g}})$,速度从$V=V$降至0,积分可得滑跑距离$x_{\mathrm{g}} = \dfrac{V_1^2}{2a_{\mathrm{avg}}}$。对于$V_1 = 100\mathrm{m/s}$和$a_{\mathrm{avg}} = 0.31\mathrm{g}$的情形,得到滑跑距离$x_{\mathrm{g}} = 1645\mathrm{m}$。滑跑距离可以用飞机的失速特性表示,取$V_1 = 1.2V_{\mathrm{s}}$,得到如下关系式:

$$x_{\mathrm{g}} = \frac{1.44\,(W/S)_1}{a_{\mathrm{avg}}\rho_{\mathrm{sl}}\sigma C_{\mathrm{L,max,1}}} \tag{6.76}$$

随后进一步近似,对滑跑阶段加速度进行归一化处理:

$$\frac{1}{g}\left(\frac{\mathrm{d}V}{\mathrm{d}t}\right)_{\mathrm{g}} = \frac{1}{2g}\left(\frac{\mathrm{d}V^2}{\mathrm{d}t}\right)_{\mathrm{g}} = \left(\frac{F}{W}\right)_{\mathrm{g}} - \left(\frac{D}{W}\right)_{\mathrm{g}} - \left(\frac{F_{\mathrm{b}}}{W}\right)_{\mathrm{g}}$$

一般而言,飞机着陆时的推力F基本上是空转推力,因此可以取$(F/W)_{\mathrm{g}}$为常数。然而在地面滑跑阶段,反推力装置的使用会产生反推力作用,其有利于减速。到目前为止,太空飞机是无动力着陆,这样,在地面滑跑期间,推力就等于零,即$(F/W)_{\mathrm{g}}=0$。然而,可能需要采用减速伞来提供反推力,也就是额外的阻力。在这种情况下,地面运行期间的推力实际上就是阻力,并且可表示为

$$\left(\frac{F}{W}\right)_{\mathrm{g}} = -\frac{D_{\mathrm{p}}}{W} = -\frac{1}{2W}C_{\mathrm{D,p}}\rho_{\mathrm{sl}}\sigma V^2 S_{\mathrm{p}}$$

其中,伞的阻力用阻力系数$C_{\mathrm{D,p}}$表征,其与伞的面积S_{p}有关,通常为充气后的迎风面积。

太空飞机在地面滑跑期间的阻力可以写成

$$\left(\frac{D}{W}\right)_{\mathrm{g}} = \frac{C_{\mathrm{D,g}}\rho_{\mathrm{sl}}\sigma V^2}{2\,(W/S)_1}$$

其中,地面运行期间的着陆阻力系数$C_{\mathrm{D,g}}$取决于具体的着陆配置,如襟翼和前缘缝翼偏转以及减速板设置。

制动力可以用起落架施加在跑道上的法向力表示,具体为

$$\frac{F_{\mathrm{b}}}{W} = \mu_{\mathrm{b}}\left(1 - \frac{L}{W}\right)$$

对于混凝土跑道,制动摩擦系数为$0.4 < \mu_{\mathrm{b}} < 0.6$。根据McKay等(1961)报道的测量数据,如X-15等高性能研究飞机采用起落橇而不是起落架,在干湖床跑道上的制动系数大约为0.33。

代入着陆条件下升力L的表达式,得到如下结果:

$$\left(\frac{F_b}{W}\right)_g = \mu_b\left(1 - \frac{L}{W}\right)_g = \mu_b\left[1 - \frac{C_{L,g}\rho_{sl}\sigma V^2}{2 (W/S)_1}\right] \tag{6.77}$$

减速度方程就变为

$$a = \frac{1}{2}\frac{dV^2}{dx} = -g\left(\frac{C_{D,p}\rho_{sl}\sigma V^2 S_p}{2W} + \mu_b\right) - g\left[1 - \mu_b\left(\frac{C_L}{C_D}\right)_g\right]\frac{C_{D,g}\rho_{sl}\sigma V^2}{2 (W/S)_1} \tag{6.78}$$

在地面运行期间,升阻比 $L/D = C_L/C_D = 0$,因为飞机一旦着地就会保持水平、攻角减少,与此同时,飞机速度也在慢下来。实际上,飞机着地后一般会自动启动展开扰流板,以便丢弃升力并让飞机落在地面上,因此应增加滚动阻力帮助飞机慢下来。

式(6.78)表明,加速度 $a = a_1 + a_2$,其中,a_1 为减速伞(如果有)和减速板引起的减速度,a_2 为航天飞机气动阻力扣除气动升力效应(如果有,它会降低起落架和跑道之间的法向力)引起的减速度。式(6.78)具有形式

$$\frac{dV^2}{dx} + AV^2 + B = 0 \tag{6.79}$$

当 $(L/D)_g = 0$ 时,系数 A 和 B 为

$$A = \frac{\rho_{sl}\sigma g}{(W/S)_1}\left[C_{D,p}\left(\frac{S_p}{S}\right) + C_{D,g}\right]$$
$$B = 2g\mu_b$$

用滑跑距离表示的解为

$$V^2 = \left(V_1^2 + \frac{B}{A}\right)e^{-Ax} - \frac{B}{A} \tag{6.80}$$

取 $V = 0$,就得到总滑跑距离为

$$x_g = \frac{1}{A}\ln\left(1 + \frac{A}{B}V_1^2\right) \tag{6.81}$$

式(6.81)可以写成如下形式:

$$x_g = \frac{V_1^2}{2.88g}\left[\frac{C_{L,max,1}}{C_{D,p}(S_p/S) + C_{D,g}}\right]\ln\left[1 + \frac{1}{2\mu_b C_{L,max,1}}\left(\frac{V_1}{V_s}\right)^2\right] \tag{6.82}$$

当着陆速度 $V_1 = 100\text{m/s}$,$C_{L,max,1} = 1$,$\mu_b = 0.5$,$(V_1/V_s) = 1.2$ 时,滑跑距离为

$$x_g = \frac{316}{C_{D,p}(S_p/S) + C_{D,g}} \tag{6.83}$$

当减速板完全打开后,太空飞机的阻力系数 $C_{D,g}$ 约为 0.125,此时减速伞展开时的滑跑距离 $x_g = 2530\text{m}$。

减速伞产生的效果在量上近似等于太空飞机气动阻力单独产生的效果。例如,Meyerson(2001)在介绍航天飞机轨道器的减速伞研制时,可将伞阻力写成

$$D_p = f(t)K_w C_{D,p,0}S_p q_\infty = C_{D,p}S_p q_\infty$$

有效阻力系数 $C_{D,p}$ 包括用 $f(t)$ 表示减速伞展开时的瞬态效应,以及用 K_w 表示的飞行器尾流引起的堵塞效应。对于航天飞机,这些系数经过试验确定的范围为

$0 < f(t) < 1.05$ 和 $0.65 < K_w < 0.9$。然而,必须注意到航天飞机的减速伞只在 $118 \sim 72 \mathrm{m/s}$ 内展开,然后在 $41 \sim 27 \mathrm{m/s}$ 内投弃。因此,减速伞只应用于地面运行持续过程的部分阶段。要保持式(6.80)这样相对简单的滑跑条件,就需要有有效的伞阻力始终作用于地面运行。一个合理的办法就是考虑减速伞实际展开所产生的冲量与整个着陆期间减速伞都展开所产生的冲量之比,可以认为这个比值就代表了 $f(t)$:

$$f(t) \approx \frac{\displaystyle\int_{t_1}^{t_2} D_{\mathrm{p}} \mathrm{d}t}{\displaystyle\int_0^{t_{\mathrm{f}}} D_{\mathrm{p}}(t) \mathrm{d}t}$$

其中,t_1 和 t_2 分别表示阻力伞完全充气和丢弃的时间;$t=0$ 和 t_{f} 分别表示着地时间和最终停止时间。利用 Meyerson(2001)给出的伞阻力随时间变化的飞行数据,得到近似结果为 $f(t)=0.62$。利用这个结果和文献给出的减速伞展开速度所产生的阻力,可以估算出尾流堵塞因子 K_w 约为 0.8。因此对于航天飞机来说,伞的阻力系数为 $C_{\mathrm{D,p}}=0.62 \times 0.8 \times 0.575=0.285$。在这种情况下,航天飞机的 $S_{\mathrm{p}}/S=0.467$,所以伞的阻力贡献为 $C_{\mathrm{D,p}}(S_{\mathrm{p}}/S)=0.133$,与航天飞机本身的 $C_{\mathrm{D,g}}=0.125$ 相差不多。

据 Meyerson(2001)的文献,质量为 $112344 \mathrm{kg}$ 的航天飞机所需的着陆距离为 $2438 \mathrm{m}$。这跟前面例子中不展开阻力伞时的值 $x_{\mathrm{g}}=2530 \mathrm{m}$ 相差不多。根据上述假设情况,采用减速伞可将滑跑距离降至 $1225 \mathrm{m}$,很好地满足具体要求。

6.9　常数和参数汇总

本节总结了本章用到的一些数据。

6.9.1　大气再入参数

1. 基本常数

$$R_{\mathrm{E}}=6371 \mathrm{km}$$
$$g_{\mathrm{E}}=9.807 \mathrm{m/s}^2$$

地球表面的轨道速度:

$$V_{\mathrm{E}}=(g_{\mathrm{E}} R_{\mathrm{E}})^{1/2}=7.904 \mathrm{km/s}$$

大气压力剖面的指数拟合:

$$H=6.9 \mathrm{km}$$
$$\frac{H}{R_{\mathrm{E}}}=1.083 \times 10^{-3}=\frac{1}{923.3}$$

2. 指数型大气密度模型

大气密度模型近似用指数函数 $\sigma = \rho/\rho_0 = \exp(-z/H)$ 表示，$z = 0$ 时，$\rho_0 = 1.5 \text{kg/m}^3$，但模型在低空不精确，例如，实际标准海平面的密度为 $\rho_{sl} = 1.225 \text{kg/m}^3$。

3. 标高和大气压

$\rho_0 g_E H = 1.500 \times 9.807 \times 6.900 = 101.5 \text{kPa} \sim 1 \text{bar} \sim 1 \text{atm}$。它表示高为 H、密度为 ρ_0 的气柱在地面产生的压力相当于整个大气在地面上产生的压力。

4. 地球表面轨道的动压力

$\rho_0 g_E R_E = 1.500 \times 9.807 \times 6371 = 93.72 \times 10^6 \text{Pa} = 93.72 \text{MPa} = 925.1 \text{atm}$。也注意到 $\rho_0 g_E R_E = \rho_0 V_E^2 = 2q_E$，两倍于地球表面轨道所对应的动压，其中 $q_E = 46300 \text{kPa}$。

6.9.2　拉平与着陆参数

表 6.5 列出了几种太空飞机的拉平和着陆特性典型值。其他详细信息和参考资料附后。

表 6.5　几种太空飞机的典型拉平与着陆特性

性能特性	X-15	升力体[a]	航天飞机
拉平高度/m	244	223	518
拉平速度/(m/s)	155	125	146
拉平时间/s	<30	14	>25
拉平 γ/(°)	$-18 \sim -20$	$-8 \sim -25$	-19
着地速度/(m/s)	$95 \sim 98$	98	100
下沉速率/(m/s)	1.22	1.5[b]	$0.46 \sim 0.76$
最大下沉速率/(m/s)	2.74	2.74[b]	2.74
着地 α/(°)	7	10	$10 \sim 12$
名义加速度/g	1	$1.15 \sim 2.37$	1
地面运行/m	1642	2446	1520

注：a 测试的升力体包括 HL-10、M2-F2、X-24A。
b 估计值。

1. 拉平起始阶段的高度、速度和飞行路径角

（1）X-15 的平均拉平起始高度（Matranga，1961）为 $z_f = 244 \text{m}$，范围为 $122 \sim$

488m,平均拉平起始速度为 $V_f = 154.5\text{m/s}$,范围为 $124.6 \sim 174.6\text{m/s}$,虽然两个极端值对应的着地速度都比较靠近平均着地速度。

（2）根据 Drake(1964) 的文献,升力体 M2-F2 的典型高度和速度为 $z_f = 223\text{m}$、$V_f = 125\text{m/s}$。根据 Kempel 等(1994) 的文献,升力体 HL-10 和 M2-F2 拉平起始速度为 $141 \sim 156\text{m/s}$,高度在地面上空约 305m 处。根据 Kempel 等(1994) 的文献,飞行路径角等于 γ_f 为 $-16° \sim -18°$。

（3）Myers 等(1983) 指出,航天飞机拉平开始时,高度 z_{fi} 约为 520m,$V_f = 146\text{m/s}$,飞行路径角 γ_f 为 $-19°$。

2. 拉平和着地时间

（1）X-15 完成拉平和着地所需的平均时间为 $t_f = 27\text{s}$(Matranga, 1961),通常 $t_f < 30\text{s}$。

（2）根据 Drake(1964) 的文献,M2-F2 完成拉平和着地所需时间大约为 14s。

（3）航天飞机拉平所需时间大于 25s。

3. 着地速度

（1）X-15 的平均着地速度为 $V_{td} = 95.3\text{m/s}$(Matranga,1961)。X-15 的平均着地速度为 98.1m/s(Wilson, 1967)。

（2）3 个升力体 M2-F2、HL-10、X-24A 着地速度的平均值为 97.8m/s,范围为 $82.9 \sim 118\text{m/s}$(Larsen, 1972)。Kempel 等(1994) 报道的着地速度为 $81 \sim 116\text{m/s}$。

（3）航天飞机着地速度的名义值为 100m/s,最大值为 116m/s(Myers et al, 1983)。

4. 下降率

（1）X-15 的平均值为 $V_{v,td} = 1.22\text{m/s}$(Matranga, 1961)。设计限制为 2.74m/s 和 $0° < \alpha_{td} < 10°$,如果 $10° < \alpha_{td} < 13°$,下降率线性衰减至零。在前 4 次飞行中,有一次的值超过设计限值,为 $V_{v,td} = 2.9\text{m/s}$,$\alpha_{td} = 11°$,这造成了对飞机的严重损坏。

（2）没有找到升力体下降率设计极限的具体数据。但是,以 HL-10 为例,采用了 T-38"禽爪"高级教练机的起落装置,这个教练机的最大着地下降率为 1.73m/s。因此,对于类似 HL-10 的飞行器,很可能着陆时的最大下降率就取为 X-15 和航天飞机的值,即 2.74m/s。这似乎是合理的,因为 HL-10 的着陆质量为 3926kg,比 T-38 着陆质量的一半稍大一点。

（3）航天飞机的设计下降率范围为 $0.46\text{m/s} < V_{v,td} < 0.76\text{m/s}$(Myers et al, 1983)。设计限制为 2.74m/s。

5. 着陆攻角

（1）X-15 着陆攻角的平均值为 $\alpha_{td}=7°$，范围为 $4°\sim11°$。

（2）根据 Kempel 等（1994）的文献，HL-10 着陆时的攻角约为 $10°$，而 M2-F2 约为 $-2°$。Pyle（1971）指出，尽管 HL-10 和 M2-F2 的升力曲线比较相似，但是 HL-10 的零升力攻角为 $3.6°$，M2-F2 为 $-9.7°$。

（3）航天飞机名义着陆攻角为 $10°\sim12°$。

6. 着陆拉平的名义加速度

（1）X-15 在着陆拉平中的法向加速度分量的平均值约为 $1g$（Matranga，1961）。

（2）3 个升力体的法向加速度分量的平均值为 $1.53g$，分布范围为 $1.15g\sim2.37g$（Larson，1972）。根据 Kempel 等（1994）的文献，执行拉平时大约为 $1.5g$。

（3）Myers 等（1983）指出，航天飞机的法向加速度大约为 $1g$。

7. 滑跑距离

（1）X-15 滑跑距离的平均值为 $x_g=1642m$（McKay et al，1961）。X-15 的起落装置为起落橇，不是起落架，其有效摩擦系数为 0.33。

（2）3 个升力体滑跑距离的平均值为 $x_g=2446m$，范围为 $1286\sim3885m$（Larson，1972）。

（3）航天飞机滑跑距离的名义值为 $x_g=2440m$，最小值大约为 $1520m$（Myers et al，1983）。

参 考 文 献

Ashley, H. (1992). Engineering analysis of flight vehicles. New York, NY: Dover.

Cockrell, D. J. (1987). The aerodynamics of parachutes. NATO Advisory Group For Aerospace Research And Development. AGARDograph No. 295.

Delurgio, P. R. (1999). Evolution of the ringsail parachute. AIAA 99-1700.

Drake, H. M. (1964). Aerodynamic testing using special aircraft. NASA TM-X-51605.

Ewing, E. G. (1971). Deployable aerodynamic deceleration systems. NASA-SP-8066.

Ewing, E. G. (1972). Ringsail parachute design. Air Force Flight Dynamics Laboratory Technical Report AFFDL-TR-72-3.

Haber, H. (1959). The physical factors of the space environment. In H. Seifert(Ed.), Space technology(pp. 27-01_27-40). New York, NY: John Wiley & Sons.

Hillje, E. R. (1967). Entry flight aerodynamics from Apollo Mission AS-202. NASA TN D-4185.

Hoey, R. G. (1963). Horizontal landing techniques for hypersonic vehicles. AGARD 428.

Johnston, E. W. , & Gaines, L. M. (1963). Low speed characteristics of the X- 15. In S. Scala, A. Harrison, & M. Rogers(Eds.), Dynamics of manned lifting planetary entry(p. 668). New York, NY: Wiley & Sons.

Kempel, R. W. , Painter, W. D. , & Thompson, M. O. (1994). Developing and flight testing the HL- 10 lifting body: A precursor to the space shuttle. NASA Reference Publication 1332.

Knacke, T. W. (1992). Parachute recovery systems design manual. Santa Barbara, CA: Para Publishing.

Larson, R. R. (1972). Statistical analysis of landing contact conditions for three lifting body research vehicles. NASA TN D- 6708.

Lee, D. B. (1972). Apollo experience report—aerothermodynamic evaluation. NASA TN D- 6843.

Loh, W. H. T. (1968). Re- entry and planetary physics and technology. New York, NY: Springer- Verlag.

Matranga, G. J. (1961). Analysis of X- 15 landing approach and flare characteristics determined from the first 30 flights. NASA TN D- 1057.

Maydew, R. C. , & Peterson, C. W. (1991). Design and testing of high- performance parachutes. NATO Advisory Group For Aerospace Research And Development. AGARDograph No. 319.

McKay, J. M. , & Scott, B. J. (1961). Landing gear behavior during touchdown and runout for 17 landings of the X- 15 research airplane. NASA TM X- 518.

Meyerson, R. E. (2001). Space shuttle orbiter drag parachute design. AIAA 2001_2051; also NASA Conference Paper JSC- CN- 6790.

Myers, T. T. , Johnston, D. E. , & McRuer, D. T. (1983). Space shuttle flying qualities and flight control system assessment study—phase II. NASA CR- 170406.

NASA(1989). Biomedical results of Apollo. NASA SP- 368.

Pavlosky, J. E. , & St. Leger, L. G. (1974). Apollo experience report—thermal protection system. NASA TN D- 7564.

Pyle, J. S. (1971) "Lift and Drag Characteristics of the HL- 10 Lifting Body During Subsonic Gliding Flight", NASA TN D- 6263.

Regan, F. J. , & Anandakrishnan, S. M. (1993). Dynamics of atmospheric re- entry. American Institute of Aeronautics and Astronautics, 1993.

Saltzman, E. J. , Wang, K. C. , & Iliff, K. W. (2002). Aerodynamic assessment of flight- determined subsonic lift and drag characteristics of seven lifting- body and wing- body reentry vehicle configurations. ASA/TP- 2002- 209032.

Sforza, P. M. (2014). Commercial airplane design principles, Waltham, MA: Elsevier.

Sutton, K. , & Graves, R. A. (1971). A general stagnation- point convective- heating equation for arbitrary gas mixtures. NASA TR R- 376.

Tauber, M. , & Sutton, K. (1991). Stagnation- point radiative heating relations for Earth and

Mars entries. Journal of Spacecraft and Rockets，28(1)，40_42.

Vincze，J. (1966). Gemini spacecraft parachute landing system. NASA TN D-3496.

Voshell，M. (2004). High acceleration and the human body. November in，http://csel. eng. ohio-state. edu/voshell/gforce. pdf.

Wilson，R. J. (1967). Statistical analysis of landing contact conditions of the X-15 airplane. NASA TND-3801.

第7章 发射力学

7.1 发射飞行器的一般方程

轨道太空任务的助推阶段是设计过程的关键,因为飞行器的重量在起飞时最大,而初始重量通常与其成本相关。发射系统的有效载荷一般只占总重量的一小部分。图 7.1 是 1996 年 9 月 9 日从卡纳维拉尔角发射 STS-115 航天飞机时的照片。可以看到,喷气羽流柱在发射点几乎是垂直的,其后随着 STS-115 升起而开始弯曲。佛罗里达州海岸线在照片底部明显可见,远处的地平线出现在照片的顶部。

图 7.1　1996 年 9 月 9 日,从 ISS 见到的卡纳维拉尔角发射 STS-115(NASA)

助推轨迹及相关术语如图7.2所示。速度 V 与轨迹相切,推力 F 相对于 V 倾斜 χ 的角度。轨迹的切线与当地水平面之间的夹角就是飞行路径角 γ 。升力正交于速度方向,阻力与速度在同一直线上,但方向正好相反。航天器的重量 mg 指向地球中心。

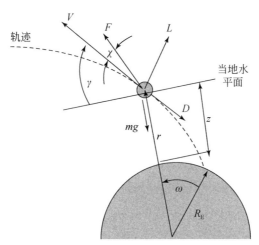

图 7.2   一个助推轨迹的示意图

第 6 章给出了无自转行星无风条件下质点 m 的飞行运动方程,重复如下:

$$\dot{V} = \frac{F}{m}\cos\chi - \frac{D}{m} - \frac{k\sin\gamma}{r^2} \tag{7.1}$$

$$\dot{\gamma} = \frac{V\cos\gamma}{r} + \frac{F\sin\chi}{mV} + \frac{L}{mV} - \frac{k\cos\gamma}{Vr^2} \tag{7.2}$$

$$\dot{r} = \dot{z} = V\sin\gamma \tag{7.3}$$

$$\dot{\omega} = \frac{\dot{x}}{r} = \frac{V\cos\gamma}{r} \tag{7.4}$$

其中, $k = 398600\text{km}^3/\text{s}^2$ 为地球的引力常数。当地重力加速度为

$$g = \frac{g_E R_E^2}{r^2} = \frac{k}{r^2} = \frac{g_E}{(1+z/R_E)^2} \tag{7.5}$$

地球在赤道上的重力加速度和平均半径分别为 $g_E = 9.80665\text{m/s}^2$ 和 $R_E = 6378\text{km}$ 。随后将讨论推力、升力和阻力。将发射飞行器看作平面内的运动质点,式(7.1)~式(7.4)就足以确定其性能。当对飞行器的稳定性和控制特性有要求时,必须至少将其看作一个刚体,并且需要其他方程。对于平面内刚体运动这种最简单的情况,需要俯仰力矩方程,也必须知道飞行器的转动惯量。这方面的发射性能将延后到后续内容。

7.2　简化助推分析中的推力、升力和阻力

这里把飞行器看成质点,作用在其上的三个外力为推力、升力和阻力。推力是由推进系统提供的,升力和阻力则取决于发射装置的几何构型。以下讨论它们在初步设计阶段的重要性。

7.2.1　火箭发动机推力

航天器发射过程的原动力来自喷气推进,因此在式(7.1)~式(7.4)中必须用其他变量来表征推力。正如 Sforza(2012)所表示的,火箭发动机的推力由排气的动量和喷管出口平面的压力差之和给出:

$$F = \dot{m}_p V_e + A_e(p_e - p_\infty) = \dot{m}_p V_e \left[1 + \frac{1}{\gamma_e M_e^2} \left(1 - \frac{p_\infty}{p_e} \right) \right] \tag{7.6}$$

推力可以用推进剂质量流量和有效排气速度表示。

$$V_{eff} = V_e \left[1 + \frac{1}{\gamma_e M_e^2} \left(1 - \frac{p_\infty}{p_e} \right) \right] \tag{7.7}$$

有效排气速度仅取决于喷管出口平面的条件及排气所进入的环境压力 p_∞。注意到,当出口压力等于环境压力即 $p_e = p_\infty$ 时,出口速度 $V_e = V_{eff}$。在这种条件下,认为喷管是"匹配的",可以证明这时的推力达到最大(Sforza,2012)。由于通常用重量而不是质量来表示流量,因此喷气发动机的传统性能参数为比冲 I_{sp},其单位为 s,计算公式为

$$I_{sp} = \frac{F}{\dot{m}_p g_E} = \frac{V_{eff}}{g_E} \tag{7.8}$$

在英制单位制中,I_{sp} 描述了每秒消耗一磅推进剂所产生的推力的磅数,因此 I_{sp} 的单位为 s。使用国际单位制时,也可以同样用每秒消耗一千克推进剂所产生的力(单位为 N)来度量推力产生的效率,等于有效排气速度 $V_{eff} = g_E I_{sp}$,单位为 m/s。

对于确定的燃烧室条件,式(7.7)中的喷管有效排气速度仅取决于排气的成分和喷管的形状。式(7.7)中唯一的其他因素是 p_∞,即喷管排气所进入环境的压力。由于发射飞行器穿过大气上升,火箭喷管的环境压力为 $p_\infty = p_\infty(z)$,因此,对于在确定燃烧室条件 p_c 和 T_c 下工作的具有确定形状的喷管,出口平面的压力只能在一个高度上匹配环境压力。这就意味着,即使推进剂质量流量定常不变,推力(也就是 I_{sp} 或 V_{eff})都将随高度而变化。

在真空中火箭喷管的比冲是个明确的值,这时喷管外面的压力为零。这种情况下的比冲是最大值,用 $I_{sp,vac}$ 表示。没有特别说明时,火箭发动机厂家报出的比冲一般是 $I_{sp,vac}$。Sforza(2012)证明,具有确定形状的喷管的比冲随高度的变化可

以合理地近似为

$$\bar{I}_{sp} = \frac{I_{sp}}{I_{sp,vac}} = 1 - \Gamma \frac{\varepsilon \exp(-z/H)}{p_c} \tag{7.9}$$

其中,燃烧室压力 p_c 的单位必须采用大气压。喷管出口面积与喷管喉部面积之比 $\varepsilon = A_e/A_t$,就是喷管的膨胀比,通常由发动机厂家确定。对于运行于大气层中的火箭发动机,ε/p_c 值为 $0.15\sim0.5$,式(7.9)是合适的。然而,设计运行于大气层之外的火箭发动机时,ε/p_c 的范围为 $2\sim6$,这是因为其几乎总是在接近真空环境中运行,这时式(7.9)不能应用。

因子 H 是 2.2.3 节中介绍的大气压力随高度变化的指数模型中的标高,常用值为 7.16km。数值 Γ 是喷管中比热比 γ 近似值的函数,表达式为

$$\Gamma = \frac{1}{\gamma}\left(\frac{\gamma-1}{2}\right)^{\frac{\gamma}{\gamma-1}}\left(\frac{\gamma+1}{\gamma-1}\right)^{\frac{\gamma+1}{2(\gamma-1)}} \approx 0.753\,(\gamma-1)^{0.33} \tag{7.10}$$

对于火箭喷管 γ 的典型值,如 $1.15<\gamma<1.4$,式(7.10)中 Γ 的近似表达式的准确率约为 $\pm1\%$,取值范围为 $0.4\sim0.55$。采用上述变量范围,得到式(7.9)中的 $\Gamma\varepsilon/p_c$ 参数的范围为 $0.06\sim0.275$。于是,据式(7.9)可知,I_{sp} 的最大减少量出现在地面高度,并且有 $0.725<I_{sp}(0)/I_{sp,vac}<0.94$。

式(7.9)中的修正项 $\exp(-z/H)$ 显示了比冲随高度的增加而提高,并在足够高的高度处,如 $3H$ 或 $4H$,即 $20\sim30km$,基本上达到最大值 $I_{sp,vac}$。图 7.3 给出了使用液体或者固体推进剂的火箭的真空比冲和相应的膨胀比。具有 $\varepsilon>100$ 的火箭发动机只适用于很高的高度和相对较小的推力,如图 7.4 所示。这些数据针对的也是图 7.3 所示的火箭发动机。这个局限性的原因在于,火箭喷管基本上是一个小角度薄壁平截头锥体,其重量与喷管表面的面积成正比。可以证明,喷管表面的面积大致与 $(F/p_c)\varepsilon$ 成正比。例如,在特定燃烧室压力下,要产生给定的推力水平,$\varepsilon=400$ 时的喷管重量将是 $\varepsilon=40$ 时的 10 倍。

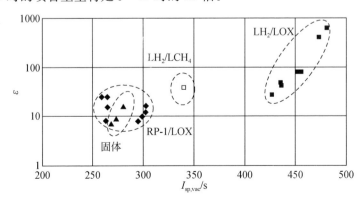

图 7.3　液体或固体推进剂火箭的真空比冲和相应膨胀比

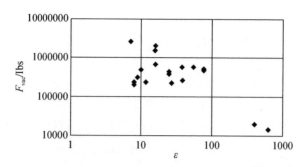

图 7.4　图 7.3 中描述的火箭发动机的真空推力与相应膨胀比

由式(7.8)可知,通过改变推进剂的质量流量和/或喷管的有效排气速度,可以控制推力 F。在飞行期间火箭发动机质量流量的控制,对于液体火箭发动机可利用阀门的方法,对于固体火箭发动机可利用合适的推进剂药柱设计的方法,如 Sforza(2012)所描述的。在飞行期间,可改变喷管形状来适当调节出口压力,从而控制有效排气速度 V_{eff}。然而,在初步设计研究中通常会忽略这种复杂性,将其推迟到后期的详细设计阶段。所以,对于初步设计,可以假定推进剂的质量流是定常的,喷管形状是固定的,推力通过比冲表示成高度的函数,因此可写为

$$F(z)=\dot{m}_{\text{p}}(g_{\text{E}}I_{\text{sp,vac}})\bar{I}_{\text{sp}}(z)=F_{\text{vac}}\bar{I}_{\text{sp}}(z) \tag{7.11}$$

其中,F_{vac} 为火箭发动机的真空推力,与 $I_{\text{sp,vac}}$ 一样,它的值一般也由厂家提供。因为推进剂的消耗,太空发射系统的质量会随高度的上升而减少,因此

$$\frac{\mathrm{d}m}{\mathrm{d}t}=\dot{m}=-\dot{m}_{\text{p}} \tag{7.12}$$

由于推进剂的消耗率保持定常不变,因此发射飞行器的质量为

$$m(t)=m_0+\int_0^t \dot{m}\mathrm{d}t=m_0-\int_0^t \dot{m}_{\text{p}}\mathrm{d}t=m_0-\dot{m}_{\text{p}}t \tag{7.13}$$

将式(7.11)代入式(7.13)中,其中 m_0 表示发射装置的初始质量,可得

$$m(t)=m_0-\frac{F_{\text{vac}}}{g_{\text{E}}I_{\text{sp,vac}}}t$$

显然,发动机燃烧时间受到可用推进剂总量 m_{p} 的限制,因此在燃尽时刻 t_{bo},发射系统的质量为

$$m_{\text{bo}}=m_0-m_{\text{p}}=m_0-\frac{F_{\text{vac}}}{g_{\text{E}}I_{\text{sp,vac}}}t_{\text{bo}} \tag{7.14}$$

由式(7.14)可得燃尽时间为

$$t_{\text{bo}}=\left(\frac{m_{\text{p}}}{m_0}\right)\left(\frac{F_{\text{vac}}}{m_0 g_{\text{E}}}\right)^{-1}I_{\text{sp,vac}}=\frac{(W_{\text{p}}/W)_0}{(F_{\text{vac}}/W)_0}I_{\text{sp,vac}} \tag{7.15}$$

因此推进剂的燃尽时间与发射时可用推进剂的数量及其使用的效率直接成正比,

与起飞真空推力和重量的比值成反比。通常，$(m_p/m)_0 = O(1)$ 且 $(F_{vac}/W)_0 = O(1)$，故 $t_{bo}/I_{sp,vac} = O(1)$。一个合理的经验法则是，火箭驱动发射装置的燃尽时间大致等于真空比冲，因为一般有 $m_p/m_0 \sim 0.9$ 且 $(F_{vac}/W)_0 \sim 1.3$。图 7.5 为三种早期的和三种近期的有人航天器的发射飞行器连同其发射质量 m_0 和真空推力与重量的比值 $(F_{vac}/W)_0$。

(a)航天飞机 m_0=2580000kg
$(F_{vac}/W)_0$=1.27

(b)联盟 m_0=330000kg
$(F_{vac}/W)_0$=1.42

(c)长征 m_0=464000kg
$(F_{vac}/W)_0$=1.43

(d)水星宇宙神9
m_0=120000kg $(F_{vac}/W)_0$=1.58

(e)双子座大力神2
m_0=154200kg $(F_{vac}/W)_0$=1.52

(f)阿波罗土星5
m_0=3000000kg $(F_{vac}/W)_0$=1.34

图 7.5　当前及早期的有人航天器发射装置及其初始质量 m_0 和
初始真空推力与重量之比 $(F_{vac}/W)_0$

7.2.2　发射飞行器阻力与升力

式(7.1)和式(7.2)中的升力和阻力为

$$D = C_D q S \tag{7.16}$$

$$L = \frac{L}{D} C_D q S \tag{7.17}$$

因此,升力和阻力对飞行器加速度的作用取决于上升飞行器的动压力以及升力对阻力的比值 L/D。动压力为

$$q = \frac{1}{2} \gamma \rho_{sl} \sigma V^2 \approx \frac{1}{2} \gamma \rho_{sl} \exp\left(-\frac{z}{H}\right) V^2 \tag{7.18a}$$

或者

$$q = \frac{1}{2} \gamma p_{sl} \delta Ma^2 \approx \frac{1}{2} \gamma p_{sl} \exp\left(-\frac{z}{H}\right) Ma^2 \tag{7.18b}$$

在式(7.18)中,再次使用了指数大气这个概念。其中,H 表示大气的标高;$\delta = p/p_{sl} = \sigma = \rho/\rho_{sl}$;$T$ 为常数,$T = 215K$,如第 2 和第 6 章所述。

在上升期间,速度增加时密度比 σ 呈指数下降趋势,因此在整个飞行状态中动压力呈减小趋势。例如,航天飞机轨道器在上升期间的最大动压力通常发生在 $Ma = 1$ 附近,其值大约为 30kPa。图 7.6 给出了典型情况下的动压力作为高度函数的曲线。

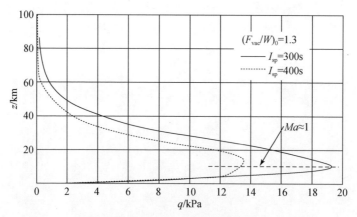

图 7.6　典型发射装置的动压力与高度的函数关系,$(F_{vac}/W)_0 = 1.3$,$I_{sp} = 300s$、$400s$,虚线表示 $Ma \approx 1$ 的高度

可用发射装置的阻力对推力之比(D/F)来评估阻力效应,注意到火箭发动机的推力与飞行速度无关,而阻力则通过动压力与飞行速度的平方成正比,如式(7.18)所示。阻力对推力的比值可表示为

$$\frac{D}{F}=\frac{C_{\mathrm{D}}qS}{F}=\left[\frac{1}{2}\frac{\gamma p_{\mathrm{sl}}S}{W_0(F_{\mathrm{vac}}/W_0)}\right]\left[C_{\mathrm{D}}Ma^2\frac{\exp\left(-\dfrac{z}{H}\right)}{1-\dfrac{\varepsilon\Gamma}{p_{\mathrm{c}}}\exp\left(-\dfrac{z}{H}\right)}\right] \tag{7.19}$$

这里依照式(7.18)采用了指数大气模型来表示 q 随高度的变化,采用式(7.9)来确定 I_{sp} 随高度的变化。式(7.19)等号右边的第一项为常数,而等号右边的第二项在上升期间会变化。图 7.6 表明,最大动压力发生在上升的早期,大约在 $Ma=1$,即 $1\sim2$ 个标高的高度处。众所周知,物体的最大阻力系数也发生在大约 $Ma=1$ 处,具体参见 Ashley(1974)或 Hoerner(1958)的文献。因为对于典型发动机,有 $0.06<\Gamma\varepsilon/p_{\varepsilon}<0.275$,所以在一个标高($z=H$)及其以上高度,第二个方括号中的分数小于 0.4。对于细长体导弹,Stoney(1961)证明,其基于横截面积 S 的阻力系数 C_{D} 会在 Ma 为 $0.85\sim1.3$ 的范围内突然从 0.15 增加约 0.4 或者更高。然而,由 Walker(1968)从土星 5 发射飞行器模型上收集的试验数据表明,这个值是上述值的 $2\sim3$ 倍。因此,采用名义值 $C_{\mathrm{D,max}}=1.2$,式(7.19)等号右边第二个方括号中的最大值可以近似表示为

$$\left[C_{\mathrm{D}}Ma^2\frac{\exp\left(-\dfrac{z}{H}\right)}{1-\dfrac{\varepsilon\Gamma}{p_{\mathrm{c}}}\exp\left(-\dfrac{z}{H}\right)}\right]_{\max}\approx1.2\times1\times0.4=0.48$$

为了对式(7.19)等号右边第一个方括号中的项进行数量级估算,可以把发射飞行器看作长度与直径比为 l/d 的长圆柱体。假定发射装置的初始质量大体上等于推进剂的初始质量,即 $m_{\mathrm{p}}=\rho_{\mathrm{p}}\upsilon$,其中推进剂的密度为 ρ_{p},体积 $\upsilon=\pi d^2 l/4$。对于大气,有 $\gamma=1.4$,初始推力对重量之比可取为 $(F_{\mathrm{vac}}/W)_0=1.4$。于是,式(7.19)中等号右边第一个方括号内的项可以估算为

$$\left[\frac{1}{2}\frac{\gamma p_{\mathrm{sl}}S}{W_0(F_{\mathrm{vac}}/W_0)}\right]=\frac{1}{2}\frac{\gamma p_{\mathrm{sl}}}{(F_{\mathrm{vac}}/W_0)}\frac{S}{\rho_{\mathrm{p}}g_{\mathrm{E}}Sl}\approx\frac{1}{2}\frac{1.4}{1.4}\frac{\rho_{\mathrm{w}}g_{\mathrm{E}}l_{\mathrm{w}}}{\rho_{\mathrm{p}}g_{\mathrm{E}}l}\approx\frac{1}{2}\frac{l_{\mathrm{w}}}{l} \tag{7.20}$$

表 7.1(Sforza, 2012)列出了不同液体和固体推进剂的密度,由此假设 ρ_{p} 约为 $1000\mathrm{kg/m^3}$,即大约为水的密度,所以取 $\rho_{\mathrm{p}}\approx\rho_{\mathrm{w}}$。另外,式(7.20)中的海平面大气压是用水柱高度 l_{w} 表示的。典型的发射装置的长度为几十米,如 50m,而 l_{w} 约等于 10m,则 l_{w}/l 的量级为 0.2。因此,式(7.19)中阻力对推力之比的最大值可以近似为

$$\left(\frac{D}{F}\right)_{\max}\approx\left(\frac{1}{2}\frac{l_{\mathrm{w}}}{l}\right)(0.4C_{\mathrm{D},Ma=1})\approx0.2C_{\mathrm{D},Ma=1}\frac{l_{\mathrm{w}}}{l}\approx0.24\frac{l_{\mathrm{w}}}{l}\approx0.048 \tag{7.21}$$

表 7.1　几种燃料和氧化剂组合的推进剂密度[a]

氧化剂	氧化剂密度 /(kg/m³)	燃料	燃料密度/(kg/m³)	O/F	推进剂混合物密度 /(kg/m³)
LOX(液氧)	1141($T=90.3$K)	LH₂(液氢)	69.5($T=20.8$K)	4	926
				6	987
LOX(液氧)	1141($T=90.3$K)	RP-1(火箭推进剂-1)[b]	800($T=298$K)	2.2	1034
				2.6	1046
LOX(液氧)	1141($T=90.3$K)	LCH₄(液体甲烷)	415($T=109$K)	2.7	944
N₂O₄	1450($T=293$K)	UDMH(偏二甲肼)[c]	791($T=295$K)	2.8	1277
高氯酸铵	1950(合成固体)	PBAN(聚丁二烯-丙烯腈和铝)	1360(合成固体)	2.3	1771

注:a 低温推进剂密度一般指刚好在沸点以下的值,其他推进剂则为标准气压温度时的值;

b 煤油馏分,经验化学式为 CH$_{1.953}$;

c 肼的衍生物,(CH₃)₂NNH₂。

所以 $(D/F)_{max}=O(10^{-2})$,可以预计,在发射性能的初步设计研究中,忽略阻力带来的最大误差约为 5%。当然,后面将会看到,要在数值计算中考虑阻力项也不是特别困难,不过阻力系数依赖于构型,也是飞行马赫数和雷诺数的函数,即 $C_D=C_D(Ma,Re)$,其精确的描述需要针对每个发射飞行器的几何构型来确定。

升力作用的方向垂直于速度,因此升力的效应间接体现在式(7.2)给出的飞行路径角度上。升力与推力之比可表示为

$$\frac{L}{F}=\left(\frac{L}{D}\right)\frac{D}{F} \tag{7.22}$$

已经证明,细长体导弹在小攻角时,其阻力与推力之比 D/F 为 $O(10^{-2})$。当 α 的单位为弧度时,细长体理论估计的升力与阻力之比 $L/D=2\alpha/C_D$;当 α 的单位为度时,$L/D=0.034\alpha/C_D$。因为在小攻角时有 $C_D=O(10^{-1})$,得到 $L/F<O(10^{-2})$。在飞行期间需要保持较小的 L/D。轻质、薄壁导弹弹体的脆弱本质,使其无法承受可能随升力而同时出现的弯矩。因此,也可以合理地忽略传统的导弹类发射飞行器在上升中的升力,这样并不会对计算的准确性造成严重的影响。如前所述,要在数值计算中考虑升力项也不是特别困难,但是升力系数也依赖于构型,也是飞行马赫数和雷诺数的函数,即 $C_L=C_L(Ma,Re)$,其准确描述需要针对每个发射装置的几何构型给出。

对于发射系统的持续兴趣是,利用升力的优势飞行进入轨道,而不是单靠推力来助推航天器,不过这样的系统还没有认真开发过。基于以上分析,在初步设计中就假设空气动力升力和阻力可忽略不计,取 $L=D=0$,也就是将飞行器看作质点,其上升轨迹只取决于施加的推力 F。在后续研究发射飞行器的稳定性时,必须将

其至少当做刚体,并且需要在这个范围内重新考虑升力和阻力对俯仰力矩的影响。

7.3 无量纲运动方程

式(7.1)~式(7.4)给出的发射飞行器运动方程的无量纲形式为

$$\frac{\mathrm{d}\bar{V}}{\mathrm{d}\bar{t}}=\frac{G_0\bar{I}_{\mathrm{sp}}\cos\chi-G_1\mathrm{e}^{-\bar{z}/\bar{H}}\bar{V}^2}{1-G_0\bar{t}}-\frac{\sin\gamma}{(1+\bar{z})^2} \tag{7.23}$$

$$\frac{\mathrm{d}\gamma}{\mathrm{d}\bar{t}}=\frac{\cos\gamma}{(1+\bar{z})^2}\left[G_2(1+\bar{z})\bar{V}-\frac{1}{\bar{V}}\right]+\frac{1}{1-G_0\bar{t}}\left[\frac{G_0\bar{I}_{\mathrm{sp}}\sin\chi}{(1+\bar{z})^2\bar{V}}+G_3\mathrm{e}^{-\bar{z}/\bar{H}}\bar{V}^2\right] \tag{7.24}$$

$$\frac{\mathrm{d}\bar{z}}{\mathrm{d}\bar{t}}=G_2\bar{V}\sin\gamma \tag{7.25}$$

$$\frac{\mathrm{d}\bar{x}}{\mathrm{d}\bar{t}}=G_2\bar{V}\cos\gamma \tag{7.26}$$

方程包括重力加速度的变化、推力向量、阻力和升力的效应。无量纲变量为

$$\bar{t}=\frac{t}{I_{\mathrm{sp,vac}}} \tag{7.27}$$

$$\bar{V}=\frac{V}{g_{\mathrm{E}}I_{\mathrm{sp,vac}}} \tag{7.28}$$

$$\bar{z}=\frac{z}{R_{\mathrm{E}}} \tag{7.29}$$

$$\bar{x}=\frac{x}{R_{\mathrm{E}}} \tag{7.30}$$

无量纲参数定义为

$$G_0=\frac{\dot{m}_{\mathrm{p}}I_{\mathrm{sp,vac}}}{m_0} \tag{7.31}$$

$$G_1=\frac{\rho_{\mathrm{sl}}(g_{\mathrm{E}}I_{\mathrm{sp,vac}})^2C_{\mathrm{D}}S}{2m_0g_{\mathrm{E}}} \tag{7.32}$$

$$G_2=\frac{g_{\mathrm{E}}I_{\mathrm{sp,vac}}^2}{R_{\mathrm{E}}} \tag{7.33}$$

$$G_3=\left(\frac{C_{\mathrm{L}}}{C_{\mathrm{D}}}\right)G_1 \tag{7.34}$$

注意到,一般有 $C_{\mathrm{D}}=C_{\mathrm{D}}(Ma,Re)$,$C_{\mathrm{L}}=C_{\mathrm{L}}(Ma,Re)$,而 $Ma=Ma(z,V)$,$Re=Re(z,V)$,因此要得到所需准确度,就必须提供合适的关系式。初始条件的唯一限制就是 $\cos\gamma(0)$ 和 $V(0)$ 不同时为零。除了初始条件外,对于在此提出的运动的唯一其他外部控制就是改变推力向量角 $\chi(t)$,而且假定这个向量角是位于运动平面内的。如前指出的,即便未施加推力向量控制(thrust vector control,TVC),飞行器在上升的过程中也会进行重力转向。而且,对于初步设计目的,可以认为阻力和

升力对发射飞行器的性能影响是次要的并且可以忽略。

7.4　定常推力和零升力、零阻力下的简化助推分析

为简化起见,设助推阶段的推力是定常的,$F = F_{vac}$,且 $\chi = 0$,即推力向量与速度向量在同一直线上。在这种条件下,有

$$G_0 = \frac{\dot{m}_p I_{sp}}{m_0} \approx \left(\frac{F_{vac}}{W}\right)_0$$

假定阻力和升力可以忽略不计,所以设定 $G_1 = G_3 = 0$。另外,近似认为在发射期间的高度总是比地球半径小得多,使得

$$r = R_E + z = R_E\left(1 + \frac{z}{R_E}\right) \approx R_E \tag{7.35}$$

典型的近地轨道的高度为 $z \leqslant 400\text{km}$,因此所带来的最大误差值为 6.3%,对于初步设计来说,这通常认为是合适的。在这些假设下,式(7.23)～式(7.26)可以简化为如下的有量纲方程:

$$\frac{1}{g_E}\dot{V} = \frac{\left(\dfrac{F_{vac}}{W}\right)_0}{1 - \left(\dfrac{F_{vac}}{W}\right)_0 \dfrac{t}{I_{sp}}} - \sin\gamma \tag{7.36}$$

$$\dot{\gamma} = \cos\gamma\left(\frac{V}{R_E} - \frac{g_E}{V}\right) \tag{7.37}$$

$$\dot{r} = \dot{z} = V\sin\gamma \tag{7.38}$$

$$\dot{x} = V\cos\gamma \tag{7.39}$$

式(7.36)表明,飞行器沿轨迹的加速度受飞行路径角的影响,飞行路径角是通过重力加速度沿该方向的分量引入的。式(7.37)表明,飞行路径角的变化率,也即速度向量的转动程度,与轨迹法向方向的重力加速度分量成正比。这就在不施加任何外部控制的情况下,产生了发射飞行器所经历的重力转向。

7.4.1　小时间近似解

为了在不完全求解式(7.36)～式(7.39)的情况下了解典型轨迹飞行路径角将如何随高度而变,可以考虑小时间值的解,这样就能解析求解这些方程。可以知道,理想的发射起始点为 $t = 0$ 时,$V(0) = 0$,$\gamma(0) = \pi/2$。施加这些条件将会使式(7.37)的右侧不确定,导致飞行路径角无法计算。如果假设起飞过程只竖向持续了一个很短的时间间隔,这样,$V \ll 1$ 但又不等于零,同时保持了 $\gamma(0) = 90°$ 的要求,于是式(7.37)要求飞行路径角保持定常为 90°,飞行器将在其飞行全程中竖直向上。尽管这种轨迹可能对探空火箭是可以接受的,但是其并不适合抵达轨道,因

为对于圆轨道,需要在某个点上飞行路径角变得很小,实际上为零。如果进而假设 $\gamma < 90°$ 且保持 $V(0) = 0$,那么式(7.37)就有一个奇点,再次无法得到解。

倘若假设在发射早期阶段飞行路径角稍微偏离 $90°$,使 $\gamma = \pi/2 - \varepsilon$,这里,$\varepsilon \ll 1$,则 $\sin\gamma = 1$,精度在 $O(\varepsilon^2)$ 的量级。另外,假设在 $t = 0$ 时的速度 $V(0) = V_0$,其中 V_0 很小,如每秒几十米。对于定常的初始推力对重量之比 $(F_{vac}/W)_0$ 和比冲 $I_{sp,vac}$,则可通过求解式(7.36)得到

$$V = -g_E I_{sp,vac} \left\{ \ln\left[1 - \left(\frac{F_{vac}}{W}\right)_0 \frac{t}{I_{sp,vac}} \right] + \frac{t}{I_{sp,vac}} \right\} + V_0 \tag{7.40}$$

需要注意的是,$g_E I_{sp,vac}$ 为发射过程的特征速度,而 $I_{sp,vac}$ 为特征时间。式(7.40)中的参数具有如下量级:$g_E = O(10\,\text{m/s}^2)$,$I_{sp,vac} = O(10^2\,\text{s})$,$(F_{vac}/W)_0 = O(1)$,特征速度 $g_E I_{sp,vac} = O(10^3\,\text{m/s})$。图 7.7 为式(7.40)中的速度与时间的函数,针对的是 $(F_{vac}/W)_0 = 1.3$ 和不同的 $I_{sp,vac}$ 值,还一并给出了式(7.36)和式(7.37)的数值解,以供比较。用数据符号表示的近似结果在开始飞行的 70~80s 时会逐渐小于准确值,这是因为在得到式(7.40)时忽略了 $\sin\gamma$ 的效应,而其影响开始变得越来越重要了。

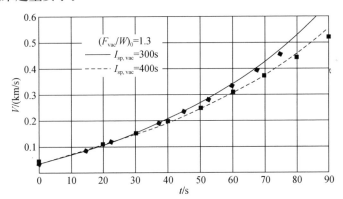

图 7.7 给定初始真空推力对重量之比和两个特定真空比冲的条件下,
发射飞行器的速度与时间的函数关系,曲线表示方程的数值解,
实心图形表示式(7.40)的近似结果

对于较小的时间值,式(7.40)可以展开为如下形式:

$$V = -g_E I_{sp,vac} \left\{ -\left(\frac{F_{vac}}{W}\right)_0 \frac{t}{I_{sp,vac}} - \frac{1}{2}\left[\left(\frac{F_{vac}}{W}\right)_0 \frac{t}{I_{sp,vac}} \right]^2 + \cdots + \frac{t}{I_{sp,vac}} \right\} + V_0 \tag{7.41}$$

可以看出,在极早的时候有 $V = V_0 + [(F_{vac}/W)_0 - 1] g_E t$,表明起始推力水平必须大于重量,而且 $(F_{vac}/W)_0$ 的大小决定了发射飞行器从发射台离开的加速度。这个方程是小时间的近似解,会越来越低于由式(7.40)计算出来的准确解,在 $t = 75s$ 时误差为 10% 左右。在小时间值的假设下,V 也同样较小,可以看出

$V/R_E \leqslant g_E/V$，故式(7.37)可以近似为

$$\dot{\gamma} = -\frac{g_E \cos\gamma}{V} \tag{7.42}$$

由式(7.41)求出 V 的解，其中，式(7.41)精确到 $\bar{t} = t/I_{sp,vac}$ 的二阶项，将其代入式(7.42)，得

$$\frac{\mathrm{d}\gamma}{\cos\gamma} = -\frac{\mathrm{d}\bar{t}}{V_0 + \left[\left(\dfrac{F_{vac}}{W}\right)_0 - 1\right]\bar{t} + \dfrac{1}{2}\left(\dfrac{F_{vac}}{W}\right)_0^2 \bar{t}^2} \tag{7.43}$$

求该方程的积分，得到如下结果：

$$\ln\left[\tan\left(\frac{\pi}{4} + \frac{\gamma}{2}\right)\right] = -\frac{1}{\sqrt{Q}}\ln\left[\frac{\left(\dfrac{F_{vac}}{W}\right)_0^2 \bar{t} + \left(\dfrac{F_{vac}}{W}\right)_0 - 1 + \sqrt{Q}}{\left(\dfrac{F_{vac}}{W}\right)_0^2 \bar{t} + \left(\dfrac{F_{vac}}{W}\right)_0 - 1 - \sqrt{Q}}\right] + \ln C \tag{7.44}$$

其中，C 为积分常数；参数 Q 为

$$Q = \left[\left(\frac{F_{vac}}{W}\right)_0 - 1\right]^2 - 2\frac{V_0}{g_E I_{sp,vac}}\left(\frac{F_{vac}}{W}\right)_0^2 \tag{7.45}$$

显然，对于 $t = 0$，理想情况是 $\gamma(0) = \pi/2$，则式(7.44)等号左边的项是无穷大的。这个奇点总是存在的，并且会对式(7.37)的数值求解的起始造成困难。不过，假设在 $t = 0$ 时，飞行路径角稍微小于 $90°$，这样有 $\gamma(0) = \gamma_0 = \pi/2 - \varepsilon$ 且 $\varepsilon \ll 1$。对于 γ 接近 $\pi/2$ 的情况，可以进行近似，从而将式(7.44)简化为

$$\tan\left(\frac{\pi}{4} + \frac{\gamma}{2}\right) \approx \frac{2}{\cos\gamma} \tag{7.46}$$

这个近似还算准确，当 $\gamma = 75°$ 时，把 γ 高估了大约 1.5%。如果利用式(7.46)，并只限于关注飞行路径角不是远小于 $90°$ 的情形，那么经过一些处理，式(7.44)可以简化为

$$\cos\gamma = \cos\gamma_0 \left[\frac{\left(\dfrac{F_{vac}}{W}\right)_0^2 \bar{t} + \left(\dfrac{F_{vac}}{W}\right)_0 - 1 + \sqrt{Q}}{\left(\dfrac{F_{vac}}{W}\right)_0^2 \bar{t} + \left(\dfrac{F_{vac}}{W}\right)_0 - 1 - \sqrt{Q}} \cdot \frac{\left(\dfrac{F_{vac}}{W}\right)_0 - 1 + \sqrt{Q}}{\left(\dfrac{F_{vac}}{W}\right)_0 - 1 - \sqrt{Q}}\right]^{\frac{1}{\sqrt{Q}}} \tag{7.47}$$

利用式(7.38)和式(7.39)可以确定发射飞行器轨迹的初期部分。图 7.8 为初始推力与重力之比 $(F_{vac}/W)_0 = 1.3$，比冲 $I_{sp,vac}$ 为 300s，400s 的发射飞行器的头 90s 的近似飞行轨迹和相应数值解的对比。就如在图 7.7 中所示，可以再次注意到，用于设计的二阶速度近似方程(7.41)越来越低于实际速度。式(7.42)给出的飞行路径角随着时间的减小趋势被越来越夸大。然而，这个准确度还足以描述重力转向的形成。图 7.8 还清楚地反映了比冲大小的影响。较高的 $(F_{vac}/W)_0$ 值具有与较高的 $I_{sp,vac}$ 值类似的效果。

由式(7.37)求解的 $\gamma(t)$ 对初始飞行路径角 $\gamma(0)$ 的假定值是非常敏感的。这是因为，在小时间内，有 $\mathrm{d}\gamma/\mathrm{d}t \approx -\cos\gamma/V$，这会快速地迫使 γ 变得很小甚至为负

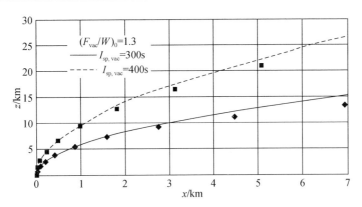

图 7.8 发射装置在飞行头 90s 的轨迹,其中$(F_{vac}/W)_0 = 1.3$、$I_{sp, vac} = 300s$、400s,
曲线为完整方程组的数值解,而实心图形表示近似解,所用的比例尺夸大了轨迹转向

值。通常,没有 TVC 时,要在特定高度 z 处进入轨道,必须调节发射时的初始条件,直至在发射过程结束时能获得合适的轨道值。因此,单纯依靠重力转向实现入轨,就需要针对正确的最终条件进行"射击"。图 7.9 揭示了飞行路径角与 $\gamma(0)$ 的函数关系,其中 $\gamma(0)$ 的值非常接近 $90°$,偏离仅 $0.001rad(0.057°)$。曲线为完全方程的数值解,而实心图形表示相应的近似解。可以再次看出,近似结果只在时间小于 70s 时比较合适。

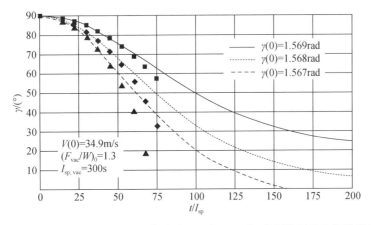

图 7.9 给定$(F_{vac}/W)_0$ 与 $I_{sp, vac}$ 值时对于 3 个 $\gamma(0)$ 值,发射装置的飞行路径角,
曲线为完全方程的数值解,实心图形表示近似解

7.4.2 升力和阻力均为零时的数值解

采用常微分方程组的标准数值积分方法,本质上,对于任意初始条件,可以容

易地求解式(7.36)~式(7.39)。当然,初始条件的很小变化,常常会导致整个轨迹的显著变化。由于速度方程(7.36)涉及 $\sin\gamma$,其对接近 $90°$ 的初始值 $\gamma(0)$ 不敏感,因此,初始速度 $V(0)$ 一般取为每秒数十米。注意到,$V(0)$ 值过小,可导致 $\mathrm{d}\gamma/\mathrm{d}t$ 初始值过大,给随后的数值解算带来困难。图 7.9 已经表明,$\gamma(0)$ 的很小差异就可引起飞行路径角随时间的显著变化。在图示情形中,$V(0)=34.9\mathrm{m/s}$。图 7.10 为对应于这些条件的整条轨迹。在本节的简化假设条件下使用式(7.14),表明发射飞行器在燃尽时(也就是当全部推进剂耗尽时)的质量比为

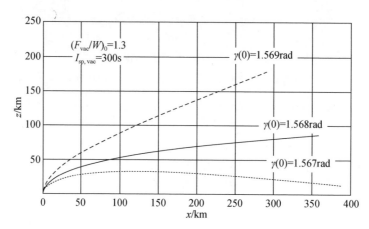

图 7.10　当 $(F_{\mathrm{vac}}/W)_0 = 1.3$ 及 $I_{\mathrm{sp,vac}} = 300\mathrm{s}$ 时,对应三种不同
初始飞行路径角的发射装置的轨迹

$$\left(\frac{m}{m_0}\right)_{\mathrm{bo}} = 1 - \left(\frac{W_{\mathrm{p}}}{W_0}\right) = 1 - \left(\frac{F_{\mathrm{vac}}}{W}\right)_0 \frac{t_{\mathrm{bo}}}{I_{\mathrm{sp,vac}}} \tag{7.48}$$

因此,由式(7.15)给出的燃尽时间为

$$t_{\mathrm{bo}} = I_{\mathrm{sp,vac}} \frac{\left(\dfrac{W_{\mathrm{p}}}{W_0}\right)}{\left(\dfrac{F_{\mathrm{vac}}}{W}\right)_0} \tag{7.49}$$

最长燃尽时间对应于发射飞行器完全是由推进剂构成的情形,因此完全耗尽导致的燃尽时间 $t_{\mathrm{bo}} = I_{\mathrm{sp,vac}}/(F_{\mathrm{vac}}/W)_0$。因为在实际中 $I_{\mathrm{sp}} = O(10^2)$ 并且 $(F_{\mathrm{vac}}/W)_0 = O(1)$,所以最长燃尽时间限定在数百秒。对于图 7.10 所示情形,按照式(7.49),最长燃尽时间为 230s。

图 7.10 所示的发射飞行器性能明显依赖初始飞行路径角,正如图 7.9 中的飞行路径角的历程结果所认为的那样。γ_0 的值越大,飞行器越接近有人航天器需要的轨道高度,但是飞行路径角明显高于近圆轨道所需要的角度。相反,所示的最小 γ_0 值无法让发射飞行器达到足够高的高度,而实际上,在燃尽之前就开始下降。中

间的 γ_0 值得到的飞行路径角接近于圆形轨道所需的零角度,但是还不足以达到轨道所需的合适高度。

采用具有相同初始推力与重力之比的发射飞行器,使用更有效的 $I_{sp, vac} = 400s$ 的发动机,得到了如图 7.11 所示的轨迹。可以看出,这个发射飞行器能够到达更高的高度,同时在高度接近适合于轨道的高度时逼近更小的最终飞行路径角。值得注意的是,初始飞行路径角相差仅 $0.5°$,就有飞行轨迹的很大差别。因为具有更高的比冲,这个发射飞行器的最大燃烧时间约为 308s。

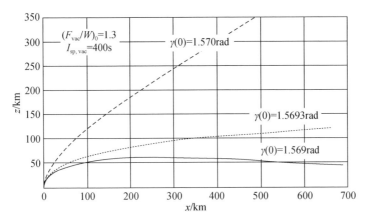

图 7.11 $(F_{vac}/W)_0 = 1.3$ 及 $I_{sp, vac} = 400s$ 时,三种初始飞行路径角情况下发射飞行器的轨迹

现在来考虑必须满足实际要求的发射飞行器的一些缺点。利用式(7.11),可以得到推进剂随时间的消耗情况,图 7.12 给出的就是所讨论的情形。如前所述,发射飞行器无法仅包含推进剂,这是因为发射装置的重量包含了结构重量发动机的重量,以及有效载荷的重量。一个粗略的经验法则是,这些重量需要占到初始重量的大约 10%。其结果是,考虑推进剂重量占比的最大值为初始重量的 90%,所以图 7.12 中所强调的推进剂占比最上面的 10% 在实际中是不可用的。对于 $I_{sp, vac} = 300s$ 和 400s 的情况,燃尽时间会因此分别降低到 210s 和 275s。这种对推进剂容量的限制对速度造成的影响描述在图 7.13 中。如第 5 章所述,有人航天器的轨道速度约为 7.9km/s,由于推进剂的这种限制,对于所给的 $(F/W)_0$ 值,只有 $I_{sp, vac} = 400s$ 的情况才可能达到轨道速度。

除这些入轨困难之外,在飞行末期发射飞行器承受的过量加速度也是一个问题,如图 7.14 所示。在第 6 章介绍过,高于 $4g_E \sim 5g_E$ 的加速度对于有人航天器是不可接受的。因此,对于发射有人航天器入轨而言,火箭动力的单级入轨飞行器看起来不太可能被采用。

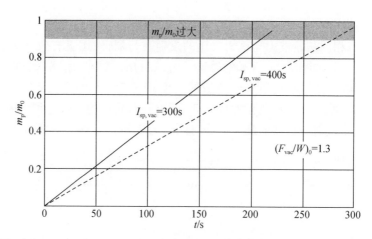

图 7.12　$(F_{vac}/W)_0 = 1.3$ 且 $I_{sp,vac} = 300s$ 及 $400s$ 时，发射装置的推进剂占比随时间的变化情况，顶部阴影部分表示因结构和有效载荷要求而无法装载推进剂的情况

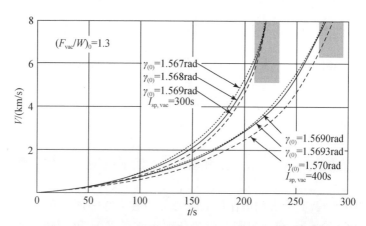

图 7.13　$(F_{vac}/W)_0 = 1.3$ 且 $I_{sp,vac} = 300s$ 及 $400s$ 时，发射飞行器速度随时间的变化情况，顶部阴影部分表示因结构和有效载荷要求而无法装载推进剂

7.4.3　燃尽速度的近似解

虽然飞行路径角历程对速度和初始飞行路径角比较敏感，并且无法得到简单的解析解，但是对于速度历程来说，情况并不是这样的。式(7.36)描述了在重力作用下施加定常推力 $F = F_{vac}$ 后速度的变化情况，如果在其中假设可以用平均值代替 $\sin\gamma$ 项，于是速度变为

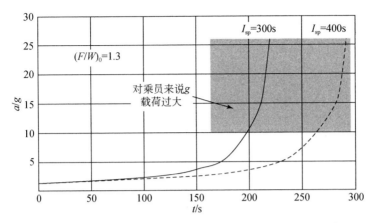

图 7.14 $(F/W)_0 = 1.3$ 且 $I_{sp} = 300s$ 和 $400s$ 时,发射装置的加速度历程,
阴影部分表示有人航天器无法承受的加速度水平

$$V = -g_E I_{sp} \left\{ \ln\left[1 - \left(\frac{F}{W}\right)_0 \frac{t}{I_{sp}} \right] + \sin\gamma_{avg} \frac{t}{I_{sp}} \right\} + V_0 \qquad (7.50)$$

图 7.7 表明,选择 $\sin\gamma_{avg} = 1$ 时得到的结果接近短时间内的数值解。对于飞行后期,选择 $\sin\gamma_{avg} = 0.5$ 时,得到的数值解相当接近精确值,如图 7.15 所示,其中推进剂重量占飞行器初始重量的 90%。对于小时间尺度,速度被高估,而对于更大时间值,速度非常接近数值解。

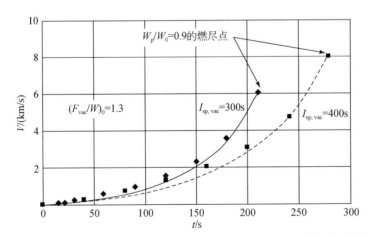

图 7.15 $W_p/W_0 = 0.9$ 时,$(F_{vac}/W)_0 = 1.3$,$I_{sp, vac} = 300s$ 及 $400s$ 情况下,燃尽之前的
速度历程,曲线表示数值解,实心图形表示式(7.50)的近似解

7.4.4 燃尽后的轨迹

当所有推进剂耗尽或发动机推力中断后,发射飞行器将在重力的唯一作用下沿轨迹滑行。把式(7.49)代入式(7.50)中,得到燃尽时刻速度的近似值为

$$V_{bo} = -g_E I_{sp,vac} \left[\ln\left(1 - \frac{W_p}{W_0}\right) + \sin\gamma_{avg} \frac{W_p}{W_0} \left(\frac{F_{vac}}{W}\right)_0^{-1} \right] \tag{7.51}$$

图 7.16 为假设 $\sin\gamma_{avg} = 0.5$ 的情况下,推进剂占比 W_p/W_0 对燃尽速度的影响。显然,比冲对燃尽速度的大小有显著的影响。把初始推力对重量之比($F_{vac}/W)_0$ 从 1.3 提高到 1.4,对燃尽速度的影响可忽略不计,因此图 7.16 中没有给出。

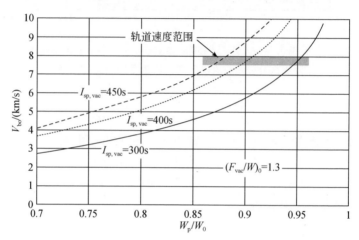

图 7.16 $(F_{vac}/W)_0 = 1.3$ 及 $I_{sp,vac} = 300s, 400s, 450s$ 的情况下,燃尽速度与推进剂
占比 W_p/W_0 的关系,阴影部分表示进入 LEO 所需的速度范围

推进剂一旦耗尽,也即燃尽或者发动机关机,式(7.36)就变为

$$\dot{V} = -g_E \sin\gamma \tag{7.52}$$

引入式(7.53),可以把自变量从时间变为竖直距离:

$$\frac{d}{dt} = V\sin\gamma \frac{d}{dz} \tag{7.53}$$

将式(7.53)代入式(7.52)和式(7.37),得到如下方程:

$$V\frac{dV}{dz} = -g_E \tag{7.54}$$

$$\tan\gamma \frac{d\gamma}{dz} = \frac{1}{R_E} - \frac{g_E}{V^2} \tag{7.55}$$

如果把初始条件设为燃尽时的条件,即在 $z = z_{bo}$ 时有 $V(z_{bo}) = V_{bo}$,且飞行路径角 $\gamma(z_{bo}) = \gamma_{bo}$,则可以对式(7.54)和式(7.55)进行积分,得到

$$V^2 = V_{bo}^2 - 2g_E(z - z_{bo}) \tag{7.56}$$

$$\cos\gamma = \cos\gamma_{bo} \frac{\exp\left(-\dfrac{z - z_{bo}}{R_E}\right)}{\sqrt{1 - 2\dfrac{g_E R_E}{V_{bo}^2}\dfrac{z - z_{bo}}{R_E}}} \tag{7.57}$$

沿航向距离与高度之间的关系为

$$\frac{dz}{dx} = \tan\gamma \tag{7.58}$$

可以利用式(7.56)~式(7.58)来计算燃尽之后或发动机关机之后发射飞行器的轨迹。虽然利用式(7.51)可以合理地准确算出燃尽速度,如图7.13所示,但是没有简单的办法得到如图7.10和图7.11所示的 γ_{bo} 和 z_{bo},因此必须利用数值解来确定直至燃尽时的轨迹。

对于7.2.2小节讨论的发射飞行器的两种情形,在 $(F_{vac}/W)_0 = 1.3$ 和 $I_{sp,vac} = 400s$ 的条件下,发动机关机后的轨迹如图7.17和图7.18所示。第一种情形,燃尽时有 $V_{bo} = 7.39km/s$ 和 $\gamma_{bo} = 28.99°$;而第二种情形,燃尽时有 $V_{bo} = 7.39km/s$ 和 $\gamma_{bo} = 1.577°$。在两种情形下,速度都不足以进入所示高度的轨道,发射飞行器会如图所示进入大气并下降到地球。图7.17表明,在燃尽时具有相对大的飞行路径角的发射飞行器,在进入大气并落回地球之前,将会继续上升到很高的高度。此外,燃尽时飞行路径角很小的发射飞行器,在下降到地球之前,将只会上升到比燃尽高度稍高一点的位置处,如图7.18所示。两种情形具有相同的燃尽速度,所以正是飞行路径角决定了轨迹的性质。

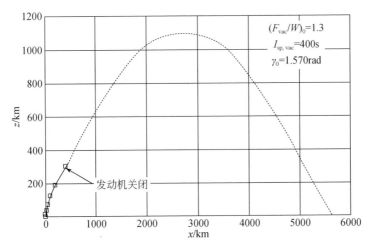

图7.17 给定发射飞行器,在发动机关闭后,燃尽时飞行路径角较大情况下的近似轨迹,初始动力飞行轨迹和发动机关机点对应于 $V_{bo} = 7.39km/s$ 和 $W_p/W_0 = 0.9$

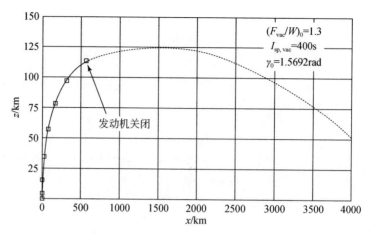

图 7.18　给定发射飞行器,在发动机关闭后,燃尽时飞行路径角较小情况下的近似轨迹,
初始动力飞行轨迹和发动机关机点对应于 $V_{bo}=7.39$km/s 和 $W_p/W_0=0.9$

7.4.5　地球转动的影响

本章中发射飞行器动力学的推导是基于一个不转动的地球的。地球向东以 23h56min 一圈的速率转动,因此地球表面转动线速度为 $V_\omega=465.1\cos L_a$,其中 L_a 为纬度角的大小。表 7.2 列出了主要太空港及其位置。

表 7.2　主要太空港及其位置

国家及地区	太空港	纬度	经度
中国	酒泉	40.6°N	99.9°E
中国	西昌	28.25°N	102.0°E
欧盟	库鲁(法属圭亚那)	5.2°N	52.8°W
印度	斯里哈里科塔岛	13.9°N	80.4°E
日本	种子岛	30.4°N	131.0°E
俄罗斯	拜科努尔	45.6°N	63.4°E
俄罗斯	普列谢茨克	62.8°N	40.1°E
美国	卡纳维拉尔角	28.5°N	81.0°W
美国	范登堡空军基地	34.4°N	120.35°W

发射台上的发射飞行器具有地球向东自转的速度,这个附加的速度有助于到达轨道。在 NASA 的卡纳维拉尔角的发射可以提供约 5% 的所需轨道速度,而从库鲁的发射可提供约 5.9% 的所需轨道速度。因此,由靠近赤道的位置向东的顺行发射是最有吸引力的。从起飞到入轨所经过的时间一般小于 10min,在此期间,

地面发射位置仅向东移动了 $279\cos L_a\,\mathrm{km}$。在详细确定轨迹时,地球的转动是很重要的,不过这超出了本书的范围。关于发射力学中这方面的更多内容,可参见 Bate 等(1971)以及 Wertz 等(1999)的文献。

　　有时报道的轨迹特性是基于原点在地球中心的惯性坐标系的,而不是我们采用的站心地平坐标系,其原点在地球表面上($x=y=0,z=0$)并随之转动。我们认为速度是相对于地球上的固定位置测量的,并且飞行路径角是相对于当地水平面测量的($z=$常数)。利用 Bate 等(1971)给出的推导,可以表明惯性速度 V_i 的大小可用速度 V、飞行路径角 γ、方位角 β(全部是相对于非转动的地球)以及由于转动的线速度 V_ω 来表示,具体如下:

$$V_i=\sqrt{V^2+V_\omega^2+2VV_\omega\cos\gamma\sin\beta}$$

　　飞行速度如图 7.19 所示。地球向东转动,并且方位角 β 从正北依顺时针量起。向东发射($0°<\beta<180°$)得到地球转动的帮助,而向西发射($180°<\beta<360°$)则失去转动的帮助。对于不转动的地球,则 $V_\omega=0$,进而 $V_i=V$。然而,在转动地球上起飞,有 $V=0$ 且 $\gamma=90°$,可以看出初始惯性速度为 $V_i=V_\omega$。由于在上升期间,$V\gg V_\omega$,地球转动的影响减弱,并且 V_i 接近 V。因此,报道的发射飞行器的惯性速度历程,在起飞时会显示出等于 V_ω 的值,并且随着发射的进展,绝对速度和相对速度之间的差会减小到接近于零。

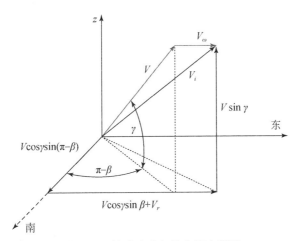

图 7.19　转动地球上的飞行速度图

　　惯性飞行路径角与基于当地水平面的飞行路径角之间的关系为

$$\sin\gamma_i=\frac{V\sin\gamma}{\sqrt{V^2+V_\omega^2+2VV_\omega\cos\gamma\sin\beta}}$$

　　对于不转动的地球,$V_\omega=0$,进而 $\gamma_i=\gamma$。然而,在转动地球上的起飞时刻,有 $V=0$ 和 $\gamma=90°$,则 $\sin\gamma_i=0$,这意味着尽管 $\gamma=90°$ 但 $\gamma_i=0$。所以,当报道发射飞行器的

惯性飞行路径角历程时,开始时为零并且在减小前增加到某个极大值,因为当 $V \gg V_\omega$ 时,真实飞行路径角和当地水平面飞行路径角之间的差就会减小至接近零。

7.5　火箭的分级

发射飞行器的质量随着推进剂的燃烧而降低,但是结构和储箱的质量在飞行器上升中保持不变。这个质量是寄生性的,所以继续携带飞行器的这部分质量去克服引力的吸引就是一种浪费。最理想的是在上升期间能连续地丢弃这些质量。这种做法是不现实的,但是对此有近似的实现方法,就是沿着飞行路径,当结构和储箱的可分离部分之中的推进剂完全消耗之后将其丢弃。这个概念就是分级。级和组合是对发射飞行器的不同分类,其区别用土星 5 号飞行器表示在图 7.20 中。

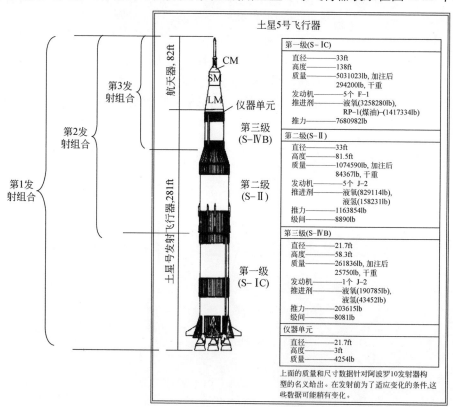

图 7.20　土星 5 号飞行器,显示了三个级和相应的三个组合

级是一个推进单元,由发动机及其推进剂和相关的储箱、结构和控制系统组成。这个单元携带一个休眠的载荷,它们共同构成了一个发射组合。例如,图 7.20 所示的第一级就是一个推进单元,它携带了发射飞行器的余下部分。这个

组合就叫做第一发射组合。第一发射组合的载荷就是第二发射组合,其由第二级推进单元及其休眠的载荷组成。第二发射组合的载荷就是第三发射组合,其由第三级推进单元及其休眠的载荷组成。在这种情况下,第三发射组合的休眠载荷就是发射飞行器的真正载荷。

由式(7.23)~式(7.26)给出的运动方程可以应用于任何级数火箭的飞行,因为分级飞行可以看成一系列初值问题。为了分级飞行特性描述的简单,可以采用先前推导的近似方程(7.36)~式(7.39)来代替。为了到达轨道,必须在某个特定的高度上达到合适的速度和飞行路径角。我们注意到,正如之前描述且在图7.15中说明的,发射飞行器的速度主要取决于火箭发动机的性能,而对飞行路径角不是非常敏感。飞行路径角一般是在飞行过程中通过适当改变推力角度 χ 来进行控制的。因此,达到轨道的重要因素是飞行器的速度。

7.5.1 组合和级的一般关系

考虑适合人类太空飞行安全的三级飞行器。单级和两级飞行器很容易在描述三级发射装置的框架内予以考虑。单级、两级和三级飞行器的示意图在图7.21中示出。图中清楚地定义了三个不同发射飞行器的组合。

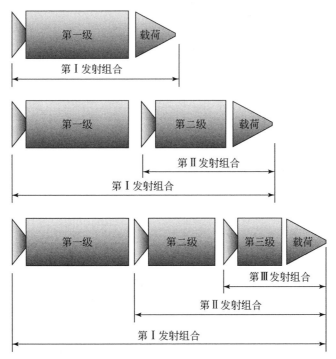

图7.21　从上往下依次为单级、两级和三级发射飞行器的示意图,
图中显示了构成各发射飞行器的发射组合的定义

给定级 i 的总初始质量是给定组合 J 的初始质量的一部分,则有

$$m_0^J = m_0^{J+1} + m_{\mathrm{str},i} + m_{\mathrm{eng},i} + m_{\mathrm{p},i} = m_0^{J+1} + m_{\mathrm{s},i} + m_{\mathrm{p},i}, \quad i = 1,2,3,\cdots; J = \mathrm{I},\mathrm{II},\mathrm{III},\cdots$$

$$(7.59)$$

第 i 级中推进剂的总质量用 $m_{\mathrm{p},i}$ 表示。利用式(7.14),对于具有定常推力和比冲的给定级,推进剂总质量的近似表达式为

$$\frac{m_{\mathrm{p},i}}{m_0^J} = \frac{1}{I_{\mathrm{sp},i}} (F/W)^J (t_{\mathrm{bo},i} - t_{\mathrm{ig},i}) = k_{\mathrm{p},i} \Delta t_i \tag{7.60}$$

因为初始推进剂占比必定小于 1,而且推重比必须大于 1,所以任何级的燃烧时间必定小于该级发动机提供的比冲,也就是小于数百秒。

假设某级的空质量 $m_{\mathrm{s},i}$ 与该级所携带的推进剂的质量 $m_{\mathrm{p},i}$ 成正比。随后将讨论这个假设是否恰当。于是,在给定的 J 组合中给定的 i 级的结构和发动机质量之和 $m_{\mathrm{s},i}$ 为

$$\frac{m_{\mathrm{s},i}}{m_0^J} = \frac{m_{\mathrm{str},i} + m_{\mathrm{eng},i}}{m_0^J} = k_{\mathrm{s},i} \frac{m_{\mathrm{p},i}}{m_0^J} \tag{7.61}$$

对于一个三级发射飞行器,各个组合 $J = \mathrm{I}$、II、III 的等效质量为

$$m_0^{\mathrm{I}} = \{ [m_{\mathrm{pay}} + m_{\mathrm{s},3} + m_{\mathrm{p},3}] + [m_{\mathrm{s},2} + m_{\mathrm{p},2}] \} + [m_{\mathrm{s},1} + m_{\mathrm{p},1}] \tag{7.62}$$

$$m_0^{\mathrm{II}} = \{ [m_{\mathrm{pay}} + m_{\mathrm{s},3} + m_{\mathrm{p},3}] \} + [m_{\mathrm{s},2} + m_{\mathrm{p},2}] \tag{7.63}$$

$$m_0^{\mathrm{III}} = \{ m_{\mathrm{pay}} \} + [m_{\mathrm{s},3} + m_{\mathrm{p},3}] \tag{7.64}$$

从特定的载荷质量 m_{pay} 开始,每一个组合的初始质量可以由以下方程顺序计算得出:

$$m_0^{\mathrm{III}} = \frac{m_{\mathrm{pay}}}{1 - (1 + k_{\mathrm{s},3}) k_{\mathrm{p},3} \Delta t_3} \tag{7.65}$$

$$m_0^{\mathrm{II}} = \frac{m_0^{\mathrm{III}}}{1 - (1 + k_{\mathrm{s},2}) k_{\mathrm{p},2} \Delta t_2} \tag{7.66}$$

$$m_0^{\mathrm{I}} = \frac{m_0^{\mathrm{II}}}{1 - (1 + k_{\mathrm{s},1}) k_{\mathrm{p},1} \Delta t_1} \tag{7.67}$$

可以合并这些公式,给出发射飞行器的初始质量为

$$m_0^{\mathrm{I}} = \frac{m_{\mathrm{pay}}}{[1 - (1 + k_{\mathrm{s},3}) k_{\mathrm{p},3} \Delta t_3][1 - (1 + k_{\mathrm{s},2}) k_{\mathrm{p},2} \Delta t_2][1 - (1 + k_{\mathrm{s},1}) k_{\mathrm{p},1} \Delta t_1]}$$

$$(7.68)$$

载荷质量是由任务要求确定的,这里显示还有 9 个可以变化的参数,由此使发射飞行器的初始质量达到最小。如果式(7.68)的方括号内的每一项都独立地最大化,那么初始发射质量就会最小化。这就要求结构参数 $k_{\mathrm{s},i}$、推进剂参数 $k_{\mathrm{p},i}$ 和燃尽时间 Δt_i 可以分别最小化,从而使式(7.68)的分母最大化。在实际中,这些参数的选取是很受限制的,所以它们既不能随意选取,也不能独立选取。

现在分别考虑如下因素:

（1）一个组合的推力与初始重量之比可以随意设定（在一个相当受限的范围内），但是因为任一组合的初始质量都是根据发动机推力计算得出的，所以也是固定的。除非是专门针对所需推力水平设计发动机，否则就必须从（相对较少的）现有发动机中选取，这时就不太可能有发动机与特定的推力水平密切相配。

（2）比冲主要取决于所选择的推进剂组合，而且限制在很窄的几个取值范围内，对于 LH_2-LOX 推进剂为 $425\sim450s$，对于 RP1-LOX 推进剂为 $260\sim300s$。显然，推进剂的选择进一步限制了发动机的选择。

（3）结构参数 $k_{s,i}$ 同样不能随意选取，取值限制在 $0.05\sim0.15$ 内。现有系统表明，对于助推器和第一级可以达到 $0.05\sim0.08$ 的最低值，而对于第二和上面级取值 $0.1\sim0.15$ 时看起来比较正常。

（4）每一级的燃烧时间同样受约束，正如前面所指出的，因为其必定小于该级所使用的发动机的比冲。然而，飞行器必须加速到轨道速度，这里假定近似为 $V_E=7.909km/s$，而且加速度必须满足安全的有人太空飞行要求。在 $300s$ 的总燃烧时间中要达到 $V_E=7.909km/s$，平均加速度约为 $2.6g_E$，而对于 $450s$ 的总燃烧时间则约为 $1.8g_E$。因为临近燃烧结束时，瞬时加速度会快速增长，所以很可能会高到无法接受的程度。

为了简单起见，采用近似方程（7.50）来确定一个给定级的速度。假设 $V(0)=0$，直至第一级燃尽的时刻 $t=t_{bo,1}$，这时 $V=V(t_{bo,1})$，第一组合的速度为

$$V_1(t)=-g_E I_{sp,1}\ln[1-k_{p,1}t]-g_E t\sin\gamma_{avg,1} \tag{7.69}$$

如果只有一个组合，则在 $t=t_{bo,1}$ 时丢弃第一级，载荷就以 $V=V_{bo,1}$ 滑行。然而，如果有第二组合，则在 $t=t_{bo,1}$ 时刻第一级被丢弃时第二级被点燃，并且第二组合被以下速度推进：

$$V_2(t)=-g_E I_{sp,2}\ln[1-k_{p,2}(t-t_{bo,1})]-g_E(t-t_{bo,1})\sin\gamma_{avg,2}+V_{bo,1} \tag{7.70}$$

如果只有两个组合，则在 $t=t_{bo,2}$ 时丢弃第二级，载荷就以 $V=V_{bo,2}$ 向前滑行。然而，如果有第三级，则在 $t=t_{bo,2}$ 第二级被丢弃时第三级被点燃，并且第三组合被以下速度推进：

$$V_3(t)=-g_E I_{sp,3}\ln[1-k_{p,3}(t-t_{bo,2})]-g_E(t-t_{bo,2})\sin\gamma_{avg,3}+V_{bo,2} \tag{7.71}$$

每一级的推进剂质量占其组合的初始质量的比值为

$$\frac{m_{p,1}}{m_0^{\mathrm{I}}}=k_{p,1}(t_{bo,1}-0)=k_{p,1}\Delta t_1$$

$$\frac{m_{p,2}}{m_0^{\mathrm{II}}}=k_{p,2}(t_{bo,2}-t_{bo,1})=k_{p,2}\Delta t_2 \tag{7.72}$$

$$\frac{m_{p,3}}{m_0^{\mathrm{III}}}=k_{p,3}(t_{bo,3}-t_{bo,2})=k_{p,3}\Delta t_3$$

各级及其相应组合的加速度为

$$\frac{\dot{V}_1}{g_E} = \frac{(F/W_0)_0^I}{1-k_{p,1}t} - \sin\gamma_{avg,1}$$

$$\frac{\dot{V}_2}{g_E} = \frac{(F/W_0)_0^{II}}{1-k_{p,2}(t-t_{bo,1})} - \sin\gamma_{avg,2} \qquad (7.73)$$

$$\frac{\dot{V}_3}{g_E} = \frac{(F/W_0)_0^{III}}{1-k_{p,3}(t-t_{bo,2})} - \sin\gamma_{avg,3}$$

载荷的质量要被放入一个圆轨道,其速度要适合轨道的高度,则有

$$V = \sqrt{gr} = \sqrt{\frac{g_E R_E}{1+\dfrac{z}{R_E}}} \approx \sqrt{g_E R_E}\left(1-\frac{z}{2R_E}\right) \approx \sqrt{g_E R_E} = V_E \qquad (7.74)$$

注意到,对于 LEO,有 $z \ll R_E$,所以相应轨道速度的最后近似就是简单的 V_E,即地球表面的轨道速度计算值。对于 $z=200\mathrm{km}$,这个近似处理得到的速度比准确值约高出 3%,这对初步设计来说是可接受的。在这种简化方法中,假设发动机的推力 F 是定常的,从而每个组合的初始推力与重力之比 $(F/W)_0^I$ 也是定常的。另外,假设比冲 I_{sp} 是定常的,因此 $k_{p,i}=(F/W)_0^I/I_{sp,i}=$ 常数,还假设指定了平均飞行路径角 $\gamma_{avg,i}$。通常会采用推力和比冲的真空值,因为这些值是文献中最常引述的。然后,式(7.69)~式(7.71)可用来求解从 $V=V(0)$ 加速到 $V=V_E(t_{bo,i})=7.909\mathrm{km/s}$ 所需的燃烧时间 t_{bo},并且式(7.72)可用来求解各级所需的燃料占比。任何级的最大加速度都出现在燃尽时刻 $t=t_{bo,I}$,可用式(7.73)求得。

为了有助于在发射飞行器的设计中选择发动机,表 7.3 列出了液体推进剂火箭发动机及其真空推力和真空比冲。

表 7.3　各种火箭发动机的真空比冲和真空推力

推进剂	发动机	$I_{sp,vac}/s$	发动机	F_{vac}/lbs
LH$_2$-LOX	RS-68	409	HM7-B	14568
LH$_2$-LOX	J-2	425	CECE	15000
LH$_2$-LOX	Vulcan	431	RS-44	15000
LH$_2$-LOX	Vulcan 2	433	RL10B-2	25000
LH$_2$-LOX	STME	434	Vinci	40468
LH$_2$-LOX	J-2S	435	J-2	232000
LH$_2$-LOX	CECE	445	J-2S	256000
LH$_2$-LOX	HM7-B	446	Vulcain	256295
LH$_2$-LOX	RS-53	454	Vulcain 2	303507
LH$_2$-LOX	SSME	454	RS-53	470000
LH$_2$-LOX	RL10B-2	462	SSME	512300

推进剂	发动机	$I_{\mathrm{sp,vac}}/\mathrm{s}$	发动机	$F_{\mathrm{vac}}/\mathrm{lbs}$
LH$_2$-LOX	Vinci	465	STME	580000
LH$_2$-LOX	RS-44	481	RS-68	768000
RP1-LOX	MA-5	259	H1	205000
RP1-LOX	H1	263	RD-107	223000
RP1-LOX	MA-5A	264	RS-27	231700
RP1-LOX	RS-27	295	RS-27A	237000
RP1-LOX	RSX	299	NK33	339000
RP1-LOX	RS-27A	302	MA-5	377500
RP1-LOX	F1-A	303	NK43	395000
RP1-LOX	F1	304	MA-5A	423500
RP1-LOX	RD-107	310	RSX	480000
RP1-LOX	NK33	331	RD-180	933400
RP1-LOX	RD-180	338	F-1	1748000
RP1-LOX	NK43	346	F-1A	2020000
UMDH-N$_2$O$_4$	YF-20B	260	YF-20B	166000
UMDH-N$_2$O$_4$	Viking 5C	278	Viking 5C	169065
MMH-N$_2$O$_4$	Aestus II	340	Aestus II	12456
CH$_4$-LOX	STBE	340	CECE	15000
CH$_4$-LOX	CECE	340	STBE	575000

7.5.2 单级入轨

设有一个假想的单级火箭,具有典型的初始推力与重量之比$(F/W)_0=1.3$,LH$_2$-LOX 推进剂可产生 $I_{\mathrm{sp}}=450\mathrm{s}$,因此系数 $k_{\mathrm{p,1}}$ 为

$$k_{\mathrm{p,1}}=\frac{(F/W)_0^{\mathrm{I}}}{I_{\mathrm{sp,1}}}=\frac{1.3}{450}=0.002889\mathrm{s}^{-1}$$

利用式(7.69)和式(7.72),得

$$V_1(t)=-4.413\ln(1-0.002889t)-0.009807t\sin\gamma_{\mathrm{avg,1}} \tag{7.75}$$

$$\frac{m_{\mathrm{p,1}}}{m_0^{\mathrm{I}}}=k_{\mathrm{p,1}}\Delta t_1=0.002889\Delta t_1 \tag{7.76}$$

图 7.22 给出了不同 γ_{avg} 值的速度历程,其中用 $\sin\gamma_{\mathrm{avg}}$ 描述了重力的影响。对于 $\sin\gamma_{\mathrm{avg}}=0$、0.5、1.0,达到 $V_{\mathrm{E}}=7.909\mathrm{km/s}$ 所需的时间分别为 287s、306s、316s。两个极端情况的偏离仅为 29s,由于没有一个是完全准确的,因此假定中间值

$\sin\gamma_{avg}=0.5$ 可以用来作为重力影响的合理估计。图 7.22 给出的数值解也强化了这个结论,至少对于初步设计来说是这样的。

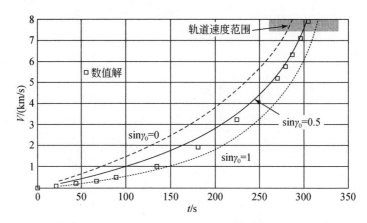

图 7.22　单级火箭在 $(F/W)_0=1.3$、$I_{sp}=450s$ 时分别对应于三个 γ_{avg} 值的速度历程,圆形轨道速度 $V_E=7.909km/s$ 位于阴影区域,数据符号表示变化 γ 情况下的数值解

将 $\sin\gamma_0=0.5$ 代入式(7.75)中,得到的结果是,大约在燃烧 305s 后就达到了近似轨道速度 V_E。利用第一级燃尽时间 $\Delta t_1=t_{bo}-t_{ig}=305s-0=305s$,由式(7.76)可计算出推进剂的量。这个运算得出所需推进剂占比为 $\dfrac{m_{p,1}}{m_0^I}=0.8811$。因为这是单级发射飞行器,有 $k_{p,2}=k_{p,3}=0$,故式(7.68)可简化为

$$m_0^I=\frac{m_{pay}}{[1-(1+k_{s,1})\times0.002889\times305]}=\frac{m_{pay}}{1-0.8811(1+k_{s,1})}\qquad(7.77)$$

在燃烧结束时飞行器最轻,这时产生最大的加速度:

$$\frac{\dot{V}_{max}}{g_E}=\frac{1.3}{1-k_{p,1}t_{bo}}-\sin\gamma_{avg}=\frac{1.3}{1-0.002889\times305}-\frac{1}{2}=10.43\qquad(7.78)$$

因此,接近燃烧结束时的加速度水平对于人类太空飞行是高得不可接受的。加速度在时间 $t=277s$ 时达到 $6g_E$,因此在大约 28s 的时间段中加速度将超过 $6g_E$。太大的加速度是在人类太空飞行中使用单级入轨飞行器的限制之一。

对于特定的载荷质量,式(7.77)给出了整个单级组合的初始质量方程。第 10 章将表明,对于 4 人乘组,可以预计航天器的质量约为 10000kg。考虑每名乘员的重量以及他们的航天服和相关个人设备的重量再加上 170kg,结果得到航天器的总重量约为 10680kg。

当第一级采用中间值 $k_{s,1}=0.062$ 时,式(7.77)的解为 $m_0=166200kg$。在这个简化的分析中,假定推力是定常的,并且 $(F/W)_0^I=1.3$。因此,对于这个单级发射飞行器,所要求的推力 F 大约为 477000lbs。表 7.3 为液体推进剂火箭发动机及其真空推力和比冲的列表。上述要求的推力水平大约是一台 RS-53 发动机所产生

的推力,该发动机的比冲为 453.5s,真空推力为 470000lbs,或者是一台航天飞机主发动机(space shuttle main engine, SSME),其比冲也是 453.5s,真空推力为 512000lbs。在实际中,火箭发动机在海平面高度的推力比真空条件下一般要低 10%~20%,不过如前所述,在上升过程中会快速上升到真空推力水平。利用结果 $m_p/m_0 = 0.8811$,得到所需推进剂的质量为 $m_p = 146400$kg。

在这一分析中,总质量 m_0 对 $k_s = m_s/m_p$ 的选择相当敏感,这在初步设计时必须牢记在心。采用经常引用的值 $k_s = 0.1$,得到 $m_0 = 346900$kg,要求的推力为 $F = 995500$lbs,推进剂质量 m_p 为 305700kg。显然,结构质量系数在确定单级火箭的初始质量中扮演着主要的角色。

7.5.3 两级入轨飞行器

现在设想上升飞行器由两级组成,每级具有相同比冲的发动机,即 $I_{sp,1} = I_{sp,2} = 450$s。另外,还假设每个组合具有相同的初始推力与重力之比,也即 $(F/W)_0^I = (F/W)_0^{II} = 1.3$。结果为 $k_{p,1} = k_{p,2} = 0.002889$s^{-1},继续采用相同的平均值 $\sin\gamma_{avg} = 0.5$ 来表示重力的吸引。第一级的速度历程与前面处理的单级飞行器完全相同,但是因为现在使用了两级,而第一级具有的推进剂供应只能满足提供推力到某个中间时刻,如 $t_{bo,1} = 200$s。正如对式(7.68)的讨论中所指出的,燃烧时间的选择影响发射飞行器的总质量。这里,第一级燃烧时间选为 $t_{bo,1} = 200$s,以便在第一级飞行期间维持一个合理的低加速水平。在 $t_{bo,1} = 200$s 时刻,由式(7.75)计算得到的整个飞行器的速度为 $V_1(200) = 2.825$km/s。在这 200s 燃烧期间所消耗的燃料占比可以由式(7.60)确定如下:

$$\frac{m_{p,1}}{m_0^I} = k_{p,1}\Delta t_1 = 0.002889 \times 200 = 0.5778 \tag{7.79}$$

图 7.23 为事件序列的示意图。利用式(7.68)并如在单级情形中那样设 $k_{s,1} = 0.062$,可以将整个两级飞行器的质量重写如下:

$$m_0^I = \frac{10680}{(1 - 1.062 \times 0.002889 \times 200)[1 - (1 + k_{s,2}) \times 0.002889\Delta t_2]} \tag{7.80}$$

为了求解式(7.80),必须给 $k_{s,2}$ 和燃尽时间 $t_{bo,2}$ 一个假设值。之前,第二级在 $t_{bo,1} = 200$s 时点火,这时 $V_{bo,1} = 2.82$km/s。如果在式(7.70)中使用这些条件,则得到

$$V_2 = 2.82 - 4.413\ln[1 - (0.002889)(t - 200)]$$

$$- \frac{0.009807}{2}(t - 200) \tag{7.81}$$

求解式(7.81),近似轨道速度 $V_E = 7.909$km/s 在燃尽时间 $t_{bo,2} = 465$s 时达到。注意到,在第二级运行期间燃尽的燃料占比为

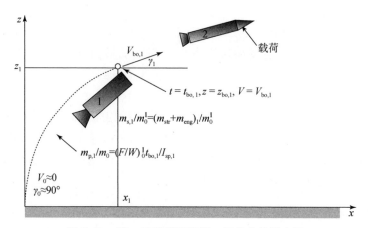

图 7.23　第一级燃尽以及第二级点火的概念图

$$\frac{m_{p,2}}{m_0^{\mathrm{II}}} = k_{p,2}\Delta t_2 = 0.002889 \times (465 - 200) = 0.7656 \tag{7.82}$$

为了同后面讨论的二级/上面级的结果保持一致,令式(7.80)中的 $k_{sp,2} = 0.12$,于是得

$$m_0^{\mathrm{I}} = \frac{10680}{0.3863 \times 0.1425} = 193900(\mathrm{kg})$$

第二组合的质量为

$$m_0^{\mathrm{II}} = \frac{10680}{1 - 1.12 \times 0.7656} = 74930(\mathrm{kg})$$

于是第一级所要求的推力为 $F^{\mathrm{I}} = 556700 \mathrm{lbs}$,这相当于两台 J-2S 发动机的推力水平($I_{sp,vac} = 435\mathrm{s}$,$F_{vac} = 265000\mathrm{lbs}$),如表 7.3 所示。推进第二组合所要求的第二级的推力 F^{II} 为 215000lbs,这用单台 J-2S 发动机就能够满足。采用这些假设,要把相同载荷发射进入 LEO,可以发现这个两级系统比单级系统重了 12%,并且需要相同数目的等效发动机。第一级所需的推进剂质量为 $m_{p,1} = 0.5778 \times 194000 = 112100\mathrm{kg}$,第二级则为 $m_{p,2} = 0.7656 \times 74930 = 57370\mathrm{kg}$。除了增加总重量之外,两级系统还可能更为复杂,意味着可靠性会变成一个问题。分级是具有优势的,在评估了另外一个分级发射装置——一个三级飞行器之后再来讨论。此外,两级火箭的最大加速度大约为 $5g_{\mathrm{E}}$,其出现在第二级燃烧结束时。对于有人太空飞行,这种平缓的加速度是分级的主要优势之一。

注意到,在计算第二组合的质量时,若采用传统的假设 $k_{s,2} = k_{s,1} = 0.10$,得到的值将会是 67660kg。整个飞行器的质量将只有 185700kg,比刚才的计算值大约低 3.3%,而刚才的计算值采用的参数可能更为合适。需要的推力和推进剂质量也将按比例减少。在这里,需要留意的重要技术因素是:结构重量占比大小的不确定性对飞行器总质量具有显著的影响。

7.5.4 三级入轨飞行器

可以采用相同的过程来说明三级飞行器。为了简化,再次假设对于所有级都有 $(F/W)_0^J = 1.3$ 和 $I_{sp,i} = 450s$。同样假设第一级燃烧200s,第一级燃尽时的速度为 $V_{bo,1} = 2.825km/s$。再次假设 $k_{s,1} = 0.062$,并且 $k_{s,2} = k_{s,3} = 0.12$。燃烧的燃料占比如同两级火箭中由式(7.79)计算得出的一样,即 $m_{p,1}/m_0^I = 0.5778$,并且由式(7.68)得

$$m_0^I = \frac{m_{pay}}{(1-1.062 \times 0.002889 \times 200)(1-1.12 k_{p,2} \Delta t_2)(1-1.12 k_{p,3} \Delta t_3)}$$

(7.83)

当第一级掉落后,第二级火箭点火时,速度可近似为

$$V_2(t) = 2.825 - 4.413 \ln[1 - 0.002889(t-200)]$$
$$- \frac{0.009807}{2}(t-200)$$

(7.84)

设第二级的燃尽时间为 $t_{bo,2} = 345s$,则由式(7.70)得出 $V_{bo,2} = 4.504km/s$,并且

$$\frac{(m_{p,2})_{bo}}{m_0^{II}} = 0.002889(t_{bo,2} - 200) = 0.4189$$

(7.85)

现在,第三级点火,并把火箭加速到圆形轨道速度 $V_c = 7.909km/s$。利用如下速度关系式,可确定燃尽时间:

$$V_3 = 4.504 - 4.413 \ln[1 - 0.002889(t - 430s)] - \frac{0.009807}{2}(t-345) \quad (7.86)$$

得到时间为 $t_{bo,3} = 566s$,且 $m_{p,3}/m_0^{III} = 0.002889 \times (566 - 345) = 0.6385$。式(7.83)给出

$$m_0^I = \frac{10680}{0.3863 \times (1-1.12 \times 0.002889 \times 145) \times (1-1.12 \times 0.002889 \times 221)}$$
$$m_0^I = 182800kg$$

利用式(7.65)和式(7.66),求得第三组合的质量 $m_0^{III} = 37490kg$ 和第二组合的质量 $m_0^{II} = 70620kg$。各级的质量如下:

$$m_3 = m_0^{III} - m_{pay} = 37490 - 10680 = 26810kg$$
$$m_2 = m_0^{II} - m_0^{III} = 70620 - 37480 = 33140kg$$
$$m_1 = m_0^I - m_0^{II} = 182800 - 70620 = 112180kg$$

由每个组合的质量和假定的各级的推力与重量之比 $(F/W)_0^J = 1.3$,确定出 $F^I = 524000lbs$, $F^{II} = 202700lbs$, $F^{III} = 107600lbs$。如表 7.3 所示,第一组合的要求可用三台 J-2 发动机轻易满足,第二组合可用一台 J-2 发动机,但是第三组合无法轻易用现有的 LOX-LH$_2$ 发动机满足。第三级可以用两台普惠 RL-60 发动机驱动(目前

在研制中),提供 100000~130000lbs 的推力。

注意到,在计算第三组合的质量时,如果采用了假设 $k_{s,3}=k_{s,2}=k_{s,1}=0.10$,则会得到 $m_0^{III}=35880$kg,第二组合将会是 $m_0^{II}=66530$kg。整个火箭的质量将会为 $m_0^{I}=182600$kg,这个值与前面采用更合适值算出的结果非常相近。

图 7.24 给出了这三种不同构型的速度历程,图 7.25 给出了单级、两级和三级发射飞行器在 $(F/W)_0=1.3$ 和 $I_{sp}=450$s 时各级的加速度历程。采用分级发射飞行器,可以提供对加速度水平的控制,这是有人航天器的重要因素。图 7.25 清楚表明了三级火箭在加速度方面的优势,可以看出加速度始终保持在 $3g_E$ 以下。

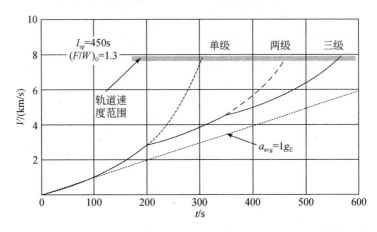

图 7.24　具有定常比冲 450s 和载荷 10680kg 的单级、两级和三级火箭的速度历程,
阴影部分表示轨道速度范围,图中同时显示了 $1g_E$ 的定常平均加速度线

前面图中对比了速度和加速度历程的发射飞行器的初始质量 m_0 在图 7.26 中进行了对比。图中给出了结构参数 $k_{s,i}$ 的两种情形。在第一种情形中,第一级结构参数为 $k_{s,1}=0.062$,而第二级和第三级的为 $k_{s,2}=k_{s,3}=0.12$。这些值跟当前的实践还算一致。第二种情形中,取 $k_{s,1}=k_{s,2}=k_{s,3}=0.10$,代表了初步设计研究中的通常简化。仅单级飞行器的质量具有显著影响,因为 $k_{s,1}$ 的两种选择非常不同。然而,可以看出两级和三级飞行器的质量就不那么敏感了。采用三级火箭代替二级火箭,火箭质量大约降低了 6%。此外,多级飞行器相比单级飞行器的质量差别完全取决于第一级 k_s 的选取。在图 7.26 所示情形中,取 $k_{s,1}=0.062$,得到的单级飞行器的质量约为多级飞行器的 90%,若取 $k_{s,1}=0.10$,得到的单级飞行器的质量大约是多级飞行器的两倍。

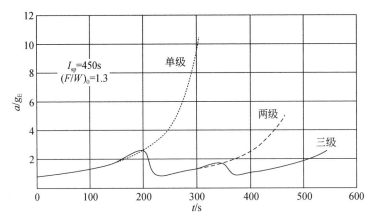

图 7.25　具有定常比冲 450s 和载荷 10680kg 的单级、
两级和三级火箭的加速度历程

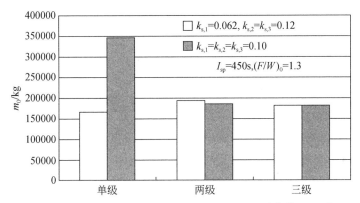

图 7.26　具有相同 $(F/W)_0 = 1.3$ 和 $I_{sp} = 450$s 以及载荷 10680kg，
但结构系数 $k_{s,i}$ 不同的单级、两级和三级火箭的发射重量对比

可以改变燃尽时间来调整发射飞行器的速度和加速度特性。在上述处理的几种情形中，如果把 $t_{bo,1}$ 从 200s 增加到 225s，把 $t_{bo,2}$ 从 345s 增加到 400s，可以发现总体特性变化相对较小，如表 7.4 所示。如图 7.27 所示，由于第一级和第二级的燃烧时间更长，它们的末速度都要稍微高点，并且在 560s 而不是 566s 就达到了轨道速度。图 7.28 中的加速度历程表明，相比之前燃尽时间更早的情形，整个飞行过程中的加速度要稍微高点。图 7.29 描绘了不同组合的发射质量。因为单级发射飞行器是在达到轨道速度时燃尽的，其初始质量与之前的情形是一样的。然而，对于两级飞行器，当 $t_{bo,1} = 225$s 时，相比之前研究的 $t_{bo,1} = 200$s 时具有更小一点的质量：对于 $k_{s,1} = 0.062$ 和 $k_{s,2} = k_{s,3} = 0.12$ 的情形，要低 9.3%；对于 $k_{s,1} = k_{s,2} = k_{s,3} = 0.10$ 的情形，要低 3.3%。对于三级飞行器，第一级和第二级的燃尽时间延迟恰好产生了相反的结果：对于 $k_{s,1} = 0.062$ 和 $k_{s,2} = k_{s,3} = 0.12$ 的情形，初始质量增加了 2%；

对于 $k_{s,1}=k_{s,2}=k_{s,3}=0.10$ 的情形，初始质量增加了 0.3%。

表 7.4　具有相同 I_{sp} 和 $(F/W)_0$，但组合数目、燃尽时间以及结构质量系数变化的发射飞行器的质量和推力特性

考虑的情形	级数	组合数	m_0/kg	F/lbs	m_p/kg	t_{bo}/s
$(F/W)_0=1.3$ $I_{sp}=450s$ $k_1=0.062$ $k_2=0.12$ $k_3=0.12$	1	1	166200	477000	146400	305
	2	1	193900	556400	112100	200
		2	74930	215000	57370	465
	3	1	182800	524600	105600	200
		2	70620	202700	29580	345
		3	37490	107600	23940	566
$(F/W)_0=1.3$ $I_{sp}=450s$ $k_1=0.10$ $k_2=0.10$ $k_3=0.10$	1	1	346900	995500	305700	305
	2	1	185700	532900	107300	200
		2	67660	194200	51800	465
	3	1	182600	524000	105500	200
		2	66540	191000	27870	345
		3	35880	103000	22910	566
$(F/W)_0=1.3$ $I_{sp}=450s$ $k_1=0.062$ $k_2=0.12$ $k_3=0.12$	1	1	166200	477000	146400	305
	2	1	177400	509000	115300	225
		2	54970	157800	39550	474
	3	1	186500	535100	121200	225
		2	57750	165700	34200	430
		3	18440	52900	11980	560
$(F/W)_0=1.3$ $I_{sp}=450s$ $k_1=0.10$ $k_2=0.10$ $k_3=0.10$	1	1	346900	995500	305700	305
	2	1	179600	515400	116700	225
		2	51180	146900	36820	474
	3	1	183100	525500	119000	225
		2	52190	149800	30910	430
		3	18190	52200	11380	560

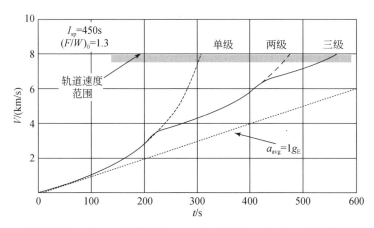

图 7.27 具有相同比冲 450s 和载荷为 10680kg 的单级、两级和三级火箭的速度历程，
燃尽时间要晚于图 7.24 所示的时间

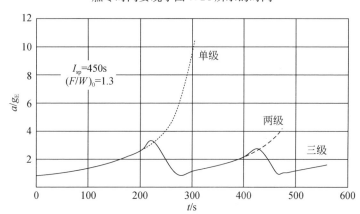

图 7.28 具有相同比冲 450s 和载荷为 10680kg 的单级、两级和三级火箭的加速度历程，
燃尽时间要晚于图 7.24 所示的时间

在研究了燃尽时间对分级发射飞行器性能的影响后，我们转向推进剂的影响。对采用两种常用液体推进剂组合 LH_2-LOX 和 RP1-LOX 的发射装置性能进行对比。再次假设所有级的推力对初始重量之比是相同的，$(F/W)_0 = 1.3$，对于 LH_2-LOX 组合比冲也是相同的，$I_{sp} = 450s$，对于 RP1-LOX 组合 $I_{sp} = 300s$。方法与前面介绍的所有情形是完全相同的，所以就直接处理结果。

图 7.30～图 7.32 分别给出了采用这两种推进剂中任何一种的单级、两级和三级发射装置的速度和加速度历程。图 7.30 表明，单级发射装置的加速度如此高，使 RP1-LOX 发射装置的入轨时间仅为 220s，而如前所述，对于 LH_2-LOX 发射装置约为 305s。显然，对于单级发射装置，加速度超出了有人航天器适宜的水平。对于图 7.31 所示的两级发射装置，尽管很清楚速度历程因分级而平滑了，但是加速度水平仍然相当高，尤其对于 RP1-LOX 飞行器。对于图 7.32 所示的三级发射飞

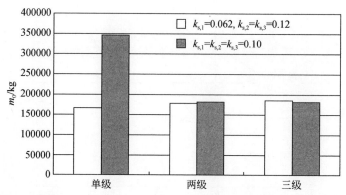

图 7.29　具有相同的 $(F/W)_0 = 1.3$、$I_{sp} = 450s$ 值和载荷为 10680kg,但是结构系数 $k_{s,i}$ 不同的单级、两级和三级火箭的发射质量对比,燃尽时间要晚于图 7.24 所示的时间

行器的情形,加速度水平现在显然是可接受的,使入轨时间大约为 500s 或更长。实际上,随着级数的增加,这两种推进剂组合的速度和加速度历程越来越相似。

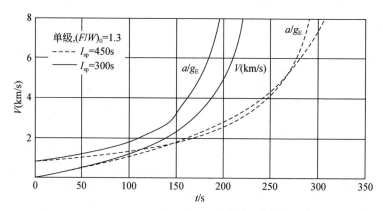

图 7.30　采用 LH_2-LOX 或 RP1-LOX 推进剂的单级发射装置的速度与加速度历程

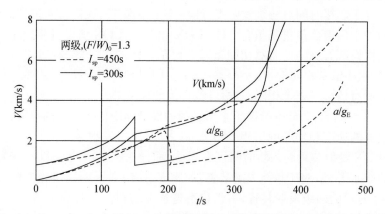

图 7.31　采用 LH_2-LOX 或 RP1-LOX 推进剂的两级发射装置的速度与加速度历程

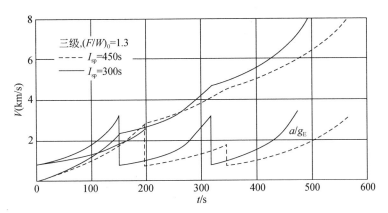

图 7.32 采用 LH_2-LOX 或 RP1-LOX 推进剂的三级发射装置的速度与加速度历程

然而,采用不同的推进剂组合,发射装置之间的质量差别是很显著的。首先,如果采用实际结构系数 $k_{s,i}$ 值,则是无法确定具备入轨能力的单级或两级 RP1-LOX 飞行器的初始质量的。不过,如图 7.33 所示,采用合理的 $k_{s,i}$ 值,就可以求得三级 RP1-LOX 发射装置的初始质量值。产生这个差异的原因是 RP1-LOX 发动机的推进剂效率仅为 LH_2-LOX 发动机的 3/4。这个悬殊差异造成的一个结果就是 RP1-LOX 驱动的飞行器的质量是 LH_2-LOX 驱动的飞行器的 3 倍以上。这是对高比冲发动机感兴趣的一个主要原因。

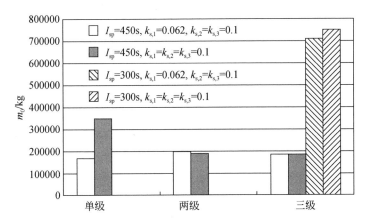

图 7.33 具有定常值 $(F/W)_0 = 1.3$ 和载荷质量为 10680kg,但是不同的定常 I_{sp} 值和结构系数 $k_{s,i}$ 的单级、两级和三级火箭的发射质量对比

另一个要考虑的因素是各级要选取的燃尽时间。当然,对于单级发射装置,燃尽时间不能随意选取,必须是达到轨道速度的时间。然而,对于多级发射装置,除了最后一级外,其他任何级都可由所携带的推进剂质量来确定。最后一级必须燃

烧达到轨道速度所需的时间。选取中间级燃尽时间是为了避免过高的加速度。从式(7.73)可以看出,对于给定的一组性能参数,最大加速度出现在燃尽时刻。平均加速度为

$$a_{avg} = \int_{t_{ig,i}}^{t_{bo,i}} \dot{V}_i \, dt = \frac{V_i(t_{bo,i}) - V(t_{ig,i})}{\Delta t_i}$$

在整个燃烧时间 Δt 内的归一化平均加速度可以表示为

$$\frac{a_{avg}}{g_E} = \frac{V_E}{g_E \Delta t} = \frac{807}{\Delta t}$$

如图 7.24 和图 7.25 所示,平均加速度位于范围 $1 < a_{avg}/g_E < 2$ 内,因此总的燃烧时间的范围为 450~750s。可以针对每级的燃烧时间和结构系数 $k_{s,i}$ 的多个取值,进行一系列的计算,求出发射飞行器的初始质量与平均加速度的变化关系。图 7.34 给出了两级和三级火箭的结果,其中各级的推力与重量之比均为 $(F/W)_0$ $=1.3$,比冲均为 $I_{sp}=450s$,代表了 LH$_2$-LOX 驱动发动机;图 7.35 给出了类似的结果,但比冲 I_{sp} 为 300s,代表了 RP1-LOX 驱动发动机。

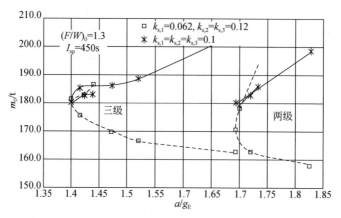

图 7.34 不同结构系数($k_{s,i}$)时,$m_{pay}=10.68t$ 的两级和三级火箭的初始质量
与平均加速度的函数关系,各级均为 $(F/W)_0=1.3$、$I_{sp}=450s$

注意到,对于 $k_{s,1}=k_{s,2}=0.1$ 的两级火箭,其初始质量最低,平均加速度也最低;然而具有 $k_{s,1}=0.062$、$k_{s,2}=0.12$ 的火箭,当加速度由其最小值增加时,初始质量不断降低。在最低平均加速度时,具有 $k_{s,1}=0.062$、$k_{s,2}=0.12$ 的两级火箭的初始质量比 $k_{s,1}=k_{s,2}=0.1$ 时低 6%。三级火箭也表现出类似的情况,只是在最小平均加速度时 $k_{s,1}=0.062$、$k_{s,2}=k_{s,3}=0.12$ 的初始质量与 $k_{s,1}=k_{s,2}=k_{s,3}=0.1$ 时差不多。

于是,当每级的结构系数相等时,通过设计达到最小平均加速度,有可能做出一个对最小初始质量的较好近似。也就是,以最大总燃尽时间来达到轨道速度的设计,反过来,这意味着各级燃烧时间相等。当第一级结构系数 $k_{s,1}$ 明显小于其他

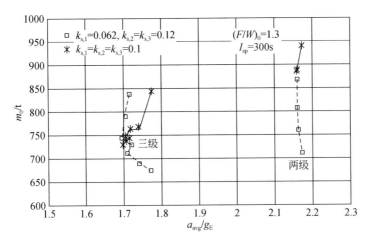

图 7.35 不同结构系数($k_{s,i}$)时,$m_{pay}=10.68t$ 的两级和三级火箭的初始质量
与平均加速度的函数关系,各级均为$(F/W)_0=1.3$、$I_{sp}=300s$

级时,对于最小加速度设计是可以接受的。这种方法得到的初始质量将小于 $k_{s,i}$ 全部相同时的初始质量。于是,从这点上可以考虑采用稍高一点的平均加速度设计,以便获得进一步降低初始质量的回报。表 7.5 列出了一些实际运行的发射飞行器的结构和发动机质量特性。注意到,载荷质量一般占到发射飞行器结构和发动机质量的 20%~50%。后面将更详细地介绍结构和发动机质量特性情况。

表 7.5　五个实际系统的重量分解

	航天飞机 (LH$_2$-LOX 和 固体火箭助推器)	联盟号 (RP1-LOX)	阿波罗号-土星 V (RP1-LOX 和 LH$_2$-LOX)	双子座号-大力神 II (UDMH/N$_2$O$_4$)	水星号-宇宙神 (LOX/RP1)
m_{pay}/t	134[a]	6.80	42.9	3.85	1.40
$m_{str+eng}/t$	273	13.0	235	6.62	5.39
$m_{pay}/m_{str+eng}$	0.492	0.523	0.182	0.582	0.259
级数	1.5	2	3	2	1.5

注:a 含轨道飞行器。

7.5.5　对发动机和结构重量的一些点评

载荷质量属于任务指标的范畴,而发动机重量可以按如下公式同发动机推力关联起来:

$$W_{eng}=a_1+a_2(F_{vac})^{a_3}$$

采用推力与重量之比往往比较方便,这样,发动机的质量占比可表示为

$$\frac{m_{\mathrm{eng}}}{m_0}=\frac{a_1+a_2\left(F_{\mathrm{vac}}\right)^{a_3}}{W_0}=\frac{a_1}{m_0 g_{\mathrm{E}}}+\frac{a_2}{\left(m_0 g_{\mathrm{E}}\right)^{1-a_3}}\left[\left(\frac{F_{\mathrm{vac}}}{W}\right)_0\right]^{a_3} \tag{7.87}$$

图 7.36 和图 7.37 为发动机重量与真空推力的函数关系,其中包括了 8 个型号的 LH_2-LOX 发动机、9 个型号的 RP1-LOX 发动机、1 个型号的 UMDH-N_2O_4 发动机和 1 个型号的 CH_4-LOX 发动机。将式(7.87)的系数列于表 7.6。这里推力用磅表示,因此也用磅表示重量而非质量。注意到,式(7.87)给出的关系式反映了图 7.36 中的 LH_2-LOX 发动机的数据,误差大约为 ±10%,但是有一个例外,就是 RS-68 发动机,这款发动机相对较新,于 2002 年首飞。这款发动机体现了简化设计的思想,这种设计降低了零部件数量,减少了研发和生产成本。因此,它相比以前以减重为主要因素的发动机而言相对较重。同理,式(7.87)反映了图 7.37 中 RP1-LOX 发动机的数据,误差大约为 ±10%,但有两个例外,它们采用碳氢化合物

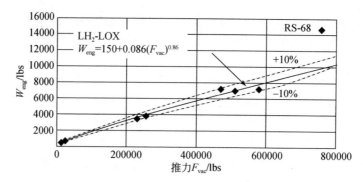

图 7.36　8 个型号的 LH_2-LOX 发动机的重量与真空推力的关系,LH_2-LOX 关系式把 RS-68 发动机的重量 14650lb 低估了 32%(针对可靠性和成本而非轻量化进行设计)

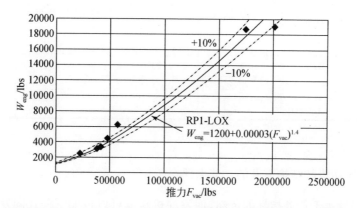

图 7.37　9 个型号的 RP1-LOX 发动机的重量与真空推力的关系,RP1-LOX 关系式把 CH_4-LOX 发动机的重量 6250lb 低估了 25%,并把 N_2O_4-UMDH 发动机的重量 1570lb 高估了 15%

燃料而非 RP1。STBE 发动机的重量大约被低估了 25%，它们采用了液体甲烷 CH_4 而不是更复杂的碳氢化合物燃料 RP1（基本上是煤油）。YF-20B 发动机的重量大约被高估了 15%，其采用偏二甲肼（UDMH）燃料和四氧化二氮（N_2O_4）氧化剂。这种发动机用在中国的长征飞行器上，如图 7.5(c) 所示。

表 7.6　发动机重量(磅)关系式的系数

推进剂	a_1	a_2	a_3
LH_2-LOX	150	0.086	0.86
RP1-LOX	1200	0.00003	1.4

此外，飞行器的结构质量是更加难于估计的，但它应当取决于所携带的燃料质量。根据包括 Isakowitz(1995) 和 SSRM(1988) 在内的多种资料，确定了 26 种不同的发射飞行器级的结构质量（含发动机）与推进剂质量之比随着推进剂质量变化的函数关系，结果列于表 7.7。图 7.38 给出了结构质量与推进剂质量之比随着推进剂质量变化的函数关系。图 7.38 中的数据趋势采用了如下基于推进剂质量（kg）的关系式：

$$\frac{m_s}{m_p} = \frac{W_s}{W_p} = \frac{k_s}{m_p^{0.15}} \tag{7.88}$$

表 7.7　上升飞行器级与相应的推进剂和结构质量(含发动机)

火箭	级	推进剂	$k_s = m_s/m_p$	m_p/kg	m_s/kg
长征 2F	助推器	N_2O_4-UMDH	0.0794	37800	3000
联盟	第一级	RP1-LOX	0.0965	39200	3784
德尔塔 7925	第一级	RP1-LOX	0.0591	96120	5680
H-ⅡA	第一级	LH_2-LOX	0.1277	101000	12900
宇宙神 E	助推器	RP1-LOX	0.0720	112700	8110
大力神 2	第一级	N_2O_4-UDH	0.0569	117800	6700
大力神 4	第一级	UDMH-N_2O_4	0.0516	155000	8000
宇宙神 IIA	第一级	RP1-LOX	0.0658	156260	10282
阿丽亚娜-5	第一级	LH_2-LOX	0.0772	158000	12200
长征 2F	第一级	N_2O_4-UMDH	0.0718	174000	7851
H-ⅡB	第一级	LH_2-LOX	0.1361	177800	24200
阿丽亚娜	第一级	UH25—N_2O_4	0.0646	226000	14600
宇宙神 5	第一级	RP1-LOX	0.0741	284089	21054
质子	第一级	N_2O_4-UDH	0.0742	419400	31100

火箭	级	推进剂	$k_s = m_s/m_p$	m_p/kg	m_s/kg
航天飞机外挂储箱	第一级[a]	LH_2-LOX	0.0493	718000	34880
土星 S-IC	第一级	RP1-LOX	0.0621	2145700	133270
德尔塔 7925	第二级	N_2O_4-UDH	0.1583	6000	950
阿丽亚娜-5	第二级	LH_2-LOX	0.1227	9700	1190
H-IIB	第二级	LH_2-LOX	0.2048	16600	3400
H-IIA	第二级	LH_2-LOX	0.1834	16900	3100
宇宙神 IIA	第二级[b]	LH_2-LOX	0.1087	16930	1840
宇宙神 5	第二级[b]	LH_2-LOX	0.1077	20830	2243
大力神 2	第二级	N_2O_4-UDH	0.0830	28900	2400
阿丽亚娜	第二级	UH25 —N_2O_4	0.0966	34000	3285
大力神 4	第二级	UDMH-N_2O_4	0.1286	35000	4500
长征 2F	第二级	N_2O_4-UDH	0.0640	86000	5500
联盟	第二级	RP1-LOX	0.0721	95400	6875
质子	第二级	N_2O_4-UDH	0.0751	156000	11720
土星 S-II	第二级	LH_2-LOX	0.0712	456100	32500
阿丽亚娜	第三级	LH_2-LOX	0.1121	10700	1200
大力神 4	第二级[b]	LH_2-LOX	0.1315	21100	2775
联盟	第三级	RP1-LOX	0.1070	22000	2355
质子	第三级	N_2O_4-UDH	0.0898	46600	4185
土星 IVB	第三级	LH_2-LOX	0.1097	106300	11660

注:a 航天飞机外挂储箱没有发动机,它有三个版本:标准重量储箱(1981～1983 年)＝34880kg,轻量储箱(1983～1998 年)＝29900kg,超轻储箱(1998 年以后)＝26500kg。

b 半人马座上面级。

采用不同的推进剂组合并且推进剂质量在 6000～2000000kg 内变化的 34 种火箭级数据显示出了明显的散布特征。第一级和助推级的结构质量(含发动机)对推进剂质量之比一般处于第二级和上面级之下。图 7.38 表明,第一级/助推级与第二级/上面级之间存在着明显的差异。有两个第一级的数据点落在了偏高一侧,而其余的则落在较宽的数据带内,表明 k_s 随着推进剂质量的增加而明显减小。为简单起见,将比值 $m_s/m_p = k_s$ 取为常数,以便能包含该值的实际取值范围,同时又有助于描述这个参数的重要性。在初步设计讨论中,经常假设各级都为 $k_s = m_s/m_p = 0.10$,而实际案例表明下面级的值要低而上面级的值要高。已经表明,随着

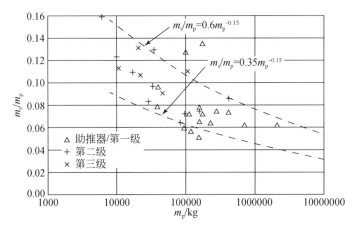

图 7.38 34 种不同级的结构质量(含发动机)对推进剂质量
之比与推进剂质量的函数关系

级数的增加,k_s 选取的重要性越来越低。这也是意料之中的,因为取 $k_s=0.10$ 时,下面级的质量会被高估,上面级的质量会被低估,在考虑发射飞行器的总体质量时,这两者的差异会相互抵消。实际上,所考察的 34 种液体推进剂级的平均值是 $k_s=0.10$。然而,其中的 16 种液体推进剂助推器/第一级的平均值为 $k_s=0.077$,13 种液体推进剂第二级的平均值为 $k_s=0.115$,5 种第三级的平均值为 $k_s=0.11$。

7.6 发射飞行器的纵向稳定性

一个理想的发射飞行器如图 7.39 所示,其中标出了重要的角度:飞行路径角 γ 度量飞行器速度向量同当地水平面之间的夹角,俯仰角 θ 度量发射装置轴线同当地水平面之间的夹角,攻角 α 度量飞行器相对速度同飞行器轴线之间的夹角。飞行路径角描述飞行器重心相对于当地水平面的运动,而俯仰角描述飞行器相对于重心的刚体运动,攻角描述飞行器相对于风的表现,因此其决定飞行器所经受的空气动力。

图 7.39 所示的理想发射飞行器能够通过偏转推力向量 δ 角,以便在俯仰上稳定和控制飞行器。通常情况下,或者通过绕着安装在顶部的被称为万向支架的全向铰链转动整个发动机来实现,或者只绕着具有柔性密封的关节偏转喷管。前一种方式常见于大型液体推进剂发动机,因为它们的燃烧室相对较小,并且可以用柔性推进剂管路来连接推进剂储箱。在固体推进剂火箭中,推进剂和喷管构成了一个整体单元,这就需要单独偏转喷管来实现 TVC。有时会用到其他依赖干扰喷管中的流动方式,或者采用导向叶片的机械方式,或者通过向喷管注入非对称流体射流。

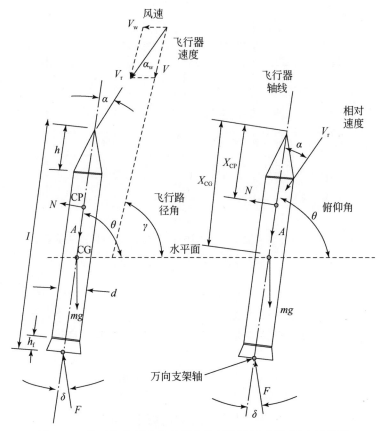

图 7.39　位于俯仰面内的理想化发射装置示意图,图中显示了
推力偏转角 δ 和一般的水平风速分量 V_w

假设推力 F 是作用在发动机的万向支架上或者喷管偏向轴上的,而气动力是作用在压心 CP 上的。气动力定义为两个分量 A 和 N,分别表示轴向分量和法向分量。压心定义为气动力的作用点,相对于该点的气动力的力矩等于零。相对于重心 CG 求力矩,得到如下结果:

$$I\ddot{\theta}=\sum M_{CG}=F(l-x_{CG})\sin\delta+N(x_{CG}-x_{CP}) \tag{7.89}$$

法向力和轴向力通常用它们随攻角的变化来定义,具体如下:

$$N=\left(\frac{\partial C_N}{\partial \alpha}\right)\alpha qS=C_{N,a}\alpha qS$$

$$A=\left(\frac{\partial C_A}{\partial \alpha}\right)\alpha qS=C_{A,a}\alpha qS$$

一般地,图 7.39 所示的发射飞行器底部带有细长体扩展段。注意到,动压力 q 是基于相对速度 V_r 的,而力和力矩系数的参考面积 S 既可能取第一级的名义横截面的面积,也可能取底部自身的面积,所以在应用中必须注意。式(7.89)的俯仰速

度的变化率可表示为

$$\ddot{\theta} = \frac{F(l - x_{CG})}{I}\sin\delta + \frac{C_{N,\alpha}qS(x_{CG} - x_{CP})}{I}\alpha \tag{7.90}$$

7.6.1 发射飞行器的转动惯量

考虑图 7.40 所示的理想三级发射飞行器,包括半径为 $R_{c1} = R_{c2} = R$ 的圆柱形第一级和第二级,一个上底半径为 r_f 的圆台形级间段,一个半径为 $R_{c3} = r_f$ 的圆柱形第三级,一个底面半径为 $r_{co} = r_f$ 的椎体有效载荷段。各段的长度如图 7.40 所示,从穿过发动机万向支架轴线量起的总长度为 l。

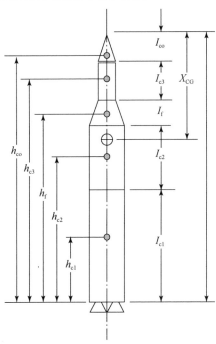

图 7.40　一般发射飞行器示意图,图中标出了发射装置各段的
重心位置以及整个飞行器的重心位置

理想发射飞行器的重心可以通过求取相对于基线的力矩来确定,也就是相对于穿过喷管万向支架轴线的力矩,得

$$m(l - x_{CG}) = m_{co}h_{co} + m_f h_f + m_{c2}h_{c2} + m_{c1}h_{c1} \tag{7.91}$$

对于这种理想情况,如果假设各段均为均匀密度的固体,就很容易求出重心位置,并定义各段距万向支架轴线的距离为

$$h_{c1} = \frac{l_{c1}}{2}$$

$$h_{c2}=l_{c1}+\frac{l_{c2}}{2}$$

$$h_f=l_{c1}+l_{c2}+\frac{l_f}{4}\left(\frac{R^2+2Rr_f+3r_f^2}{R^2+Rr_f+r_f^2}\right)$$

$$h_{c3}=l_{c1}+l_{c2}+l_f+\frac{l_{c3}}{2}$$

$$h_{co}=l_{c1}+l_{c2}+l_f+l_{c3}+\frac{l_{co}}{4}$$

各段相对于过其重心水平轴的转动惯量为

$$I_{co}=\frac{3m_{co}l_{co}^2}{80}\left[1+4\left(\frac{r_{co}}{l_{co}}\right)^2\right] \tag{7.92}$$

$$I_{ci}=\frac{m_{ci}l_{ci}^2}{12}\left[1+3\left(\frac{R_{ci}}{l_{ci}}\right)^2\right] \tag{7.93}$$

$$I_f=\frac{3m_f(R^5-r_f^5)}{10(R^3-r_f^3)}-\frac{m_fl_f^2}{16}\left(\frac{R^2+2Rr_f+3r_f^2}{R^2+Rr_f+r_f^2}\right)^2 \tag{7.94}$$

表 7.8 给出了式(7.95)中定义的比值 B/A、D/A 和 F/A 随圆台上底半径与底半径之比 r_f/R 的函数关系。图 7.41 描绘了从圆锥($r_f=0$)到圆台再到圆柱($r_f=R$)的变化过程中这些比值的变化情况。

$$\begin{cases} A=1+\left(\frac{r_f}{R}\right)+\left(\frac{r_f}{R}\right)^2 \\[2mm] B=1+2\left(\frac{r_f}{R}\right)+3\left(\frac{r_f}{R}\right)^2 \\[2mm] D=1+\left(\frac{r_f}{R}\right)+\left(\frac{r_f}{R}\right)^2+\left(\frac{r_f}{R}\right)^3+\left(\frac{r_f}{R}\right)^4 \\[2mm] F=1+3\left(\frac{r_f}{R}\right)+6\left(\frac{r_f}{R}\right)^2 \end{cases} \tag{7.95}$$

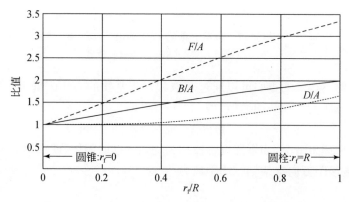

图 7.41　在从圆锥($r_f=0$)到圆台再到圆柱($r_f=R$)的变化过程中,比值 B/A、D/A 和 F/A 随圆台上底半径与底半径之比 r_f/R 的变化情况

表 7.8 均匀固体圆柱体、圆锥、圆台的转动惯量和重心系数

r_f/R	B/A	D/A	F/A
1.00	2.000	1.667	3.333
0.95	1.966	1.586	3.248
0.90	1.930	1.511	3.159
0.85	1.892	1.442	3.065
0.80	1.852	1.378	2.967
0.75	1.811	1.319	2.865
0.70	1.767	1.266	2.758
0.65	1.721	1.219	2.647
0.60	1.673	1.176	2.531
0.55	1.623	1.139	2.410
0.50	1.571	1.107	2.286
0.45	1.517	1.080	2.157
0.40	1.462	1.057	2.026
0.35	1.404	1.039	1.891
0.30	1.345	1.025	1.755
0.25	1.286	1.015	1.619
0.20	1.226	1.008	1.484
0.15	1.166	1.003	1.352
0.10	1.108	1.001	1.225
0.05	1.052	1.000	1.107
0	1.000	1.000	1.000

对于高为 l、底面半径为 R 的圆柱体、圆锥体,高为 l、底面半径为 R、上底半径为 r_f 的圆台,相对通过重心且平行于底面轴的转动惯量为

$$I = \frac{l^2}{10}\left[\frac{F}{A} - \frac{5}{8}\left(\frac{B}{A}\right)^2\right] + \frac{3R^2}{20}\frac{D}{A} \tag{7.96}$$

重心所处位置距其底的距离 X_{CG} 为

$$X_{CG} = \frac{l}{4}\frac{B}{A} \tag{7.97}$$

以下是这些比值的近似表达式。对于所有 r_f/R,这些近似表达式的精度均在 3.5% 以内:

$$\frac{B}{A} \approx 1 + \left(\frac{r_f}{R}\right)^{0.87}$$

$$\frac{D}{A}\approx1+\frac{2}{3}\left(\frac{r_{\rm f}}{R}\right)^{2.5}$$

$$\frac{F}{A}\approx1+\frac{7}{3}\left(\frac{r_{\rm f}}{R}\right)^{0.94}$$

如果有效载荷段的形状不是用圆锥而是用旋转抛物面来更精确地进行描述，则其转动惯量 $I_{\rm p}$ 以及从其底量起的重心位置 $h_{\rm p,CG}$ 为

$$I_{\rm p}=\frac{m}{18}(3R^2+l_{\rm p}^2) \tag{7.98}$$

$$h_{\rm p,CG}=\frac{l_{\rm p}}{3}$$

作为例子，Myers(1962)对具有工程意义的多类形体的质量和面积特性进行了汇集。

设有质量为 m 的物体，一条平行于过物体重心轴线且相距为 d 的直线，那么该物体相对于该直线的转动惯量可根据平行轴定理求得

$$I=I_{\rm CG}+md^2 \tag{7.99}$$

因此，图 7.40 描绘的发射飞行器的转动惯量可以累加为各段相对于发射飞行器重心的转动惯量之和。对于各个发射组合，有

$$I_{\rm CG}^{\rm I}=I_{\rm c1}+I_{\rm c2}+I_{\rm cf}+I_{\rm c3}+I_{\rm co}+m_{\rm c1}(l-h_{\rm c1}-x_{\rm CG}^{\rm I})^2+m_{\rm c2}(l-h_{\rm c2}-x_{\rm CG}^{\rm I})^2$$
$$+m_{\rm f}(l-h_{\rm f}-x_{\rm CG}^{\rm I})^2+m_{\rm c3}(l-h_{\rm c3}-x_{\rm CG})^2+m_{\rm co}(l-h_{\rm co}-x_{\rm CG}^{\rm I})^2 \tag{7.100}$$

$$I_{\rm CG}^{\rm II}=I_{\rm c2}+I_{\rm f}+I_{\rm c3}+I_{\rm co}+m_{\rm c2}(l-h_{\rm c2}-x_{\rm CG}^{\rm II})^2+m_{\rm f}(l-h_{\rm f}-x_{\rm CG}^{\rm II})$$
$$+m_{\rm c3}(l-h_{\rm c3}-x_{\rm CG}^{\rm II})+m_{\rm co}(l-h_{\rm co}-x_{\rm CG}^{\rm II})^2 \tag{7.101}$$

$$I_{\rm CG}^{\rm III}=I_{\rm f}+I_{\rm c3}+I_{\rm co}+m_{\rm f}(l-h_{\rm f}-\mathbf{x}_{\rm CG}^{\rm III})+m_{\rm c3}(l-h_{\rm c3}-x_{\rm CG}^{\rm III})$$
$$+m_{\rm co}(l-h_{\rm co}-x_{\rm CG}^{\rm III})^2 \tag{7.102}$$

这里假设圆台是第三级的一部分。各个发射组合的重心为

$$x_{\rm CG}^{\rm I}=m^{\rm I}l-(m_{\rm co}h_{\rm co}+m_{\rm c3}h_{\rm c3}+m_{\rm f}h_{\rm f}+m_{\rm c2}h_{\rm c2}+m_{\rm c1}h_{\rm c1}) \tag{7.103}$$

$$x_{\rm CG}^{\rm II}=m^{\rm II}(l_{\rm c2}+l_{\rm f}+l_{\rm c3}+l_{\rm co})-[m_{\rm co}(h_{\rm co}-l_{\rm c1})+m_{\rm c3}h_{\rm c3}(h_{\rm c3}-l_{\rm c1})$$
$$+m_{\rm f}(h_{\rm f}-l_{\rm C1})+m_{\rm c2}(h_{\rm c2}-l_{\rm c1})] \tag{7.104}$$

$$x_{\rm CG}^{\rm III}=m^{\rm III}(l_{\rm f}+l_{\rm c3}+l_{\rm co})-[m_{\rm co}(h_{\rm co}-l_{\rm c1}-l_{\rm c2})+m_{\rm c3}(h_{\rm c3}-l_{\rm c1}-l_2)$$
$$+m_{\rm f}(h_{\rm f}-l_{\rm c1}-l_{\rm c2})] \tag{7.105}$$

各组合的质量为

$$m^{\rm I}=m_{\rm c1}+m_{\rm c2}+m_{\rm f}+m_{\rm c3}+m_{\rm co}$$
$$m^{\rm II}=m_{\rm c2}+m_{\rm f}+m_{\rm c3}+m_{\rm co}$$
$$m^{\rm III}=m_{\rm f}+m_{\rm c3}+m_{\rm co}$$

图 7.42 展示了图 7.21 所描绘的理想三级飞行器的三个组合，其中包括推进剂储箱和发动机的整体布局。值得注意的是，当各个组合所包含的推进剂消耗时，其质量会随着时间减小。质量的这一变化也会引起转动惯量随时间的减小，即有

$I=I(t)$。除此之外,飞行器储箱中的推进剂分布随着时间的连续变化也会引起发射飞行器的重心随着时间变化,即有 $X_{CG}=X_{CG}(t)$。在液体推进剂火箭中,燃料和氧化剂液位在持续降低,而在固体火箭中,推进剂药柱在消耗中被持续掏空。由式(7.90)可以看出俯仰加速度与比值 x_{CG}/I 直接成正比,因此在更为详细的设计阶段,对于重心移动和转动惯量变化的考虑就更为重要。

7.6.2 发射飞行器的力与力矩估计

发射飞行器通常可以看作具有长细比 $l/d=O(10)$ 的细长体,正如前面给出的实际飞行器的照片所示。工程分析中,工程师就是利用发射飞行器的这一属性来开发飞行中所承受力和力矩的估算方法。早期在评估具有大长细比的导弹状物体时应用了势流理论的思路。然而,这种方法的精度只限于具有极小攻角的物体。Allen 等(1951)假设,细长体上的流可以看作势流上叠加一个物体经受横向流所引起的修正项。当攻角为 α 时,物体沿其轴向经受一个大小为 $V_r\cos\alpha$ 的流动分量,在其轴线的法向经受一个大小为 $V_r\sin\alpha$ 的流动分量,这里 V_r 如图 7.39 所示,是相对于飞行器的速度。垂直于轴线的横向流可与物体分离,产生一个垂直于物体的阻力,这增加了势流诱导的法向力。后来,基于这个概念发展了许多半经验方法,吸纳了广泛种类的实验数据(Hamner et al,1966;Muraca,1966;Teren et al,1968;Jorgensen,1973a,1973b)。

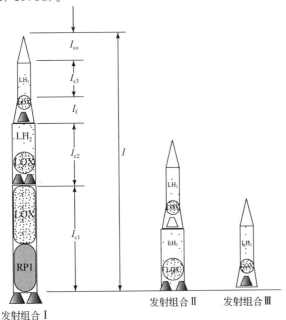

图 7.42 类似于土星 5 的理想三级飞行器的三个组合,描述了推进剂储箱和发动机的总体布局,发射组合的长细比未按比例

　　虽然发射飞行器一般都是细长的旋转体,包含了若干简单的形状,如圆锥、尖顶拱、圆台、圆柱,但是平面翼产生的瞬变流场相对比较复杂。在初步设计活动中,出于评估发射飞行器力和力矩的目的,我们采用 Jorgensen(1973a)提出的相对简单的方法。该方法假定实际的飞行器几何形状可以用细长的圆锥-圆柱-圆台或者尖顶拱-圆柱-圆台来近似。法向和轴向力分量分别为 $C_N=N/(qS)$ 和 $C_A=A/(qS)$,以及相对于飞行器重心的俯仰力矩系数 $C_m=M/(qSd)$ 为

$$C_N=\frac{S_b}{S}\sin2\alpha\cos\frac{\alpha}{2}+\eta C_{D,N}\frac{S_b}{S}\sin^2\alpha \tag{7.106}$$

$$C_A=C_{D0}\cos^2\alpha \tag{7.107}$$

$$C_m=\left[\frac{\upsilon}{Sd}-\frac{S_b}{S}\left(\frac{l}{d}-\frac{x_{CG}}{d}\right)\right]\sin2\alpha\cos\frac{\alpha}{2}+\eta C_{D,N}\frac{S_p}{S}\left(\frac{x_{CG}}{d}-\frac{x_p}{d}\right)\sin^2\alpha \tag{7.108}$$

　　式(7.106)和式(7.108)右侧的第一项来自经典细长体理论(Heaslet et al,1954),而式(7.106)和式(7.108)右侧的第二项来自横向流分量 $V_r\sin\alpha$ 的影响。其中存在比值 S_b/S 这一项是因为选择 $S=\pi d^2/4$ 作为参考面积,而细长体理论则是按照飞行器底部横截面积来提供力和力矩结果的。从式(7.107)中可以看出,轴向力系数 C_A 假定不受横向流的影响,它只涉及物体的零升力阻力系数。

　　这样的控制方程表达式只需要飞行器的几何参数、重心位置以及横向流项的性质。横向流的性质定义为乘积 $\eta C_{D,N}$,这是横向流雷诺数和马赫数的函数。发射飞行器轨迹把这些参数的大小限制在实际范围内,这也是选取合适参数值的一个办法。垂直于物体的雷诺数可以用垂直于物体的马赫数表示,具体如下:

$$Re=\frac{Vd}{\upsilon}=\left(\frac{a}{\upsilon}\right)Ma\cdot d \tag{7.109}$$

　　利用式(2.16)和式(2.21),可以把单位雷诺数也就是单位直径的雷诺数,近似为

$$\frac{Re}{d}\approx2.56\times10^7\exp\left(-\frac{z}{7.16}\right)Ma \tag{7.110}$$

图 7.43 为来自地球表面发射装置的典型飞行剖面中的单位雷诺数、马赫数、

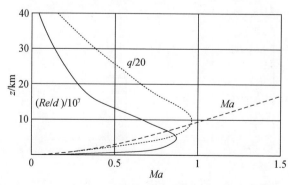

图 7.43　一个典型飞行剖面中单位雷诺数、马赫数、动压(kPa)的变化

动压的变化。从图中可以看出,雷诺数最大值约为 $10^7 d$,出现在亚声速上,而动压 q 的最大值大约出现在声速上。有人航天器发射飞行器的直径一般为 $3m<d<10m$,因此最大雷诺数很可能处于 $3\times10^7\sim1\times10^8$ 内。对于小攻角($\alpha\leqslant10°$),横向流马赫数约为飞行马赫数的 10%,有 $Ma\cdot\sin\alpha=O(10^{-1})$,于是基于物体直径的横向流雷诺数为 $3\times10^6\sim1\times10^7$。

Jones 等(1969)给出了垂直于气流安装的大圆柱体($d=0.914m$)上测得的阻力系数 $C_D=C_D q(\pi d^2/4)$,流在 $Ma\leqslant0.2$ 条件下基于圆柱体直径的雷诺数高达 10^7,Jones 将这些数据同其他试验测试数据进行了对比,发现对于 $Re<400000$,所报道的阻力系数具有一致的值,当 $Re>400000$ 时就分散在一个带内,如图 7.44 所示。与其他研究者的试验数据一样,这样的散布范围,可以归结于包括表面粗糙度以及局部亚声速马赫数高于 0.2 等各种因素。图 7.44 一并给出了适合有人航天发射飞行器的雷诺数范围 $3\times10^6<Re<10^7$。这个范围内的阻力系数 C_D 为 0.4~0.76。尽管在 $C_{D,N}$ 上有相当宽的散布,采用 $C_{D,N}=0.53$ 看起来是比较谨慎的,这对应于 Jones 等(1969)在雷诺数范围 $3\times10^6\sim1\times10^7$(当 $Re=3\times10^6$ 时 $C_D=0.54$;当 $Re=1\times10^7$ 时 $C_D=0.52$)所测量的平均值。

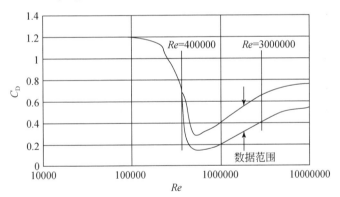

图 7.44　垂直置于流中圆柱体的阻力系数,在 $Re>400000$ 时,测得的数据位于所示范围内,
有人发射飞行器的横向流雷诺数范围一般位于 3×10^6 以上

注意到这个方法假设阻力系数完全取决于自由流速度垂直分量的雷诺数。Bursnall 等(1951)的结果表明,对于超临界雷诺数范围的流来说,这只在小攻角($\alpha<20°$)的情况下才是准确的。通过控制发射飞行器来最小化攻角从而降低机身的弯曲力矩,这使得所建议的确定横向流阻力系数的方法可用。

参数项 η 是长细比为 l/d 的圆柱体与相同直径无限长圆柱体的横向流阻力系数之比,其量级为 1。尽管 Jorgensen(1973a)引进了 η 项来修正发射飞行器有限长细比的横向流阻力系数,但对于很少的 η 数据,其测量时的横向流雷诺数比预期的要低得多:8.8×10^4 相对于预期的 3×10^6。可以用如下关系式近似表示 Jorgensen

(1973a)给出的数据：

$$\eta = 0.05\left(\frac{l}{d}\right) + 0.52 \tag{7.111}$$

根据 Jorgenser 的报告，将这些数据用在亚声速流中可得到有用的结果，不过在超声速和高超声速下，$\eta = 1$ 得到的结果更准确。

7.6.3　纵向静态稳定性

法向力 N 和轴向力 A 可认为是作用在压心上的，根据定义不会产生力矩。对称性意味着轴向力不会引起相对于火箭重心的力矩，而法向力产生的力矩为

$$M = N(x_{CG} - x_{CP}) \tag{7.112}$$

根据式(7.112)以及力矩系数和法向力系数的定义，可得压心 CP 的位置为

$$\frac{x_{CP}}{d} = \frac{x_{CG}}{d} - \frac{C_m}{C_N} \tag{7.113}$$

图 7.39 显示 CG 位于 CP 之后，可以看出攻角 α 的增加会引起法向力所产生的相对于 CG 力矩的增加。力矩的这种增加又反过来进一步增大攻角。这种情况下，物体就称为在俯仰上是静态不稳定的。整理式(7.113)为

$$\frac{x_{CG}}{d} - \frac{x_{CP}}{d} = \frac{C_m}{C_N} \tag{7.114}$$

当 $x_{CG} = x_{CP}$ 时，相对于重心的力矩系数为零，称飞行器在俯仰上是静态中性的。当 $x_{CG} < x_{CP}$ 时，相对于重心的力矩系数为负，称飞行器在俯仰上是静态稳定的。图 7.39 中，$x_{CP} < x_{CG}$，可以看出法向力的作用将增大攻角，表现出了静态不稳定性。然而，如果把重心放在压心之前，法向力的作用会减小攻角，表现出了静态稳定性。

因此，为了维持静态稳定性，CG 就必须位于 CP 之前，否则必须通过其他方式提供恢复力矩。如图 7.39 所示，把推力向量 F 偏转 δ 角，或者采用在发射组合的底部附近放置尾翼，就如飞机尾部表面那样，可以产生所需的恢复作用。TVC 是一种既能沿轨迹导引发射飞行器又能保持其俯仰稳定的方法。使用 TVC 是有代价的，因为这必定会使推力沿飞行方向的一小部分损失。尾翼的使用一般仅限于增强稳定性，而且会对发射组合的整个飞行过程带来阻力。由于理论飞行器的对称性，其偏航稳定性可采用与俯仰稳定性完全相同的方式来处理。

攻角 $\alpha \ll 1$，这使 $\sin\alpha = \alpha$ 且 $\cos\alpha = 1$，能达到 $O(\alpha^2)$ 的精度。在式(7.106)和式(7.108)中使用这一近似，可以将比值 C_m/C_N 写成

$$\frac{C_m}{C_N} = \left[\frac{\upsilon}{S_b d} - \left(\frac{l - x_{CG}}{d}\right)\right] + O(\alpha) \tag{7.115}$$

结合式(7.115)和式(7.114),得到如下飞行器压力中心表达式:

$$\frac{x_{CP}}{d} = \frac{l}{d} - \frac{\upsilon}{S_b d} \tag{7.116}$$

这样,在细长体假设下,可以通过偏置尾部的体积,把压心向尾部移动。后体部位可以是一个简单的圆台,或者是更为复杂的形状,如在图 7.5 中所示的联盟或土星 5 发射飞行器那样。于是假设后体部位的体积可以表示为 $h_f S_m$,其中,$S_m = \pi d_m^2/4$ 为后体的平均横截面积,d_m 为相应的平均半径,h_f 为其轴向长度,如图 7.39 所示。发射飞行器的体积就可以表示为

$$\frac{\upsilon}{S_b d} = \left[\frac{l}{d} - \frac{2}{3}\frac{h}{d} - \frac{h_f}{d}\left(1 - \frac{d_m^2}{d^2}\right) \right]\left(\frac{S}{S_b}\right) \tag{7.117}$$

对于简单的总长为 l 的圆锥-圆柱体-圆台组合体,其中圆锥部分的长度为 h,圆台的长度为 h_f,则该组合体的无量纲体积为

$$\frac{\upsilon}{S_b d} = \left[\frac{l}{d} - \frac{2}{3}\frac{h}{d} + \frac{1}{3}\frac{h_f}{d}\left(2 - \frac{d_b^2}{d^2} - \frac{d_b}{d}\right) \right]\frac{S}{S_b}$$

注意到为了保持细长体理论的精度,后体的总体斜率必须较小,以满足 $(d_b - d)/(2h) \ll 1$。因此,当没有圆台即 $d_b = d$ 时,方括号内的第三项等于零。结合式(7.116)和式(7.117),得

$$\frac{x_{CP}}{d} \approx \frac{2}{3}\frac{h}{d}\frac{S}{S_b} + \left(1 - \frac{S}{S_b}\right)\frac{l}{d} - \frac{h_f}{d}\left(\frac{d_m^2}{d^2} - 1\right)\frac{S}{S_b} \tag{7.118}$$

首先,注意到如果没有尾部圆台,也就是 $d_m = d$ 和 $S = S_b$,则有 $x_{CP} = 2h/(3d)$。在这种圆锥-圆柱体情形中,随着鼻锥长度的增加,压心就向后移至圆柱部分消失且 $h = l$。有益的是,当 $\alpha \approx 0$ 时细长体理论对圆柱体后体不产生影响。实际上,对于 $h = 0$ 的情形,也就是平头圆柱体,压心将位于前缘,有 $x_{CP} = 0$。当然,在圆柱体的平头附近,细长体近似就不再适用了,因为此处的斜率已经不再小了。然而,局部效应消失得很快,Jorgensen(1973a)表明,和 Jernell(1968)的试验结果相比,细长体的结果还算是准确的。

接下来,考虑一个如图 7.39 所示的圆锥-圆柱-圆台的情形。这时,由式(7.118)右侧第三项括号部分可以看出,在发射飞行器的尾部增加圆台会把 CP 往尾部移动,有利于提升其稳定性。

几种长细比为 $l/d = 10$ 的细长体和减少的 $\upsilon/(Ad)$ 值如图 7.45 所示。式(7.116)表明,随着物体形状由凸变平再变为凹,物体的压心向尾部移动。此图说明了增加圆台能有助于稳定细长导弹。

7.6.4　尾翼稳定的发射飞行器

采用圆台式底部来稳定发射飞行器,具有阻力较大的缺点,因为底部增加了迎风面积。采用像安装在飞机尾部上的尾翼面来获得所需的稳定力矩将更为有效。

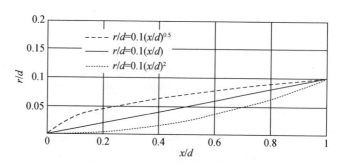

图 7.45　纤细比为 $l/d=10$ 的细长体形状和减小的 $v/(Ad)$ 值

一对尾翼面用来产生俯仰面内的稳定力矩,另一对用来产生偏航面内的稳定力矩。这代表了每个面内的风向标稳定性。由于发射飞行器一般都是旋转对称的,因此仅需处理俯仰面即可。考虑一个简单的圆锥-圆柱体,在其立面或者俯仰面内带有安装在后部的尾翼面,见图 7.46。

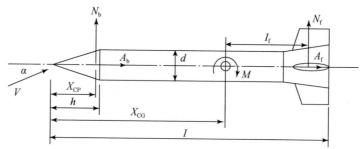

图 7.46　一个细长圆锥-圆柱体导弹的俯仰平面视图,尾部安装水平和垂直尾翼,攻角为 α

平放在俯仰面内的尾翼面仅产生轴向力,其在考虑俯仰力矩的情况下是可以忽略的。然而,平放在偏航面内的尾翼表面产生一个法向力:

$$N_f = \left(\frac{dC_{N,f}}{d\alpha}\right)\alpha q S_f$$

其中,S_f 为尾翼的平面面积,后面将给出更详细的定义。尾翼的法向力会产生一个负的俯仰力矩:

$$M_f = -N_f l_f$$

力矩的力臂 l_f 一般取为尾翼压心到整个发射飞行器重心的距离。可以把这些结果放入与式(7.106)和式(7.108)形式相一致的系数中:

$$C_{N,f} = \frac{N_f}{qS} = \left(\frac{dC_{N,f}}{d\alpha}\right)\alpha \frac{S_f}{S}$$

$$C_{m,f} = \frac{M_f}{qSl} = \left(\frac{dC_{N,f}}{d\alpha}\right)\alpha \frac{S_f l_f}{Sl}$$

对于较小的攻角,假设安装在后部的尾翼的作用可以叠加在作用于圆锥-圆柱体基本力的结构上,这样可把 $C_{N,f}$ 加在式(7.106)上,把 $C_{m,f}$ 加在式(7.108)上,得

$$\frac{C_m}{C_N} = \frac{2\left[\frac{\upsilon}{Sd} - \frac{S_b}{S}\left(\frac{l}{d} - \frac{x_{CG}}{d}\right)\right] + \eta C_{D,n}\frac{S_b}{S}\left(\frac{x_{CG}}{d} - \frac{x_{CP}}{d}\right)\alpha - \left(\frac{dC_{N,f}}{d\alpha}\right)\left(\frac{S_f l_f}{Sd}\right)}{2\frac{S_b}{S} + \eta C_{D,n}\frac{S_p}{S}\alpha + \left(\frac{dC_{N,f}}{d\alpha}\right)\left(\frac{S_f}{S}\right)}$$

(7.119)

把式(7.119)代入式(7.114)中,当攻角为零时得到如下压心:

$$\frac{x_{CP}}{d} = \frac{x_{CG}}{d} - \frac{\left[\frac{\upsilon}{S_b d} - \left(\frac{l}{d} - \frac{x_{CG}}{d}\right) - \frac{1}{2}\left(\frac{dC_{N,f}}{d\alpha}\right)\left(\frac{S_f l_f}{S_b d}\right)\right]}{1 + \frac{1}{2}\left(\frac{dC_{N,f}}{d\alpha}\right)\left(\frac{S_f}{S_b}\right)}$$

(7.120)

假设简单的圆锥-圆柱-圆台组合形状如图 7.46 所示,可将式(7.117)写成

$$\frac{\upsilon}{S_b d} - \left(\frac{l}{d} - \frac{x_{CG}}{d}\right) = \frac{x_{CG}}{d} - \frac{2}{3}\frac{h}{d}\frac{S}{S_b} + \frac{h_f}{d}\left(\frac{d_m^2}{d^2} - 1\right)\frac{S}{S_b} - \frac{1}{d}\left(1 - \frac{S}{S_b}\right)$$

(7.121)

尾翼对飞行器所承受的法向力的作用可以表示为

$$\frac{1}{2}\left(\frac{dC_{N,f}}{d\alpha}\right)\frac{S_f}{S_b} = K_f$$

(7.122)

把式(7.121)和式(7.122)代入式(7.120)中,得

$$\frac{x_{CP}}{d} = \frac{\frac{2}{3}\left(\frac{h}{d}\right)\frac{S}{S_b} + K_f\left[\left(\frac{x_{CG}}{d}\right) + \left(\frac{l_f}{d}\right)\right] + \frac{l}{d}\left(1 - \frac{S}{S_b}\right) - \frac{h_f}{d}\left(\frac{d_m^2}{d^2} - 1\right)\frac{S}{S_b}}{1 + K_f}$$

(7.123)

如前所述,取 l_f 等于尾翼压心到飞行器 CG 之间的距离。然而,由于尾翼一般都位于飞行器的尾端,对于初步设计,足以认为从头部到 CG 的距离与从 CG 到尾翼法向力的距离之和近似等于飞行器的总长度,也就是 $x_{CG} + l_f \approx 1$。于是,按照式(7.123),压心的近似位置为

$$\frac{x_{CP}}{d} \approx \frac{\frac{2}{3}\left(\frac{h}{d}\right)\left(\frac{S}{S_b}\right) + \left(K_f + 1 - \frac{S}{S_b}\right)\frac{l}{d} - \frac{h_f}{d}\left(\frac{d_m^2}{d^2} - 1\right)\left(\frac{S}{S_b}\right)}{1 + K_f}$$

(7.124)

当尾翼的法向力作用消失($K_f = 0$)时,就得到了之前关于压心位置的结果。可以将尾翼单位弧度的法向力写成

$$\frac{dC_{N,f}}{d\alpha} \approx C(2\pi)$$

(7.125)

其中,2π 对应于无限翼在不可压缩流中理想升力曲线的斜率,在小攻角下,升力系数和法向力系数近似相等,即 $C_L \approx C_N$。式(7.125)中的比例因子 C 是尾翼的展弦比和后掠角以及自由流马赫数的函数,如 Sforza(2014)的讨论。对于导弹应用中较小展弦比的尾翼,该因子 $C \approx 1/2$,并且垂直于自由流速度向量的尾翼面积可以

近似取为圆柱体或底部横截面积的三分之一,即 $S_f/S_b \approx 1/3$。因此,对于说明性的一个合理近似就是

$$K_f = \frac{1}{2}\frac{dC_{N,f}}{d\alpha}\frac{S_f}{S_b} \approx \frac{1}{2}(2C\pi)\left(\frac{1}{3}\right) \approx \frac{\pi}{6} \approx \frac{1}{2} \tag{7.126}$$

为了说明圆锥-圆柱体或者圆锥-圆柱-圆台导弹在添加尾翼后的效果,可以考虑理想土星 5 发射飞行器的情况,将其近似为一个圆锥-圆柱体,其中 $h/d = 4.32$ 和 $l/d = 10.39$,后部安装尾翼如图 7.47 所示。土星 5(图 7.20)上的 4 个分离的发动机罩形成了等效的圆台,则有 $h_f/d = 0.806$、$S_f/S = 0.78$ 和 $d_m/d = 1.047$。由式(7.124)给出的压心位置的变化是尾翼作用 K_f 的函数,如图 7.48 所示。显然,即便是对于 $K_f = 1/2$,即式(7.126)给出的值,压心也向后移动了大约两个口径或者直径。圆台的并入把压心又向后移动了一个口径。

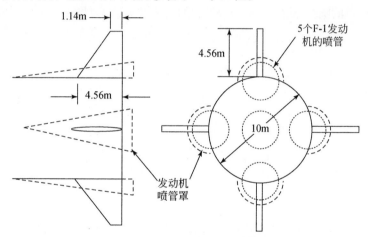

图 7.47　理想的土星 5 发射飞行器尾部示意图,图中显示了稳定翼,
土星 5 的 5 个 F-1 发动机喷管(用点线表示)周围有发动机罩(用短画线表示)

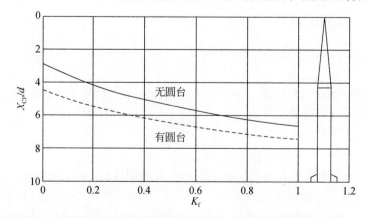

图 7.48　有无圆台时,尾翼对零攻角情况下压力中心位置的影响,参数 K_f 与
尾翼升力曲线斜率 $dC_{L,f}/d\alpha$ 成正比,因此 $K_f = 0$ 对应于无尾翼飞行器

Walker(1968)报道了土星 5 发射飞行器模型在 5 个不同风洞设施得出的试验结果。共使用了 6 个模型:1 个如实复制了所有凸出物、尾翼和罩,有 4 个具有不同的特征组合以便对比研究它们的影响,另外 1 个完全移除了发射逃逸系统,就好像启动了发射中止程序一样。马赫数涵盖的范围为0.5~8,基于飞行器参考直径的雷诺数涵盖范围为 $5\times10^5 \sim 8\times10^6$。图 7.49 对比了全细节复制模型和既无尾翼也无罩的同一模型的压心位置随马赫数的变化。显然,尽管尾翼和罩相比于飞行器的其余部分来说是比较小的,但是它们使压心位置显著后移,如前所述,这是改善飞行器纵向静态稳定性所必需的。

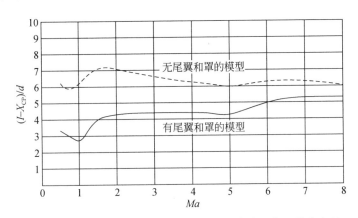

图 7.49　有无尾翼和罩的土星 5 模型的压力中心位置作为飞行
马赫数的函数的试验结果(Walker,1968)

对于细长体,通常把气动力的合力分解为沿轴向和法向的分量,用符号 A 和 N 表示。这些分量以及通常的升力和阻力分量 L 和 D 之间的关系可用如下方程给出:

$$C_N = C_L \cos\alpha + C_D \sin\alpha$$
$$C_A = -C_L \sin\alpha + C_D \cos\alpha$$

当攻角很小时,对于 $O(\alpha^2)$,公式可写为

$$C_N \approx C_L + C_D \alpha$$
$$C_A \approx C_D - C_L \alpha$$

于是对于 $\alpha \ll 1$ 且 $C_D/C_L \ll 1$,法向力斜率就等于升力曲线斜率,即

$$\frac{\partial C_N}{\partial \alpha} \approx \frac{\partial C_L}{\partial \alpha}$$

Sforza(2014)介绍了基本机翼理论及其分析,这里采用了其介绍的亚声速流经验方法。对于亚声速马赫数,传统翼的升力曲线斜率(每弧度)用下式计算:

$$\frac{\partial C_L}{\partial \alpha} = \frac{A}{2+\sqrt{\left(\dfrac{A\beta}{\kappa}\right)^2\left[1+\left(\dfrac{\tan\Lambda_{c/2}}{\beta}\right)^2\right]+4}} 2\pi \tag{7.127}$$

　　把简单的尾翼沿根弦结合起来就可形成机翼,如图 7.50 中短画线所示。式(7.127)表明,翼的升力曲线斜率与翼面的理论值 2π 之间差一个因子,其为翼的展弦比 A、中弦后掠角 $\Lambda_{c/2}$ 以及参数 β 和 κ 的函数。对于亚声速流中的三角翼这种特殊情形,Polhamus(1971)提供的图表可用于设计,用简单曲线拟合图表中的数据,得到

$$\frac{\partial C_{\mathrm{L}}}{\partial \alpha} \approx \frac{4}{(\beta A)^{0.1}} \sin\left(\frac{\beta A}{\pi}\right)$$

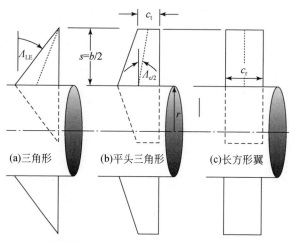

图 7.50　一些简单的尾翼平面图。短画线为在升力计算中采用的
由尾翼平面结合而形成的机翼,而点线表示弦中线

　　翼的展弦比 A 等于边长为翼展 b 的正方形面积与翼的实际平面面积 S 之比:

$$A = \frac{b^2}{S} \tag{7.128}$$

　　马赫数通过 Prandtl-Glauert 因子的亚声速形式纳入式(7.127)中

$$\beta = \sqrt{1 - Ma^2} \tag{7.129}$$

　　如果前缘的后掠角已知,则可利用式(7.130)求出任意直线渐缩翼的中弦后掠:

$$\tan\Lambda_{\frac{c}{2}} = \tan\Lambda_{\mathrm{LE}} - \frac{2}{A}\left(\frac{1-\lambda}{1+\lambda}\right) \tag{7.130}$$

其中,λ 为锥度比 $c_{\mathrm{t}}/c_{\mathrm{r}}$。对于梯形翼,前缘后掠角可由任意其他等百分比弦线($v = c\%/100\%$)的后掠角求出:

$$\tan\Lambda_{\mathrm{LE}} = \tan\Lambda_{\mathrm{vc}} + \frac{4n}{A}\left(\frac{1-\lambda}{1+\lambda}\right) \tag{7.131}$$

　　例如,如果已知四分之一弦后掠角($v = 25\%/100\% = 1/4$),就容易求出前缘的后掠角。同理,一旦知道前缘的后掠角,就容易求出任何其他等百分比弦线的后

掠角：

$$\tan\Lambda_{\text{vc}} = \tan\Lambda_{\text{LE}} - \frac{4n}{A}\left(\frac{1-\lambda}{1+\lambda}\right) \tag{7.132}$$

式(7.127)中的因子 κ 取决于翼所采用的翼型横截面(平行于自由流)的升力曲线斜率,其为相关马赫数 $(c_{l,a})_{\text{Ma}}$ 下试验二维(即翼型)升力曲线斜率(每弧度)与该马赫数下的理论值 $2\pi/\beta$ 之比,即 $\kappa = (c_{l,a})_{\text{Ma}}/(2\pi/\beta)$。注意到,Prandtl-Glauert 对亚声速可压缩流的修正为 $(c_{l,a})_M = c_{l,a}/\beta$,于是,在缺乏 $(c_{l,a})_{\text{Ma}}$ 试验值时,可以使用 $\kappa = c_{l,a}/(2\pi)$,即实际低速翼型对理想不可压缩流翼型的升力曲线斜率之比。如果缺乏翼型数据,则可取 $\kappa = 1$,对精度损失很小。

Abbott 等(1959)收集了 NACA 许多翼型的亚声速试验数据的图形描述,Hoak 等(1978)发表了 NACA 其他翼型的试验和理论数据。Loftin 等(1948)对挑选的 NACA 翼型进行了雷诺数高达 25×10^6 的试验。这项研究的主要结论为,翼型升力曲线斜率基本上不受雷诺数增加的影响,非常接近理论不可压缩值单位弧度 $c_{l,a} = 2\pi$,或者单位角度 $a = 0.11$。

对于超声速飞行的情形,翼的升力曲线斜率变得更明显地依赖于翼平面的细节。Jones 等(1960)比较详细地介绍了超声速流中的翼理论。Piland(1949)总结了利用线性化超声速流动理论得出的多种不同平面的升力和压力中心特性。升力曲线斜率取决于 βA,其中,β 为 Prandtl-Glauert 因子的超声速形式:

$$\beta = \sqrt{Ma^2 - 1} \tag{7.133}$$

对于如图 7.50(a)所示的三角翼的情形,Piland(1949)给出了如下理论升力斜率及其应用范围:

当 $\beta A \leqslant 4$ 时:

$$\beta\left(\frac{\partial C_{\text{L}}}{\partial\alpha}\right)_{\text{w}} = \frac{1}{2}\pi\beta A\left[E''(\beta\cot\Lambda_{\text{LE}})\right] \approx \frac{1}{2}\pi\beta A(1 - 0.903\beta A) \tag{7.134}$$

当 $\beta A > 4$ 时:

$$\beta\left(\frac{\partial C_{\text{L}}}{\partial\alpha}\right)_{\text{w}} = 4 \tag{7.135}$$

在式(7.134)中,$E''(\beta\cot\Lambda_{\text{LE}})$ 是对于模量 $\beta\cot\Lambda_{\text{LE}}$ 的第二类椭圆积分,在这里将其近似为 $1 - 0.903\beta A$。

对于如图 7.50(c)所示的长方形翼的情形,Piland(1949)给出了如下理论升力斜率及其应用范围,当 $\beta A \geqslant 1$ 时:

$$\beta\left(\frac{\partial C_{\text{L}}}{\partial\alpha}\right)_{\text{w}} = 4 - \frac{2}{\beta A} \tag{7.136}$$

对于其他带有后掠和锥度的翼,理论升力斜率变成了复杂的表达式。Pitts 等(1957)给出了一个具有锥度 $\lambda = 0.5$ 以及 Λ_{LE}、Λ_{TE}、$\Lambda_{c/2}$ 等于零的翼的图形描述。这里给出一个如图 7.50(b)所示的 $\lambda = 0.5$ 的简单近似拟合,将其作为一个介于三角翼和矩形翼之间的平面,具体如下,当 $\beta A \geqslant 2$, $\lambda = 0.5$ 时:

$$\beta \left(\frac{\partial C_L}{\partial \alpha} \right)_W \approx 4 \left[1 - \frac{1}{(1.55\beta A)^{4/3}} \right] \tag{7.137}$$

上述升力曲线斜率仅针对单独的翼。然而,当翼安装在本体上时,两者之间会有干扰。Pitts 等(1957)发表了对翼-尾-本体组合的升力以及在飞行中的飞行器上这些部件之间的干扰效应的基础研究。他们指出,在细长体理论的假设下,安装在本体上翼的升力系数 $C_{L,W(B)}$ 可以近似表示为

$$C_{L,W(B)} = K_{W(B)} \left(\frac{\partial C_L}{\partial \alpha} \right)_W \alpha \tag{7.138}$$

其中, $\left(\frac{\partial C_L}{\partial \alpha} \right)_W$ 为翼的单独升力曲线斜率。注意到,该理论的基本假设是单独翼,用下标 W 表示,针对两个半边翼在其根弦处结合起来的情况,如图 7.50 以短画线所示。Pitts 等(1957)给出的常数 $K_{W(B)}$ 的表达式可以近似为

$$K_{W(B)} \approx 1 + \left(\frac{r}{s} \right)^{1.15}, \quad 0 \leqslant \frac{r}{s} \leqslant 1 \tag{7.139}$$

因子 $K_{W(B)}$ 很清楚地表明安装在机身上的翼具有的升力斜率比其单独作用的要大。当翼的半展宽 $s = b/2$ 增长得比本体的半径大得多时,本体的效应将减小,而对于传统的商用飞机, $r/s = O(10^{-1})$,其效应是较小的。一旦半径变得大于半展宽,本体的作用就像一个反射面,这时 $K_{W(B)} = 2$ 。

7.6.5　发射飞行器直径估算

一旦有效载荷的质量及其轨道、连同加速度的约束得以明确,就可以用 7.5 节讨论的方法开始设计所需发射飞行器的总体结构。将初始推力与重量之比和比冲作为参数,就可组合候选发射飞行器的推进剂类型、总质量、发动机数量和级数。然后,就可建立一般的几何结构。级的主要功能是安全有效地容纳必需的推进剂。作为起始,考虑发射飞行器是圆柱形的,并且有效载荷的质量是起飞质量的一个较小部分,这就可将起飞质量近似为

$$m_0 \approx (1+k_s) m_p = (1+k_s) \rho_p k_p \frac{\pi}{4} d^3 \left(\frac{l}{d} \right) \tag{7.140}$$

推进剂所占用的发射飞行器的体积分数在这里给出为 k_p 。于是,发射飞行器的直径可写成

$$d \approx \left[\frac{4m_0}{\pi (1+k_s) \rho_p k_p \left(\frac{l}{d} \right)} \right]^{1/3} \tag{7.141}$$

几种有人和无人发射飞行器的最大直径与起飞质量函数关系的数据如图 7.51 所示。图 7.51 还给出了式(7.141)所示的发射飞行器直径,其中如 7.5 节

中所讨论的,取 $k_s=0.1$,并且采用了如下基于飞行器数据的密度近似:

$$k_p\rho_p=k_p\rho_w=650\text{kg/m} \tag{7.142}$$

图 7.51 所用的修正(其中 m_0 的单位为 t)为

$$d=1.22\left[\frac{m_0}{(l/d)}\right]^{1/3} \tag{7.143}$$

注意到,图 7.51 中的某些数据落在了 l/d 值范围之外。土星 5 的总体密度大约仅为式(7.142)给出的一半,从而产生一个很大的直径。采用 5 个 F-1 发动机,4个在外侧而 1 个位于中心,很可能迫使直径比式(7.143)测算的要大。此外,最小的两个直径也落在了给出的 l/d 范围之外。这些是联盟和长征发射飞行器的数据,其 l/d 分别超过了 16 和 17。然而,这些飞行器具有几乎与水一样的总体密度,其比式(7.142)估算出的要高大约 50%。这些差异基本上是包装问题,一般在设计后期阶段加以解决。因此,对于给定的 m_0 值,建议采用落在图 7.51 所示曲线范围内的直径作为结构设计的起点。在合理范围内选择偏大一点的直径,会增加阻力,不过与这一选择相关联的更小的 l/d 值增加了结构的完整性。在合理范围内选择较小的直径,会是相反的结果。

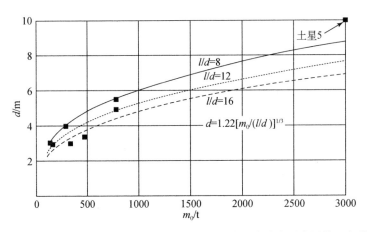

图 7.51　发射飞行器最大直径随初始质量的变化,实心方块表示实际的飞行器数据

7.6.6　发射飞行器构型设计

当选定了一组候选的 d 和 l/d 值之后,就可以进一步选择几何参数。一个简单的圆锥-圆柱体模型能够模拟像土星 5、阿波罗这样的相对复杂的发射飞行器,并允许采用对初步设计而言可接受的方式来进行性能的评估。这个构型仅需要一个头部长度 h 的假设就可以进行。三级土星 5 发射飞行器在之前的图 7.20 中用来说明分组合和分级的概念。图 7.52 为按比例简化的圆锥-圆柱体模型。这里要用这个模型来说明三级发射飞行器的设计过程。因此,采用表 7.9 中的数据,以土星 5 阿波罗 10

发射飞行器的尺寸作为模型发射飞行器的基础。

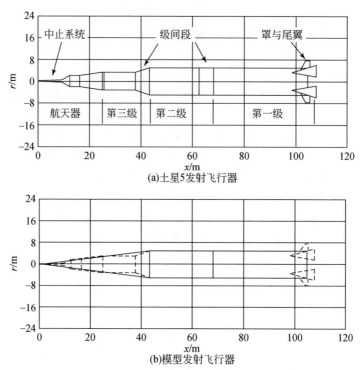

(a)土星5发射飞行器

(b)模型发射飞行器

图 7.52　飞行器示意图,图(b)中的短画线表示土星 5 的实际外形

表 7.9　土星 5 阿波罗 10 以及模型发射飞行器的近似尺寸

部件	x/m	土星 5r/m	土星模型 r/m
发射逃逸系统	0.00	0.00	0.00
指令舱	8.85	0.33	1.02
服务舱	12.40	1.95	1.43
月球舱	16.31	1.95	1.88
仪表单元	24.79	3.28	2.85
第三级	25.70	3.28	2.96
级间段	37.72	3.28	4.34
第二级	43.47	5.03	5.03
级间段	62.64	5.03	5.03
第一级	68.17	5.03	5.03
万向支架平面	104.6	5.03	5.03

确定了待发射航天器的质量,根据随后的轨迹设计便可算出三级的每一级所

需的推进剂质量和类型连同具体的发动机以及相关的结构质量。最简单地,可以假设整个飞行器的密度均匀,在下一个精确程度上,假设每一级以及有效载荷的密度是各不相同的,但是在每个组件中是均匀的。在这里,假设航天器和三个子级都具有均匀的密度,使它们的质量(列于表 7.10)是通过各自重心作用的,如图 7.53所示。土星 5 以及模型发射飞行器的这些不同部件的密度也在表 7.10 中给出,并在图 7.54 中进行了描述,一并给出了飞行器总体密度和水的密度的比较。前面提到,在设计模型中,用来将航天器同第三级结合在一起的整流罩被当做底部直径为 d 的圆锥,第二和第三级则假设成直径为 d 的圆柱体。实际的尺寸出现在随后的表格中。

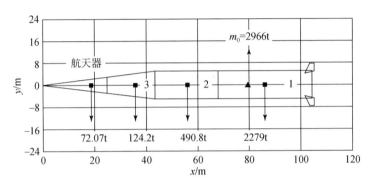

图 7.53 模型发射飞行器的示意图,显示了作用在不同分级重心上的质量

表 7.10 土星 5 阿波罗 10 发射飞行器与模型发射飞行器的质量分布

级	土星 5 阿波罗 10 质量/t	模型发射装置 质量/t	模型发射装置 密度/(t/m³)
航天器	72.02	72.07	0.252
第三级	116.8	124.2	0.166
第二级	480.4	490.8	0.249
第一级	2276	2279	0.682
合计	2945	2966	0.467

前面提出的评估飞行器稳定性的近似方法需要知道组合的平面面积、该面的轴向面心位置以及相关的体积等。表 7.11 列出了三个组合的这些数据。这里还需要的各个组合的重心位置数据如表 7.12 所示。把土星 5 的圆锥-圆柱-圆台实际细节包括进来,并不会实质性地改变面心和重心位置,但是这会不必要地增加初步设计时空气动力学计算的复杂性,而并不明显提高准确性。

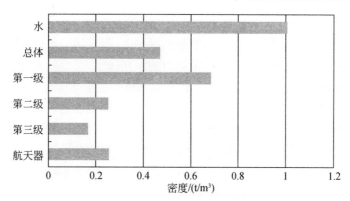

图 7.54　土星 5 阿波罗 10 发射飞行器部件的近似密度,并同水密度进行比较

表 7.11　模型发射装置的平面面积、形心位置、体积

组合	第 i 项	$r_{i,\min}/\mathrm{m}$	$r_{i,\max}/\mathrm{m}$	l_i/m	$A_\mathrm{p}/\mathrm{m^2}$	$v/\mathrm{m^3}$	h_i'/m	h_i/m	$A_{\mathrm{p},i}h_i/\mathrm{m^3}$	$(l-x)_\mathrm{p}/\mathrm{m}$
第一组合	航天器	0	2.855	24.84	70.9	212.0	8.28	88.00	6241	
	第三级	2.874	5.029	18.63	147.2	936.5	8.46	69.56	10241	
	第二级	5.029	5.029	24.70	248.4	1963	12.35	48.74	12109	
	第一级	5.029	5.029	36.39	366.0	2891	18.20	18.20	6660	
	合计			104.6	832.5	6002			35250	42.34
第二组合	航天器	0	2.855	24.84	70.92	212.0	8.280	51.61	3660	
	第三级	2.874	5.029	18.63	147.2	936.5	8.468	33.17	4883	
	第二级	5.029	5.029	24.70	248.4	1963	12.35	12.35	3068	
	合计			68.17	466.5	3112			11611	24.88
第三组合	航天器	0	2.855	24.84	70.92	212.0	8.280	26.91	1908	
	第三级	2.874	5.029	18.63	147.2	936.5	8.468	8.468	1247	
	合计			43.47	218.1	1149			3155	14.46

表 7.12　模型发射装置的重心位置

组合	第 i 项	$r_{i,\min}/\mathrm{m}$	$r_{i,\max}/\mathrm{m}$	l_i/m	m_i/kg	h_i''/m	$(l-x_{\mathrm{CG},i})/\mathrm{m}$	$m_i x_{\mathrm{CG},i}/(\mathrm{kg \cdot m})$	$(l-x_{\mathrm{CG}})/\mathrm{m}$
第一组合	航天器	0	2.855	24.84	72.07	6.210	85.93	6193	
	第三级	2.874	5.029	18.63	124.2	7.663	68.75	8536	
	第二级	5.029	5.029	24.70	490.8	12.35	48.74	23922	
	第一级	5.029	5.029	36.39	2279	18.20	18.20	41467	
	合计			104.6	2966			80118	27.01

续表

组合	第 i 项	$r_{i,\min}$/m	$r_{i,\max}$/m	l_i/m	m_i/kg	h_i''/m	$(l-x_{CG,i})$/m	$m_i x_{CG,i}$/(kg・m)	$(l-x_{CG})$/m
第二组合	航天器	0	2.855	24.84	72.07	6.210	49.54	3570	
	第三级	2.874	5.029	18.63	124.2	7.663	32.36	4027	
	第二级	5.029	5.029	24.70	490.8	12.35	12.35	6061	
	合计			68.17	687.1			13658	19.88
第三组合	航天器	0	2.855	24.84	72.07	6.210	13.87	1790	
	第三级	2.874	5.029	18.63	124.2	7.663	7.663	951.8	
	合计			43.47	196.3			2742	13.97

7.6.7 发射飞行器压心

细长体的压力中心位置按式(7.118)计算,图 7.52 所示的基本圆锥-圆柱体构型的模型发射飞行器的压心位置为

$$\frac{x_{CP}}{d}=\frac{2}{3}\frac{h}{d}=\frac{2}{3}\frac{43.47}{10.06}=2.88 \tag{7.144}$$

实际发射飞行器的 4 个发动机罩,用短画线表示在图 7.47 中,在前面是用等效扩展裙来近似的,有 $h_f/d=0.81$、$S_f/S=0.78$ 和 $d_m/d=1.047$,从而有

$$\frac{x_{CP}}{d}=\frac{2}{3}\frac{h}{d}\times0.78+(1-0.78)\frac{l}{d}-0.806(1.047^2-1)\times0.78=4.47$$

然而,如果用另外的尾翼来增加稳定性,则式(7.124)表示的压心位置为

$$\frac{x_{CP}}{d}\approx\frac{\dfrac{2}{3}\left(\dfrac{h}{d}\right)\times0.78+(K_f+1-0.78)\left(\dfrac{l}{d}\right)-0.806(1.047^2-1)\times0.78}{1+K_f}$$

$$\frac{x_{CP}}{d}\approx\frac{2.246+(K_f+0.22)\times10.39-0.06048}{1+K_f} \tag{7.145}$$

用 K_f 表示的尾部的作用由式(7.122)来确定,其取决于尾部的升力曲线斜率 $dC_{L,f}/d\alpha$ 以及面积比 S_f/S_b。取式(7.126)中给出的名义值 $K_f=0.5$,得到 $x_{CP}/d=6.44$,比没有尾翼或者圆台状罩的情形高出了两倍还多。这里得出的圆锥-圆柱-圆台的理论结果是常值,而试验结果会随马赫数变化。这是因为理论上认为圆锥-圆柱-圆台的细长体不依赖于马赫数。在这里,当加上尾翼时就选定了一个定常的标称值 K_f。像前面那样更精确的分析会显示 K_f 依赖于马赫数,因为 $dC_{L,F}/d\alpha$ 是马赫数的函数。

考虑采用图 7.47 所示的尾翼,应用前面讨论过的 Pitts 等(1957)提出的方法,以便确定在发射飞行器本体存在情况下尾翼的升力。这个方法首先单独考虑翼,翼由两块相对的尾翼在根部相连而构成,如图 7.50 所示。图 7.47 中的尾翼在构

型上与图 7.50(b)所示的相近,并在图 7.55 中作为单独翼给出。

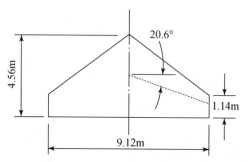

图 7.55 沿根部结合在一起,组成一个供计算升力斜率时使用的翼

如图 7.55 所示,两块尾翼相连作为一个翼的面积为 $S_f = 26m^2$,由式(7.128)可知其展弦比为 $A = b^2/S_f = 3.2$。半弦后掠角如图 7.55 所示,为 $\Lambda_{c/2} = 20.6°$,锥度比 $\lambda = c_t/c_r = 0.25$。由式(7.122)可得

$$K_f = \frac{1}{2}\left(\frac{dC_{N,f}}{d\alpha}\right)\frac{S_f}{S} = \frac{1}{2}\left(\frac{dC_{N,f}}{d\alpha}\right)\frac{26m^2}{79.45m^2} = 0.163\left(\frac{dC_{N,f}}{d\alpha}\right) \qquad (7.146)$$

对于小的 α,翼的法向力和升力曲线斜率相等,即

$$\left(\frac{dC_N}{d\alpha}\right)_f = \left(\frac{dC_L}{d\alpha}\right)_w$$

对于亚声速飞行,翼的升力曲线斜率可用式(7.127)计算。对于超声速飞行,式(7.136)~式(7.139)可用来估算一个合理的翼升力曲线斜率。利用这些公式计算具有如图 7.55 所示相同展弦比 $A = 3.2$ 的模型飞行器的翼,得到的法向力斜率随马赫数的变化如图 7.56 所示。对于 $Ma = 1$,采用了 McDevitt(1955)提供的矩形翼估算,$dC_L/d\alpha = \pi A/2$。可以看出,不同几何构型的结果没有很大的变化。采用式(7.146)中的 K_f 结果和锥度比 $\lambda = 0.5$ 时的法向力斜率(应该能较好地代表实际的锥度比 $\lambda = 0.25$),可以得到由式(7.144)和式(7.145)求出的压心位置的结果,如图 7.57 所示。完整的土星 5 模型与去掉尾罩尾翼的土星 5 模型的风洞试验结果都示于图 7.57 中作为对比。考虑到对分析的简化,这些结果看起来相当合理。值得注意的是,压心的位置稍微移动到了跨声速区域之外。图 7.57 中的空心图形代表由 Hamner 等及 Muraca(1966)对于圆锥-圆柱体所发展的经验模型的试验所得到的结果,将在后面讨论。

要计算飞行期间重心的运动,首先要考虑第一级推进剂的消耗所引起的发射飞行器的质量减少,按式(7.13)计算可得

$$m(t) = m_0\left[1 - \left(\frac{F_{vac}}{W}\right)_0\frac{t}{I_{sp,vac}}\right]$$

从万向支架轴线量起的重心位置为

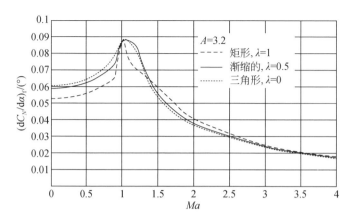

图 7.56 安装在模型发射飞行器上的具有展弦比 $A=3.2$
及不同平面几何形状翼的法向力斜率

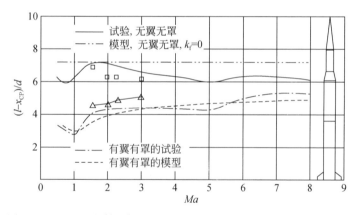

图 7.57 土星 5 发射飞行器的试验压力中心位置和圆锥-圆柱-圆台-
尾部模型理论值的比较,实际飞行器按比例给出以描述 CP 在本体上的位置,
空心图形代表正文中所述的其他经验方法的结果

$$l - x_{CG} = \frac{m_{0,1}(l - x_{CG,1})\left[1 - \left(\dfrac{F_{vac}}{W}\right)_0 \dfrac{t}{I_{sp,vac}}\right] + \sum\limits_{i=2}^{4}\left[m_i(l - x_{CG,i})\right]}{m_{0,1}\left[1 - \left(\dfrac{F_{vac}}{W}\right)_0 \dfrac{t}{I_{sp,vac}}\right] + \sum\limits_{i=2}^{4} m_i}$$

$$(7.147)$$

其中,$i=2$ 和 3 表示第 2、3 级,$i=4$ 表示要发射的航天器。压心的位置是马赫数的
函数,如图 7.57 所示。因此为了获得马赫数的时间函数 $Ma=Ma(t)$,就需要借助
之前的发射装置轨迹计算。假设取典型值 $(F_{vac}/W)_0 = 1.4$ 及 $I_{sp,vac} = 260s$,得到
图 7.58 所示的结果。

土星 5 的 CP 和 CG 的位置随时间的函数以实线和点线分别表示在图 7.58 中,其由 Haeussermann(1965)、Pinson(1971)和 Walker(1968)所发表的数据绘出。基于本书方法的计算结果用空心符号表示,而阴影区域表示最大动压力范围。图 7.58 清楚地表明,在 160s 内的第一级燃烧期间,发射飞行器是不稳定的,除了在 $t=60s$ 左右的几秒钟(这时 $Ma\approx1$)。重心和压心的计算值在整个燃烧期间都与飞行数据符合得很好。

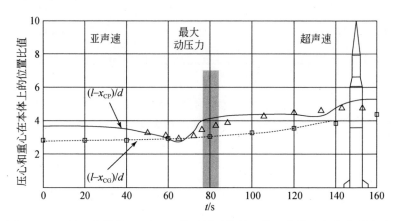

图 7.58　土星 5 发射的 CP 和 CG 位置随时间的函数以实线和点线分别表示,
计算值用空心符号表示,阴影区域代表最大动压力范围

虽然细长体理论对 CP 位置提供了合理的估计,但是它大幅低估了法向力系数斜率 $C_{N,\alpha}$。这是因为没有恰当考虑到圆柱形后体对法向力的贡献。这由 Sherer(1966)通过对比细长体理论和特征线法给出了清楚的证明。其他经验方法确实提供了更加准确的法向力斜率估算。

Walker(1968)编撰了具有和没有尾翼及发动机罩的土星 5 风洞模型的试验结果,如图 7.59 所示。图中还给出了基于细长体理论和前面描述的尾翼估算方法的土星 5 近似模型的结果。很明显,这一方法显著低估了 $C_{N,\alpha}$ 的试验数据。基于广泛种类的圆锥-圆柱体,马赫数范围 $0.7<Ma<2$,圆锥角 $10°<\theta<40°$ 以及圆柱后体长度 $(l-h)/d\sim6$ 的条件下的试验数据,Hamner 等(1966)发表了厚厚一叠 $C_{N,\alpha}$ 和 $C_{m,\alpha}$ 的曲线。在应用这个方法时,取圆锥半角 $\theta=10°$ 和具有 $(l-h)/d=6$ 的圆柱后体长度,得到整体 $l/d=8.83$,并由此提供一个合理接近土星 5 尺寸的构型。Muraca(1966)对于 $0.8<Ma<7$ 速度范围的圆锥-圆柱-圆台组合体给出了一个经验估算方法。采用 Muraca 的方法计算圆锥-圆柱体近似的土星 5($\theta=6.56°$ 且 $l/d=10.4$)所产生的数据跟 Hamner 等的数据(仅限于 $Ma\leqslant2$)是一致的,图 7.59 中标为"经验"的曲线采用了这两种结果。很显然,这两种方法得到的结果比细长体理论的结果与无翼无罩时的试验数据更加符合。当把前面介绍的尾部作用与经验圆锥-圆柱体方法结

合起来时,又很好地符合了试验数据。

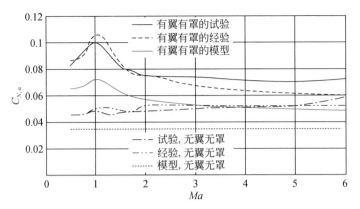

图 7.59 类似土星 5 的发射飞行器法向力系数斜率的理论结果和经验结果对比

7.6.8 TVC 偏转要求

正如已经证明的,因为发射飞行器的 CP 通常位于 CG 的前方,典型的发射飞行器在俯仰方面是不稳定的,而且出于同样的原因,在偏航方面也是不稳定的。因此,引起攻角变化偏离零度的扰动将其法向力放大。最重要的扰动来自周围的风场,虽然其他因素如推力未对准、空气动力偏差等也会有影响。推力向量偏转对于这类飞行器是唯一的控制机制,而重要的是评估是否有必要偏转推力向量。

Teren 等(1968)介绍了一种比较简单的评估发射飞行器 TVC 需要的解析算法。他们针对一个标称轨迹进行运动方程的线性化,该轨迹的标称攻角 $\alpha_n=0$,因风引起的标称攻角 $\alpha_{w,n}=0$,偏转角 $\delta_n=0$。由图 7.60 可见,攻角可以用俯仰角 θ、飞行路径角 γ 以及风攻角 α_w 表示如下:

$$\alpha=\theta-\gamma-\alpha_w \tag{7.148}$$

于是,对于标称轨迹

$$\theta_n=\gamma_n \tag{7.149}$$

$$\alpha_n=\alpha_{w,n}=0 \tag{7.150}$$

假设飞行器受到 V_w 的风扰动,Teren 等(1968)进行的线性化分析表明,对于多数情况,扰动攻角为

$$\alpha\approx\alpha_w \tag{7.151}$$

他们指出,这个结果等价于假设了一个"零漂移"轨迹,其中在遭遇风期间,飞行路径角扰动保持为零。图 7.61 显示了这种标称情况,由此可以看出满足式(7.149)～式(7.151)。

如果发射飞行器是配平的,没有俯仰变化,于是按照式(7.90),需要的推力偏转为

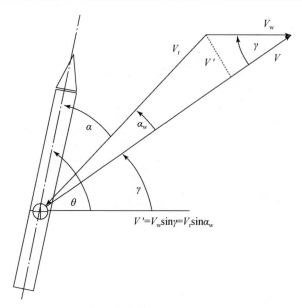

图 7.60　侧风中发射飞行器的一般速度关系

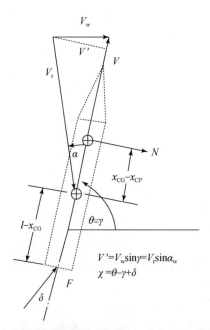

图 7.61　发射飞行器标称轨迹的速度关系,其中 $\theta=\gamma$,侧风显示 $\alpha=-\alpha_{\mathrm{w}}$

$$\sin\delta\approx-\frac{C_{N,\alpha}qS(x_{\mathrm{CG}}-x_{\mathrm{CP}})}{F(l-x_{\mathrm{CG}})}\alpha=\frac{C_{N,\alpha}qS(x_{\mathrm{CG}}-x_{\mathrm{CP}})}{F(l-x_{\mathrm{CG}})}\alpha_{\mathrm{w}} \qquad (7.152)$$

由前可知,由式(7.39)可知从万向支架轴线到 CG 的力矩臂为 $l-x_{\mathrm{CG}}$。如果

允许有尾部的存在,平衡方程(7.152)变为

$$\sin\delta \approx \frac{qS}{F(l-x_{CG})}\left[C_{N,\alpha}(x_{CG}-x_{CP})-C_{N_f,\alpha}\frac{S_f l_f}{Sd}\right]\alpha_w \tag{7.153}$$

在图 7.61 中,可以注意到速度分量之间的如下关系:

$$\sin\alpha_w = \frac{V_w}{V_r}\sin\gamma_n \tag{7.154}$$

把式(7.154)代入式(7.153)中,假设 $\alpha_w \leqslant 1$,则得

$$\sin\delta \approx \frac{qS}{F\left(\dfrac{l}{d}-\dfrac{x_{CG}}{d}\right)}\left[C_{N,\alpha}\left(\frac{x_{CG}}{d}-\frac{x_{CP}}{d}\right)-C_{N_f,\alpha}\frac{S_f(l-x_{CG})}{Sd}\right]\frac{V_w}{V_r}\sin\gamma_n \tag{7.155}$$

注意到在式(7.155)中,再次使用了假设 $l_f = l - x_{CG}$。为了推导所需 TVC 的一个估算,将式(7.155)重写为

$$\sin\delta \approx \frac{\left(\dfrac{qS}{W_0}\right)}{\left(\dfrac{F}{W_0}\right)}\left[C_{N_f}\left(\frac{\dfrac{l}{d}-\dfrac{x_{CP}}{d}}{\dfrac{l}{d}-\dfrac{x_{CG}}{d}}-1\right)-C_{N_f,\alpha}\frac{S_f}{S}\right]\frac{V_w}{V_r}\sin\gamma_n \tag{7.156}$$

可以依次讨论式(7.156)中各项的性质和大小。首先,考虑动压力与发射飞行器初始重量之比:

$$\frac{qS}{W_0} = \frac{\pi d^2 q}{4m_0 g_E} \tag{7.157}$$

采用基于式(7.142)和式(7.143)并且示于图 7.51 中的发射飞行器直径关系式(注意关系式中的 m_0 采用的单位是 t),式(7.157)变为(q 采用的单位是 kPa)

$$\frac{qS}{W_0} \approx \frac{\pi q}{4m_0 g_E}\left\{1.22\left[\frac{m_0}{\left(\dfrac{l}{d}\right)}\right]^{\frac{1}{3}}\right\}^2 = 0.1191q\left[m_0\left(\frac{l}{d}\right)^2\right]^{-\frac{1}{3}} \tag{7.158}$$

式(7.158)表明,增加质量以及长细比 l/d,也即增加了相对于俯仰轴的转动惯量,就会减少由式(7.156)给出的 TVC。对于典型的飞行器质量和尺寸范围(如表 7.8 中的数据),可以得到如下的近似范围(q 的单位为 kPa):

$$0.0015q \leqslant \frac{qS}{W_0} \leqslant 0.006q \tag{7.159}$$

发射飞行器承受的最大动压力范围为 20~40kPa,因此式(7.159)表明,qS/W_0 的最大值小于约 0.25,有可能接近 0.1。

在细长体假设范围内,式(7.106)表明,对于圆锥-圆柱-单独扩展裙,法向力斜率在小攻角时的估计值等于

$$C_{N,\alpha} = \frac{dC_N}{d\alpha} \approx 2\frac{S_b}{S} \tag{7.160}$$

对于有尾部的构型,式(7.125)以及相应的讨论表明:

$$C_{N_f,\alpha}\frac{S_f}{S}=\frac{\mathrm{d}C_{N_f}}{\mathrm{d}\alpha}\frac{S_f}{S}\approx\pi\frac{S_f}{S} \tag{7.161}$$

同样,图 7.58 所示的土星 5 CP 和 CG 位置的结果表明:

$$\frac{\dfrac{l}{d}-\dfrac{x_{CP}}{d}}{\dfrac{l}{d}-\dfrac{x_{CG}}{d}}-1\approx\frac{4}{3}-1=\frac{1}{3} \tag{7.162}$$

采用前述对式(7.155)中各项的估计值,结合适中的 $F/W_0=1.3$ 及 $\sin\gamma_n\approx1$ 取值,可以估算式(7.156)的标称值如下:

$$\sin\delta\approx\frac{0.1}{1.3}\left(\frac{2}{3}\frac{S_b}{S}-\pi\frac{S_f}{S}\right)\frac{V_w}{V_r}\sin\gamma_n\approx0.05\frac{S_b}{S}\left(1-\frac{3\pi}{2}\frac{S_f}{S_b}\right)\frac{V_w}{V_r}(1) \tag{7.163}$$

由式(7.163)可以看出,当没有使用尾翼时($S_f=0$),在 $V_w/V_r=0.1$ 的风速以及 $S_b/S=1.3$ 时,所需的推力向量偏转大约为 $0.4°$。然而,采用 $S_f/S_b=0.2$ 的尾翼,所需推力偏转量会减少到可忽略不计的值。因此,式(7.163)可以帮助来确定尾部尺寸以减缓对推力偏转的需求。必须认识到,在实际中,基本 TVC 控制方程(7.156)中的大部分项都会随轨迹变量而变,这使得在上升过程中所需的推力偏转是变化的。

考虑类似土星 5 的发射飞行器,给出一个在上升期间推力偏转需求的例证。采用 Pinson(1971)提供的轨迹数据,以及 Walker(1968)给出的空气动力特性,可以考虑图 7.62 所示的 Daniele 等(1968)提出的风剖面。在式(7.156)中应用本章前面给出的土星 5 飞行器的数据,得到如图 7.63 所示的推力向量偏转历程。其中,采用了细长体理论来描述圆锥-圆柱-圆台对法向力系数斜率的作用。如果采用在 7.6.6 小节末讨论的更详细的经验方法,得到的推力向量偏转将比图 7.63 所示的大约高出 30%。

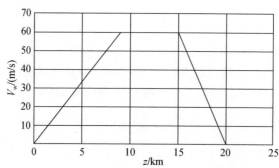

图 7.62　Daniele 等提出的典型风速剖面随高度的变化情况

虽然火箭发动机的喷管运动很小的角度都显得很困难,但是不要忘了所用到的机构在尺寸上是相当大的。图 7.64 所示的简单布局是实际的 TVC 技术的代表。作为图 7.64 的标称尺寸,选择 $y=1\mathrm{m}$、$\theta=45°$ 和 $\delta=1°$,得到 $y\delta=1.75\mathrm{cm}$ 和 $s=2.46\mathrm{cm}$,这个位移量是容易达到和可控的。

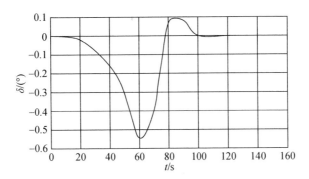

图 7.63　典型土星 5 火箭的推力向量偏转角时间历程

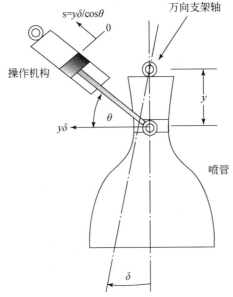

图 7.64　推力偏转系统,采用了液压操作机构来使喷管沿万向支架轴转动

7.7　发射飞行器设计通常要考虑的因素

航天飞机运行与规范可参见《航天飞机参考手册》(SSRM,1988)。Blair 等 (2001)已经提出了发射飞行器设计过程的总体描述。

7.7.1　液体推进剂储箱

此时在设计过程中,发射飞行器的一般特性已经建立起来:级数,每一级的结构质量以及发动机数量和类型,每一级的推进剂选择,沿轨迹的运动特性,以及诸如重心、压力中心、质量分布、转动惯量和总质量等质量特性。初步设计后就转向更详细的设计,基于推进剂类型和体积要求,确定储箱的形状和尺寸、储箱内压力要求。要应用的附加约束包括安全系数、故障模式准则、荷载组合方法、在任意或全部级满着或空着时立于发射台上的能力(未加压的)。这里介绍适合初步设计的推进剂储箱的一般分析。对于进一步的细节,可查阅 Huzel 等(1967,1992)以及Wagner(1974)所发表的推进剂储箱的设计指南。

图 7.65 为大型液体双组元推进剂火箭的储箱系统的总体布局。在这种应用中,采用涡轮泵的方式把燃料和氧化剂送入含有燃烧室的动力头部。燃料和氧化剂储箱通过外部方式增压,保证涡轮泵入口具有足够高的压力水平,以避免涡轮泵内出现气蚀,一般为 200~700kPa。图 7.65 画出了用于增压主储箱的分离的外部储箱,例如,低温推进剂可从主储箱中抽出,流经一个换热器对燃料及/或氧化剂进行汽化并增加其压力。然后把燃料及/或氧化剂气体导回相应的主储箱,以保持合适的气隙压力。通过喷管加速推进剂燃烧产物所产生的推力,通过推力架传递给安装有燃料箱的外壳结构。土星 5 第一级(S-IC)和航天飞机外部燃料箱(ET)就采用了这种布局。在 S-IC 中,推进剂为 LOX/RP1,氧化剂储箱和燃料箱的容积大体相等。SSME 推进剂为 LOX/LH_2。氢的密度很低,导致氧化剂储箱的容积大约为燃料储箱的 1/3。

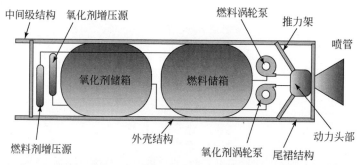

图 7.65　大型液体双组元推进剂火箭的下面级推进剂储箱系统总体布局

这种一前一后的储箱布局的一个变形就是燃料储箱和氧化剂储箱共享一个共用箱底,如图 7.66 所示。土星 5 发射飞行器的二级(S-II)和三级(S-IVB)就采用了这种系统,两者都使用了 LOX/LH_2 推进剂。在这种情况下,氧化剂储箱容积大约为燃料箱的 1/3,原因在于氢的密度非常低。

对于较低推力的应用,采用纯压力供应系统,如图 7.67 所示。氦储箱为两种推进剂在 1.4~2.8MPa 范围内提供增压,这里所示为四氧化二氮(N_2O_4)氧化和一甲基肼(MMH)燃料。这属于自燃式组合,意味着两种推进剂接触即反应,所以无须点火系统。土星 5 号 S-IVB 级的辅助推进系统(auxiliary propulsion system, APS)将这

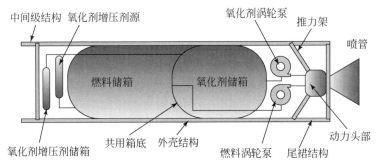

图 7.66 大型液体双组元推进剂火箭的上面级推进剂储箱系统总体布局

种方法用于飞行器姿态控制,航天飞机轨道器也将这种方法用于轨道机动系统(orbital maneuvering system,OMS)。

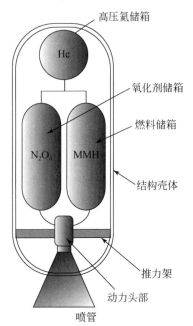

图 7.67 用于姿态控制或轨道机动的液体双组元推进剂火箭的推进剂储箱系统总体布局

对于诸如轨道机动或者姿态控制子系统,其运行推力比发射飞行器的推力低许多,它们的储箱可以按照三种基本构型来设计:增压的液体推进剂、具有正位移排出设备的液体推进剂、增压的气体推进剂。纯液体推进剂系统可以运行在双组元模式,即如图 7.67 所示,采用氧化剂和燃料;也可以运行在单组元推进剂模式,仅使用 MMH 或过氧化氢,让其流经催化剂,从而产生必要的推进气体。在失重条件下,如在轨道上,储箱内的推进剂会随意漂浮,必须使用诸如金属膜盒、活塞、可收缩囊体等正排出设备,从而将其供给发动机以便通过喷管进行膨胀。纯气体推进剂系统依赖储存的极高压气体(20MPa),经过电加热后(如电阻加热发动机)通过喷管排出,或者以储箱的环境温度排出。对于这类系统,球形储箱的结构效率很高,相对于其他几何形状具有重量优势,因此在与材料和下游排气系统的性能一致的情况下,应当设计成最高的工作压力,从而尽量降低储箱直径。

推进剂储箱的质量占到了发射飞行器结构质量相当大的部分。推进剂储箱的质量过大,就会降低有效载荷质量,因此储箱必须精心设计。储箱会承受静荷载和动荷载。主要的静荷载如下:

(1)流体静压力——由所容纳的液体的状态引起;

(2)过压力——有时用来防止推进剂泵中的气蚀;

(3)有效载荷重量——储箱通常也作为结构部件。

动荷载如下:

(1)惯性荷载——由飞行器加速引起;

(2)控制荷载——由推力定向诱导的弯曲引起;

(3)空气动力荷载——由飞行器几何构型和风切变引起。

在计算了任务所需的每种推进剂质量包括少量的应急预留后,就可以计算所需的储箱容积了。众所周知,每种液体推进剂的密度是环境温度的函数,因此推进剂的初始容积可由 $v_b = m_p/\rho_p$ 来确定。在储箱内,液体自由面上空还需要额外的容积 v_u,称为气隙,用气体来给储箱进行增压,这个容积必须与预期的运行环境相匹配。初始气隙不低于储箱总容积的 3%。还必须有一定的额外容积 v_i,以考虑持续滞留在输送管线以及储箱内部结构件细节中无法使用的推进剂。如果使用低温推进剂,还必须考虑蒸发导致的推进剂损失,在加注过程中要适当增加,这也需要一个容积 v_b。于是,储箱的容积等于

$$v_t = v_p + v_u + v_i + v_b \tag{7.164}$$

一旦得出所需的总的液体容积,就可以选择储箱形状了。大型储箱一般是圆柱形的,带有半球形或椭球端盖;其他形状不常用,因为它们往往比这些简单形状更重。Wagner(1974)描述了分析过的多种端盖形状,表明对于给定的直径,短半轴与长半轴之比约为 0.7 的椭球端盖趋于具有最小重量以及更小的总体长度。更小的子系统级的储箱通常为简单的球体或带有半球端盖的圆柱体。

液体火箭推进系统储箱是薄壁结构,其壁厚远小于储箱半径的 1/10。因此,可采用简单膜应力公式来分析球形和圆柱体等简单的几何形状。采用力学性质数据与随意选择的安全系数一起,可以初步选择储箱材料、壁厚、工作应力水平。对于内部压力引起的应力情况,选用 $k_d > 1$ 的设计安全系数来确定最大容许工作应力。材料的屈服应力或极限应力(σ_y 或 σ_u)除以安全系数 k_d,就得到最大容许工作应力,它考虑了荷载、制造质量、材料性质等的可能变化。对于屈服应力,飞行器储箱的设计安全系数范围为 1.0~1.1,对于极限应力,其范围为 1.25~1.5,对于有

人飞行的飞行器通常取每一类型中的较高值。

估算储箱的基本加载时,假设它们具有薄壳结构。圆柱壳和圆球壳的剖面如图 7.68 所示,图中一并给出了内压力引起的作用力。壳体是薄壁,指壳体各处的厚度都远小于壳体的长度及/或半径,即 $t \ll l, R$。图 7.68 中还显示了带有球壳端盖的圆柱壳储箱的轴向荷载。在无限圆柱体储箱的无限小段 $\mathrm{d}l$ 上,如图 7.68(a) 所示,基于储箱材料屈服应力 σ_y,平衡内压力 p 产生的力所要求的最小厚度 t_c 为

$$t_c = R_c \frac{p}{(\sigma_y / k_d)} \tag{7.165}$$

然而,沿球体赤道,如图 7.68(b)所示,基于储箱材料的屈服应力为 σ_y,平衡内压力 p 引起的力所需的最小壁厚 t_s 为

$$t_s = \frac{1}{2} R_s \frac{p}{(\sigma_y / k_d)} = \frac{1}{2} t_c \tag{7.166}$$

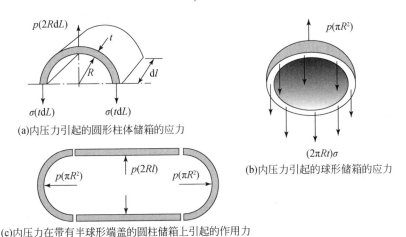

(a)内压力引起的圆形柱体储箱的应力

(b)内压力引起的球形储箱的应力

(c)内压力在带有半球形端盖的圆柱储箱上引起的作用力

图 7.68　内压力引起的储箱应力

因此,具有球形端盖的圆柱储箱的壁厚必须为相同半径球形储箱壁厚的两倍。然而,增加圆柱形储箱的长度,可以在保持储箱半径不变的情况下任意增加其容积。采用相同材料制成的这两种储箱,球形储箱半径为 R_s,具有半球形端盖的圆柱形储箱半径为 R_c 并且总长度为 l,则这两者的质量分别为

$$m_s = 2\pi R_s^3 \frac{p k_d}{\sigma_y / \rho_w} \tag{7.167}$$

$$m_c = 2\pi R_c^3 \left(\frac{l}{R_c} - 1 \right) \frac{p k_d}{\sigma_y / \rho_w} \tag{7.168}$$

其中,ρ_w 为储箱材料的密度;k_d 为设计安全系数,屈服应力与材料密度之比 σ_y / ρ_w 称作比屈服应力。三种常见储箱材料的比应力性能作为工作温度的函数如图 7.69 所示。有一段时间不锈钢和铝合金比较受欢迎,现在钛合金和铝-锂合金

使用得更为广泛，因为它们的比强度更高。例如，在室温下，铝-锂合金 2195 的比强度比铝合金 2219 高出 60%。航天飞机的最新版外部储箱采用了铝-锂合金来降低储箱的重量，其携带了总共 729t 的推进剂。纤维缠绕铝衬套储箱可以提供比单独金属材料更高的比强度，因为在耐受内压力引起的环向应力时纤维是完全拉紧的。过去对于不超过 70℃ 的储箱使用过环氧树脂玻璃纤维，如今已经被碳纤维取代，并且用到 150℃。某些改进型树脂可以把工作温度提升至 250℃。根据 Tam 等(2003)的文献，仅在圆柱部分采用纤维缠绕支持的混合储箱也已使用成功。

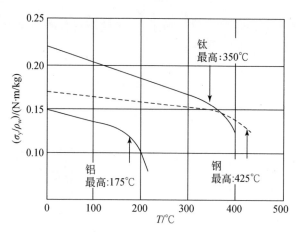

图 7.69　三种常见储箱材料比应力特性随工作温度的大致变化，图中一并给出了推荐的最大工作温度

在具有相同容积时，球形端盖圆柱储箱和球形储箱的质量比为

$$\frac{m_{\mathrm{c}}}{m_{\mathrm{s}}} = \frac{4\left(\dfrac{l}{R_{\mathrm{c}}} - 1\right)}{3\dfrac{l}{R_{\mathrm{c}}} - 2} \tag{7.169}$$

式(7.169)依据了这样的假设，即圆柱储箱的端盖壁厚等于相同半径球体的相应壁厚。当 $l/R_{\mathrm{c}} = 2$ 时，圆柱储箱就成了球形储箱，则 $m_{\mathrm{c}}/m_{\mathrm{s}} = 1$；对于长圆柱储箱，有 $l/R_{\mathrm{c}} \gg 1$，这时 $m_{\mathrm{c}}/m_{\mathrm{s}}$ 接近于 4/3。因此，相同容量时，球形储箱的质量最轻；但是，它的半径最大，因为

$$\frac{R_{\mathrm{c}}}{R_{\mathrm{s}}} = \left(\frac{3}{4}\frac{l}{R_{\mathrm{c}}} - \frac{1}{2}\right)^{-\frac{1}{3}} \tag{7.170}$$

例如，长度与直径比为 5.66 的圆柱形储箱，其半径仅为相同容量球形储箱的一半。因为气动阻力与迎风面面积成正比，所以圆柱形储箱承受的气动阻力仅为球形储箱的 1/4。另外，采用小直径储箱，意味着储箱将非常长，会在弯曲荷载下伴随屈曲问题。于是重要的因素就是实际储箱有多大。由于具有优异的重量特性，球形储箱通常用于小推进剂容量的应用中。图 7.70 给出了相同容量的两种储

箱的质量比 m_c/m_s 和储箱直径比 d_c/d_s 随圆柱储箱长细比 l/d_c 变化的情况。

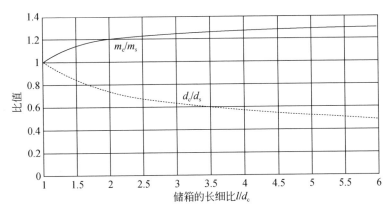

图 7.70　相同容积的圆柱和球形储箱的质量比 m_c/m_s 和直径比 d_c/d_s
随圆柱储箱长细比 l/d_c 的变化情况

注意到,当采用长细比 $l/d_c = 4$ 的圆柱储箱时,直径可降低 40%,但是代价是重量将近增加 30%。选择储箱构型时,除流体静压荷载外还必须考虑动态荷载。气动阻力与迎风面面积成正比,因此球形储箱会处于劣势。不过,加速引起的惯性荷载会导致流体静压荷载升高,而且这个增幅与储箱长度成正比,因此在这方面球形储箱具有优势。储箱的安装和固定也会有额外的重量,这是必须要考虑到的。

对于直径为 2.54m 长度为 7.62m 的圆柱储箱,在 345kPa 的内压力和合理的温度环境下,对于钢制储箱最小厚度为 0.32mm,对于铝制储箱最小厚度为 1.06mm。实践总结,储箱材料的储存厚度对于不锈钢和铝合金应该分别大于 0.25mm 和 0.5mm。显然,薄壁圆柱筒可以承受相当大的压力荷载,但是它们容易屈曲失效。无加强肋的圆柱筒的临界(屈曲)轴向压缩应力的经验公式为

$$\frac{\sigma_{crit}}{E} = 9\left(\frac{t}{R_c}\right)^{1.6} + 0.16\left(\frac{t}{L}\right)^{1.3} \tag{7.171}$$

考虑圆柱筒,具有弹性模量 $E = 190\text{GPa}$ 和屈服强度 $\sigma_y = 1380\text{MPa}$ 的不锈钢外壳,其屈曲应力 $\sigma_{crit} = 5.4\text{MPa}$,而对于 $E = 71\text{GPa}$ 和屈服强度 $\sigma_y = 414\text{MPa}$ 的 6000 系列铝合金,其屈曲应力 $\sigma_{crit} = 6.5\text{MPa}$。注意,两种材料的屈曲应力均远小于屈服应力。

因此,屈曲就成了关键性因素,结果使必须承受轴向荷载的圆柱形储箱的纵向和环向都需要有加强肋,这就增加了重量。临界压缩性轴向为

$$F_{a,crit} = (\pi dt)\sigma_{crit}$$

对于例子中所考虑的储箱,临界轴向载荷对于不锈钢和 6000 系列铝合金分别为 18.1kN 和 50.8kN。此外,因为储箱会被增压到 $p' = 345\text{kPa}$ 的水平,所以它们

的预加载张力为 $\pi R_c^2 p' = 1747\text{kN}$。所以，增压储箱可以承受远高于临界屈曲荷载的压缩荷载。因此，储箱内部增压有助于强化圆筒，就像气球一样把屈曲延迟到更高荷载水平。这个强化方法就称作压力稳定。

宇宙神发射飞行器和阿金纳二级采用了压力稳定来实现极轻推进剂储箱。宇宙神 RP-1 301 不锈钢燃料箱的尺寸为直径 3m，长 24.4m，厚度为 0.71 ~ 0.97mm，最大工作压力为 515kPa，而 LOX 301 不锈钢储箱的长度为 12.2m、直径为 3m，接下来直径由 3m 降至 1.2m，厚度从 0.43mm 变为 0.71mm，最大工作压力为 280kPa。阿金纳 6061-T6 铝制 UMDH 燃料箱的直径为 1.5m，长为 1.7m，厚度为 1.52mm，最大工作压力为 480kPa，而 6061-T6 铝制 RFNA 氧化剂储箱的直径为 1.5m，长为 2.3m，厚度为 1.52mm，最大工作压力为 480kPa。虽然压力稳定很有效果，但是在搬运安装这样脆弱的储箱时会遇到实际困难，需要复杂的控制，以确保持续加压，避免屈曲破坏。考虑到这些实际情况，通常除了储箱内部压力提供的强化外，还需要向大型储箱的侧壁加装纵梁和框架（像飞机机身那样）予以强化，或者像华夫饼那样将侧壁加工出纵横肋条。这些加强措施的分析方法已经超出了本书的范围，可以参阅 Weingarten 等（1968）对于推进剂储箱的情形所做的综述，以及 Jones（2006）所做的基础分析。

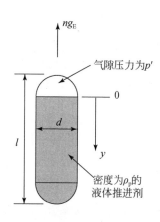

图 7.71　因垂直加速度而承受荷载系数为 n 的圆筒储箱示意图

除了内部压力荷载外，还必须考虑惯性荷载对储箱的影响。设图 7.71 所示圆筒储箱内的液体推进剂密度为 ρ_p，其气隙区内的气体压力为 p'。为简化计算，设气隙体积刚好为上部端盖半球容积，如图 7.71 所示。这里的方法也适用于其他气体液位位置和气隙容积。

设储箱垂直运动（图 7.71 上的负 y 方向），加速度为 ng_E，储箱长度上液体推进剂的流体静压力为

$$p = p' + \rho_p n g_E y \tag{7.172}$$

根据式（7.165），储箱圆筒部分所需的最小壁厚为

$$\frac{t_{cp}}{d} = \frac{p}{2(\sigma_y/k_d)} = \frac{p' + \rho_p n g y}{2(\sigma_y/k_d)} \tag{7.173}$$

储箱圆筒部分所需最小壁厚显然取决于储箱长度和承受的加速度。如果储箱壁材料密度为 ρ_w，则任意 dy 长度段的质量为 $dm_c = (\rho_w \pi d) t dy$，于是圆筒部分（其长度为 l_c）的总质量为

$$m_{cp} = \int_0^{l_c} \rho_w \pi d^2 \frac{p' + \rho_p n g y}{2(\sigma_y/k_d)} dy$$

注意到,$l_c = l - d$,求积分,得

$$m_{cp} = \rho_w \frac{\pi d^3}{4(\sigma_y/k_d)}\left[2\,p'\left(\frac{l}{d}-1\right)+\rho_p n g d\left(\frac{l}{d}-1\right)^2\right] \tag{7.174}$$

上述推导假设自由液面的位置 $y=0$ 不随时间而变。对于上面级,因为并未燃烧,所以整个假设是正确的,可以采用荷载系数的最大值来设定最大圆筒重量。但是,对于工作级的推进剂储箱,在飞行中荷载系数在增加,自由面也随着推进剂的消耗而越来越接近底部,储箱在持续耗空。根据本章开篇关于飞行器加速以及推进剂消耗速率的分析,可以证明最大惯性压力增加出现在飞行的早期阶段,这时的加速度还不高,如在 $1.2g_E$ 左右,惯性压力增加会随着上升而持续降低。因此,对于有人飞行器的第一级,圆筒最大壁厚可以按照初始飞行器加速度大小以及满储箱燃料和氧化剂进行确定。对于装满推进剂的未运行的上面级,储箱的壁厚(进而其质量)应依据所承受的最大加速度来确定。

球形端盖的最小厚度按式(7.166)计算,分别得到上、下端盖的结果为

$$\frac{t_{sc,u}}{d} = \frac{p'}{4(\sigma_y/k_d)} \tag{7.175}$$

$$\frac{t_{sc,l}}{d} = \frac{p' + \rho_p n g(l - d/6)}{4(\sigma_y/k_d)} \tag{7.176}$$

关于运行级和被动级的惯性影响分析也是这样,于是两个端盖的质量就等于

$$m_{sc} = \rho_w \frac{\pi d^2}{2}(t_{sc,u} + t_{sc,l}) = \rho_w \frac{\pi d^3}{4(\sigma_y/k_d)}\left[p' + \frac{1}{2}\rho_p n g\left(\frac{l}{d} - \frac{1}{6}\right)\right] \tag{7.177}$$

储箱的总质量为

$$m_l = \rho_w \frac{\pi d^3}{4(\sigma_y/k_d)}\left\{2\,p'\left(\frac{l}{d} - \frac{1}{2}\right) + \rho_p n g\left[\left(\frac{l}{d}-1\right)\left(\frac{l}{d}-\frac{1}{2}\right) + \frac{5}{12}\right]\right\} \tag{7.178}$$

注意到,如果假设下端盖内的压力是常值,并等于储箱圆筒部分底部的压力,则式(7.178)中就不会出现 5/12 这个分数。

在确定合适的壁厚时,必须采用实际准则。具有较高强度/密度比的材料,在壁厚方面具有重量优势,但是其他因素可能会导致整个储箱重量的增加。Wagner(1974)指出,玻璃纤维材质最轻,但各种载荷的加强件又大大增加了重量,因此选择 6AI-4V 钛合金更为合理。有时很难制造那么薄的储箱。Wagner(1974)再次给出了一个例子,阿波罗服务舱的钛储箱厚度按压力计算只需要 0.02794cm,但是因为制造等限制最后采用的厚度为 0.05842cm。

储箱内携带的推进剂质量(注意,假设气隙容积等于一个端盖的容积,其中的气体质量忽略不计)为

$$m_p = \rho_p\left[\frac{\pi d^3}{12} + \frac{\pi d^2}{4}(l-d)\right] = \rho_p \frac{\pi d^3}{4}\left[\left(\frac{l}{d} - \frac{2}{3}\right)\right] \tag{7.179}$$

上述已经选定推进剂构成,就可从表 7.1 中确定推进剂密度 ρ_p,表 7.1 中给出

了最常用的推进剂燃料-氧化剂组合。因此,就得到了氧化剂密度 ρ_o 和燃料密度 ρ_f,也知道了选定的推进剂的氧化剂与燃料比 O/F。因为 7.6.5 小节中就计算出了飞行器的直径,该直径就是储箱直径 d 的上限,对于如图 7.65 和图 7.66 所示的串行布置的储箱来说,两个储箱的直径是相同的。对于其他如图 7.67 所示或者航天飞机 ET 那种并列安装形式,储箱的直径取决于其他因素,如空气动力或结构要求。7.5.2~7.5.4 小节的轨迹分析中计算出了任务所需的推进剂总质量 m_p,而氧化剂和燃料组分为

$$m_p = m_o + m_f = m_f\left(\frac{O}{F} + 1\right) \tag{7.180}$$

对应的长细比则按式(7.179)计算。任务的设计轨迹同样会因为火箭加速而对荷载系数 n 提出明确限制。因此式(7.178)中的系数,唯一可以控制储箱质量的就是气隙压力 p' 和储箱材料的比强度 σ_y/ρ_w。对于涡轮泵输送,常见的气隙压力范围为 $200\mathrm{kPa} < p' < 700\mathrm{kPa}$,对于增压输送则为 $700\mathrm{kPa} < p' < 2.8\mathrm{MPa}$,而单个储箱的长细比通常小于 4。

储箱有效运行还需要几个重要的部件,在纯结构计算中并未考虑。到目前,都假设储箱装的是液体推进剂,气隙容积内是气体。当火箭加速度较小且方向与当地加速度不在一个方向上时,不受约束的液体推进剂很容易晃动。推进剂的这种整体运动会妨碍火箭的稳定性和储箱结构的整体性。为了去阻尼,就在储箱内加装挡板。在圆筒储箱内,在侧壁上加装的平坦环具有双重功能:限制液体运动,增加储箱侧壁抗屈曲能力。影响储箱运行的其他液体运动还包括涡流,它们容易出现在推进剂出口位置。通常在储箱内安装径向叶片来阻碍涡流的形成。

还应设置所谓的推进剂定位装置,以确保轨道飞行失重状态下能正确供给推进剂,这些也会增加结构质量荷载。其中包括正挤压设备,它们采用机械方式通过供应管道把推进剂送向发动机。

另外,如果采用的是低温推进剂,则需要保温隔热来延缓推进剂的蒸发损失,并利用极低温度下储箱材料的更高强度。例如,表 7.13 给出了推进剂储箱的两种铝合金在几个特征温度下的屈服强度。在储箱内设置隔热,可把储箱材料维持在较温暖的室温附近,从而保持材料的延展性和韧性。此外,在储箱外侧设置隔热层,可以获得更高的材料屈服强度。例如,土星 S-IVB(土星 5 第三级)采用的是内部隔热,而土星 S-II(土星 5 第二级)采用的是外部隔热。储箱隔热方式有黏结、螺栓结合、喷沫等方式。

为了对飞行重量推进剂储箱的复杂程度有一个理解,不妨考虑 Johnson 等(2013)详细讨论的经优化的 10m 直径 LH_2 金属储箱的结构设计。将该设计当做一个基准,然后以此对照有望大幅降低结构重量的复合储箱设计。图 7.72 为其基本设计和尺寸。设计条件为,在 20K 的温度和 318.4kPa 的压力下容纳 LH_2。基准金属储箱将采用铝-锂合金 2195 制成,其特性如表 7.13 所示。筒身是圆筒形,

穹顶为椭球形,其短半轴与长半轴之比为 0.707(图 7.72)。

表 7.13 低温和室温下两种铝合金的屈服应力

特性	铝 2219	铝 2195[a]
密度/(kg/m³)	2840	2685
LH₂温度(20K)时的 σ_y/MPa	483.5	608.6
LOX 温度(90K)时的 σ_y/MPa	462.9	589.9
室温(298K)时的 σ_y/MPa	388.2	521.6

注:a 铝-锂合金。

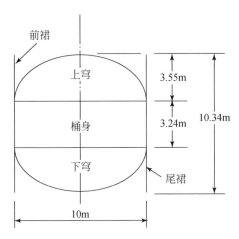

图 7.72 Johnson 等讨论的液氢储箱设计

圆筒筒身断面的壁厚为

$$t_c = \frac{pR_c}{\sigma_y/k_d} = \frac{318400 \times 5}{\dfrac{608.6 \times 10^6}{1.1}} = 2.88(\text{mm})$$

可以依据半径等于椭球面 $R_e = R_c/0.707 = 7.07$m 的顶半径的半球端盖来计算穹顶的厚度,因此可以如下近似表示穹顶的厚度:

$$t_d \approx \frac{1}{2} \frac{pR_e}{\sigma_y/k_d} = \frac{1}{2} \frac{318400 \times 7.07}{\left(\dfrac{608.6 \times 10^6}{1.1}\right)} = 2.03(\text{mm})$$

储箱的容积等于

$$\upsilon_t = 2\left[\frac{2}{3}\pi R_c^2(0.707R_c)\right] + \pi R_c^2 l_c = 370.1 + 254.5 = 624.6(\text{m}^3)$$

储箱壁的体积为

$$v_w = 2\pi\left[R_c l_c t_c + R_c^2 t_d + \frac{1}{4}\frac{R_c^2 t_d}{e}\ln\left(\frac{1+e}{1-e}\right)\right]$$

$$= 2\pi(0.0467 + 0.0508 + 0.0444) = 0.892\,(\text{m}^3)$$

仅基于规定的压力载荷时,储箱质量等于

$$m_t = \rho_w v_w = 2685 \times 0.829 = 2393\,(\text{kg})$$

Johnson 等(2013)介绍的优化设计考虑了加强件、连接件、密封、裙边等,质量为 4349kg,是纯膜分析得出值的两倍。注意,储箱携带的 LH_2 质量为

$$m_p = \rho_p v_t = 69.5 \times 829 = 57616\,(\text{kg})$$

储箱与推进剂的质量比等于

$$\frac{m_t}{m_p} = \frac{4349}{57616} = 0.075$$

波音、洛克希德、马丁、诺格公司设计的三种复合储箱质量均小于 3000kg,因此超越了 NASA 提出的比当前铝-锂合金金属储箱轻 30% 的目标。NASA 成功测试了波音公司 2013 年制造的 2.4m 的缩尺储箱,目前正在制造 5.5m 的储箱,供后续测试(Morring, 2014)。

如前所述,诸如轨道机动的低推力推进应用通常采用高压气体推进剂。储箱为球形,通常由钛制成,含有高压惰性氦气或氮气推进剂,气体压力通常为 20MPa。采用 Wagner(1974)列出的 14 个球形钛储箱数据,得出了储箱质量 m_t(kg)与储箱直径 d(m)和设计破裂压力 $p_b = p(\text{FOS})$(kPa)之间的关系,其中 p 为名义工作压力,FOS 为安全系数。关系式为

$$m_t \approx 0.004 p_b d^3 \tag{7.181}$$

式(7.181)得到的储箱质量的准确性大约为 +10%,如图 7.73 所示。这意味着对于基于破裂压力设计的球形高压钛储箱,250kPa·m³/kg 是合适的比例因

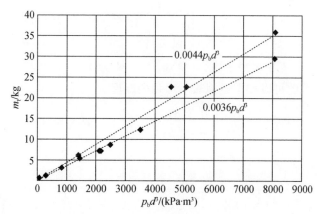

图 7.73　球形高压气体钛储箱的质量(kg)同储箱破裂压力(kPa)与 d^3(m³)乘积的关系

子。通过在金属衬板外缠绕芳纶来制造储箱,称为合成缠绕压力容器(composite overwrapped pressure vessel,COPV),已经替代了有人航天器上的金属压力容器,显著降低了重量。采用石墨环氧材料等制成的全合成储箱,相比金属储箱大约有20％的改进,得到了 300kPa·m³/kg 的比例因子。理论上,可以根据需要定制合成材料的力学特性,因此储箱不一定必须局限于球形。不过,在最终分析中,必须考虑到制造的成本和便利性。

7.7.2　固体推进剂火箭

固体推进剂火箭发动机采用了全固体形式的氧化剂和燃料,将其封装在储箱内,储箱既充当了压力容器也充当了推进喷管的支架。于是,氧化剂和燃料不需要单独的储箱,也不需要采取特别措施按正确比例把它们送入燃烧室内。固体火箭储箱(或箱体)必须能承受燃料和氧化剂之间化学反应产生的高压气体,因此也比较重。此外,因为储箱较敦实,所以不需要专门的结构稳定措施。Sforza(2012)对固体火箭发动机进行了更详细的介绍。

固体火箭发动机的主要优势在于其具有简单性。它们不含运动部件,无喷注系统,不必在发射前加注燃料。因此,固体火箭的相关保存、搬运、维护和辅助设备都比液体火箭简单得多。由于部件数量较少,很少或几乎没有运动部件,因此固体火箭的可靠性较高,约为99％。同理,相比液体火箭,其载荷质量比较高,总体成本更低。结构简单、固体推进剂易于储存、几乎可立即发射,这些优点使固体火箭发动机成为很有吸引力的推进设备。

固体推进剂同时包含了燃料和氧化剂,它们通过电子或焰火方式点火,以便使其汽化进行启动。然后,推进剂就以气态燃烧,产生的热量足以维持汽化过程。火箭设计也很简单,如图 7.74 所示。

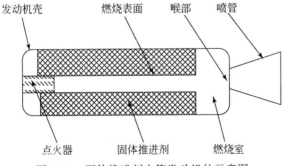

图 7.74　固体推进剂火箭发动机的示意图

而这些优势的获得并不是没有代价的。例如,固体推进剂混合料必须按所需的形状浇铸为整体,所以推进剂块的可用尺寸也是有限制的。因此,固体火箭发动机更适合用于低推力水平,一般按组采用多个这样的发动机来获得较高的推力水平。不过,也有成功的大型固体火箭发动机,如帮助航天飞机发射的发动机,它们可产生 $1.1 \times 10^7 N$ 以上的推力。在比冲方面,它们的性能却不如 LOX-LH_2 火箭发动机,另外,调制和终止推力也更加困难。燃烧时间要短于液体火箭,因此提供的总冲较小。最后,固体火箭发动机的喷管没有合适的冷却措施,不像液体火箭发动机那样可以让液体推进剂在喷管的冷却管内流动。固体推进剂的性能对温度很敏感,相关能量物质的制造是昂贵而困难的。因此,有人发射飞行器不太常用固体火箭。也只有航天飞机用过固体火箭发动机,而且也仅是纯粹作为助推器来获得所需的极高推力水平。

ATK 制造的可重复使用固体燃料火箭发动机(reusable solid rocket motor,RSRM)就是一个很好的大型固体燃料火箭发动机例子,它是航天飞机固体燃料火箭发动机助推器(solid rocket booster,SRB)系统的主要部件。图 7.75 为 SRB 示意图。RSRM 长 38.43m,直径为 3.708m,安装在长度为 45.47m 的 SRB 内。采用四发动机段布局,在前段一个点火系统,尾段安装一个推力向量铰接喷管。

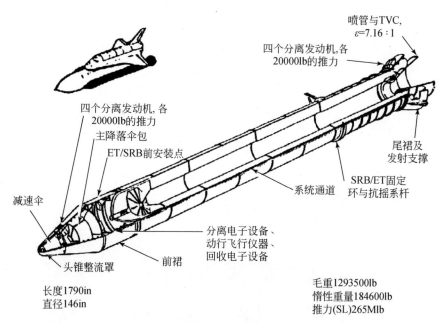

图 7.75　航天飞机 SRB 的示意图

固体推进剂药柱由以下物质构成:

(1) 70% 的高氯酸铵(NH_4ClO_4);

(2) 14% 的聚丁二烯丙烯腈(PBAN);

(3) 16% 的铝粉;

(4) 0.07% 的氧化铁粉末,充当催化剂。

高氯酸铵燃烧,产生盐酸(HCl)产物,排到稍微湿润的空气中时,会形成白色云雾。PBAN 为基于高分子橡胶的结合剂,它还可用作燃料。向颗粒物中添加铝,以提高推力。RSRM 的运行温度为 $20\sim120℉(-6\sim49℃)$。总推进剂质量约为 5×10^5 kg,而 RSRM 的总质量约为 5.698×10^5 kg。燃尽重量约为 63840kg,意味着推进剂质量分数大约为 89%。平均真空推力水平为 1.152×10^7 N,相应的真空比冲为 268s。比土星 5 上用到的 F-1 发动机大约高出 30% 的推力,但是它们的真空比冲大体相同。作用时间,即从特定压力(这里为 3.88MPa)降到特定的最后压力(152kPa)所需的时间大约为 124s。SRM 的增强版计划用于航天发射系统(space launch system,SLS),将结合土星 5/阿波罗计划的有人舱技术和航天飞机液体燃料火箭发动机技术,供人类进入太空。这款新的更大型的 SRM 采用了 5 个固体推进剂段,而不是航天飞机发射系统所用的四个段。

意大利 Avio 公司制造的新型大型固体燃料火箭发动机 P80 就是针对欧空局阿丽亚娜 5 号发射飞行器的未来助推器设计的。它的直径为 3m,长度为 10.5m,质量为 88000kg。推进剂为端羟基聚丁二烯(HTPB)燃料,具有较高的铝粉含量。最大推力约为 3040kN,燃烧时间约为 107s,给出的比冲为 280s。日本国家空间发展局(NASDA)研制的 J-1 一级火箭发动机是另一款大型固体燃料火箭发动机。这款发动机长 21m,直径为 1.8m,质量为 71t(71000kg)。推进剂也是聚丁二烯基燃料,可提供 159t 的推力,比冲为 273s,燃烧时间为 94s。

7.8 常数和参数汇总

以下汇总了本章内容涉及的部分有用常数和换算系数。图 7.76 还列出了几种均质固体的特征。

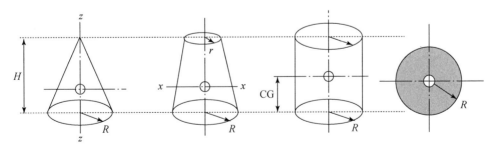

图 7.76 几种均质固体的体积 v、重心位置 H(从底量起)、相对于穿过重心的两条轴的惯性矩 I_{xx} 和 I_{zz}、曲面面积 S_s

地球赤道位置的重力加速度,$g_E=9.80665$m/s;
地球的引力常数 $k=398600$km^3/s^2;

地球平均半径 R_E＝6371km；

地球自转周期＝23h56m；

地球表面的圆形轨道速度 V_E＝7.909km/s；

大气标高 H＝7.16km。

	圆锥	锥台	圆柱	球体
v	$=\pi R^2 H/3$	$(\pi H/3)(R^2+Rr+r^2)$	$\pi R^2 H$	$4\pi R^3/3$
CG	$=H/4$	$(H/4)(R^2+2Rr+3r^2)/(R^2+Rr+r^2)$	$H/2$	R
I_{xx}	$=(3m/20)(R^2+H^2/4)$		$(m/12)(3R^2+H^2)$	$2mR^2/5$
I_{zz}	$=3mR^2/10$	$(3m/10)(R^5-r^5)/(R^3-r^3)$	$mR^2/2$	$2mR^2/5$
S_s	$=\pi R(R^2+H^2)^{1/2}$	$\pi(R+r)[H^2+(R-r)^2]^{1/2}$	$2\pi RH$	$4\pi R^2$

密度：	$1kg/m^3$＝16.018lbm/ft^3	
长度：	1in＝2.54cm＝0.0254m	
	1mi＝1609.3m	
	1n mik＝1.1515mik＝1.8531m	
面积：	$1in^2$＝6.452×$10^{-4}m^2$	
	$1ft^2$＝0.09290m^2	
体积：	1L＝0.001m^3	
	1 美国制仑＝0.003785m^3	
	$1ft^3$＝0.02832m^3	
速度：	1ft/s＝0.3048m/s	
	1mi/h＝1.467ft/s＝0.4471m/s＝1.604km/h	
质量：	1t＝1000kg	
	1lbm＝0.4536kg	
力：	1lbf＝4.448N	
压力：	1psia＝6.894kPa＝6894N/m^2	
	1lbf/ft^2＝0.04788kPa	
	1atm＝1.013bar＝101.3kPa＝14.7psia＝2116lbf/ft	
温度：	1℉＝1.8℃＋32＝1R－459.7	
	1R＝1.8K	

参 考 文 献

Abbott, I. H., & von Doenhoff, A. E. (1959). Theory of wing sections. New York, NY: Dover.

Allen, H. J. , & Perkins, E. W. (1951). A study of the effects of viscosity on flow over slender inclined bodies of revolution. NACA Report 1048.

Ashley, H. (1974). Engineering analysis of flight vehicles. Reading, MA: Addison-Wesley.

Bate, R. R. , Mueller, D. D. , & White, J. E. (1971). Fundamentals of astrodynamics. New York, NY: Dover.

Blair, J. C. , Ryan, R. S. , Schutzenhofer, L. A. , & Humphries, W. R. (2001). Launch vehicle design process: Characterization, technical integration, and lessons learned. NASA/TP-2001-210992, May 2001.

Bursnall, W. J. , & Loftin, L. K. , Jr. (1951). Experimental investigation of the pressure distribution about a yawed cylinder in the critical reynolds number range. NACA Technical Note 2463.

Daniele, C. J. , & Teren, F. (1968). A wind profile for generating control requirements for rocket vehicles using liquid-injection control systems. NASA TM X-1708.

Haeussermann, W. (1965). Guidance and control of saturn launch vehicles. AIAA Paper No. 65-304, AIAA Second Annual Meeting, July.

Hamner, R. L. , & Leff, A. D. (1966). Linear Aerodynamic Loads on Cone_Cylinders at Mach Numbers from 0. 7 to 2. 0. NASA CR-413.

Heaslet, M. A. , & Lomax, H. (1954). Supersonic and transonic small perturbation theory. In W. R. Sears(Ed.), General theory of high speed aerodynamics. Princeton, NJ: Princeton University Press.

Hemsch, M. J. , & Nielsen, J. N. (July_August, 1983). Equivalent angle-of-attack method for estimating nonlinear aerodynamics of missile fins. Journal of Spacecraft and Rockets, 20(4), 356_362.

Hoak, D. E. , et al. (1978). USAF stability and control DATCOM. Wright-Patterson AFB: Flight Control Division, Air Force Flight Dynamics Laboratory.

Hoerner, S. F. (1958). Fluid-dynamic drag. Published by the author.

Huzel, D. K. , & Huang, D. H. (1967). Design of liquid propellant rocket engines. NASA SP-125.

Huzel, D. K. , & Huang, D. H. (1992). Modern engineering for design of liquid propellant engines. Reston, VA: American Institute of Aeronautics and Astronautics.

Isakowitz, S. J. (1995). International reference guide to space launch systems. Reston, VA: AIAA.

Jernell, L. S. (1968). Aerodynamic characteristics of bodies of revolution at Mach numbers from 1. 50 to 2. 86 and angles of attack to 180. NASA TM-X-1658.

Johnson, T. F. , Sleight, D. W. , & Martin, R. A. (2013). Structure and design phase I summary for the NASA composite cryotank technology demonstration project. AIAA Paper 2013-1825.

Jones, R. M. (2006). Buckling of bars, plates, and shells. Blacksburg, VA: Bull Run Publishing.

Jones, G. W., Jr., Cincotta, J. J., & Walker, R. W. (1969). Aerodynamic forces on a stationary and oscillating cylinder at high reynolds numbers. NASA TR R-300.

Jones, R. T., & Cohen, D. (1960). High speed wing theory. NJ: Princeton University Press, Princeton Aeronautical Paperback No. 6.

Jorgensen, L. H. (1973a). A method for estimating static aerodynamic characteristics for slender bodies of circular and noncircular cross section alone and with lifting surfaces at angles of attack from 0 to 90. NASA TN D-7228.

Jorgensen, L. H. (1973b). Prediction of static aerodynamic characteristics for space-shuttle-like and other bodies at angles of attack from 0 to 180. NASA TN D-6996.

Kit, B., & Evered, D. S. (1960). Rocket propellant handbook. New York, NY: Macmillan.

Laitone, E. V. (1989). Lift-curve slope for finite-aspect-ratio wings. Journal of Aircraft, 26 (8), 789_790.

Loftin, L. K., & Bursnall, W. J. (1948). The effects of variations in Reynolds number between 3.03106 and 25.03106 upon the aerodynamic characteristics of a number of 6-series airfoil sections. NACA Technical Note No. 1773.

McDevitt, J. D. (1955). A correlation by means of transonic similarity rules of experimentally determined characteristics of a series of symmetrical and cambered wings of rectangular planform. NACA Report 1253.

Morring, F. (July 8, 2014). Composite breakthrough. Aviation Week & Space Technology, 18.

Muraca, R. J. (1966). An empirical method for determining static distributed aerodynamic loads on axisymmetric multistage launch vehicles. NASA TN D-3283.

Myers, J. A. (1962). Handbook of equations for mass and area properties of various geometric shapes. U. S. Naval Ordnance Test Station Report NOTS TP 2838, NAVWEPS Report 7827.

Piland, R. O. (1949). Summary of the lift, damping-in-roll, and center-of-pressure characteristics of various wing plan forms at supersonic speeds. NACA Technical Note 1977.

Pinson, G. T. (1971). Apollo/Saturn V postflight trajectory—AS-510. NASA CR-120464.

Pitts, W. C., Nielsen, J. N., & Kaattari, G. E. (1957). Lift and center of pressure of wing-body-tail combinations at subsonic, transonic, and supersonic speeds. NACA Report 1307.

Polhamus, E. C. (1971). Charts for predicting the subsonic vortex-lift characteristics of arrow, delta, and diamond wings. NASA TN D-6243(1971).

Sforza, P. M. (2012). Theory of aerospace propulsion. New York, NY: Elsevier.

Sforza, P. M. (2014). Principles of commercial airplane design. Oxford, UK: Elsevier.

Sherer, A. D. (1966). Analysis of the linearized supersonic flow about pointed bodies of revolution by the method of characteristics. NASA TN D-3578.

Smith, J. H. B., Beasley, J. A., & Stevens, A. (1961). Calculations of the lift slope and aerodynamic center of cropped delta wings at supersonic speeds. Aeronautical Research Council CP No. 562.

SSRM (1988). Space shuttle reference manual., http://science.ksc.nasa.gov/shuttle/technology/sts-newsref/stsref-toc.html#.

Stoney, W. E. (1961). Collection of zero-lift drag data on bodies of revolution from free-flight investigations. NASA Technical Report R-100.

Tam, W., Hersh, M., & Ballinger, I. (2003). Hybrid propellant tanks for spacecraft and launch vehicles. 39th AIAA Propulsion Conference, AIAA Paper 2003-4607.

Teren, F., Davidson, K. I., Borsody, J., & Daniele, C. J. (1968). Thrust-vector control requirements for large launch vehicles with solid-propellant first stages. NASA TN D-4662.

Wagner, W. A. (1974). Liquid rocket metal tanks and tank components. NASA SP-8088.

Walker, C. E. (1968). Results of several experimental investigations of the static aerodynamic characteristics for the Apollo/Saturn V launch vehicle. NASA TM X-53770.

Weingarten, V. I., Seide, P., & Peterson, J. P. (1968). Buckling of thin-walled cylinders. NASA SP-8007.

Wertz, J. R., & Larson, W. J. (1999). Space mission analysis and design(3rd ed.). New York, NY: Microcosm/Springer.

第 8 章　航天器飞行力学

8.1　太空飞行器飞行力学与性能分析

截至目前,在发射、轨道和再入分析中,都把航天器当做质点。有人航天器一般体积较大,因此需要至少将其看作刚体。再严谨一点,就需要考虑结构的弯曲效应。亚声速与超声速飞行器力学已经被深入研究,许多相关书文献都进行了描述[如 Stengel(2004)与 Etkin 等(1995)]。航天器的关键飞行段是以高超声速飞行的,这个飞行状态没有得到同样好的理解和记录。在高超声速下,通过冲击波而形成的绝热压缩基本上决定了力场,而在亚声速下则是等熵膨胀起决定作用。这种压缩产生的极端高温会影响到气体密度和气体化学成分,但是其对压力影响较小,因此受力情况并没有受到较大的影响。航天器迎风侧的形状对总体受力情况有重要的影响,而背风侧形状的影响就要小得多,当然背风侧会产生相应的矫正力矩,从而可对飞行器的稳定性施加影响。

8.2　高超声速空气动力学

高超声速飞行的极端性,使我们获得了一些极限情况,这些情况非常适用于初步设计,使用也比较简便。本章将基于简单但实用的牛顿流体理论来讨论高超声速空气动力学。采用这种处理方法,可以比较简便地计算出作用在现实太空飞机上的无黏性流体力和力矩。因为分析取决于太空飞机表面上某点的局部条件,所以很容易构建出基于平面的方法。边界层摩擦对力和力矩的影响也比较容易考虑。利用 L/D 性能对高超声速飞行细长体的一般特性进行研究,介绍层流与湍流表面摩擦的计算方法,讨论边界层转捩和高海拔空气稀薄现象对太空飞机性能的影响。高超声速飞行中会出现极端温度,因此需要充分考虑高温空气的热力学特性和运动特性。对焓、分子量、比热和声速进行近似处理;对真实的气体滞止温度进行处理时,一并对焓和 $\rho\mu$ 积进行简单的曲线拟合。单独讨论高超声速飞行的钝体(如太空舱)及其 L/D 能力,分析球形钝体锥上的作用力这一特殊情形。在讨论现实构型上的受力和力矩情况之后,讨论飞行器的纵向和横向静态稳定性。

8.2.1　牛顿流体理论

牛顿的高超声速流理论(详见附录 A 的介绍)依据了这样的概念,即当 $M \to \infty$

且 $\gamma \to 1$ 时,激波层就变得与物体表面重合。这是因为跨激波的密度比 $\varepsilon = \rho_1/\rho_2 =$ $(\gamma-1)/(\gamma+1)$ 接近于零,激波后面的密度非常高,使激波层变得越来越薄。然后可以利用动量原理来推导表面压力与流动倾角之间的关系。虽然高超声速流中的激波层非常薄,但其并未与物体重合。实际上,用激波倾角 θ 来研究牛顿流动确实也是正确的,附录 A 中证明了在跨激波方向的密度比变得越来越小的极限状态下,压力系数就可以写成

$$\lim_{\varepsilon \to 0} C_p = 2(1-\varepsilon)\sin^2\theta \to 2\sin^2\theta \tag{8.1}$$

在激波角 θ 接近于流动偏转角 δ 的极限状态下,跨激波的密度比 ε 就接近于零,得到

$$\lim_{\theta \to \delta, \varepsilon \to 0} C_p = \frac{2\sin^2\delta}{(1-\varepsilon)\cos^2(\theta-\delta)} \to 2\sin^2\delta \tag{8.2}$$

图 8.1 为牛顿流动理论应用示意图,其中流动偏转角和激波角基本上是相等的,压力的增加完全是由动量法向分量引起的。值得注意的是,要通过动量法向分量引起压力增加,速度方向必须跟朝外的单位法向向量相反,就如图 8.1(a)所示。当流动偏转角等于零时,即图 8.1(b)所示情况,压力系数就等于零,而当流动偏转角继续增加时,就取压力系数为零。

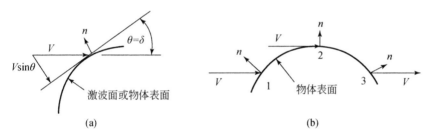

图 8.1　牛顿流动理论应用示意图

对于激波面上的任一点,可以使公式(8.2)推广为向量表达式:

$$C_p = 2\frac{(\vec{V}_\infty \cdot \hat{n})^2}{\vec{V}_\infty \cdot \vec{V}_\infty} \cdot (1-\varepsilon), \quad \vec{V}_\infty \cdot \hat{n} < 0 \tag{8.3}$$

$$C_p = 0, \quad \vec{V}_\infty \cdot \hat{n} \geq 0 \tag{8.4}$$

其中,$\hat{n}$ 为激波面的朝外法向,即朝外指向上游一侧。附录 A 的 A.8 节证明了物体表面上的最大压力系数为

$$C_{p,max} = 2(1-\varepsilon) + \varepsilon = 2-\varepsilon \tag{8.5}$$

因此,对于流经钝体的实际流体,$C_{p,max}$ 的值将小于 2。对于二维流以及轴对称流,会得到相同的结果。而且,在定密度分析中,公式中的第一项是相同的。Lees(1956)提出,必须采用 $C_{p,max}$ 的实际值对钝体的牛顿流体定律加以修正,即

$$C_p = (2-\varepsilon) \frac{(\vec{V}_\infty \cdot \hat{n})^2}{\vec{V}_\infty \cdot \vec{V}_\infty} \tag{8.6}$$

这个所谓的修正牛顿理论得出的结果是很实用的。当然,如果物体倾角与自由流方向平行,即 $C_p \to 0$,结果就不再准确。当流向偏转角达到 $40°$ 或 $50°$ 左右时,准确度就开始降低。

尖头体是具有尖端的物体,即圆锥或楔子端,这时如果存在附体激波,同样需要类似的修正,即

$$C_p = \frac{C_{p,N}}{\sin^2\delta} \frac{(\vec{V}_\infty \cdot \hat{n})^2}{\vec{V}_\infty \cdot \vec{V}_\infty} \tag{8.7}$$

其中,$C_{p,N}$ 为头锥段的压力系数。对于半角等于 δ 的楔形体或者半角等于 δ_c 的圆锥体,则有如下头锥压力系数:

$$C_{p,N_w} = \frac{2\sin^2\delta}{(1-\varepsilon)\cos^2(\theta-\delta)}$$

$$C_{p,N_c} = \frac{2\sin^2\delta_c}{\left(1-\dfrac{\varepsilon}{4}\right)\cos^2(\theta-\delta_c)} \tag{8.8}$$

其中,正确的 $C_{p,max}$ 值是大于 2 的。注意到,在高超声速限制下,有 $\theta \to \delta$,故 $\cos^2(\theta-\delta) \to 1$。在物体轮廓线未接近 V_∞ 的平行方向时,该方法得到的结果都比较准确。对于二维物体,就要采用楔形体的 C_{p,N_w},对于轴对称体,需要采用圆锥体的 C_{p,N_c}。对于有一定攻角的轴对称体,圆锥头的 $C_{p,N}$ 将随方位角 ϕ 而变,物体倾角也将如此,即 $\delta = \delta(\phi)$。与问题不相关的讨论细节详见附录 A。

牛顿方法比较容易用于任意形状的物体上。在物体的某些点上,如果牛顿法开始变得不够准确,我们可以利用普朗特-梅耶(P-M)展开式。P-M 展开式可通用于二维体,对于轴对称(即三维)物体,仅当横向坡度较小时才适用。也就是说,物体形状的流线型曲率会影响压力的变化规律,其影响程度可能超出了二维 P-M 展开式所能单独描述的范围。较高马赫数时,当 P-M 展开式的匹配点位于激波下游的任意位置时,尖头物体的激波膨胀法比较准确。如果物体的尾端还有相当大的坡度,往往单独采用牛顿法就足够了。

8.2.2 用于太空飞机压力与力矩的分析

牛顿理论认为,激波层非常薄,激波几乎与物体表面重合;光滑物体表面上的任一点都局部适用牛顿理论。因此,物体表面可以细分为若干单独的面元,对各面元进行单独分析,求出作用压力。对物体表面各面元求和,就能得出整个飞行器上的总作用力和力矩。图 8.2 为物体表面的一般面元。

图 8.2 中,i 表示垂直于飞行器 x 轴的平面,在其上定义了物体的一个横向表

面轮廓，$i+1$ 表示沿 x 轴上的下一轴向节点，在其上定义了物体的下一个横向轮廓。射线 j 和 $j+1$ 表示沿物体外表面上定义飞行器形状的纵向线条。在邻近轮廓线和射线上随意选择 4 个点，定义一个四边形面板，这个面板不能保证是平展的。然而，按这种方式划分面板往往比较方便，并且，如果合理选择大小和形状，是可以用于初步设计的。如果必要，可以考虑三角形面板，从而可确保得到平展的面板，例如，图 8.2 所示的向量 P 或 Q，其两侧的两个三角形构成了阴影四边形，当然面板数量就翻倍了。

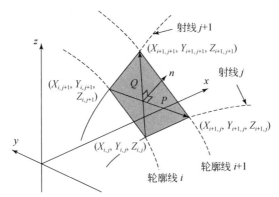

图 8.2　阴影面积为一般的四边形面元，其法向向量为 n。四个角的空间位置
连同轴向轮廓线和纵向射线确定了物体的表面形状

　　这里采用的太空飞机高超声速流的计算方法主要基于已知每块面板的面积、位置和法向向量，这种方法也适用于其他更为准确的面板划分方案，如 CAD 包中的面板划分方案。在图 8.2 中，x 坐标是沿飞行器的轴线方向的，头部的顶点为 $x=0$。如图所示，x-z 平面是飞行器的对称面，竖向朝上为 z 的正方向，飞行器的右手（右舷）为 y 的正方向。对于稳定性和控制研究，坐标轴的原点一般设在飞行器的质心，x 轴朝向前方，y 轴如图所示，z 轴则朝向下方，即 x-z 平面相对于 y 轴逆时针旋转了 $180°$。图 8.3 为图 8.2 所示的一般面板在太空飞机图纸上的形状。

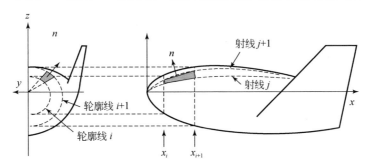

图 8.3　飞行器上典型面元的一般性示意图

求向量$\vec{P}$和$\vec{Q}$的叉积,可得到面板的法向向量$\vec{N}$,该法向向量如图 8.2 所示指向外侧。故

$$\vec{N}=\vec{P}\times\vec{Q}=[(x_{i+1,j}-x_{i,j+1})\hat{i}+(y_{i+1,j}-y_{i,j+1})\hat{j}+(z_{i+1,j}-z_{i,j+1})\hat{k}]$$
$$\times[(x_{i+1,j+1}-x_{i,j})\hat{i}+(y_{i+1,j+1}-y_{i,j})\hat{j}+(z_{i+1,j+1}-z_{i,j})\hat{k}]$$

于是,朝外的法向向量变为

$$\vec{N}=[(y_{i+1,j}-y_{i,j+1})(z_{i+1,j+1}-z_{i,j})-(y_{i+1,j+1}-y_{i,j})(z_{i+1,j}-z_{i,j+1})]\hat{i}$$
$$+[(x_{i+1,j+1}-x_{i,j})(z_{i+1,j}-z_{i,j+1})-(x_{i+1,j}-x_{i,j+1})(z_{i+1,j+1}-z_{i,j})]\hat{j}$$
$$+[(x_{i+1,j}-x_{i,j+1})(y_{i+1,j+1}-y_{i,j})-(x_{i+1,j+1}-x_{i,j})(y_{i+1,j}-y_{i,j+1})]\hat{k}$$

$$(8.9)$$

法向向量除以其大小,就得到面板的单位法向向量,即

$$\hat{n}=\frac{\vec{N}}{\sqrt{\vec{N}\cdot\vec{N}}}$$

面元的面积可根据如下简单公式计算得到:

$$A=\frac{1}{2}|\vec{P}\times\vec{Q}|=\frac{1}{2}|\vec{N}|\qquad(8.10)$$

一旦得到面元的单位法向向量后,就可利用前面介绍的牛顿理论求出作用在面元上的压力,即

$$d\vec{F}=-C_p qA\hat{n}=-(2-\varepsilon)\frac{(\vec{V}_\infty\cdot\hat{n})^2}{\vec{V}_\infty\cdot\vec{V}_\infty}qA\hat{n}\qquad(8.11)$$

如前所述,密度比的极值为$\varepsilon=(\gamma-1)/(\gamma+1)$以及式(8.4),则作用在阴影区域面元上的压力等于零。作用在第ν个面元上压力的合力可表示为面元的轴向、侧向和法向力的合力,具体为

$$d\vec{F}_\nu=dF_{a,\nu}\hat{i}+dF_{s,\nu}\hat{j}+dF_{n,\nu}\hat{k}\qquad(8.12)$$

考虑一种特殊的平面飞行的情形,其中攻角α为速度向量和i方向之间的夹角,i方向就是x轴,这时作用在第ν个面元上的升力和阻力增量的大小可通过如下关系式求得

$$D_\nu=d\vec{F}_\nu\cdot\frac{\vec{V}_\infty}{\sqrt{\vec{V}_\infty\cdot\vec{V}_\infty}}\qquad(8.13)$$

$$dL_\nu=\sqrt{d\vec{F}_\nu\cdot d\vec{F}_\nu-(dD_\nu)^2}\qquad(8.14)$$

如前所述,升力和阻力是相对于自由流速的:升力作用于速度向量的垂直方向,阻力作用于速度向量方向。

微分力矩由作用在第ν个面元上的微分力引起,相对于某个参照点,如以头部

顶点 (x_0,y_0,z_0) 为参照点,其微分力矩等于

$$\overrightarrow{\mathrm{d}M}_{0,v}=\vec{r}_v\times\overrightarrow{\mathrm{d}F}_v=[(x_v-x_0)\hat{i}+(y_v-y_0)\hat{j}+(z_v-z_0)\hat{k}]\times\overrightarrow{\mathrm{d}F}_v \tag{8.15}$$

在式(8.15)中,径向量 $\vec{r}_v$ 是从参照点指向面元形心 (x_v,y_v,z_v) 的。力矩相对于 x、y、z 轴的力矩分量分别为滚动力矩、俯仰力矩、偏航力矩,分别用 L、M、N 表示,有

$$\overrightarrow{\mathrm{d}M}_{0,v}=\mathrm{d}L_v\hat{i}+\mathrm{d}M_v\hat{j}+\mathrm{d}N_v\hat{k} \tag{8.16}$$

对所有面板求和,就得到所选飞行条件下飞行器的全部力和力矩的作用情况。对于特定的马赫数和海拔,把飞行器转动若干个攻角,就能得到阻力极图和相关的力矩变化情况。

8.2.3　边界层考虑

上述分析只考虑了法向应力引起的力和力矩。对于大气再入飞行器空气动力设计来说,还必须考虑到摩擦引起的切向应力和发热问题。在对飞行器再入过程的高超声速阶段,对其经历的表面摩擦和热负荷进行分析,将用到物体面板的几何布局情况、各面元上的计算压力、面板的计算法向速度。分析基础的重要参数是雷诺数,而雷诺数取决于局部的切向速度、温度和距离滞止点的距离,即

$$Re_s=\frac{\rho_e V_e s}{\mu_e} \tag{8.17}$$

变量 s 表示从相应滞止点(对于物体)或滞止线(对于机翼)沿飞行器表面量取的距离,而 V_e 表示物体表面的非黏性流速度的大小。下标 e 表示这是针对的边界层的外边缘条件。为了求出密度和黏性,需要知道压力和温度。面板上的压力根据压力系数求得,而对于压力系数,牛顿理论假设流体沿表面法向方向的所有动量都贡献给了压力(图 8.4)。进一步假设 V_e 的方向为面板上自由流速的切向分量方向,该分量等于

$$\vec{V}_{\infty,t}=\vec{V}_\infty-(\vec{V}_\infty\cdot\hat{n})\hat{n} \tag{8.18}$$

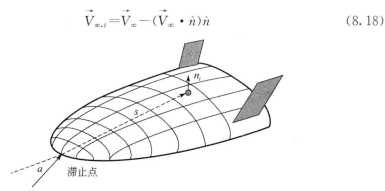

图 8.4　一个展示滞止点到第 i 块面板形心的近似距离 s 的示意图

8.3.4 小节将证明,可利用已知的压力系数来推导表面上的无黏性表面马赫数,更准确地说是推导黏性边界层的外边缘的马赫数,有

$$Ma^2 \approx \frac{2}{\gamma-1}\left[\left[\frac{\gamma^{3/4}Ma_\infty^2}{1+\frac{\gamma}{2}Ma_\infty^2 C_p}\right]^{\frac{\gamma-1}{\gamma}}-1\right] \tag{8.19}$$

式(8.19)与压力系数预测一样准确,另外,当物体切向越来越接近自由流速向量方向时,牛顿理论就不再准确。8.3.4 小节将表明,利用附录 A 中介绍的 P-M 展开法,在 $\theta<20°$ 的情况取得的准确度要优于仅利用牛顿理论获得的准确性。

可以首先考虑物体流线上的非黏性流绝热能量方程来计算边界层边缘的温度,有

$$h_t=h_\infty+\frac{1}{2}V_\infty^2=h_e+\frac{1}{2}V_e^2$$

滞止焓 h_t 沿流线是恒定不变的。如果在能量方程中采用 $V_e=a_e Ma_e$,其中,a_e 表示边界层边缘的声速,其满足 $a_e^2=k_e Z_e R T_e$,则可以按式(8.20)求解物体边界层边缘给定点的温度:

$$T_e=\frac{2(h_t-h_e)}{k_e Z_e R Ma_e^2} \tag{8.20}$$

这是一个 T_e 隐式方程,因为虽然可以从飞行条件求得 h_t,从式(8.19)求出 Ma_e,R 为标准条件下空气的气体常数,是已知的,但是当 $T_e>2000K$ 时,k_e、Z_e、h_e 的大小都会随 p_e 和 T_e 而显著变化。为了用式(8.20)准确算出温度 T_e,有必要查询高温空气的热力学特性表或者利用其特性模型,进行迭代计算。8.5 节将比较详细地介绍这些热力学特性,其中采用了 Hansen(1959)给出的近似方程。一旦 Ma_e 沿物体表面增加较大幅度,使 $T_e<2000K$,则可以取 $h_e=c_{p,e}T_e$、$Z_e=1$、$k_e=\gamma_e$,并采用式(8.20)的如下简化形式:

$$T_e\approx\frac{h_t}{\frac{1}{2}\gamma_e R\left(Ma_e^2+\frac{2}{\gamma_e-1}\right)} \tag{8.21}$$

对于 $200K<T_e<1500K$,8.5.2 小节表明 $1.4>\gamma_e>1.3$。在 2000K 处,γ_e 下限降至 1.26,一些压力效应就开始显现出来。一旦知道温度,就可以根据马赫数计算出速度值,进而计算出密度和传输特性。

8.2.4　太空飞机流场计算的一些特别注意事项

太空飞机一般都采用钝头,因此第一组面板都是三角形,如图 8.5 所示。在头尖,即 $i=0$ 节点,对于各 j 值,都有坐标值 $x_0=y_0=z_0=0$,于是可以采用 8.2.2 小节中的公式。然而,重要的是把第一个节点 $i=1$ 的位置选得足够靠近头部,以确保 $x_1/R_N<0.4$,这样第一张面板相对于 x 轴的倾角就超过了 68°。这类钝体的

式(8.11)所使用的压力系数近似计算采用了式(8.6)。如果需要,对于机身状物体,也可以换用球形段来近似表示头部段,对于机翼状物体,换用圆筒段来近似表示头部段。在计算作用力时,头部段需进行处理并单独研究。

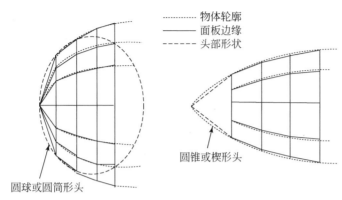

图8.5 把头部和前缘当做面板或简单的几何形状进行处理

对于具有附体激波的尖头体,如果是机身状物体则必须认为尖头体有一个圆锥形头锥,如果是机翼状物体则必须认为尖头体有一个楔形头,式(8.11)中的压力系数用式(8.7)计算得出。

重要的是定位具有最小 $\sin\theta_{i,j}$ 值的面板位置,其由下式给出:

$$\sin\theta=\frac{\vec{V}_\infty \cdot \hat{n}}{\sqrt{\vec{V}_\infty \cdot \vec{V}_\infty}} \tag{8.22}$$

需要这样做的原因在于 $\sin\theta_{i,j}$ 最接近于 -1 的面板上包含了滞止点。在该面板上的激波就认为是正激波,滞止条件就在该点上算出。同时,按照牛顿流体理论,得出的压力为零的位于阴影区域的面板,其定位是有意义的。这些面板由 $0 \leqslant \sin\theta_{i,j} \leqslant 1$ 定义,它们尽管按照牛顿理论不会产生压力荷载,但是因为摩擦它们会产生剪力和热负荷。另外,如果采用更详细的分析,如采用牛顿法加上 P-M 展开法,很有可能发现一些额外的很小的压力载荷。

因为假设面元上的力是集中作用在其控制点上的,所以必须选择每一面板的控制点位置。面板的形心是这个位置符合逻辑的选择,但是求形心是比较烦琐的,尤其是对于四边形面板来说。在计算面板到某些特定点(如滞止点或飞行器重心)的距离时,就会使用控制点。然而,就当前对于流场的近似计算精度水平来说,允许采用面板上任一方便点作为可以接受的选择。显然,面板选得越小,面板上控制点的准确位置就越不重要。第 ν 个近似四边形面板的控制点的径向量的一个简单近似表达为

$$\vec{r}_v=\frac{1}{2}\left[(x_{i,j}+x_{i+1,j+1})\hat{i}+(y_{i,j}+y_{i+1,j+1})\hat{j}+(z_{i,j}+z_{i+1,j+}\ )\hat{k}\right] \tag{8.23}$$

8.3　高超声速飞行中的钝体

有人航天飞行器主要为如图 8.6 所示的双子座太空舱形状。双子座太空舱在弹道靶中高超声速飞行时的阴影相片显示了激波和弱流场。这类飞行器可以用图 8.7 所示的零攻角对称情形的理想化形状加以表征。对于这类飞行器来说,重要的常数有隔热屏半径 R_N、太空舱的最大半径 R_b 以及对应的角度 $\phi_1 = \arcsin(R_b/R_N)$。

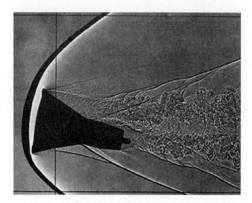

图 8.6　双子座太空舱模型在弹道靶中的高超声速飞行的阴影相片

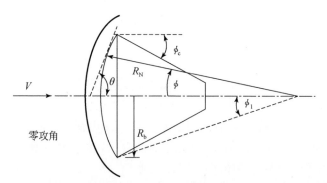

图 8.7　阿波罗类的钝体太空舱在零攻角时的示意图。角度 θ 表示球形
头帽的局部切线,ϕ_c 为后体圆锥角

在感兴趣的高超声速范围内,可以利用牛顿流体近似方法,确定零升力阻力系数 $C_{D,0}$。球形头帽隔热屏上一个普通点上 (R_N,ϕ) 的局部切线如图 8.7 所示。这个表面上任一点朝向外部的法向方向可用头帽的半径 R_N 来定义。正如第 9 章将会看到的,一个大的头部半径是航天器被动热防护系统的基础,因为对流传热与局部曲率半径成反比。与此同时,较大的正面面积会产生较高的阻力,这部分阻力几乎完全是由正面上形成的绝热压缩高压激波层引起的。表面摩擦对阻力的贡献较

小,这不同于本章稍后将讨论的细长体。因此,在研究钝体时我们主要关心压力。

考虑球形钝体航天器前部的一段,如图 8.8 所示。根据形成的轴对称条件下的压力场,可以看出升力是相对于 $\phi=0$ 反对称的,因此升力等于零。阻力的分布则是相对于 $\phi=0$ 对称的,因此微分阻力系数等于

$$\mathrm{d}C_\mathrm{D}=\frac{\mathrm{d}D}{S}=\frac{C_\mathrm{p}}{S}2\pi r^2\cos\phi\sin\phi\,\mathrm{d}\phi$$

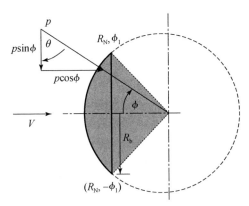

图 8.8　半径为 R_N 的球形钝体头部的轴对称段

前面介绍过,根据牛顿理论,钝体表面的压力系数为

$$C_\mathrm{p}=(2-\varepsilon)\sin^2\theta=(2-\varepsilon)\cos^2\phi \tag{8.24}$$

量值 ε 等于激波上游的密度与激波下游的密度之比。在附录 A 的 A.2.2 小节证明了对于恒定的 γ,密度比等于

$$\frac{\rho_1}{\rho_2}=\varepsilon\frac{\gamma-1}{\gamma+1}\left[1+\frac{2}{(\gamma-1)Ma^2}\right]=\varepsilon\lim_{Ma\to\infty}\left[1+\frac{2}{(\gamma-1)Ma^2}\right]$$

对于几个不同的实际 γ 常数,密度比 ε 随马赫数的变化情况如图 8.9 所示。可以看出,一旦进入高超声速阶段,ε 就几乎是恒定不变的。因为在 $Ma\gg1$ 的高超声速极限下,牛顿近似是成立的,所以密度比 $\varepsilon=\varepsilon_\mathrm{lim}=(\gamma-1)/(\gamma+1)$ 是不错的近似。当 $Ma>10$ 时,对于 $1.2<\gamma<1.4$,采用 ε_lim 而非实际的 ε 值,产生的误差将低于 10%。若 $\gamma\approx1.1$,在 $Ma>15$ 之后才达到 10% 的误差阈值。

求头部段的积分,得到如下零升力阻力系数:

$$C_\mathrm{D,0}=\int_0^{\phi_1}\frac{(2-\varepsilon)2\pi r^2}{S}\left(-\frac{\mathrm{d}\cos^4\phi}{4}\right)=\frac{(2-\varepsilon)2\pi r^2}{2S}(1-\cos^4\phi_1) \tag{8.25}$$

超出 $\pm\phi_1$ 时,牛顿压力系数就等于零,于是底部区域就不会产生贡献。实际上,太空舱后体会产生少量的贡献,这将在后面加以讨论。选择的参考面积为 $S=\pi R_\mathrm{b}^2$,其中 R_b 为该段的最大横向半径,如图 8.8 所示。R_b 的大小与 R_N 的关系为 $R_\mathrm{b}/R_\mathrm{N}=\sin\phi_1$,于是零升力阻力系数可以表示为

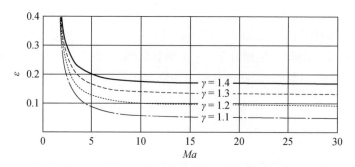

图 8.9　对于不同的 γ 值，密度比 $\varepsilon = \rho_1/\rho_2$ 随马赫数的变化情况

$$C_{D,0} = \left(1 - \frac{\varepsilon}{2}\right)(1 + \cos^2 \phi_1) = (2 - \varepsilon)\left[1 - \frac{1}{2}\left(\frac{R_b}{R_N}\right)^2\right] \tag{8.26}$$

当 $\phi_1 \ll 1$ 时，阻力系数 $C_{D,0} \approx 2 - \varepsilon$，这是气流方向垂直于一个平板时的情形所得到的结果，当 $\phi_1 \approx \pi/2$ 时，阻力系数 $C_{D,0} \approx 1 - \varepsilon/2$，这是半球体情形的结果。

注意，图 8.8 的阴影部分类似于典型的太空舱状航天器。图 8.10 为 NASA 的水星计划中的几个候选太空舱，它们具有不同的后体圆锥角 ϕ_c。后体圆锥角基本上就决定了可以安全使用的最大攻角。角度较大时，就需要给圆锥侧壁加以保护，防止高温气流的影响。图 8.11 为宇航员约翰·格伦的水星号航天器"友谊 7 号"在大西洋返回后回到卡纳维拉尔角时的情况，它的形状与图 8.10 的(c)最相似。

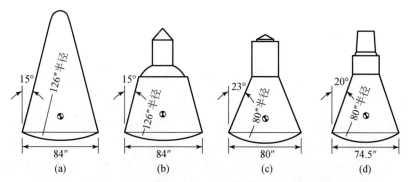

图 8.10　早期的太空舱设计，显示了考虑的不同后体圆锥角，太空舱(a)、
(b)、(c)、(d)的钝度比分别为 $R_b/R_N = 0.33$、0.33、0.5、0.465(NASA)

图 8.12 为式(8.26)中 $C_{D,0}$ 随太空舱钝度比 R_b/R_N 的变化情况，图中画出了两个比热比的情况：①$\gamma = 1.4$，这是标准值；②$\gamma = 1.2$，这个值更能代表再入太空舱周围的炙热空气。图中一并给出了阿波罗类太空舱的钝度比。注意，随着 R_b/R_N 的增加，太空舱的前表面（即隔热屏）将变得更圆，从而降低阻力系数。为了产生一定的升力以协助再入过程，就需要使太空舱有一定的攻角，这将在后面进行讨论。

图 8.11　宇航员约翰·格伦的水星号航天器"友谊 7 号",从大西洋回收后的情形(NASA)

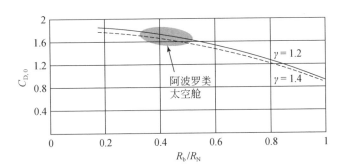

图 8.12　阿波罗类太空舱的零升力阻力系数随太空舱钝度比 R_b/R_N 的变化情况,
对于阿波罗计划,钝度比 $R_b/R_N = 0.426$

8.3.1　钝体 L/D

图 8.13 为过去和现在的有人太空船的形状,图 8.14 为典型钝体太空舱上的作用力。空气动力合力分解为沿太空舱的法向和轴线方向的分力,就可得到该合力的升力和阻力分量。如果像图示那样,选择的攻角 $\alpha > 0$,则以下关系式成立:

$$L = F_a \sin\alpha - F_n \cos\alpha \tag{8.27}$$
$$D = F_a \cos\alpha - F_n \sin\alpha \tag{8.28}$$

注意到,由于球形帽上主要是压力,并且压力是作用在表面法向方向的,因此合力必定穿过球形头帽的原点。因为原点上不会有力矩,所以原点也是压力中心。注意,当速度向量和表面法向间的夹角达到最小时,压力就达到最大。图 8.15 为火星登陆舱模型在弹道靶中高马赫数下的阴影相片,从中可明显看出激波贴附物体形状的程度。一个在再入轨迹上的具有与图 8.15 相似姿态的太空舱如图 8.16 所示。为了完整考虑太空舱重心上的作用力,图中画出了重心处的一个俯仰力矩。要达到平衡,必须得消掉这个力矩,即使其为零。这通常是通过偏置重心来实现的,如图 8.14 所示。

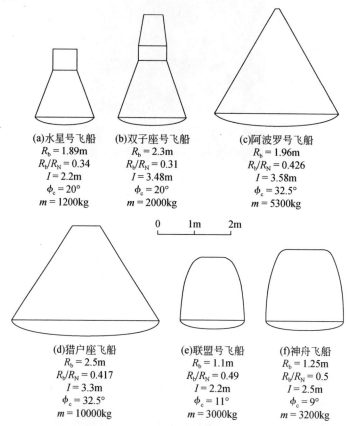

(a)水星号飞船
$R_b = 1.89m$
$R_b/R_N = 0.34$
$I = 2.2m$
$\phi_c = 20°$
$m = 1200kg$

(b)双子座号飞船
$R_b = 2.3m$
$R_b/R_N = 0.31$
$I = 3.48m$
$\phi_c = 20°$
$m = 2000kg$

(c)阿波罗号飞船
$R_b = 1.96m$
$R_b/R_N = 0.426$
$I = 3.58m$
$\phi_c = 32.5°$
$m = 5300kg$

0   1m   2m

(d)猎户座飞船
$R_b = 2.5m$
$R_b/R_N = 0.417$
$I = 3.3m$
$\phi_c = 32.5°$
$m = 10000kg$

(e)联盟号飞船
$R_b = 1.1m$
$R_b/R_N = 0.49$
$I = 2.2m$
$\phi_c = 11°$
$m = 3000kg$

(f)神舟飞船
$R_b = 1.25m$
$R_b/R_N = 0.5$
$I = 2.5m$
$\phi_c = 9°$
$m = 3200kg$

图 8.13 按比例绘制的过去的和现在的太空舱略图,一并给出了相关的构型数据

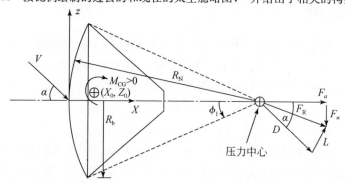

图 8.14 有一定攻角的钝体阿波罗状太空舱,图中给出了合力场、正俯仰力矩的方向、压心

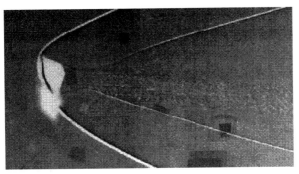

图 8.15　弹道靶内的高马赫数下火星登陆舱模型的阴影相片,可以看出贴附物体形状的激波

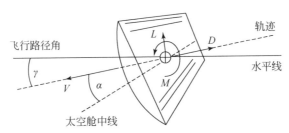

图 8.16　实际攻角下正升力系数的太空舱朝向

　　简单牛顿理论具有相当大的通用准确性,这对早期有人航天项目来说是帮了大忙,因为这样就使高超声速空气动力参数的计算相对简单,解决了当时计算设备受限的问题,降低了设计人员的计算负担。Ried 等(1963)的文献是牛顿理论应用范围广泛的最清楚的表现。对于按照攻角、偏航角和侧倾角飞行时的有重心偏置的旋转体,他们给出了基于牛顿理论的重要静态和动态稳定系数。虽然最终的公式通常都相当长,不过对于待求解的空气动力系数,只需沿飞行器纵轴线求简单的积分就可求解。这是一项值得审视的工作,因为它编写出当时主流计算机可解算的公式。如今,随处都有较高的计算能力,牛顿理论可以随便用于代表实际飞行器的一组独立的面板上,这样如本章前面所述,作用在各面板上的单元力合并在一起就得到总的力和力矩。

　　解析法的优点在于,它们不仅提供答案,还会提供关于答案性质的总体情况。Ried 等(1963)给出轴向和法向力系数的计算公式,当简化为零侧滑角以及零侧倾角、零俯仰和滚动角的情况时,可得

$$C_a = 8\left(1 - \frac{\varepsilon}{2}\right)\left(\frac{R_N}{d}\right)^2 \int_0^{\phi_1} (2\cos^2\alpha\,\cos^3\phi\sin\phi + \sin^2\alpha\,\sin^3\phi\cos\phi)\mathrm{d}\phi \quad (8.29)$$

$$C_n = 8\left(1 - \frac{\varepsilon}{2}\right)\left(\frac{R_N}{d}\right)^2 \sin2\alpha \int_0^{\phi_1} \sin^3\phi\cos\phi\mathrm{d}\phi \quad (8.30)$$

注意 $R_N/d = (2\sin\phi_1)^{-1}$,求以上两公式的积分,得到

$$C_a = \left(1 - \frac{\varepsilon}{2}\right)\left[\cos^2\alpha(1+\cos^2\phi_1) + \frac{1}{2}\sin^2\alpha\,\sin^2\phi_1\right] \tag{8.31}$$

$$C_n = \frac{1}{2}\left(1 - \frac{\varepsilon}{2}\right)\sin 2\alpha\,\sin^2\phi_1 \tag{8.32}$$

还可将式(8.31)用零升力阻力系数表示为

$$C_a = C_{D,0}\cos^2\alpha + \frac{1}{2}\left(1 - \frac{\varepsilon}{2}\right)\sin^2\alpha\,\sin^2\phi_1 \tag{8.33}$$

采用飞行器飞行姿态的简化假设后,力矩系数变为

$$C_m = 8\left(\frac{R_N}{d}\right)^2\sin 2\alpha\int_0^{\phi_1}\left[(x-x_0) + \left(\frac{R_N}{d}\right)\cos\phi\right](-\sin^3\phi\cos\phi)\mathrm{d}\phi - \left(\frac{z_0}{d}\right)C_a$$

对其进行积分,可得

$$C_m = \left[\left(\frac{x_0}{d}\right) - \left(\frac{R_N}{d}\right)\right]C_n - \left(\frac{z_0}{d}\right)C_a \tag{8.34}$$

Ried 等(1963)在一般推导中采用的攻角的方向与图 8.14 所示相反,这是因为对于特定太空舱来说,图示情况更方便用来表示力和力矩数据。唯一需要注意的是,在力矩公式(8.34)中需要注意到轴向力和法向力的正负号。即法向力系数对式(8.34)中相对于重心的力矩的影响为正,这是因为方括号内的项是负的,并且如图 8.14 所示,C_n 是作用在 z 的负方向上的。当然,式(8.34)可以通过尝试得出,因为正如前面所述,只考虑了压力,而压力是通过圆形头部的原点的,这使原点成为压心。可以认为作用的法向力和轴向力没有产生相应的力矩。于是,相对于重心的力矩就简单地等于作用在压心上的轴向力和法向力产生的力矩之和。在实际情况中,当研究边界层细节、尾部尾流影响、表面突出物时,可以把压心稍微偏离头部半径中心点位置。

利用上述轴向力和法向力系数公式以及式(8.27)和式(8.28)中 α 的换算关系,得到升力系数和阻力系数为

$$C_L = \left[C_{D,0}\cos^2\alpha + \frac{1}{2}\left(1 - \frac{\varepsilon}{2}\right)\sin^2\phi_1(3\sin^2\alpha - 2)\right]\sin\alpha \tag{8.35}$$

$$C_D = \left[C_{D,0}\cos^2\alpha + \frac{3}{2}\left(1 - \frac{\varepsilon}{2}\right)\sin^2\phi_1\,\sin^2\alpha\right]\cos\alpha \tag{8.36}$$

图 8.17 为式(8.35)和式(8.36)描述的升力系数和阻力系数随攻角的变化情况,其中,$\gamma = 1.4$,两个钝度比为 $R_b/R_N = 0.426$ 和 0.5,这两个比值可分别代表阿波罗和联盟号太空舱的情形。图 8.18 为这两个钝度比的升阻比 L/D 变化情况。图 8.17 和图 8.18 中还显示了 DeRose(1969)给出的阿波罗指挥舱(command module,CM)的试验数据曲线。总体上,有人太空舱形状的理论结果适用于大约不超过尾部圆锥角 ϕ_c 的攻角角度。当 $\alpha > \phi_c$ 时,尾部表面会处于激波加热流环境之中,而不再是牛顿阴影区中的相对温和的环境。另外,在这样大的角度下,升力就开始大幅降低,就如大攻角时机翼上的失速一样。对于背部较平的轴对称物体,如

某些无人星际再入飞行器,式(8.35)和式(8.36)的结果也是适用的,不过高攻角的限制依然成立。

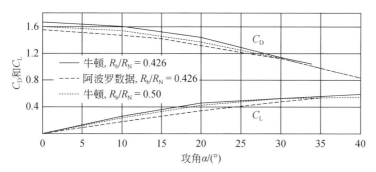

图 8.17　两个钝度比下,阿波罗状太空舱的升力和阻力系数随攻角的变化情况,两者均为 $\gamma=1.4$(DeRose,1969)

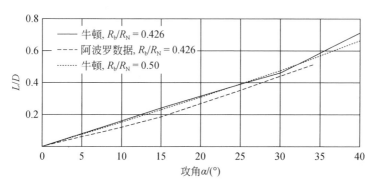

图 8.18　两个钝度比下,阿波罗状太空舱的 L/D 随攻角的变化情况,两者均为 $\gamma=1.4$(DeRose,1969)

由式(8.17)可以看出,相对于试验观察到的值,牛顿理论把阻力系数高估了大约 7.5%。Miller 等(1966)根据自己以及他人的关于阿波罗状太空舱钝体头部上的压力分布试验,提出了一些试验数据。他们得出的是 $\alpha=0°$ 和 $\alpha=33°$(大约等于太空舱圆锥角 ϕ_c)的数据,涵盖的马赫数为 $6<Ma<24.5$,所有数据都与牛顿理论的预测吻合较好。有意思的是,$\alpha=33°$ 时的吻合最好,而对于 $\alpha=0°$,隔热屏最外端部分的压力被高估了。他们还比较了表面压力的试验数据和 Kaattari(1962)方法的理论结果,在零攻角情况下的吻合情况比牛顿理论还优。

Kaattari(1962)还提出了一个方法,可以很准确地计算钝体上的激波形状,该方法没有采用牛顿理论中激波和钝体形状是重合在一起的这个假设。他的方法比简单牛顿法更准确,但是更烦琐;其在表面压力结果上的改进较小,尤其对于非零攻角的实际情形,这限制了其应用。该方法同样能获得太空舱状物体的激波形状、激波偏离距离和滞点位置。

由于对正面压力的估计偏高,得到的零升力阻力系数比试验值高出5%~10%。还必须注意,对阻力系数的估计偏高,部分原因来自牛顿理论认为尾部(阴影)区有$C_{p,a}=0$。Miller等(1966)也提供了试验数据,表明实际的$C_{p,a}>0$(见8.3.2小节的介绍),这也会使阻力系数稍微低于仅采用牛顿理论计算得到的值。

8.3.2　太空舱后体压力

附录A中讨论的牛顿理论,假设薄激波层贴附钝体头部,但是不贴附太空舱的后体。相反,激波层脱离物体使后体处于所谓的阴影区内,在阴影区中有$C_p=0$。Miller等(1966)介绍了阿波罗状太空舱高超声速流体的多种不同研究试验,结果表明,后体压力p_a随着马赫数的增加而增加,从$Ma\approx5$时的接近自由流的压力(即$C_p=0$)增加到$Ma=20$时的比自由流压力大一个数量级的压力。报告中的数据可用如下简单关系式进行近似表示:

$$\frac{p_a}{p_\infty}\approx1+0.025Ma_\infty^2 \tag{8.37}$$

于是,后体的压力系数基本上不随马赫数而变,并等于

$$C_{p,a}=\frac{p_a-p_\infty}{\frac{1}{2}\gamma p_\infty Ma_\infty^2}\approx\frac{0.05}{\gamma} \tag{8.38}$$

Miller等(1966)还给出了零攻角以及基本上是最大的$\alpha=33°$攻角时的后体压力场的圆周变化数据。当$\alpha=0°$时,围绕后体的压力基本上是恒定的,当$\alpha=33°$时,这个压力会沿圆周变化,但是均值大约等于$\alpha=0°$时的值。在这些条件下,作用在后体上的压力等于$C_{p,a}q\pi R_b^2$,依据牛顿理论得出的零升力阻力系数不妨可以进行如下修正:

$$C_{D,0}=(2-\varepsilon)\left[1-\frac{1}{2}\left(\frac{R_b}{R_N}\right)^2\right]-\frac{0.05}{\gamma} \tag{8.39}$$

这个修正相当于阻力系数降低了2%~3%。前面提到,如果考虑到牛顿理论对正面压力的高估,还会有5%左右的差异。

8.3.3　球形钝体头锥上的作用力

有的再入飞行器,尤其是弹道导弹弹头,采用了球形钝头构造。在高马赫数时,也可用牛顿流体理论来计算作用在这类物体上的空气动力。图8.19为钝体头锥的示意图,其中给出了全部变量。球形头部的压力系数特性直接参照前面的结果即可,而在舱体的锥形部分上,压力系数是保持不变的。对于球形头帽,微分阻力系数为

$$dC_D=(2-\varepsilon)\frac{2\pi r^2}{S}\left[d\left(-\frac{\cos^4\phi}{4}\right)\right] \tag{8.40}$$

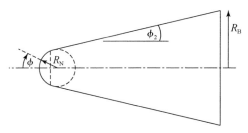

图 8.19　球形钝锥示意图

在物体的圆锥段,微分阻力系数为

$$dC_D = (2-\varepsilon)\sin^2\phi_2\tan\phi(2\pi r dx) \tag{8.41}$$

完全零升力阻力系数为

$$C_{D,0} = (2-\varepsilon)\left[\frac{1}{2}\left(\frac{R_N}{R_B}\right)^2(1-\sin^4\phi_2) + \sin^2\phi_2 - \left(\frac{R_N}{R_B}\sin\phi_2\cos\phi_2\right)^2\right] \tag{8.42}$$

注意到,当 $R_N = R_B$(因此 $\phi_2 = 0$)时,物体就是半球-圆柱体,$C_D = (1-\varepsilon/2)$,与球体相同。当 $R_N = 0$ 时,物体是尖锥,阻力系数 $C_D = (2-\varepsilon)\sin^2\phi_2$,与半角等于 ϕ_2 的圆锥相同。图 8.20 为不同圆锥半角值时零升力阻力系数随头锥半径底半径比的变化情况,其中 $\gamma = 1.4$。对于其他的 γ 值,可以采用 $\varepsilon = (\gamma-1)/(\gamma+1)$ 来解决。

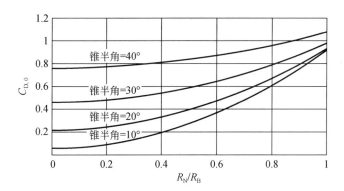

图 8.20　不同锥半角以及 $\gamma = 1.4$ 时,球形钝锥的零升力阻力系数
随头半径锥底半径比的变化情况

可以看出,采用小的头锥半径,引起的阻力惩罚并不大。头锥钝度会减缓再入发热效应,这是因为滞点的热通量与头锥半径的平方根成反比。因此,热防护可得到改善,而对阻力方面也不会造成太大的牺牲。气体热力学状态效应全部包含在同方括号相乘的第一项中,由前可知:

$$\varepsilon = \frac{\gamma-1}{\gamma+1} \tag{8.43}$$

于是在 $\gamma < 1.4$ 的高温处,阻力系数将高于图 8.20 所示的理想气体值。例如,

当 $\gamma=1.2$ 时,把图 8.20 中的结果乘以 126/111,则阻力系数约增加 4%。

采用了球体-圆锥体的实际再入飞行器的一个例子就是通用电气的 Mark-6,参见图 8.21。这个再入飞行器较大,质量为 3360kg,长 3.1 m,底半径为 1.15m,头锥半径为 0.59m。该飞行器的弹道系数 $B=mg/(C_{D,0}S)$ 于是就等于 7.86kPa/C_D。锥半角等于 12.5°,$R_B/R_N=0.5$。根据图 8.20 可得到 $C_{D,0}\approx0.3$,于是弹道系数 $B\approx26$kPa,这个系数比水星项目太空舱高了约 5 倍。这就获得了非常陡的高速再入(见第 6 章),从而使 Mark-6 很难被反弹道导弹拦截。烧蚀热防护系统设计方面的进步,使飞行器头锥钝度比越来越小,进而使飞行器尺寸相比 Mark-6 越来越小。一款比较现代的球体-圆锥再入飞行器是 360kg 的 Mark-12,其锥半角为 10°,头锥钝度极小,使 $C_{D,0}\approx0.05$、$B=325$kPa。

图 8.21　新墨西哥州阿伯奎克国家原子博物馆展出的大力神-2
洲际弹道导弹的 3.1m 长 Mark-6 再入飞行器(Stephen Sutton 摄)

8.3.4　有 P-M 展开式的牛顿流体

现在来讨论图 8.22 中半球-圆柱钝体上流经的高超声速无黏性流。按照牛顿流体近似法,C_p 的局部表面值与滞点值 $C_{p,\max}$ 的比值为

$$\frac{C_p}{C_{p,\max}}=\sin^2\theta=\cos^2\phi \tag{8.44}$$

$C_p/C_{p,\max}$ 随无量纲距离 $s/R_b=\phi$ 的变化情况如图 8.23 所示,其中的距离从滞点($\phi=0$)沿表面量起。式(8.44)计算得到的压力分布与 Crawford 等(1957)报道的 $Ma_1=6.8$ 时的半球-圆柱体上的测量值吻合较好。他们还给出了其他研究者的 $Ma_1=1.97$、3.8、5.8 时的数据。只有 $Ma_1=1.97$ 时才明显偏离牛顿理论结果,而且仅仅是在 $\phi>45°$ 的情况下,这已对应于声速点附近了。只有在 $Ma_1<3$ 时,才

相对于牛顿理论出现明显的过度膨胀。除此之外,在接近半球-圆柱体交界处时,压力就像牛顿理论认为的那样恢复到接近自由流的值 $p \approx p_1$。但是,从图 8.23 可以看出,交界处之外的地方测得的压力系数较小,但如同预计的一样并不为零。

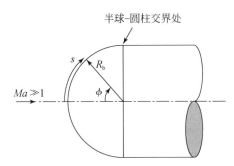

图 8.22　高超声速流中的半球-圆柱体示意图

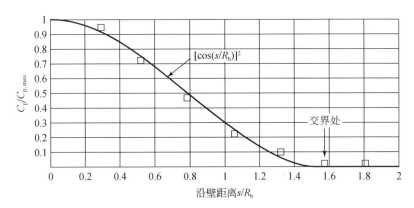

图 8.23　$C_p/C_{p,max}$ 随无量纲距离 $s/R_b = \phi$ 的变化情况,其中的距离从滞点开始沿物体表面朝半球-圆柱交界处方向量起,空心符号表示 Crawford 等(1957)的文献中在 $Ma = 6.8$ 时的数据

根据牛顿压力分布,物体表面声速点大约位于 ϕ_c 角度,其中

$$\cos\phi_c = \left(\frac{\gamma+1}{2}\right)^{\frac{-\gamma}{2(\gamma-1)}} = \sqrt{\frac{p^*}{p_{t2}}} \tag{8.45}$$

根据压力系数的定义,可以求出静态/滞点压力比,进而求得物体表面上的 Ma。利用这个方法得到:

$$\frac{p}{p_{t2}} = \left(1+\frac{\gamma-1}{2}Ma^2\right)^{\frac{-\gamma}{\gamma-1}} = \frac{C_p}{C_{p,max}} + \left(1-\frac{C_p}{C_{p,max}}\right)\left(\frac{p_{t2}}{p_1}\right)^{-1} \tag{8.46}$$

求解式(8.46)的表面马赫数,得

$$Ma^2 = \frac{2}{\gamma-1}\left\{\left[\frac{C_p}{C_{p,max}} + \left(1-\frac{C_p}{C_{p,max}}\right)\left(\frac{p_{t2}}{p_1}\right)^{-1}\right]^{\frac{-(\gamma-1)}{\gamma}} - 1\right\} \tag{8.47}$$

法向激波后面的滞止点压力与激波上游静压力之比 p_{t2}/p_1 可由法向激波关系

式计算得到,即等于

$$\frac{p_{t2}}{p_1} = \left(\frac{\gamma+1}{2}Ma_1^2\right)^{\frac{\gamma}{\gamma-1}} \left[\frac{(\gamma+1)}{2\gamma Ma_1^2-(\gamma-1)}\right]^{\frac{1}{\gamma-1}} \tag{8.48}$$

对于 $Ma \gg 1$,式(8.48)变为

$$\frac{p_{t2}}{p_1} \approx \left(\frac{\gamma+1}{2}\right)^{\frac{\gamma+1}{\gamma-1}} \gamma^{\frac{-1}{\gamma-1}} Ma_1^2 \approx \gamma^{0.75} Ma_1^2 \tag{8.49}$$

对于 $Ma_1 > 3$,式(8.49)的准确度在 4% 左右,而且随着 Ma_1 的增加,准确度还会提高。除了只能采用式(8.44)表示的牛顿压力分布规律外,物体表面上超出声速点 ϕ_c(即 $Ma=1$ 的点)之外的部位还可以使用附录 A 中介绍的 P-M 展开法,按定义有 P-M 角 $\nu=0$。沿物体表面上,P-M 角的变化等于 $\Delta\nu=\phi-\phi_c$,对于各个 ν 值,均有一个相应的马赫数和静态/滞止点压力比,详见附录 A 中的表 A.1 和表 A.2。

在图 8.24 中,在式(8.44)牛顿压力分布基础上,将用式(8.47)算出的马赫数同 P-M 展开法算出的式(8.45)声速点之外的马赫数进行了对比。显然,在不超过 $s/R_b=1.2$ 即 $\phi=69°$ 时,两者的结果相近,但是在超过这点后,两者的结果就有差异,其中牛顿法与 P-M 展开法相结合得到的结果与试验情况更吻合。

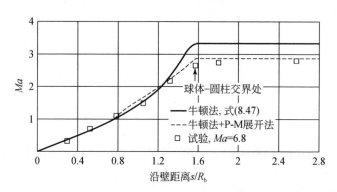

图 8.24　两种简单理论算得的半球-圆柱体上的马赫数分布情况同试验结果对比,其中 $\gamma=1.4$

利用式(8.47)结合牛顿压力分布来计算表面马赫数,对于马赫数为 6.8 的自由流,在半球-圆柱体交界处得到 $Ma=3.33$,大约比试验结果高出 19%。两种方法得到的压力差较小,对压力的影响不大,但是表面马赫数计算值的差异对边界层有影响,进而对表面摩擦和热传递有影响。

如果只考虑绕球体的气流,则牛顿理论会得出在 $\phi=90°$ 时有 $C_p=0$,而在物体后方的这一点以外将存在"死水"区,在这个区牛顿理论就不再适用。相反,P-M 展开法(当 $Ma>1$ 时就取代牛顿理论)可以继续用在物体后方,物体上的压力持续降低,非黏性流马赫数持续增加。对表面马赫数的这种影响,可从图 8.25 中看出,其中球体上气体的 $\gamma=1.4$,$Ma_1=6.8$。当 $Ma=3.33$ 时,表面压力等于自由流压

力 p_1。根据牛顿理论,这时有 $\phi=90°$,而根据 P-M 展开法则有 $\phi=97.4°$。图 8.25 中还画出了点 $\phi=120°$ 和 $Ma=5.11$,这时 $p=0.1p_1$,这也几乎是实际流体能达到的最远位置。总体上,位于这些 ϕ 值之间,黏滞效应就变得比较明显,在物体后方出现环流区,使非黏性流脱离物体。

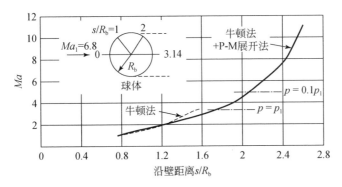

图 8.25　两种简单理论得出的球体上的马赫数分布情况,其中 $\gamma=1.4$。球体后方的虚线标出的区域,不再适用于牛顿理论

在 8.2.3 小节介绍的一般面板法中,自由流和各面板表面切线间的夹角为 θ,如图 8.26 所示。当 $\theta<20°$ 时,应采用 P-M 展开法,因为它比牛顿理论更准确。相邻面板 1 和 2 之间的流向偏转角等于 $\Delta\theta=\theta_2-\theta_1$。已知某个 x 点处的面板 1 上的 Ma_1,也就知道该面板上的 v_1,可以求得下一 x 点处相邻面板 2 上的 v_2,这是因为

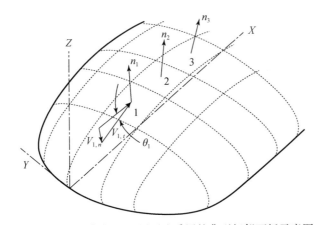

图 8.26　$\theta<20°$ 时,P-M 展开法采用的典型相邻面板示意图

$v_2=v_1+\Delta\theta$。已知这个 v_2 值,利用附录 A 中的表 A.1 和表 A.2 或者其中给出的一个计算 v 的方程,可以得到面板 2 上相应的 Ma_2 值,还可以确定 p_2/p_t,然后按 8.2.3 小节介绍的方法接着求解其他变量。这个单元过程可以用于任意多对面板,这样就算出了各面板上的流动条件。

图 8.27 所示的 KH-7(锁眼-7)高清太空侦察系统的再入飞行器就是这样一例钝体半球-圆柱体。再入飞行器的直径约为 0.7m,长约 0.8m,重 160kg。具有胶片回收能力的卫星用于两个基本目的:搜索与监视。科罗纳系列卫星于 1960 年开始发射,它们是搜索系统,对大片地面进行拍摄,以找出机场、导弹发射场等目标。KH-7 系列卫星在 1963~1967 年间服役,满足了立体高清相机的监视需求。这些卫星是从加利福尼亚州范登堡空军基地用宇宙神-阿金纳火箭发射升空的,胶片舱则是在夏威夷附近进行空中回收的。

图 8.27　美国空军国家博物馆的 KH-7 侦察卫星。在离轨再入期间,
钝体保护着胶片舱

8.4　高超声速飞行中的细长体

8.4.1　细长体升阻比 L/D

设有一细长、底部较平的物体,其平面面积为 S,翼宽为 b,最大厚度为 t,前缘角很小($\theta \ll 1$),总长为 $l(t \ll l)$,攻角为 α,如图 8.28 所示。升阻比可用轴向力和法向力(F_a 和 F_n)表示为

$$\frac{L}{D} = \frac{(F_n/F_a)\cos\alpha - \sin\alpha}{(F_n/F_a)\sin\alpha + \cos\alpha} \tag{8.50}$$

细长体的平面面积为 S,流体截面面积为 S_w,底面积为 S_{base}。法向力 F_n 主要取决于作用在飞行器上表面和下表面上的压力,而轴向力 F_a 则主要取决于摩擦力和作用在飞行器尾部和底部的压力,详见图 8.28。这些力的分量可表示为

$$F_n = (C_{p,1} - C_{p,u})qS$$
$$F_a = C_F q S_w + C_{d,b} q S_b \tag{8.51}$$

式(8.51)中的压力、表面摩擦力和形状阻力系数(C_p、C_F、$C_{d,b}$)分别等于它们

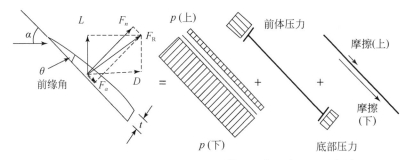

图 8.28 高超声速流中理想细长体上的作用力立面示意图

沿各自作用面上的积分值。法向/轴向力比为

$$\frac{F_n}{F_a}=\frac{C_{p,1}-C_{p,u}}{C_F\dfrac{S_w}{S}+C_{d,b}\dfrac{S_b}{S}} \tag{8.52}$$

按高超声速的牛顿流体近似法,下表面压力系数在相对较平整的平面面积 S 上是恒定不变的,等于 $C_{p,1}=2\sin^2\alpha$。另外,作用在物体上表面的压力是位于阴影区的,其中 $\alpha>\theta$,这个压力是恒定的,等于自由流压力,故 $C_{p,u}=0$。法向力就直接是 $C_{p,1}qS$ 这个积。于是,式(8.52)中的法向/轴向力比变为

$$\frac{F_n}{F_a}=\frac{2\sin^2\alpha}{C_F\dfrac{S_w}{S}+C_{d,b}\dfrac{S_b}{S}} \tag{8.53}$$

形状阻力可以当成由作用在飞行器整个前表面上的压力减去底部上的压力后形成的力在轴向上的分力。在牛顿流体理论中,由于底部位于阴影区内,因此将底部压力系数取为零,按这种假设,底部就不会产生轴向力,形状阻力主要是由头锥上的力引起的。在薄平板的理性情况下,形状阻力等于零。后面将讨论其他现实航天器形状的形状阻力。对于目前的一般性分析,我们只从参数上考虑形状阻力项。

于是,按照如 Sforza(2014)介绍的一般阻力积累计算过程,可以将式(8.53)中的分母写成

$$C_F\frac{S_w}{S}+C_{d,b}\left(\frac{S_b}{S}\right)=C_F\frac{S_w}{S}\left(1+\frac{C_{d,b}}{C_F}\frac{S_b}{S_w}\right)=KC_F \tag{8.54}$$

其中,C_F 表示表面摩擦系数在物体的流体湿表面上的积分,这里不含底部区域,因为其上的摩擦力的影响可忽略不计。式(8.54)中的系数 K 不仅取决于物体几何要素,还取决于雷诺数和马赫数,这是因为阻力系数和表面摩擦系数也取决于它们。把法向力和轴向力沿标准的升力和阻力方向进行分解,得

$$L=C_LqS=F_n\cos\alpha-F_a\sin\alpha \tag{8.55}$$

$$D=C_DqS=F_n\sin\alpha+F_a\cos\alpha \tag{8.56}$$

于是,升力系数和阻力系数变为

$$C_L = 2 \sin^2\alpha\cos\alpha - KC_F\sin\alpha \tag{8.57}$$

$$C_D = 2 \sin^3\alpha + KC_F\cos\alpha \tag{8.58}$$

直接得到如下升阻比：

$$\frac{L}{D} = \frac{2 \sin^2\alpha - KC_F\sin\alpha}{2 \sin^3\alpha + KC_F} \tag{8.59}$$

图 8.29 给出了不同摩擦和底部阻力损失参数 KC_F 时，L/D 随攻角的变化情况。随着损失参数的增加，最大升阻比会降低，最大升阻比对应的攻角会增加。式(8.59)表明，增加航天器的流体湿面积与平面面积之比必定会降低 L/D。但是有人航天器内部必须有充足的组员和生命支持设备空间，这也会增加阻力。有时把 $\tau = v^{2/3}/S$ 值用来表征高超声速飞行器的形状，它与系数 K 中的流体湿面积/平面面积比的关系为

$$\frac{S_w}{S} = \frac{S_w}{v^{2/3}}\frac{v^{2/3}}{S} = \frac{S_w}{v^{2/3}}\tau \tag{8.60}$$

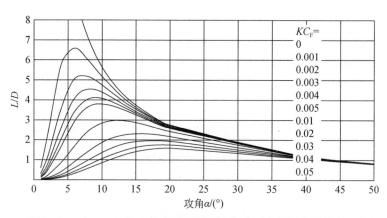

图 8.29　式(8.10)算出的升阻比随摩擦和形状阻力损失参数 KC_F
的变化情况，按给出值的顺序排列

对于各类细长体，如楔形三角、上表面有半圆锥的平三角、椭圆锥、棱锥三角、圆锥体等(图 8.30 画出了一些)，形状因子 $S_w/v^{2/3}$ 基本上是恒定的，位于 $10\sim12$ 的范围。表 8.1 列出了图 8.30 所示物体的形状因子 $S_w/v^{2/3}$，其中的约束条件为 b/l 保持固定不变。基于平面面积的体积参数 $\tau = v^{2/3}/S$，对这些相似细长体来说是恒定不变的。分别像图 8.30(e)和(f)那样在平三角上添加半抛物体，或者是采用半抛物体，可以增加 τ 和 S_w/S 的值。根据拟用和实际航天器图纸进行计算，得到了如表 8.2 所示的一些特征。于是，实际的有人航天器不太可能达到更细长构型所产生的升阻比。

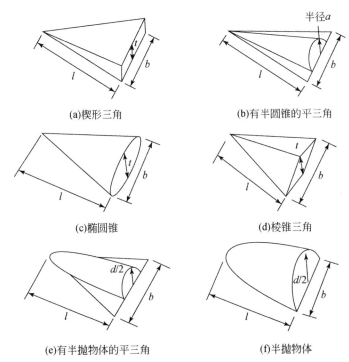

(a)楔形三角　　　　　　　　　(b)有半圆锥的平三角

(c)椭圆锥　　　　　　　　　　(d)棱锥三角

(e)有半抛物体的平三角　　　　(f)半抛物体

图 8.30　具有同等底面积平面面积比 S_b/S 的高速细长体的一般构型（未按比例绘制）

表 8.1　长度和翼宽相同的各种典型细长体的特征

物体形状	翼宽 b	厚度 t	半径 $d/2$	$S_w/v^{2/3}$	$v^{2/3}/S=\tau$	S_w/S	S_b/S
楔形三角	$0.4l$	$0.157b$		10.0	0.206	2.0	0.125
平三角/半圆锥	$0.4l$		$0.316b$	11.6	0.206	2.37	0.125
椭圆锥	$0.4l$	$0.200b$		11.2	0.206	2.19	0.125
棱锥三角	$0.4l$	$0.314b$		10.0	0.206	2.10	0.125
平三角/抛物体	$0.4l$		$0.316b$	9.56	0.256	2.45	0.125
半抛物体	$0.4l$		$0.5b$	6.94	0.375	2.60	0.472

表 8.2　典型太空飞机的构型特征

太空飞机	S /m²	S_w /m²	体积 /m³	体积参数 $\tau=v^{2/3}/S$	体积参数 $v^{2/3}/S_w$	S_w/S	$b/(2l)$
SSTS	290.2	1146	1040	0.354	11.2	3.95	0.352
赫尔姆斯号	80.46	295.8	184.3	0.403	9.12	3.68	0.225
HIMES	29.46	153.6	78.91	0.625	8.35	5.22	0.385
苏联 SP	5.574	20.25	3.567	0.419	8.67	3.63	0.373
HOTOL	254.3	1073	1038	0.403	10.5	4.22	0.157

续表

太空飞机	S /m^2	S_w /m^2	体积 /m^3	体积参数 $\tau = v^{2/3}/S$	体积参数 $v^{2/3}/S_w$	S_w/S	$b/(2l)$
X-15	18.67	111.1	26.67	0.478	12.43	5.95	0.178
HL-10	14.86	47.10	13.22	0.376	8.42	3.17	0.321
平均值				0.437	9.60	4.27	0.284
参考球体				0.827	4.853	4.00	

注意,对于细长体来说,摩擦和形状阻力对式(8.59)中分子的升力的影响很小,即 $2\sin\alpha \ll KC_F$,借此可以得到特定构造下最大 L/D 的简化计算。利用这个假设,得到的最大升阻比等于

$$\left(\frac{L}{D}\right)_{\max} \approx \frac{2}{3}(KC_F)^{-1/3} \tag{8.61}$$

最大值出现时的攻角等于

$$\alpha_{\max}(L/D) \approx (KC_F)^{\frac{1}{3}} \tag{8.62}$$

从图 8.29 可以看出,$\alpha_{\max}(L/D)$ 随着 KC_F 的增加而增加,图 8.31 为 $(L/D)_{\max}$ 随 KC_F 的变化情况。图中的虚线表示航天飞机和 X-15 的高超声速飞行中测得的 $(L/D)_{\max}$ 范围。因为 $C_F \approx 10^{-3}$ 且 $S_w/S \approx 4$,所以形状阻力因子 $(C_{d,b}/C_F)(S_b/S) \approx 10$。两个飞行器的底面积比约为 $S_b/S = 10^{-1}$,意味着 $C_{d,b}/C_F \approx 10^2$ 即 $C_{d,b} \approx 10^{-1}$ 是合理的。NASA 对图 8.30(a)~(d)所示的细长体状物体($0.1 < \tau < 0.3$)的最大 L/D 进行了风洞研究,Becker(1964)报道了这些研究结果。这些数据的关系可以表示为

$$\left(\frac{L}{D}\right)_{\max} \approx 6 - 7.3\tau \tag{8.63}$$

NASA 试验条件为 $Re = 1.5 \times 10^6$、$Ma = 6.8$,在这种条件下,边界层至少都是过渡性质的,更可能还是湍流的,这是因为风洞中边界层过渡发生时的雷诺数总是比自由飞行中的低。在这种情况下,绝热平板上的湍流表面摩擦积分 $C_F \approx 1.86 \times 10^{-3}$。NASA 风洞数据的 KC_F 可取为

$$KC_F \approx 10\tau(1.86 \times 10^{-3}) = 0.0186\tau \tag{8.64}$$

求解式(8.64)中的 τ,把结果代入式(8.61),得到

$$\left(\frac{L}{D}\right)_{\max} \approx 6 - 7.3\left(\frac{KC_F}{0.0186}\right) \tag{8.65}$$

结果就是图 8.31 中所示的 NASA 数据范围虚线。风洞试验持续时间较短,所以模型壁的温升显著低于绝热壁温,其表面摩擦系数大于绝热情形中的摩擦系数。此外,如果试验中物体表面上有一定程度的层流,得到的表面摩擦系数积分值会更低。因此,图 8.4 所示的绝热壁情形的曲线应该能代表 NASA 的数据范围。

注意,在对 NASA 试验报告的细长体结果的分析中,形状阻力认为是可忽略的。

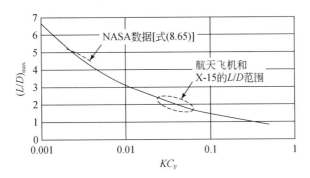

图 8.31　最大 L/D 随 KC_F 的近似变化情况

从图 8.31 中可明显看出,随着航天器体积的增大,航天器飞行中的高超声速段能达到的最大 L/D 为 $(L/D)_{max} \approx 2$。注意

$$KC_F = C_F \frac{S_w}{S} + C_{d,b} \frac{S_b}{S} \tag{8.66}$$

式(8.66)右侧第一项是表面摩擦的影响,对于典型的有人航天器来说,不管其具体形状如何,该影响都在一个数量级上。

不过,随着航天器内部容积的增加,形状阻力的影响会越来越大;式(8.66)右侧第二项就是形状阻力的影响。如图 8.31 所示,对于极细长体,一般有 $10^{-3} < KC_F < 10^{-2}$,而对于更实际的航天器构造,一般有 $10^{-2} < KC_F < 10^{-1}$。表 8.1 和表 8.2 中的数据表明,若用体积参数 τ 表示,$0.1 < \tau < 0.3$ 的形状可以归为细长体导弹,$0.35 < \tau < 0.65$ 的形状可以归为实际有人航天器。

上述分析表明,在高超声速飞行中,升阻比主要取决于阻力相关项 KC_F。在后续内容中,将证明积分表面摩擦系数 $C_F = C_F(Re_l, Ma, T_w/T_e)$。保持相同的飞行高度,增加马赫数可引起动压力 $q = \gamma p Ma^2/2$ 大幅上升,如图 8.32 所示。对于 $z = 30km$,所示马赫数范围的动压力从 25kPa 增加到 150kPa 以上。图 8.32 中还显示了大气中安全有人飞行的典型动压力走廊,详见第 6 章的介绍。由于惯性、结构、加热方面的限制,有人高超声速巡航飞行器需要在 2.4～24kPa 内几乎按恒定动压力飞行。

按恒定高度或恒定动压力飞行,也会影响到飞行器上流体的雷诺数,而这将影响到边界层的状态。图 8.33 给出了长度 $l=10m$ 和 30m 的平板物体按恒定的 $z=30km$ 或恒定的 $q=24kPa$ 飞行时,雷诺数随马赫数的变化情况。注意,当 $Ma=6$ 时,两者的雷诺数相等,然后在恒定高度情形中,雷诺数随马赫数的增加而增加,在恒定动压力情形中,雷诺数随马赫数的增加而降低。当 $Ma=16$ 时,两种情形的 Re_l 相差大约为一个数量级。图 8.6 上还显示了基于动量厚度的边界层过渡的名

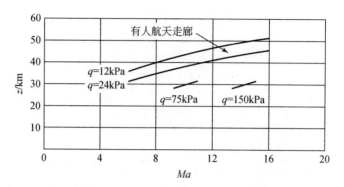

图 8.32　安全有人太空飞行动压力围线，一并给出了在恒定高度 $z=30\mathrm{km}$ 上飞行的 q 值

义曲线，本章后续节将对此进行介绍。基本上，对于 $Re_l<Re_t$，整个平板上的边界层都将是层流的，而对于 $Re_l>Re_t$，当 $Re_x<Re_t$ 时可以认为边界层是层流的，其余的是湍流的。

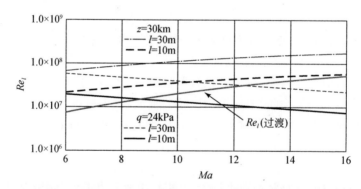

图 8.33　恒定 $q=24\mathrm{kPa}$ 和恒定高度 $z=30\mathrm{km}$ 两种飞行状态下，基于板长的
雷诺数的变化情况。灰度曲线表示板上过渡的基于 x 的标称雷诺数

例如，最简单的这种细长板状体，其形状阻力可以忽略不计（$C_{d,b}\approx0$），于是 $K=S_\mathrm{w}/S\approx2$，最大升阻比等于

$$\left(\frac{L}{D}\right)_\mathrm{max}=\frac{2}{3}(KC_\mathrm{F})^{-\frac{1}{3}}=\frac{0.529}{C_\mathrm{F}^{1/3}} \tag{8.67}$$

后面将指出对于层流或湍流，积分表面摩擦系数不妨表示为

$$C_\mathrm{F}\approx Re_l^{-m} \tag{8.68}$$

对于层流来说，指数 $m=1/2$ 是准确的，对于湍流来说，$m=1/7$ 是合理的。基于物体长度 l 的雷诺数可以写成

$$Re_l=\frac{\rho_\mathrm{e}u_\mathrm{e}l}{\mu_\mathrm{e}}=\left(\frac{2ql}{a_\mathrm{e}\mu_\mathrm{e}}\right)Ma_\mathrm{e}^{-1} \tag{8.69}$$

故最大 L/D 等于

$$\left(\frac{L}{D}\right)_{\max} \approx Re_l^{m/3} = \left(\frac{2ql}{a_e\mu_e}\right)^{m/3} Ma_e^{-m/3} \tag{8.70}$$

在相关高度范围上，$(a_e\mu_e)^{m/3}$ 值 是一个常数，于是

$$\left(\frac{L}{D}\right)_{\max} \approx \left(\frac{ql}{Ma_e}\right)^{m/3} \tag{8.71}$$

可以看出，对于形状阻力可忽略的情形，$(L/D)_{\max}$ 会随 q 的增加而缓慢升高，随着 Ma 的增加而缓慢降低。对于不那么细长的更像太空飞机的构造形状，形状阻力就比较明显，这会降低能达到的 $(L/D)_{\max}$。在 $Ma \gg 1$ 的高超声速飞行中，形状阻力系数不随 Ma 而变；这就是所谓的非黏性流马赫数无关原理，这首先是由 Oswatitsch(1950)推导出的，Hayes 等(2004)进行了介绍，Kliche 等(2011)对该原理在黏性流中的情况进行了研究。因此，如果马赫数较高，对于恒定 q 飞行来说，$(L/D)_{\max}$ 基本上不随 Ma 而变。注意，L 和 D 都与 q 成正比，因此，以恒定的 q 飞行，则升力和阻力都将保持恒定，飞行时，q 增加则两者都将增加。

8.4.2　层流表面摩擦

许多教材中，如 Schlichting 等(2000)、Schetz(1992)、White(2006)的文献中，都讨论了可压缩流的边界层理论。可压缩性对气体的热力学特性有很大的影响，这增加了流体分析的复杂性。现在可以使用计算流体力学(computational fluid dynamics，CFD)方法，如 Cebeci 等(2005)介绍的这类方法，但是用在初步设计中还显得有点烦琐。层流和湍流可压缩边界层可采用 Eckert(1956)提出的 FPRE 法，这是一种简单、通用且比较准确的方法。多年来，该方法得到了广泛而持续的使用。Meador 等(2005)重新研究了这个问题，利用了大量的计算解来解释 FPRE 法的基础，研究其准确性。FPRE 法采用的假设是恒定压力流流经恒定温度壁，但有意思的是它也常常用于这些假设之外的情形。

其基本思路是，如果是在参考焓 h^* 下估算气体性质，那么可压缩流的表面摩擦系数就等于非压缩流的表面摩擦系数。我们用平板上的层流来研究这个问题，其中下标 e 表示边界流条件。假设参考表面摩擦系数与不可压缩流具有相同的形式，于是

$$C_f^* = \frac{\tau_w}{\frac{1}{2}\rho^* u_e^2} = \frac{0.664}{\sqrt{Re_x^*}} = \frac{0.664}{\sqrt{\dfrac{\rho^* u_e x}{\mu^*}}} \tag{8.72}$$

于是，求解式(8.72)中的 τ_w，然后将结果除以边界层边缘的动压力，可求得实际表面摩擦系数，这样得

$$C_f = \frac{\tau_w}{\frac{1}{2}\rho_e u_e^2} = \frac{0.664}{\sqrt{Re_x^*}}\frac{\rho^*}{\rho_e} = \frac{0.664}{\sqrt{Re_x}}\sqrt{\frac{\rho^*\mu^*}{\rho_e\mu_e}} = C_{f,inc}\sqrt{C^*} \tag{8.73}$$

积分表面摩擦系数

$$C_F = \frac{1}{l} \int_0^l C_f \mathrm{d}x = 1.328 \sqrt{\frac{C^*}{Re_l}} \tag{8.74}$$

现在的问题是,取什么样的参考焓才合适。Meador 等(2005)为层流提出了如下参考焓模型:

$$\frac{h^*}{h_e} = 0.45 + 0.55 \frac{h_w}{h_e} + 0.16 r \frac{\gamma - 1}{2} M_e^2 \tag{8.75}$$

其中,h_e 和 h_w 分别为边界流边缘和壁上的焓;$r = Pr^{1/2}$ 为绝热平板上层流的恢复因子,Pr 为普朗特数,$Pr = \mu c_p / \kappa$。据 Meador 等(2005)报道,对于普朗特数约为 0.7 的空气状混合物中的热壁和冷壁来说,这个方法得到的表面摩擦系数结果很准确。他们报道的结果是针对 $0 \leqslant Ma \leqslant 6$ 范围的。

值得注意的是,平板或尖圆锥上的高超声速流体都属于恒定表面压力流。根据 White(2006)导出的结果,对于具有相同的局部雷诺数、马赫数和壁温比的流体,圆锥的表面摩擦系数为

$$C_{f,\text{cone}} = \sqrt{3} C_{f,\text{plate}} \tag{8.76}$$

在飞行器的前端部分,局部雷诺数 Re_x 往往较低,可以在其下游一定距离内维持层流。于是,就可以采用上述层流圆锥法则计算配有圆形头锥的飞行器的表面摩擦,这是因为在同等流动条件下,C_f 将比平板表面大 73%。$Ma < 6$ 的高超声速飞行器可能有圆锥头锥,但是由于热约束,那种必须跨越更宽马赫数范围的再入飞行器通常都具有钝体头锥,因此这时圆锥的法则就不再适用。

8.4.3　湍流表面摩擦

对于湍流的情形,White(2006)认为幂定律,如普朗特的幂定律 $C_f = 0.027 Re^{-1/7}$ 是可用的。Meador 等(2005)使用了 Schlichting 等(2000)给出的形式:

$$C_f = \frac{0.02296}{Re_x^{0.139}} \tag{8.77}$$

根据前面介绍层流时的方法,可以得出如下湍流时的局部表面摩擦系数:

$$C_f = \frac{0.02296}{Re_x^{0.139}} \left(\frac{\rho^*}{\rho_e}\right)^{0.8961} \left(\frac{\mu^*}{\mu_e}\right)^{0.139} = \frac{0.0266}{Re_x^{0.139}} C^{*0.861} \left(\frac{\mu^*}{\mu_e}\right)^{-0.722} \tag{8.78}$$

积分表面摩擦系数为

$$C_F = \frac{0.02296}{Re_l^{0.139}} \left(\frac{\rho^*}{\rho_e}\right)^{0.861} \left(\frac{\mu^*}{\mu_e}\right)^{0.139} = \frac{0.0266}{Re_l^{0.139}} C^{*0.861} \left(\frac{\mu^*}{\mu_e}\right)^{-0.722} \tag{8.79}$$

Meador 等(2005)提议的湍流参考焓为

$$\frac{h^*}{h_e} = 0.5\left(1 + \frac{h_w}{h_e}\right) + 0.16r\frac{\gamma-1}{2}Ma_e^2 \tag{8.80}$$

湍流的恢复因子常取为 $r = Pr^{1/3}$。Meador 等（2005）发现，对于可压缩湍流，结果不如层流时准确，FPRE 法会高估冷壁的表面摩擦系数而低估热壁的表面摩擦系数。当 $h_w/h_e = 0.25$ 时，误差在 9% 左右，当壁发热到 $h_w/h_e = 1$ 时，误差会降到大约 0.7%，误差会继续降低，在 $h_w/h_e = 2$ 时误差会降到 −6%，一直降到 $h_w/h_e = h_{aw}/h_e$ 时的 −27%，这时就是绝热壁的情形，有

$$h_{aw} = h_e + r\frac{1}{2}u_e^2 = h_e + Pr^m\frac{1}{2}u_e^2 \tag{8.81}$$

FPRE 法用在湍流上不如用在层流上那么准确，但是该方法简单，而且在许多实际情况中可得出合理的结果。Van Driest（1956）提出了一个更准确也更复杂的方法，通常称作 Van Driest II 法，它不需要采用 CFD。White（2006）简要介绍了该方法，指出该方法依然用得较广。实际上，Hopkins 等（1971）对平整表面上湍流表面摩擦的六种计算方法进行了广泛的对比研究，考虑了有和无热传递的情况，得出结论认为在 1.5～9 的马赫数范围内，Van Driest II 法与试验结果最吻合。Hopkins（1972）给出了 $0 < Ma < 10$、$10^5 < Re_x < 10^9$ 和 $0.2 < T_w/T_{aw} < 1$ 范围内的表面摩擦系数快速计算图表。Van Driest II 法与 FPRE 法的相似之处在于，采用的变换都将湍流平板流体同其相应的不可压缩流体关联起来。依据 White（2006）的文献，表面摩擦系数可用如下隐式公式求得

$$\frac{\arcsin A + \arcsin B}{\sqrt{C_f\left(\dfrac{T_{aw}}{T_e} - 1\right)}} = 4.15\log_{10}\left(Re_x C_f\frac{\mu_e}{\mu_w}\right) + 1.7 \tag{8.82}$$

式（8.82）中的各个值为

$$A = \frac{2a^2 - b}{\sqrt{b^2 + 4a^2}} \tag{8.83}$$

$$B = \frac{b}{\sqrt{b^2 + 4a^2}} \tag{8.84}$$

$$a = \sqrt{r\frac{\gamma-1}{2}Ma_e^2\frac{T_e}{T_w}} \tag{8.85}$$

$$b = \frac{T_{aw}}{T_w} - 1 \tag{8.86}$$

式（8.86）中的绝热壁温 T_{aw} 为式（8.81）算出的绝热壁焓 h_{aw} 的对应温度。在不可压缩流中，$Ma_e = 0$，式（8.82）就简化为 Karman-Schoenherr 关系式：

$$\frac{1}{\sqrt{C_{f,inc}}} = 4.15\log_{10}(Re_x C_{f,inc}) + 1.7 \tag{8.87}$$

在具有恒定压力表面的圆锥上，湍流边界层有类似于层流圆锥法则的情形，但

是发现圆锥上的表面摩擦相对于平板上的增加幅度只有 $10\%\sim15\%$，而不是层流法算出的 73%。

图 8.34 和图 8.35 对比了长度 l 分别为 10m 和 30m 的绝热平板（$T_w = T_{aw}$）情形下的 FPRE 法和 Van Driest II 法。从图中可以明显看出，FPRE 法对热壁这种情况中的积分表面摩擦系数低估到何种程度。

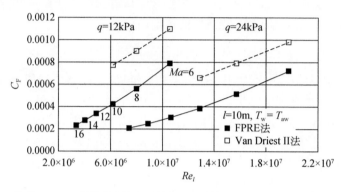

图 8.34　长度 $l=10$m 的绝热（热壁）平板，FPRE 法和 Van Driest II 法的对比情况。
其中一条 C_F 曲线列出了使用的马赫数

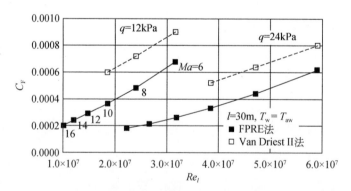

图 8.35　长度 $l=30$m 的绝热（热壁）平板，FPRE 法和 Van Driest II 法的对比情况。
其中一条 C_F 曲线列出了使用的马赫数

对于 $T_w = T_{aw}/5$ 的较凉的壁，FPRE 法优于 Van Driest II 法，如图 8.36 和图 8.37 中 $l=10$m 和 30m 情形所示。

8.4.4　边界层过渡

在高超声速再入中，边界层从层流到湍流的过渡是很重要的过程，这不但是因为湍流中的阻力会大幅上升，还因为会伴随着热传递的增加。再入飞行器的过渡计算不准确，会导致热屏蔽烧蚀和热防护系统重量的设计不够或过于保守，进而降

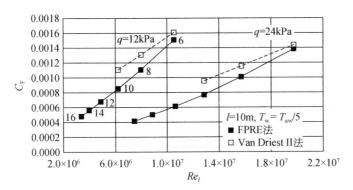

图 8.36　长度 $l=10\mathrm{m}$ 的凉壁（$T_\mathrm{w}=T_\mathrm{aw}/5$）平板，
FPRE 法和 Van Driest II 法的对比情况。其中一条 C_F 曲线列出了使用的马赫数

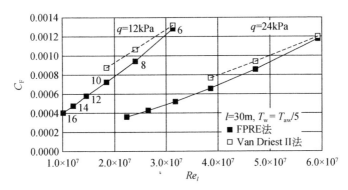

图 8.37　长度 $l=30\mathrm{m}$ 的凉壁（$T_\mathrm{w}=T_\mathrm{aw}/5$）平板，
FPRE 法和 Van Driest II 法的对比情况。其中一条 C_F 曲线列出了使用的马赫数

低安全裕度或者降低性能与稳定性。Lin（2008）详细讨论了过渡对再入飞行器设计的影响，给出了佐证的飞行试验和测试数据，指出尚未得到合理解释之处。Schneider（1999）较早介绍了超声速和高超声速过渡数据的采集飞行试验情况。他针对国家太空飞机和类似高超声速机动飞行器提出了一般过渡准则，准则是用过渡的动量厚度雷诺数表示的，具体为

$$Re_{\theta,t}=\frac{\rho_\mathrm{e}u_\mathrm{e}\theta}{\mu_\mathrm{e}}=150Ma_\mathrm{e} \tag{8.88}$$

Lin（2008）报道了其他边界层过渡的工程计算式，其中包括式（8.88）的变化形式：

$$Re_{\theta,t}=110Ma_\mathrm{e}+250 \tag{8.89}$$

式（8.88）和式（8.89）中的关系依据光滑壁上流体的自然过渡，它们得到的结果比较相似。有的再入飞行器具有炭化和烧蚀热屏蔽，烧蚀产物从壁上抛向边界

层,从而提供冷却,这时就需要考虑到吹扫引起的横向流效应。Lin(2008)提到基于阿波罗数据的如下吹扫关系式:

$$Re_{\theta,t} = 200\left[1 - \frac{0.05}{C_h}\left(\frac{\rho_w v_w}{\rho_e u_e}\right)\right]Ma_e \tag{8.90}$$

其中,$[\rho_w v_w/(\rho_e u_e)]/C_h$是吹扫参数,对阿波罗航天器来说为 4～6,它反映了烧蚀产物横向喷入边界层的情况。式(8.90)表明,这种实际边界层吹扫将使过渡出现的时间比光滑壁情形来得早。当表面粗糙时(用表面粗糙高度表示),还会有另一关系式:

$$Re_{\theta} = 250\left(\frac{\theta}{k}\right) \tag{8.91}$$

式(8.91)表明,当粗糙高度相对于动量厚度来说较大时,流体的过渡状态将提前出现。式(8.92)是式(8.91)修正后被动头锥顶点的变形式:

$$Re_{\theta} = C''\left(\frac{\theta}{k}\frac{T_e}{T_w}\right)^{-n} \tag{8.92}$$

其中,$200 < C'' < 750$、$0.7 < n < 1.5$。研究这些关系是为了工程估算,它们都曾在某个时候用在设计项目中。边界层过渡现象比较复杂,产生的原因很多,所以目前还没有严格的计算方法。Reshotko(2008)介绍了过渡的基本物理学难题,还提出了改善过渡计算方法的实验指南。

为了利用各种过渡准则,必须计算出基于动量厚度的雷诺数,具体如下:

$$\theta(x) = \int_0^{\delta(x)} \frac{\rho u}{\rho_e u_e}\left(1 - \frac{u}{u_e}\right)dy \tag{8.93}$$

在边界层厚度 $\delta(x)$ 和 $\theta(x)$ 上求积分,积分表示因摩擦和压力引起的边界层中增加的动量损失。在恒定压力二维流中,积分的动量方程就是

$$\frac{d\theta}{dx} = \frac{1}{2}C_f \tag{8.94}$$

把式(8.72)和式(8.73)代入式(8.94)中,得

$$\frac{Re_{\theta}}{\sqrt{Re_l}} = 0.664C^* \tag{8.95}$$

然后,把式(8.88)的简单准则代入式(8.95)中,得到过渡雷诺数为

$$Re_{x,t} = 5.1 \times 10^4\left(\frac{Ma_e}{C^*}\right)^2 \tag{8.96}$$

在具有附着激波的轴对称圆锥上的恒压力流中,特定半顶角的正圆锥的积分方程为

$$\frac{d(x\theta)}{dx} = 2xC_f \tag{8.97}$$

按照平板的相同推导过程,并利用层流圆锥法则,得到

$$\frac{Re_\theta}{\sqrt{Re_x}} = \frac{0.664C^*}{\sqrt{3}}$$ (8.98)

然后,把式(8.88)的准则代入式(8.98)中,得到过渡雷诺数为

$$Re_{x,t} = 1.53 \times 10^5 \left(\frac{Ma_e}{C^*}\right)^2$$ (8.99)

利用式(8.73)从平板前缘开始计算层流表面摩擦,直到达到式(8.99)中的雷诺数 $Re_{x,t}$ 为止,然后接着用式(8.78)湍流 FPRE 法或者式(8.82)的 Van Driest II 法进行计算。这个方法肯定是不准确的,但是它毕竟比较一致地考虑了过渡效应,是可用在相似构造的对比研究中的。

8.4.5 高空稀薄效应

航天飞机需要在高层大气像飞机那样飞行;按照 Woods 等(1983)的说法,其中的难点在于对实际飞行器构型进行低密度真实气体环境模型试验是很复杂的。高层大气的稀薄特性带来了若干不同的流态。Wilhite 等(1984)表明,低密度对借助空气的变轨飞行器的空气动力学的影响,其关系参数就是修整的高超声速黏性相互作用因子

$$V' = \frac{Ma_\infty}{\sqrt{Re_{l,\infty}}} \sqrt{\frac{\mu^*}{\mu_\infty} \frac{T_\infty}{T^*}} = \frac{Ma_\infty}{\sqrt{Re_l}} \sqrt{C_\infty^*}$$ (8.100)

其中,带星号的值的计算参考温度 T^* 为前面讨论的参考焓 h^* 的对应参考温度。Wilhite 等(1984)指出,以下基于 V' 的流态看上去是适用的:

(1) $V' < 0.007$ 对应于连续体流;

(2) $0.007 < V' < 0.07$ 对应于黏性相互作用流态;

(3) $0.07 < V' < 5$ 对应于过渡流态;

(4) $V' > 5$ 对应于自由分子流态。

尤其是,当 V' 上升到 0.007 之上时,L/D 会降低,其他空气动力性能也将受到影响。

图 8.38 给出了典型有人航天器飞行走廊上($12\mathrm{kPa} < q < 24\mathrm{kPa}$)参数 $Ma/Re_l^{1/2}$ 随 Ma 的变化情况。8.3 节介绍了 μ^*/T^* 的特性,不过总体上,修正因子 $\sqrt{C_\infty^*}$ 为 $0.4 \sim 0.7$。因此,Hayes 等(2004)详细讨论的黏性相互作用流态将位于图 8.38 所示的 $Ma/Re_l^{1/2} = 0.01$ 之上的阴影区域。$l = 10\mathrm{m}$ 的飞行器在 $z = 50\mathrm{km}$ 的高度之上可能就会遇到稀薄效应,$l = 30\mathrm{m}$ 的飞行器在更高高度,大约 $z = 55\mathrm{km}$ 之上也会遇到稀薄效应。

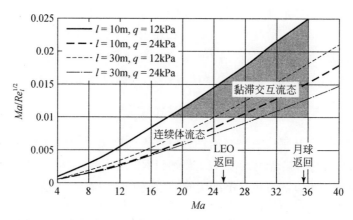

图 8.38　高超声速相互作用因子 $Ma/Re_l^{1/2}$ 随 Ma 的变化情况，
再入航天走廊为 $12\mathrm{kPa} < q < 24\mathrm{kPa}$

8.5　空气的热力学性质

空气的可压缩性也增加了高亚声速和低超声速飞行马赫数（$0.6 < Ma_0 < 3$）中流体计算的复杂性，这是因为密度不再是恒定的，而是随压力而变的；根据理想气体定律，温度也会变化。在这个飞行速度范围，空气的特性在热力学上与理想气体一样，即在温度上升到大约 500K 前，空气符合理想气体定律，其分子量保持不变。空气在热值上也是近似理想的，即在 500K 温度以下比热也基本不变。超过 500K 后，气体就表现出了非理想性，为了确保一定的准确性，就必须考虑到这种非理想性。为了了解哪些飞行条件才可以采用理想气体关系式，设飞行器表面流经的空气的最大温度不大于自由流滞止点温度。根据如下理想气体绝热关系式，自由流滞止点温度与静态温度之比随着飞行马赫数 Ma_0 而变：

$$\frac{T_{t,0}}{T_0} = 1 + \frac{\gamma-1}{2} Ma_0^2 \tag{8.101}$$

对于标准条件下的穿越大气飞行，选取 $\gamma = 1.4$，未扰动大气中的温度取某一典型值，如 $T_0 = 215\mathrm{K}$。对于滞止点温度 $T_{t,0} = 500\mathrm{K}$，飞行马赫数为 $Ma_0 = 2.57$。因此，在飞行马赫数大约达到 3 之前，大气飞行可以采用理性气体关系式。对于更高的超声速马赫数和高超声速马赫数，如 $Ma_0 > 4$，则必须采用更准确的空气热力学性质关系。

可以在沿着跨绝热激波的滞止点流线上采用 $Ma \gg 1$ 高超声速的近似处理来研究滞止点条件。滞止点焓和压力可用如下关系式近似求出：

$$h_t \approx \frac{1}{2} u^2 = \frac{q}{\rho} = \frac{q}{p} RT \tag{8.102}$$

$$p_t \approx \rho u^2 = 2q \tag{8.103}$$

有人太空飞行的动压力范围一般为 $12\text{kPa} < q < 24\text{kPa}$，因此滞止点压力范围为 $1/4\text{atm} < p_t < 1/2\text{atm}$。如果已知 $h = h(p, T)$ 这种形式的准确状态方程，就可以根据式(8.102)算出滞止点温度。

8.5.1 焓与可压缩性

Hansen(1959)分别介绍了 $500\text{K} < T < 1500\text{K}$ 温度范围和 $10^{-4}\text{atm} < p < 100\text{atm}$ 压力范围上的一组详细的空气热力学和运动特性近似处理法。当空气被加热，经历氧分子和氮分子离解后，必须针对空气分子量相对于标准压力和温度下的分子量 W_{stp} 的变化，对理想气体状态方程加以修正，为此引入可压缩性参数 $Z = W_{\text{stp}}/W$。于是状态方程变为

$$p = \rho Z \left(\frac{R_u}{W_{\text{stp}}} \right) T = \rho Z R T \tag{8.104}$$

Hansen 等(1958)给出了以下形式的可压缩性参数 Z 的简单曲线拟合：

$$Z \approx 2.5 + 0.1 \tanh\left(\frac{\theta}{500} - 7 \right) + 0.4 \tanh\left(\frac{\theta}{1000} - 7 \right) + \tanh\left(\frac{\theta}{2500} - 5.8 \right)$$

降低的温度包括了压力项，具体为

$$\theta = T \left(1 - \frac{1}{8} \log \frac{p}{p_{\text{sl}}} \right)$$

p_{sl} 表示海平面位置的标准大气压力，对数的底为 10。Z 的关系式得到的结果还算准确，通常误差小于 10%。

Hansen(1959)给出了 $500\text{K} < T < 7500\text{K}$ 温度范围和 $0.01\text{atm} < p < 1\text{atm}$ 压力范围内的焓 h 和可压缩性参数 Z，详见表 8.3；对于 $200 \sim 500\text{K}$ 的温度范围，特性值取自 Kays 等(2005)的文献。表 8.3 还列出了根据 $h = c_p T$ 算出的焓，其中的比热取为常数，等于标准值 $c_p = 1.004\text{kJ/(kg·K)}$。焓随温度的变化情况与基于恒定 c_p 的结果的对比，详见图 8.39。实际值与恒定 c_p 计算值之间的差异在 $T = 1000\text{K}$ 时就比较明显了，当 $T = 2000\text{K}$ 时，误差超过了 10%，并随着温度增加，误差会继续增加。

表 8.3 几个压力下，可压缩性与焓随温度的变化情况

T/K	$p = 1\text{atm}$ 时的 Z	$p = 0.1\text{atm}$ 时的 Z	$p = 0.01\text{atm}$ 时的 Z	$p = 1\text{atm}$ 时的 $h/(\text{kJ/kg})$	$p = 0.1\text{atm}$ 时的 $h/(\text{kJ/kg})$	$p = 0.01\text{atm}$ 时的 $h/(\text{kJ/kg})$	$p = 1\text{atm}$ 时的 $c_p^a T$
200	1	1	1	200.2	200.2	200.2	201
300	1	1	1	300.5	300.5	300.5	301
400	1	1	1	401.3	401.3	401.3	402

续表

T/K	$\rho=1\text{atm}$ 时的 Z	$\rho=0.1\text{atm}$ 时的 Z	$\rho=0.01\text{atm}$ 时的 Z	$\rho=1\text{atm}$ 时的 $h/(\text{kJ/kg})$	$\rho=0.1\text{atm}$ 时的 $h/(\text{kJ/kg})$	$\rho=0.01\text{atm}$ 时的 $h/(\text{kJ/kg})$	$\rho=1\text{atm}$ 时的 $c_p{}^aT$
500	1	1	1	505.1	505.1	505.1	502
1000	1	1	1	1047.6	1047.6	1047.6	1004
1500	1	1	1	1635.9	1635.9	1635.9	1506
2000	1	1.001	1.002	2250.1	2250.1	2255.8	2008
2500	1.004	1.011	1.033	2934.6	3063.7	3451.2	2510
3000	1.026	1.072	1.149	3969.2	4778.6	6138.9	3012
3500	1.092	1.167	1.197	5775.9	7111.9	7654.3	3514
4000	1.165	1.198	1.208	7737.5	8357.4	8644.4	4016
4500	1.196	1.213	1.245	9014.7	9466.7	10512.8	4518
5000	1.214	1.252	1.359	10188.5	11422.6	15038.8	5020
5500	1.248	1.348	1.599	11965.0	15358.8	23898.5	5522
6000	1.316	1.529	1.849	14981.4	22265.5	33234.6	6024
6500	1.437	1.752	1.961	19848.9	30706.1	37962.9	6526
7000	1.607	1.904	1.997	26518.8	36845.1	40200.1	7028
7500	1.778	1.971	2.017	33320.7	40165.7	42059.9	7530

注:a 标准条件下的值,$c_p=1.004\text{kJ}/(\text{kg}\cdot\text{K})$。

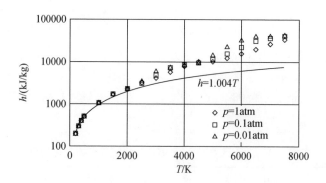

图 8.39　几种压力下,空气焓随温度的变化情况。给出了按 c_pT 计算的焓,
供比较,其中 $c_p=$ 常数 $=1.004\text{kJ}/(\text{kg}\cdot\text{K})$

8.5.2　比热与声速

从表 8.4 和图 8.40 中可以看出,定压比热 c_p 会随温度和压力发生显著变化。这样,声速参数 $\gamma = a^2\rho/p$ 也会显著随温度和压力而变,该结论可以从表 8.4 和图 8.41 中看出。以下的简单关系式的准确性为 $5\% \sim 10\%$:

$$\gamma = \frac{a^2\rho}{p} \approx 2.23\ T^{-0.075} \tag{8.105}$$

就算是这么小的差别也是有较大影响的,这是因为 γ 常出现在 $\gamma/(\gamma-1)$ 比值中,而当温度上升时,γ 会趋于 1。

表 8.4　几种压力下,空气声速参数 $\gamma = a^2\rho/p$ 和定压比热

T/K	$\rho=1\text{atm}$ 下的 γ	$\rho=0.1\text{atm}$ 下的 γ	$\rho=0.01\text{atm}$ 下的 γ	$\rho=1\text{atm}$ 下的 $c_p/[\text{kJ}/(\text{kg}\cdot\text{K})]$	$\rho=0.1\text{atm}$ 下的 $c_p/[\text{kJ}/(\text{kg}\cdot\text{K})]$	$\rho=0.01\text{atm}$ 下的 $c_p/[\text{kJ}/(\text{kg}\cdot\text{K})]$	γ[式(8.105)]
200	1.397	1.397	1.397	1.006	1.006	1.006	1.40
300	1.399	1.399	1.399	1.005	1.005	1.005	1.40
400	1.395	1.395	1.395	1.013	1.013	1.013	1.40
500	1.387	1.387	1.387	1.030	1.030	1.030	1.40
1000	1.337	1.337	1.337	1.137	1.137	1.137	1.33
1500	1.312	1.312	1.312	1.205	1.205	1.208	1.29
2000	1.296	1.285	1.259	1.266	1.312	1.464	1.26
2500	1.247	1.196	1.144	1.567	2.190	3.897	1.24
3000	1.181	1.147	1.15	2.761	4.776	5.068	1.22
3500	1.166	1.187	1.265	4.276	3.533	1.868	1.21
4000	1.204	1.254	1.208	3.171	1.983	2.437	1.20
4500	1.241	1.196	1.133	2.190	2.758	5.648	1.19
5000	1.202	1.143	1.111	2.749	5.447	13.27	1.18
5500	1.161	1.124	1.113	4.549	10.69	20.86	1.17
6000	1.141	1.124	1.135	7.735	16.53	14.17	1.16
6500	1.137	1.136	1.193	11.80	15.60	5.912	1.16
7000	1.142	1.167	1.249	14.32	8.949	3.699	1.15
7500	1.156	1.216	1.231	12.25	4.971	4.015	1.145

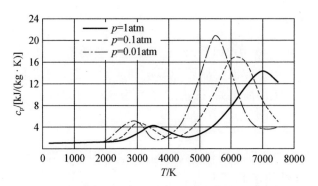

图 8.40　几种压力下,空气定压比热随温度的变化情况

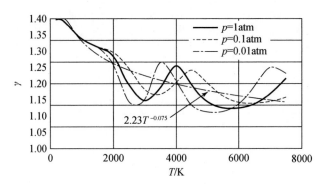

图 8.41　几种压力下,空气比热比随温度的变化情况

8.5.3　真实气体滞止点温度

采用上述更加准确的热力学性质,可以接着计算沿恒定 q 路径飞行期间可能的滞止点温度水平随高度的变化情况。真实气体的滞止点温度与 $\gamma=k=1.4$ 的理想气体的对比情况如图 8.42 所示,其中假设为恒定温度 $T=245K$ 的大气,这对应于指数大气模型。在 35～45km 高度处,按照理想气体假设得出的滞止点温度过高,这是因为忽略了分子振动、离解、电离的吸能特性。

对于焓的变化情况,不容易找出其中的关系式,尤其是在高温和低压的情况下。不过,有一个如下的简单近似关系式:

$$T<1500K: h\approx1.004T$$

$$T>1500K: h\approx550\exp\left(\frac{T}{T_r}\right) \tag{8.106}$$

在 1500K$<T<$4000K 温度范围,对于 $p=$1atm、0.1atm 和 0.01atm,分别采用 $T_r=$1500K、1420K、1350K;在 4000K$<T<$7500K 温度范围,对于 $p=$1atm、0.1atm 和 0.01atm,分别采用 $T_r=$1800K、1620K、1550K。这些仅可用于估算。

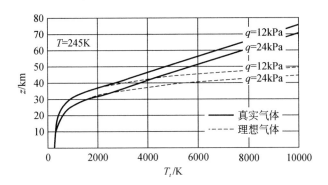

图 8.42　按恒定压力 q 飞行时,设空气为真实气体和理想气体时
滞止点温度随高度的变化情况

8.5.4　简单的焓曲线拟合

在高温时,处于化学平衡状态中的空气会表现出特别的性质,即当氮离解开始时所有分子氧都已离解,只有当氧和氮都处于原子状态时电离才会开始。因此,可以认为特定时间只存在一种反应,具体是什么反应取决于热力学状态。Hansen 等(1958)利用这个现象,为空气能量 $\theta' = T/1000$ 提出了如下近似拟合。首先,只发生氧离解,这发生在 $1.0 < Z < 1.2$ 的可压缩范围,这时无量纲能量可近似表示为

$$\frac{ZE}{RT} \approx (2-Z)\left(\frac{5}{2} + \frac{3/\theta'}{e^{3/\theta'} - 1}\right) + (Z-1)\left(3 + \frac{59}{\theta'}\right) \tag{8.107}$$

在 $1.2 < Z < 2.0$ 范围内,则是氮离解反应,这时无量纲能量可近似表示为

$$\frac{ZE}{RT} \approx (2-Z)\left(\frac{5}{2} + \frac{3/\theta'}{e^{3/\theta'} - 1}\right) + 0.2\left(3 + \frac{59}{\theta'}\right) + (Z-1.2)\left(3 + \frac{113}{\theta'}\right) \tag{8.108}$$

最后,当仅有原子存在时,以电离反应为主,在可压缩性范围 $2.0 < Z < 2.2$ 内,无量纲能量可近似表示为

$$\frac{ZE}{RT} \approx (4-Z)\left(\frac{3}{2} + \frac{51}{\theta'}\right) + (Z-2)\left(3 + \frac{220}{\theta'}\right) \tag{8.109}$$

然后,根据式(8.110),可得到无量纲焓:

$$\frac{ZH}{RT} = \frac{ZE}{RT} + Z \tag{8.110}$$

将 $ZH/(RT)$ 或 $ZE/(RT)$ 乘以 $0.287T$(T 的单位为 K),就得到比焓 h 或比能 e(kJ/kg)的有量纲值。在初步设计中,计算的过程中是很容易考虑进这些近似处理的。对于更广泛和更详细的计算,可以采用 Srinivasan 等(1987)介绍的化学平衡态空气的综合曲线拟合方法。

8.5.5　$\rho\mu$ 积

$\rho\mu$ 积通常表示为跨边界层的比值,在这个边界层上,压力基本上是恒定的,因此,可以写成

$$\rho\mu = \frac{p}{ZRT}\mu = \left(\frac{p}{R}\right)\frac{\mu}{ZT} \sim \frac{\mu}{ZT} \tag{8.111}$$

表 8.5 列出了根据 Hansen(1959)数据计算出的高温空气黏滞度。表 8.5 和表 8.6 分别列出了依据 Hansen(1959)介绍的结论,用式(8.111)计算出的高温空气的 $\rho\mu$ 积。为了完整性,表 8.7 还列出了 $T<1000K$ 时空气的相似数据。注意,对于 $T<1000K$,μ 并不随压力而变。

表 8.5　高温空气黏滞度

T/K	$\rho=1.0\text{atm}$ 时的 $\mu/(\text{Pa} \cdot \text{s})$	$\rho=0.1\text{atm}$ 时的 $\mu/(\text{Pa} \cdot \text{s})$	$\rho=0.01\text{atm}$ 时的 $\mu/(\text{Pa} \cdot \text{s})$
500	2.671×10^{-5}	2.671×10^{-5}	2.671×10^{-5}
1000	4.158×10^{-5}	4.158×10^{-5}	4.158×10^{-5}
1500	5.269×10^{-5}	5.269×10^{-5}	5.269×10^{-5}
2000	6.192×10^{-5}	6.192×10^{-5}	6.192×10^{-5}
2500	7.025×10^{-5}	6.997×10^{-5}	6.997×10^{-5}
3000	7.920×10^{-5}	7.720×10^{-5}	7.720×10^{-5}
3500	9.152×10^{-5}	8.431×10^{-5}	8.465×10^{-5}
4000	1.048×10^{-4}	9.175×10^{-5}	9.193×10^{-5}
4500	1.144×10^{-4}	9.885×10^{-5}	9.933×10^{-5}
5000	1.228×10^{-4}	1.063×10^{-4}	1.086×10^{-4}
5500	1.326×10^{-4}	1.154×10^{-4}	1.218×10^{-4}
6000	1.463×10^{-4}	1.276×10^{-4}	1.365×10^{-4}
6500	1.665×10^{-4}	1.424×10^{-4}	1.479×10^{-4}
7000	1.935×10^{-4}	1.558×10^{-4}	1.586×10^{-4}
7500	2.218×10^{-4}	1.662×10^{-4}	1.668×10^{-4}

表 8.6　高温空气中特定压力下 $\rho\mu$ 积～$\mu/(TZ)$

T/K	$\rho=1\text{atm}$ 时的 $\mu/(TZ)/(\text{Pa} \cdot \text{s/K})$	$\rho=0.1\text{atm}$ 时的 $\mu/(TZ)/(\text{Pa} \cdot \text{s/K})$	$\rho=0.01\text{atm}$ 时的 $\mu/(TZ)/(\text{Pa} \cdot \text{s/K})$
500	5.342×10^{-8}	5.342×10^{-8}	5.342×10^{-8}
1000	4.158×10^{-8}	4.158×10^{-8}	4.158×10^{-8}
1500	3.513×10^{-8}	3.513×10^{-8}	3.513×10^{-8}

T/K	$\rho=1\text{atm}$ 时的 $\mu/(TZ)/(\text{Pa}\cdot\text{s/K})$	$\rho=0.1\text{atm}$ 时的 $\mu/(TZ)/(\text{Pa}\cdot\text{s/K})$	$\rho=0.01\text{atm}$ 时的 $\mu/(TZ)/(\text{Pa}\cdot\text{s/K})$
2000	3.096×10^{-8}	3.093×10^{-8}	3.090×10^{-8}
2500	2.799×10^{-8}	2.768×10^{-8}	2.709×10^{-8}
3000	2.573×10^{-8}	2.400×10^{-8}	2.239×10^{-8}
3500	2.395×10^{-8}	2.064×10^{-8}	2.021×10^{-8}
4000	2.249×10^{-8}	1.915×10^{-8}	1.902×10^{-8}
4500	2.126×10^{-8}	1.811×10^{-8}	1.773×10^{-8}
5000	2.022×10^{-8}	1.698×10^{-8}	1.598×10^{-8}
5500	1.932×10^{-8}	1.557×10^{-8}	1.385×10^{-8}
6000	1.853×10^{-8}	1.391×10^{-8}	1.231×10^{-8}
6500	1.783×10^{-8}	1.251×10^{-8}	1.160×10^{-8}
7000	1.720×10^{-8}	1.169×10^{-8}	1.134×10^{-8}
7500	1.663×10^{-8}	1.124×10^{-8}	1.103×10^{-8}

表 8.7　低温空气中的黏滞度和 $\rho\mu$ 积 $\sim\mu/T$

T/K	$\mu^a/(\text{Pa}\cdot\text{s})$	$\mu/T(\text{Pa}\cdot\text{s/K})$
200	1.325×10^{-5}	6.627×10^{-8}
300	1.843×10^{-5}	6.146×10^{-8}
400	2.284×10^{-5}	5.711×10^{-8}
500	2.670×10^{-5}	5.342×10^{-8}
600	3.017×10^{-5}	5.030×10^{-8}
700	3.334×10^{-5}	4.764×10^{-8}
800	3.627×10^{-5}	4.534×10^{-8}
900	3.900×10^{-5}	4.334×10^{-8}
1000	4.158×10^{-5}	4.158×10^{-8}

注:a 在这个温度范围,μ 与 p 无关。

在参考焓条件下,$\rho\mu$ 比为

$$C^*=\frac{\rho^*\mu^*}{\rho_e\mu_e}=\frac{p^*}{p_e}\frac{Z_e}{Z^*}\frac{T_e}{T^*}\frac{\mu^*}{\mu_e}=\frac{\mu^*}{Z^*T^*}\left(\frac{\mu_e}{Z_eT_e}\right)^{-1} \tag{8.112}$$

还请注意,假设跨边界层的压力是恒定的。图 8.43 给出了 $500\text{K}<T<7500\text{K}$ 温度范围时,$\mu/(ZT)$ 的变化情况,还一并给出了如下两条关系温度曲线:

$$p\approx1\text{atm}:\frac{\mu}{ZT}\approx\frac{6.4\times10^{-7}}{T^{0.4}} \tag{8.113}$$

$$0.01\text{atm} \leqslant p \leqslant 0.1\text{atm}: \frac{\mu}{ZT} \approx 1.5 \times 10^{-7} (1 - 0.105\ln T) \tag{8.114}$$

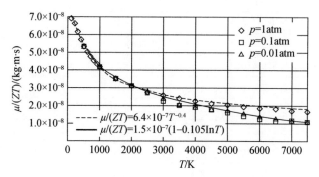

图 8.43　不同压力下,$\mu/(ZT)$ 的变化情况。图中空心图形表示 Hansen(1959)
的计算值,还注明了给出的关系曲线

在较低温度 200K$<T<$2000K 时,式(8.113)对于 0.01atm$<p<$1atm 来说是
合适的。

在式(8.73)中出现了 $C^* = \rho^* \mu^* / (\rho_e \mu_e)$,这是在参考温度下算得的压缩因子。为
了说明,随机取 $T_e = 500\text{K}$,并计算 C^*,结果见表 8.8 和图 8.44。同理,式(8.78)中
也出现了一个压缩因子 $C = C^{*\,0.861} (\mu^* / \mu_e)^{-0.722}$。同样,取 $T_e = 500\text{K}$,计算出 C',
结果如表 8.8 和图 8.45 所示。观察图 8.44 和图 8.45,可发现 C' 不像 C^* 那样取
决于压力。对于 0.01atm$<p<$1atm 以及 300K$<T<$7500K,式(8.113)和
式(8.114)的累积误差在 $+10\%$ 内,而对于 0.1atm$<p<$1atm,相同的误差对应于
5000K$<T<$7500K,其中 $p=0.01$atm 时这个温度范围内的误差更大。

表 8.8　高温空气[a]的压缩因子 C^* 和 C'

T^*/K	$\rho=1\text{atm}$ 时的 C^*	$\rho=0.1\text{atm}$ 时的 C^*	$\rho=0.01\text{atm}$ 时的 C'	$\rho=1\text{atm}$ 时的 C'	$\rho=0.1\text{atm}$ 时的 C'	$\rho=0.01\text{atm}$ 时的 C'
500	1	1	1	1	1	1
1000	0.7783	0.7783	0.7783	0.5855	0.5855	0.5855
1500	0.6576	0.6576	0.6576	0.4268	0.4268	0.4268
2000	0.5795	0.5790	0.5784	0.3407	0.3404	0.3401
2500	0.5239	0.5182	0.5072	0.2851	0.2833	0.2781
3000	0.4817	0.4494	0.4192	0.2432	0.2334	0.2199
3500	0.4483	0.3864	0.3783	0.2060	0.1923	0.1883
4000	0.4210	0.3584	0.3561	0.1770	0.1696	0.1684
4500	0.3981	0.3390	0.3319	0.1582	0.1532	0.1499

T^*/K	$\rho=1$atm 时的 C^*	$\rho=0.1$atm 时的 C^*	$\rho=0.01$atm 时的 C'	$\rho=1$atm 时的 C'	$\rho=0.1$atm 时的 C'	$\rho=0.01$atm 时的 C^*
5000	0.3786	0.3178	0.2992	0.1441	0.1375	0.1285
5500	0.3617	0.2914	0.2592	0.1310	0.1202	0.1046
6000	0.3469	0.2604	0.2304	0.1177	0.1015	0.0870
6500	0.3337	0.2341	0.2172	0.1037	0.0856	0.0781
7000	0.3220	0.2188	0.2123	0.0902	0.0757	0.0728
7500	0.3114	0.2104	0.2064	0.0794	0.0698	0.0685

注:a 参考条件取为 $T_e=500$K。

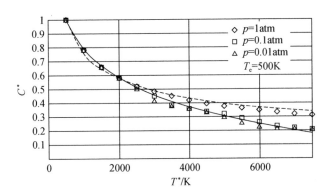

图 8.44　$T_e=500$K 和几个不同压力下,算得的压缩因子 C^*

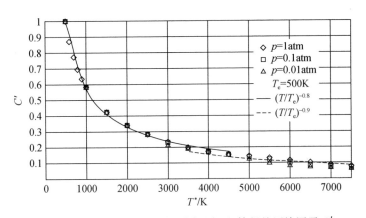

图 8.45　$T_e=500$K 和几个不同压力下,算得的压缩因子 C'

在出现明显分子离解之前,黏性与压力无关,之后黏性开始增加,直到开始出现电离,这时黏性急剧下降。可以用 Hansen 等(1958)提出的如下关系式来近似计算这个压力影响：

$$\frac{\mu}{\mu_0}=\left\{1+0.023\,\theta'\left[1+\tanh\frac{\theta'\left(1-\frac{1}{8}\log\frac{p}{p_{sl}}\right)}{1.5+\frac{1}{8}\log\frac{p}{p_{sl}}}\right]\right\}\left[1+\exp\left[\frac{\theta'-14.5-1.5\log\frac{p}{p_{sl}}}{0.9+0.1\log\frac{p}{p_{sl}}}\right]\right]^{-1}$$

(8.115)

其中，同样有 $\theta'=T/1000$；p_{sl} 表示海平面位置的标准大气压力，对数的底为 10；黏度 μ_0 的单位为 Pa·s，采用 Sutherland 公式计算：

$$\mu_0=1.46\times10^{-6}\frac{T^{3/2}}{T+112}$$

(8.116)

8.6　航天器动力学

8.6.1　纵向静态稳定性

在再入力学分析中，航天器被当做质点，因此为了达到平衡，作用在飞行器质量集中点（即重心）上的合外力之和必须等于零。但是，把航天器当做刚体时，作用在重心上的合力和合力矩都必须等于零，才能达到平衡飞行。Sforza(2014)介绍了飞机的纵向静态稳定性问题。侧滚力矩是相对于飞行器纵向 x 轴的，俯仰力矩相对于 y 轴的，该轴垂直于 x 轴，偏航力矩相对于 z 轴的，该轴垂直于 x-y 平面，对于乘员来说该轴就是竖直轴。在平衡状态下，任意穿过重心的轴方向上的净力矩必须等于零；首先来看俯仰力矩，因为它最容易受到飞行器的升力和其他力的影响。习惯采用无量纲系数，因此按式(8.117)来定义相对于重心的俯仰力矩：

$$M=C_m qSl=C_m\frac{1}{2}\rho V^2 Sl$$

(8.117)

其中，l 和 S 分别表示参考长度和参考面积；q 为自由流动压力；C_m 为相对于重心的俯仰力矩系数。对于对称飞行，即沿航天器的 x-y 对称面上飞行，如图 8.46 所示，侧滚和偏航力矩都为零，侧向力也等于零。

航天器可以配平，即处于平衡状态，作用在重心上的合力以及相对于重心的合力矩均为零。但是，还是存在这样的问题，即这种平衡状态是否就是静态稳定的。假如航天器受到攻角扰动时，它的响应是回到其初始平衡位置，就说航天器是静态稳定的。于是，假如以某个攻角平衡飞行，扰动会增加攻角，在这个新攻角下产生的力矩必须要能降低这个攻角，即回到初始的平衡态攻角。相反，如果某个扰动降低了攻角，在这个新的较小的攻角下产生的力矩必须会增加攻角。换言之，对于静态稳定，相对于重心的力矩，其变化率必须是负的：α 的增加要降低 C_m，α 的减少要增加 C_m。

图 8.47 为力矩系数随攻角 α 的可能变化情况。假设在 A 点，力是平衡的，由

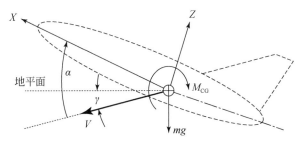

图 8.46　航天器对称面上的立面图,图中画出了相对于重心的俯仰力矩。
图示的力矩和攻角的方向都是正的

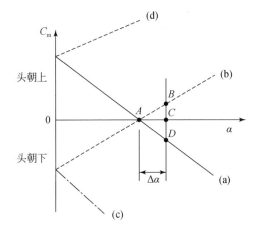

图 8.47　航天器相对于重心的力矩系数随 α 的变化情况,图中画出了静态响应稳定曲线(a)、
响应不稳定曲线(b)和无法配平的响应曲线(c)和(d)

于 $C_m = 0$,因此力矩也是平衡的,航天器处于平衡飞行中。如果把攻角相对于这个配平点偏移较小的正角度,即头朝上扬,那么航天器可能有三种不同的响应。沿虚线响应线(b),可看出 α 从 A 移动到 B,产生了正的俯仰力矩(头朝上扬),这会使航天器进一步偏离平衡,因此是静态不稳定的。如果沿响应线(a)移动,航天器产生一个负的(低头)俯仰力矩,这会驱动航天器再次低头,从而回到配平点,因此在俯仰方面这是静态稳定的。从 A 移动到 C,不会引起俯仰力矩的变化,在俯仰方面,航天器就是静态中性的。具有图 8.47(c)或(d)那样的响应线的航天器是不能配平的,更不用说要处于静态稳定中了。

从这些结果中可以看出,设计出的航天器是需要配平的,而且配平状态是俯仰静态稳定的。为了在正(升力)攻角时实现配平,零升力力矩系数必须为正,即

$$C_{m,0} > 0 \tag{8.118}$$

另外,为了稳定,力矩系数相对于攻角的导数必须为负,即

$$\frac{\partial C_{\mathrm{m}}}{\partial \alpha} \equiv C_{\mathrm{m},\alpha} < 0 \qquad (8.119)$$

有一个方法可以确保纵向静态的稳定性,就是把航天器重心设在比较靠前的位置,使 $C_{\mathrm{m},\alpha} < 0$。为了能配平,还必须有 $C_{\mathrm{m},0} > 0$,在飞机领域,通常是在尾部增设一个水平尾翼来提供负升力和正(抬头)力矩。由于高超声速飞行中存在极端热环境,航天器上是不能采用单独水平尾翼的。

8.6.2　太空舱纵向静态稳定性

图 8.48 为弹道非升力再入时典型再入舱上的力结构。图 8.49 为升力再入的力结构。按照图 8.48 中力矩的正负号约定,相对于重心的俯仰力矩系数等于轴向力和法向力引起的系数之和,即

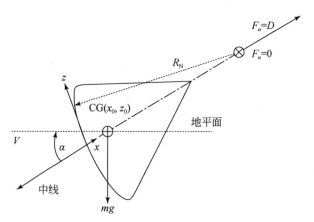

图 8.48　弹道再入(非升力)中,钝体太空舱上的力结构

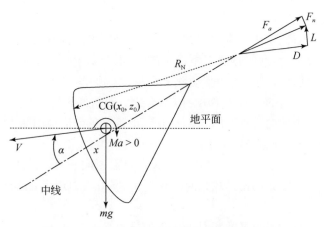

图 8.49　升力再入期间,钝体太空舱上的力结构

$$C_{m,CG} = C_a \frac{z_0}{R_N} + C_n \left(1 - \frac{x_0}{R_N}\right) \tag{8.120}$$

如果重心位于纵轴上,即如果 $z_0 = y_0 = 0$,如图 8.48 所示,为了配平飞行器,根据式(8.120),要么法向力 $F_n = 0$,要么重心位于物体之外,即位于头锥半径的圆点 $x_0 = R_N$。对称太空舱几何形状采用 $\alpha_t = 0$ 的配平攻角,是有可能满足第一个条件的,而第二个条件是不可能实现的。另外,根据式(8.120),俯仰力矩斜率等于

$$\frac{\partial C_{m,CG}}{\partial \alpha} = \frac{\partial C_a}{\partial \alpha} \frac{z_0}{R_N} + \frac{\partial C_n}{\partial \alpha} \left(1 - \frac{x_0}{R_N}\right) \tag{8.121}$$

如果假设重心位于对称轴上,则式(8.121)表明俯仰力矩系数的斜率必须等于零,即太空舱的静态稳定性是中性的。因此,对称太空舱构型沿弹道轨迹飞行是可以达到中性稳定的。在第 6 章的大气再入分析中,减速度按式(6.18)计算,这里为方便起见将该式摘抄如下:

$$\frac{1}{g_E} \frac{dV}{dt} = -\frac{q}{B} - \sin\gamma$$

飞行路径角 γ 只能通过轨迹的法向升力来加以调节,这种调节也可以改变航天器的动压力历程。已经证明,无升力时的减速度水平将非常高,是有人飞行无法承受的。训练有素、身体健康的战斗机飞行员能短暂承受大约 $10g_E$ 的减速度,这个减速度也是弹道再入中的典型水平,所以采用了重心位置位于对称中线上的太空舱。首批有人太空舱,如美国太空项目中的水星号和苏联太空项目中的东方号,就利用了弹道方法的简便性,但这给机组人员造成了更大的压力。

随着飞行经验和相关实验室研究的积累和深入,后来就能够朝向性能更高的可产生低的但是很有用的 L/D 值的太空舱演化。只需使重心偏离对称中线,如图 8.49所示,就可以实现所需的一定程度的纵向静态稳定性。根据式(8.120),可发现当满足以下条件时,就实现了配平:

$$\frac{z_0}{R_N} = \frac{C_n}{C_a} \left(1 - \frac{x_0}{R_N}\right) \tag{8.122}$$

于是就出现了如何选择重心坐标的问题,这个问题似乎取决于 C_n 和 C_a 的大小。在本章前面的论述中,利用了牛顿理论来计算法向和轴向分力,计算结果一般可表示为

$$C_a = 1 - b\alpha^2 \tag{8.123}$$

$$C_n = a\alpha \tag{8.124}$$

对于典型的太空舱几何要素,有 $\alpha = O(10^{-1})$ 每弧度以及 $b = O(1)$ 每平方弧度。于是,配平点和力矩系数曲线的斜率等于:

$$\frac{z_0}{R_N} = \frac{a\alpha_t}{C_{n,0} - b\alpha_t^2} \left(1 - \frac{x_0}{R_N}\right) \tag{8.125}$$

$$\frac{\partial C_m}{\partial \alpha} = -a\left(1 - \frac{x_0}{R_N}\right) \tag{8.126}$$

因为 $C_n/C_a = O(10^{-1})$，所以太空舱的 L/D 能力可近似表示为

$$\frac{L}{D} = \frac{\tan\alpha - (C_n/C_a)}{1 + (C_n/C_a)\tan\alpha} \approx \tan\alpha - \frac{C_n}{C_a} \tag{8.127}$$

在配平条件下，如果需要的升阻比 $(L/D)_t$ 越高，则需要的配平攻角 α_t 就越大。当然，对于某些 α 值，L/D 会开始降低，类似于机翼失速的情况。

对于特定太空舱几何要素，a 和 b 的值是固定的，因此式(8.126)表明当 x_0/R_N 降低时，也就是当太空舱重心更靠近热屏蔽层时，太空舱的稳定性将提高。当然，重心位置不是完全可以随意确定的，这是因为内部设备和设施还取决于空气动力之外的其他因素。因为会尽量利用太空舱内部的空间，所以太空舱的表观密度是比较均匀的。

假设太空舱用半径为 R_N 的均匀球体的一块扇区近似表示，那么重心将处于 $x_0/R_N = 1 - 3(1+\cos\varphi_1)/8$ 的高度。对于典型太空舱，可以取 $\varphi_1 = 25°$，于是 $x_0/R_N = 0.285$。除了配重外，重心的这个纵向位置很难有较大的变化；而配重就需要携带附加质量，这对航天器来说可不是好事。于是，太空舱的静态稳定性基本上取决于式(8.126)中的 a，即 C_a 曲线的斜率。式(8.125)表明，为了达到较高的 $(L/D)_t$，即较高的配平角 α_t，所需的 z_0/R_N 值就要降低。而实际中，就如重心位置是受到限制的一样，太空舱的空气动力性能也是受限的，于是有 $z_0/x_0 = O(10^{-1})$。

把太空舱的重心偏离飞行器中线，能够获得纵向静态稳定性。也就是说，在一定的攻角(称作配平角)时，相对于重心的力矩可以被抵消掉。利用式(8.34)来计算相对于重心的力矩系数，其中重心位于 $x_0/d = 0.27$ 且偏离了 $z_0/d = 0.03$、0.04、0.05，得到的理想化阿波罗太空舱的计算结果如图 8.50 所示。所示配平角 α_t 为 $C_m = 0$ 时的攻角。

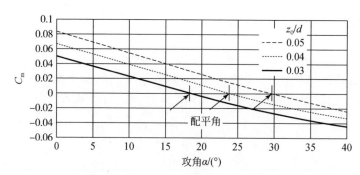

图 8.50　根据牛顿理论，重心竖向偏离飞行器中线不同距离时，
阿波罗太空舱的力矩系数随攻角的变化情况

把重心进一步偏离中心线，配平角会增加，如图 8.51 所示。图 8.51 中的阴影部分包括 DeRose(1969)报道的高仿真阿波罗模型的实验室试验数据以及阿波罗飞行试验数据。简单牛顿法得到的结果与试验结果比较吻合。同样，图 8.52 给出

了牛顿理论下理想阿波罗太空舱的 L/D 随配平角的变化情况。将结果与 DeRose (1969)报道的实验室和飞行测试数据进行了对比,见阴影部分。计算结果稍微高估了试验数据,但是显示的趋势是正确的。

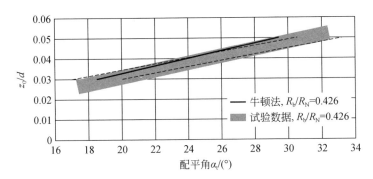

图 8.51　牛顿理论下,阿波罗太空舱配平角随重心偏离中心线的竖向距离的变化情况。阴影区包含了 DeRose 报道的实验室和飞行测试数据

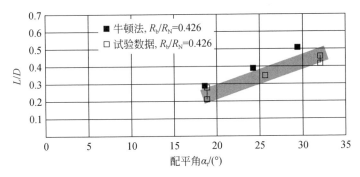

图 8.52　牛顿理论下,阿波罗太空舱的 L/D 随配平角的变化情况。阴影区包含了 DeRose 报道的实验室和飞行测试数据

图 8.53 为根据牛顿理论,重心竖向偏离飞行器中线不同距离时,阿波罗太空舱的纵向稳定系数 $C_{m,\alpha}=\mathrm{d}C_m/\mathrm{d}\alpha$ 随攻角的变化情况。$C_{m,\alpha}$ 的变化相对于攻角和重心偏离来说都显得比较小,因此太空舱采用被动的方式就能轻松实现纵向静态稳定性。

8.6.3　太空飞机纵向静态稳定性

现在查看类似图 8.54 所示的薄幂指数平面翼。相对于平板状机翼重心的俯仰力矩主要是由机翼上的压力场引起的。摩擦与形状阻力基本上处于细长翼平面内,它们对俯仰力矩的影响是可以忽略的。求由机翼上下面压力差引起的相对于某一般轴向站点 $x=x_a$ 的递增力矩的积分,得

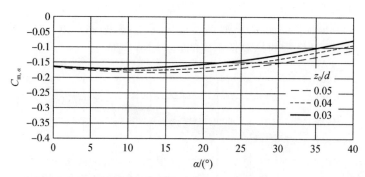

图 8.53　根据牛顿理论,重心竖向偏离飞行器中线不同距离时,阿波罗太空舱的纵向
稳定系数 $C_{m,a} = \mathrm{d}C_m/\mathrm{d}\alpha$ 随攻角的变化情况

$$M_{CG} = \int_0^l (C_{p,u} - C_{p,1}) q(2y\mathrm{d}x)(x - x_a) \tag{8.128}$$

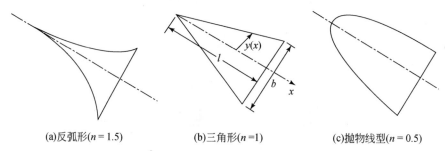

(a)反弧形($n = 1.5$)　　　　(b)三角形($n = 1$)　　　　(c)抛物线型($n = 0.5$)

图 8.54　几种幂指数机翼类型,其中前缘 $y = ax^n$

假设机翼是相对于纵向轴对称的,前沿为

$$y = \frac{b}{2}\left(\frac{x}{l}\right)^n \tag{8.129}$$

在超声速飞行中,由基本牛顿近似法给出的压力系数为

$$C_{p,1} - C_{p,u} = 2\sin^2\alpha \tag{8.130}$$

故俯仰力矩等于

$$M_{CG} = 2\sin^2\alpha\left(\frac{1}{n+1}\frac{x_a}{l} - \frac{1}{n+2}\right)qbl^2 \tag{8.131}$$

幂指数机翼的平面面积和平均空气动力弦长 c_{mac} 为

$$S = 2\int_0^l y\mathrm{d}x = \frac{bl}{n+1} \tag{8.132}$$

$$c_{mac} = \frac{\int_0^l [c(y)]^2\mathrm{d}y}{\int_0^l c(y)\mathrm{d}y} = \frac{2l}{n+2} \tag{8.133}$$

可以利用前面的定义,把俯仰力矩系数写成如下形式:

$$C_{m,\alpha} = \left[(n+2)\frac{x_a}{l} - (n+1) \right] \sin^2\alpha \qquad (8.134)$$

俯仰力矩系数的斜率为

$$\frac{\partial C_{m,a}}{\partial \alpha} = 2\left[(n+2)\frac{x_a}{l} - (n+1) \right] \sin\alpha\cos\alpha \qquad (8.135)$$

机翼的空气动力中心就是俯仰力矩跟攻角无关的点。由式(8.135)可以看出,高超声速流体中,细长幂律机翼的空气动力中心为

$$\frac{x_{ac}}{l} = \frac{n+1}{n+2} \qquad (8.136)$$

图 8.55 为空气动力中心位置随指数 n 的变化情况,其中 n 决定了机翼的平面形状。按这个假设,可以发现由于力矩系数及其斜率都是在物体的同一点无效,因此空气动力中心与压力中心重合。但一般并不如此,就如 8.3.1 小节中讨论的钝体太空舱状物体上的力结构所示。为了机翼平衡,需要恰当确定机翼的重心位置,以便满足式(8.118)和式(8.119)。例如,假设有一个三角翼,其中 $n=1$,然后研究几个不同 x_{CG}/l 值下,C_m 随 α 的变化情况。式(8.136)计算得出的三角翼空气动力中心位置为 $x_{ac}/l=2/3$。式(8.134)中,取 $x_a/l = x_{CG}/l = 1/2$、$2/3$、$3/4$,则得到如图 8.56 所示的结果。从图中可以看出,如果重心位于空气动力中心之前,机翼将具有纵向静态稳定性。

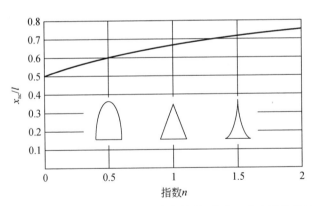

图 8.55　空气动力中心位置随指数 n 的变化情况,其中 n 决定了机翼的平面形状

飞机纵向静态稳定性通常用静稳定裕度表示,一般写成 $h - h_n$。$h = (x_0 - x_{lemac})/c_{mac}$ 则为平均空气动力弦前缘到飞机重心的归一化距离,$h_n = (x_{ac} - x_{lemac})/c_{mac}$ 为平均空气动力弦前缘到中性点(即空气动力中心)的距离。因此,$h - h_n$ 表示飞机重心在中性点前方有多远,用平均气动弦的分数归一化形式表示。可以把式(8.133)和式(8.136)代入式(8.135)中,则相对于重心的力矩系数斜率可重写为

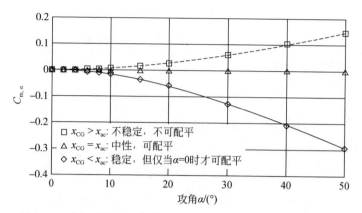

图 8.56　力矩系数随三角翼重心的变化情况（$n=1$、$x_{ac}/l=2/3$），
其中 $x_{CG}/l=1/2$、$2/3$、$3/4$

$$\frac{\partial C_{m,0}}{\partial \alpha} = 4\left(\frac{x_0}{C_{mac}} - \frac{x_{ac}}{C_{mac}}\right)\sin\alpha\cos\alpha \tag{8.137}$$

根据牛顿流体公式(8.53)中的分子，可以证明

$$\frac{\partial C_n}{\partial \alpha} = \frac{\partial}{\partial \alpha}\left(\frac{F_n}{qS}\right) = \frac{\partial}{\partial \alpha}(2\sin^2\alpha) = 4\sin\alpha\cos\alpha \tag{8.138}$$

还可写成

$$h - h_n = \left(\frac{x_0}{C_{mac}} - \frac{x_{lemac}}{C_{mac}}\right) - \left(\frac{x_{ac}}{C_{mac}} - \frac{x_{lemac}}{C_{mac}}\right) = \frac{x_0}{C_{mac}} - \frac{x_c}{C_{mac}} \tag{8.139}$$

于是，相对于重心的力矩系数斜率等于

$$\frac{\partial C_{m,0}}{\partial \alpha} = (h - h_n)\frac{\partial C_n}{\partial \alpha} = -(h_n - h)\frac{\partial C_n}{\partial \alpha} \tag{8.140}$$

因为法向力系数斜率是正的，式(8.140)表明 $h_n - h$ 越大，飞行器就越稳定，因此也越不具有机动性。稳定时，静稳定裕度 $h - h_n < 0$，但是习惯上是稳定时表示为正百分数，不稳定时表示为负百分数，可能是因为人们认为稳定属于正的、积极的属性。例如，典型的商用飞机的静稳定裕度为 $5\% \sim 10\%$。从 Suit 等(1988)介绍的 3 个航天飞机轨道器的飞行数据上可以看出，高超声速飞行时的静稳定裕度为 $2\% \sim 3\%$。Surber 等(1978)给出的航天飞机所需的重心位置范围为 $0.65 < x_0/l < 0.675$，从式(8.128)可以看出，$n > 1$ 的翼平面的空气动力中心将位于这个所需重心位置范围之后。

高的稳定性可降低飞行员的工作强度，因为只需要较少的控制就能维持特定航线。当静稳定裕度增加时，飞机是僵硬的。当静稳定裕度等于零时，飞机就是中性稳定的；如果静稳定裕度为负值，飞机就是静态不稳定的。现代的战斗机采用了放宽的静态稳定性，以便获得更高的机动性，但是这要求飞行控制系统能感知运动的情况,利用冗余计算机来提供稳定性控制输入信息,从而减轻乘员的繁重而持续的工作负荷。

从图 8.56 中可以看出,简单平板翼在俯仰上可以是静态稳定的,但无法配平。竖直面是对称的物体,会有这个具体问题,这样的机翼无法满足式(8.118),该式要求零升力俯仰力矩大于零。在传统飞机上会添加水平尾翼,使其产生负升力,由于尾翼处于重心下游,因此会产生正力矩(抬头)。高超声速飞行受到的压力较高,无法采取这样的处理方式;不过加装一些舷外竖翼可以产生阻力,在如图 8.57 所示的零升力时也能产生正俯仰力矩。显然,加装竖翼破坏了竖向面的对称性,从而提供了飞行器配平的办法。

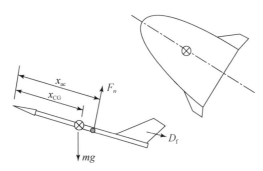

图 8.57　舷外竖翼产生阻力,零攻角时提供了正俯仰力矩,确保配平能力

平板翼不但缺乏可配平的稳定性,而且空间有限,从这点上看它是不实用的。设有一个矩形翼($n=0$),如图 8.58 所示,其长度为 l,翼宽为 b,且具有一定的深度,从而可以形成一个半楔性前部。

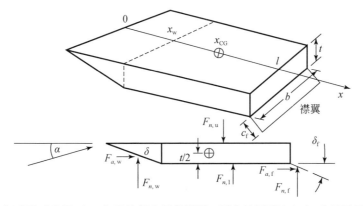

图 8.58　矩形翼示意图,有一楔形前部和尾部襟翼。图中显示了法向力,也显示了重心位置

假设机翼在竖向面上是非对称的,目的是获得正零升力俯仰力矩,从而使机翼可以配平。设机翼上为二维流,在高超声速飞行中,作用在平翼上表面、下楔形表

面、下平翼表面、尾部平面上的法向力(即垂直于 x 轴)分别为

$$\alpha<0: \geqslant F_{n,u}=-2\sin^2\alpha(S)$$

$$\alpha\geqslant 0: F_{n,u}=0$$

$$\alpha+\delta>0: F_{n,w}=2\sin^2(\alpha+\delta)\left(qS\frac{x_w}{l}\right)$$

$$\alpha<-\delta: F_{n,w}=0$$

$$\alpha\geqslant 0: F_{n,l}=2\sin^2\alpha\left[qS\left(1-\frac{x_w}{l}\right)\right]$$

$$\alpha<0: F_{n,l}=0$$

$$\alpha<0: F_{n,f}=0$$

$$\alpha\geqslant 0: F_{n,f}=2\sin^2(\alpha+\delta_f)\left(qS\frac{c_f}{l}\sin\delta_f\right)$$

注意,在如下攻角范围内时,尾部襟翼并不完全处于牛顿阴影区:

$$-\frac{(c_f/l)\sin\delta_f}{1-(x_w/l)+(c_f/l)\cos\delta_f}<\alpha<0$$

对于现实的 c_f/l、x_w/l 和 δ_f 值,这个范围为 $2°\sim 3°$,处于理论的假设范围内,因此可以忽略掉襟翼的影响。因为压力总是垂直于表面的,所以机翼上压力的轴向分力(即平行于 x 轴的力)等于

$$F_{a,u}=0$$

$$F_{a,w}=2\sin^2(\alpha+\delta)\left(qS\frac{t}{l}\right)$$

$$F_{a,s}=0$$

$$F_{a,f}=2\sin^2(\alpha+\delta_f)\left(qS\frac{c_f}{l}\cos\delta_f\right)$$

相对于重心的俯仰力矩等于

$$M_{CG}=F_{n,u}\left(x_{CG}-\frac{l}{2}\right)+F_{n,w}\left(x_{CG}-\frac{x_w}{2}\right)+F_{n,l}\left[x_{CG}-\left(\frac{l+x_w}{2}\right)\right]$$

$$+F_{n,f}\left[x_{CG}-\left(l+\frac{1}{2}c_f\cos\delta_f\right)\right]+F_a\frac{1}{2}(t+c_f\sin\delta_f)$$

相比于压力对俯仰力矩的影响来说,摩擦力的影响要小得多,因此这里忽略了摩擦力。压力合力的升力和阻力分力等于

$$L=\left[(F_{n,u}+F_{n,w}+F_{n,l}+F_{n,f})\cos\alpha-(F_{a,w}+F_{a,f})\sin\alpha\right]$$

$$D=\left[(F_{n,u}+F_{n,w}+F_{n,l}+F_{n,f})\sin\alpha+(F_{a,w}+F_{a,f})\cos\alpha\right]$$

设图 8.58 中的机翼尺寸为 $l=b=1,t=0.1,c_f=0.1,\delta=20°,\delta_f=0°$ 或 $20°$,重心居中位于物体 $x_{CG}=0.4$ 的位置处。图 8.59 给出了相对于重心的俯仰力矩系数 $C_m=M_{CG}/(qSl)$。当尾部襟翼未偏转时,在 α 达到 $-5°$ 之前机翼是中性稳定的,然后在 α 达到 $10°$ 之前是不稳定的,当 α 进一步增加时机翼变得稳定,而机翼是无法

配平的。当尾部襟翼偏转 $\delta_f=20°$ 时,可以看到 α 从负值开始增加,机翼是稳定的,然后变为中性的,最后是稳定的,在 $\alpha=8°$ 时被配平。机翼的升力曲线如图 8.60 所示,可以看出,零升力攻角为 $\alpha_0=-7°$,尾部襟翼的偏转使升力增加到无偏转时无法达到的水平。图 8.61 为机翼的阻力极曲线,明显看出襟翼偏转的影响是可忽略的。从图 8.60 中可以看出,配平点的升力系数 $C_{L,trim}\approx0.2$,从图 8.61 中可以看出,配平时 $L/D=C_L/C_d\approx2.2$。但是,要配平这个飞行器,必须承受相当大的阻力

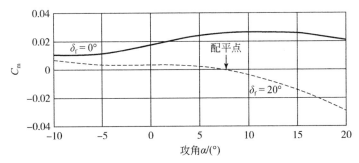

图 8.59　图 8.58 所示机翼的力矩系数,其中 $\delta_f=0°$ 和 20°。
对于后者,在 $\alpha=8°$ 时机翼是配平和稳定的

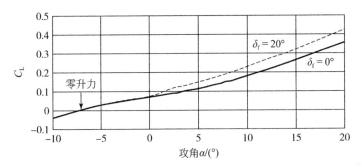

图 8.60　图 8.58 所示机翼的升力曲线。零升力攻角为 $\alpha_0=-7°$

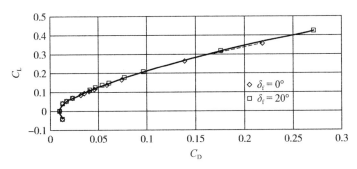

图 8.61　图 8.58 所示机翼的阻力极线。在配平升力系数 $C_{L,trim}\approx0.2$ 时,升阻比 $L/D\approx2$

代价,在本例中大约为 30%,如图 8.62 所示。尾部襟翼的偏转对 L/D 的影响不大,如图 8.61 所示,这是因为升力和阻力都会因偏转而增加。

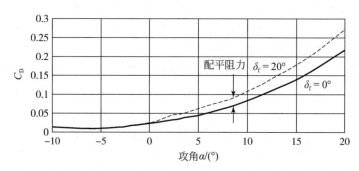

图 8.62　阻力系数随攻角的变化情况,其中的机翼为图 8.58 中的机翼。
所示的配平阻力比在配平角 $\alpha=8°$ 时的情况

8.6.4　横向静态稳定性

　　航天器横向稳定性指在 x-y 平面或 y-z 平面内的运动稳定性,它可像纵向静态稳定性那样加以对待。x-y 平面中的运动涉及侧滑角 β 引起的航向变化而产生的相对于 z 轴的偏航力矩。

　　y-z 平面内的运动涉及侧倾角 φ 变化引起的相对于 x 轴的侧滚力矩。在稳定和控制研究中,习惯上用 L、M、N 来表示相对于 x、y 和 z 轴的力矩,C_l、C_m、C_n 表示相对于这些轴的力矩系数。同理,p、q、r 分别表示相对于 x、y、z 轴的旋转速度。研究中采用的坐标系中(称作稳定轴),其 x 轴朝向飞机中心的速度方向,y 轴则朝向右翼外侧(右舷)。因此,对于右手法则来说,z 轴就从 x-y 平面朝向下方。坐标系的原点一般都在飞行器的重心位置。这与空气动力学研究中采用的坐标系不同,在空气动力学坐标中原点通常设在飞行器的头锥位置,x 轴与飞行器速度的方向相反。y 轴则是朝向右翼外侧的,因此 z 轴是从 x-y 平面朝向上方的。查阅不同领域的文献时,需要知道这些不同之处。

　　纵向静态稳定性的基本原理也适用于横向静态稳定性。如果航天器的侧滑角或侧倾角发生了小的变化,航天器的响应若是使这个角度变化降低,那么就表明它是静态稳定的。航天飞机是跨大气层飞行器,所以必须在空气动力可忽略不计的高空飞行。因此,这类飞行器的稳定性必须采用机载外部力量来加强,如火箭推进器,后面的“航天器姿态控制”将讨论这些系统。

8.6.5　太空舱横向静态稳定性

　　太空舱的几何形状很接近球体扇形,由于它相对于纵向轴旋转对称,其静态稳定性几乎完全取决于重心的位置。因此,太空舱依靠于相对于纵向轴的倾斜,把重心移动到所需位置。前面介绍了如何设定重心位置实现纵向静态稳定性。

图 8.63(a)所示的是高超声速下纵向静态平衡中的太空舱,其中的重心所处位置使攻角 α 的变化(这里配平角 $\alpha_t<0$)被轴向力 F_x 和竖向力 F_z 的相应变化所产生的力矩抵消掉。如果 α 增加到 $\alpha=\alpha_t+\Delta\alpha$(速度方向更加朝向轴向),则 F_z 的大小将降低,F_x 的大小将增加,使 $M<0$、太空舱逆时针旋转,从而恢复配平。相反,α 增加到 $\alpha=\alpha_t-\Delta\alpha$(速度方向更加朝向法向方向),则 F_z 的大小会增加,F_x 的大小会降低,使 $M>0$,同样使太空舱回到配平状态。这就是俯仰稳定导数 $C_{m,\alpha}<0$ 的中所描述的情形。

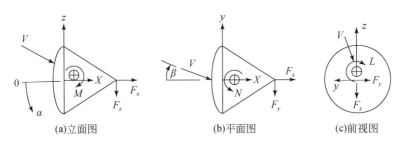

(a)立面图　　　　　　　(b)平面图　　　　　　　(c)前视图

图 8.63　侧滑太空舱的速度场和力场的投影图。图中显示的是正角度和正力矩

设太空舱遇到很小的扰动,使其出现了侧滑角 β,如图 8.63(b)所示平面图从上方观察到的。侧滑引起的横向分力 F_y 会产生相对于 z 轴的偏航力矩 $N<0$,这个力矩的作用会降低侧滑角,表明偏航上是横向静态稳定的。轴向分力与 x-y 平面内的重心是共线的,所以不会产生力矩。

必须注意,稳定性导数中采用的坐标系可能并不是一样的,所以仅看导数的符号可能会被误导。例如,图 8.63 中的坐标系,z 轴朝上,因此偏航力矩 $N<0$,于是 $C_{n,\beta}<0$,但是如果采用了稳定轴(其中的 z 轴朝下),则稳定性导数 $C_{n,\beta}>0$。因此,在稳定性和控制文献中,会发现偏航静态稳定性要求 $C_{n,\beta}>0$。这个差别是由坐标系的选取不同造成的,关键是引起的力矩要能降低扰动量才行。

Moseley 等(1968)报道的阿波罗太空舱风洞试验数据表明,对于高超声速飞行速度,这些模型在偏航上是静态稳定的。在这里使用的坐标系中,偏航稳定性导数(即侧滑角 β 变化时,引起的偏航力矩的变化)大小等于

$$\frac{\partial C_n}{\partial \beta}=C_{n,\beta}\approx-0.125$$

同时,F_y 引起相对于 z 轴的负力矩 N,从而使太空舱转动,降低 β,如图 8.63 (b)所示;它还引起负的 L 力矩,从而使太空舱相对于 x 轴滚动,进而使侧倾角 φ 朝向侧滑方向,如图 8.63(c)所示。因此侧滑在偏航力矩和侧滚力矩之间引起了交叉耦合,这会影响到侧倾角,可以从图 8.63(c)所示的前视图上看出。偏航引起的侧滚效应会改变侧倾角 φ,可以认为类似于有翼飞行器的二面体效应。侧滚力矩

稳定性导数(即侧滑角 β 变化时,引起侧滚力矩的变化)通常远小于偏航稳定性导数,这主要是因为重心相对于 x 轴的偏离较小。Moseley 等(1968)报道的值一般为

$$\frac{\partial C_l}{\partial \beta} = C_{l,\beta} \approx -0.02$$

太空舱侧倾对太空舱空气动力并没有影响。侧倾的唯一影响是移动了重心位置。如图 8.64 所示,侧倾的效应就是使 F_z 分力比最初配平条件时更低,并增加了 F_y 分力,使其不再为零,但是 F_x 是保持不变的。现在看得出,前面提到的交叉耦合会使侧滚给侧倾角 ϕ 产生偏航效应,同时产生正侧滚力矩 L,这个力矩这会降低侧倾角。

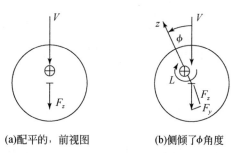

(a)配平的,前视图　　　　　(b)侧倾了 ϕ 角度

图 8.64　太空舱速度和竖向力的前视图(固定攻角时)(a)侧倾角为 0°,(b)侧倾角为 ϕ

8.6.6　太空飞机横向静态稳定性

如图 8.65 所示和 Sforza(2014)介绍的那样,可以把纵向静态稳定性的相同定义运用在因侧滑角 β 引起的相对于 z 轴的横向偏航运动上。侧滑角 β 使运动偏离原始的方向,并在竖翼上制造升力和阻力,从而形成正力矩 N,这会降低偏离。从这个意义上看,竖翼确保了侧滑方面的横向静态稳定性。这种稳定性常称作风向标稳定性。

单独增加竖向尾翼不会像水平尾翼表面那样构成温度关键问题,这是因为竖翼可以设在航天器的背风侧表面,在这个部位可以部分提供热屏蔽,防止其完全受到迎风面的热负担。当然,这种屏蔽会不利于竖翼的效果,因此经常采用双舷外竖翼,以确保总会有一个是有效的。

图 8.65 所示的竖翼上的偏航力矩可按照牛顿理论进行求解,得到

$$C_N = \frac{N}{qSb} = 2\sin^2\beta\left(\frac{S_v l_v}{Sb}\right) = 2\sin^2\beta(V_v) \tag{8.141}$$

活动翼上的压力垂直于表面,因此活动翼产生的力矩等于 $N = F_v l_v$。其中,S_v 为活动竖翼的面积;$V_v = S_v l_v/(Sb)$ 称作竖翼体积系数,V_v 的大小表示竖翼在提供横向稳定性时的效率。对于这个问题,可以通过回复力矩随侧滑角的变化率得到。

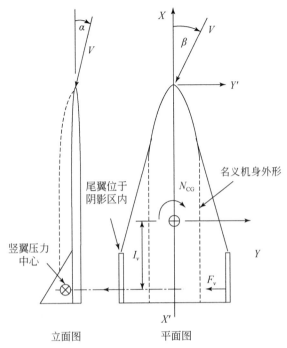

图 8.65 侧滑角为 β 时,飞行器的立面图和平面图,图中所示为正偏航力矩、
正侧滑角、正攻角。虚线表示名义机身的外形

对于较小的侧滑角,这个变化率等于

$$\frac{\partial C_N}{\partial \beta} = 4V_v \sin\beta\cos\beta \approx 4\beta V_v \tag{8.142}$$

要获得侧滑稳定性,需要 $\partial C_N/\partial \beta > 0$,于是对于正侧滑角 β(图 8.65),活动竖翼将产生正力矩,把飞行器扭转到速度向量方向。对于负的 β,情况则刚好相反。恢复正确方向的快慢取决于 V_v 的大小。这里,设计中的矛盾之处在于采用较大的 S_v 来增加 V_v,则必须增加飞行器的阻力,空气动力效率参数 L/D 也会降低。

例如,设航天飞机的竖翼面积为 $S_v = 38.4\text{m}^2$,机翼面积 $S = 250\text{m}^2$,翼宽 $b = 23.8\text{m}$,故竖翼体积系数 $V_v = 0.00645l_v$。竖翼力臂大约等于机身尾端到重心的距离,$l_v = l - x_0 = 0.35l = 11.5\text{m}$,于是 $V_v = 0.074$。这个值处在商用飞机的范围,Sforza(2014)证明商用机的范围为 $0.065 < V_v < 0.13$。

采用定义值 $V_v = 0.1$,式(8.142)表明侧滑稳定性导数 $C_{N,\beta} = 0.4\beta$(当 β 的单位为弧度时),$C_{N,\beta} = 0.007\beta$(当 β 的单位为度时)。必须注意的是,这个结果仅针对细长体机翼。机身(图 8.63 虚线所示)容易引起不稳定,通常会大幅降低 $C_{N,\beta}$。注意,重心前方的机身部分会承受横向力,该力会引起负的不稳定力矩。

此外,如果飞行器的攻角太大(对于航天飞机,超过大约 $15°$),机身的尾流可以

覆盖住尾翼,极大地降低尾翼效果。对于航天飞机,在高超声速飞行中,$-0.002<$
$C_{N,\beta}<-0.0015$,而攻角一般会超过 $20°$。随着 M 和 α 的降低,竖翼效果得到改善,
C_N 增加为正值。

8.6.7　纵向动态稳定性

推导式(6.6)~式(6.8)是为了描述再入航天器质点的运动。在本章中,航天
器被视为刚体,利用相对于其重心的俯仰力矩来研究其纵向静态稳定性。图 8.66
为再入太空舱与相关姿态角度的示意图。为方便起见,把航天器俯仰角 θ 等公式
重写为

$$\frac{\mathrm{d}V}{\mathrm{d}t}=-\frac{\rho V^2 S}{2m}C_D-g\sin\gamma \tag{8.143}$$

$$\frac{\mathrm{d}\gamma}{\mathrm{d}t}=\frac{\rho VS}{2m}C_{L,\alpha}\alpha-\left(\frac{g}{V}-\frac{V}{r}\right)\cos\gamma \tag{8.144}$$

$$\frac{\mathrm{d}^2\theta}{\mathrm{d}t^2}=\frac{\rho V^2 Sd}{2I}C_m \tag{8.145}$$

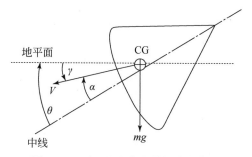

图 8.66　再入过程太空舱的姿态角度

通常设俯仰力矩系数取决于攻角 α、俯仰角 θ 的变化率 $\mathrm{d}\theta/\mathrm{d}t$、$\alpha$ 的时间变化
率、一般控制输入 δ。设空气动力和力矩系数均为线性函数,则有

$$C_m=C_{m,\alpha}\alpha+C_{m,q}\left(\frac{\mathrm{d}\theta}{\mathrm{d}t}\right)\frac{l}{V}+C_{m,\dot\alpha}\left(\frac{\mathrm{d}\alpha}{\mathrm{d}t}\right)\frac{l}{V}+C_{m,\delta}\delta \tag{8.146}$$

按习惯,降落时的飞行路径角 $\gamma<0$,于是俯仰角为 $\theta=\alpha-\gamma$。Tobak 等(1958)
证明,运动方程可以分为两部分,一部分是均匀时间相关的,另一部分是时间振荡
的。均匀时间相关部分包括了式(8.143)和式(8.144),它们描述的是重心的飞行
路径角随时间的变化,而式(8.145)则表示如何管理这个控制输入(δ),以便保持运
动过程中航天器是配平的。振荡部分则描述航天器是如何绕重心运动的(α 和 θ),
飞行路径角(γ)是如何相对于均匀时间相关路径振荡的。Tobak 等(1958)证明,运
动的振荡部分可以合并为如下的振荡攻角 α_o 的单个方程:

$$\frac{\mathrm{d}^2\alpha_o}{\mathrm{d}t^2}+f_1(t)\frac{\mathrm{d}\alpha_o}{\mathrm{d}t}+f_2(t)\alpha_o=0 \tag{8.147}$$

式(8.147)中的函数为

$$f_1(t)=\left(\frac{\rho V S}{2m}\right)\left[C_{L,\alpha}-(C_{m,q}+C_{m,\dot{\alpha}})\left(\frac{ml^2}{I}\right)\right] \tag{8.148}$$

$$f_2(t)=\frac{\mathrm{d}}{\mathrm{d}t}\left(C_{L,\alpha}\frac{\rho V S}{2m}\right)-\frac{C_{m,q}C_{L,\alpha}}{mI}\left(\frac{\rho V S l}{2m}\right)^2-C_{m,\alpha}\frac{\rho V^2 S l}{2I} \tag{8.149}$$

利用式(8.143),并采用指数大气假设 $\sigma=\exp(-z/H)$,式(8.149)右侧的第一项可以进一步展开为

$$\frac{\mathrm{d}}{\mathrm{d}t}\left(C_{L,\alpha}\frac{\rho V S}{2m}\right)=\left[C_D-\left(\frac{2m}{\rho S H}\right)\sin\gamma\right]\left(\frac{\rho V S}{2m}\right)^2 C_{L,\alpha}\alpha \tag{8.150}$$

于是,式(8.149)可重写为

$$f_2(t)=\left(\frac{\rho V S}{2m}\right)^2\left[\left(C_D-\frac{ml^2}{I}C_{m,q}-\frac{2m}{\rho S H}\sin\gamma\right)C_{L,\alpha}-\frac{2m}{\rho S d}\frac{ml^2}{I}C_{m,\alpha}\right] \tag{8.151}$$

设比值 $I/(ml^2)=O(10^{-1})$,设航天器的 $m=\rho_s s d$ 可以允许将式(8.151)右侧方括号内的第一项近似表示为

$$C_D-\frac{ml^2}{I}C_{m,q}-\frac{2m}{\rho S H}\sin\gamma\approx C_D-10C_{m,q}-2\left(\frac{\rho_s}{\rho}\right)\left(\frac{l}{H}\right)\sin\gamma \tag{8.152}$$

对于实际的太空舱,如阿波罗指挥舱,参考长度 $l=d$,d 为指挥舱的最大直径,$C_{m,q}$ 的大小 $O(10^{-1})$,$\rho_s=O(10^2)\mathrm{kg/m^3}$,$l/H=O(10^{-4})$,并且 $\sin\gamma=O(10^{-1})$。对于实际的太空飞机,如航天飞机轨道器,参考长度 $l=c_{\mathrm{mac}}$,即机翼平均空气动力弦长,$C_{m,q}$ 的大小 $=O(10^{-1})$,$p_s=O(10^2)\mathrm{kg/m^3}$,$l/H=O(10^{-3})$,$\sin\gamma=O(10^{-1})$。因此,在这两类航天器中,式(8.152)的右侧所有项的量级都为 $O(1)$,当高度超过 60km 时最后一项占主导地位。现在可以把最后一项同式(8.151)中方括号内的余下的一项加以对比,得到

$$-2\left(\frac{\rho_s}{\rho}\right)\left(\frac{d}{H}\right)C_{L,\alpha}\sin\gamma-2\left(\frac{\rho_s}{\rho}\right)C_{m,\alpha}=-2\left(\frac{\rho_s}{\rho}\right)\left(\frac{l}{H}C_{L,\alpha}\sin\gamma+C_{m,\alpha}\right)$$

其中,最后一项占主导地位,于是式(8.151)最后可近似表示为

$$f_2(t)\approx\left(\frac{\rho V S}{2m}\right)^2\left(-\frac{2m^2 l}{\rho S I}\right)C_{m,\alpha}=\frac{\rho V^2 S l}{2I}C_{m,\alpha}$$

式(8.147)的振荡攻角现在可以写成

$$\ddot{\alpha}_o+\left(\frac{\rho V S}{2m}\right)\left[C_{L,\alpha}-\left(\frac{ml^2}{2I}\right)(C_{m,q}+C_{m,\dot{\alpha}})\right]\dot{\alpha}_o-\left(\frac{\rho V^2 S l}{2I}\right)C_{m,\alpha}\alpha_o=0 \tag{8.153}$$

可利用无量纲公式(6.6)~式(6.8)来计算再入过程中航天器的平衡运动(非振荡)。对应的无量纲角加速度公式变为

$$\frac{\mathrm{d}^2\theta}{\mathrm{d}\tau^2}=\left(\frac{\rho_{sl}g_E R_E S l}{2I}\right)C_m \mathrm{e}^{-s}v^2 \tag{8.154}$$

式(8.143)～式(8.145)和式(8.153)构成了 4 个方程,共有 6 个变量 V、γ、ρ、z、θ、α。这个方程组由两个辅助方程补全:

$$\frac{\mathrm{d}z}{\mathrm{d}t}=V\sin\gamma \tag{8.155}$$

$$\rho=\rho_{\mathrm{sl}}\exp\left(-\frac{z}{H}\right) \tag{8.156}$$

航天器纵向动态稳定性取决于其攻角摄动的阻尼或放大情况。Allen(1957)对这个问题进行了近似分析,得到了如下有用的动态稳定性参数:

$$\xi=C_{\mathrm{D}}-C_{\mathrm{L},\alpha}+\frac{ml^2}{I}(C_{m,q}+C_{m,\dot\alpha}) \tag{8.157}$$

式(8.157)中的 $C_{m,q}+C_{m,\dot\alpha}$ 称作俯仰阻尼系数,要获得有效阻尼,该系数必须为负。当参数 $\xi<0$ 时,认为飞行器是动态稳定的,越小则动态越稳定。

惯性矩可以表示为 $I=mr_{\mathrm{g}}^2$,其中 r_{g} 为相对于惯性矩轴的回转半径,在这里就是 y 轴,于是式(8.157)可以写成

$$\xi=C_{\mathrm{D}}-C_{\mathrm{L},\alpha}+\left(\frac{l}{r_{\mathrm{g}}}\right)^2(C_{m,q}+C_{m,\dot\alpha}) \tag{8.158}$$

阿波罗形式的太空舱为圆锥状,圆锥半角为 $\varphi_{\mathrm{c}}=25.2°$。设密度是均匀的,则回转半径为

$$r_{\mathrm{g}}=d\sqrt{\frac{3}{80}\left(1+\frac{1}{4\tan^2\varphi_{\mathrm{c}}}\right)}$$

于是,对于典型的圆锥状太空舱,有

$$\left(\frac{l}{r_{\mathrm{g}}}\right)^2=\left(\frac{d}{r_{\mathrm{g}}}\right)^2=\frac{320\tan^2\phi_{\mathrm{c}}}{3(1+4\tan^2\phi_{\mathrm{c}})} \tag{8.159}$$

式(8.159)表明,阿波罗指挥舱大小的太空舱有 $(d/r_{\mathrm{g}})^2\approx12.5$。根据报道的阿波罗指挥舱数据,得到 $(d/r_{\mathrm{g}})^2\approx13$,因此用均匀圆锥来近似表示太空舱也似乎是可以的。此外,对于太空舱,还可以得到 $C_{\mathrm{D}}=O(1)$ 和 $C_{m,q}=O(10^{-1})$,于是如果 d/r_{g} 太小,稳定参数 ξ 可能为正。注意,对于与实心圆锥形状相同的薄壁锥,可以得到 $(d/r_{\mathrm{g}})^2\approx1$,这可能会引起动态不稳定性。

Sommer 等(1960)在一个弹道靶中发射了若干水星号太空舱模型,以研究它们的静态和动态稳定特性。他们发现,当在 $3<Ma<14$ 的范围内,在测试的攻角范围内,模型都是静态稳定的。在 $Ma=3$ 和 9.5 条件下的详细动态研究表明,太空舱在这些马赫数下是静态不稳定的。据研究人员报道,相对较长的尾部上的流态似乎对模型的动态稳定性有重大影响。在气流和尾部分离的情况下,动态稳定性参数 ξ 的范围为 1～6;在气流贴附在尾部上的情况下,观察到的值最高达到 14.4,不过 $(d/r_{\mathrm{g}})^2=7$。

对于类似航天飞机轨道器的太空飞机,据 Suit(1989)报道,回转半径 $r_{\mathrm{g}}=9.75\mathrm{m}$,参考长度 $l=C_{\mathrm{mac}}=12.06\mathrm{m}$,于是 $(d/r_{\mathrm{g}})^2=1.53$,这个值明显小于太空舱

的相应值。不过,阻尼系数的值 $C_{m,q}+C_{m,a}\approx-2$,于是 $\xi<0$,飞行器处于动态稳定状态。对于 X-15 亚轨道航天器,也有类似的结果,其中 $(d/r_g)^2=0.64$,但是 $C_{m,q}+C_{m,a}\approx-5$,同样 $\xi<0$,因此也是动态稳定的。

航天器稳定程度的详细计算超出了本书的范围,但是前面简要介绍的方法还在使用。关于太空舱稳定性的一项近期研究,可以参考 Kazemba 等(2012)的钝体动态稳定性综述。

8.7　航天器控制系统

为了把航天器朝向某个方向,就必须控制其角度取向。对于相对于任一轴的滚动,以下方程都成立:

$$I_{xx}\ddot{\phi}=L=r_L F_L$$
$$I_{yy}\ddot{\theta}=M=r_M F_M$$
$$I_{zz}\ddot{\beta}=N=r_N F_N$$

其中,I_{xx}、I_{yy}、I_{zz} 表示相对于所示轴的惯性矩;r_L、r_M、r_N 表示推力 F_L、F_M、F_N 的力臂,它们分别产生相对于 x、y、z 轴的力矩 L、M、N。

例如,可以观看对侧倾角 ϕ 的控制,这个角度表示了相对于 x 轴的转动。如果引起相对于 x 轴转动的力 F_L 是不随时间变化的,并且这个力是在一定燃烧时间 t_b 期间施加的,则以下结果成立:

$$\dot{\phi}=\frac{r_L F_L}{I_{xx}}t_b+\dot{\phi}(0)$$
$$\phi=\frac{r_L F_L t_b^2}{2I_{xx}}+\dot{\phi}(0)t_b+\phi(0) \tag{8.160}$$

在燃烧期间,航天器的角速度在增加,侧倾角在变大。在 $t=t_b$ 时刻,推力 F_L 终止,航天器的自旋速度保持不变,而侧倾角按恒定速度增加。如果在稍后的 t' 时刻施加大小相等方向相反的推力,并且施加相同的燃烧时间 t_b,则航天器自旋速度会降下来,侧倾角恒定在某个新的角度。图 8.67 为这个加速和制动过程。推进器一般成对布置,这样就可以给航天器施加正的和负的推力。

式(8.160)中,r_L 和 I_{xx} 参数取决于航天器的构造,施加的推力、燃烧时间、滑行时间(暗含的)是可变的。角速度取决于施加的总冲量,$I=F_L t_b$。可以写成 $I=I_{sp}\dot{m}_p g_E\approx I_{sp}m_p$,从中可以看出需要高比冲的原因是这样才能以较少的推进剂耗量 m_p 获得所需的比冲。不过,在有人航天器中,自旋速度必须较低,要让乘员能够承受。设 $d\phi/dt=O(10^{-1})$,即大约 1rad/min,并且推进器力臂约等于航天器的相应回转半径,即 $r_L=r_g$,那么所需的冲量水平大约为 $I=mr_g/10$。对于 $m=O(10^4)$ kg,特征尺寸 $r_g=O(1)$m 的航天器,冲量 $I=O(10^3)$N·s。就拿阿波罗指挥舱数

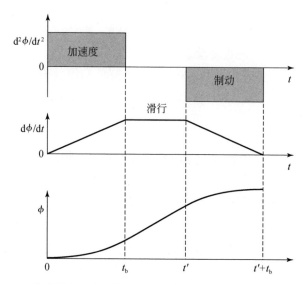

图 8.67　正推进器力矩产生的相对于 x 轴的转动,接着是滑行运动时间,
期间没有推进器力矩,然后是大小相等、方向相反的推进器力矩

据来说,这个冲量 $I \approx 500 \mathrm{N} \cdot \mathrm{s}$。如果燃烧时间为 1s,则需要 500N 的推进器。

如果推进剂的比冲等于 260s,那么每燃烧 1s 就会用掉 2kg 的推进剂。显然,为了计算出某次任务必须携带的推进剂量,就需要编制此次任务中的机动方案。任务设计中就要解决这个问题。必须预先规划好变轨和轨道修正、对接和断开机动、位置保持等的次数及类型,与每次机动相关的是 Δv,由它决定所需具体冲量的大小,然后还要考虑姿态控制、姿态改变、指向、稳定所需的冲量。这些就是规划的推进动作,很容易算出它们所需的推进剂用量。另外,必须有多余的推进剂,以备非规范操作和安全裕量之需。在考虑到这些因素后,还需要少量的(大约 5%)推进剂,以弥补管线、阀门、容器内截留的推进剂以及推进剂的加注不确定性,对于双组元推进剂系统,还要弥补两种推进剂的非均等性,即一种推进剂先于另一种用完。

对于需要会合以及同其他航天器或空间站对接的航天器,还需要一定的平移控制。可以采用旋转控制的方法来控制平移,即在 x、y、z 方向设置推进器来提供推力。推进器成对相反方向运行,这样可以实现加速与制动。Brown(1996)比较详细地介绍了无人航天器的控制系统和反作用控制系统(reaction control system, RCS)。

8.7.1　反作用控制系统的特点

在感热大气之外,空气动力表面力量提供的控制范围是可忽略的,这时就用火

箭推进器来控制姿态与稳定性。反作用控制系统推进器的一般性能特点要求
如下：

（1）充足供应的容易于储存的推进剂；

（2）既能间断运行，也能持续运行；

（3）准确、可复现的推力水平；

（4）操作简单可靠。

固体推进剂火箭满足第一和第四个要求，但是不能进行启停操作，因此不适合
用于反作用控制系统。液体推进剂火箭可以通过速动阀对流量进行电子控制，从
而实现火箭的脉冲式调制。出于可靠性考虑，这种需要点火系统的液体推进剂是
不太理想的。液体自燃火箭推进剂相互接触就发生反应，因此是不需要点火系统
的。表 8.9 为常用自燃推进剂的特征。阿波罗指挥舱和航天飞机轨道器的反作用
控制系统都采用了一甲基肼（MMH）- N_2O_4 组合。在其他火箭中常用的是
UMDH-N_2O_4 或者 UMDH/N_2H_4-N_2O_4，但是性能和密度不如 MMH-N_2O_4 组合
有利。这些物质还危险，有毒。因此，必须按严格的安全规范操作，由于苛刻的环
保要求，这些燃料也非常昂贵。关于火箭推进与推进剂特征的详细介绍可参考
Sforza(2012)的文献。

表 8.9　部分常见自燃推进剂的特性

名称	类型[a]	化学式	沸点/K	冰点/K	密度/(kg/m³)	分子量
联氨	F	N_2H_4	386	274	1011	32.05
四氧化氮	O	N_2O_4	294	262	1450	92.02
MMH	F	CH_3NHNH_2	360	221	880	46.03
偏二甲基肼(UDMH)	F	$(CH_3)_2NNH_2$	336	221	790	60.04
红烟硝酸(RFNA)	O	$HNO_3+13\%N_2O_4$ $+3\%H_2O$	216	358	1550	63

注：a F 和 O 分别表示燃料和氧化剂。

单组元推进剂是不需要氧化剂的液体物质，它们可以快速分解并释放出化学
能。要具有适用性，这些物质必须在常规操作条件下保持稳定，在点火时能快速分
解。显然，这类推进剂用作反作用控制系统时有个缺点，就是需要点火系统，但单
推进剂反作用控制系统节省了第二套推进剂供料系统。最常见的单组元推进剂有
过氧化氢、联氨、环氧乙烷。另一类可以满足反作用控制系统要求的推进剂就是简
简单单的惰性气体，它们依赖于储存的高压而不是化学反应来提供能量。这种所
谓的"冷气"系统采用了惰性气体，如氮气、氦气，也采用其他气体，如氨和氟利昂。
表 8.10 为适用于反作用控制系统的推进剂系统的一般性能特点。

表 8.10　代表性反作用控制系统火箭推进剂的一般特性

类型	推进剂	能源	I_{sp}/s,真空	F 范围/N	比重	优点	缺点
冷气	N_2,NH_3,He,氟利昂	高压	50～75	0.05～250		简单、可靠、廉价	性能低、重量大
液体单组分推进剂	H_2O_2 N_2H_4(联氨)	放热分解	150～200	0.05～0.5	1.461	简单、可靠、廉价	性能低、重量更大
自燃双组元推进剂	UMDH/N_2O_4	化学能	270～340	$10\sim10^6$	1.14	稳定、性能高	复杂
自燃推进剂	N_2H_4/F_2	化学能	425	$10\sim10^6$	1.1	性能极高	有毒、危险、复杂

8.7.2　脉冲推进操作

出口半径为 r_e 的反作用控制系统喷管,向几乎为零压力的高层大气排气时,设出口密度和速度分别为 ρ_e 和 V_e,那么产生的推力可以表示为

$$F=\pi r_e^2 \rho_e V_e^2 \tag{8.161}$$

同理,流经喷管的质量流量为

$$\dot{m}=\frac{1}{\lambda}\pi r_e^2 \rho_e V_e \tag{8.162}$$

λ 的大小表示喷管出口角发散引起的损失,等于

$$\lambda=\frac{1}{2}(1+\cos\theta_w)\leqslant 1 \tag{8.163}$$

如果喷管壁角度 $\theta_w=0$,则物质流平行于轴的方向流出,如果这个角度不等于零(如锥形喷管),虽然产生同样的推力,但物质流会更大。就如第 7 章介绍的,喷管优良指数是比冲,这里讨论的是真空排气,所以就是真空比冲。

$$I_{sp,vac}=\frac{F}{\dot{m}g_E}=\lambda\frac{V_e}{g_E} \tag{8.164}$$

这表明,尽管锥形喷管构造简单,成本也低于异形喷管,但是在相同的推力水平下,其比冲更低。设喷管在 $t_1\sim t_2$ 时间段运行,如图 8.68 所示。设喷管动量通量的上升和下降是时间线性的,设动量通量脉冲持续时间为 $\tau=t_2-t_1$,即得到冲量等于

$$I=\int_{t_1}^{t_2}F(t)\mathrm{d}t\approx\pi r_e^2\rho_e V_e^2 t_{avg}=Ft_{avg} \tag{8.165}$$

其中,t_1 为推进剂阀开启的时刻;t_i 为开始达到稳定喷管流的时刻;t_c 为推进剂阀闭合的时刻;t_2 为动量通量衰减至零的时刻;t_{avg} 为时间的均值;τ 为喷管总的工作时间。设推进剂阀是瞬间动作的,所以质量流量的瞬态忽略不计,消耗的质量等于

$$m_p=\int_{t_1}^{t_2}\frac{1}{\lambda}\pi r_e^2\rho_e V_e\mathrm{d}t\approx\pi r_e^2\rho_e V_e(t_c-t_1) \tag{8.166}$$

其中，t_c-t_1 为阀开启的持续时间。

于是，合并式(8.165)和式(8.166)，得到如下真空比冲：

$$I_{\rm sp, vac}\approx\frac{t_{\rm avg}}{t_c-t_1}\lambda\frac{V_e}{g_{\rm E}} \tag{8.167}$$

可以发现，图 8.68 中的瞬态脉冲的比冲等于稳态比冲值经平均喷管工作时间与阀工作时间之比调制后的值。当然，如果动量通量的上升和下降是瞬间的，就会得到稳态比冲值。还应注意，在图 8.68(a)中，在阀开启的 t_1 时刻，瞬态喷管的动量通量在增加，但是在阀关闭的时刻 t_c，其动量通量在降低，因此，$t_{\rm avg}$ 通常横接近 t_c-t_1。实际上，经验表明，这个比值为 $t_{\rm avg}/(t_c-t_1)=1\pm0.2$。因此，对于初步设计来说，可以认为是理想化的脉冲式操作，其中 $t_{\rm avg}=t_c-t_1=t_b$，就是所谓的燃烧时间，意味着假定达到了理想的比冲。

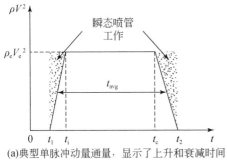

(a)典型单脉冲动量通量，显示了上升和衰减时间

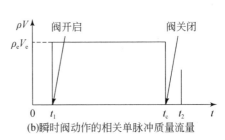

(b)瞬时阀动作的相关单脉冲质量流量

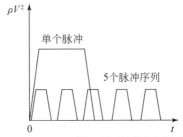

(c)单脉冲和5个动量通量更低的完全相同脉冲

图 8.68 单脉冲质量流量

如图 8.68(c)所示，把这个理想工作推广到由 n 个持续时间为 t_b 的完全相同脉冲组成的脉冲序列，则它们提供的总冲量等于

$$I_n=\sum_{i=1}^{n}(F_i t_{{\rm avg},i})=n(\pi r_{e,n}^2)\rho_e V_e^2 t_b \tag{8.168}$$

对于持续时间为 $t_{b,1}$ 的单脉冲，提供的冲量为

$$I_1=(\pi r_{e,1}^2)\rho_e V_e^2 t_{b,1} \tag{8.169}$$

对于相似的喷管几何形状，质量流量特性与尺度无关（忽略摩擦和喷管的热传

递),因此推力主要取决于室压 p_c,其大小等于

$$\rho_e V_e^2 = \gamma_e p_e Ma_e^2 \left(1 + \frac{\gamma_e - 1}{2} Ma_e^2\right)^{\frac{-\gamma_e}{\gamma_e - 1}} = \gamma_e p_c f\left(\frac{r_e}{r^*}\right)$$

室压一般在 $0.5\text{MPa} < p_c < 3\text{MPa}$ 的范围。

如果让单次和多脉冲操作提供的冲量相同,则可以令式(8.168)与式(8.169)相等,然后求解喷管直径比:

$$\frac{r_{e,n}}{r_{e,1}} = \sqrt{\frac{t_{b,1}}{nt_{b,n}}} \tag{8.170}$$

延长脉冲序列的持续时间,使 $nt_{b,n} \gg t_{b,1}$,脉冲系统就可以采用小得多的喷管,但依然能提供相同的总冲量,当然,各个推力要比单脉冲系统的推力小。此外,分小块提供冲量,还可实现对航天器的精细微调。采用小反作用控制系统推进器还有一个优势,就是它们的尺寸和重量小,比较容易考虑进冗余系统,从而增加可靠性和安全性。例如,$1\text{N} < F < 500\text{N}$ 稳态推力范围内的商用单组元推进剂联氨发动机,其质量大约为 $m = (F/100)^{1/3}$,单位为千克。因此,发动机尺寸较小,于是其他部件(如阀、加热器、推进剂储箱)占到了反作用控制系统质量的大头。

脉冲序列的周期等于推进剂阀两次连续开启之间的时间间隔,因此可以表示为

$$P = (t_c - t_1) + t_{off} \approx t_b + t_{off} \tag{8.171}$$

其中,t_b 表示阀门的开启时间;t_{off} 表示关闭阀门和再次开启阀门之间的持续时间。忙闲度就等于 t_b/P,表示阀门开启的时间比例。商用反作用控制系统推进器的忙闲度范围为 $0.01\% \sim 99\%$ 以上。

n 个脉冲组成的序列,期间消耗的推进剂质量流量等于

$$\dot{m} = \frac{n\tau}{\lambda} \pi r_e^2 \rho_e V_e \tag{8.172}$$

结合式(8.168)和式(8.172),按照假设条件,脉冲工作方式的比冲为

$$I_{sp,n} = \lambda \frac{n\pi r_e^2 \rho_e V_e^2 \tau}{n\pi r_e^2 \rho_e V_e g_E \tau} = \lambda \frac{V_e}{g_E}$$

于是,对于理想的脉冲推进操作,其比冲等于稳态下的比冲值。但是稳态值取决于因热传递和摩擦而造成的喷管损失程度,这两个因素都会消耗能量,而这个能量本可以用来加速喷管中的气体。对于特定气体成分,喷管出口的速度与 $T_c^{1/2}$ 成正比。在联氨单组元推进剂的代表性情形中,单脉冲下的"热"脉冲与"冷"点火脉冲的出口速度之比等于

$$\frac{V_{e,n}}{V_{e,1}} \sim \sqrt{\frac{T_{c,n}}{T_{c,1}}} = \sqrt{\frac{900\text{K}}{300\text{K}}} = 1.732 \tag{8.173}$$

当脉冲次数增加后,推进器和推进剂将处于正常的"热"温度,而前几次脉冲就相对较"冷"。联氨在热点火(900K)的温度下一般可提供 $I_{sp,n} = 200\text{s}$,由式(8.173)

可知,在较冷(300K)温度,推进器系统中前几次脉冲只能提供 $I_{sp,1} = 115s$。联氨-四氧化二氮($N_2H_4 - N_2O_4$)双组分推进剂的燃烧温度大约为 3000K,这时的 $I_{sp} = 260s$,那么冷点火比冲大约只有$(260s)/10^{1/2} = 82s$。

8.7.3 太空舱控制系统

太空舱的形状使气动控制面难以实现。尝试实现气动控制面的努力被证明是不实际的,不过也有人研究过许多改善稳定性或进行控制的方法[如 Moseley 等(1968)的研究]。再入期间,在可感大气中太空舱是靠重心位置来维持稳定性的。在高出空气动力能提供足够控制量的高空时,就要依赖反作用控制系统了。图8.69 为阿波罗指挥舱反作用控制系统。阿波罗指挥舱与双子座相似,是一重心偏离的对称体,靠侧滚(即改变重心位置)来控制再入飞行路径。

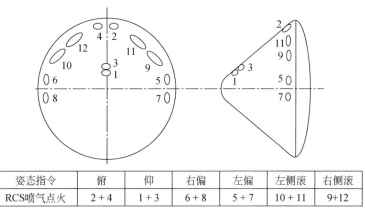

姿态指令	俯	仰	右偏	左偏	左侧滚	右侧滚
RCS喷气点火	2 + 4	1 + 3	6 + 8	5 + 7	10 + 11	9+12

图 8.69 阿波罗指挥舱反作用控制系统有两套冗余推进器系统,图中是成对画出的。侧滚推进器 9～12 可以倾斜,制造切向力,从而产生相对于纵向轴的力矩

阿波罗指挥舱反作用控制系统采用了两套冗余系统,各包含 6 个 414N 推力发动机,以防一套系统失效后有另一套系统可提供合适的姿态控制。液体推进剂是自燃式的:MMH 燃料与四氧化二氮(N_2O_4)氧化剂。

8.7.4 太空飞机控制系统

像 X-15 这样的太空飞机,它们可以达到很高的高度,靠空气动力是不够的,所以必须辅以火箭推进器来提供推力。航天飞机空气动力控制面和火箭动力反作用控制系统,如图 8.70 所示。升降副翼综合了升降舵和副翼,也就是说它们可以共同或者分别地上下偏转。当两者朝相同方向偏转时,它们就像飞机的升降舵一样,可提供俯仰力矩,把机头朝上或朝下运动。当它们的偏转方向不一致时,就像飞机的副翼一样,产生侧滚力矩,使机身侧倾。方向舵可以整体从一侧向另一侧偏转,产生偏航力矩,使机头从一侧移向另一侧。方向舵是分体式的,这样,两个半边方向舵可以朝相反方向偏转,从而增加竖向尾翼的前端面积,制造空气制动效果。位于机身尾部的机身襟翼可以朝下偏转,这样,在最大速度和热负荷的大攻角再入飞行中可提供机头朝上扬的俯仰力矩。

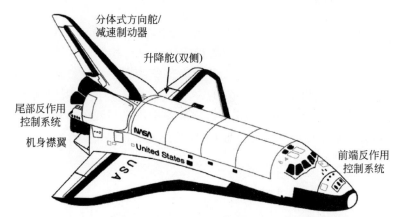

图 8.70　航天飞机示意图,包括空气动力控制面和反作用控制系统(NASA)

反作用控制系统分为两部分,如图 8.70 所示。前端反作用控制系统位于机身的头部。尾部 RCS 和 OMS 位于机身尾部顶端的左右 OMS/RCS 舱内。图 8.71 是前端反作用控制系统的详图,其中画出了 14 个主推进器:

(1) 3 个朝向 x 的负方向,用于产生轴向减速度;

(2) 3 个朝向 z 的正方向,使低头;

(3) 2 个在头部的左侧,朝向 y 的负方向,提供向右侧的偏航运动;

(4) 2 个在头部的右侧,朝向 y 的正方向,提供向左侧的偏航运动;

(5) 2 个在头部的左侧,朝下(负 z)和朝外(负 y)倾斜,提供侧滚力矩,抬起左翼和头部;

(6) 2 个在头部的右侧,朝下(负 z)和朝外(正 y)倾斜,提供侧滚力矩,抬起右翼和头部。

注意,用来单独提供侧滚力矩的倾斜推进器,也可以同时点火使机头上仰却不产生侧滚力矩。前端反作用控制系统还在机头的两侧设有微调推进器,用于在轨姿态微调。图 8.72 显示了前端反作用控制系统推进器喷管的总体布置情况,是从左上方拍摄的。

对于尾部反作用控制系统,在每个 OMS/RCS 舱(安装在机身尾部上端两侧)内有 12 个主发动机和 2 个微调发动机。图 8.73 是左侧尾部反作用控制系统的详图,其中画出了如下主推进器:

(1) 2 个朝向 x 的正方向,用于产生轴向加速度;

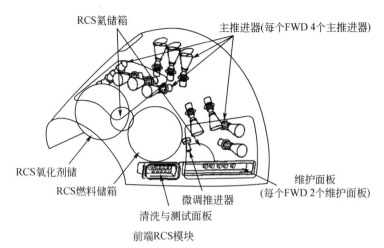

图 8.71　航天飞机头部左上端示意图,显示了前端反作用控制系统的布局情况(NASA)

图 8.72　航天飞机头部左上侧照片,显示了前端反作用控制系统的布局情况(NASA)

（2）3 个朝向 z 的正方向,使头部朝上扬;

（3）4 个在左舱的左侧,朝向 y 的负方向,提供向左侧的偏航运动;

（4）3 个在舱的底部,朝向 z 的负方向,提供头部的下坠运动。

　　由于推进器距航天飞机纵轴线有一定的距离,侧向和竖向力推进器点火也能产生侧滚力矩。尾部反作用控制系统也在各舱内有两个微调推进器,用于在轨姿态微调。图 8.74 显示了尾部反作用控制系统推进器喷管的总体布置情况,是从左上方拍摄的。

　　主 RCS 发动机各提供 3.87kN 的真空推力,微调 RCS 发动机各提供 106N 的

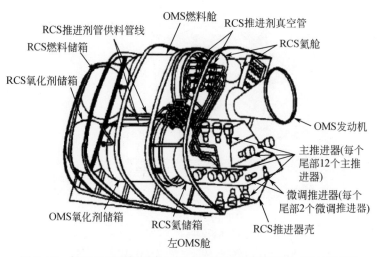

图 8.73　航天飞机尾部机身左侧 OMS/RCS 舱示意图,显示了尾部
RCS 的布局情况(NASA)

图 8.74　航天飞机尾部 RCS 照片,显示了左右侧 OMS 舱的情况。3 个大喷管是
SSME 的,两个稍小一点的是 OMS 喷管,最小是 12 个 RCS 推进器中的 5 个(NASA)

真空推力。主发动机正常工作燃烧室压力约为 1MPa,微调 RCS 发动机则为
0.76MPa。推进剂为四氧化二氮(N_2O_4)氧化剂和 MMH 燃料,氧化剂燃料比 O/F
=1.6。靠氦储箱高压向 RCS 发动机输送液体氧化剂和燃料。推进剂为自燃式,
喷入燃烧室后一旦相互接触就被点燃。热气体流经主推进器的喷管,其膨胀比 22
$<\varepsilon<30$。主推进器可以持续点火 1~150s,也可脉冲式点火,最小脉冲持续时间小
于 0.1s,另外采用了多个发动机,以确保冗余。微调发动机的膨胀比 $20<\varepsilon<50$,
点火方式与主发动机相似,但是数量要少得多,这可能说明冗余不是大问题。

8.8　常数汇总与系数换算

长度：1m＝3.2804ft。

面积：1m^2＝10.7639ft^2。

体积：1m^3＝35.3147ft^3。

速度：1ft/s＝0.3048m/s。

力：1lbf＝4.448N。

压力：1kPa＝10^{3}N/m^2。

通用气体常数：R_u＝8.31451kJ/(kmol·K)。

标准 T 和 p 下，空气的分子量：W_{stp}＝28.96kg/(kg·mol)。

标准海平面条件下的大气压：p_{sl}＝101.3kPa。

标准海平面条件下的大气温度：T_{sl}＝288.15K。

标准海平面条件下的大气密度：ρ_{sl}＝1.225kg/m^3。

标准海平面条件下的大气黏滞度：μ_{sl}＝1.7894×10^{-5}Pa·s。

参 考 文 献

Allen, H. J. (1957). Motion of a ballistic missile angularly misaligned with the flight path upon entering the atmosphere and its effect upon aerodynamic heating, aerodynamic loads, and miss distance. NACA TN 4048.

Becker, J. V. (1964). "Studies of high L/D ratio hypersonic configurations", Fourth International Congress of the Aeronautical Sciences. London: Spartan and MacMillan Company.

Brown, C. D. (1996). Spacecraft propulsion. Washington, DC: American Institute of Aeronautics and Astronautics.

Cebeci, T., & Cousteix, J. (2005). Modeling and computation of boundary layer flows. Long Beach, CA/NY: Horizon Publishing/Springer.

Crawford, D. H., & McCauley, W. D. (1957). Investigation of the laminar aerodynamic heat-transfer characteristics of a hemisphere-cylinder in the langley 11-inch hypersonic tunnel at a mach number of 6.8. NACA Report 1323.

DeRose, C. B. (1969). Trim attitude, lift and drag of the apollo command module with offset center of gravity at mach numbers to 29. NASA TN D-5276.

Eckert, E. R. G. (1956). Engineering relations for heat transfer and friction in high-velocity laminar and turbulent flows over surfaces with constant pressure and temperature. Trans ASME, 78(6), 1273-1283.

Etkin, B., & Reid, L. D. (1995). Dynamics of flight: Stability and control. New York: Wiley.

Hansen, C. F. (1959). Approximations for the thermodynamic and transport properties of high-temperature air. NASA TR R-50.

Hansen, C. F. , & Heims, S. P. (1958). A review of the thermodynamic, transport, and chemical reaction rate properties of high temperature air. NACA TN 4359.

Hayes, W. D. , & Probstein, R. F. (2004). Hypersonic inviscid flow. New York: Dover.

Hopkins, E. J. (1972). Charts for predicting turbulent skin friction from the Van Driest method II. NASA TN D-6945.

Hopkins, E. J. , & Inouye, M. (1971). An evaluation of theories for predicting turbulent skin friction and heat transfer on flat plates at supersonic and hypersonic mach numbers. AIAA J, 9(6), 993_1003.

Kaattari, G. (1962). Predicted gas properties in the shock layer ahead of capsule-type vehicles at angles of attack. NASA TN D-1423.

Kays, W. , Crawford, M. , & Weigand, B. (2005). Convective heat and mass transfer(4th ed.). New York: McGraw-Hill.

Kazemba, C. D. , Braun, R. D. , Clark, I. G. , & Schoenberger, M. (2012). Survey of blunt body dynamic stability in supersonic flow. AIAA Paper 2012_4509.

Kliche, D. , Mundt, Ch. , & Hirschel, E. H. (2011). The hypersonic Mach number independence principle in the case of viscous flow. Shock Waves, 21, 307_314.

Lees, L. (1956). Laminar Heat Transfer over Blunt-Nosed Bodies at Hypersonic Speeds. Jet Propulsion, 26, 259_269 and 274.

Lin, T. C. (2008). Influence of laminar boundary-layer transition on entry vehicle designs. J Spacecraft Rockets, 45(2), 165_175.

Meador, W. E. , & Smart, M. K. (2005). Reference enthalpy method developed from solutions of the boundary layer equations. AIAA J, 43(1), 135_139.

Miller & Lawing(1966). Experimental investigation of flow characteristics of the apollo reentry configuration at a mach number of 20 in nitrogen. NASA TM X-1258.

Moseley, W. C. , Graham, R. E. , & Hughes, J. E. (1968). Aerodynamic stability characteristics of the apollo command module. NASA TN D-4688.

Oswatitsch, K. (1950). Ahnlichkeitsgesetze fur Hyperschallstromung. Zeitschrift fur Angewandte Mathematik und Physik(ZAMP), 2(4), 249_264.

Park, C. (1990). Nonequilibrium hypersonic aerothermodynamics. New York: Wiley.

Rasmussen, M. (1994). Hypersonic flow. New York: John Wiley & Sons, 1994.

Reshotko, E. (2008). Transition issues for atmospheric entry. J Spacecraft Rockets, 45(2), 161_164.

Ried, R. C. , & Mayo, E. E. (1963). Equations for the newtonian static and dynamic aerodynamic coefficients for a body of revolution with an offset center of gravity location. NASA TN D-1085.

Schetz, J. A. (1992). Boundary layer analysis. Upper Saddle River, New Jersey: Prentice-Hall.

Schlichting, H. , & Gersten, K. (2000). Boundary layer theory . New York: Springer.

Sforza, P. M. (2012). Theory of aerospace propulsion. New York: Elsevier.

Sforza, P. M. (2014). Commercial airplane design principles. New York: Elsevier.

Sommer, S. , Short, B. J. , & Compton, D. L. (1960). Free-flight measurements of static and dynamic stability of models of the mercury reentry capsule at mach numbers 3 and 9. 5. NASA TM X-373.

Srinivasan, S. , Tannehill, J. C. , & Weilmunster, K. J. (1987). Simplified curve fits for the thermodynamic properties of equilibrium air. NASA Reference Publication 1181.

Stengel, R. (2004). Flight dynamics. Princeton, New Jersey: Princeton University Press.

Suit, W. T. (1989). Summary of longitudinal stability and control parameters as determined from space shuttle challenger flight test data. NASA Technical Memorandum 101605.

Suit, W. T. , & Schiess, J. R. (1988). Lateral and longitudinal stability and control parameters for the space shuttle discovery as determined from flight test data. NASA Technical Memorandum 100555.

Surber, T. E. , & Olsen, D. C. (1978). Space Shuttle Aerodynamic Development. J Spacecr Rockets, 15(1), 40_47.

Tobak, M. , & Allen, H. J. (1958) Dynamic stability of vehicles traversing ascending or descending paths through the atmosphere. NACA TN 4275.

Van Driest, E. R. (1956). The problem of aerodynamic heating. Journal of the Aerospace Sciences, 23,1007_1011.

White, F. M. (2006). Viscous fluid flow(3rd ed.). New York: McGraw-Hill.

Wilhite, A. W. , Arrington, J. P. , and McCandless, R. S. (1984) Performance aerodynamics of aero-assisted orbital transfer vehicles, In: Thermal design of aero-assisted orbital transfer vehicles, Progress in astronautics and aeronautics, H. C. Nelson(Editor), vol. 96, American Institute of Aeronautics and Astronautics, New York, pp. 165_185.

Woods, W. C. , Arrington, J. P. , & Hamilton, H. H. (1983). A review of preflight estimates of real-gas effects on space shuttle aerodynamic characteristics. NASA CP-2283.

第 9 章　热防护系统

9.1　滞止点基本传热关系式

图 9.1 为高超声速飞行中钝头锥附近的一般加热情况。

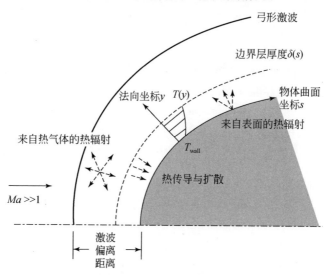

图 9.1　钝体上高超声速流的加热效应

在 Tauber 等(1987)的文献中,对流传热率 $\dot{q}$ (W/cm^2)的关系式为

$$\dot{q} = C\rho^N V^M \tag{9.1}$$

该公式使用国际单位制时,可应用于利用边界层分析的飞行状态,能较好地近似反映层流和湍流情况。对于滞止点流,式(9.1)中的系数为

$$C = 1.83 \times 10^{-8} \frac{1-g_w}{\sqrt{R_N}}$$

$$Ma = 3$$

$$N = \frac{1}{2} \tag{9.2}$$

其中,R_N 表示头锥半径(m);$g_w = h_w/h_{t,e}$ 表示边界层边缘位置壁焓与滞止点焓的比值。注意,对于滞止点前方的绝热激波,总焓是守恒的,因此 g_w 可写成

$$g_w = \frac{h_w}{h_\infty} \frac{1}{1 + \frac{\gamma_{eff} - 1}{2} Ma_\infty^2} \qquad (9.3)$$

对于高马赫数飞行,常假设 $g_w \ll 1$,即所谓的冷壁近似,这个近似总是偏于保守的。当高超声速飞行时间增加时,壁温会升高,从而降低加热率。式(9.1)和式(9.2)的滞止点传热率公式是对 Sutton 等(1971)提出的对流传热关系式的推广,其中的系数 C 稍微不同于式(9.2)中的 C;Dec 等(2006)给出了其如下形式,其中的 s-g 下标表示 Sutton 等(1971)值:

$$C_{s\text{-}g} = 1.74153 \times 10^{-8} \frac{1}{\sqrt{R_N}} \qquad (9.4)$$

Dec 等(2006)指出,式(9.4)所示系数适用于地球大气层内高超声速飞行,如果是火星大气,数字系数变为 1.9027×10^{-8}。如果式(9.2)中取 $g_w = 0.05$,即假设冷壁近似是成立的,则不存在这样的系数值差别。从月球或星际轨道回来的再入物体,再入速度大约为 10km/s 甚至更高,除了上述的对流加热外,它们还会经历激波压缩大气产生的热辐射而引起的加热。热辐射引起的热传递更难计算,好在 Tauber 等(1991)提出了一个有用的设计方法。Johnson 等(2007)推导的滞止点辐射热传递公式为

$$\dot{q}_r = R_N k_1 (3.28084 \times 10^{-4} V)^{k_2} \left(\frac{\rho}{\rho_{sl}} \right)^{k_3} \qquad (9.5)$$

式(9.5)中的系数取决于研究的速度,详见表 9.1。对于超过 9000m/s 的速度,经验公式会更加复杂,本书不予介绍。这些高速大气再入是针对星际返航任务的,而本书的重点是从地球轨道返回的大气再入。

表 9.1 式(9.5)的系数

系数	$V < 7.62$km/s	7.62km/s $< V < 9$km/s
k_1	372.6	25.34
k_2	8.5	12.5
k_3	1.6	1.78

滞止点位置,辐射对对流热传递的相对重要性可用 $\dot{q}_r / (\dot{q}_c R_N^{3/2})$ 反映,其中可以看出头锥半径 R_N 的重要性。图 9.2 为这个比值;在 $Ma = 30$ 之外,曲线就是概念性的,因为并未采用 $V > 9$km/s 时的更准确的方法。

在图 9.2 中,$\dot{q}_r / (\dot{q}_c R_N^{3/2})$ 是重叠画在典型再入飞行走廊上的,揭示出热辐射效应从何处开始变得重要起来。显然,对于正常大小的再入飞行器,以轨道速度再入时的热辐射不重要。但是,对于月球或星际任务的返航再入,热辐射将与对流加热相当,必须予以考虑。这时,可以参考 Tauber 等(1991)以及 Johnson 等(2007)介绍的方法。

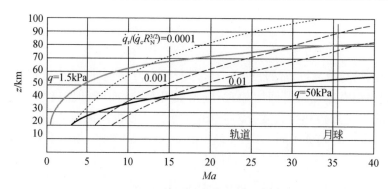

图 9.2　辐射-对流热传递比的等值线与典型再入飞行器飞行走廊的关系。
超过 $Ma=30$ 时,等值线是概念上的

9.2　近似空气化学

在 8.5 节中介绍过,弓形激波的绝热压缩使温度和压力升高到了一定的程度,在研究航天器的热传递时必须考虑到空气的化学反应和电离情况。大气再入条件下,空气的化学特性非常复杂;详细的介绍可参看 Park(1989)和 Anderson(1989)等的文献。对于初步设计,可以采用 Hansen(1959)介绍的高温空气的平衡种类的近似方法。这些近似方法依据了详细计算的结果,而这些计算表明,对于研究的所有压力:①氧分子的离解先于氮分子离解开始之前就基本完成了;②氮、氧原子的电离基本上发生在相同温度,能量变化也基本相同。现象①意味着离解反应基本上是独立的,反应式为

$$O_2 \rightarrow 2O \tag{9.6}$$

$$N_2 \rightarrow 2N \tag{9.7}$$

电离反应为

$$O \rightarrow O^+ + e^- \tag{9.8}$$

$$N \rightarrow N^+ + e^- \tag{9.9}$$

现象②表明,这些反应可以当做单个反应对待,其中所有原子,包括 N 和 O,都被单独作为一个种类,分别取适当的加权平均特性。按照这种假设,Hansen(1959)的文献表明压缩性可表示为

$$Z = 1 + \varepsilon_O + \varepsilon_N + \varepsilon_A \tag{9.10}$$

其中,ε_O、ε_N、ε_A 分别表示离解氧分子、离解氮分子、电离原子的分数。按照如 Sforza(2012)介绍的平衡化学分析,可求得如下的摩尔分数:

$$X(O_2) = \frac{0.2 - \varepsilon_O}{Z} \tag{9.11}$$

$$X(N_2) = \frac{0.8 - \varepsilon_N}{Z} \tag{9.12}$$

$$X(O) = \frac{2\varepsilon_O - 0.4\varepsilon_A}{Z} \tag{9.13}$$

$$X(N) = \frac{2\varepsilon_N - 1.6\varepsilon_A}{Z} \tag{9.14}$$

$$X(e^-) = \frac{2\varepsilon_A}{Z} \tag{9.15}$$

注意,考虑到采用的总体近似程度,Hansen(1959)把空气标准温度和压力成分取为 $X(N_2)/X(O_2) = 4$,而不是实际的 3.76。由于 NO 对热力学特性的影响较小,而且很少有 NO 浓度超过 1% 的情形,因此他还忽略了 NO。Hasen 的分析中采用了大气中测量的 p 以及表 9.2 所列的平衡常数 $K_{p,O}$、$K_{p,N}$、$K_{p,A}$(与 p 无关),得到了如下分析结果:

$$\varepsilon_O = \frac{-0.8 + \sqrt{0.64 + 0.8\left(1 + \dfrac{4p}{K_{p,O}}\right)}}{2\left(1 + \dfrac{4p}{K_{p,O}}\right)} \tag{9.16}$$

$$\varepsilon_N = \frac{-0.4 + \sqrt{0.16 + 3.84\left(1 + \dfrac{4p}{K_{p,N}}\right)}}{2\left(1 + \dfrac{4p}{K_{p,N}}\right)} \tag{9.17}$$

$$\varepsilon_A = \frac{1}{\sqrt{1 + \dfrac{p}{K_{p,A}}}} \tag{9.18}$$

表 9.2　氧、氮离解与电离平衡常数

T/K	$\ln K_{p,O}$	$\ln K_{p,N}$	$\ln K_{p,A}$
500	-104.89	-213.29	-331.58
1000	-44.77	-99.08	-163.16
1500	-24.57	-60.81	-106.59
2000	-14.41	-41.61	-78.09
2500	-8.29	-30.005	-60.87
3000	-4.19	-22.32	-49.3
3500	-1.26	-16.79	-40.98
4000	0.95	-12.62	-34.69
4500	2.67	-9.37	-29.77
5000	4.05	-6.76	-25.8
5500	5.18	-4.61	-22.53

续表

T/K	$\ln K_{p,O}$	$\ln K_{p,N}$	$\ln K_{p,A}$
6000	6.13	−2.81	−19.8
6500	6.69	−1.28	−17.46
7000	7.62	0.05	−15.45
7500	8.23	1.2	−13.7
8000	8.75	2.23	−12.16
9000	9.64	3.96	−9.57
10000	10.36	5.37	−7.48
11000	10.96	6.56	−5.75
12000	11.46	7.56	−4.29
13000	11.89	8.44	−3.05
14000	12.27	9.29	−1.97
15000	12.6	9.87	−1.02

　　已知气流中任一点的 p 和 T，可以利用式(9.16)～式(9.18)算出 ε_O、ε_N、ε_A。将这些值代入式(9.10)中，就可求得 Z。代入式(9.11)～式(9.15)，得到研究中各种类的摩尔分数。图9.3为Hansen(1959)计算的15000K温度以下的离解和电离平衡函数的自然对数。注意，图中所示3个平衡常数的零值跨越点(K_p大约为1时的温度)在温度上相隔较远，表明了离解和电离温度之间的分别。例如，当 $K_{p,O} \ll 1$ 时，$\varepsilon_O \approx 0$，且仅存在分子氧(O_2)。但是，当 $K_{p,O} \gg 1$ 时，$\varepsilon_O \approx 0.2$，且无分子氧，即 $X(O_2) = 0$。

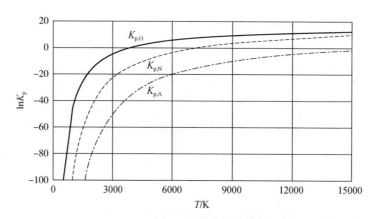

图9.3　氧、氮离解与电离平衡常数

除了第8章介绍的化学反应对热力学特性的影响外，在航天器热传递分析中，化学反应也是比较重要的,本章就讨论这个问题。这里的简要分析完全依据平衡化学或冻结化学,也就是说化学反应要么是无限快发生的,要么不发生。在高超声速流场中,流体质点流经航天器时所经历的温度会显著不同。流体质点的特征停留时间为 $\tau = l/u$,对于 $l = 10\text{m}$ 和 $u = 5000\text{m/s}$,该时间仅为 2ms,在此期间,质点可能流经了不同的压力和温度区域。反应速度不是无穷快的,因此详细研究中往往需要设计到有限速度化学,情况就像 Park(1989)所介绍的那样,极为复杂。

9.3 滞止点热传递

Anderson(1989)比较详细地介绍了高超声速流中的边界层方程。他指出,Fay 等(1958)最先严格研究了高超声速滞止点对流热传递 $\dot{q}_w$,并得到如下关系式:

$$\dot{q}_w = 0.57 \left(\frac{4}{3}\right)^j Pr^{-0.6} (\rho_e \mu_e)^{0.4} (\rho_w \mu_w)^{0.1} \sqrt{\left(\frac{\mathrm{d}u_e}{\mathrm{d}x}\right)_t} (h_{t,e} - h_w) \left[1 + (Le^k - 1)\left(\frac{h_D}{h_{t,e}}\right)\right]$$

(9.19)

其中,指数 j 表示几何因数,$j = 0$ 表示二维流,$j = 1$ 表示轴对称流;指数 k 表示化学因数,$k = 0.52$ 表示平衡化学,$k = 0.63$ 表示冻结化学;下标 w、e、t 分别表示壁、外流和滞止点条件;为简化起见,我们不标出下标 c,下标 c 表示对流热传递,因为这里主要考虑的就是这种热传递形式。图 9.4 为流场的示意图。在涉及辐射热传递的情况时,继续采用下标 r。

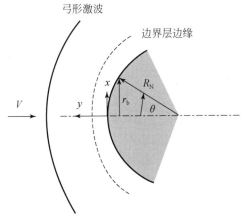

图 9.4 滞止点区域与坐标系示意图(未按比例),x 轴沿物体方向,y 轴垂直于 x 轴

式(9.19)方括号内的项表示滞止点区域内发生的平衡化学反应的效应,有

$$Pr = \frac{\mu c_p}{k}$$

$$Le = \frac{\rho D_{12} c_p}{k}$$

$$h_D = \sum_{i=1}^{n} (Y_{i,e} - Y_{i,w}) \Delta h_{f,i} \tag{9.20}$$

普朗特数 Pr 和刘易斯数 Le 为相似性参数,就如同雷诺数一样,它们分别表示摩擦相对于热传导的重要性以及组分扩散(混合)相对于传导的重要性。对于混合气体,研究的气体是空气,空气又可以看作二元混合物,即由两个组分构成的混合物:原子(O 或 N)和分子(O_2 和 N_2),详见前面的介绍。D_{12} 表示二元扩散系数,即组分 1 与组分 2 混合的能力。Y_i 和 $\Delta h_{f,i}$ 分别为存在组分(O、O_2、N、N_2)的质量分数和各组分的化学生成热。空气状混合的刘易斯数接近于 1,$Le \sim 1.4 Z^{-1.2}$,对于有人航天器轨迹的典型温度和压力,有 $Le^k - 1 \ll 1$,因此在初步设计中往往忽略掉化学反应项的影响。化学反应的效应,尤其是表面催化方面的,将在本章后面介绍。

滞止点上沿 x 轴,即沿物体表面的速度梯度,可采用下式计算:

$$\left(\frac{du_e}{dx} \right)_t = \frac{1}{\sqrt{R_N}} \sqrt{\frac{2(p_e - p_\infty)}{\rho_e}} \tag{9.21}$$

按牛顿近似法,对于圆柱体和球体,该梯度均为

$$\left(\frac{du_e}{dx} \right)_t \approx \sqrt{2\varepsilon} \frac{V_\infty}{R_N} \tag{9.22}$$

于是,式(9.19)给出的滞止点壁对流热传递可简化为

$$\dot{q}_w = \frac{0.678}{\varepsilon^{1/4}} \left(\frac{4}{3} \right)^j \left(\frac{C_w}{Pr} \right)^{0.1} \sqrt{\frac{\rho_\infty V_\infty}{R_N} \frac{\mu_e}{Pr}} (h_{t,e} - h_w) \tag{9.23}$$

其中,变量 $C_w = \dfrac{\rho_w \mu_w}{\rho_e \mu_e}$ 就称作 $\rho\mu$ 比或者 Chapman-Rubesin 因子,另外,普朗特数是依据边界层边缘条件计算的。飞行的空气密度和高度、激波后方的滞止点焓、物体半径一般都是给定的,于是可以根据 Rankine-Hugoniot 条件或者查平衡空气化学的相应激波表,计算得到跨激波的密度比。按照高超声速流的近似处理,法向激波背后非黏性流中的滞止点条件为

$$p_{t,e} \approx p_2 \approx \rho_1 u_1^2 = \gamma_\infty p_\infty Ma_\infty^2$$

$$h_{t,e} \approx h_2 \approx \frac{1}{2} u_1^2 = \frac{1}{2} \frac{\gamma_\infty p_\infty}{\rho_\infty} Ma_\infty^2 \tag{9.24}$$

其中,主要的未知数为滞止点区域气体的热动力学特性和壁焓。前者可通过查表得到,如第 8 章介绍的 Hansen(1959)编制的表。Yoshikawa(1969)提出了一种方法,它可大大简化所需热力学特性的计算,给出的滞止点热通量计算公式为

$$\dot{q}_w = \frac{(1.34)^j}{\varepsilon^{1/4}} \sqrt{\frac{\rho_\infty V_\infty}{R_N} \left(\frac{k}{c_p} \right)_{avg}} (h_{t,e} - h_w) \tag{9.25}$$

注意,二维滞止点时取 $j = 0$,轴对称滞止点时取 $j = 1$。$(k/c_p)_{avg}$ 值为积分值

$(0\sim T_{t,e}$ 范围的),可以证明,Yoshikawa 的结果可以用如下线性公式近似表示:

$$\left(\frac{k}{c_p}\right)_{avg}=\left[0.43+0.26\left(\frac{T_{t,e}}{1000}\right)\right]\left(\frac{k}{c_p}\right)_{ref} \qquad (9.26)$$

参考值为 $(k/c_p)_{ref}=5.5\times10^{-5}\,kg/(m\cdot s)$。正如第 8 章讨论的,定压比热会随温度而明显变化,所以必须根据式(9.24)的滞止点焓来计算滞止点温度。在图 9.5 中,利用式(9.25)算得的结果与式(9.19)的结果比较吻合,式(9.19)的结果通常被当做高超声速滞止点区域的对流热通量的标准。注意,在采用式(9.25)时,化学反应的影响假设是可忽略的。在低马赫数(即较低的滞止点温度)时,对于初步设计来说,这个假设是恰当的,不过还是最好采用式(9.19)进行更详细的计算。

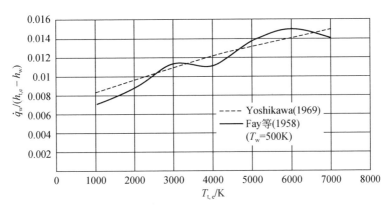

图 9.5 冷壁情况时,Fay 等(1958)的滞止点热传递结果与
Yoshikawa(1969)的结果的对比情况

现在唯一的问题变量就是壁焓,也可以说是壁温。在太空飞行一段时间后,轨道飞行器的表面是冷的。Hughes(1990)报道的 NASA 长期暴露设施数据,表明如果飞行器是缓慢自旋,让所有表面均等地处于阳光和阴影区内,飞行器表面的温度大约相当于平流层的温度或者稍高一点。

随着再入过程的持续,热通量会使表面温度升高,换言之, $h_w=h_w(t)$,热通量将会降低。因此,这是一个共轭热传递问题,即气体和物体内的热传递是耦合的。热传递与焓差 $h_{se}-h_w$ 成正比,但是热力学特性还取决于壁焓 h_w ,壁焓在再入过程中会升高。图 9.6 为壁焓对传热率与焓差之比的影响,图中可看出,影响一般,不过应当尽量将这种影响考虑进去。

如图 9.6 中 Fay 等(1958)的结果所示,冷壁和热壁的归一化壁热通量 $\dot{q}_w/(h_{t,e}-h_w)$ 几乎是相等的,Yoshikawa(1969)意识到这个现象,他采用的就是平均热力学特性,不但使用更方便,而且得到的结果与 Fay 等(1958)的结果相近。Yoshikawa(1969)还利用这个结果来研究冷却剂通过壁注入的问题,在这种情况

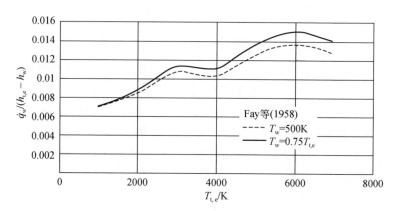

图 9.6　Fay 等的方法下,壁温对传热率焓差比的影响对比情况

下,热壁结果就必须经过修正。

9.4　半球头部周围的热传递

Lees(1956)介绍了高超声速飞行条件下半球头部周围热传递的变化规律。根据 White(2006)的文献,该规律表示为头部上任一点的对流热通量与滞止点热通量 $\dot{q}_{\rm w}(0)$ 之比,即

$$\frac{\dot{q}_{\rm w}(x)}{\dot{q}_{\rm w}(0)} = \frac{F(x)}{\sqrt{2^{j+1}\dfrac{{\rm d}u_{\rm e}}{{\rm d}x}}}$$

$$F(x) = \frac{\rho_{\rm e}\mu_{\rm e}}{\rho_{\rm t,e}\mu_{\rm t,e}}u_{\rm e}r_{\rm b}^{j}\left(\int_0^x \frac{\rho_{\rm e}\mu_{\rm e}}{\rho_{\rm t,e}\mu_{\rm t,e}}u_{\rm e}r_{\rm b}^{2j}{\rm d}x\right)^{-1/2} \tag{9.27}$$

Lees(1956)证明了,高超声速流中沿物体的以及沿半球头部边界层外的速度梯度明显随极角线性变化,于是

$$u_{\rm e} \approx \theta\left(\frac{{\rm d}u_{\rm e}}{{\rm d}\theta}\right)_{\theta=0} \tag{9.28}$$

根据图 9.4,有 $x=\theta r_{\rm b}$,因此很容易算出边界层外的速度梯度。Lees(1956)给出了如下形式的热传递分布表达式:

$$\frac{\dot{q}_{\rm w}(x)}{\dot{q}_{\rm w}(0)} = f(\gamma_\infty {\rm Ma}_\infty^2,\theta) \tag{9.29}$$

这里没有列出烦琐的 f 函数表达式。得到的结果据说在马赫数低到 2 时也是比较准确的,在马赫数等于 5 或更高时,结果已经不怎么取决于马赫数了。对于高马赫数,可以根据完全表达式推导出 f 的近似表达式,并得到如下较简单地以极角 θ 为函数的热传递分布表达式:

$$\frac{\dot{q}_w(\theta)}{\dot{q}_w(0)} = \frac{2\theta\sin\theta\cos^2\theta}{\sqrt{\theta^2 - \frac{1}{2}\theta\sin4\theta + \frac{1}{8}(1-\cos4\theta)}} \tag{9.30}$$

9.5 球形罩头锥周围的热传递

零攻角的尖头锥在附着激波马赫数时属于恒压表面情况。随着马赫数的增加,尖头处将承受极高的传热率;由于熔化或结构性破坏,要保持这种尖角是很难的。为了缓解这种效应,高速飞行场合下,圆锥形物体通常设有球形罩。已经证明,钝体滞止点的传热率为 $\dot{q}_w(0) \approx R_N^{-1/2}$,因此头锥尖点的不利加热会得到缓解。当然,圆柱钝头上的气流只有在远离头部的站点位置时才会恢复到恒压流,这使传热分布不再是等效尖头锥的分布。Lees(1956)也研究过这个问题,图 9.7 就是其示意图。沿等效尖锥表面量得的距离 x' 与沿球形罩锥表面量得的距离之间的关系为

$$\frac{x'}{R_b} = \cot\theta_c + \left[\frac{x}{R_N} - \left(\frac{\pi}{2} - \theta_c\right)\right] \tag{9.31}$$

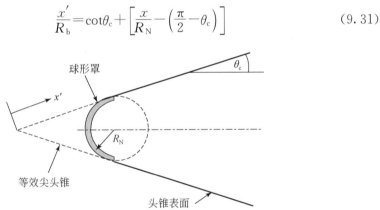

图 9.7 有球形罩的头锥示意图,画出了沿等效尖头锥量起的坐标

表面上任一点的热传递与滞止点热通量值之比为

$$\frac{\dot{q}_w(x')}{\dot{q}_w(0)} = A(\theta_c)\frac{x'}{R_N}\left[B(\theta_c) + \left(\frac{x'}{R_N}\right)^3\right]^{-1/2}$$

上式当 $x'/R_b \geqslant \cot\theta_c$ 时成立;Lees(1956)给出了函数 $A(\theta)$ 和 $B(\theta)$ 的详细表达式。对于高飞行马赫数,简化形式为

$$A(\theta_c) \approx \frac{\sqrt{3}}{2}\sin\theta_c\sqrt{\frac{\pi}{2} - \theta_c}$$

$$B(\theta_c) \approx \frac{3}{16}\frac{1}{\sin^4\theta_c}\left[\frac{D(\theta)}{\theta}\right]_{\theta=\frac{\pi}{2}-\theta_c} - \cot^3\theta_c$$

$$D(\theta) \approx \theta^2 - \frac{1}{2}\theta\sin4\theta + \frac{1}{8}(1-\cos4\theta) \tag{9.32}$$

9.6　再入飞行器的热防护层

滞止点对流传热率可以表示为

$$\dot{q}_w = \dot{q}_w(\rho_\infty, V_\infty, R_N, \varepsilon) \tag{9.33}$$

再入期间,冷壁对流传热率的简化关系式[如 Sutton 等(1971)关系式]的形式为

$$\dot{q}_w = K\sqrt{\frac{\rho_\infty}{R_N}}V_\infty^3 \tag{9.34}$$

其中,K 为常数,它取决于采用的单位以及所穿越的大气。对于地球大气和国际制单位,有 $K = C_{s\text{-}g} = 1.742 \times 10^{-8}$。图 9.8 为类似于航天飞机轨道器的再入轨迹的速度-高度关系,图 9.9 为式(9.34)算出的相应滞止点传热率。这些结果就是近地轨道典型再入时的滞止点热传递形状和大小情况。图 9.10 为航天飞机 STS-2 和 STS-3 轨迹上特定点的航天飞机迎风面中心线上的传热率飞行试验数据。

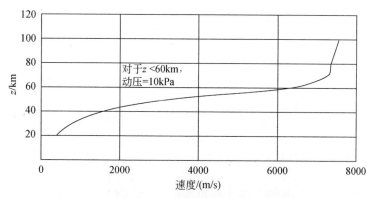

图 9.8　典型有人再入的速度随高度的变化情况

当指定了大气时,再入轨迹提供了速度 V 和高度 z 以及密度的瞬时信息。该轨迹还可提供随时间和空间变化的信息,由于

$$\frac{\mathrm{d}z}{\mathrm{d}t} = V\sin\gamma \tag{9.35}$$

因此,就知道滞止点采用的对流热传递是时间的函数,即 $\dot{q}_w = \dot{q}_w(t)$。就如本章开篇讲到的,对于月球或星际飞行的返回再入,辐射热传递也很重要。流入热防护屏内的传导热,采用式(9.36)的热传导公式计算。这里只关注一维热传导的情形,即

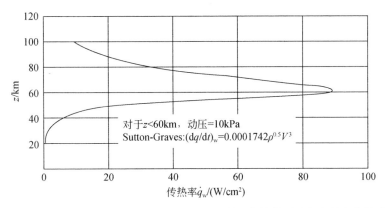

图 9.9　式(9.34)给出的图 9.8 所示轨迹上的滞止点热传递随高度的变化情况，
结果采用的单位为 W/cm² ，而不是 W/m²

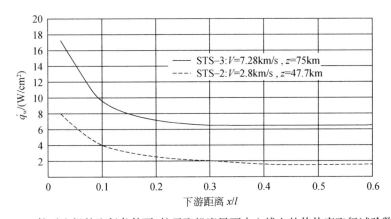

图 9.10　航天飞机的飞行条件下，航天飞机迎风面中心线上的传热率飞行试验数据

热量沿热防护层表面垂直传入热防护屏。

$$\rho c \frac{\partial T}{\partial t} - \frac{\partial}{\partial}\left(k\frac{\partial T}{\partial x}\right) - \frac{\partial}{\partial y}\left(k\frac{\partial T}{\partial y}\right) - \frac{\partial}{\partial z}\left(k\frac{\partial T}{\partial z}\right) = 0 \tag{9.36}$$

式(9.36)所示的材料特性为：热防护屏材料密度 ρ 、热防护层比热 c 、热防护层材料导热率 k 。在图 9.11 中，y 的正方向如图中所示，指向热防护层，材料表面为 $y=0$ 。

9.6.1　具有恒定热传递的热沉热防护屏

最简单的情况就是材料特性是恒定不变的，这时一维热传递方程就变为

$$\frac{\partial T}{\partial t} - \alpha \frac{\partial^2 T}{\partial y^2} = 0 \tag{9.37}$$

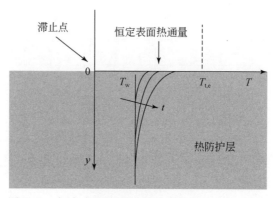

图 9.11　恒定表面热通量的半无限热防护屏示意图

其中，$a=k/(\rho c)$ 为热防护层材料的散热系数。同样，为了简化起见，假设热防护层是半无限固体，即在大气再入开始时处于均匀温度 $T_{w,i}$，如图 9.11 所示。依据这种简化情形，并认为热防护层表面上的传热率 $\dot{q}_w$ 是恒定的，且热防护层材料不会相变，也不会在加热过程中辐射热量，则可以确定整个热防护屏材料上随时间而变化的温度分布情况。所描述的这种情况隐含了如下边界条件：

$$T(y,0)=T_{w,i}$$

$$\left(\frac{\partial T}{\partial y}\right)_{y=0}=-\frac{\dot{q}_w}{k}=\text{constant} \tag{9.38}$$

无限平板的这个假设隐含了 $T(\infty,t)=T_{w,i}$。于是，温度分布的公式为

$$T(y,t)=T_{w,i}(y,0)+\frac{\dot{q}_w}{k}\left[\sqrt{\frac{4\alpha t}{\pi}}\exp\left(-\frac{y^2}{4\alpha t}\right)-y\left(1-\text{erf}\frac{y}{\sqrt{4\alpha t}}\right)\right] \tag{9.39}$$

其中，$\text{erf}(x)$ 表示误差函数。

注意，在表面（$y=0$）处，壁温的变化情况为

$$T(0,t)=T_{w,i}(y,0)+\dot{q}_w\sqrt{\frac{4}{\pi}\frac{t}{\rho ck}} \tag{9.40}$$

如果给材料赋以最高温度 T_m，则可承受的最大恒定热通量为

$$\dot{q}_{w,\max}=0.886\frac{\sqrt{\rho ck}\,(T_m-T_{w,i})}{\sqrt{\Delta t}} \tag{9.41}$$

因为最高温度基本上是随意的，如等于熔解温度、强度明显降低的温度，或者取其他合适的设计值，所以热沉的重要材料参数为 $\sqrt{\rho ck}$。图 9.12 给出了表 9.3 中各材料的 $\sqrt{\rho ck}$ 参数随散热系数 α 的变化情况。

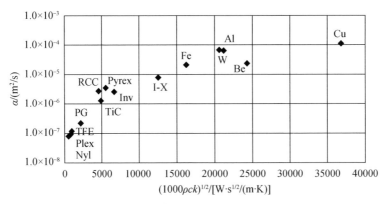

图 9.12　热沉参数 $(1000\rho ck)^{1/2}$ 与散热系数的关系, 材料的符号见表 9.3

表 9.3　各种航天材料的热特性

材料	符号	$\rho/(\mathrm{kg/m^3})$	$c/[\mathrm{kJ/(kg \cdot K)}]$	$k/[\mathrm{W/(m \cdot K)}]$	$(1000\rho ck)^{1/2}/$ $(\mathrm{W \cdot s^{1/2}/m^2})$
铍	Be	1840	2.72	118	24302
铝	Al	2800	0.94	171	21181
铁	Fe	7860	0.45	75.0	16287
铜	Cu	8930	0.39	390	36854
钨	W	19300	0.13	170	20653
X 型铬镍铁合金	I-X	8303	0.54	35.3	12581
碳化钛	TiC	4930	0.88	5.64	4947
镍铁合金	Inv	8000	0.52	10.9	6737
康宁耐高温玻璃	CP	2096	1.40	10.7	5582
热解石墨	PG	2200	2.13	1.05	37494
增强碳-碳复合材料	RCC	1655	1.67	7.64	4595
特氟龙	TFE	2213	1.24	0.247	822
有机玻璃	Plex	1161	1.77	0.164	581
尼龙	Nyl	1133	2.51	0.336	978
铝增强隔热栅	AETB	192	0.63	0.064	88
软木	软木	150	2.01	0.043	114

　　热防护层表面温升取决于 ρck 的大小和流入的传热率。表 9.3 为再入可用的若干材料的相关特性, 资料取自不同来源, 包括 Williams 等 (1992) 的汇编资料。材料特性一般随温度而变, 这里尽量摘录了最大工作温度及其附近温度时的特性。而且, 合成材料的导热率通常是各向异性的, 层的垂直方向导热率要低得多。就如

Williams 等(1992)提供的数据所表明的那样,绝热材料的导热率通常取决于压力与温度。

式(9.40)表明,表面温度随 $t^{1/2}$ 的增加而升高,并且对于某一传热率,温升的幅度将由 ρck 的值决定。为了维持较低的表面温度,ρck 值应当较大,暴露时间应当较短。表 9.3 所示材料特性表明,金属材料,尤其是铜和铝,是不错的热沉材料。

如 6.6.3 小节所述,阿波罗太空舱再入期间的总热负荷大约为 $30kJ/cm^2$,持续约 600s,产生的平均传热率约为 $50W/cm^2$($500kW/m^2$)。在这种热负荷下,按式(9.40)算得的最后表面温度大约为图 9.13 所示的 10 种代表性热沉材料的值。其中几种金属的表面温度低于其熔解温度,其他则超过了。图 9.13 还显示了热防护层板的面密度 ρl(单位为 kg/m^3),在 $t=600s$ 的飞行期结束时,背面的温度随意设为比面板初始温度 $T_{w,i}=20℃$ 高出 $200℃$。不妨计算一下,看看最小直径的有人航天器(水星号太空船)的情况,其直径为 1.89m,于是热沉面积为 $2.8m^2$。未超过熔解温度的材料中,最小面密度是碳化钛,约为 $300kg/m^2$,得到的热沉质量约为 840kg,占到了太空舱总质量的一半以上。这是一种金属陶瓷,即陶瓷金属合成材料,不仅用在热防护屏材料中,还在金属切割行业中用来代替钨。

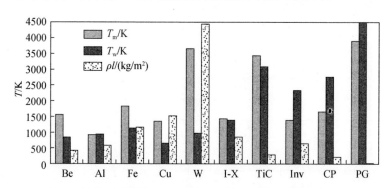

图 9.13　600s 的再入时间,恒定传热率为 $50W/cm^2$ 时,几种材料的熔解温度和表面温度。面密度 ρl 依据 $y=l$ 的长度,温度 $T=T_{w,i}+200℃$

这种理想化的半无限板热防护层是为了表明一维热传递过程的基本性质。显然,要实现这种理想化,热防护层的实际质量将比书中所述的还要大得多,在书中所述情况中,在温度达到预定条件的那一点人为截掉热防护层。不过,还是可以根据不同材料在相同环境下的相对表现情况得出一些结论。例如,会发现殷钢、康宁硼硅酸玻璃、钨是不可用的,因为在飞行中前两者会熔化,而最后一个又太重,不适合用作高效飞行物件。殷钢是铁镍合金,在较大温度范围内具有很高的尺寸稳定性,是很好的航天材料。铝和因科镍合金 X 则勉强可用,而铝在 $T>450K$ 时强度将明显损失,因此是不适合的。因科镍合金是镍-铬超级合金,广泛用于北美 X-15 试验太空飞机上,它能在高温下保持强度,在这种具体情形中,几乎能达到铝一样的轻质热防护屏质量。但是,因科镍合金 X 表面温度会上升到接近其熔解温度,因此也是不能用的。铁和铜都能满足表面温度安全地低于熔解温度这一基本要求,但是它们的金属热防护层材料的质量都太大。例如,如果水星号太空舱采用了其中任一种材料,质量将超过水星号太空舱本身的 1060～1360kg 的质量。只有铍热防护层才是能提供有效的热防护解决办法,但是其质量依然占到了太空舱总质量的一半。热解石墨重量较低,但是表面温度远高于其升华温度。

安全地降低质量是航天设计的首要问题,这也是发射装置设计的目的。由于质量太大,热沉材料不适合用在这种加热时间相对较长的有人航天器再入上。此外,根据式(9.39),导热率较差、热熔较低的材料,如铝增强隔热栅(AETB-12)刚性瓦(就像航天飞机机身上采用的)以及导弹上通常采用的软木材料会达到极高的表面温度,超出了它们的承受能力。这两种材料通常用作航天飞机的隔热材料,但是并不用作高传热热防护层材料。表 9.3 中的其他材料,如特氟龙、尼龙、增强碳-碳复合材料与热解石墨一样,在材料纯传热假设下会达到极高的温度。这些材料利用了其他传热机制,对于塑料来说采用了相变或烧蚀,而对于增强碳-碳复合材料则为热辐射,这将在后面加以介绍。

9.6.2　具有时变热传递的热沉热防护层

再入轨迹期间的实际加热率不会是 9.6.1 小节认为的那样是恒定的,而是如图 9.9 所示那样随时间而变。传热率在再入期间的中途附近达到最高,然后在航天飞机降落减速后降至较低水平。图 9.14 为这种典型再入滞止点对流热通量的总体特性。图 9.14 还显示实际加热曲线的线性近似。采用这种近似处理,滞止点对流热传递可表示为

$$0 \leqslant t \leqslant t_1 : \quad \dot{q}_w = \dot{q}_{w,max} \frac{t}{t_1}$$

$$t_1 \leqslant t \leqslant t_2 : \quad \dot{q}_w = \dot{q}_{w,max} \frac{t_2 - t}{t_2 - t_1}$$

热传导公式(9.37)也适用于一维不稳定传导与恒定材料性质,这种情况下的相应边界条件为

$$T(y,0) = T_{w,i} \tag{9.42}$$

$$-k \left(\frac{\partial T}{\partial y} \right)_{y=0} = \dot{q}_w(t) \tag{9.43}$$

Carslaw 等(1948)提出了这类一般问题的如下解:

$$T(y,t) = T_{w,i} + \frac{1}{k} \sqrt{\frac{\alpha}{\pi}} \int_0^t \frac{q_{c,w}(t-\tau)}{\sqrt{\tau}} \exp\left(-\frac{y^2}{4\alpha\tau}\right) d\tau \tag{9.44}$$

由于滞止点是最先熔化的地方,因此可以看看滞止点位置热防护层的温度历程,分析是针对热沉热防护层的,仅在熔点之前才成立。滞止点的表面温度为

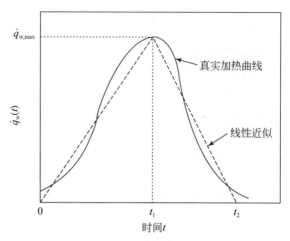

图 9.14　真实加热曲线的线性近似

$$T(0,t) = T_{w,i} + \frac{1}{k}\sqrt{\frac{\alpha}{\pi}} \int_0^t \frac{q_{c,w}(t-\tau)}{\sqrt{\tau}} d\tau \tag{9.45}$$

对于线性近似,这两个区间的 $\dot{q}_w(t-\tau)$ 值为

$$\dot{q}_w(t-\tau) = \dot{q}_{w,max} \frac{t-\tau}{t_1}$$

$$\dot{q}_w(t-\tau) = \dot{q}_{w,max} \frac{t_2-t+\tau}{t_2-t_1} \tag{9.46}$$

在最终 $t=t_2$ 时刻,最大热量已经传递给表面了,这时,采用式(9.46)中的定义对式(9.45)进行积分,得到

$$\sqrt{\frac{\pi}{\alpha}} \frac{k}{\dot{q}_{w,max}} [T(0,t_2)-T_{w,i}] = \frac{4}{3}\sqrt{t_1} + \frac{2}{3}\frac{t_2^{3/2}-t_1^{3/2}}{t_2-t_1} \tag{9.47}$$

得到的结果就是用飞行历时 t_2(单位为 s)和最大传热率 $\dot{q}_{w,max}$ 表示的滞止点表面温度。作为例子,看看对称热脉冲的情况,其中 $t_2 = \Delta t$,$t_1 = \Delta t/2$。利用式(9.47),可以求出引起表面开始熔化的最大值 $\dot{q}_{w,max}$ 等于

$$\dot{q}_{w,max} = 0.98\sqrt{\frac{\rho c k}{\Delta t}}(T_m - T_{w,i}) \tag{9.48}$$

注意,可以利用式(9.41)(如果是恒定热通通量)和式(9.48)(如果是三角形脉冲通量)计算最大允许对流热通量,即把滞止点熔化或者使滞止点达到其他最高温度的热通量。这些公式用于相同的热通量历时中,如图 9.15 所示,得到两种情形下的最大容许热通量之比等于

$$\frac{\dot{q}_{w,max,const}}{\dot{q}_{w,max,pulsed}} = \frac{0.89}{0.98} = 0.91 \tag{9.49}$$

因此,尽管整个时间区间中都采用了恒定热通量,但是它也只比脉冲情形下的

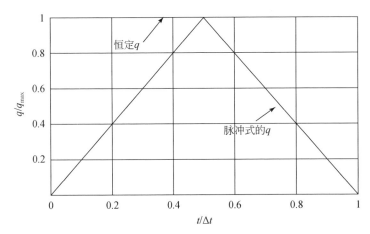

图 9.15　两种不同的热通量分布:恒定与三角脉冲;持续时间均为 Δt。
各热通量分布均按照各自的峰值进行了归一化处理

最大热通量约低 10%。表明滞止点最高温度受到施加的热通量最大值的影响更大,而不是热通量脉冲的形状。图 9.16 为这两种情形下无量纲的滞止点温度差异随时间的变化情况,其中

$$\Delta T^* = \frac{T(0,t) - T_{\mathrm{w,i}}}{\dot{q}_{\mathrm{w,max}}\sqrt{\dfrac{4\Delta t}{\pi \rho c k}}} \tag{9.50}$$

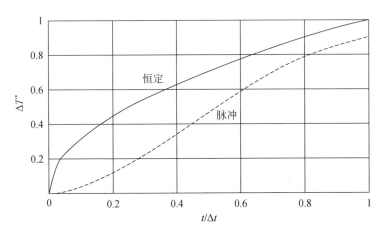

图 9.16　图 9.15 所示两种不同滞止点热通量分布情况下,用式(9.50)
计算得到的无量纲温度差异随无量纲时间的变化情况

对于恒定热通量的情形,式(9.50)的无量纲形式为

$$\Delta T^* = \sqrt{\frac{t}{\Delta t}}$$

对于脉冲热通量情形,在 $0 \leqslant t \leqslant t_1$ 区间,有

$$\Delta T^* = \frac{4}{3} \left(\frac{t}{\Delta t}\right)^{\frac{3}{2}}$$

对于脉冲热通量情形,在 $t_1 \leqslant t \leqslant t_2 = \Delta t$ 区间,有

$$\Delta T^* = \frac{2}{3} \left\{ 2^{-\frac{1}{2}} + 3\left(1 - \frac{t}{\Delta t}\right) \left[\left(\frac{t}{\Delta t}\right)^{\frac{1}{2}} - 2^{-\frac{1}{2}}\right] + \left[\left(\frac{t}{\Delta t}\right)^{\frac{3}{2}} - 2^{-\frac{3}{2}}\right] \right\}$$

注意,如果式(9.50)中采用 $\Delta T^* = \Delta T_m^*$,对于熔解温度 $T_m(0,t)$ 来说是恰当的,那么有 $\Delta T^*_{m,pulsed} = 0.90 \Delta T^*_{m,constant}$,这是因为如式(9.49)所表明的那样,脉冲情形所能承受的峰值热通量高于恒定热通量情形(后者一直处于峰值水平)。

此外,可以求热通量在整个加热期间的积分,则热防护层吸收的总热量为

$$Q = \int_0^{\Delta t} \dot{q}_w(\tau) d\tau \tag{9.51}$$

故比值为

$$\frac{Q_{const}}{Q_{pulsed}} = \frac{\dot{q}_{c,w,max,const} \Delta t}{\dot{q}_{c,w,max,pulsed} \dfrac{\Delta t}{2}} = 1.82 \tag{9.52}$$

这表明在恒定热通量情形下,吸收的热量比脉冲情形下高出约 80%。故总热负荷更容易受到脉冲形状的影响,而不是施加的最大热通量。

9.6.3　对流传热

除了在滞止点绝热激波加热气体引起的传向表面的恒定热传递,还可以看看在太空飞机更宽表面上的摩擦加热引起的对流热传递情况。这时,流入壁的热传递可以用传热系数表示为

$$-k \left(\frac{\partial T}{\partial y}\right)_w = C_h(T_{aw} - T_w) \tag{9.53}$$

其中,假设边界层边缘的滞止点温度是恒定的,表面温度 $T_w = T_m(0,t)$ 是变化的。这种情况下,解可以写成

$$\frac{T(y,t) - T_{w,i}}{T_{aw} - T_{w,i}} = 1 - \mathrm{erf} \frac{y}{2\sqrt{\alpha t}} - \left[\exp\left(\frac{C_h y}{k} + \frac{C_h^2 t}{\rho c k}\right)\right] \left[1 - \mathrm{erf}\left(\frac{y}{2\sqrt{\alpha t}} + \sqrt{\frac{C_h^2 t}{\rho c k}}\right)\right]$$

表面温度的变化为

$$\frac{T_w - T_{w,i}}{T_{aw} - T_{w,i}} = 1 - \left(\exp \frac{C_h^2 t}{\rho c k}\right)\left(1 - \mathrm{erf}\sqrt{\frac{C_h^2 t}{\rho c k}}\right) \tag{9.54}$$

求出表面温度,其情况见图 9.17。解中再次出现了参数 $\rho c k$,其值越大,表面温度上升得越慢。

可以假设表面加热的特征时间等于

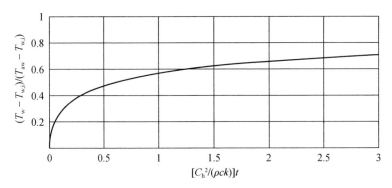

图 9.17　固定传热系数 C_h 下，由对流引起的表面温升随时间的变化情况

$$\tau = \frac{\rho c k}{C_h^2}$$

对于典型的有人再入、传热率约在 $10\,\mathrm{W/cm^2} = 10^5\,\mathrm{W/m^2}$、温差在 $O(10^3)\,\mathrm{K}$ 的情况，传热系数 C_h 必定在 $10^2\,\mathrm{W/(m^2 \cdot K)}$ 左右。表 9.3 中的材料，其 $(\rho c k)^{1/2}$ 值为 $10^2 \sim 4 \times 10^4\,[\mathrm{W \cdot s^{1/2}/(m^2 \cdot K)}]$，因此特征时间 $C_h^2/\rho c k$ 的相应范围为 1（对于轻质低导热耐火材料如 AETB）$\sim 1.6 \times 10^5\,\mathrm{s}$（对于重型高导热金属，如铜）。这是个半无限板模型，所以时间常数是概念性的，不过也揭示了材料特性的重要性（图 9.17）。

从论述中可以看出，可以承受高温的轻质耐火材料不会被烧蚀，因此可以重复利用，这些材料可用于对流受热表面，如航天飞机轨道器的迎风面机身和机翼（图 9.10），而且机身和机翼确实采用了主要由矾土制成的 AETB。

这里的传热系数与斯坦顿数有关（详见 9.7 节内容），具体为

$$C_h(T_{aw} - T_{w,i}) = \rho_e u_e St(h_{aw} - h_{w,i}) = \rho_e u_e \bar{c}_p St(T_{aw} - T_{w,i})$$

对于高超声速飞行中经常遇到的高温，边界层中空气的比热不是恒定的，而应当采用相应的加权值，这里为 $\bar{c}_p$。通过雷诺相似（详见 9.7 节的讨论），可以大概了解 C_h 的大小为

$$C_h = \rho_e u_e \bar{c}_p St = \rho_e u_e \bar{c}_p \frac{c_f}{2Pr_e^m} \approx \frac{1}{2} c_f Re_x \left(Pr_e^{1-m} \frac{\bar{c}_p}{c_{p,e}} \right) \frac{k_e}{x}$$

第 8 章讨论了边界层与热力学特征，这些特征表明上式圆括号内的数值可能在 1 或 2 左右，而积 $c_f Re_x$ 的值为 $O(10^2)$（若是平板上流过的层流）$\sim O(10^4)$（若是湍流）。注意，这表明对流传热大约等于

$$C_h(T_{aw} - T_{w,i}) \approx k_e \frac{T_{aw} - T_{w,i}}{x} c_f Re_x$$

高温下，空气的传热率为 $O(10^{-1})\,\mathrm{W/(m \cdot K)}$。层流中，典型的顺流方向距离 $x = O(1)\,\mathrm{m}$，则有 $k_e/x \approx O(10^{-1})\,\mathrm{W/(m^2 \cdot K)}$，得 $C_h(T_{aw} - T_{w,i}) = O(10^4)\,\mathrm{W/m^2}$。

对于距离 $x=O(10)\,\mathrm{m}$，这时边界层可能属于湍流态，有 $C_\mathrm{h}(T_\mathrm{aw}-T_\mathrm{w,i})=O(10^5)$ $\mathrm{W/m^2}$。这些数字与图 9.10 所示航天飞机轨道器的测得值一致。

9.6.4　具有恒定热传递的有限板热沉热防护层

以上讨论中，假设热沉是半无限平板热防护层材料。现在来看看更实际的情形：长度为 l 的靠在绝热背板上的板材。式（9.38）中的初始条件和正面边界条件依然成立，但是背面的边界条件现在变为没有热传递，即 $\dot{q}(l,t)=-k\left(\dfrac{\partial T}{\partial y}\right)=0$。这个问题的解为

$$T=T_\mathrm{w,i}+\dot{q}_\mathrm{w}\,\frac{l}{k}\left[\frac{\alpha t}{l^2}+\frac{1}{2}\left(\frac{y}{l}\right)^2-\left(\frac{y}{l}\right)+\frac{1}{3}-\frac{2}{\pi^2}\sum_{n=1}^{\infty}\left[\frac{\cos(n\pi x/l)}{n^2}\right]\exp\left(-n^2\,\pi^2\,\frac{\alpha t}{l^2}\right)\right]$$

$$(9.55)$$

对于 $\alpha t/l^2>O(1)$，正面的温升可用下式近似表示：

$$\frac{T-T_\mathrm{w,i}}{\dot{q}_\mathrm{c}}\approx\left(\frac{t}{\rho c l}+\frac{l}{3k}+\cdots\right)$$

这里，可以看出，好的热沉材料必须同时具备较大的单位体积热容 ρc 和导热系数 k，而在半无限板中，只需要积 $\rho c k$ 较大即可。当然，如果 ρc 和 k 都较大，则积 $\rho c k$ 也较大，因此从图 9.12 上依然能看出哪些材料适合用作热沉。考虑具有相同热通量（$50\mathrm{W/cm^2}$）和初始材料温度的无限板模型，可得到如图 9.18 所示的结果。

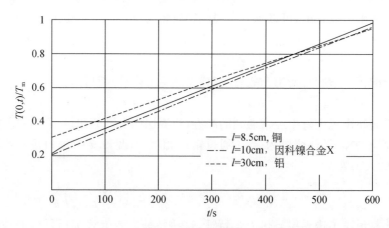

图 9.18　600s 的飞行中，$50\mathrm{W/cm^2}$ 下，不同材料和厚度有限板的正面温度与熔解温度之比

其中，选择的板厚刚好可以使正面最终温度接近熔解温度，从而便于对比材料。碰巧的是，这三种金属板，尽管厚度各异，但是单位面积质量都约为 $800\mathrm{kg/m^2}$。图 9.19 给出了背面（假设为绝热的）的温度历程。可以看出，只有铜板在背面和正面都很接近熔解温度，但是因科镍合金 X（其散热系数要小得多）和铝（其厚度要大

得多)则不同。

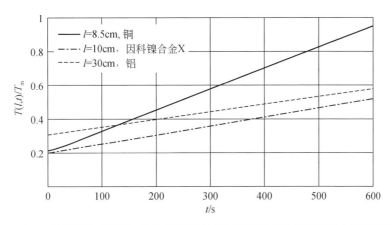

图 9.19　600s 的飞行中,50W/cm² 下,不同材料和厚度有限板的背面温度与熔解温度之比

从图 9.20 中可以看到配有绝热背板的 8.5cm 铜板正面温度历程与前面半无限铜板的对比情况。两者的初始温度均为 $T_{w,i}=20℃$,接受恒定的 50W/cm² 的热通量。在飞行的头 50s 期间,特性几乎是一样的,其后,绝热背面使有限平板热沉聚集热量,从而提高了整块板的温度。在半无限板中,其散热系数使热量流经半无限板,温度也因此变得上升缓慢许多。背面热通量的处理方式很大程度上决定了整个热防护层的性能。

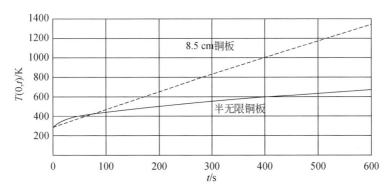

图 9.20　配有绝热背板的 8.5cm 板与半无限铜板的正面温度对比情况,
两者的初始温度均为 $T_{w,i}=20℃$,接受的恒定热通量均为 50W/cm²

热沉热防护层的优点是简单可靠,其材料特性被大家熟知,这样就能获得较高的设计置信度。由于飞行中没有损失热沉材料,因此热沉热防护层一般可以重复使用。这类系统的主要缺点是太重,因此它们只用在航天器热负荷较低的部位。

9.6.5 恒定传热烧蚀热防护层

如果对于热沉 TPS 来说,传热率太高,使热防护层材料熔化掉,则可以考虑利用烧蚀 TPS。最简单的情况就是熔化或升华烧蚀体。烧蚀体利用了自己的熔化潜热来提升 TPS 的性能。图 9.21 为前缘或头部烧蚀 TPS 的示意图。在对流加热影响下,滞止点区域升温,直至达到熔解温度或升华温度为止。这时发生相变,热防护层材料的熔化或升华中会吸收熔化潜热,这会降低流入热防护层的热通量,进而降低热防护层的热负荷。边界层的摩擦会吹走升华蒸汽,可以掠走部分甚至全部液态的熔化层。

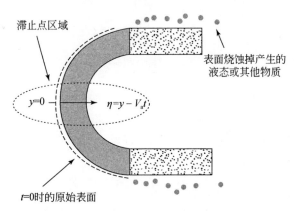

图 9.21　烧蚀 TPS,其中的活动坐标系固定在高热通量滞止点区的消退表面上

为了关注主要效应,继续把滞止点区域理想化为半无限板,由于熔解或升华温度(用 T_m 表示)引起的相变,其正面以速度 V_a 消退。流入材料的热传递控制方程依然是式(9.37),设热传递为一维的,材料特性维持恒定。不妨进行坐标变换,如图 9.22 所示,可以把 y 轴固定在熔化表面上,随着边界层摩擦把熔化或升华材料不断吹走,这个表面会消退,把新的固态材料露到气流中来。

当表面温度达到溶解或升华温度时,烧蚀过程即开始,根据式(9.40),这个开始时间为

$$t_m = \frac{\pi}{4} \rho c k \frac{T_m - T_{w,i}}{\dot{q}_w}$$

滞止点区域的新坐标系可用如下关系表示:

$$\eta = y - V_a t \tag{9.56}$$

把该坐标变换用于式(9.37),得到如下公式:

$$\frac{d^2 T}{d \eta^2} + \frac{V_a}{\alpha} \frac{dT}{d\eta} = 0 \tag{9.57}$$

其中,边界条件为加热过程把消退表面维持在溶解或升华温度 T_m,而远离表面的

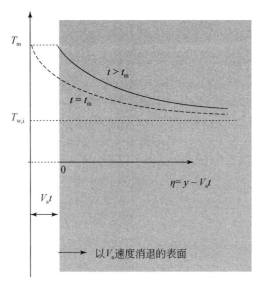

图 9.22 半无限板示意图,其正面以速度 V_a 消退,图中显示了烧蚀开始及以后的板内温度剖面

内部材料还是处于初始壁温 $T_{w,i}$,即

$$T(0) = T_m$$
$$T(\infty) = T_{w,i} \tag{9.58}$$

式(9.57)的解是一个指数函数,插入边界条件后,温度分布变为

$$\frac{T - T_{w,i}}{T_m - T_{w,i}} \exp\left(-\frac{V_a}{\alpha}\eta\right) = \exp\left(-\frac{V_a}{\alpha}y + \frac{V_a^2}{\alpha}t\right) \tag{9.59}$$

为了利用这个公式,就需要知道表面的消退速度。在分析中,假设入射传热率是恒定的,根据表面的能量平衡要求,流向表面的传热($\eta = 0$ 或者 $y = V_a t$)必须等于传入材料内的热量与材料溶解或升华所吸收的热量之和,可以表示为

$$\dot{q}_w = \left(-k\frac{dT}{d\eta}\right)_{\eta=0} + \rho V_a L_m \tag{9.60}$$

其中,ρ 和 L_m 分别为 TPS 材料熔解和升华潜热。热传递项可以由式(9.59)计算得到,于是表面消退速度 V_a 可以根据式(9.60)算出,得

$$V_a = \frac{\dot{q}_w}{\rho[L_m + c(T_m - T_{w,i})]} \tag{9.61}$$

表面消退速度为 V_a,材料烧蚀的损失质量通量等于 ρV_a,两者都可用式(9.61)算得。还可利用式(9.61)来计算通常所说的有效烧蚀热,其定义为

$$H_{eff} = \frac{\dot{q}_w}{\dot{m}_a} = \frac{\dot{q}_w}{\rho V_a} = [L_m + c(T_m - T_{w,i})] \tag{9.62}$$

在早期的大气再入 TPS 研究中,觉得有效烧蚀热很便于对比不同材料的热防护性。把样品置于已知加热环境下,检测材料的消耗速度,这种方式便于检测,因

此是很简便的材料有效烧蚀热指标。

不过,对于式(9.61)还有一个方式就是求解 $\dot{q}_{w,s}$,即实际传入固态板的热量:

$$\dot{q}_{w,s}=-k\left(\frac{\partial T}{\partial y}\right)_{w,s}=-k\left(\frac{\mathrm{d}T}{\mathrm{d}\eta}\right)_{\eta=0}=\dot{q}_w\left[1-\frac{1}{1+c(T_m-T_{w,i})/L_m}\right]$$

上式表明,热防护层承受的热通量的降低幅度取决于材料在熔解或升华温度时的热量与熔化潜热之比。图 9.23 给出了不同材料表面有无烧蚀时的热传递之比。

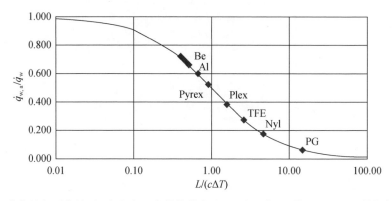

图 9.23　有烧蚀与无烧蚀时,流向表面内的传热之比 $\dot{q}_{w,a}/\dot{q}_w$ 随 $L_m/[c(T_m-T_{w,i})]$ 的变化情况,其中 $T_{w,i}=20℃$,没有标签的紧密排列的数据是指其他金属的情况

可以看到,对于密度、比热、熔点、热容较高的材料,消退速度较低,热量进入物体的深度也较浅。因此,具有这种特征的材料容易制成良好的烧蚀热防护层 TPS。注意,分析中假设表面具有恒定的热通量,假设材料是足够厚的,这样可以认为热防护层就是半无限板,即 $l\gg V_a t$。另外,还隐含假设所有烧蚀材料都脱离表面,没有与外部气流产生相互作用。

9.6.6　热防护层热防护的质量转移

利用热防护层材料的溶解热来提供热防护,还意味着可以进一步利用热防护层材料的汽化热。显然,穿过表面向边界层注入冷却剂,这增加了边界层的厚度,同时降低了表面摩擦和热传递,进而降低了速度和热梯度。此外,注入的气体可以处于较低温度,从而进一步冷却边界层流体,或者注入气体也可以与边界层气体产生化学反应。除了经过表面向边界层注入外部气体外,还可以让熔化材料加热到其汽化温度,从而带走表面热量。图 9.24 是表面热防护采用的部分质量转移方法的示意图。

(1) 固态表面材料的升华或熔化。完全熔化脱离这种升华或熔化是最简单的情形,前面已讨论过。

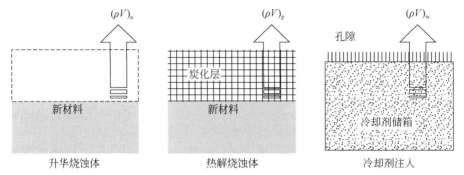

图 9.24　利用气态物质转移的一些表面热防护方法,改善表面散热

(2) 熔化表面材料的汽化。这里,在固态材料和进入边界层气流的汽化材料之间会有一层熔化的材料。

(3) 在填充料被烧蚀的地方,表面材料的热解会使基质材料被边界层气流氧化,形成多孔炭化层,这会给余下的固态材料提供新的隔热保护。

(4) 通过孔隙表面直接注入冷却气体或液体,通常分别称作蒸腾和薄膜冷却。

表面上的熔解/升华、热解、蒸腾质量传递方式达到热平衡条件,就可得出如下结果:

$$(\rho V_a)_a H_{\mathrm{eff}} = (\rho V)_p H_{\mathrm{eff,p}} = (\rho V)_w (h_i - h_w) = \dot{q}_w \tag{9.63}$$

正如前所述,H_{eff} 就是表示入射热通量与流入边界层的质量通量之比。在式(9.63)中,为了表示热防护过程具体细节的不同,对不同的情况进行了区分:熔化或升华烧蚀(下标 a)、热解(下标 p)、通过多孔壁的气体直接注入(下标 w),但是它们的基础都是共同的。

烧蚀过程中,除了相变吸热外,质量还会向边界层内迁移。为了对边界层的气体注入效果有个概念性理解,现在来看看 Kays 等(2005)介绍的结果,这些结果具有较广的适用性。为简化起见,首先来看恒压流的情况。多孔表面气体注入产生的对热通量和表面摩擦系数的影响(两者的雷诺数相同,都是基于 x 距离的)可以表示为

$$\frac{\dot{q}_w}{\dot{q}_{w,0}} = \frac{b_h}{\exp b_h - 1} \tag{9.64}$$

$$\frac{c_f}{c_{f,0}} = \frac{b_f}{\exp b_f - 1} \tag{9.65}$$

其中,所谓的吹扫参数 b_h 和 b_f 分别为

$$b_h = \frac{\rho_w V_w / (\rho_e u_e)}{St_0} \tag{9.66}$$

$$b_f = \frac{\rho_w V_w / (\rho_e u_e)}{c_f / 2} \tag{9.67}$$

其中,ρ_w为注入气体的密度;V_w为表面的法向速度分量;下标零表示零注入的情况,即 $b_h=0,b_f=0$。如果与恒定自由流速度的情形进行对比,在具有相同的基于顺流向 x 距离的雷诺数时,式(9.64)、式(9.65)与试验数据非常吻合。对于注入和非注入情形,式(9.64)都是按相同 k_e、T_w、$T_{a,w}$ 计算的。当摩擦系数趋于零且边界层几乎被吹离表面时,对于较大的吹扫值会出现一个极限情形,这与不利压力梯度下边界层分离的情形相似。"吹脱"的两个常用大致准则为:如果 $\rho_w V_w/(\rho_e u_e)=0.01$ 且/或 $b_f=4.0$,则可以比较有把握地认为已经吹脱了。

　　应当注意的是,有效烧蚀热不属于材料特性,而是材料在再入加热环境下的 TPS 性能指标。因此,试验值包括热容、溶解、汽化,还可能包括其他效应,如热辐射、化学反应、前面讨论过的质量转移。常用的 TPS 材料为热解烧蚀体,有时也称作炭化烧蚀体。它们主要是有机物,在贫氧环境中被加热时会分解为炭化物质和气体。通常如图 9.24 所示,把它们置于基质物上,受热后被汽化,留下已炭化的物质,炭化后的密度一般只有甚至还不到原始材料的一半,炭化后的物质又可充当余下原始材料的隔热材料。Tran 等(1997)的试验结果表明,Avcoat-5026 H/CG 的有效烧蚀热 H_{eff} 为 45000~70000kJ/kg。这是一种酚醛树脂,加装在蜂窝状的玻璃纤维基质中,阿波罗热防护屏中采用过,现在也用在猎户座 CEV 的热防护屏中。涉及的热通量范围包括 11km/s 阿波罗月球返航任务最大典型值 100W/cm² 以及本章后面将介绍的星尘太空舱再入 13km/s 的典型值 1000W/cm²。他们还在相同的宽热通量范围内(最高到 3400W/cm²)测试了浸有酚醛的碳烧蚀体(phenolic impregnated carbon ablator,PICA),对于 100W/cm² 热通量的情形,发现 PICA 的 H_{eff} 与 Avcoat 相当,但是对于 1000W/cm² 热通量的情形,PICA 的 H_{eff} 则高出了 2~3 倍。

　　以下是有效烧蚀热的通用表达式,其中包括因烧蚀引起的向边界层的质量注入效应:

$$H_{eff}\frac{b_h}{\exp b_h-1}\approx[L_m+c_s(T_m-T_{w,i})+0.65c_l(T_w-T_m)]+f[L_v+\beta(h_{t,e}-h_w)_{0a}]$$

(9.68)

其中,L_m 表示熔化潜热(熔解或升华);c_s 和 c_l 则分别表示固态和液态表面材料的比热;T_w 表示边界层流体界面处的液体温度。于是,式(9.68)第一对方括号内的第三项表示被边界层摩擦所带走的液态熔化层的效应。如果材料升华,就没有第三项。在式(9.68)的第二对方括号内,L_v 表示表面材料汽化潜热。f 表示被汽化掉的材料分数,对于汽化液体的直接注入,有 $f=1$,对于炭化烧蚀体,f 可以取为炭密度与原始材料密度之比。据 Dorrance(1962)报道,根据层流边界层计算以及湍流边界层试验可知,β 为范围为 1/6~2/3 的常数。滞止点与壁焓差的下标 0a 表示没有烧蚀的情况。可以发现,对于 $V>5km/s$,式(9.68)中方括号内的第二项是主导项。

　　图 9.25 为 Dorrance(1962)介绍的由 Adams(1959)开展的热防护层材料有效

烧蚀热大小的例子,其中材料由 30% 的酚醛树脂和 70% 的玻璃纤维基质组成。材料的试验结果与所示理论结果非常吻合。酚醛树脂溶解汽化掉后,留下了玻璃纤维基质,得到的 $f = 0.3$。酚醛树脂的汽化热取为 $L_v = 1745\,\text{kJ/kg}$,因子 $\beta = 0.49$,且采用了冷壁假设 $h_{t,e} \gg h_w$。在高马赫数下,可以设 $h_t \approx V^2/2$,另外注意 $1\,\text{kJ/kg} = 10^3\,\text{m}^2/\text{s}^2$。结果表明,式(9.65)中的汽化项在再入速度下确实是主导项,又因为热通量与 h_t 成正比,h_t/H_{eff} 是大致恒定的,所以烧蚀率也同样是比较恒定的。图 9.26 为第一 KH 系列侦察卫星的炭化烧蚀热防护层。图 9.26 所示的再入后热防护屏外观可与图 8.27 上的原始状态对比观察。

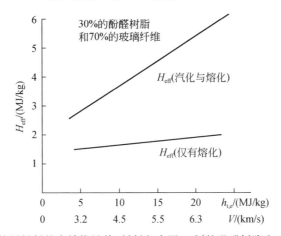

图 9.25　热防护层材料的有效烧蚀热,材料包含了 30% 的酚醛树脂和 70% 的玻璃纤维

图 9.26　首次 KH-4 科罗纳卫星任务的炭化烧蚀热防护层照片(NASA)

得到有效烧蚀热的试验数据后,就可计算表面特定热通量条件下的表面消退

量。图 9.25 所示数据表明，$H_{eff}=1.65h_{t,e}+2$，而特氟龙烧蚀体的试验表明 $H_{eff}=0.48h_{t,e}+0.24$，两者 h 的单位都采用 MJ/kg。利用式(9.63)，可以依据热通量、材料密度、有效烧蚀热计算出表面消退速度。求表面消退速度的积分，就得到表面消退量。

9.6.7　航天器表面的热辐射

前面的讨论表明，在再入期间，TPS 表面的温度会升高，发生烧蚀及材料损失。由于如此高的表面温度，表面当然会把热量又辐射回边界层和激波层。假设壁热通量为 $\dot{q}_w$，并且壁上只存在辐射热传递，在表面能量平衡下，稳态壁温将等于

$$T_w=\left(\frac{\dot{q}_w}{\varepsilon\sigma}\right)^{\frac{1}{4}}$$

其中，ε 表示表面的发射率；$\sigma=5.6704\times10^{-8}\,W/(m^2\cdot K^4)$ 是斯特藩-玻尔兹曼常数。表面的唯一限制是，材料要能承受住传热率产生的相应高温。因此，辐射热防护层几乎可以被动地一直持续工作在允许壁温下，而不会有质量损失，尤其适合于重复使用的再入系统。高温确实给内部的受力结构施加了约束，除非支承系统采用了隔热措施。辐射防护屏是受工作温度限制的，而不是总热负荷，因此它们尤其适合于中等 L/D 巡航场合。航天飞机轨道器的 RCC 头部和前缘以及其 AETB 就大量利用了辐射作用。

为了对特定热通量下，TPS 材料表面温度的热辐射效应有个概念性的了解，不妨看看有限厚度 RCC 板的情形，RCC 板的特性摘自 Williams 等(1992)报道的航天飞机计划热力学设计数据手册：$k=7.75W/(m\cdot K)$，$\rho=1655kg/m^3$，$c=1.47kJ/(kg\cdot K)$。给出的最大工作温度为 1371℃。假设板的背面是绝热的，板经历了如图 9.27 所示的两个加热历程：长的恒定热通量，如航天飞机再入；较短的阿波罗状三角形热通量脉冲分布。

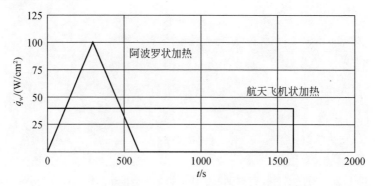

图 9.27　有限板一个面上的热通量历程，分别为阿波罗和航天飞机再入轨迹的典型情况

设板厚1cm，初始温度为22℃(295K)，于是 $T(y,0)=295K$。如图 9.27 所示，

在 $t=0$ 处,施加三角形或矩形分布的热通量,并维持一段时间。要求解的是正面温度,假设板的背面是绝热的。指向板内的距离用 y 表示,并假设气体对辐射是透明的,边界条件为

$$-k\frac{\partial T}{\partial y}(0,t)=\dot{q}-\varepsilon\sigma(T_w^4-T_\infty^4) \tag{9.69}$$

$$-k\frac{\partial T}{\partial y}(l,t)=0 \tag{9.70}$$

为了处理边界条件的非线性,需要借助计算方法。要说明的主要问题是,壁的热量再辐射降低了最高表面温度。

图 9.28 为 1600s 期间恒定热通量 $40W/cm^2$ 条件下,壁温随时间而上升的情况。这个热通量形状与历时类似于航天飞机轨道器再入的情形,并给出了 $\varepsilon=0$、0.7、0.9 时的解。在前 100s,壁温达到约 1500℃ 的平衡值(对于 $\varepsilon=0.7$)和约 1400℃ 的平衡值(对于 $\varepsilon=0.9$)。这个 RCC 样品的最高工作温度约为 1400℃,这大约等于 $\varepsilon=0.9$ 情形下达到的平衡温度。因此,RCC 材料可以用在重复使用太空飞机的 TPS 中,而且也确使用在航天飞机轨道器的头部和机翼前缘。具有最高发射率的表面涂层,即 $\varepsilon\approx1$ 的涂层,对于可重复使用航天器来说非常有研究价值。

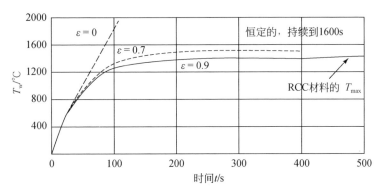

图 9.28　1cm 厚 RCC 板的正面温度历程,加热条件为图 9.27 所示航天飞机类型的恒定热脉冲。板的背面为绝热的,RCC 的最高工作温度约为 1400℃

图 9.29 为壁温上升随时间的变化情况,其中的热通量从 $t=0$ 时的零线性增加到 $t=300s$ 时的 $100W/cm^2$,然后再线性降低,直到 $t=600s$ 时降为零。这个曲线图类似于阿波罗指挥舱再入所经历的曲线图。同样针对 $\varepsilon=0$、0.7、0.9 发射率的情形进行了计算。在前 100s 内,几种情形的壁温都很相近,但是随后非辐射表面($\varepsilon=0$)快速升温,超出了 RCC 材料的耐热能力。对于板表面发射率为 $\varepsilon=0.7$ 和 0.9 的情形,大约在最大热通量时达到最高温度,分别约为 1940℃ 和 1800℃。这两个温度都比 RCC 材料的最高工作温度高出了数百摄氏度,因此基于辐射效应的 TPS 不是太空舱类型再入的最佳选择。由于这些情形下峰值温度较高,需要采用烧蚀热

防护层。鉴于此,猎户座 CEV 选用的热防护层材料为 Avcoat,是一种炭化烧蚀体。

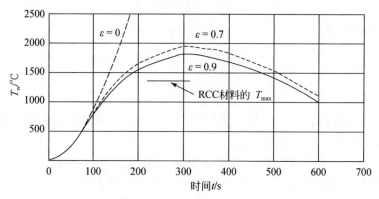

图 9.29　1cm 厚 RCC 板的正面温度历程,加热条件为图 9.27 所示阿波罗状三角形热脉冲。
板的背面为绝热的,RCC 的最高工作温度约为 1400℃

9.6.8　航天器表面的化学催化作用

　　Fay 等(1958)介绍的以及 9.3 节中的对流加热分析,都假设物体表面是完全催化重组的。换言之,离解产生的氧原子和氮原子在热力学条件允许时会随时随地复合。于是,每当发生复合时,就会释放化学能,热传递将维持在较高的水平。壁的催化作用意味着某些表面材料会支持复合,但是其他的,如许多玻璃质材料,则会抑制复合,从而可能导致热传递降低。Dorrance(1962)比较详细地讨论了其中的基本原理。

　　高空飞行的特点是激波层具有较低的压力和气体密度,这意味着如果边界层中真发生化学反应,也是非常缓慢的反应。于是,边界层内气体的成分就属于扩散主导的,化学反应被认为是"冻结的"。唯一可能发生明显化学反应的地方就是壁本身。非催化表面材料不会出现因原子复合而潜在的化学能,而高催化壁经历的热通量与化学平衡条件下的类似。因此,在冻结边界层化学条件下,非催化 TPS 材料的热传递值显著低于化学平衡下的值。

　　为了说明壁催化的效应,可以观察冻结边界层的极端情形,该情形下反应速率几乎为零,边界层气体的成分是固定的。如果原子在表面催化复合为分子,那么在表面附近将存在原子不足。菲克定律表明,存在从高原子浓度区流向低浓度区的质量通量,可表示为

$$\dot{m}_a = -D_{12}\frac{\mathrm{d}\rho_a}{\mathrm{d}y} \tag{9.71}$$

　　比例因子 D_{12} 也称作二元扩算系数,在 9.2 节进行了介绍。菲克的质量转移定律类似于傅里叶热传递定律(热量从高温流向低温),可以表示为

$$\dot{q} = -k\frac{\mathrm{d}T}{\mathrm{d}y} \tag{9.72}$$

于是,在稳态下,原子的传输率必须与壁上的原子复合为分子的复合率相平衡。可以把原子朝壁方向的扩散与壁上因复合而出现原子消失之间的平衡表示为

$$D_{12}\left(\frac{\partial \rho_a}{\partial y}\right)_w = k_r \rho_{a,w} \tag{9.73}$$

其中,假设壁上的原子质量通量与存在的原子质量成正比,k_r 为壁上因催化反应而发生的化学复合率。参数 k_r 不仅取决于材料特性,还取决于局部的热力学状态,其单位为速度的单位。试验发现,在室温下,金属氧化物的 k_r 大约为 3m/s,而对于高硅玻璃,则大约为 0.03m/s,温度升高会增加 k_r,海拔的增加(压力会降低)会降低 k_r。

已知非黏性流中某点的压力和温度后,就可利用 9.2 节介绍的近似空气化学知识,计算出氧和氮原子以及分子的克分子数与压缩性 Z。组分 k 的质量分数 $Y(i)$ 与其摩尔分数 $X(i)$ 的关系为

$$Y(i) = \frac{W(i)}{W_o} ZX(i) \tag{9.74}$$

其中,$W(i)$ 和 W_o 分别表示标准条件下组分 i 和空气的分子量。在 9.2 节中提到,Hansen(1959)采用的氮氧比为 4∶1,这样得到的分子量 $W_o = 28.8$,而不是标准海平面值 28.96。于是,原子的质量分数为

$$Y_a = Y(O) + Y(N) = \frac{Z}{W_o}[X(O) + X(N)] \tag{9.75}$$

采用 9.2 节介绍的参数来表示,可以写成

$$Y_a = \frac{1}{28.8}[16(2\varepsilon_1 - 0.4\varepsilon_3) + 14(2\varepsilon_1 - 1.6\varepsilon_3)] \tag{9.76}$$

可以把滞止点热传递公式(9.19)写成

$$\dot{q}_w = \dot{q}_{c,w}\left[1 + (Le^k - 1)\frac{h_D}{h_{t,e}}\right] \tag{9.77}$$

其中,方括号外的项是当 $Le = 1$ 时的对流热传递。h_D 的定义见式(9.20),其中涉及具体组分的标准生成热 $\Delta h_{f,i}$,表 9.4 列出了生成热的值。

表 9.4　二元空气混合物中组分的标准生成热

种类	$\Delta h_f/(\mathrm{kJ/kg})$
O	3980
O_2	0
N	6610
N_2	0

生成热是标准温度和压力下从元素生成各个组分时的生成热。由于分子氧和分子氮通常存在于标准温度和压力条件下，因此它们的生成热等于零。离解能为

$$h_D = [Y_e(O) - Y_w(O)]\left(3980\,\frac{kJ}{kg}\right) + [Y_e(N) - Y_w(N)]\left(6610\,\frac{kJ}{kg}\right) \quad (9.78)$$

如果边界层化学处于平衡状态，那么质量分数就取决于局部温度和压力；注意，在边界层中，有 $p_e = p_w$ 且大小大约为 $Re_x^{-1/2}$。如果边界层化学是冻结的，则整个层的成分将是固定的，于是式（9.78）中的 $h_D = 0$，按式（9.77）计算出的壁的热通量小于平衡的值。如果边界层化学是冻结的，但是壁是复合催化的，那么壁处的 O 和 N 的质量分数将贫化，且离解焓 $h_D > 0$，从而热通量增加，有可能接近平衡化学的值。

有人航天器的设计目的是要保持表面温度远低于 2000K，因此选取 $Le = 1.4$ 是合适的。那些具有很低催化作用的表面涂层，即 k_r 值较小，是很有研究价值的课题。

9.7 热传递相似性参数

边界层热传递有几个重要的相似性参数。其中，普朗特数和刘易斯数与气体特性有关，已在式（9.20）中介绍过。还有两个相似性参数，它们与热传递本身有关。第一个是斯坦顿数，它根据壁条件，采用焓通量对流向壁的对流热传递进行归一化处理，公式为

$$St = \frac{\dot{q}_w}{\rho_e u_e (h_{a,w} - h_w)} \quad (9.79)$$

第二个是努塞特数，它沿物体表面顺流方向的距离为 x，采用有效热传递对壁热传递进行归一化处理，公式为

$$Nu = \frac{\dot{q}_w}{\dfrac{k_e}{x} \dfrac{(h_{a,w} - h_w)}{c_{p,e}}} \quad (9.80)$$

这两个无量纲相似性参数之间的关系为

$$St = \frac{Pr_e}{Re_{x,e}} Nu \quad (9.81)$$

壁焓 h_w 是明确的，绝热壁焓 h_{aw} 需要一些解释。如果没有流向壁的热传递，即如果壁是绝热的，那么壁就会达到某个平衡温度，而壁位置的气体也将具有这个温度所对应的焓。根据无滑移条件，表面的速度应该等于零，但是由于黏性耗散，气流不会跨边界层保持绝热，因此表面的焓不是滞止焓，而是要稍微低一点，即所谓

的绝热壁焓 $h_{a,w}$。绝热条件下,可能的壁焓增幅与理想等熵焓增幅之比为

$$\frac{h_{a,w}-h_w}{h_{t,e}-h_w}=\frac{\left(h_e+r\,\frac{1}{2}u_e^2\right)-h_w}{\left(h_e+\frac{1}{2}u_e^2\right)-h_w}=s \tag{9.82}$$

绝热壁焓中的恢复因子 r 表示因摩擦造成并以热量形式损失掉的那部分有序动能。试验表明,恢复因子 r 能用气体普朗特数的函数较好地表示,公式为

$$h_{a,w}=h_e+Pr_e^m\frac{u_e^2}{2} \tag{9.83}$$

层流时,m 取 1/2,湍流时,m 取 1/3。其中,h_e 和 h_w 分别表示边界层边缘和壁位置的焓,Pr_e 为边界层边缘的普朗特数。

9.7.1　雷诺相似

热传递计算中的斯坦顿数的实际取值来自热传递和表面摩擦之间的雷诺相似,即它们之间是成比例的。Van Driest(1959)详细介绍了这种相似的理论基础。这里仅简要介绍其推导过程。推导的基础是 Crocco 关系式 $h_t=a+bu$,即在恒压边界层中,当普朗特数 $Pr=1$ 且壁温恒定时,总焓也就是滞止点焓与速度呈线性比例关系。这种关系可表示为

$$h_t=h_{t,w}+(h_{t,e}-h_{t,w})\frac{u}{u_e}$$

总焓 $h_t=h+u^2/2$,于是壁处(即 $u=0$)的总焓为 $h_{t,w}=h_w$,于是

$$h_t-h_w=(h_{t,e}-h_{t,w})\frac{u}{u_e} \tag{9.84}$$

利用这个关系式,可以证明流向壁的对流热传递可以写成

$$\dot{q}_w=-k\left(\frac{\partial T}{\partial y}\right)_w=-\left(\frac{\mu}{Pr}\frac{\partial h_t}{\partial y}\right)_w \tag{9.85}$$

故把式(9.84)代入式(9.85)中,这时 $Pr=1$,可得

$$\dot{q}_w=-\left[(h_{t,e}-h_w)\frac{\mu}{u_e}\frac{\partial u}{\partial y}\right]_w=-\frac{(h_{t,e}-h_w)}{u_e}\tau_w \tag{9.86}$$

利用式(9.82),可以把式(9.86)重新表达为

$$\dot{q}_w=-\frac{(h_{t,e}-h_w)}{u_e}\frac{1}{2}\rho_e u_e^2 c_f=-\frac{1}{s}\rho_e u_e(h_{aw}-h_w)\frac{c_f}{2} \tag{9.87}$$

壁热通量公式(9.87)与 Van Driest(1959)详细推导出来的公式相差无几,Van Driest 推导的没有 $Pr=1$ 这个要求。式(9.87)中的 s 项就是雷诺相似因子,在 Van Driest 的推导中,它是一个积分值,涉及普朗特数和边界层焓曲线。本书就简单把它取为式(9.82)中的焓分数 s。在各种实际应用中,这个因子都能用 $s=Pr^{2/3}$

较好地表示，因此可以把雷诺相似简单地写为

$$\frac{-\dot{q}_w}{\rho_e u_e (h_{aw} - h_w)} = St = \frac{c_f}{2Pr^m} \tag{9.88}$$

恒压流的努塞特数可以表示为

$$Nu = A \left(\frac{\rho^*}{\rho_e}\right)^a \left(\frac{\mu^*}{\mu_e}\right)^b Re_x^c (\sqrt{3})^j \tag{9.89}$$

ρ^* 和 μ^* 值是参考温度 T^* 下计算得到的，参考温度跟参考焓 h^* 有关。8.4 节讨论了这个关系式，式(8.75)给出了层流模型，式(8.80)是稍微不同的湍流模型。这里讨论的细长平面体，其大部分表面上都近似为恒压，所以是可以采用这个假设的。在雷诺相似假设下，局部表面摩擦系数为

$$C_f(x) = 2St = \frac{2Nu}{Pr^{1/3}Re_x} = \frac{2A}{Pr^{1/3}} \left(\frac{\rho^*}{\rho_e}\right)^a \left(\frac{\mu^*}{\mu_e}\right)^b Re_x^{c-1} \sqrt{3^j} \tag{9.90}$$

式(9.90)中的各系数的含义，详见表 9.5。

表 9.5　式(9.90)中恒压流关系式系数

气流类型	A	a	b	c	j
层流	$0.332Pr^{1/3}$	0.5	0.5	0.5	—
湍流	$0.02296Pr^{1/3}$	0.861	0.139	0.861	—
平板	—	—	—	—	0
圆锥	—	—	—	—	1

Dorrance(1962)大量论述了化学反应层流和湍流平板边界层的雷诺相似。表面摩擦的平板参考焓法和热传递雷诺类比都是基于平板(恒压)流和等温壁($T_w =$ 常数)的，不过它们也常用在其应用领域之外的场合。对于中等正压梯度或较小负压梯度，这种方法似乎有效，但是超过这个范围就不能肯定了。另外，在初步设计中，需要的往往是比选，而非做出什么绝对计算，这种方法也就由于简单而常被采用。

9.7.2　计算表面加热

本节提出了两个基本的局部热传递计算方法：FPRE 法和 Lees 钝体解法。在滞止点附近，FPRE 法得到的热传递值非常高，原因是包含了距滞止点距离的负幂项。推荐采用 Yoshikawa(1969)对 Fay 等(1958)滞止点加热法的简化处理方法。在滞止点或滞止线附近，机身板应当采用 Lees(1956)提出的钝体解。离滞止点或滞止线较远时，由于太空飞机机身曲率一般不大，因此 FPRE 法可以获得较好的结果。

当离滞止点或滞止线越来越远时,FPRE 法和钝体解法得到的结果也不再相同,不过两种方法的趋势都一样。因此,在滞止点或滞止线周围,应采用钝体热传递法,而当远离滞止点或滞止线时,各机身板都应当同时用两种方法来计算和分析热传递。会有一块板,采用两种方法得出的热传递是一样或者非常相近的,这时对于更靠下游的板,就应当从钝体法切换为 FPRE 法进行分析。

总体上,对于初步设计来说这两个基本计算法都是够用的。太空舱和太空飞机某些气动加热问题还需要特别注意,这在后面进行介绍。

9.7.3 太空舱加热特征

有一定攻角的太空舱,其上的流体具备三维特征,图 9.30 为有一定攻角的太空舱示意图。假设飞行处于太空舱的对称面内。实际攻角下的热传递要比 $\alpha=0°$ 时滞止点处的高出许多。Lee 等(1970)整理了阿波罗指挥舱模型的风动试验数据。图 9.31~图 9.33 为 $\alpha=0°$ 时局部热传递与滞止点值之比的典型结果,表 9.6~表 9.8 给出了报告数据的结果汇总。当太空舱在俯仰面内转动偏离 $\alpha=0°$ 时,沿 $\theta=90°$ 子午线上,q/q_0 大致不随 s/R_b 而变。但是,在 $\theta=180°$ 子午线上,热通量随 s/R_b 降低,而沿 $\theta=0°$ 子午线上,热通量随 s/R_b 而增加,当接近边缘时,达到的最大值比 $\alpha=0$ 滞止点值高出 40%~60%。当然,在 $\theta=0°$ 子午线上,滞止点从 $s/R_b=0$ 增长到大约 $s/R_b=0.6$(对于 $\alpha=18°$)或者 $s/R_b=0.7$(对于 $\alpha=25°$)。注意,最大热通量不在滞止点位置,而是靠近肩部,太空舱钝面更迎风的部位。

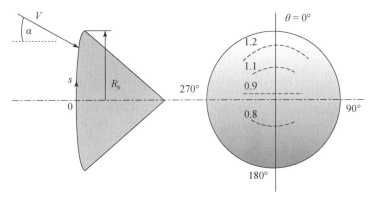

图 9.30　阿波罗型太空舱恒定热通量等值线示意图,攻角为 $\alpha=18°$。
正面等值线表示 $\alpha=0°$ 时热传递与滞止点值之比

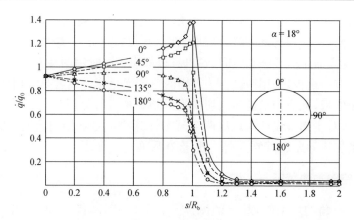

图 9.31　$\alpha=18°$时的阿波罗模型的风洞测量数据,给出了局部传热率与
$\alpha=0°$时滞止点处的测量值之比

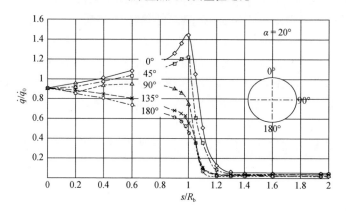

图 9.32　$\alpha=20°$时的阿波罗模型的风洞测量数据,给出了局部传热率与
$\alpha=0°$时滞止点处的测量值之比

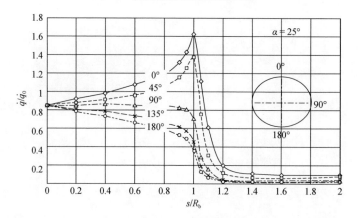

图 9.33　$\alpha=25°$时的阿波罗模型的风洞测量数据,给出了局部传热率
与 $\alpha=0°$时滞止点处的测量值之比

表 9.6 阿波罗太空舱上某点 $\alpha=18°$ 时的热通量与 $\alpha=0°$ 时的滞止点值之比

s/R_b	$\dot{q}/\dot{q}_0$				
	$\theta=0°$	$\theta=45°$	$\theta=90°$	$\theta=135°$	$\theta=180°$
0	0.92	0.92	0.92	0.92	0.92
0.20	0.98	0.96	0.94	0.89	0.86
0.40	1.03	1.00	0.95	0.86	0.80
0.60	1.08	1.04	0.95	0.82	0.75
0.80	1.16	1.08	0.93	0.76	0.69
0.85	1.18	1.10	0.91	0.73	0.68
0.90	1.21	1.12	0.89	0.71	0.66
0.95	1.26	1.16	0.85	0.66	0.63
0.98	1.37	1.20	0.70	0.55	0.55
1.00	1.38	0.95	0.50	0.45	0.30
1.10	0.31	0.22	0.11	0.10	0.05
1.20	0.10	0.06	0.04	0.01	0.01
1.30	0.05	0.035	0.02	0.01	0.01
1.40	0.04	0.02	0.02	0.02	0.02
1.60	0.04	0.02	0.02	0.02	0.02
2.00	0.04	0.02	0.02	0.02	0.02
2.40	0.035	0.025	0.03	0.03	0.03

表 9.7 阿波罗太空舱上某点 $\alpha=20°$ 时的热通量与 $\alpha=0°$ 时的滞止点值之比

s/R_b	$\dot{q}/\dot{q}_0$				
	$\theta=0°$	$\theta=45°$	$\theta=90°$	$\theta=135°$	$\theta=180°$
0	0.90	0.90	0.90	0.90	0.90
0.20	0.95	0.94	0.92	0.88	0.85
0.40	1.01	0.98	0.94	0.84	0.80
0.60	1.08	1.04	0.95	0.80	0.73
0.80	1.17	1.10	0.93	0.73	0.66
0.90	1.26	1.15	0.90	0.68	0.61
0.95	1.36	1.20	0.86	0.65	0.57
1.00	1.44	1.22	0.75	0.55	0.45
1.05	1.05	0.6	0.35	0.35	0.35
1.10	0.50	0.35	0.10	0.09	0.06

续表

s/R_b	$\dot{q}/\dot{q}_0$				
	$\theta=0°$	$\theta=45°$	$\theta=90°$	$\theta=135°$	$\theta=180°$
1.20	0.12	0.08	0.04	0.01	0.01
1.40	0.06	0.04	0.02	0.01	0.01
1.60	0.05	0.04	0.02	0.02	0.02
2.00	0.05	0.04	0.02	0.02	0.02
2.40	0.05	0.05	0.03	0.03	0.03
2.80	0.05	0.05	0.05	0.05	0.05

表 9.8　阿波罗太空舱上某点 $\alpha=25°$ 时的热通量与 $\alpha=0°$ 时的滞止点值之比

s/R_b	$\dot{q}/\dot{q}_0$				
	$\theta=0°$	$\theta=45°$	$\theta=90°$	$\theta=135°$	$\theta=180°$
0	0.84	0.84	0.84	0.84	0.84
0.20	0.91	0.87	0.85	0.81	0.78
0.40	0.98	0.91	0.86	0.78	0.73
0.60	1.07	0.96	0.85	0.73	0.66
0.80	1.19	1.05	0.84	0.66	0.58
0.90	1.31	1.15	0.82	0.61	0.52
0.95	1.43	1.25	0.80	0.56	0.48
1.00	1.61	1.37	0.70	0.45	0.35
1.05	1.11	0.75	0.28	0.18	0.12
1.10	0.60	0.30	0.15	0.08	0.06
1.20	0.19	0.11	0.04	0.02	0.02
1.40	0.10	0.06	0.02	0.01	0.01
1.60	0.09	0.06	0.01	0.01	0.01
2.00	0.09	0.07	0.02	0.02	0.02
2.40	0.09	0.07	0.03	0.03	0.03

　　L/D 较低的太空舱,在 $15°\sim30°$ 的攻角范围内,就不存在 $\alpha=0$ 时的轴对称性了。Lee 等(1970)也报道了这种情形的表面压力测得值,图 9.34 给出了一个典型的结果。就如第 8 章指出的,牛顿法能较好地近似计算除紧靠太空舱肩部附近之外的表面压力分布,可用来计算积分特征,如升力、阻力以及相关力矩。但是,当气流来到太空舱肩部时,实际的压力梯度会很快加快边界层的流速,这会使边界层变薄,增强表面的摩擦和热传递。钝体太空舱的表面摩擦对升力和阻力的影响可以

忽略,但是热传递对热防护层的安全性设计至关重要。因此,现在就来看看太空舱正面边界层的这个问题。

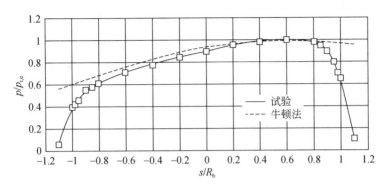

图 9.34　Lee 等(1970)的阿波罗指挥舱在 $\alpha=18°$ 时的试验压力分布以及对应的牛顿法结果

Dewey 等(1967)对求解表面变量(如表面摩擦、热传递)的可压缩边界层方程进行了多次准确的类似求解,其中利用了如下坐标变换:

$$\eta=\frac{\rho_e u_e r^j}{\sqrt{2\xi}}\int_0^y \frac{\rho}{\rho_e}\mathrm{d}y \tag{9.91}$$

$$\xi=\int_0^x C\rho_e u_e \mu_e r^{2j}\,\mathrm{d}x \tag{9.92}$$

这里的坐标变换用到了若干经典的中间变换,Dorrance(1962)等对此进行了比较详细的讨论。Dewey 等(1967)把 Chapman-Rubesin 参数设为 $C=\rho_w\mu_w/(\rho_e\mu_e)$,于是可以将式(9.92)写成

$$\xi=\rho_w\mu_w a_t\int_0^x\left(\frac{u_e}{a_t}\right)r^{2j}\,\mathrm{d}x \tag{9.93}$$

被积函数中的速度比是非黏性流激波层中马赫数的函数,对于恒定的 γ,该比值等于

$$\frac{u_e}{a_{t,e}}=\left[\frac{Ma_e^2}{1+\dfrac{\gamma_e-1}{2}Ma_e^2}\right]^{\frac{1}{2}} \tag{9.94}$$

采用以下非黏性流等熵关系式,根据压力分布情况,可以得出外部非黏性流中的马赫数为

$$Ma_e^2=\frac{2}{\gamma_e-1}\left[\left(\frac{p_e}{p_{t,e}}\right)^{\frac{1-\gamma_e}{\gamma_e}}-1\right] \tag{9.95}$$

在对图 9.34 的讨论中提到,在如此快速加速的流场中,牛顿压力分布是不够准确的,所以必须采用试验值。从图 9.35 中可以体会到流体的加速情况,其中给

出了无量纲外部速度 $u_e/a_{t,e}$ 与沿太空舱子午线 $0\sim180°$ 上距离的关系。沿 $0°$ 子午线的近似速度分布符合幂律,有 $u_e/a_{t,e}=11[(s/R_b)-0.6]^3=11(s_1/R_b)^3$,如图 9.36 所示,其中 s 是从零攻角滞止点开始沿机体量起的距离,s_1 为从特定攻角滞止点沿机体量起的距离。图 9.35 为压力分布,表明当 $\alpha=18°$ 时滞止点位于 $0°$ 子午线的 $s/R_b=0.6$ 位置处。注意,牛顿法得到的压力分布也确实能很准确地得出滞止点的位置。

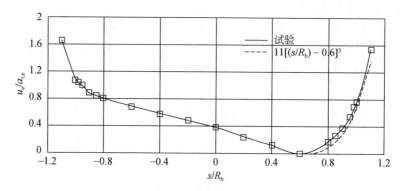

图 9.35　$\alpha=18°$ 时,沿 $0°\sim180°$ 子午线的无量纲速度分布,
以及对从局部滞止点开始的 $0°$ 子午线的近似曲线拟合

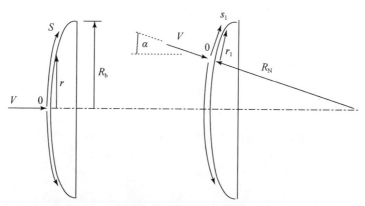

图 9.36　零攻角和非零攻角时太空舱热防护层滞止点区域示意图,图中画出了相关的坐标

　　轴对称滞止点解法($\alpha=0$)简单易行,许多文献都有详细的介绍[可参考 White (2006) 的文献]。边界层的重要特征是非黏性外侧流中的速度梯度。对于轴对称滞止点,对非黏性速度了解得比较多,这个速度与距滞止点的距离呈线性关系,即 $u_e=Ks$。对于攻角不为零的情况,速度梯度的性质取决于各种因素,其中包括弓形激波形状与激波偏离距离。而且,图 9.35 所示的速度拟合曲线未揭示出足够的关于滞止点区域本身的信息,根据图 9.31~图 9.33 所示,靠近太空舱肩部的位置比

滞止点位置的传热率更高,这才是我们所关心的。注意,$u_e/a_t = Ma_e(T_e/T_t)^{1/2} \approx Ma_e$,所以在 $s/R_b = 1$ 之前流体是亚声速的。在许多方面,图 9.35 所示的 $0°$ 子午线上的速度分布更像是来自低速集气室流经喷管并在出口处达到低超声速马赫数的流体。

把有攻角情形中的速度拟合曲线代入式(9.93)中,得

$$\xi = \rho_w \mu_w a_t R_b^3 \int_0^{s_1/R_b} 11 \left(\frac{s_1}{R_b}\right)^3 \left(\frac{r_1}{R_b}\right)^2 d\left(\frac{s_1}{R_b}\right) \tag{9.96}$$

另外,由于热防护层的曲率较小,可以用 s_1 来近似表示局部半径 r_1。于是,变换后的坐标变为

$$\xi = \frac{11}{6} \rho_w \mu_w a_t R_b^3 \left[\left(\frac{x}{R_b}\right)\right]^6 \tag{9.97}$$

根据式(9.97),可看出 $u_e \sim \xi^m$,于是边界层公式中出现的压力梯度参数 β 在这时就等于

$$\beta = \frac{2\xi}{u_e} \frac{\partial u_e}{\partial \xi} = \frac{2\xi}{n\xi^m} mn\xi^{m-1} = 2m \tag{9.98}$$

据式(9.97)和图 9.35 上的速度拟合曲线,可以推导出 $m=1/2$,进而 $\beta=1$。如前所述,轴对称滞止点的速度是线性的,有 $u_e = Kx$,在这种情况下,$\beta=1/2$。由于分离的有害影响,过去的研究对减速流($\beta<0$)很关注,而据 Cohen 等(1956)的介绍,热传递似乎没怎么受到减速流的影响,所以他们按 $\beta \leqslant 2$ 进行考虑。Dewey 等(1967)指出,剧烈加速流具有特别的性质,他们对层流边界层公式的类似解法进行了详尽的整理,包含 $\beta=5$ 的情况。在他们的分析中,传递到壁的热量为

$$\dot{q}_w = \frac{\rho_w k_w h_{t,e}(1-T_w/T_{t,\infty})u_e r^j}{c_{p,w}\sqrt{2\xi}} \theta'(0) \tag{9.99}$$

其中,$\theta'(0)$ 为表面上的无量纲焓梯度,取自 Dewey 等(1967)整理的结果表。此攻角下,太空舱热传递为

$$\dot{q}_w = \left[\frac{\sqrt{\rho_w \mu_w}}{Pr_w} h_{t,e}\left(1-\frac{T_w}{T_{t,\infty}}\right)\right] \theta'(0) \sqrt{\frac{33a_t}{R_b}\frac{r_1}{R_b}} \tag{9.100}$$

对于 $u_e = Ks$ 的传统轴对称滞止点,重复相同的步骤,得到

$$\dot{q}_{w,0} = \left[\frac{\sqrt{\rho_w \mu_w}}{Pr_w} h_{t,e}\left(1-\frac{T_w}{T_{t,\infty}}\right)\right] \theta_0'(0) \sqrt{2K} \tag{9.101}$$

如果用下标 0 表示 $\alpha=0$ 的情形,那么在相同的气流条件下,$\theta=0°$ 子午线上的热传递与 $\alpha=0$ 条件下的滞止点的热传递之比为

$$\frac{\dot{q}_w}{\dot{q}_{w,0}} = \frac{\theta'(0)}{\theta_0'(0)} \sqrt{\frac{33a_t}{2R_b K}\frac{s_1}{R_b}} \tag{9.102}$$

例如,White(2006)给出的轴对称滞止点情形中的参数 K 为

$$K \approx \frac{V_\infty}{2R_b}\sqrt{8\frac{\rho_\infty}{\rho_t}} = \frac{V_\infty}{R_b}\sqrt{2\varepsilon} \tag{9.103}$$

在高超声速流中(详见附录 A),跨激波的滞止点焓是恒定的,于是

$$h_{t,\infty} = h_\infty + \frac{1}{2}V_\infty^2 = h_{t,e} = c_{p,t}T_t \approx \frac{1}{2}V_\infty^2$$

激波层中的滞止点声速为

$$a_t = \sqrt{\gamma_t R_t T_t} \approx \sqrt{\gamma_t R_t \frac{V_\infty^2}{2c_{p,t}}} = V_\infty\sqrt{\frac{\gamma_t-1}{2}}$$

另外,跨激波密度比为

$$\varepsilon \approx \frac{\gamma_t-1}{\gamma_t+1}$$

把这些结果代入式(9.102)中,得到

$$\frac{\dot{q}_w}{\dot{q}_{w,0}} = \frac{\theta'(0)}{\theta'_0(0)}\left(\frac{33}{4}\right)^{\frac{1}{2}}(\gamma_t+1)^{\frac{1}{4}}\frac{s_1}{R_b} \tag{9.104}$$

Dewey 和 Gross 所列表的结果表明,$\theta'(0)/\theta'_0(0) \sim 1$(冷壁为 1.03,热壁为 1.05),因此对于目前的近似程度,就可认为这个比值等于 1。图 9.37 给出了 $\alpha = 18°$ 时,式(9.104)的计算结果与试验数据的对比情况。可以看出,在 $\alpha = 18°$ 的情形下,热通量随着与滞止点距离的增加而线性增加,也与测得的最大热通量比较吻合。求 $\alpha = 0°$ 的轴对称滞止点的边界层特征是比较直接的,但是正如前面所介绍的,对于实际的低 L/D、低攻角情况(如这里讨论的情况),却是另一回事。要进行详细的分析,需要用到 CFD 的程序代码。不过,对于初步设计,还是可以采用大量的阿波罗数据来求得有攻角时的最大热通量。据式(9.101)和式(9.103),可以看出 $\dot{q}_{w,0} \sim 1/\sqrt{R_N}$,于是可以认为最大热传递与有效头锥半径 R_{eff} 有关,这样有

$$\frac{\dot{q}_{w,max}}{\dot{q}_{w,0}} = \sqrt{\frac{R_N}{R_{eff}}} \approx (1-0.025\alpha)^{-\frac{1}{2}} \tag{9.105}$$

用图 9.31~图 9.33 中的热传递结果得出了式(9.105),如图 9.38 所示。

除了因流体加速,在 0° 子午线上的热传递会增加外,在 180° 子午线上雷诺数 Re_s 也将增加。把雷诺数写为

$$\frac{Re_s}{Re_t} = \frac{\rho_e u_e s}{\mu_e}\frac{\mu_t}{\rho_t a_t R_b} = \frac{\rho_e}{\rho_t}\frac{u_e}{a_t}\frac{s}{R_b}\frac{\mu_t}{\mu_e}$$

图 9.39 为 $\alpha = 18°$ 情形时,Re_s/Re_t 随沿 0~180° 子午线上的无量纲距离的变化情况。有意思的是,可以看出,在热防护层底部($\theta = 180°$)的无量纲雷诺数增加到在热防护层顶部($\theta = 0$)位置时的 5 倍。对于更大的热防护层,如果有足够的吹程让雷诺数增加到可以引起湍流的程度,这种效应就会产生一系列的影响。Edquist 等(2006)利用 NASA 开发的名为 LAURA 和 GASP 的计算机代码,计算了攻角下星际再入太空舱上的热传递分布情况。他们计算的结果表明,热防护层的 180° 子

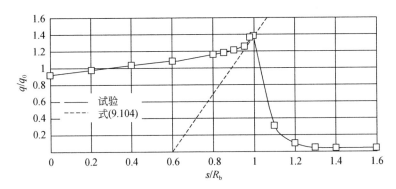

图 9.37　$\alpha=18°$ 时局部热通量与 $\alpha=0°$ 时滞止点热通量之比随沿表面距离的
试验变化情况,以及与式(9.104)近似计算结果的对比

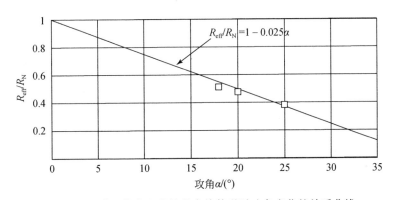

图 9.38　阿波罗状太空舱的最大热传递随攻角变化的关系曲线。
空心图形标出的数据是 $0°$ 子午线的

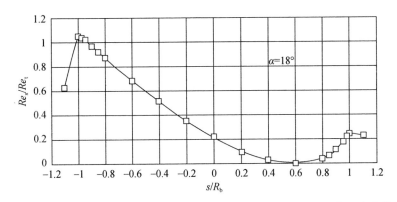

图 9.39　$\alpha=18°$ 条件下,Re_s/Re_t 随沿 $0°\sim180°$ 子午线上的无量纲距离的变化情况

午线上的边界层可演化为湍流,从而导致高的加热率。Jones(1968)报道的试验表明,在实际攻角下,阿波罗模型的180°子午线上存在过渡情况。Schneider(2006)对太空舱的过渡情况进行了详尽而深入的介绍。

对于再入太空舱上热传递分布问题的关注不应限于正面的热防护层,正面确实在再入加热中居于首位,但是太空舱的背面也比较重要,那里的流场是很复杂的。图 9.40 为在弹道靶中按一定攻角发射的双子座太空舱模型,其中显示了重要的尾流特征。这个三维流场是很复杂的,尾部背风侧上是分离流,迎风侧上是附着流和激波。乘员舱部分的加热率相对较低,在接近尾部反作用推力控制系统时才有较高的加热率。于是,迎风侧的加热远高于背风侧,这一情形直到在 RCS 部分才得以改变,在这个位置加热最高达到 $\alpha=0°$ 滞止点时的 75%。显然,因附着的迎风侧气流和激波冲击,延伸的尾部加热会增加,而背风侧的分离流会变为湍流。其他太空舱,如图 8.31 中介绍的联盟号飞船和神舟飞船,尾部锥角非常小,可能约为7°,因此相比较大的锥角,它们更容易遭受再入加热破坏,需要更结实的 TPS。前面提到过,尾部流场是高度三维化的,这方面的内容超出了本书的范围。

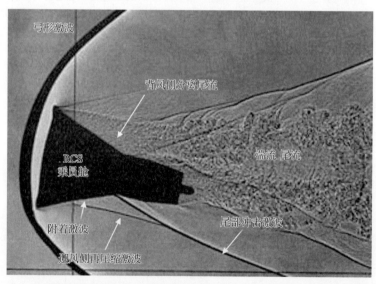

图 9.40　弹道靶中发射的双子座模型阴影相片,其中显示了太空舱尾流的重要特征

9.7.4　太空飞机的加热特征

太空飞机的构型相对细长,计算比较适合按钝体区域(轴对称头锥或圆柱形前缘)后接较缓弯曲引向大致顺流方向来考虑。太空飞机设计是要达到较大的 L/D,这自然需要表面稍微偏离主流方向。太空飞机的性能提升也是有代价的,代价就是移动空气动力表面以获得所需性能时而产生的配平阻力。图 9.41 为再入期间航天飞机轨道器的迎风侧的红外照片。尾缘升降副翼、尾部襟翼和相

关的激波,还有它们与边界层的相互作用都增加了局部加热。实际上,单存在铰合线就表示机身和机翼结构间有间隙,就算控制面没有偏转,这些间隙也会增加局部加热。

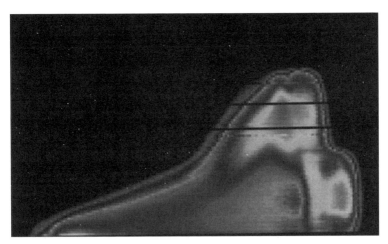

图 9.41 再入期间,航天飞机轨道器迎风侧的加热模式,NASA 柯伊伯机载天文台红外线仪器拍摄

　　流体特性的简单面板计算法可用来计算有翼太空飞机常见的那种承受不同加热强度的大面积情形,图 9.41 就是这种情形。如第 8 章介绍的压力场的计算,加热的计算方法也涉及面板的数量和布局规划,以便能正确反映头锥和机翼前缘中常见的高度弯曲表面。附录 B 介绍了几种太空飞机的面板和轮廓坐标。

　　本章前面所述方法可以方便地计算滞止点以及滞止点之外的球形或圆形区域的传热率,而 FPRE 法则适用于所有相对平整的下游区域。采用钝体计算,当离滞止点越来越远时,得到球形头部或圆形前缘的加热会越来越低;采用 FPRE 计算方法,当离滞止点越来越近时,计算得到的热传递越来越高。重叠的点就是两种方法使用范围的分界点。如图 9.42 所示,图上给出了 STS-2 任务期间航天飞机轨道器机身的迎风侧中线上的典型加热情况,以及相应的计算结果。轨迹上点的对应条件为 $V=2.78$ km/s,$z=47.7$ km,$\alpha=34.6°$。鉴于采用方法的简便性,计算结果可算是相当吻合的了。两种计算方法的使用范围如图 9.43 所示。

　　航天飞机机身轻量化是设计要考虑的关键因素,但必须与确保乘员安全这个更关键的因素进行权衡,采用更准确的设计程序兼顾两者。因此在详细设计阶段,有必要采用详细的 CFD,辅以特定的风洞试验。Tauber(1989)介绍了高速对流热传递的基本和高级计算方法,Anderson(1989)详细说明了 CFD 的应用。

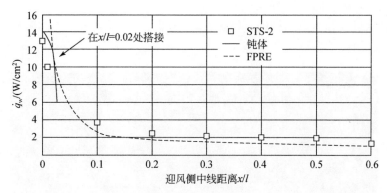

图 9.42　STS-2 上的迎风侧中线热传递($V=2.78\mathrm{km/s},z=47.7\mathrm{km},\alpha=34.6°$)与用所标注的方法对所示区域进行计算的结果的对比。虚线是各种结果的平滑结果

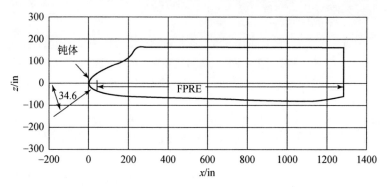

图 9.43　航天飞机轨道器机身,画出了不同计算方法的使用范围。
所示情形为 STS-2,其中 $V=2.78\mathrm{km/s},z=47.7\mathrm{km},\alpha=34.6°$

9.8　热防护层研发与实际应用

　　大气再入条件非常严峻,飞行器的 TPS 构成了单点失效系统。在早期的 ICBM 研制中,弹头无法承受陡角度再入的极端加热环境,人们就认识到了这点。有人大气再入的安全要求更为苛刻。在大气再入的发展中,有两个创新起到了重要作用:一个是几何要素上的,另一个是化学上的。前者就是采用钝体而不是尖头体,从而降低对流热负荷;后者就是让飞行器的某些材料熔化和汽化,以降低余下材料的热负荷。在 1960～1975 年的阿波罗计划和 ICBM 计划中,由于月球再入和陡角度弹道再入具有很高的热负荷,因此人们对烧蚀 TPS 进行了大量的研发。第一批使用的烧蚀材料为复合材料,采用了酚醛树脂基材基质,其中添加硅基材料(如纤维玻璃,对于温度不高的场合)或者添加碳基材料(如石墨,对于高温场合)。

Sutton(2006)对烧蚀热防护层的历史和技术演化进行了精彩的介绍,他也是该领域的重要先驱。

对于可用作航天飞机 TPS 的材料,Williams 等(1992)整理了大量关于热物理学特性介绍的文献资料。他们把这些材料分为两个基本的类型:烧蚀材料和可重复使用材料。如表 9.9 所示,烧蚀材料被整理为 12 个类别,类别划分的依据是它们的材料成分。表 9.10 为可重复使用材料的类别,列出的烧蚀和可重复使用 TPS 材料热物理学特性为密度、比热、导热率。Williams 等(1992)给出了完整的目录,以便于研究人员查找相关数据。

表 9.9 备选烧蚀 TPS 材料类别

尼龙酚醛树脂(10)[a]	硅土酚醛树脂(12)
特氟龙特氟龙(1)	硅土有机硅氧聚合物(14)
酚醛树脂尼龙(1)	聚苯并咪唑(3)
酚醛树脂酚醛树脂(6)	无机硅酮结合料(6)
碳酚醛树脂(23)	有机硅酮结合料(1)
碳材料(2)	其他(4)
硅土特氟龙(1)	

注:a 括号中的数字表示所示类别中的材料数量。

表 9.10 备选可重复使用 TPS 材料类别

碳基材料(10)[a]	黏结剂(1)
硅酮基材料(7)	涂层(2)
聚酰胺(1)	金属(9)

注:a 括号中的数字表示所示类别中的材料数量。

在阿波罗计划结束后,由于空间活动上的经费压力,人们的研究注意力转向了可重复使用的航天飞机系统;航天飞机从近地轨道再入,承受的再入条件就不那么苛刻。那时,更高性能的 TPS 烧蚀体只有 NASA 的科研项目才需要,如在金星、火星和木星大气中降落的探测器项目。有些材料,如研发的用于 ICBM 上的 FM5055 碳酚醛树脂,被 NASA 采用,或者被用于进一步的研究中。在 20 世纪 90 年代中期,NASA 着手研发两种新的烧蚀材料:PICA 与硅树脂浸渍可重复使用陶瓷烧蚀体(silicone impregnated reusable ceramic ablator,SIRCA)。另外,增强碳-碳(reinforced carbon - carbon,RCC)复合材料被成功用在航天飞机轨道器的机头和前缘,这促使了对先进碳-碳(advanced carbon - carbon,ACC)复合材料的研制。

星尘号采样返回任务采集了太阳风样本,然后带回到地球。图 9.44 是回收后的星尘飞行器。它就采用了 PICA 热防护层,在 2006 年以 12.8km/s 的速度进入地球大气过程中给这个飞行器提供了保护。起源号采样返回任务是要收集彗星 P/Wild 2 的星尘样本,然后把样本带回地球。图 9.45 就是起源号飞行器示意图。这个飞行器采用了 ACC 热防护层为其提供热防护,在 2004 年以 11km/s 的速度再入地球大气实现了返回。降落伞回收的最后一步失败了,飞行器坠落在沙漠里(图 9.46),不过飞行器带回的部分样品还是可以用于分析的。SIRCA 用在了火星探路者和火星探测漫游者任务中。NASA 火星科学实验室(Mars Science Laboratory,MSL)的火星车任务本要采用超轻烧蚀体(SLA-561V),就像航天飞机外部油箱上的那种,但是 SLA 样本未通过测试,于是就选择采用 PICA 瓦。4m 直径的热防护层(在当时是最大的),表面装上 PICA 瓦,在 2012 年 8 月 12 日好奇号火星车成功登陆火星。

图 9.44　于 2006 年 1 月 15 日返回的采集了 P/Wild 2 彗星星尘样本的星尘探测器,探测器热防护层采用的材料为 PICA。再入条件为质量＝45.8kg,直径＝0.811m,速度＝12.8km/s(在 135km 的高度),再入角＝－8°(NASA)

目前对猎户座 CEV 的研究又再次集中在高热负荷烧蚀体上,因为这项任务需要从月球返回。研究人员为这个 5m 直径的热防护层研究了 5 种不同的烧蚀系统。图 9.47 为这个热防护层的原型。前面介绍的 MSL 的直径为 4.5m 的热防护层在外观上与其相似。CEV 再入保护的首选材料之一为 MSL 上用到的 PICA,但是最终选择了 Avcoat,也就是阿波罗计划采用的材料。在向国家研究理事会做的一份关于未来太空任务 TPS 的简要报告中,Venkatapathy 等(2010)指出,由于工业装备被尘封,缺乏关键人才,即便有现成的详细规范说明,要把现成的材料(如阿波罗计划的 Avcoat)恢复到历史水平,也需要多年的攻坚和大量财力。

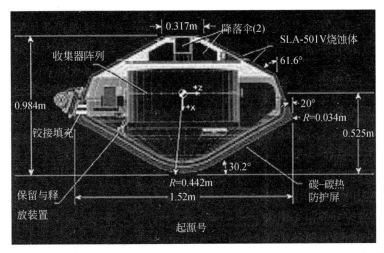

图 9.45 采用 ACC 热防护层的起源号探测器,收集了太阳风原始材料样本,于 2004 年 9 月 8 日
返回地球。再入条件为质量＝225kg,直径＝1.52m,速度＝11km/s,再入角＝−8.0°;
峰值加热＝750W/cm²,弹道系数 $B = W/(C_D A) \approx 1.2$kPa(NASA)

图 9.46 最后降落伞回收系统失败后,坠入沙漠中的起源号飞行器。
发现飞行器回收的部分样本依然可以用于分析(NASA)

所谓热化学智能材料,就是研发出复合材料,以便高超声速飞行器在特定环境
条件下利用其构成材料的特性。第 1 章比较详细地介绍了这些环境条件。重要的
是,材料可以根据任务要求在不同表面和深度位置具有不同的热学、化学、结构性
能,并且还随时间而变化。若能通过研究确定这些条件下的具体要求,制造出更能
满足这些要求的合成材料,将是一项非常有价值的研究投入。以下是一些概念性
例子:

图 9.47　猎户座号 CEV 的 5m 直径热防护屏原型(NASA)

（1）功能性分级复合材料，其中 $pck=pck(T,y)$，y 是表面下的深度；

（2）可变烧蚀表面质量通量，$\rho V_a=\rho V_a(T)$；

（3）仿生"发汗"材料；

（4）原子氧保护涂层；

（5）可用于间隙密封的记忆材料。

其构思是，高超声速飞行器表面上的热环境是随时间而变化的，具体取决于飞行轨迹。因此，必须同时针对热传递和质量转移两个共轭问题进行热防护设计，才能达到最佳的性能。如前面指出，冷却过程还有可能同时降低表面摩擦，这会弥补为实现必要冷却所需的多余重量。以上的想法包罗万象，从简单的传导控制，到可变烧蚀，再到两种被动蒸腾形式。这里，也考虑了间隙密封和原子氧腐蚀保护的问题。

先进 TPS 的一个老备选方案就是采用表面蒸腾的主动边界层控制。蒸腾可以迫使液态冷却剂通过飞行器的多孔表面进入边界层中，从而可降低摩擦阻力。改善 L/D 后，可以降低任务对燃料的需求，同时还可冷却表面，提供热防护。具体飞行器上的摩擦和加热分布是各不相同的，所以就还有研发智能系统的余地，以刚好满足最佳要求。最后，可以制定蒸腾的边界层效应，从而可以给飞行器施加一定的力量变化，这方面需要开展研究，以确定其空气动力控制的范围和值。

9.9　常数、换算和 TPS 缩略词

以下列出了部分有用常数：

（1）斯特藩-玻尔兹曼常数，$\sigma=5.6704\times10^{-8}$ W/(m² · K⁴)。

(2) 通用气体常数，$R_a = 8.3145$ J/(mol・K)。

(3) 阿伏伽德罗常数，$N_A = 6.022 \times 10^{23}$/mol。

表 9.11 中列出了本章中用得到的一些单位换算关系。

表 9.11　单位换算

特性	符号	国际制	其他	等效
密度	ρ	kg/m³	10^{-3}g/cm³	0.0625lb/ft³
热通量	$\dot{q}$	W/m²	10^{-4}W/cm²	8.806×10^{-5} Btu/(s・ft²)
比焓	h	kJ/kg	10^3m²/s²	0.4299Btu/lb
比热	c 或 c_p	kJ/(kg・K)		0.2389Btu/(lb・R)
温度	T	K	C+273	$R/1.8$
导热率	k	W/(m・K)		0.5778Btu/(h・ft・R)
热扩散率	α	m²/s		10.76ft²/s
速度	V	m/s		3.281ft/s
黏性	μ	Pa・s	kg/(m・s)	0.02089lb・s/ft²

误差函数定义为

$$\text{erf}(x) = \frac{2}{\sqrt{\pi}} \int_0^x \exp(-\xi^2)\mathrm{d}\xi$$

表 9.12 是这个误差函数的一个简单列表。

表 9.12　x 的误差函数

x	$\text{erf}(x)$
0	0
0.1	0.113
0.2	0.223
0.3	0.329
0.4	0.428
0.5	0.521
0.6	0.604
0.8	0.742
1.0	0.843
1.2	0.910
1.4	0.952
2.0	0.995

如下是 TPS 分析中会用到的各种缩略语和定义：

（1）ACC——先进碳-碳复合材料。

（2）AETB——铝增强隔热栅。在 FRCI 中添加少量的氧化铝，提高其热稳定性和导热性。

（3）AFRSI——先进柔性可重复使用的表面绝热材料。硅基可重复使用材料，基于纤维硅土棉胎制成被子状，缝在编织的硅土外覆盖层和玻璃纤维内覆盖层之间。采用硅黏合剂，可把这种材料直接贴在航天飞机轨道器的表面，从而代替 LRSI 瓦。

（4）Avcoat-5026 H/CG——一种酚醛树脂，添加在蜂窝状的玻璃纤维基质中，用在阿波罗热防护层上。它也被选作猎户座 CEV 的热防护层材料。值得一提的是，其为最早的塑料之一，电木就是酚醛树脂同木粉的混合物。

（5）BPA——波音酚醛树脂烧蚀体。波音公司的专有酚醛树脂烧蚀体，含有有机和无机纤维及微球体。烧蚀体也装在如 Avcoat 的蜂窝状基质中，可以充当 PICA 的替代材料。

（6）BRI——波音刚性隔热材料，波音公司专有硅土基瓦。

（7）CEV——乘员探索飞行器，猎户座项目的太空舱。

（8）CMCP——切成型碳酚醛树脂。用人造丝前体制造出来的所谓的"继承"碳酚醛树脂材料，Venkatapathy 等（2010）表示，这种前体的供应量非常有限，生产这种产品的工业基础已不复存在。这是唯一经证实可以承受 $10000 \sim 30000 W/cm^2$ 热通量的材料，可用于大于 13km/s 的高轨道再入速度。这个材料的唯一缺点是密度较高。

（9）FRCI-12——复合加工纤维绝热材料。硅基材料（$192kg/m^3$）瓦，用在航天飞机轨道器上，代替较重的 LI-2200 瓦。FRCI-12 采用了铝-硼硅酸盐纤维，添加在母材硅土瓦中，改善了热特性。这些黑色瓦用在 $T < 1533K（1260℃）$的场合。

（10）FRSI——可重复使用表面绝热毯。

（11）HETC——高效钽基陶瓷复合材料。NASA 的专利钽基陶瓷材料，其中含有二硅化钽、硅酸硼玻璃，还可选择添加二硅化钼。把这些成分磨细，并加入加工助剂，以利于烧结，然后敷撒在多孔基底的表面上，如纤维或开孔硅土、碳或其他碳/硅合成材料上。敷撒后，将涂层烧结，得到的涂层可以承受超过 1920K 的高温。

（12）HRSI——高温可重复使用表面隔热材料。用从普通砂中提炼的硅土纤维制成的瓦，通过陶瓷结合提高其刚性。这种瓦有 90％的空隙率，因此非常轻。其上覆盖硅酸硼玻璃（如耐热玻璃），然后烘焙，形成有光泽的黑色防水涂层，涂层发射率为 85％，具有较低的催化效应。首批 HRSI 产品是 LI-900 瓦和 LI-2200 瓦，后来 FRCI-12 瓦取代了航天飞机轨道器上的 LI-2200 瓦。HRSI 瓦面积一般

为 $15\mathrm{cm}^2$，厚度为 $5\sim12\mathrm{cm}$。

（13）LI-900——航天飞机轨道器上采用的低导热率和低重量硅基瓦。编号表示重量密度为 $144\mathrm{kg/m}^3$（$9\mathrm{lbs/ft}^3$）。

（14）LI-2200——航天飞机轨道器上采用的高强度低导热率硅基瓦。编号表示重量密度为 $352\mathrm{kg/m}^3$（$22\mathrm{lbs/ft}^3$）。

（15）LRSI——低温可重复使用表面隔热材料，基本上与 HRSI 瓦相同，只是厚度和表面涂层不同，其厚度为 $0.5\sim3.5\mathrm{cm}$，表面为白色。应用在 $T<923\mathrm{K}$（$650\mathrm{℃}$）的场合。

（16）MLI——多层隔热。

（17）PICA——酚醛树脂浸渍碳烧蚀体。这是轻质陶瓷烧蚀体家族的一员，由纤维陶瓷基底浸渍有机树脂制成。PICA 由纤维碳基质浸渍酚醛树脂而成（Tran 等,1997）。

（18）RCC——增强碳-碳复合材料：一种复合材料，由多层人造丝布浸渍酚醛树脂制成。经过反复糠醇热解和处理，直至获得所需特性为止。用在航天飞机轨道器机头罩上和机翼前缘上。外面几层被转换为碳化硅，以增加强度，也转化为各种涂层，以获得密闭性能。RCC 用在 $T>1500\mathrm{K}$ 的场合，其工作温度范围为 $120\mathrm{K}<T<1900\mathrm{K}$。

（19）RCG——反应固化玻璃，玻璃粉末拌和增稠剂和颜料，用作航天飞机隔热瓦涂层。

（20）ROCCI——耐热抗氧化陶瓷碳隔热材料，低密度碳-碳复合材料，浸渍有硅氧烷凝胶，然后经热解，得到碳、硅、氧的隔热材料，还具有氧化防护功能，详见 Skokova 等（2002）的介绍。

（21）SIRCA——硅土浸渍可重复使用陶瓷烧蚀体。

（22）SLA-561——超轻烧蚀体，一种低密度低导热率烧蚀体/隔热体。这是一种高填充硅酮橡胶材料，其中的一种填料成分为软木。在烧蚀过程中，这种材料可形成坚固的无裂缝炭，已用在航天飞机外部油箱以及海盗号火星着陆器的热防护层上。这种材料可喷洒，也可黏结，可锯切、打磨、研磨加工。

（23）SPAM——太空探索技术公司专有烧蚀材料。太空探索技术公司的"龙"太空舱尾部上采用的专有烧蚀体。

（24）合成泡沫——复合材料，由高分子、金属或陶瓷基质填充以微球（小颗粒，一般为球形，空心粒子）而制成。

（25）TUFI——韧化单体纤维隔热材料。这是一种涂层，可以提高 AETB 强度和抗冲击性能。

（26）TUFROC——韧化单体纤维增强抗氧化复合材料，由 Stewart 等（2007）研制出。这是一种双件体系，由韧化高温表面罩机械结合或黏结在低导热率基材上,可以承受不超过 1970K 的温度。碳罩由 ROCCI 构成,它提供了表面形状,纤维状基质则为安装的结构物提供了隔热。材料可视具体任务要求进行定制。由 TUFROC 制成的 TPS 具有约 $400kg/m^3$ 的密度,而 RCC 材料的密度大约是其 4 倍,TUFROC 比 RCC 便宜两个数量级。

参 考 文 献

Adams, M. C. (1959). Recent advances in ablation. ARS J, 29, 625_632.

Anderson, J. D. (1989). Hypersonic and high temperature gas dynamics. New York: McGraw-Hill.

Carslaw, & Jaeger (1948). Conduction of heat in solids (2nd ed.). New York: Oxford University Press.

Cohen, C. B., & Reshotko, E. (1956) Similarity solutions for the compressible laminar boundary layer with heat transfer and arbitrary pressure gradient, NACA Report 1293.

Dec, J. A., & Braun, R. D. (2006). An approximate ablative thermal protection system sizing tool for entry system design. AIAA-2006-0780, 44th AIAA Aerospace Sciences Meeting and Exhibit, Reno, NV, January 2006.

Dewey, C. F., & Gross, J. F. (1967) Exact similar solutions of the laminar boundary layer equations, RAND Corporation memorandum RM-5089-ARPA.

Dorrance, W. (1962). Viscous hypersonic flow. New York: McGraw-Hill.

Edquist, K. T., Liechty, D. S., Hollis, B. R., Alter, S. J., & Loomis, M. P. (2006). Aeroheating environments for a mars smart lander. Journal of Spacecraft and Rockets, 43(2), 330_339.

Fay, J. A., & Riddell, F. R. (1958). Theory of stagnation point heat transfer in dissociated air. Journal of the Aeronautical Sciences, 25(2), 73_85.

Hansen, C. F. (1959). Approximations for the thermodynamic and transport properties of high-temperature air. NASA Technical Report R-50.

Hughes, P. C. (1990). LDEF temperature histories. University of Toronto Institute for Aerospace Studies UTIAS Report No. 340(CN ISSN 0082-5255).

Johnson, J. E., Starkey, R. P., & Lewis, M. J. (2007). Aerothermodynamic optimization of reentry heat shield shapes for a crew exploration vehicle. Journal of Spacecraft and Rockets, 44(4), 849_859.

Jones, R. A. (1968). Wind-tunnel measurements of transition on the face of a blunt entry capsule at angle of attack. AIAA Journal, 6(3), 545_546.

Kays, W., Crawford, M., & Weigand, B. (2005). Convective heat and mass transfer (4th ed.). New York: McGraw-Hill.

Lee, D. B., Bertin, J. J., & Goodrich, W. D. (1970). Heat-transfer rate and pressure measurements obtained during apollo orbital entries. NASA TN D-6028.

Lees, L. (1956). Laminar heat transfer over blunt-nosed bodies at hypersonic flight speeds. Jet

Propulsion, 26, 259_269, 274.

Park, C. (1989). Nonequilibrium hypersonic aerothermodynamics. New York: Wiley.

Schneider, S. P. (2006). Laminar-turbulent transition on reentry capsules and planetary probes. AIAA Journal, 43(6), 1153_1173.

Sforza, P. M. (2012). Theory of aerospace propulsion NY: Elsevier.

Skokova, K. A., & Leiser, D. R. (2002). Characterization of a new refractory oxidative-resistant ceramic carbon insulation material. Fuel Chemistry Division Preprints, 47(2), 434_435.

Stewart, D., & Leiser, D. (2007). Lightweight thermal protection system for atmospheric entry. NASA Tech Briefs, pp. 20_21.

Sutton, G. W. (2006). The initial development of ablation heat protection—An historical perspective. Space Chronicle, Journal of the British Interplanetary Society, 59(1), 16_28.

Sutton, K., & Graves, R. A. (1971). A general stagnation-point convective-heating equation for arbitrary gas mixtures. NASA TR R-376.

Tauber, M. E., Menees, G. P., & Adelman, H. G. (1987). Aerothermodynamics of transatmospheric vehicles. Journal of Aircraft, 24(9), 594_602.

Tauber, M. (1989). A review of high-speed convective heat transfer computation methods. NASA TP-2914.

Tauber, M. E., & Sutton, K. (1991). Stagnation-point radiative heating relations for earth and mars entries. Journal of Spacecraft, 28(1), 40_42.

Tran, H. K., et al. (1997). Phenolic Impregnated Carbon Ablators (PICA) as thermal protection systems for discovery missions. NASA Technical Memorandum 110440.

Van Driest, E. R. (1959). Convective heat transfer in gases. In C. C. Lin(Ed.), Turbulent flows and heat transfer. Princeton, NJ: Princeton University Press.

White, F. M. (2006). Viscous fluid flow(3rd ed.). New York: McGraw-Hill.

Williams, S. D., & Curry, D. M. (1992). Thermal protection materials. NASA Reference Publication 1289.

Venkatapathy, E., Szalai, C. E., Laub, B., Hwang, H. H., Conley, J. L., Arnold, J., et al. (2010). Thermal protection system technologies for enabling future sample return missions. White Paper to the NRC Planetary Science Decadal Survey, Primitive Bodies Sub-Panel. Washington, DC: National Research Council.

Yoshikawa, K. K. (1969) Linearized theory of stagnation point heat and mass transfer at hypersonic speeds. NASA TN D-5246, August 1969.

第 10 章 航天器构型设计

10.1 航天器环境及其对设计的影响

在满足发射、在轨操作、再入和回收的不同要求的条件下,航天器设计人员应该为乘员提供宜居的环境。此外,航天器设计人员还须注意到因成本效益而产生的质量限制要求。

10.1.1 空天飞行器的乘客容积限量

商用飞机的压力舱包含了机头驾驶舱、旅客舱、货舱、尾部的压力舱壁。舱的横断面通常为圆形或近似圆形,因为这种形状在结构和制造上具有优势。机身直径 d_c 由乘客横向座位数 N_a 确定,座舱长度 l_c 则取决于座位的排数 N_r,乘客数量 $N_p = N_a N_r$。根据 Sforza(2014)提出的方法,可以用两个容积数据来表示乘客舱的内部空间:加压容积 v_p 和自由容积 v_f。加压容积就是压力壳内的总容积,基本上等于 $\pi l_c d_c^2 / 4$。自由容积指舱内可供乘客随意活动的容积。按定义,自由容积不包括座位、隔断、吊挂箱、设备等占用的容积。它基本上就是乘客可以自由活动的空间。随着圆柱形压力舱直径 d_c 的增大,不妨定义一个平均乘客净空高度 h,于是自由空间大约等于 $l_c d_c h - v_o$,其中 v_o 为舱内所有阻碍乘客活动的障碍物体积。

在调查了普通商用飞机如波音 737、767、777 系列和支线涡轮螺旋桨式飞机 ATR-72 的特征后,Sforza(2014)提出了商用飞机每名乘客的自由容积和加压容积的计算公式,由此可以得到比容积,即每名乘客的加压容积和自由容积。图 10.1 为比容积随横向座位数 N_a 的变化情况。

图 10.1 的一个有趣特点就是,对于商用飞机,每名乘客的自由空间几乎是不变的,约等于 $1.4 m^3 /$人。这里的自由容积计算方法没有全部考虑座位和其他障碍物,因此可能会比实际高出 10%。符合常理的是,加压容积随舱的直径而线性增加。

商务喷气式飞机一般追求的是舒适性,所以它的比容积可能达到商用飞机的两倍。例如,湾流 G200 最多可搭乘 10 名乘员,其比自由容积约为 $2.5 m^3 /$人,比加压容积约为 $3.1 m^3 /$人。大型号 G500 可搭乘 18 名乘员,其比自由容积为 $2.7 m^3 /$人,比加压容积约为 $3.6 m^3 /$人。图 10.1 也显示了这种飞机的容积范围,以供比较。

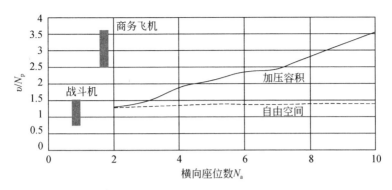

图 10.1　商用飞机每名乘客的名义自由和加压容积(m³)随 N_a 的变化情况。
还一并列出了商务飞机和战斗机的典型值范围,以供比较

图 10.2 为湾流 GS-150 商务飞机座舱同 NASA 猎户座太空舱座舱的容积对比情况。GS-150 可以容纳 6~8 名乘员,而猎户座太空舱可以容纳 4~6 名。Raymer(1989)指出,战斗机的驾驶舱典型尺寸表明每名乘员的比自由容积约为 1.1m³,比商用飞机大约小 20%。

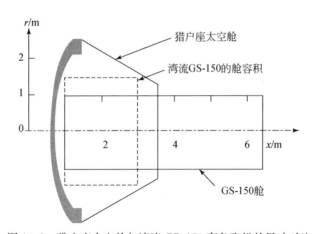

图 10.2　猎户座太空舱与湾流 GS-150 商务飞机的尺寸对比

10.1.2　在航天器座舱乘员容积上的应用

从 10.1.1 小节的结果可以得出这样的结论,即如果航天器座舱容纳的乘员不需要很大的活动空间,比自由容积则可以为 1~1.5m³/人。当然,采用飞机进行类比的前提是航天器任务持续时间较短,大约为一两天。训练有素的航天器乘员似乎可以长时间(最长有可能达到数天)适应这种水平的自由容积。如果任务持续时间较长,乘员有其他需要持续活动的任务,那么就有必要向他们提供更大的比自由

空间。例如,核潜艇的任务持续时间长达数月,其比自由容积一般要大一个数量级,大约为 $11.3m^3/$人。

对于多大的乘员自由容积才是合适的,还存在争议,但是通常都认为其大小取决于任务持续时间和预计的活动程度。这里的自由容积指的是仅被座舱空气占据的那部分加压容积。因此,自由容积是可以算出的,不过有时计算比较烦琐。加压容积就是指压力舱内的容积。例如,设有两个圆柱形座舱,其长度为 $l_c=4m$,直径 $d_c=2m$,于是两者的加压容积都为 $v_p=4\pi m^3$,如图 10.3 所示。

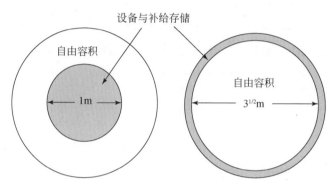

图 10.3　两个 2m 直径座舱的断面积,两者的自由容积相等,但是分布不同

还假设其中一个座舱有一个 1m 直径的圆柱(断面积为 $\pi/4m^2$),用于放置必要设备和补给,它同心安放在外舱壁上,而另一个座舱则把必要设备和补给放在环形区域内,其面积也为 $\pi/4m^2$。现在,两个座舱的自由空间是相同的,为

$$v_f=v_p-\frac{\pi}{4}1^2\times4=v_p-\frac{\pi}{4}(2^2-\sqrt{3}^2)\times4=3\pi m^3$$

显然,尽管两个座舱设计的自由容积都相等,但是环状座舱的自由容积更具有使用居住实用性。这种方式也是 NASA 考虑的方式,图 10.4 所示的名义乘员舱就采用了这种方式。可算容积之间的差别,也显示了目前对何为可居用容积的认识混乱情况。可居用容积是人因专家在太空舱舱内空间设计时提出的主观性术语,用来评估宇航员能否舒适有效地执行各项工作。Hauplik-Meusberger(2011)介绍了对其中一些问题的评述。

自由容积(即可居用容积)的定义具有不确定性,所以难以建立起分析模型供初步设计使用。航天器的基本外部尺寸则要一致得多,据此可用来计算出具体的容积。总体上,由于航天器的质量限制,根据外形总容积能近似计算得到压力舱容积。根据加压容积 v_p 的定义,图 10.5 为加压容积与更普通的容积参数 ld^2 之间的关系。量值 l 和 d 分别表示座舱(即乘员舱)的总长和最大直径。

从图 10.5 可以看出,加压容积可采用 $v_p\sim ld^2$ 形式的公式进行合理表示,若尺寸的单位为米,则其中的比例常数为 0.25~0.6。从图 10.5 所示航天器上可以看

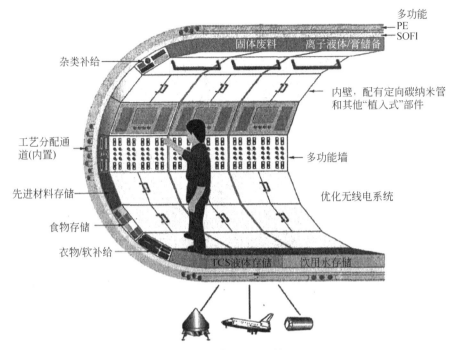

图 10.4　多功能乘员舱壁系统(NASA)

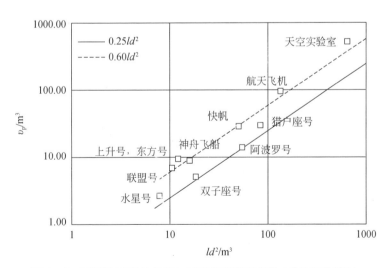

图 10.5　不同航天器的名义加压容积随容积参数 ld^2 的变化情况

出,低值 0.25 大体对应于圆锥形,高值 0.6 对应于圆球或圆柱形。文献中报道的自由容积(即可居用容积)尽管不是严格定义的,但有意思的是还是能得出一定的结论,即航天器的自由容积约为加压容积的 40% ±10%。其中 天空实验室小型空间站的自由容积(即可居用容积)几乎占到加压容积的70%。但是,必须注意到天空实验室不像其他航天器那样肩负了有人再入的任务。

当然,加压容积也可以大到任务目的所需的程度,只是受到发射系统在质量、尺寸、经济因素方面的限制。可以证明,乘员舱的质量与其加压容积有一定的相关性,因此就可单独以此为基础进行设计。自由容积的大小取决于乘员数量、固定的和存放的设备的容积与布置、生命支持系统、热管理设备等。可居用容积即宇航员的可用活动容积,一般小于所谓的自由空间,具体情况取决于乘员舱的最终布置形式。

观察图10.6可以得出关于加压容积与其内部乘员人数之间关系的一些结论。可以看出,应用性和方案性航天器的加压容积落在了由两条函数关系曲线形成的较窄区间上。在加压容积的较低端,有

$$\upsilon_{p} = 2 + \frac{1}{2} N_{p}^{2}$$

在加压容积的较高端,关系式为

$$\upsilon_{p} = 10 + \frac{1}{2} N_{p}^{2}$$

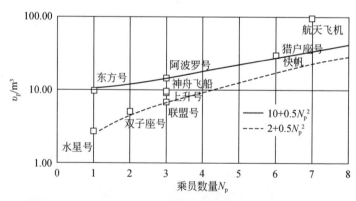

图10.6 不同航天器的名义加压容积随乘员数量的变化情况

有趣的是,试制中的猎户座太空舱和退役的快帆太空飞机在尺寸上很相近,但是几何要素相差悬殊。另外,图中航天飞机轨道器的数据点比图中最高的函数关系曲线都要高很多。航天飞机的95m³加压容积是根据NASA图纸上的外型线尺寸计算的总容积,而NASA给出的是74m³。即便是NASA给出的那个值,它也明显高于最高的关系式曲线给出的值。这与前面介绍的情况是一致的:乘员舱加压容积不一定取决于人因工程方面的限制,超出必要容积的那部分也是很容易提供的。

10.1.3　座舱容积与飞行持续时间

任务持续时间会影响到座舱的大小,但是这不意味着比自由容积和任务持续时间之间的函数关系是连续的。对于飞行器尺寸计算,采用阶梯式关系式可能就足够了,图 10.7 就是这样一种关系式的名义图解。例如,对于中等持续时间的任务,自由容积建议大于轨道飞行器的典型自由容积,但是小于任务持续时间更长的核潜艇的自由容积。自由容积要求的重叠部分,就可能如图 10.7 所示意的。图 10.7 也列出了天空实验室空间站的情况,这是为了说明航天器容积理论值可以比名义上的合格值大很多,实际上也往往如此。无论如何,10 天任务期的航天器不太可能是单点设计,而应当具有较宽的运行灵活性,这样,采用相同的航天器设计就能有效执行 5 天到甚至 20 天持续时间的任务。因为乘员的增添都是整数,所以这种量子化的方法也是很理所当然的。乘员队伍缩小,使比自由容积增加,这是否会明显改善任务的执行条件? 有趣的是,图 10.7 中的阶梯式自由容积函数关系可以看成在两合格自由容积边界曲线形成的二维平面空间中穿行。

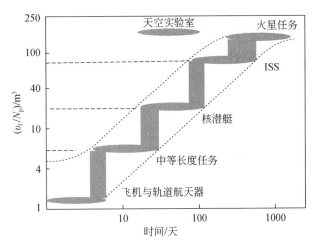

图 10.7　比自由容积需求随任务持续时间的变化情况。虚线表示合格区间

10.1.4　乘员容积要求

影响飞行器构型的两个基本要素是乘员数量和任务持续时间,其影响程度不是无人航天器所能比的。自有人航天活动开始以来,航天器设计界对每名乘员需要多少自由容积(即可居用容积)一直争论不停。Celentano 等(1963)就提出了航天器容积要求,那是一组以任务持续时间为函数的三条曲线,这也算是早期的尝试之一。三条曲线反映了三种居用水平:可容忍限、性能限、最优;这组曲线基准,常被称作 Celentano 曲线或准则(Woodcock,1986)并被纳入 NASA 的有人系统集成

标准中(MSIS,1995)。

　　Cohen(2008)对 Celentano 准则及其变体的应用进行了全面的分析,同时 Celentano 准则被用来确定航天员有效工作所需的容积(Larson et al,1999;Marton et al,1971;Woolford et al,1999)。Cohen(2008)收集了大量的现有航天器及其任务持续时间的数据,寻找加压容积和任务持续时间之间的简单关系。提出了幂函数关系和对数函数关系来最佳拟合一大类的数据,详见图 10.8。如前所述,文献中报道的各类航天器的可居用容积总体上占到相应的计算加压容积的43%。因此,Celentano 的最优可居用容积曲线乘以 2.33 的系数,就得到加压容积,其结果也显示在图 10.8 中。

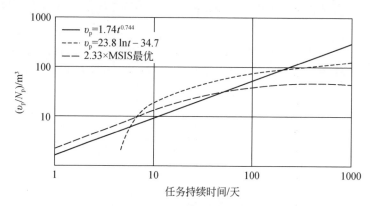

图 10.8　Cohen(2008)的幂函数关系和对数函数关系数据近似曲线与 MSIS 的 Celentano 最优曲线的对比

　　Cohen(2008)给出的实用数据基本上位于图 10.8 所示曲线范围内。国际空间站与和平空间站的单位乘员加压容积值最大,分别为 $200\mathrm{m}^3$ 和 $180\mathrm{m}^3$,约为 Celentano 最优准则扩大之后的 4 倍,但也不是很偏离幂函数关系式。因此,在初步设计确定尺寸时,加压容积的上限可以采用针对特定任务持续时间的三个计算值中的最高值。作为对比,注意典型的 SUV 和小货车的总内部容积分别约为 $3\mathrm{m}^3$、$4\mathrm{m}^3$,而典型的旅馆房间为 $70\mathrm{m}^3$。

10.1.5　航天器质量特征

　　知道具体任务持续时间和定员后,就可以算出乘员舱的大概容积。在初步设计阶段,关注的是乘员舱(太空舱)的质量。为此,现在来考察 8 个有人再入舱、两个太空飞机的乘员舱、一个小型空间站的居住空间的情况。表 10.1 为这 11 个有人航天器的总质量和主要尺寸,还一并给出其他相关数据。航天飞行器的质量应该按容积的 2/3 次方变化,这是因为航天器与飞机一样,基本上是压力壳体结构,因此其质量是与壳面积成正比的。同样,容积是与容积参数 ld^2 成比例的,其中 l

为座舱长度,d 为最大半径。研究这 11 艘航天飞行器公布的数据,可以得出如下的关系式:

$$m = 470 (ld^2)^{2/3} \qquad (10.1)$$

表 10.1　8 个有人太空舱、2 个太空飞机乘员舱与 1 个小型空间站的特征数据

名称	乘员	长度 l/m	直径 d/m	质量 m/kg	mg/A/kPa	B/kPa	ν_p/m³
水星号	1	2.21	1.89	1300	4.55	2.789	2.70
双子座号	2	3.68	2.24	3200	7.97	4.605	5.06
东方号	1	2.30	2.30	2460	5.81	6.315	9.55
上升号	2 或 3	2.30	2.30	2900	6.85	7.444	9.55
阿波罗号	3	3.58	3.91	5900	4.82	2.887	14.30
联盟号	1~3	2.24	2.17	2950	7.83	4.277	6.89
神舟飞船	1~3	2.50	2.52	3240	6.37	3.483	9.08
航天飞机[a]	6~8	5.00	5.20	6614[b]	3.06	无关	95.00
快帆[a]	6	4.65	3.30	6000[b]	6.88	无关	29.00
猎户座号	4~6	3.30	5.00	8913	4.45	2.667	30.00
天空实验室	3	14.66	6.70	35,380	9.85	无关	516.00

注:a 仅限乘员舱;

　　b 估计的。

质量的单位为千克,总长和最大直径的单位为米。图 10.9 为式(10.1)同表 10.1 所列数据的对比情况。注意,图中加了第二条线,靠近水星号太空舱和航天飞机轨道器乘员舱对应的数据点。

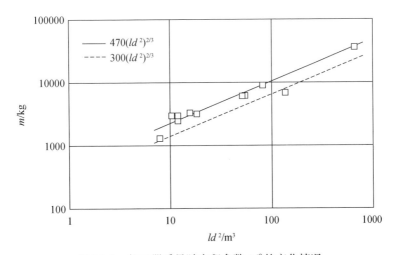

图 10.9　航天器质量随容积参数 ld^2 的变化情况

图 10.10 给出了乘员数量与折算质量($m^{2/3}$)之间的关系。出现了两条相似的关

系曲线,具体与航天器的几何形状有关。对于基本上是圆锥形的飞行器,关系式为

$$m_{cone} = [50(N_p+1)+100]^{3/2}$$

对于基本上是圆球形或圆柱形的航天器,关系式为

$$m_{cyl} = [50(N_p+1)]^{3/2}$$

天空实验室未包含在图中,这是因为在空间站中,成员数量不是质量的决定因素,这点与大气再入的运输器不同。对于天空实验室,只有 3 名乘员在站内,折算质量为 $m^{2/3} = 1081 \text{kg}^{2/3}$,已经超出了图 10.10 所示的尺度。

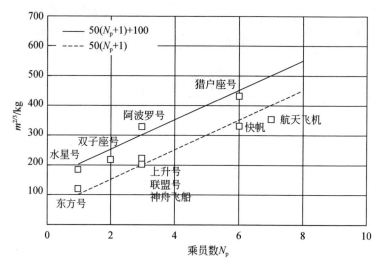

图 10.10　航天飞行器乘员数量和折算质量之间的关系

因此,知道任务持续时间和乘员定员后,就可知道所需的加压容积。加压容积为 $\upsilon_p \sim ld^2$,但是现在既不知道 l,也不知道 d。图 10.11 表明,容积参数的首次估计值可以采用 $ld^2 = 0.5\upsilon_p$。把容积参数的假设值用在图 10.9 中,得到太空舱即乘员舱的首次估计质量。把乘员数量用在图 10.10 中,得到太空舱即乘员舱的质量数

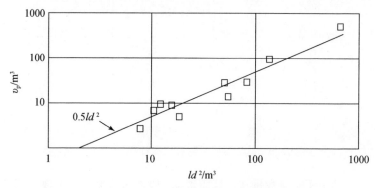

图 10.11　航天飞行器的加压容积与容积参数之间的关系

据,这个质量会根据所需的总体几何要素而有所变动。知道这个值以及其他外部尺寸限制后,就比较容易得到乘员舱即太空舱的近似形状、尺寸、质量,其准确度足以接着进行初步设计。

10.1.6　弹道系数

表 10.1 中还列出了 8 个太空舱飞行器的弹道系数,弹道系数的计算依据已知质量、尺寸和平均 $C_{D,0}$,平均 $C_{D,0}$ 要么是根据式(8.26)计算得出的,要么是根据最大横向半径/头锥半径比 R_b/R_N 从图 8.12 中查出来的。利用 6.2.1 小节介绍的计算方法,就可算出弹道系数;6.2.1 小节给出的弹道系数计算公式为

$$B=\frac{5.87}{C_D}\left(\frac{l}{d}\right)^{2/3} \tag{10.2}$$

利用式(10.2)算出了弹道系数。图 10.12 列出了弹道系数随 $(l/d)^{2/3}$ 的变化情况。数据表明,式(10.2)对于球形、圆柱形、圆锥形航天器都比较吻合。早期的苏联太空舱(东方号和上升号)是球形的,而其他则是圆锥形或圆柱形;球形航天器的弹道系数更高,再入时的减速度更苛刻。航天飞机轨道器这类太空飞机的阻力系数取决于翼平面面积,而不是迎面面积,因此式(10.2)是不适用的。而且,航天飞机更取决于 l/d 而不是弹道系数。

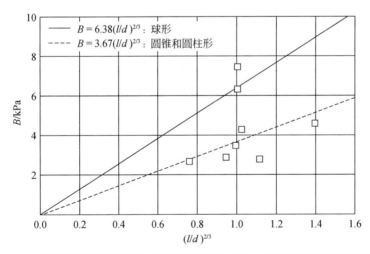

图 10.12　10 架航天器的弹道系数与航天器长细比 l/d 之间的关系(数据来自表 10.1)

10.1.7　航天器构型

一般的有人航天器,其构型如图 10.13 所示。其中一个就是传统的太空舱,形如本书其他章节提到的猎户座太空舱,还有新出现的,如图 10.14 所示的太空探索技术公司的龙太空舱以及波音 CST-100 太空舱。图 10.15 所示为波音 CST-100

太空舱的压力舱。在大小上,这两个太空舱的最大直径介于阿波罗太空舱(3.91m)和猎户座太空舱(5m)之间。洛克希德·马丁公司的猎户座太空舱的压力舱是铝-锂合金材质,轨道 ATK 公司也在研发合成材料版本的猎户座太空舱。在一次再入飞行试验中,用德尔塔 4 号重型发射飞行器发射了一艘装备大量仪器的无人猎户座太空舱,用于测试月球返回任务,值得注意的是月球返回的再入条件要比近地轨道的更加苛刻。这次试验是在 2014 年 12 月进行的,试验结果是成功的,获得了大量的数据,可用于完善猎户座太空舱的设计。有人版的龙太空舱就是太空探索技术公司的猎鹰 9 号发射飞行器发射的那个无人货舱的另一个版本。货舱已经飞向国际空间站,并同其对接。

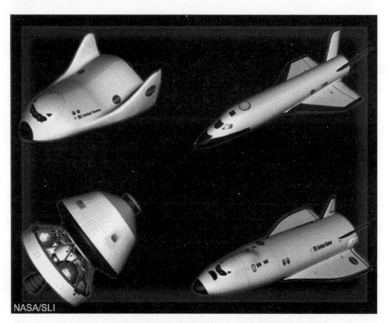

图 10.13　一般的有人航天器构型。从左下顺时针开始,
分别为太空舱、升力体、常规管和翼、有翼升力体(NASA)

　　图 10.13 所示的另一个一般航天器构型为升力体,图 10.16 所示的内华达山脉公司的追梦者号就体现了这一概念。2013 年 10 月,图 10.16 所示的全尺寸飞行器搭载直升机在 3800m 高度释放,成功进行了低速降落和着陆试验。飞行阶段是成功的,但是左起落架支柱未正确展开,在着地时这架飞行器打滑,最终滑到跑道之外了。X-24A 升力体(图 6.67)的无人缩尺模型在 1966~1967 年期间成功飞行和返回过,在 20 世纪 60 年代对单人升力体也进行了大量的低速投放试验(见6.8.1 小节的介绍),现在的追梦者号已往可以携带 7 名乘员进入太空并返回。蓝色起源公司正在研发另一种升力体(双锥形),这家公司打算搭载用自己设计的新发动机的专有发射飞行器将这个太空舱发射升空。这种发射飞行器是可重复使用

图 10.14　2015 年 2 月 23 日，龙太空舱离开
加利福尼亚州霍索恩的太空探索技术公司总部（NASA）

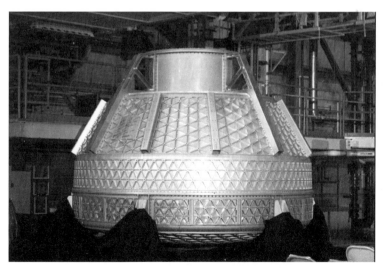

图 10.15　波音 CST-100 太空舱的压力舱，
佛罗里达州 NASA 的肯尼迪航天中心（NASA）

的,发射后会竖直落回底座。

图 10.16　内华达山脉公司制造的追梦者号升力体太空飞机在滑行以及
系留带飞试验中,加利福尼亚州 NASA 阿姆斯特朗飞行试验场(NASA)

图 10.13 所示的第三种基本构型形式更像传统的飞机,同时看起来更先进,所以可以称作太空飞机。这类有人航天器只有一个实例,就是航天飞机轨道器,对此本书比较详细地介绍过。有一款适用的有人太空飞机与图 10.13 所示的太空飞机相似。这就是 12.6.3 小节要介绍的波音 X-37B,重 5000kg,长 10m,翼宽 4.5m。曾搭载宇宙神 5 号 4 次进入 LEO,在轨时间长达 15 个月,然后顺利自动再入和着陆。

图 10.13 中的最后一个是有翼升力体,也称作混合机翼体航天飞机。这类飞行器概念都只停留在原型阶段。

上述两个较大的太空飞机能够着陆和重复使用,初始质量很大,因此在运载能力上存在重大障碍。要处理这个问题,需要考虑采用跨大气飞行器,其不但能像传统的飞机那样起飞和着陆,还能直接飞入轨道。X-30 国家太空飞机是一款超燃冲压空气发动机飞行器,它就采用了这样的概念,洛克希德·马丁/NASA X-33 冒险之星也采用了这样的方式。

多家公司都在亚轨道飞行中看到了太空旅游业务商机。蓝色起源公司正在制造新谢帕德乘员舱,它可用于 100km 的亚轨道飞行,乘员舱采用降落伞返回,可重复使用的发射级可动力返回到发射场,并竖直着陆。XCOR Aerospace 公司正在设计山猫号两座带翼太空飞机,用于亚轨道飞行。维珍航空公司一直在测试太空船 1 号,这也是一架亚轨道飞行太空飞机,已经完成了飞行测试,达到了 31km 的高空。

10.1.8　航天器座舱

图 10.17 为相对较宽敞的两层轨道器座舱的剖面。图中可清晰地看出大致为

圆柱形的压力壳。图 10.18 为这两层的布局示意图。

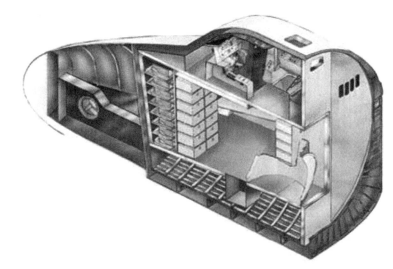

图 10.17　航天飞机轨道器两层乘员舱剖面图(NASA)

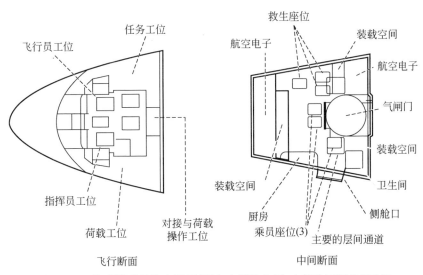

图 10.18　轨道器乘员舱布局示意图,左侧为上层,右侧为下层(NASA)

图 10.19 为阿波罗太空座舱的内部图。图中很拥挤,因此可以看出内部空间多么宝贵。天空实验室微型空间站任务期间构想和实施了装载空间的一项的应用:把装载空间腾空,另外安放两个乘员座位,就把阿波罗太空舱改装为救生指挥舱(rescue command module,RCM),如图 10.20 所示。救生指挥舱在一旁待命,随时准备用土星 IB 发射飞行器发射,以防天空实验室出现推进器失效的问题。计

划中,发射的救生指挥舱搭载两名乘员,与天空实验室航天器对接,然后接回天上的 3 名乘员。幸运的是,还没有发生过需要救生的情况。

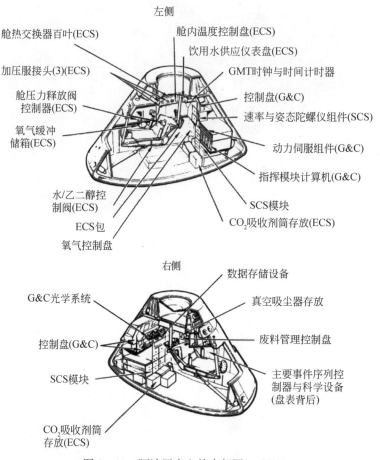

左侧

舱热交换器百叶(ECS)
加压服接头(3)(ECS)
舱压力释放阀控制器(ECS)
氧气缓冲储箱(ECS)

舱内温度控制盘(ECS)
饮用水供应仪表盘(ECS)
GMT时钟与时间计时器
控制盘(G&C)
速率与姿态陀螺仪组件(SCS)
动力伺服组件(G&C)
指挥模块计算机(G&C)

水/乙二醇控制阀(ECS)
ECS包
氧气控制盘

SCS模块
CO$_2$吸收剂筒存放(ECS)

右侧

G&C光学系统
控制盘(G&C)
SCS模块
CO$_2$吸收剂筒存放(ECS)

数据存储设备
真空吸尘器存放
废料管理控制盘
主要事件序列控制器与科学设备(盘表背后)

图 10.19　阿波罗太空舱内部图(NASA)

　　图 10.21 为猎户座太空舱的类似剖面图,其中可容纳 4 名乘员。可以看出,再入期间宇航员是背朝热屏蔽的,这个姿势最适合于承受减速效应。热屏蔽和座位之间是装载空间,用于装载图 10.19 所示的阿波罗太空舱的设备。对接舱口位于太空舱的顶部,采用的对接原理符合国际标准,这个标准确保不同国家开发的航天器具有通用性。

10.1.9　服务舱

　　一次性发射系统中的太空舱设计得很坚固,可以经受住大气再入的苛刻条件。这种额外的加固会带来过多的质量负担,所以执行空间任务所需的设备大部分装在较轻的通常也是未加压的服务舱(SM)内,在再入之前,服务舱会被抛弃。在可

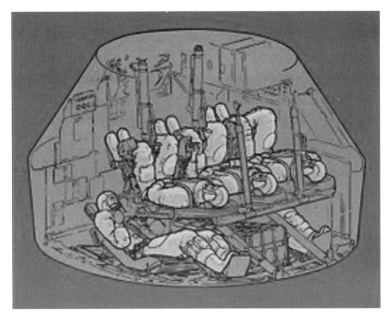

图 10.20　天空实验室救生指挥舱效果图（NASA）

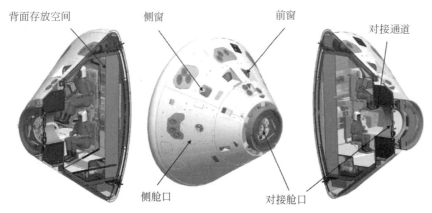

图 10.21　猎户座太空舱内部剖面图（NASA）

重复使用太空飞机中，如航天飞机轨道器，服务舱和指挥舱的功能就被合并在一起。服务舱用于实现如下一般目的：

（1）携带航天器的发电系统，如燃料电池、太阳能光伏电池阵列、蓄电池。携带乘员重返地球的服务舱，采用蓄电池供电。

（2）用于放置消耗气体和液体的储箱，如推进剂、饮用水、可呼吸大气、加压氦气或氮气（用于把其他消耗品送到使用点）。

（3）容纳用于航天器环境管理的温度控制系统，包括热交换器、太空散热器、冷却剂和相关泵送系统等。

（4）携带环境控制和生命支持（EC/LS）系统的部件，如 CO_2 吸收器、水监测器、废料管理、灭火设备等。

（5）容纳推进系统，包括用于入轨和离轨的主发动机、反作用控制系统推进器（用于机动和姿态控制功能）。

表 10.2 列出了一次性航天器系统几个服务舱的几何特征和干质量特征，图 10.22 为服务舱的干质量随容积参数 ld^2 的变化情况。干质量指服务舱不含液体时的质量，d 和 l 分别表示服务舱的直径和长度（扣除主发动机喷管的长度）。旧猎户座和猎户座-esm 指猎户座指挥舱的两个服务舱变体。前者为服务舱的最初型号，已经被欧空局研制的新型号取代。新型号的研制依据了自动转移飞行器（automated transfer vehicle, ATV）的成功经验，该飞行器多次成功完成向国际空间站的补给任务。

表 10.2　几个服务舱的几何特征与干质量特征

航天器	d/m	l/m	m(dry)/kg	m_p/kg	ld^2/m³	m_t/kg
旧猎户座号	5.03	2.80	3700	8300	70.8	12000
阿波罗号	3.91	4.46	6100	18410	67.8	24510
猎户座-esm	4.50	2.72	3800	9200	55.1	13000
联盟号	2.72	2.26	2100	800	16.7	2900
神舟飞船	2.52	2.94	2000	1000	18.4	3000

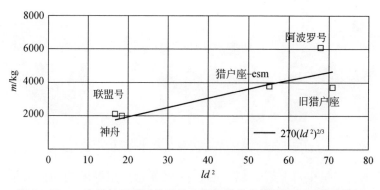

图 10.22　一次性航天器系统的几个服务舱的几何特征与干质量特征

从图 10.22 中可以看出，服务舱质量与其容积参数 ld^2 之间存在一定的相关性，其关系式为

$$m = 270 (ld^2)^{2/3} \tag{10.3}$$

式（10.3）的关系曲线与指挥舱的关系式（10.1）的形式一样。式（10.3）得出的

服务舱质量相关性要弱于指挥舱的关系式(10.1)。这可能是因为指挥舱的外层密度更大,其原因在于它比服务舱更牢固。猎户座服务舱的最初版本跟当前的基于ESA/ATV 的版本在质量上大致相同,但是前者的容积更大。阿波罗服务舱的容积参数与旧猎户座服务舱大致相同,但是质量更大,主要因为推进系统更大、更重,采用的主发动机产生的推力是旧猎户座服务舱的 3 倍。如图 10.23 所示,服务舱的干质量同其所携带的推进剂质量 m_{p} 之间的相关性更明显。以下公式较好地拟合了数据:

$$m_{\mathrm{p}}=4.5(m-1800) \tag{10.4}$$

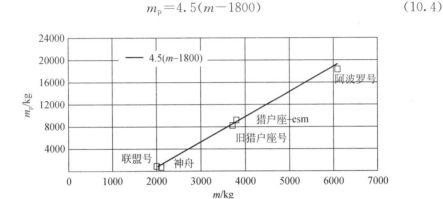

图 10.23　服务舱推进剂质量随服务舱干质量的变化情况

计算服务舱质量时,最好先按第 7 章介绍的发射飞行器分级分析那样计算任务执行所需的推进剂荷载。任务计划需要若干次用到主发动机的较大 ΔV 机动,如入轨点火、会合点火、离轨点火。利用第 7 章的方法,算出速度变为 ΔV 的机动所需的推进剂质量等于

$$m_{\mathrm{p}}=m_0\exp\left(\frac{\Delta V}{g_{\mathrm{E}}I_{\mathrm{sp}}}\right) \tag{10.5}$$

其中, m_0 为机动开始时刻航天器的质量; I_{sp} 为发动机的比冲。对于特定的 ΔV,发动机的 I_{sp} 越大,消耗的推进剂质量就越小。推力 F 决定了完成机动所需的时间。

$$\Delta t=\frac{I_{\mathrm{sp}}}{\left(\dfrac{F}{m_0g_{\mathrm{E}}}\right)}\left[1-\exp\left(\frac{\Delta V}{g_{\mathrm{E}}I_{\mathrm{sp}}}\right)\right] \tag{10.6}$$

在 10.3.2 小节中将看到,目前讨论的航天器服务舱主发动机的推力 F 为 3～90kN。采用的液态推进剂产生的比冲 I_{sp} 为 150～340s。关于这类发动机和推进剂的讨论,可参见 7.5 节和 8.7 节以及 Sforza(2012)的文献。

计算出各计划的任务机动所需推进剂消耗后,主发动机需要的总推进剂质量就等于它们之和。RCS 采用若干的小型推进器,为姿态控制机动(所需的 ΔV 要小得多)提供推力。设这些速度变化不超过主发动机实现的速度变化的 10%,则意

味着 RCS 所需的推进剂装料不超过主发动机所需装料的 10%。因此，在计算出的主发动机推进剂质量 m_p 基础上，再增加 10%～20% 的量以考虑 RCS 和意外需求。这个过程需要仔细规划，避免安全裕度失控，致使航天器质量预算过大。之后，利用式(10.4)可以合理算出服务舱的质量。把计算出的服务舱质量代入式(10.3)或图 10.22 中，就得到服务舱的容积参数 ld^2。设服务舱直径等于先前算出的指挥舱直径，就可初步算出服务舱的长度。随着设计进入详细阶段和收集的部件信息越来越多，服务舱的这些初步几何要素可能还会有所变化。

10.2　环境控制和生命支持系统

在太空中支持有人系统，需要一套严密的环境控制(EC)/生命支持(LS)系统。Wieland(1994，2005)介绍了过去有人任务中(包括美国和俄罗斯的)各种功能和系统的设计情况。表 10.3 列出了有人航天器 EC 和 LS 系统的基本组成系统。

表 10.3　EC 与 LS 支持系统

系统，EC/LS	说明
HVAC	热管理与控制
水	乘员的饮用水
废物	空气净化与个人废物处理
消防	灭火系统
应急系统	食物、医疗、辅助电源

注：HVAC 指供暖、通风、空调。

10.2.1　热管理与控制

只有再入期间才会产生剧烈的加热，不过即便是与此相比轻微得多的在轨道运行期间热量输入也需加以管理，才能向飞行器内的乘员与各种设备提供最佳的环境。表 10.4 介绍了经过飞行验证的热量输入管理与控制方法。在轨运行期间，航天器外的热量输入的主要来源是太阳热辐射和地球反射热辐射，航天器内部则主要是乘员、电气、电子设备发出的热量。轨道上的主要麻烦是没有大气，所以就没有对流，散热效果不是很好。基于上述原因，必须采用太空散热器，但是温度较低时，不容易向太空散发热量。这势必会加大散热器的面积，航天器重量显然就会增加。航天器散热器的废热散热能力为 $100～350\text{W/m}^2$。可将已有的结构表面板用作散热器来避免了过大的重量(图 10.25 上，注意阿波罗服务舱表面上的电气设备以及 EC/LS 系统的散热板)。为了获得最佳的散热效果，散热器应位于航天器的阴影侧，朝向太空。由于航天器需要缓慢自旋来在整个外表面上面平衡外部热辐射,因此不可能采用表面固定的散热器。此外,采用可展开的有向散热器则会导致重量过大,在包含支撑机构在内时,其单位面积重量大约为 $10kg/m^2$。De Parolis 等(1996)介绍了航天器的这种温度控制方法。

表 10.4 航天器热管理

热量管理与控制	水星号、双子座号、阿波罗号	天空实验室	航天飞机轨道器	轨道器酬载舱内的太空实验室	国际空间站
温度控制与散热	水星号上的冷凝蒸煮器,双子座号上的太空散热器,阿波罗号上两者都有	太空散热器	散热器、氨蒸煮器和闪蒸器上的氟利昂冷却剂环路	水环路配合轨道器氟利昂环路	冷板和热交换器上的循环水
设备冷却	冷板和座舱空气流经压缩换热器进行冷却	同水星号	同水星号,另有专用液体/空气换热器和其他系统	同水星号,另有专用液体/液体换热器和相变热容	同轨道器

再入期间,航天器会吸收大量的热量,这些热量可在航天器结构内部或外部传递。如果太空舱是陆上或水上降落伞着陆,回收工作人员可能要花数小时才能找到和取出舱内人员。在此期间,必须要控制好舱内温度。猎户座太空舱采用了可蒸发的氨冷却剂循环系统,使乘员和设备处于舒适的温度。此外,乘员还要穿戴太空服,其中内衣部分有冷却水循环,类似于国际空间站中太空行走宇航员所使用的那种。

10.2.2 航天器内大气

要维持合适的大气,需依赖于表 10.5 所列系统。采用氢氧化锂筒来清除二氧化碳,清除过程为

$$LiOH + CO_2 \longrightarrow LiHCO_3$$
$$2LiHCO_3 + CO_2 \longrightarrow Li_2CO_3 + H_2O$$

表 10.5 航天器大气再生

大气再生	水星号、双子座号、阿波罗号	天空实验室	航天飞机轨道器	轨道器酬载舱内的太空实验室	国际空间站
清除 CO_2	LiOH 储箱	可再生分子筛与沸石 5A	类似于水星号等	类似于水星号等	类似于天空实验室。CO_2 被真空解吸到太空中
制氧	无	无	无	无	固态高分子电解质设备

大气再生	水星号、双子座号、阿波罗号	天空实验室	航天飞机轨道器	轨道器酬载舱内的太空实验室	国际空间站
痕量污染物控制	LiOH 储箱内的活性炭	分子筛中的活性炭,颗粒物过滤器	活性炭,CO 在催化作用下转化为 CO_2,换热器冷凝液吸收 NH_3,颗粒物过滤器	类似航天飞机轨道器	配有高温催化氧化剂的活性炭,颗粒物过滤器

　　表 10.6 为舱内大气成分控制方法。早期发射的水星号和双子座号采用了 100％的舱内氧气环境,阿波罗 1 号发生了火灾事故,然后设计人员改为采用更像地面上的氮气和氧气的混合气体。

表 10.6　航天器大气控制与供应

大气成分控制	水星号、双子座号、阿波罗号	天空实验室	航天飞机轨道器	轨道器酬载舱内的太空实验室	国际空间站
大气成分	100％O_2,压力 kPa（60/40 O_2/N_2 阿波罗号发射时）	72/28O_2/N_2,压力 34.5kPa	22/78O_2/N_2,压力为 101kPa	同航天飞机轨道器	同航天飞机轨道器
大气监测	CO 传感器(仅限水星号)	CO 与痕量污染物传感器	无	无	实验舱内的 N_2、CO、H_2、CH_4、H_2O、CO_2 监控器
其他储存	水星号上 52MPa 的气态 O_2,双子座和阿波罗号同为低温液体	21MPa 的 O_2 和 N_2 气体	同天空实验室,电力系统低温源的代谢 O_2	21MPa 的 N_2 气体,690kPa 压力的 O_2 来自轨道器	16.5MPa 的 O_2 气体,21MPa 的 N_2 气体
温度与湿度控制	水星号、双子座号、阿波罗号	天空实验室	轨道器	太空实验室	国际空间站
大气温度与湿度控制	太空服与座舱采用冷凝换热器。乘员通过水流速度来调节温度,冷凝液通过海绵系统或灯芯移除	采用 Coolanol 15 冷凝液的冷凝换热器。结合空气管道和壁加热器进行温度控制	中央水/空气冷凝换热器。通过空气旁路比进行温度控制,通过擦器和离心分离器移除冷凝液	同航天飞机轨道器	同航天飞机轨道器,冷凝液储存在储箱内
座舱通风	座舱风扇	配有风扇和便携风扇的冷凝管	配有通风管道的座舱风扇	座舱风扇	同航天飞机轨道器

10.2.3　水回收与管理

表 10.7 所列 LEO 运行中的回收与生产系统就适宜于此目的,未来计划中的小行星和火星长期飞行则需要更先进的系统。UTC 航空系统公司的 Sabatier 反应器就属于这样的一个系统。这套系统在国际空间站上运行过,它把氧气发生系统产生的废氢同二氧化碳清除系统产生的 CO_2 相结合,生产出了 3L 的饮用水。从 2010 年开始,反应器就在 ISS 上运行,其可靠性得到了验证。这套系统对表 10.7 所列 ISS 水回收系统形成了一种补充。

表 10.7　航天器水回收与管理

水管理	水星号、双子座号、阿波罗号	天空实验室	航天飞机轨道器	轨道器酬载舱内的太空实验室	国际空间站
供水质量	只有饮用水	只有饮用水	只有饮用水	不适用	只有饮用水
水监测	无	碘取样器	无	不适用	在线导电性与离线微生物计数
水处理	无:排放废水或者储存,然后把多余的排向冷凝热交换器(阿波罗号)	储存废水直至存满,然后排放	类似天空实验室	不适用	(1) 尿:压汽蒸馏 (2) 饮用与卫生:多重过滤,离子交换,催化氧化

10.2.4　航天器消防探测与灭火

航天器消防主要针对烟气吸入危险。在阿波罗 1 号发生致命火灾时,紧急抽离了富氧舱内的大气,避免了高温危险和与之伴随的舱内压力急剧上升,防止乘员压力舱的结构完整性因此遭受损坏。表 10.8 介绍了经过实证的常用灭火与探测系统。

表 10.8　航天器火灾探测与灭火

火灾探测及灭火	水星号、双子座号、阿波罗号	天空实验室	航天飞机轨道器	轨道器酬载舱内的太空实验室	国际空间站
灭火剂	(1) 来自食物再水化器的水 (2) 人工泄压 (3) 阿波罗号有一个含水凝胶灭火器	引用含水凝胶(泡沫)灭火器	3 个远端和 3 个便携 Halton 1301 瓶,座舱泄压	同航天飞机轨道器	(1) CO_2 灭火器 (2) 座舱泄压
探测	乘员感知	红外探头	离子烟雾探头	同航天飞机轨道器	光电烟雾探头

10.3　结构系统、推进系统、电力系统、控制系统

表 10.9 列出了有人航天器的结构系统、推进系统、电力系统和控制系统等基本组成系统。

表 10.9　结构系统、推进系统、电力系统、控制系统

系统	说明
结构:荷载	保证飞行器的完整性
结构:热防护系统	保护飞行器免受再入发热的危害
推进:主	入轨、变轨、离轨
推进:RCS	机动与姿态控制
推进:储箱	盛放各种推进与动力燃料
能源:发电	燃料电池与太阳能电池
能源:输配电	装配电路
能源:存储	蓄电池
控制:GNC	制导、导航、控制系统
控制:数据管理	系统监控

10.3.1　结构荷载与结构动力学

NASA STD(1996)介绍了有效载荷和航天器结构荷载分析的标准规程和要求。以下摘录内容反映了推荐分析方法:"分析方法分为三大类(静态分析、瞬态分析、随机振动分析)。静态分析用于计算因变化缓慢的外力引起的结构上的荷载分布与位移。这种分析也用在因温度变化而引起的结构温度荷载。瞬态分析用于计算确定性的快速变化外力引起的荷载。随机振动分析用来分析不确定性的外力,且只知道外力的统计平均特性。这类分析用来计算随机外力在结构上引起的统计平均荷载。"

NASA STD(1996)给出了以下几点说明。①静态荷载的例子,上升机动,下降机动,稳定自旋中的最大加速度,安装失准,温度变化;②瞬态例子,发动机点火与关闭,脱离发射台,分级,控制系统操作,着陆冲击;③随机振动例子,高频发动机推力振荡,有效载荷整流罩的空气动力颤振,有效载荷表面上的声压。

本书介绍了有人航天器及相关发射系统的总体构型设计和质量计算,以及运行中承受的主要荷载。为了有效和高效承受这些荷载而进行的结构设计,已经超出了本书的范围,对于详细的结构分析,读者可参考 Sarafin 等(1995)以及 Wijker (2008)的著作。

第 9 章比较详细地讨论了热防护系统,尤其是再入过程中承受热冲击的防热层。图 10.24 为猎户座太空舱早期版本的分解图。2014 年 12 月,对猎户座太空舱的防热层材料成功地进行了一次飞行试验,试验再入热应力条件介于 LEO 和月球返回任务之间,采用的防热层材料是 Avcoat 而不是原来考虑过的 PICA。选择阿波罗时代的 Avcoat 烧蚀体而不是新的 NASA 研发的 PICA,其主要原因在第 9 章讨论过。对于尾部板,则采用了 SLA-561V 烧蚀体,外加一层隔热涂层,下方采用了 Nextel 和 Kevlar 隔热片。TPS 的目的是把压力舱的温度维持在合理水平,避免容器壁材料的强度受到影响,而热管理系统则是把乘员舱内的温度维持在可接受的水平。

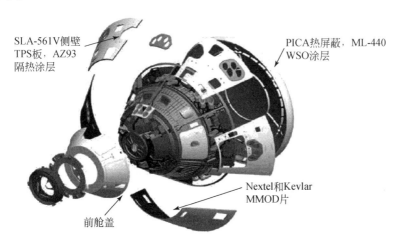

图 10.24 猎户座太空舱早期版本的分解图。后期版本在热屏蔽中采用了 Avcoat 烧蚀体而不是 PICA

航天器结构壁的一个重要功能是承受内部压力,避免外部破裂,尤其是轨道上微流星体和空间碎片有一定的撞击频率,需要避免这种撞击引起的破裂。压力壳的微小破裂就可导致失去压力,对乘员构成致命的威胁。TPS 不仅提供热防护,还充当预防这些高速小物体的首条防护线,吸收了大部分撞击能量,因此撞击物产生的颗粒和碎片在 TPS 与压力壳之间会大幅减速。撞击碎片依然会击中压力壳(在猎户座太空舱上采用了铝-锂合金材质),但是撞击力大幅降低。这就是 Whipple 流星防撞器的基本原理,防撞器得名于它的发明者天文学家 Fred Whipple,在航天器上已应用多年。这种防撞器可以轻松应付微流星体和类似大小的空间碎片(小于等于 0.1cm),这些小物体在数量上占到了大部分,因此也是最容易撞击到航天器的。较大空间碎片(大于等于 10cm)不仅在数量上要少得多,还有各类机构从地基站上对它们进行持续跟踪。当这样的物体轨迹可能构成威胁时,就稍微改变航天器的轨道,避免发生撞击。特征尺寸在 1cm 量级的空间碎片是最危险的,因为它们很难被发现。它们的质量约为 1g,所以是高动能颗粒。它们与航天器的相对速度可以达到 10km/s，使冲击时的动能可高达 50kJ。这相当于 1kg 的石块以 316m/s 的速度产生撞击。这类大小范围的空间碎片在数量上不大，但是还是必须要小心，确保太空舱的压力舱足够坚固，可以承受这种高能撞击。Christiansen (2008) 详细分析了流星体和空间碎片防护。

10.3.2　推进系统

如 8.7 节介绍的那样，轨道运行中，航天器的机动与定位是由轨道机动系统完成的。表 10.10 列出了几款航天器的指挥舱和服务舱的推进系统。任务完成后，就需要火箭点火，完成离轨，开始再入。与火箭相关的储箱是不同推进系统的推进剂储箱以及通过如燃料电池进行发电的其他储箱。7.7.1 小节比较详细地介绍了航天器储箱的设计和构型特征。在图 10.25 中，阿波罗号指挥舱坐在服务舱上，可以看出采用了指挥舱来容纳轨上机动所需的推进剂储箱等辅助设备。由于在再入前要抛弃服务舱，因此指挥舱的 RCS 推进剂储箱是安装在指挥舱的尾舱中的。

表 10.10　几款航天器的推进与动力系统

航天器	动力	推进[a]
猎户座指挥舱	6 个 30Ah 的锂离子电池	12 个 RCS 推进器(联氨单组分推进剂)
猎户座服务舱	11kW 太阳能板	1 个主推进器($F=27$kN) 和 8 个辅助推进器；24 个 RCS 推进器(MMH/MON-3)
阿波罗指挥舱	3 个 1.4kW H_2O_2 燃料电池	12 个 RCS 推进器(MMH/NTO)
阿波罗 SM	3 个 40Ah 银-锌蓄电池	1 个主推进器($F=90$kN, Aerozine 50/NTO)，16 个 RCS 推进器(MMH/NTO)
轨道器	3 个 7kW H_2O_2 燃料电池	2 个主(OMS)推进器和 14 个前 RCS 推进器，14 个后 RCS 推进器(全部为 MMH/NTO)
联盟指挥舱	蓄电池	24 个 RCS 推进器(过氧化氢单组分推进剂)
联盟服务舱	1kW 的太阳能板	1 个主推进器($F=2.94$kN)，28 个 RCS 推进器(UDMH/NTO)
神舟指挥舱	铅酸电池	8 个 RCS 推进器(联氨单组分推进剂)
神舟服务舱	1kW 的太阳能板	4 个主推进器(各 $F=2.5$kN)，24 个 RCS 推进器(MMH/NTO)

注：a MMH＝一甲基肼；

NTO＝四氧化氮；

MON-3＝混合的氮氧化物(NTO＋3％氧化亚氮)；

UDMH＝偏二甲肼；

Aerozine 50＝50％UDMH＋50％联氨；

RCS＝反作用控制系统；

OMS＝轨道机动系统。

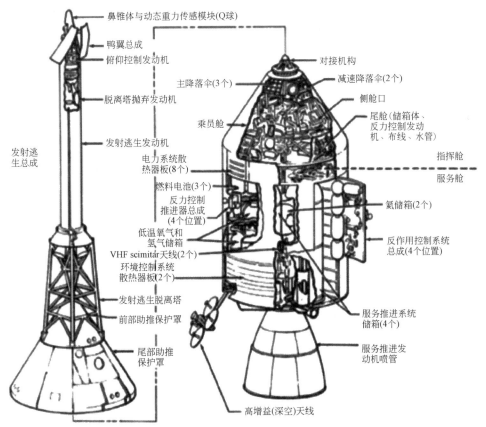

图 10.25　阿波罗号指挥舱、服务舱(前者在后者上方)、发射逃生系统
(位于前两者上方)示意图(NASA)

10.3.3　能源系统

　　有人航天器通常采用光伏电池阵列或者燃料电池供电,这些都装在服务舱内,如图 10.25 所示。猎户座号本打算采用燃料电池供电,但改用 ESA/ATV 服务舱后,就换为太阳能电池阵列。通常认为,在航天器上燃料电池比太阳能电池更麻烦,不过需要较大的太阳能电池板才能提供足够的电力,这意味着要先将太阳能电池板折叠,入轨后再展开。例如,猎户座服务舱的太阳能电池阵列包含了 4 个翼状结构,成 X 形状,展开后大约有 19m 宽。太阳能板的收集效率为 $100\sim300\mathrm{W/m}^2$。可参阅 Jha(2009)对航天器太阳能电池的介绍。指挥舱只使用蓄电池,因为将在再入前抛弃服务舱。如前指出的,可重复使用太空飞机在整个飞行过程中都要携带全部系统。

10.4　乘员支持系统

表 10.11 列出了有人航天器的基本乘员支持系统。通信系统不会对有人航天器的初步设计有较大的影响,关于通信系统方面的技术细节,可以参考 Wertz 等(2011)以及 Pisacane(2005)的文献。

表 10.11　乘员支持系统

系统	说明
控制:通信	同 ISS 和地面通信
乘员系统:辐射	宇宙射线和太阳耀斑防护
乘员系统:对接	乘员营救、进入/离开其他航天器
乘员系统:座椅	人机工程约束系统
乘员系统:逃生	安全中止系统
着陆系统:降落伞	存放和展开能力

第 11 章将比较详细地介绍乘员逃生系统。为了阅读方便,图 10.25 画出了太空舱的典型发射逃生系统。在发射中若出现紧急情况,它将利用固体燃料逃生火箭,快速把乘员舱单独送到安全的高度和距离。

第 6 章介绍了有人航天器的着陆系统。在图 10.25 中,太空舱系统的降落伞是放在指挥舱顶部的。无论是发射失事的着陆过程还是正常再入与着陆过程中,这套系统都要将乘员安全着陆。

有人航天的一个重要特点就是航天器要能与另一个航天器对接,即把航天器不漏气地物理连在一起,乘员就可从一个航天器进入另一个航天器。这种对接能力显然具有安全意义,因为失效航天器内的乘员可以被安全转移到救生航天器内。当然,还是需要在航天器之间进行人员和设备的转移。最典型的例子就是航天器和国际空间站之间的乘员、补给和设备的转移了。随着具备航天发射能力的国家越来越多,人们意识到需要一个标准的对接机构,通过如 IDSS(2013)等国际合作已经实现了这个目的。这种对接机构的详细情况以及原理已经超出了本书的范围,欲了解航天器对接的详细技术基础知识,可以参阅 Fehse(2003)的文献。

如第 3 章介绍的,宇宙射线、受激粒子、太阳耀斑等产生的危害性质各异,所以谨慎的办法就是航天器按照最高可能的辐射事件进行人员防护设计。相反,舱内有类似于龙卷风掩体的小型封闭空间,当可能发生高能事件时,乘员可以躲在其内。猎户座号有一个铝制设备柜,尺寸为 $1m×0.64m×0.71m$,当出现紧急报警时,就腾空其中的东西,把这些东西悬挂在舱内。当柜子腾空后,乘员就可藏身其中,直至紧急事件结束为止。以前的阿波罗号、航天飞机轨道器、国际空间站就有这种柜子。航天飞机轨道器和国际空间站运行在近地轨道上,在这个高度上,地球的磁场提供了大量的屏蔽保护,因此这种柜子就不是必要的,所以阿波罗号的柜子也不是针对大型太阳耀斑设计的。此外,阿波罗号的任务历时 7 天,而猎户座号的时间是它的 3 倍,因此在防护设计上需要更大的安全裕度。

猎户座太空舱设计人员考虑到的一个重要因素就是吸振座椅,在溅落时保护乘员的脊柱。苏联的联盟号和中国的神舟太空舱是陆地着陆,采用的是反冲火箭制动点火,以减缓冲击。

参 考 文 献

Celentano, J. T. , Amorelli, D. , & Freeman, G. G. (1963). Establishing a habitability index for space stations and planetary bases. AIAA 1963- 139, AIAA/ASMA Manned Space Laboratory Conference, Los Angeles, CA.

Christiansen, E. L. (2008). Meteoroid/Debris shielding. NASA TP-2003-210788.

Cohen, M. (2008). Testing the celentano curve: An empirical survey of predictions for human spacecraft pressurized volume. SAE Technical Paper Series, 2008-01-2127.

De Parolis, M. N. , & Pinter-Krainer, W. (1996). Current and future techniques for spacecraft thermal control: 1. Design drivers and current technologies. ESA Bulletin Nr. 87, August.

Fehse, W. (2003). Automated rendezvous and docking of spacecraft. New York: Cambridge.

Hauplik-Meusberger, S. (2011). Architecture for astronauts: An activity based approach. New York: Springer.

IDSS(2013). International docking system standard interface definition document. Revision C. , www. InternationalDockingStandard. com.

Jha, A. R. (2009). Solar cell technology and applications. Boca Raton, FL: Taylor & Francis.

Larson, W. J, & Pranke, L. K. (Eds.),(1999). Human spaceflight: Mission analysis and design. New York: McGraw-Hill.

Marton, T. , Rudek, F. P. , Miller, R. A. , & Norman, D. G. (1971). Handbook of human engineering design data for reduced gravity conditions. Washington, DC: NASA, NASA CR-1726.

MSIS(1995). Man-systems integration standards. NASA STD-3000.

NASA STD (1996). Load analyses of spacecraft and payloads. NASA Technical Standard STD-5002.

Pisacane, V. L. (2005). Fundamentals of space systems(2nd ed.). New York: Oxford.

Raymer, D. P. (1989). Aircraft design—a conceptual approach. Reston, VA: AIAA.

Sarafin, T. P. , & Larson, W. (1995). Spacecraft structures and mechanisms from concept to launch, The Netherlands: Springer.

Sforza, P. M. (2012). Theory of aerospace propulsion. Waltham, MA: Elsevier.

Sforza, P. M. (2014). Commercial airplane design principles. Waltham, MA: Butterworth-Heinemann.

Wertz, J. R. , Everett, D. F. , & Puschell(2011). Space mission analysis and design—The new SMAD. Torrance CA: Microcosm Press.

Wieland P. O. (1994) . Designing for human presence in space: An introduction to Environmental Control and Life Support Systems (ECLSS) . NASA Reference Publication 1324.

Wieland, P. O. (2005) . Designing for human presence in space: An introduction to Environmental Control and Life Support Systems(ECLSS), Appendix I, Update—Historical ECLSS for U. S. and U. S. S. R. /Russian Space Habitats. NASA/TM-2005-214007.

Wijker, J. J. (2008). Spacecraft structures Berlin: Springer-Verlag.

Woodcock, G. R. (1986). Space stations and platforms. Malabar, FL: Orbit Book Company.

Woolford, B. , & Bond, R. L. (1999). Human factors of crewed spaceflight. In W. J. Larson, & L. K. Pranke(Eds.), Human spaceflight: Mission analysis and design(pp. 133153). New York: McGraw-Hill.

第 11 章 安全、可靠性、风险评估

11.1 系统安全与可靠性

可靠性与安全性一向是航天任务中的重要目标，要实现这两点也是一个设计难题。本章首先对往返 ISS 的有人航天器进行初步的可靠性和安全性分析。本章采用的方法类似于 Sforza 等(1993)的方法，他们利用这个方法研究了火星的往返行程，其中出发与返回期间的 LEO 与火星轨道之间的轨道转移采用了核热推进技术。Musgrave 等(2009)全面介绍了各阶段的航天器安全。

通常，人们所说的可靠性指特定任务时间段 t 内任务的成功概率，用符号 $R(t)$ 表示，有时也用 $P(t)$ 表示。涉及空间任务时，常常提到两方面的任务成功。首先，也是最重要的，就是乘员安全概率，即任务期间乘员不会遭受重伤或死亡的概率。其次，指具体任务目标成功完成的概率，这就叫任务成功。这里对符号进行概括，以便把任务成功与乘员安全包括进去。可以采用如下符号：

(1) X_i 为任务的 i 阶段期间的任务成功；

(2) x_i 为任务的 i 阶段期间的任务是安全的；

(3) R_{ms} 为任务成功的概率；

(4) R_{cs} 为乘员安全的概率。

如果简单地假定任务成功与乘员安全取决于所有任务阶段($1 \leqslant i \leqslant n$)的接连成功，则这些概率就变为

$$R_{ms} = \Pr(X_1 X_2 \cdots X_n) \tag{11.1}$$

$$R_{cs} = \Pr(x_1 x_2 \cdots x_n) \tag{11.2}$$

通常还有一个简化假设，即任务各阶段是独立的，这时式(11.1)和式(11.2)就变为

$$R_{ms} = \Pr(X_1)\Pr(X_2) \cdots \Pr(X_n) \tag{11.3}$$

$$R_{cs} = \Pr(x_1)\Pr(x_2) \cdots \Pr(x_n) \tag{11.4}$$

表 11.1 列出了采用二级发射飞行器往返 ISS 的主要常见阶段。对于具体的航天运输系统以及相关任务细节，还要编制类似的表格。

表 11.1　二级火箭往返 ISS 中的代表性任务阶段

阶段编号	说明	推进状态	持续时间
1	ME 点火到第一级分离	主发动机和助推器是激活的	125s
2	第二级点火到 MECO	第二级发动机是激活的	400s
3	MECO 到 ISS 对接	OMS 发动机是激活的	700s
4	轨道运行	非激活的	7 天
5	离轨点火到再入界面	OMS 发动机是激活的	20min
6	再入	非激活的	10min
7	末期运行	非激活的	15min
8	最后进场与着陆	非激活的	10min

最高层次的功能失效，即可导致飞行器损失（loss-of-vehicle, LOV）的事件，其简要情况如下，具体情况将在后面介绍。

（1）推进失效——推力必须维持在一定的水平之上，才能确保可以安全中止或完成任务。

（2）飞行器构型失效——诸如推力矢量等控制功能必须要在一定的范围内，才能维持对飞行器的控制。

（3）容器失效——高能气体或者固体颗粒物从各自管路逸出，可破坏其他系统。

（4）飞行器环境失效——生命支持系统必须维持在一定的限制范围内，才可确保乘员安全。

（5）外部引起的失效——雷击、风切变、空间碎片等外部事件可引起系统失效，导致 LOV。

航天运输系统的一大主要风险因素是推进失效。在本书讨论的轨道任务的一般往返中，有几个阶段需要火箭发动机点火（阶段 1～阶段 3 和阶段 5），几个阶段发动机是熄灭的（阶段 4、阶段 6～阶段 8）。本章将讨论任务的关键推进阶段，重点是这些阶段中的推进系统的可靠性。这些阶段的成功取决于若干系统的成功运行，如表 11.2 中所列系统。

表 11.2　各推进阶段期间的主要运行系统

符号	系统
Y_1	推进
Y_2	通信
Y_3	生命支持
Y_4	能源与热管理
Y_5	导航、制导、控制

前面介绍自上而下的分析方法,它的一个重要作用就是用来选定总体目标,并把任务成功分配在不同任务阶段和各阶段的系统功能上。再重申一遍,这里采用的是阶段的简化模型,其中假定阶段中各系统都是相互独立的,且都必须成功或安全运行。下列公式类似于式(11.3)和式(11.4),它们适用于有动力阶段,如第 1 阶段,即第一级上升过程。

$$\Pr(X_1) = \Pr(Y_1)\Pr(Y_2)\Pr(Y_3)\Pr(Y_4)\Pr(Y_5) \tag{11.5}$$

$$\Pr(x_1) = \Pr(y_1)\Pr(y_2)\Pr(y_3)\Pr(y_4)\Pr(y_5) \tag{11.6}$$

其中,Y_i 为系统 i 的成功;y_i 为系统 i 的安全运行;$\Pr(X_1)$ 为第一级上升阶段的任务成功概率;$\Pr(x_1)$ 为第一级上升阶段的安全运行概率。

整个系统的可靠性以及安全模型还涉及所有其他各阶段的式(11.5)和式(11.6),同样还涉及式(11.3)和式(11.4),如果不能假定各阶段是独立的则是式(11.1)和式(11.2)。

11.2　任务可靠性分配

为整个任务期间设定合适的 R_{ms} 和 R_{cs} 的目标值,然后把目标分配在各个任务阶段,这可不是一项简单的任务。一般来说,这项工作是自上而下的迭代过程,其中要依据系统细节的演化情况,期间还会交替对最新的系统模型进行自下而上的可靠性预测。当然,随着项目的不断进展,这些估计值也会趋于收敛。自上而下的过程始于式(11.3)。为此,不妨把公式分为两部分,一部分表示推进是非激活的,另一部分表示推进是激活的。于是,式(11.3)就变为

$$R_{ms} = \left[\Pr(X_4)\Pr(X_6)\Pr(X_7)\Pr(X_8)\right]\left[\Pr(X_1)\Pr(X_2)\Pr(X_3)\Pr(X_5)\right] \tag{11.7}$$

用下标 1 表示任务中的无动力部分,下标 2 表示任务的动力部分,于是式(11.7)可重写为

$$R_{ms} = [R_1][R_2] \tag{11.8}$$

分配过程要参考类似项目的历史资料,还要利用模型来研究各阶段的可靠性随系统成本、重量与其他因素的变化情况。在系统设计刚开始时,很少有这类资料,所以就必须仔细选用简化假设。

一个处理办法就是采用两个极端情况来囊括推进系统的可靠性。一种情况是,假设推进系统的可靠性低于其他系统,因此它就成了制约性系统因素。在这种推进可靠性较低的情况下,可设 $R_1 = 1$,并设所有动力阶段的概率是相等的,即 $\Pr(X_1) = \Pr(X_2) = \Pr(X_3) = \Pr(X_5) = \Pr_{low}$。于是,由式(11.8)得出

$$R_{ms} = (\Pr_{low})^4 \tag{11.9}$$

$$\mathrm{Pr}_{\mathrm{low}} = (R_{\mathrm{ms}})^{\frac{1}{4}} \tag{11.10}$$

在另一极端情形下,设推进系统可靠性与其他系统相当,且任务各阶段基本上是同等可靠的,则得到如下结果:

$$R_{\mathrm{ms}} = (\mathrm{Pr}_{\mathrm{same}})^{8} \tag{11.11}$$

$$\mathrm{Pr}_{\mathrm{same}} = (R_{\mathrm{ms}})^{\frac{1}{8}} \tag{11.12}$$

不妨对比任务成功概率与式(11.10)和式(11.12)分配原则下的动力阶段可靠性之间的关系。表 11.3 列出了对比情况。由对比情况可以看出,对于类似 $R_{\mathrm{ms}} = 0.95$ 的成功目标,推进系统的阶段可靠性为 $0.99361\sim0.9872$。对应的阶段不可靠性则为 $0.00639\sim0.0128$,上下限相差大约为 1 倍。

表 11.3　任务可靠性与阶段可靠性之间的关系

R_{ms}	$1 - R_{\mathrm{ms}}$	$\mathrm{Pr}_{\mathrm{low}}$	$1 - \mathrm{Pr}_{\mathrm{low}}$	$\mathrm{Pr}_{\mathrm{same}}$	$1 - \mathrm{Pr}_{\mathrm{same}}$
1.000	0.000	1.000	0.000	1.00000	0.00000
0.999	0.001	0.9997	0.0003	0.99987	0.00013
0.995	0.005	0.9987	0.0013	0.99937	0.00063
0.990	0.010	0.9974	0.0026	0.99874	0.00126
0.950	0.050	0.9872	0.0128	0.99361	0.00639
0.900	0.100	0.9740	0.0260	0.98692	0.01308

在计划的开始,就必须选定 R_{ms} 的目标值。最好的目标设定办法就是研究过去类似项目(如表 11.4 所示部分有人任务的资料)的乘员安全性 R_{cs} 和任务成功概率 R_{ms}。注意,阿波罗号飞船和航天飞机的乘员安全概率分别达到了 0.95 和 0.99。表 11.4 中还列出了部分有人与无人发射系统以及相应火箭发动机的任务可靠性。

表 11.4　部分过去航天任务及硬件的可靠性

项目	年份	成功率	R_{cs}	R_{ms}
有人任务				
宇宙神水星号飞船	1961~1963	7/7	0.88889[c]	0.88889[c]
大力神 2 号双子座飞船	1964~1966	11/11	0.92308[c]	0.92308[c]
阿波罗号飞船	1965~1975	17/18[a]	0.95000[c]	0.94444
航天飞机	1981~2011	133/135	0.98519	0.98519
东方号飞船	1961~1963	6/6	0.87500[c]	0.87500[c]
上升号飞船	1964~1965	2/2	0.75000[c]	0.75000[c]
联盟号飞船	1967~1991	50/66[b]	0.96970	0.75758
联盟号飞船(俄罗斯)	1991~2015	59/59	0.98361[c]	0.98361[c]

续表

项目	年份	成功率	R_{cs}	R_{ms}
神舟飞船(中国)				
发射级				
德尔塔助推器	1960~1990	—		0.9403[d]
宇宙神助推器	1957~1990	—		0.8063[d]
土星 5 号	1967~1973	13/13		0.93333[c]
土星 IB 号	1966~1975	9/9		0.83333[c]
无人发射装置				
大力神 IVB	1997~2005	15/17		0.88235
德尔塔 4 号	2002~2015	28/29		0.96562
质子 M	2001~2014	77/87		0.88535
阿丽亚娜 5 号	1996~2015	74/78		0.94872
发动机				
1-5J-2(LOX/LH$_2$)	1966~1975	93/96		0.96875[e]
2-6RL-10(LOX/LH$_2$)	1961~1986	198/198		0.99500[c,e]
3 个 SSME 发动机	1981~2011	121/121		0.99187[c,e]
SRBM 对	1981~2011	134/135		0.99269
RS-68	2002~2015	29/29		0.96674[c]

注：a 阿波罗 13 号任务失败了,但是乘员获救;

b 联盟 1 号和 11 号遭受了乘员牺牲,8 次任务中有 6 次是对接失败、1 次与礼炮 4 号空间站对接失败、1 次火箭在发射架爆炸但是乘员成功逃逸;

c 贝叶斯估计,式(11.23);

d Isakowitz(1991);

e SAIC(1989)。

11.3　可靠性函数

为了完成分配过程,找出系统可靠性目标与系统失效率之间的关系,必须引入并总结介绍可靠性理论的另外几个方面(Shooman,1990)。可靠性函数 $R(t)$ 被定义为时期 t 内的成功概率。其中,随机变量 t 就是失效前时间。利用标准的随机变量数学知识,可以建立起 $R(t)$ 与累计密度函数 $F(t)$ 之间的关系,$F(t)$ 表示 $0{\sim}t$ 期间的失效概率,以及与概率分布函数 $f(t)$ 之间的关系,具体为

$$R(t) = 1 - F(t) = 1 - \int_0^t f(x)\mathrm{d}x \tag{11.13}$$

式(11.13)在数学上是完备的,但是可靠性工程师觉得还是用故障函数 $z(t)$

（即失效率函数）来得方便点,该函数等于在时刻 t 时的单位时间内失效与幸存的之比。于是,可定义为

$$z(t) = \lim_{\Delta t \to 0} \frac{\text{failures}}{\text{survivors} \times \Delta t} \tag{11.14}$$

那么,对于 N 件受试物件,有

$$z(t) = \lim_{\Delta t \to 0} \frac{N[f(t) - f(t+\Delta t)]}{NR(t)\Delta t} = \frac{1}{R(t)} \frac{\mathrm{d}f(t)}{\mathrm{d}t} = -\frac{1}{R(t)} \frac{\mathrm{d}R(t)}{\mathrm{d}t} \tag{11.15}$$

假设条件为 $R(0)=1$,即相关物件最初是完好的,求式(11.15)中的差分方程,得

$$R(t) = \exp\left(-\int_0^t z(x)\mathrm{d}x\right) \tag{11.16}$$

可靠性研究中还常用到另一个变量,就是平均无故障工作时间(mean time to failure,MTTF)。根据随机变量均值的定义,MTTF 为

$$\text{MTTF} = \int_0^\infty t f(t)\mathrm{d}t = \int_0^\infty R(t)\mathrm{d}t \tag{11.17}$$

11.4　失效率模型与可靠性估计

针对不同的部件和系统,采用了许多不同的失效率模型,不过对于初步近似分析来说,可以采用简单的恒定失效率 $z(t)=$ 常数,往往也足够准确。按照这个假设,得到以下关系式:

$$z(t) = \lambda \tag{11.18}$$

$$R(t) = \exp(-\lambda t) \tag{11.19}$$

$$\text{MTTF} = \frac{1}{\lambda} \tag{11.20}$$

结合式(11.5)和式(11.18)~式(11.20),可得

$$R_{\text{ms}} = e^{-\lambda_1 t_1'} e^{-\lambda_2 t_2'} \cdots e^{-\lambda_4 t_4'} = \exp\left(\sum_{i=1}^4 -\lambda_1 t_1'\right) \tag{11.21}$$

其中,λ_i 为 i 阶段的恒定失效率;t_i' 为 i 阶段开始后的运行时间。

最好依据试验数据进行可靠性计算。如果根据先前试验与分析得知,某个部件或系统的可靠性符合恒定失效率,就如式(11.16)~式(11.18)表示的那样,那么统计理论认为可用失效次数与总运行小时数之比表示参数 λ。最大似然估算(maximum likelihood estimate,MLE)基本上与式(11.12)右侧一样。如果数据库中的资料表明没有发生失效,则 MLE=0,就会得出难以评判的结果。如果是这种情况,最好假设失效次数等于 0.33(Welker et al,1974)。

在某些情况下,有受试部件数量的 n,也有成功次数的 r,但是没有试验的小时数。这时,可以假设符合二项式分布,则成功参数 p 就用 MLE 公式计算:

$$p=\frac{r}{n} \tag{11.22}$$

如果失效次数为零，则有 $p=1$，那么就用贝叶斯估计原理对式(11.22)加以修正，可得

$$p=\frac{r+1}{n+2} \tag{11.23}$$

表 11.4 中的结果是用式(11.22)或式(11.23)计算得到的。如果也有运行时间，则可采用式(11.14)。

11.5　分　配　目　标

11.2 节介绍的分配方法，得到的阶段可靠性 P 介于式(11.10)和式(11.12)得出的 Pr_{low} 和 Pr_{same} 之间，表 11.3 中也给出了它们的数据。现在可以接着进行更低一层次的分配，如重点研究推进系统的可靠性。对表 11.4 所列阿波罗号飞船和航天飞机的实际可靠性进行平均，得到 $R=0.963$。对于当前任务，可以设任务目标 $R=0.96$，得到的动力推进阶段可靠性为 $0.9898\sim0.9949$。表 11.2 中列出了这个阶段的主要系统(如 X_1)，同样可以考虑两个极端情况。

如果推进系统是约束性因素，可假定阶段可靠性等于推进系统单独的可靠性，即 $P(x_1)=P(Y_1)=Pr_{low}=0.9898$，且其他系统的可靠性等于 1，即 $Pr(Y_2)=Pr(Y_3)=Pr(Y_4)=Pr(Y_5)=1$。另一个极端是，即所有系统是同等可靠的，则 $P(X_1)=[P(Y_1)]^5=0.9898$，于是 $P(Y_1)=0.9980$。于是，推进系统的可靠性必须为 $0.9898\sim0.9980$。

评估要实现算出的两极端可靠性目标的难度，利用表 11.4 中的数据，可以看出其中的 5 个发动机系统的平均实际可靠性为 0.98301，相应的失效概率则等于 0.01699。根据之前的数据，可以看出这稍微低于所需的可靠性水平。这意味着，可靠性评估需要更详细、更复杂的分析。

11.6　概率风险评估概述

有人航天的概率风险评估(probabilistic risk assessment，PRA)的目的是找出可导致乘员损失(loss of crew，LOC)或 LOV 的失效模式，然后利用现有的可靠性资料，计算其发生的可能性。PRA 的缺点是它只能处理已知失效模式，无法处理未知的或低估的模式。因此 PRA 总会低估风险，所以需要选用较大的安全系数来考虑这些未预见到的失效模式。

美国国会在 1968 年组建了美国空天安全咨询小组（Aerospace Safety Advisory Parel，ASAP)，该小组负责就安全报告(ASAP，2014)、历史 PRA 和由于

实际风险产生的 NASA 系统安全手册(SSH,2014)之间存在的差异,向 NASA 局长进行安全方面的建议。以呼吁成立各项目,应当在 PRA 风险(LOC)和决策机关确定项目最大可接收风险之间考虑一个"管理裕量",因为 NASA 的统计师估计实际风险可能比计算的风险高 50%。

ASAP(2014)报告还指出,NASA 探索系统开发(exploration system development,ESD)部门现已为有人探索任务指定了 LOC 概率阈值,如表 11.5 所示。

表 11.5　NASA 的有人任务 LOC 概率阈值

飞行阶段	LOC 的最大概率
上升	300 次有 1 次,$R_{cs}=0.99667$
地月任务	150 次有 1 次,$R_{cs}=0.99333$
再入	300 次有 1 次,$R_{cs}=0.99667$
整个任务	75 次有 1 次,$R_{cs}=0.98667$

看似与航天飞机目前的表现相差不大,航天飞机目前 135 次飞行的表现为 $R_{cs}=0.98519$(大约 67 次中有 1 次),不过它可能反映了在当时新的有人探索计划中存在实际更高风险,因为存在新的未知失效模式和设计缺点。

要进行一项 PRA 分析,需要设想导致不利结果的情景,即事件序列。要有一个启动事件,也就是触发事件,它引发了后续事件序列,最终导致某种终点状态。触发事件通常是各式各样的故障或失效,它们进而引起异常运行。终点状态由决策者给出,它反映了不利结果的性质。例如,在有人航天中,LOV 就是一个特别重要的终点状态。图 11.1 为航天飞机发射轨迹以及各种中止可能性。

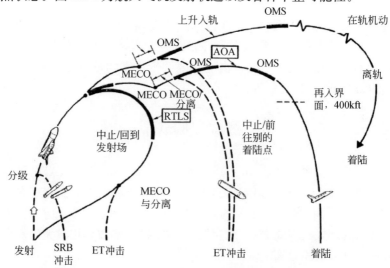

图 11.1　名义航天飞机任务与可能的中止情况(NASA),
MECO 为主发动机关闭,OMS 为轨道机动系统

一般采用示意图来表示情景。示意图的编制也不是唯一的,往往还在一定程度上体现了源于经验的创造性。分级图可有效严格地检查复杂系统的风险暴露情况,如图 11.2 所示。

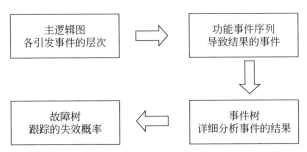

图 11.2 PRA 分析中信息流的等级图表示

现在对图 11.2 所示的高层次信息流进行如下详细说明。

(1) 主逻辑图(master logic diagram,MLD):列出了不同层次的引发事件,描述了破坏发生的不同方式。要编制一份相关系统的功能性干扰类型,然后展开,针对各功能对部件进行表征。MLD 首先分析重大破坏事件,然后详细分析后续事件,这些后续事件是重大事件的必要但非充分条件。图 11.3～图 11.5 为这种 MLD 的局部。

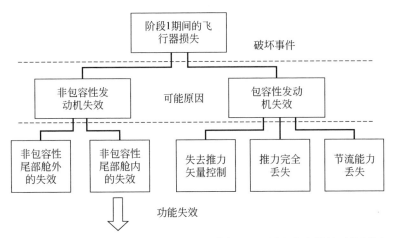

图 11.3 MLD 的局部。最高层次为破坏事件,下一层次为事件的可能原因,
下一层次是可能原因引起的功能失效。箭头指向下一层次的 MLD,接着在图 11.4 中画出

图 11.5 中画有圈的故障失效将在接下来的 PRA 图中加以分析。

(2) 功能事件序列图(functional event sequence diagram,FESD):对 MLD 的引发事件进行筛选,找出那些非常不太可能的事件,在接下来的深入分析中就不再考虑它们。然后,对余下的触发事件进行评估,找出事件的发生序列。对这些事件按二元结果的方式进行编排,如是或否,失败或成功。FESD 为可靠性工程师和系

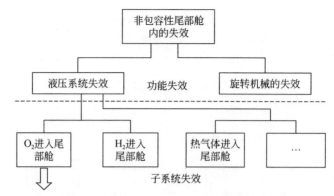

图 11.4　MLD 的继续,流程从功能失效进行到子系统失效。
箭头指向下一层次的 MLD,如图 11.5 所示

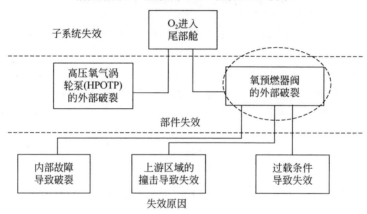

图 11.5　MLD 的最后部分,画出了从子系统失效到部件失效再到失效原因的流程

统工程师提供了一个平台,让他们集思广益。图 11.6 为主发动机氧预燃器阀
(oxygen preburner value,OPBV)失效的一个示意性 FESD。

　　(3) 事件树:这是一种详细的基于 FESD 的二元判定,很容易进行计算机建
模。各个事件路径都可一直追踪到类似成功或失败的结果。图 11.7 为 OPBV 破
裂的事件树。其中研究的一枝为发现了 O_2 流损失,发动机到底有没有关闭。如果
尾部舱没有 H_2,即使发动机未关闭,飞行器也是安全的。但是,如果有 H_2,则存在
可燃混合气体,这时灭火系统应启动,如果灭火系统在工作,则飞行器是安全的。
如果未启动灭火系统,或者如果可燃混合气体未探测到,那么飞行器或者发生火
灾,导致飞行器破坏,或者发生爆炸,导致 LOV。

　　(4) 故障树:类似于事件树,只是这里仅考虑失效序列,并且详细分析失效的
部件或系统。再次按二元方式对部件或系统的可能失效模式进行处理,并追踪所
有可能的失效源。图 11.8 为图 11.6 中氧气流泄漏探测失效的故障树情况。把故
障分为传感器失效或传感器读数错误,然后查找可能的原因。

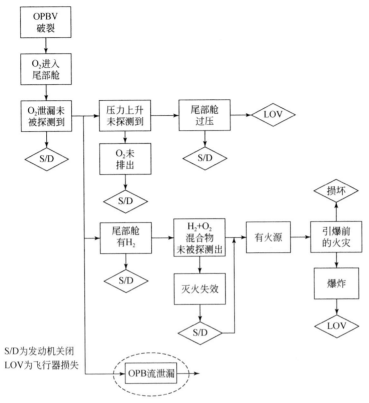

图 11.6 主发动机 OPBV 破裂的 FESD,画圈的事件将在事件树图中接着分析

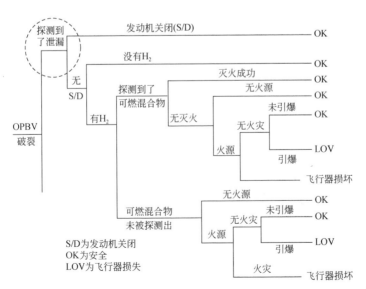

图 11.7 功能事件树,描述了 OPBV 破裂及未探测出流体泄漏情况下的可能事件,
结果分为 OK、飞行器损失、LOV

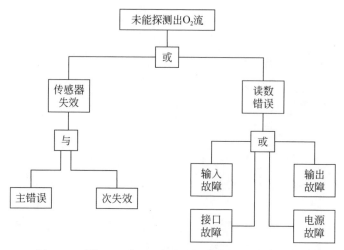

图 11.8　图 11.6 中 O_2 流泄漏探测失效的故障树情况

11.7　航天器顶层功能失效

MLD 依据的是功能失效,对于航天飞机,找出了 5 个可导致 LOV 后果的顶层功能失效。后面将利用航天飞机和其他再入航天器的实际失事情况作为例子,对这些失效加以说明。

11.7.1　推进失效

在各动力飞行阶段,如果没有恰当的推力水平,就无法完成任务,也无法实现成功中止。图 11.9 就是这类失效的例子,其中,X-15 的火箭发动机失效,显然燃

图 11.9　推进失效:火箭发动机失效后,X-15 坠落在 NASA 德赖登飞行研究中心(NASA)

料无法抛弃,所以在大重量下着陆,着陆速度较高,约为 250kts,一侧的起落橇断掉。乘员受伤,但是不是致命的。

11.7.2　飞行器结构失效

在整个飞行过程中,若无恰当的控制主动权,就会导致任务失败。在哥伦比亚号航天飞机发射过程中,就出现了这类事件。在推迟将近 2 年后,哥伦比亚号航天飞机于 2003 年 1 月 16 日发射升空。在发射时,外部燃料箱的隔热泡沫脱落,击中了左翼,如图 11.10 所示。发射后一天,NASA 工作人员观察了发射录像,注意到外部燃料箱上有块泡沫脱落,击中了机翼。在接下来的数天内,许多 NASA 工程师都对这架航天飞机的热防护系统状况表示怀疑,并要求国防部卫星提供高清图像,还要求太空行走来确定损坏情况。在一系列有争议的决策后,NASA 高层都拒绝了这些要求。NASA 官员认为,因为无法进行飞行中维修,也不能进行救援,所以没有理由继续进行调查。使问题变得更糟的是,在过去若干次发射中,泡沫块惯常掉落,但并没有引起灾难性的损坏。在这次,泡沫冲击击破了左翼隔热瓦,最终导致 2003 年 2 月 1 日再入时的 LOC 和 LOV。航天飞机在美国南方上空爆炸成碎片,7 名乘员牺牲。

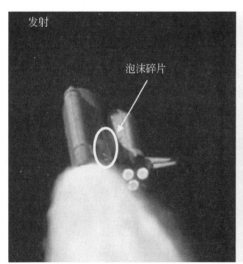
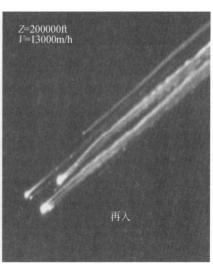

图 11.10　左图为外部燃料箱上的泡沫碎片破坏了哥伦比亚号机翼的前缘,
导致再入时飞行器的解体(右图)(NASA)

Stepaniak 等(2015)介绍了哥伦比亚号事故的航空医学情况以及事故的调查情况。部分结论是:乘员生存应当是首要的任务成功准则,也应当是飞行器设计和任务结构的主要动力。乘员生存应当采用必要的可行先进技术,对于应对灾难性失效的模式应当是简单、可靠、可实现的。从有关高风险运行以及太空灾祸、事件、险兆中吸取教训,有利于了解失效模式,改进程序和设计要求,改进乘员保护策略,从而提高乘员的生存率。

联盟 1 号坠落则源于另一种结构失效。着陆系统的减速伞未能正确打开,无法把主减速伞拉出来。虽然释放出了备用降落伞,但是由于减速伞还是拴着的,备用伞未能充气。联盟 1 号以 40m/s(90m/h)的速度撞向地面,乘员牺牲。

11.7.3　高能气体与碎片抑制失效

气体和碎片偏离预定和受控线路时,可损坏飞行器部件,导致任务失败。在挑战者号航天飞机的发射飞行器上,两个固态火箭助推发动机(solid rocket booster motors,SRBM)中有一个可燃气体 O 形密封圈出现故障,使炽热气体损坏了外部燃料箱,导致爆炸和 LOV。图 11.11 显示了失事情况。另一个容器失效的例子发生在阿波罗 13 号飞行期间。1970 年 4 月 13 日,任务控制中心要求乘员搅动氧气储箱,这项工作是避免氧"浆"出现分层。给搅拌电极供电的特氟龙绝缘电线受损,通电时引发了火灾。火焰加热了周围空气,使储箱内的压力上升,超过了其额定极限 7MPa,导致储箱爆炸。同多数航天器失效一样,阿波罗 13 号事件有许多诱因。组装时,氧气储箱跌落了,跌落高度可能有几英寸。受到的冲击扰动了储箱内的管道,需要用氧气储箱加热器来清除其中的氧气。这不只是一个问题,因为储箱有恒温器,可控制内部压力。恒温器的设计运行电压为 28V,显著低于发射塔的 65V。恒温器未能关闭加热器,加热器运行了数天,最终把储箱内温度加热到 430℃ 以上。储箱的仪表读数仅为 38℃,未能正确显示储箱内的真实温度。在 430℃ 的温度下,内部电线的绝缘层被熔化,当储箱中重新充入氧气时,它就是一个等待起爆的炸弹。图 11.12 就是爆炸后的情况。

图 11.11　容器失效:O 形密封圈泄漏,导致 SRBM 故障,使挑战者号航天飞机失事(NASA)

图 11.12　容器失效：在发射前的过载电流下，加热器开关被熔化失效，
服务舱的一个氧气储箱过热并爆炸

11.7.4　飞行器环境支持失效

　　生命支持系统运行异常，导致乘员牺牲，任务失败是必然的。环境支持失效的一个例子是 1967 年 1 月 27 日阿波罗 1 号指挥舱内的火灾。乘员在执行航天器例行的通信系统测试时，出现了尖峰电压。太空舱在真空太空中运行时，需要承受由内向外的压力，因此在地面上就把太空舱加压，高出大气压力约 9kPa，这个压力水平相当于太空舱在太空中承受的压力。即使 NASA 工作人员知道舱内富氧环境会增加火灾风险，但是他们对氮气含量的管理比较担忧，太空舱内的大气还是采用了纯氧。一个不知道何处产生的火源（可能是火花）引发了一起致命的火灾，NASA 太空计划的最初 7 名乘员中有 3 名牺牲了，这差点终止了这个太空计划。火灾使舱内温度和压力迅速上升，在口头报告火灾之后的 15s，太空舱就破裂了。图 11.13 为火灾事后情况。

图 11.13　环境支持失效：阿波罗 1 号太空舱火灾使舱内温度和压力急剧上升，
最终导致这个太空压力舱破裂（NASA）

联盟 11 号又是一个环境支持系统失败的例子。它于 1971 年 6 月 7 日与礼炮 1 号空间站成功对接,在那里停留了 22 天。1971 年 6 月 30 日正常再入和着陆。太空舱外表没有破坏迹象,回收小组打开太空舱时,发现 3 名乘员已经身亡。显然,他们是窒息而亡。再入舱采用爆炸螺栓同轨道舱分离,分离时造成排气阀失效,气阀处于打开状态。气阀在 168km 的高空被打开,引起的压力损失对乘员是致命的。气阀位于乘员座位之间,基本上人是无法碰到的;即便如此,后来的调查表明,手动关闭阀门所耗时间较长,在紧急情况下是不能及时完成的。后来对这架航天器进行了重新设计,只搭乘两名乘员,这样多出的空间就可以让乘员在发射和着陆这种压力大的飞行阶段穿上轻型宇航服。联盟号太空舱还进一步进行了升级,就是联盟-T,进一步增加了自由空间,再次可搭乘 3 名乘员。

11.7.5　外因失效

飞行器及其指挥与控制系统之外的事件(如闪电、极端风切变、空间碎片等),也可导致任务失败。航天飞机从轨道回到地面,其 5cm 厚的驾驶舱窗被微流星体和空间碎片击中,形成了若干小坑,这就是外因导致损害的一个例子。例行的安全程序是每次都更换玻璃窗,而不是打磨修复。

另一个外因共同导致的失效就是挑战者调查委员会报告中指出的(NASA,1986):大约在 37s,挑战者号遇到了其中第一个高空风切变,并一直持续到 64s。风切变给飞行器施加了力,引起较大的波动。制导、导航和控制系统立即感知到了这些波动,并加以抵消。固体火箭助推器的驾驶系统(推力矢量控制)对所有命令和风切变效应做出了响应。由于风切变的作用,驾驶系统比之前的任何一次飞行都更活跃。

飞行器承受的弯曲可能加剧了固体火箭助推器上的 O 形环密封失效,共同造成了 LOV。

这种功能失效也同样普遍存在于有人航天任务,可用来针对具体情形编制一个 MLD。关于 NASA 航空航天计划的安全事项的最新评估,可参阅 ASAP(2014)中的 NASA ASAP。

11.8　航天飞机的 PRA

前面介绍了几种风险分析工具。自太空计划发展以来,NASA 就比较关注风险和可靠性,原因是显然的。NASA 针对各次有人任务都进行了风险评估,而航天飞机风险评估尤其重要,因为 NASA 有时间来完善这些任务的风险评估工具和程序。实际上,在阿波罗计划的早期发展阶段,其成功概率估计不到 2%。后来事实表明,18 次阿波罗任务中有 17 次是成功的。表 11.6 列出了 NASA 对航天飞机的历次风险预测情况。

表 11.6　NASA 对航天飞机的风险预测

年份	$1-R_{cs}$	R_{cs}	注释
1981	0.0001429	0.9998571	1/7000,挑战者号爆炸之前
1986	0.0128205	0.9871795	1/70,挑战者号爆炸之后
1993	0.0111111	0.9888889	1/90
1997	0.0067568	0.9932432	1/148
2002	0.0040000	0.9960000	1/250
2003	0.0039370	0.9960630	1/254,哥伦比亚号 TPS 失败之前
2004	0.0081301	0.9918699	1/123,发现号发射
2007	0.0030769	0.9969231	1/325
2012	0.0020000	0.9980000	1/500,未来目标

关于表 11.6,需要说明几点。首先,计划开始时测的风险是极低的,7000 次任务中仅有 1 次会造成 LOV/LOC。随着时间的推移,挑战者号的悲剧发生了,于是风险急剧上升,达到每 70 次发射有 1 次失败。这表明 NASA 当时的风险评估还处于学习和调整阶段。SAIC(1989)对太空运输系统进行了 PRA 分析,给出了 LOV 风险在不同系统要素上的分布情况,如图 11.14 所示,可以看出,超过一半的风险来自推进系统要素。这项研究还指出,中止情况(图 11.1 所示)也是值得细致研究的。

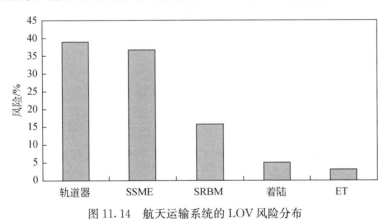

图 11.14　航天运输系统的 LOV 风险分布

11.9　乘员飞行安全

为了确保高速飞机乘员的安全,人类研发了大部分高速飞机上采用的火箭助推弹射座椅,后来又研发了类似 F-111 飞机上的弹射舱。其目的是让乘员在各种条件下都能安全撤离受损飞机：从地面上静止不动的飞机，到高空高速飞行的飞机。太空舱采用了相同的办法，也设有专门的火箭助推器，用来把乘员舱带到足够高的高度，以便安全打开降落伞回收系统，也带到远离发射飞行器沿航向足够远的距离，避免抛射碎片或爆炸火球的伤害。图 11.15 就是这样一种发射逃逸系统（launch escape system，LES）的示意图。水星号、双子座号、阿波罗号都有这类 LES，猎户座太空舱也打算采用类似的设计。其主要特征在于发射逃逸固体燃料推进火箭发动机及相关倾斜喷管能快速提供足够的推力，在 5s 内把太空舱推进到 2000m 的高度。采用小型姿态控制发动机，以提供足够的力矩，使 LES 在爬升中产生倾斜，以获得所需的沿航向的水平飞行距离。大气数据系统（有时称为 Q-ball）感知动压力 q 和姿态角度，并把这些信息提供给姿态发动机控制系统。一旦达到合适的高度、沿航向距离、姿态角度，救生塔分离发动机就点火，把太空舱从 LES 上分离出去。然后，第 6 章介绍的标准太空舱降落伞回收系统展开，把太空舱安全地带回地面。在安全发射的正常条件下，第一级分离和第二级发动机点火后不久就抛弃 LES。

利用第 7 章介绍的公式，可以计算出太空舱的轨迹。为了便于 LES 基本尺寸的设计，可以进行一些简化。从安全角度看，LES 必须在短时间内把太空舱运到安全位置。在 5s 内，声波会传播 1700m，5s 就是 LES 的合适基准燃烧持续时间。

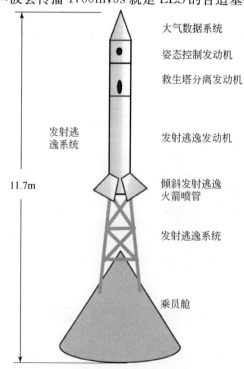

图 11.15　太空舱的传统发射逃逸系统

现在进行简单计算。假设为竖直发射（$\gamma=90°$），没有空气阻力，因此无量纲加速度等于

$$\frac{1}{g_E}\frac{dV}{dt}=\frac{1}{g_E}\frac{d^2z}{dt^2}=\left[\left(\frac{F}{W}\right)-\sin\gamma\right] \tag{11.24}$$

假设 $\gamma\ll F/W,t/I_{sp}\ll1$，初始速度 $V(0)=0$，则采用如下形式的式(7.41)：

$$V\approx\left[\left(\frac{F_{vac}}{W}\right)_0-1\right]g_Et \tag{11.25}$$

对式(11.25)进行积分，求出高度，假设 $z(0)=0$，得到

$$z\approx\left[\left(\frac{F_{vac}}{W}\right)_0-1\right]\frac{1}{2}g_Et^2 \tag{11.26}$$

为了在 $t=5s$ 达到 $z=1700m$ 的高度，LES 的推重比（F_{vac}/W）$_0$ 大约等于 14。根据式(7.49)得出的燃尽时间结果，可以看出推进剂重量比为

$$\left(\frac{m_p}{m_0}\right)=\frac{t_{bo}}{I_{sp,vac}}\left(\frac{F_{vac}}{W}\right)_0 \tag{11.27}$$

对于 $t_{bo}=5s$，（F_{vac}/W）$_0=14$，且假设真空比冲 $I_{sp,vac}=270s$，则推进剂的质量分数为（m_p/m_0）$=0.259$。太空舱加 LES 的质量可表示为

$$m_0=m_{cap}+m_{LES,str}+m_p\approx m_{cap}+m_0\left(\frac{m_p}{m_0}\right)\left(1+\frac{m_{LES,str}}{m_p}\right) \tag{11.28}$$

故系统质量等于

$$m_0=\frac{m_{cap}}{1-\frac{m_p}{m_0}\left(1+\frac{m_{LES,str}}{m_p}\right)} \tag{11.29}$$

就拿阿波罗号来说，其质量约为 5300kg，于是设 LES 结构质量 $m_{LES,str}$ 约占到推进剂质量 m_p 的 10%，得 $m_0=1.5$，$m_{cap}=7414kg$。于是，LES 发动机的推力为 $F=14m_0g_E$，约等于 $14\times72.7=1018kN$。这个简化的恒定 F 分析高估了实际的阿波罗 LES 发动机，它产生的推力大约为 650kN。实际上，推力不是恒定的，而一般会在燃烧过程中快速降低至零，以便为乘员提供合理的加速度，后面将进行说明。

提供飞行路径角 γ 控制的 LES，可使 LES 发生倾斜，这样不仅可以达到一定的垂直飞行距离，还可飞离逃逸应急启动点一定的沿航向距离。对于这样的 LES，也可进行简化计算。利用式(11.25)，得到如下近似结果：

$$\frac{dz}{dt}=V\sin\gamma\approx\left[\left(\frac{F_{vac}}{W}\right)_0-1\right]g_Et\sin\gamma \tag{11.30}$$

$$\frac{dx}{dt}=V\cos\gamma\approx\left[\left(\frac{F_{vac}}{W}\right)_0-1\right]g_Et\cos\gamma \tag{11.31}$$

设姿态控制发动机是按照 $\gamma=90-12t$ 的关系式来控制飞行路径角（单位为度）的，可以求式(11.30)和式(11.31)的积分，得到图 11.16 所示的路径结果。实线表示燃烧期间的轨迹，虚线表示太空舱滑行的轨迹，在近似分析中忽略了空气阻

力。在 LES 火箭发动机燃尽后的某个时刻,救生塔分离发动机点火,太空舱则自己滑行,然后就可展开回收降落伞。图 11.17 为阿波罗 LES 发射台试验的图片。

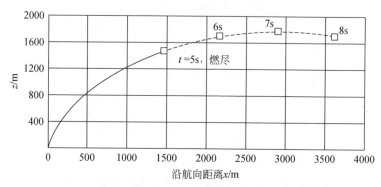

图 11.16　LES 的近似轨迹,忽略空气阻力。实线表示火箭燃烧阶段,虚线表示滑行阶段

图 11.17　1963 年 11 月 7 日,阿波罗 LES 发射台中止测试(NASA)

通过式(11.24)计算得出 LES 在 5s 内完全燃烧产生的加速度大约为 $13g_E$,对于人类来说,这个值非常高,通过查看讨论大气再入时的图 6.2 就可知道。实际上,推力也会按时间加以调整,以便考虑质量的损失,从而制定出合适的加速度计划,同时确保把太空舱运送到安全距离之外。可以按 1s 的时间间隔,用一系列的

准静态恒定推力,根据前面的若干公式来研究衰减推力的情况。作为例子,可以采用图 11.18 中的推力变化情况。由于 1s 步长具有一定的粗糙性,计算出的特性分布会存在一定的精度误差。前面的恒定推力情况下计算得到的推力 $F = 1017kN$,而衰减推力的初始推重比 $(F/W)_0 = 19$,初始推力量 $F_0 = 1380kN$。对于可变推力情形,总冲量等于 3729kN·s,对于恒定推力情形则为 5085kN·s。两者的轨迹情形如图 11.19 所示。

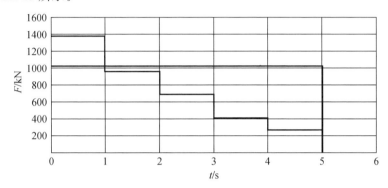

图 11.18 总冲量大致相等的恒定和可变推力历程

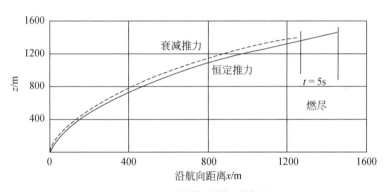

图 11.19 不同推力剖面的轨迹

对于图 11.19 所示两种情形的燃尽点来说,动力飞行阶段的轨迹大致相等。图 11.20 为这两种情况的加速度历程。可以看出,可变推力情形中头 2s 给乘员的加速度更高,但是随后加速度急剧降低。恒定推力情形中,由于推进剂不断消耗,LES 质量不断降低,因此加速度持续增加;其推进剂消耗随时间的变化情况如图 11.21 所示。注意,在可变推力情形中,推进剂消耗要比恒定推力情形约低22%,其质量损失更低。

两个例子中的加速度水平都很高;不妨来看阿波罗发射系统的情况,其初始推重比大约为 $(F/W)_0 = 12$。假设其推力为恒定的,将这种情形下的轨迹同图 11.22所示的 $(F/W)_0 = 14$ 情形的轨迹加以对比,轨迹也包含了 3s 的非动力滑行时间。

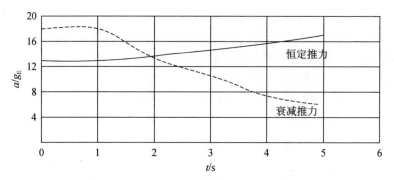

图 11.20　用 g_E 倍数表示的不同推力剖面的加速度历程

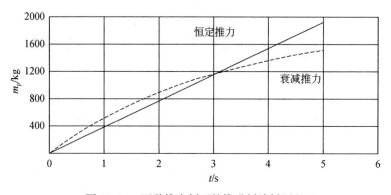

图 11.21　两种推力剖面的推进剂消耗历程

两者的结果是存在差异的,不过还是能节省 5.6% 的推进剂,而且加速度轨迹对乘员更加有利,如图 11.23 所示。如前所示,可以对推力曲线进行调整同时保持总动量大致相同,从而改进这种情况。

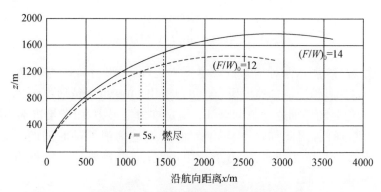

图 11.22　两种恒定推力情形的轨迹对比情况,图中显示了 $t=5\mathrm{s}$
燃尽时间以及另外 3s 的无动力滑翔情况

式(11.25)忽略了空气阻力,对于例子中的情况,算出的 LES 速度介于 $Ma=$ 1.6 和 $Ma=2.2$ 之间。阻力会抑制轨迹,也会降低加速度量,在 LES 的详细设计中应予以考虑。

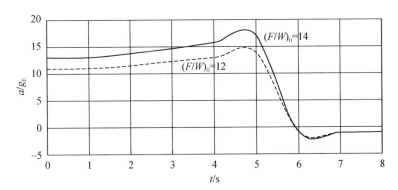

图 11.23　两种恒定推力情形的加速度轨迹(用 g_E 表示)对比情况,图中显示 $t=5$s 的燃尽时间以及另外 3s 的无动力滑翔情况

图 11.24 为猎户座太空舱的发射中止系统(launch abort system,LAS),其总体高度与阿波罗 LES 相仿,但是相对阿波罗系统有几项改进。首先,在猎户座

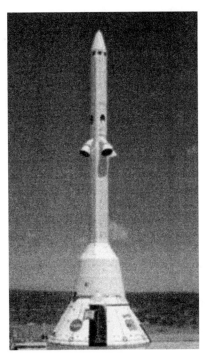

图 11.24　猎户座 LAS,可看到顶部的姿态控制喷口、中间位置的倾斜主发动机喷管、太空舱和发射逃逸火箭之间的整流罩(NASA)

LAS 上,发射飞行器发动机喷管(相对中线倾斜 25°,产生的推力最高大约可达 1750kN)比阿波罗 LES 的更靠前。这降低了喷管火焰冲击乘员舱的风险。喷管位置的这种差异,源于猎户座火箭的固体推进剂从外壳的上方往下方燃烧,而不是阿波罗的从下往上燃烧。猎户座火箭发动机的燃烧气体竖直上升,然后转 155°,离开喷管。其次,猎户座的姿态控制发动机有 8 个喷口,沿火箭四周均匀分布,从图 11.24 的 LES 顶部可以看见。发动机的喉拴喷管通过这些喷口实现差异点火,从而更加准确地控制 LES 的净推力矢量,这与图 11.15 所示的阿波罗 LES 上的单倾斜喷口不同。第三,猎户座的脱离塔结构被安装在流线型整流罩内,封住了火箭发动机和乘员舱之间的区域,从而降低了这两者之间的湍流。

　　除了以上介绍的基于脱离塔的猎户座 LAS 外,NASA 还研发了另一种替代的方式,作为风险减缓措施。其为名字为 Max 的发射中止系统(Max launch abort system,MLAS),以纪念 NASA 航天器设计先驱 Max Faget。图 11.25 为这一概念的示意图。一款 MLAS 曾测试成功,不过它不会替换猎户座上的 LAS。Gilbert (2015)阐释了这个概念。

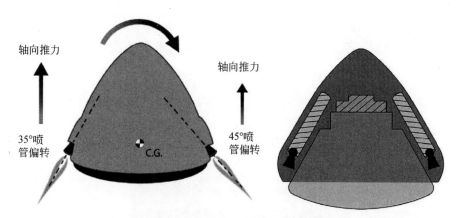

图 11.25　MLAS 示意图,图中显示了猎户座太空舱顶部的动力整流罩。不同的喷管倾度,既提供了推力,也提供了俯仰力矩(NASA)

11.10　风险管理中人的因素

　　某事件的风险大小通常取为该事件发生的可能性与事件的影响或后果之积。可以认为风险是由存在的危险条件、存在的可能诱因以及确定的可能后果组成。风险是不能完全消除的,就算是因为总存在某些未知的失效模式。设计、研发和运行小组要负责风险管理,使风险处于合理水平。监管可分为如下几类:

　　(1)工程控制。风险描述时,必须对危险想定进行详尽的定义,计算其可能性和影响。需要确定失效模式,采用经证实的方法和准则,通过设计排除风险。这是要在飞行器制造之前就要实施的,能最有效地理解和限制风险。

(2) 管理控制。必须明确风险后果与可接收的风险水平。为了制定有效的风险减缓方针,还必须明确安全运行的控制程序和边界。实施这些程序,必须要有证实行动、连续生命周期评估,还必须定期评审。

(3) 人员控制。有专门针对项目全体参与者的持续培训制度,包括反馈渠道,从而确定纠正行动,以降低风险水平。

最大的风险常常不在机器上,而在操作者身上。例如,在挑战者号航天飞机灾难中,是事先知道 SRB O 形环在 12℃温度下可能密封不严,但是尽管当时温度在 −13℃左右,管理层还是决定发射。系统的风险和可靠性是难以量化的,系统的运行条件处于设计条件之外时更是如此。Reason(1990)提出了 4 个失效层次:不安全动作、不安全动作的前提条件、不安全监管、组织影响。不安全动作是直接与失效相关的,如飞行员失误。不安全动作的前提条件包括疲劳、不好的交流习惯、缺乏训练。

11.11　韦布尔分布

在基于小样本量测试的部件寿命建模中,韦布尔随机变量是很有用的。其概率密度函数为

$$f(t) = \frac{g}{t_c} \left(\frac{t}{t_c}\right)^{g-1} \exp\left[-\left(\frac{t}{t_c}\right)^g\right] \tag{11.32}$$

其中,t 表示时间;t_c 为模拟事件的特征时间;g 为最能表示模拟事件特征的形状因子,它们都是正值。图 11.26 给出了几个 t_c 和 g 参数值时的韦布尔参数。

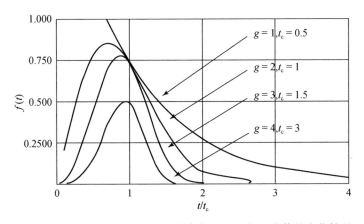

图 11.26　韦布尔分布函数形状随参数 t_c、g 和归一化值的变化情况

被模拟系统在某个时间 t 之前出现失效的概率为

$$\Pr(T \leqslant t) = F_T(t) = \int_0^t f_T(\tau) \mathrm{d}t \tag{11.33}$$

其中，T 是失效前时间；$f_T(\tau)$ 为失效前时间的概率密度函数；$F_T(t)$ 为失效前时间 T 的累积分布函数。于是，系统在 t 时刻后还将运行的概率为

$$\Pr(T > t) = R(t) = 1 - F_T(t) \tag{11.34}$$

$R(t)$ 称作被模拟系统的可靠性。于是，平均（即期望）失效前时间就等于失效概率密度函数一阶矩的积分：

$$E\{t\} = \int_0^\infty t f_T(\tau) \mathrm{d}t = \int_0^\infty t \frac{\mathrm{d}F_T(t)}{\mathrm{d}t} \mathrm{d}t = -\int_0^\infty t \frac{\mathrm{d}R(t)}{\mathrm{d}t} \mathrm{d}t \tag{11.35}$$

于是，通过分部积分得

$$E\{t\} = \int_0^\infty R(t) \mathrm{d}t \tag{11.36}$$

对于式（11.32）中的韦布尔分布，失效前时间的期望及其方差为

$$E\{T\} = c\Gamma\left(1 - \frac{1}{g}\right)$$

$$\mathrm{Var}(t) = c^2\left[\Gamma\left(1 + \frac{2}{g}\right) - \Gamma^2\left(1 + \frac{1}{g}\right)\right] \tag{11.37}$$

伽马函数 Γ 是标准的数学函数，这个函数可以在手册上查到，计算机数学库中一般也有这个函数。其形式为

$$\Gamma(x) = \int_0^\infty y^{x-1} \mathrm{e}^{-y} \mathrm{d}y \tag{11.38}$$

韦布尔概率密度函数的累积分布为

$$F_T = 1 - \exp\left[-\left(\frac{T}{t_c}\right)^g\right] \tag{11.39}$$

于是，符合韦布尔分布的系统的可靠性为

$$R(t) = \exp\left[-\left(\frac{T}{t_c}\right)^g\right] \tag{11.40}$$

任意时刻 t 的失效率等于系统失效前时间的概率密度函数与该系统的可靠性之比，等于

$$z(t) = \frac{f_T(t)}{R(t)} = \frac{g}{t_c}\left(\frac{t}{t_c}\right)^{g-1} \tag{11.41}$$

图 11.27 给出了几个失效率，它们的形状因子不同，但是特征时间相同。注意形状因子 $g=1$ 的失效率情况，其失效率是常数：$h(t) = 1/t_c$。恒定的失效率一般常见于系统磨合后直到磨损前的这段时间。对于 $g < 1$ 的形状因子，失效率与时间成

反比,即随着时间的流逝,失效会降低。这一般常见于系统磨合之前,那时故障部件还未被甄别出来。相反,对于 $g>1$ 的形状因子,失效率随着时间的增加而增加,系统磨损后就会是这种情况。韦布尔分布的展开、使用和说明,可参见 Abernethy (2015)等的著作。

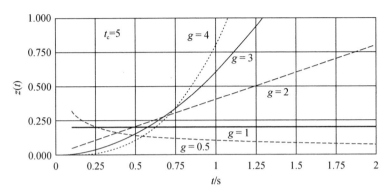

图 11.27　不同形状参数和恒定特征时间值 $t_c=5$ 的失效率 $z(t)$ 的变化情况

参 考 文 献

Abernethy, R. (2015). The new weibull handbook(5th ed.). North Palm Beach, FL: Abernethy.

ASAP(2014). Annual Report for 2014, NASA Aerospace Safety Advisory Panel.

Gilbert, M. G. (2015). The max launch abort system—concept, flight test, and evolution. In T. Sgobba, & I. Rongier(Eds.), Space safety is no accident(pp. 343-354). New York, NY: Springer.

Isakowitz, S. J. (1991). International reference guide to space launch systems Reston, VA: American Institute of Aeronautics and Astronautics, 1991.

Musgrave, G. E. , Larsen, A. , &Sgobba, T. (2009). Safety design for space systems Burlington, MA: Elsevier.

NASA(1986). Report of the presidential commission on the space shuttle challenger accident. Washington, DC: NASA History Office.

Reason, J. (1990). Human error. New York, NY: Cambridge University Press.

SAIC (1989). NASA quantifiable failure rate data base for space flight equipment. Science Applications International Corporation Report No. SAICNY-89-10-43A and 43B, December.

Sforza, P. M. ,Shooman, M. L. , & Pelaccio, D. G. (1993). A safety and reliability analysis for space nuclear thermal propulsion systems. Acta Astronautica, 30, 67_83.

Shooman, M. L. (1990). Probabilistic reliability: An engineering approach Melbourne, FL: Krieger.

SSH(2014). NASA system safety handbook, Vol. 1. System safety framework and concepts for implementation. NASA SP-2010-580.

Stepaniak, P. C. , & Lane, H. W. (Eds.). (2015). Loss of signal: Aeromedical lessons learned from the STS-107 Columbia space shuttle mishap. NASA.

Welker, E. L. , &Lipow, M. (1974). Estimating the exponential failure rate from data with no failure events. In Proceedings of the annual reliability and maintainability symposium. January, pp. 420_427.

第 12 章　太空访问的经济因素

12.1　航天器成本要素

成本评估在太空访问事业中非常重要。涉及的开支幅度对国家政府来说往往会成为问题,新生的商业太空业务对开支也很敏感。政府因各种原因而从事太空活动,其中包括地缘政治。空天公司开发和制造航天器,把航天器卖给经营者,希望由此挣钱,航天器经营者则利用航天器给客户提供访问太空的服务,并由此挣钱。航天器的具体成本由如下几个基本要素组成:

(1) 开发成本——航天器的开发与设计成本,这是非经常性成本。

(2) 生产成本——每架航天器的建造成本,这是经常性成本。

(3) 运行成本——航天器的使用成本,包括地面操作。

(4) 翻修成本——保持航天器持续可用而发生的成本。这实质上是只有可重复使用航天器才涉及的问题,因为一次性航天器都是整个被替换掉的,而不是翻修的。

(5) 回收成本——乘员回归基地的成本。这实质上是一次性航天器才涉及的问题,因为可重复使用航天器是自己回到基地的。

(6) 保险成本——赔偿的成本。

本章将对不同的问题进行讨论,以期能在初步设计阶段对航天器进行大致数量级(rough order of magnitude,ROM)的成本估算。有人航天器项目比无人项目要昂贵得多,所以首先回顾阿波罗和航天飞机计划,以便对涉及的成本有个总体了解。

12.2　阿波罗计划的成本

NASA(1978)给出了阿波罗预算拨款的细目。各预算年的美元价格是当年的美元价格,若要同其他年份(如现在)进行对比,必须考虑相应的涨幅。图 12.1 给出了阿波罗计划期间的累计成本(2015 年美元价值)。阿波罗计划的总成本约为1321 亿美元(2015 年美元价值)。总共有 11 次飞行,根据整个项目成本,每次飞行的成本约为 120 亿美元。在 1963~1969 年,每年的最高年度开支率约为 187.5 亿美元(2015 年美元价值)。在 1969~1973 年的计划收尾期间,成本开支开始平缓下来。

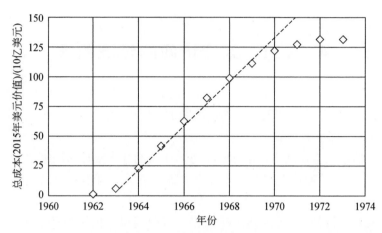

图 12.1　从 1962 年开始,逐年显示了阿波罗计划的累计成本,用 2015 年的美元价值表示。
虚线表示的每年开支率大约为 187.5 亿美元(2015 年美元价值)

　　值得注意的是,在阿波罗计划预算所列的这 26 项预算类别中,其中 7 项几乎占到了整个开支的 87.1%:航天器(指挥舱、服务舱、登月舱)占 30.8%,发动机(土星 I、IB 和 V 级)占 39.9%,飞行运行(任务支持与有人航天运行)占 16.4%。图 12.2 为成本分配情况。

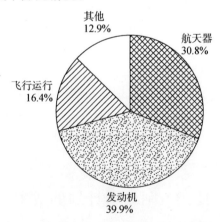

图 12.2　阿波罗计划的总成本分布情况(单位为 10 亿美元,2015 年美元价值)

12.3　航天飞机计划的成本

　　太空飞行器成本大致分为研发成本与运行成本。通常,太空访问项目的分界事件是首次运行飞行。Pielke(1974)对航天飞机项目进行了分析并指出,航天飞

机的 FY1983 首次飞行也是其首次运行飞行,但它是整个第 5 次飞行。开发期
(1972~1982 年)的总成本估计为 325 亿美元(1992 年美元价值),折算为 2015 年
美元价值为 530.3 亿美元。

图 12.3 为累计开支图。最高开支率大约为 83.3 亿美元/年(2015 年美元价
值),即虚线表示的情况,这样的开支率出现在整个持续 40 年的项目期的前半部
分。在计划的后半段时期,最大开支率约为其的一半。在 2011 年航天飞机退役
时,整个计划成本估计达到 2280 亿美元(2015 年美元价值)。关于航天飞机的成
本,可以参考 Pielke 等(2011)的介绍。

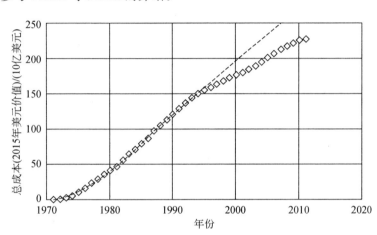

图 12.3　从 1971 年开始后,逐年显示了航天飞机计划的累计成本,用 2015 年美元价值
表示。虚线表示最大开支率,约为 83.3 亿美元/年

如果只依据总成本计算,截至目前的单次飞行成本约为 2280 亿美元/135 次
飞行,即 16.9 亿美元/次飞行(2015 年美元价值),如果包括 1983 年前的 4 次飞行,
则为 2280 亿美元/139 次飞行,即 16.4 亿美元/次。美国审计总署在 GAO(1993)
的文献中报道,NASA 对 FY1993 的预算申请表明平均单次飞行成本为 4.135 亿
美元,对截止 FY1997 的预测也大致相同(按不变美元价格计)。GAO 指出,这些
数据只是“特定年份经常性、持续性运行航天飞机的成本除以该年计划飞行次数”
得到的平均成本。折算为 2015 年的美元价值,则每次飞行的平均成本约为 6.96
亿美元,约占到依据总计划成本计算的单次飞行成本的 41%。GAO 的报告的意
义在于揭示了依据总计划成本计算的平均每次飞行成本的含义。后面将在经济分
析中讨论这个问题。需要注意的是,GAO(1993)指出,NASA 所说的 4400 万美
元/次飞行(1993 年美元价值)是一次飞行的边际成本,它比一次飞行的平均成本
低约一个数量级,因为“它未考虑 NASA 所说的维持一年发射八九次航天飞机所
需的固定成本”。所以,应当注意航天飞机的每次飞行成本数据可能相差较大,这
取决于采用的统计口径。

12.4　每磅入轨价格

在卫星发射业务中,把有效载荷送入轨道(LEO、MEO、GTO 及大偏心率椭圆轨道)所需成本是一个比较重要的指标,也是商业太空领域的主要课题。发射飞行器的全部费用在很大程度上取决于有效载荷的大小,卫星营运者需要的是一个有合理安全系数的刚好足以把有效载荷送入轨道的可靠发射飞行器。

卫星发射行业有一个对比指标叫做比成本,就是把每磅特定有效载荷送入预定轨道所需的成本。可是,发射成本很少公开,在 2000 年之后尤其如此。Futron(2002)编制并定期更新发射成本数据,从数据上可以看出把无人有效载荷送入不同类型轨道的比成本趋势。图 12.4 给出了西方与非西方发射装置的比成本范围(以 2002 年美元价值计)。成本还取决于发射有效载荷的质量:小型(低于2265kg)、中型(2265~5436kg)、中大型(5436~11325kg)、大型(超过 11325kg)。Kendall 等(2011)对 1960~2010 年期间的发射成本进行了比较研究,研究指出自2005 年后比成本没有多少变化(按不变美元计),所以如果适当针对通货膨胀加以调整,那么图 12.4 所示数据可能还是合理的(参见 12.6 节)。太空计划的一大目标就是降低任务成本。Wertz 等(1996)对这些成本降低方法进行了总体评述。

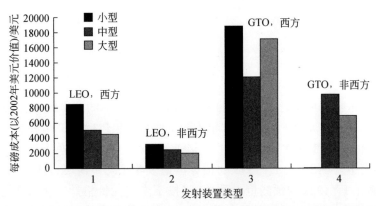

图 12.4　西方及非西方发射装置把各种大小的无人有效载荷送入不同轨道的比成本,按 2002 年美元价值计(Futron,2002)。成本取决于发射飞行器的类型(小型、中型、大型)

12.5　发射成本的组成

太空发射系统的目的是把特定质量的有效载荷成功送入预定轨道。这项工程的基本经济指标就是每次发射的成本,其中包含了飞行器的构思、研发、制造和运行的成本。可根据 Wertz(2000)的方法来估计每次发射的不变美元成本,最开始把成本细分为如下组成部分:

$$C_1 = C_d + C_p + C_o + C_r + C_f + C_i \tag{12.1}$$

其中,等号右侧各项分别表示开发成本、生产成本、飞行运行成本、翻修成本、回收成本、保险成本。后面将依次讨论这些成本。

12.5.1　非经常性开发成本

设计研发过程涉及一次性的,也就是非经常性的成本,这个成本要分摊到多个年份上。开发成本可以除以飞行器寿命期间的发射次数,得到每次发射分摊的该飞行器设计开发成本。设 N 年内总共有 L 次发射,非经常性开发成本 D 按年利率 i 分摊到这 N 年内,则每次发射的开发成本为

$$C_d = \frac{ND}{L} \frac{i}{[1-(1+i)^{-N}]} = \frac{DA}{L/N} \tag{12.2}$$

其中,DA 为开发成本的年化支出;L/N 为项目寿命期每年的平均发射次数。式(12.2)清楚地揭示了成本估算的难题:式中各项似乎都是未知数。从成本估算开始,就必须对整个项目的各个方面进行假设。首先需要考虑的是摊销年限 N,通常等于项目的整个寿命期。对于阿波罗计划来说,项目周期为 10 年;对于航天飞机计划,则约为 40 年。文献中,大部分成本估算一般都选择 $N=15$ 或 20 年。但是,摊销年限属于商业决策,它与经费的有无以及来源有关,还与项目复杂性有关。

每年的发射次数 L/N 反映了对项目持续期间的市场需求预测。Caceres (2015)分析了实际的太空发射以及 2013～2022 年期间的太空发射预测情况。按市场、轨道、有效载荷质量、客户地理区域对年发射数量进行汇总。对于大型有效载荷(大于等于 5500kg),发射总次数预计为每年 16～44 次,其平均为每年 25 次。图 12.5 为自有人太空飞行以来,每个年代的年平均有人航天器发射次数。

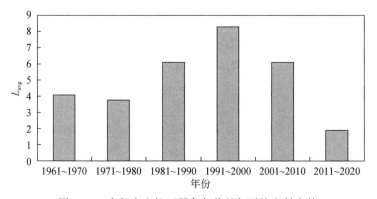

图 12.5　全部有人航天器各年代的年平均发射次数

可以看出,有人航天器发射还是相对较少的,在过去 55 年期间平均每年只有 5 次。阿波罗和航天飞机计划的经验表明,运行飞行大约分别始于项目周期的一半或三分之一时刻。项目开展了几次测试飞行,这些飞行应算作开发工作的一部分,

而不是实际飞行运行的一部分。因此,总的非经常性开发成本(其中包括了若干测试飞行)的摊销年限比运行飞行的年份长。所以,式(12.2)中的每次发射的开发成本依赖 D(项目的早期阶段发生的开发成本)和 L(项目后期阶段的运行发射总次数)。例如,$N=20$ 年的项目可以在项目开始 7 年后进入运行发射阶段,余下的 13 年每年发射 5 次(采用之前引述的平均值),总共为 $L=65$ 次发射,得到 $L/N=65/20=3.25$ 次发射/年。在持续时间更长的有人太空项目中,航天飞机计划的 $L/N=135/40=3.375$ 次发射/年,阿波罗计划为 $L/N=11/10=1.1$ 次发射/年,到目前为止联盟号的 $L/N=122/48=2.54$ 次发射/年。

式(12.2)中的利率 i 取决于对项目寿命期经济状况的预测。航天器的开发,尤其是有人航天器的开发是很有风险的,因此利率通常取得较高,达到 15% 甚至更高。利率通过摊销系数 A 进入式(12.2)中,图 12.6 显示了利率的影响作用。

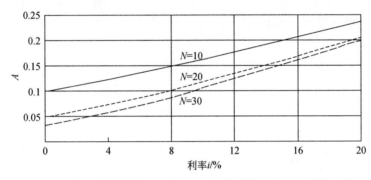

图 12.6　对于不同项目持续年限 N,式(12.2)中的摊销因子 A 随利率 i 的变化情况

显然,设计的目的是要降低开发成本,同时满足每年有大量发射数量需求的市场。对于有人航天器发射,除了某些企业家眼中的太空旅游外,市场需求数量似乎不大。Morring(2015)指出:"飞行器采用了各式各样的设计——蓝色起源、波音、洛克希德·马丁、太空探索技术公司的太空舱;维珍银河和 XCor Aerospace 的亚轨道太空飞机、Sierra Nevada 的升力体——是与排队等候搭乘它们的乘客相匹配的。"许多潜在太空游客的态度表明,太空可能是最新的主题公园,可以满足他们到此一游的心理。这样,有人航天器是存在真实的商业利益的,这与政府官方开发者的意图可能不完全相同。基本问题是平均发射频率 L/N,这是唯一重要的经济参数,既不受技术问题的影响,也不受经济问题的影响。如果需求量很大,其他问题就比较容易解决了。

Whitfield 等(1998)进行了蒙特卡罗模拟研究,表明市场的波动对商业高级太空飞行飞行器项目的存亡有重要的影响,同时强调需要进行准确的市场需求预测。

12.5.2　经常性生产成本

一次性飞行器的生产,可以看作根据发射飞行器需要依次发生的。因此飞行器的生产是经常性成本,可以根据首个产品的成本(CFU)的理论值进行估算。因为学习曲线的作用,在实际生产中的成本会低于首个产品的成本,因此产量越大,单位成本就会降低。以下是 n 架飞行器的总生产成本 P 的计算公式:

$$P = \text{CFU} \cdot n^B \tag{12.3}$$

参数 B 表示制造产品数量增加后,从中吸取的经验教训的成本的折减作用,这个参数取决于选用的学习曲线性质,可以表示为

$$B = 1 - \frac{\ln\left(\dfrac{1}{S}\right)}{\ln 2} = 1 + \frac{\ln S}{\ln 2} \tag{12.4}$$

其中,S 为学习曲线分数,它取决于生产产品的总件数 n。注意,如果 $S=1$,则表示第一件产品中就把可以学习的都学习了,今后也就没有改进的可能,因此总的生产成本就是第一件产品的生产成本乘以生产的总件数。总的生产成本可以表示为

$$P = \text{CFU} \cdot n f_l \tag{12.5}$$

其中,f_l 为学习曲线因子,其为

$$f_l = n^{B-1} = n^{\frac{\ln S}{\ln 2}} \tag{12.6}$$

Apgar 等(1999)把 S 值按表 12.1 分级,而不是像式(12.6)表示为连续函数。图 12.7 显示了学习分数对 $P/\text{CFU} = n f_l$ 比值的影响,可以看出,S 的细微变化都会使 P/CFU 发生较大的变化。

表 12.1　学习曲线百分比

生产的件数 n	学习曲线分数 S
$1 < n < 10$	0.95
$10 < n < 50$	0.90
$n = 50$ 及更多	0.85

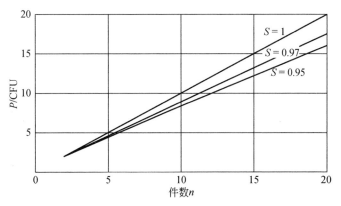

图 12.7　不同学习曲线分数 S 情况下,产量对总价/首件价格的影响

生产 n 架飞行器,每发射一架的平均生产成本(假设生产的都全部发射了,即 $n=L$)就直接等于

$$C_\mathrm{p}=\frac{\mathrm{CFU}\cdot nf_l}{L} \tag{12.7}$$

第 n 架飞行器的生产成本 CNU 可以按下式计算:

$$\mathrm{CNU}=\mathrm{CFU}\big[nf_l(n)-(n-1)f_l(n-1)\big]=\mathrm{CFU}\cdot n\left[f_l(n)-\left(\frac{n-1}{n}\right)f_l(n-1)\right] \tag{12.8}$$

相对于首架飞行器进行归一化处理后的第 n 架飞行器的成本随生产量的变化情况如图 12.8 所示。对于合理数量的生产量,如 $n>10$,式(12.8)可以近似表示为

$$\mathrm{CNU}\approx\mathrm{CFU}\cdot f_l=\frac{P}{n} \tag{12.9}$$

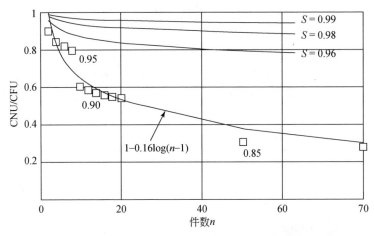

图 12.8　在表 12.1(数据符号)和式(12.6)给出的学习曲线分数 S 值的情况下,
相对于首件产品价格进行归一化处理后的第 n 件产品成本随产量的
变化情况。图中补充了解析曲线,以演示表 12.1 中数据的趋势

图 12.8 表明,对于较大产量和固定的 S,第 n 架飞行器的生产成本大致等于一架的平均成本。对比图 12.7 和图 12.8 可以发现,对于发射飞行器和发动机这样的尖端设备,表 12.1 中的 S 值是不靠谱的,因为第 30 件的生产成本大约只有首件成本的一半。在生产这样的产品中,任何新材料或新技术都可能会增加成本,而不是相反。更现实的情况是,生产过程中各种细节得到改进,从而在成本上有少许的节省。

图 12.7 表明,除非飞行器的生产数量较多,否则每架的成本都与第一件"手工"生产的成本差不多($S=1$)。前面提出了一个概念性的项目,其整个项目期间可能会发射 65 次或更多。如果飞行器是一次性的,那么就需要 65 架。由式(12.3)

或图 12.7 可以看出,总的成本是 52CFU,而不是不考虑学习曲线时的 65CFU。由于当 n 较大时 $n^B \sim (n-1)^B$,式(12.5)表明每次发射的生产成本为 $C_p \sim (52/65)$ CFU。图 12.8 中的数据点没有形成光滑曲线,这是因为表 12.1 中的学习曲线分数 S 采用的是一系列的分级离散值。若 $S = 0.96$,式(12.7)给出的第 n 架的成本为 CNU $= 0.8$CFU。图 12.8 中的对数曲线只是为了表明数据点的趋势。

对于可重复使用的飞行器,成本模型就要稍微复杂些,因为通常假设多架飞行器基本上是同时生产的,而不是一次性飞行器那样先后依次生产的。这意味着生产成本在一开始就发生了,必须按一定利率 i 进行借支,就如同开发成本一样。可以用前面的模型和式(12.3),采用相同的学习曲线来估算生产成本。因此,对于可重复使用飞行器,每次发射的生产成本等于

$$C_{p,r} = CFU \cdot n^B \frac{i}{L\left[1 - (1+i)^{-n}\right]} \tag{12.10}$$

明显差别在于可重复使用飞行器的生产数量要显著少于一次性飞行器。另外,一次性飞行器的成本随生产产品件数的增加而下降,而可重复使用的飞行器的成本则等额分摊在若干年份内。所以,资金的成本和通胀率对一次性和可重复使用飞行器的重要性是不同的。

在 12.5.1 小节对发射次数的讨论中,假设总发射次数为 65 次,20 年项目期后 13 年平均每年发射 5 次。航天飞机轨道器是 STS 中唯一可完全重复使用的组成部分,其设计飞行次数为 100 次,运行生命期为 10 年。STS 轨道器总共有 5 架,因此可以执行 500 次发射,但是没有这么多需求。降低太空访问成本的工作重点放在开发可重复使用的发射系统上,因为这种系统最经济(至少在理论上是如此),相比历史数据而言发射频率更高。采用了合理假设的仔细研究表明,要从可重复使用上获得明显的收益,发射需求必须为每年 10～20 次。除非像太空旅行等商业活动、ISS 上的微重力研究和处理、月球或行星采矿等开始产生较大的投资回报,这种有人太空飞行的发射频率是不太可能的。

12.5.3　飞行运行成本

对于每次发射,也可利用学习曲线模型来估算其飞行运行成本。这里必须首先计算出首次飞行运行的成本 $(CFU)_{ops}$。鉴于可重复使用飞行器的复杂性更高,所以可能有 $C_{ops,e} < C_{ops,r}$。对于(无人)一次性飞行器,有 $C_{ops} = O(10^6)$ 美元,对于可重复使用的飞行器,可能要高一个数量级。例如,对于有人航天飞机这个极端的情形,飞行成本为 $O(10^8)$ 美元。无论是哪种飞行器,开发期间多花些工夫都有助于降低运行成本。这样又会抬高开发成本,管理层可能认为这是不可行的。这种矛盾与风险设计中的矛盾如出一辙:会抬高开发成本。从这点上来看,就明白了为什么所有运行(就如所有风险一样)都必须加以明确定义。

12.5.4　翻修成本

对于完全一次性飞行器,由于任务结束时飞行器将完全抛弃,因此就不存在翻修成本。对于可重复使用的飞行器,为下一次发射进行的处理可能需要相当大的成本:检查、维护、更换、重新检定、重新测试、重新运回发射台,诸如此类。通常把每次的翻修成本取为飞行器每次发射的制造成本的一部分,然后乘以一个系数,以反映飞行器逐渐老化时的磨损情况。翻修成本可表示为

$$C_f = F_1 F_2 C_p \tag{12.11}$$

其中,F_1为翻修成本系数,如可取 $0.10 \sim 0.15$;F_2为老化系数,可取 $1.05 \sim 1.10$。

12.5.5　回收成本

对于有人任务,总会有回收成本,因为在乘员回到地球后,总会想办法将他们找回并安全带回基地。对于可重复使用飞行器,它一般可以自己回到预定的着陆点,从这方面来看,其回收成本可以是很低的。另一方面,如果着陆在较远的地点(设想航天飞机着陆在加利福尼亚州的爱德华兹空军基地,而不是佛罗里达州的卡纳维拉尔角),就不得不把飞行器运回到预定的地点。对于那些携带了依靠降落伞着陆的太空舱的一次性飞行器,就需要一支配备人员和交通工具的队伍来回收乘员和太空舱。水上回收时,成本非常高。

12.5.6　保险成本

到目前,有人任务都是国家或国际项目出资的,政府机构通常会自己给任务担保。随着太空旅游的出现,这种方式将会改变,太空保险行业需要分化出来,考虑承揽这种新兴的商业活动。对于商业有人任务,保险费率一般按发射成本的百分比考虑,如占到 15% 的比例。发射保险不同于无人商业任务运行中的在轨保险。

12.6　成本计算关系

12.5 节简要介绍的发射成本计算似乎是完整的,不过其中有多个变量的价格需要确定。发射系统 ROM 成本的最常用计算方法就是采用基于组成部分质量 m_i 的成本计算关系式(cost estimation relation,CER),其形式为

$$\text{Cost} = a_i m_i^{b_i} \prod_{i=1}^{m} f_i \tag{12.12}$$

就如 Sforza(2014)介绍的,硬件成本的这种计算方法在飞机研发中沿用了较长时间,并且总体上还是比较有效的。式(12.12)中的系数 a 和 b 依据类似产品的历史数据进行拟合得到。因此,这种计算的有效性主要取决于历史记录数据的质

量和适用性。从这个意义上来说,一次性发射飞行器的成本资料要比可重复使用发射飞行器靠谱得多,因为基本上还没有可重复使用发射飞行器的历史资料。这也是需要仔细研究可重复使用发射飞行器成本预算的一个原因。为了对先进概念和技术进行成本估算,Koelle(2013)等采用了多个乘子 f_i,以考虑相对较主观的指标,如技术进展状态、技术质量因数、团队经验因数、各种成本增长因数。

这个成本估算方法取决于历史数据,所以系数 a_t 和 b_t 也是不断演变的,有时很纠结到底该采用哪些系数组。不同研究者提出的 CER 可能不一样,这种差异往往也不像看上去那样有什么实质性的差别,因为具有一定散布的成本数据是可以用许多不同的幂函数加以拟合的,但是在被拟合的有限质量区间段上,它们的结果总是相互吻合的。Dryden 等(1977)依据实际项目评估了 8 个无人航天器成本计算模型,发现质量还真是成本的主要驱动因素。这些模型各不相同,得到的结果也不一样。他们的报告指出,成本估算的研究者花费了大量的时间查找相同的技术和成本资料,尤其在成本资料上。

NASA 的成本分析部门(属于评估办公室)编制了《成本预算手册》(NAFCOM, 2014),这是电子资料,可用于成本估算。NASA 目前正从 NAFCOM 向项目成本预算能力(project cost estimating capability,PCEC)过渡,其中将提供更多的资料和工具。PCEC 不但包含了 NAFCOM 模型,还包含了各个 NASA 中心和部门开发的模型。这个整合后的新模型会具有一定的一致性和可追溯性,从而改善航天器开发和生产成本的估算精度。

Koelle(2013)提出了一个持续更新成本估算方法,其中涉及大量的资料,被广泛用于评估新航天器的经济指标。为了消除美元的年份价值影响,对于式(12.12)算出的成本,Koelle 采用的是 m-y 单位。采用相应的价格平减指数,就可以从 m-y 算出某年的折算美元价格。表 12.2 列出了联邦政府的几种评价指数;超过 2014 财年(FY)以后的数字,是政府估计值。Snead(2006)详细介绍了该方法的使用,例子是完全可重复使用的二级发射系统,取 1m-y＝250000 美元(2005 年美元价值)。采用表 12.2 中的消费价格指数(consumer price index,CPI),则 1m-y 大约等于 313000 美元(2015 年美元价值)。

表 12.2　几种联邦政府价格平减物价指数

FY	GDP[a]	CPI[b]	DOD[c]	DOD[d]	DOD[e]
2005	83.28	79.98	80.99	83.6	81.15
2006	85.98	83.01	83.62	85.81	83.77
2007	88.31	84.84	85.92	87.75	86.00
2008	90.13	88.90	88.35	89.28	88.56
2009	91.19	88.21	88.87	90.47	89.77

续表

FY	GDPa	CPIb	DODc	DODd	DODe
2010	91.98	90.13	90.90	91.83	91.91
2011	93.78	92.84	92.99	93.5	93.75
2012	95.42	95.26	94.66	95.06	95.29
2013	96.86	96.78	96.45	96.57	96.91
2014	98.31	98.14	98.02	98.19	98.31
2015	100.00	100.00	100.00	100.00	100.00
2016	101.86	102.10	101.87	101.96	101.61
2017	103.88	104.35	103.93	104.00	103.36
2018	105.95	106.75	106.07	106.08	105.29
2019	108.08	109.20	108.28	108.20	107.37

注:a 国内生产总值平减物价指数;

b 消费者价格指数 CPI-W;

c DOD 非工资;

d DOD 采购,不含工资、燃料、医疗;

e DOD 总体。

12.6.1　开发成本

各组成部分的非经常性开发成本用 D_i 表示(单位:m-y)。表 12.3 所示 CER 的一组数据取自几个来源,可用于各组成部分的开发成本估算。各部分的质量单位为千克,表 12.3 给出了各部件成本计算注释。

表 12.3　开发成本系数(D)

组成部分	a_i	b_i	注释
发射级	219	0.48	不含发动机
液体火箭	187	0.52	涡轮泵供应
固体助推器	10.4	0.60	质量包含了 m_p
太空舱	436	0.41	

为了对开发成本有一个总体认识,把表 12.3 中的 CER 按对数比例绘制在图 12.9 上,但是,为了清晰起见,各部分的曲线只画出了部分可能质量区间。该图表明,对于相同的质量,液体火箭、太空舱、发射级的开发成本都差不多,而固体火箭助推器却便宜得多,大约为其他成本的 1/5。

　　液体火箭发动机和太空舱的质量基本上都不超过 10000kg(10t),清晰起见,图 12.9 上的 CER 曲线就截止于这个质量。图 12.9 上液体火箭发动机的质量范围轻松囊括了土星 5 号第一级上使用的 Rocketdyne F-1A(质量 8.6t)等发动机的质量。同样,太空舱涵盖了 1(如水星号太空舱)~10t 的质量(包含了 8.9t 的猎户座太空舱)。我们讨论的是有人太空飞行,所以发射级的质量起步就是 10t,最高可达 300t。土星 5 号的第一级为土星 S-IC,其干质量约为 130000kg(即 130t),宇宙神 5 号一级的质量约为 35t。固体火箭发动机成本取决于总质量(包括推进剂),同样也从 10t 起步,最高可达 900t(战神火箭的 5 段式 RSRM,其质量约为 860t)。

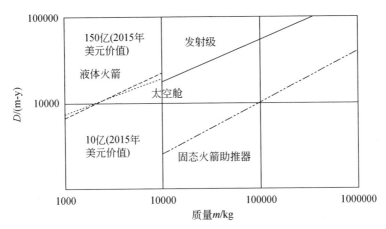

图 12.9　不同发射组成部分的开发成本随其质量的变化情况

　　根据 CER 看来,似乎可以降低系统的各组成部分的质量,使集成的系统刚好能完成特定任务,从而降低开发成本。但是,式(12.12)中的各个主观权重系数 f_i 可影响最佳成本,使质量大于最低值。因此,最好还是沿用一致的模型,如 Koelle(2013)的模型,其中给出了关于 f 因子的具体建议。为了有一个经济上的概念,图 12.9 中还用 2015 年的美元价值标出了成本。可以看出,成本范围为 10 亿~150 亿美元(2015 年美元价值)。

12.6.2　首件生产成本

　　用 CFU_i 表示各组成部分的首件产品的生产成本(单位为 m-y)。表 12.4 所示首件产品 CER 的一组数据取自几个来源,可用于各组成部分的生产成本估算。各部分的质量单位为千克,表 12.4 给出了各部分成本计算注释。

　　为了对各部分的首件生产成本有个总体认识,把表 12.4 中的 CER 按对数比例绘制在图 12.10 上。图 12.10 也显示了各部分的可能质量范围。图 12.10 表明,生产成本要比图 12.9 的开发成本稍微分散一点。

表 12.4　首件成本(CFU) 系数

组成部分	a_i	b_i	注释
发射级	1.30	0.65	没包括发动机,采用 LH_2 燃料
发射级	1.02	0.63	没包括发动机,未采用 LH_2 燃料
液体火箭	5.31	0.45	LH_2 燃料
液体火箭	1.90	0.54	非 LH_2 燃料
固体助推器	2.30	0.40	质量包含了 m_p
太空舱	0.16	0.98	

图 12.10 中画出了两条液体推进剂火箭发动机的曲线。一条是 LH_2 燃料火箭发动机,另一条是采用其他燃料(如煤油基 RP-1 和联氨基 UDMH)的液体火箭发动机。LH_2 燃料火箭发动机的首件成本比采用非液氢燃料的火箭发动机高出20%~50%。这个差异反映了含有燃料涡轮泵的发动机的额外生产成本,这个涡轮泵要承受液氢的极低温度(约 20K)。图 12.10 所示的质量范围甚至囊括了比Rocketdyne 制造的 8600kg(8.6t)F-1A 更大的发动机,这个发动机用在土星 5 号S-IC 上,就是土星 5 号的第一级。宇宙神 5 号上 5400kg 俄罗斯制造 NPOEnergomash RD-180 发动机采用了 RP-1 煤油基燃料和 LOX 氧化剂,与 F-1A 一样。此外,3200kg Aerojet Rocketdyne 航天飞机主发动机(SSME 或 RS-25)采用了 LH_2/LOX 推进剂,而最重的 LH_2/LOX 发动机是 6600kg 的 AerojetRocketdyne RS-68。

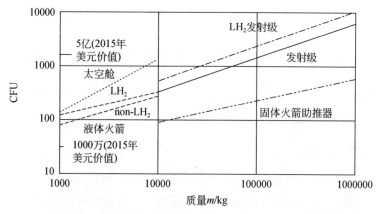

图 12.10　不同发射组成部分的首件生产成本(单位为 m-y)随其质量的变化情况

图 12.10 还画出了两条发射级首件生产成本曲线。一条是 LH_2 燃料发射级,另一条是采用其他燃料(如煤油基 RP-1 和联氨基 UDMH)的发射级。LH_2 燃料密度较低,所以同样的质量需要更大的容积,因此携带 LH_2 燃料的发射级比携带其他

燃料的要更大,成本也昂贵 50%～70%。

图 12.10 所示的 CER 曲线表明,避免采用 LH$_2$ 燃料发射系统,尤其是避免在大质量第一级上采用,可以降低生产成本。同理,在第一级采用固体燃料火箭助推器也可以节省成本。最大型的发射飞行器确实也没有在第一级采用 LH$_2$ 燃料。例如,土星 5 号和苏联 Energia 的起飞质量为分别为 2970t 和 2400t,它们在第一级使用了 RP-1,在上面级使用了 LH$_2$/LOX,航天飞机的起飞质量为 2030t,它的第一级就采用了固体燃料火箭助推器,在上面级采用了 LH$_2$/LOX。

太空舱首件生产成本与其质量基本上是线性关系,大约是 5 万美元/千克。这种情况与商业飞机的典型成熟生产成本相似,当然,商业飞机的要便宜得多,大约为 2 千美元/千克(Sforza,2014)。

12.6.3　航天发射成本降低与可重复使用飞行器

前面介绍的有人太空发射系统的成本估算方法只限用于传统一次性发射系统。Snead(2006)讨论的通过可重复使用系统来实现成本节省,比较偏向于推测,所以超出了本书的范围。Hertzfeld 等(2005)发现,降低太空发射系统的成本遇到两个重大障碍:①目前还没有人发现并证实有比现在使用的化学推进多级火箭更便宜的入轨方式;②如何克服明显昂贵的发射飞行器研发费用。通过可重复使用太空飞行器来降低太空旅行成本,这个想法还是具有本能吸引力的,也在持续研究中。Hogan 等(2003)研究了新发射飞行器计划的高昂成本问题,讨论了美国政府对可重复使用太空飞行器的投资,尤其介绍了表 12.5 所列的 20 世纪下半叶开展的 8 个项目。这几个项目实质上是研究项目,目的是研制可重复使用的太空飞行器,以降低太空进入成本。

表 12.5　对可重复使用飞行器研发的联邦投入(当年的美元价值)

项目名称	投入/美元	开始/年	结束/年	注释
X-20"代纳索"	30 亿～50 亿	1957	1963	在原型机生产之前,这个有人三角翼太空飞机项目就停止了
START 项目	10 亿	1963	1975	这个无人升力体形状进行了 80 次飞行测试
航天飞机	114 亿	1972	2011	这种有人双三角翼太空飞机,实现了 135 次运行飞行
X-30 NASP	30 亿～50 亿	1985	1993	在制造原型机之前,这个吸气式 SSTO 太空飞机项目就停止了
DC-XA"德尔塔快帆"	5000 万	1991	1996	在首次飞行失败后,这个无人 VTOL 发射飞行器项目就停止了

续表

项目名称	投入/美元	开始/年	结束/年	注释
X-33 先进技术验证器	10 亿	1996	2001	在原型机完成 75% 之前,这个升力体轨道太空飞机项目就停止了
X-34 技术试验台验证器	2.19 亿	1996	2001	在还没有实现飞行之前,这个无人有翼再入飞行器项目就停止了
X-37 先进技术飞行验证器	3.01 亿	1998		这个无人有翼飞行器进行了 4 次运行飞行在轨时间达到 22 个月

　　前面介绍的一次性飞行器的成本计算公式对成本的估算还是比较准确的。公式依据了大量的真实硬件的实际经验,因此这个情况也是意料之中的。把这些公式用来估算成本数据库之外的其他类型的发射飞行器时,公式的有效性是有问题的。为了获得成本计算公式中合理的系数,就需要有不那么传统的一些系统制造和运行数据。目前还没有制造和运行过可重复使用的太空发射系统。倒是有三种成功的搭载一次性系统升空的可重复使用太空飞机,它们从太空回来时像飞机一样飞回并降落在发射场,进行翻修,然后重复使用。其中一种就是图 12.11 所示的军用无人太空飞机波音 X-37B,重量为 5000kg。X-37B 长 10m,翼宽 4.5m。它曾搭载宇宙神 5 号 4 次进入 LEO,在轨时间长达 22 个月,然后顺利自动再入和着陆。第二种可重复使用太空飞机是无人的苏联暴风雪号,如图 12.12 所示,它在尺寸和形状上都酷似第三种可重复使用的太空飞机,也就是航天飞机轨道器。

图 12.11　2010 年 12 月 3 日,任务结束时,X-37B 无人太空飞机停在加利福尼亚州范登堡空军基地(USAF)

图 12.12　1989 年第 38 届法国国际航空航天展上，苏联太空飞机暴风雪号搭乘在苏联
An-225 Mechta 摆渡飞机上。它只进行了一次轨道飞行，就被停止(USAF)

STS 中可以重复使用的部分就是有人轨道器太空飞机。轨道器的一个特征就是它基本上是传统的铝制飞机外加一层 TPS 涂层。NRC(1989)对轨道器和美国空军 C-141 Starlifter 运输机进行了组成部分的质量对比，表 12.6 摘编其中的对比资料。

表 12.6 表明，把轨道器的 12301kg TPS 加在 C-141 的总质量上，达到 109757kg，几乎就等于轨道器的质量，这表明轨道器就是一个外表有 TPS 的传统运输机。两者的有效载荷运输能力也很相近，轨道器的携带能力几乎是 C-141 的 90%。

表 12.6　航天飞机轨道器同 C-141 Starlifter 运输机之间的组成部分质量对比(NRC, 1989)

组成部分	轨道器(m/kg)	C-141(m/kg)	轨道器(m/m_0)	C-141(m/m_0)	轨道器/C-141
翼	6667	15561	0.061	0.160	0.382
尾	1310	2676	0.012	0.027	0.436
机身	18818	15639	0.172	0.160	1.072
起落架	5694	4954	0.052	0.051	1.024
表面控制	1022	1654	0.009	0.017	0.550
推进	15414	11421	0.141	0.117	1.203
APU	1785	237	0.016	0.002	6.716
液压	1039	1218	0.009	0.012	0.760
电气	1831	1215	0.017	0.012	1.342
电子	2294	1301	0.021	0.013	1.572
软装	965	2273	0.009	0.023	0.378
空调	1653	1149	0.015	0.012	1.282

续表

组成部分	轨道器(m/kg)	C-141(m/kg)	轨道器(m/m_0)	C-141(m/m_0)	轨道器/C-141
热防护	12301	0	0.112	0.000	—
乘员	567	1248	0.005	0.013	0.405
燃料	10807	5200	0.099	0.053	1.852
有效载荷	27180	31710	0.249	0.325	0.764
合计＝m_0	109345	97456	1.000	1.000	1.000

还可进一步加以比较,看看表 12.7 中这两者的其他特征。货舱体积、机翼面积、乘员数量都很相近,两个飞行器都有很长的运行周期。最大的差别是生产的架数不同,每架的成本不同。成本采用了 1992 年的美元价值,两者的成本数据几乎是相同时间的数据,这足以说明这两个飞行器成本相差之大了。即使对比总生产成本(单架成本乘以生产的数量),轨道器的成本也几乎是 C-141 的 4 倍。

表 12.7　航天飞机轨道器同 C-141 Starlifter 运输机的尺寸和成本对比情况

项目	轨道器	C-141
翼宽/m	23.84	48.77
长度/m	32.77	51.31
高度/m	17.25	11.96
货舱长度/m	18.29	31.78
货舱宽度/m	4.57	3.12
货舱高度/m	4.57	2.74
货舱体积/m³	300.19	272.35
机翼面积/m²	249.91	299.89
乘员数量	5～7	5～7
生产架数	5	285
单架成本(1992 年美元价值,百万美元)	1700	8.1
运行周期	1982～2011	1963～2006

注意,如表 12.5 所列的下马项目所示,对于没有佐证的先进系统,进行成本估算时可能存在巨大的变化空间。作为革命性技术开发的成功例子,就看看亚声速燃烧喷气发动机的研发吧。从 20 世纪 30 年代早期的详细概念研发到 40 年代早期装配作战飞机,美国和德国分别同时而独立地发展了这一系统。而且,这两个国家从开始就采用了完全不同的机械设计概念:离心式和轴流式涡轮机。20 年后,这个仅有少数军用战机进行运行飞行的行列中,又加入了日常的商用跨大西洋喷气航空飞行。此外,20 世纪 60 年代(Ferri, 1961)正式提出了超声速燃气喷气发动

机,大约 50 年后才实现首次无人测试飞行。2004 年的 X-43A(氢燃料)和 2010 年的 X-51(JP-7 烃燃料)等推进系统目前仍难以投入运行。

参 考 文 献

Apgar, et al. (1999). In J. R. Wertz, & W. J. Larson(Eds.), Space mission analysis and design(3rd ed.). Torrance, CA/Dordrecht, the Netherlands: Microcosm Press/Kluwer Academic Publishers, 1999.

Caceres, M. (June, 2015). Expanding customer base for space payloads. Aerospace America, 22_24.

Dryden, J. A., & Large, J. P. (1977). A critique of spacecraft models. RAND Report R-2196-1-AF.

Ferri, A. (1961). Possible directions of future research in high-speed air-breathing engines. Fourth AGARD colloquium—high mach number air-breathing engines. New York, NY: Pergamon Press.

Futron(2002). Space transportation costs: Trends in price per pound to orbit. Bethesda, MD: Futron Corporation.

GAO(1993). Space transportation: The content and uses of shuttle cost estimates. U. S. General Accounting Office, GAO/NSIAD-93-115.

Hertzfeld, H. R., Williamson, R. A., & Peter, N. (September, 2005). Launch vehicles: An economic perspective. Washington, DC: Space Policy Institute, George Washington University.

Hogan, T., &Villhard, V. (October, 2003). National space transportation policy: Issues for the future. RAND Corporation, WR-105-OSTP.

Kendall, R., &Portanova, P. (2011). Aerospace corporation. Crosslink Magazine, 11(1).

Koelle, D. E. (2013). Handbook of cost engineering and design of space transportation systems, Rev. 4, with Transcost Model 8. 2. TCS-TR-200.

Morring, F. (2015). Training day: Teaching regular folks to fly in space. Aviation Week & Space Technology, February 16_March 1, p. 26.

NAFCOM(2014). NASA cost estimating handbook version 4. 0., http://www.nasa.gov/offices/ooe/CAD/nasacost-estimating-handbook-ceh/#.VUvHcPlVhBd..

NASA(1978). The apollo spacecraft: A chronology. NASA SP-4009, Vol. 1(1969), Vol. 2(1973), Vol. 3(1973), and Vol. 4(1978).

NRC(1989). Hypersonic technology for military application. Washington, DC: Air Force Studies Board, National Research Council, National Academies Press, Committee on Hypersonic Technology for Military Application.

Pielke, R. A. (February, 1974). Data on and methodology for calculating space shuttle programme costs. Space Policy, 78_80.

Pielke, R., & Byerly, R. (April, 7, 2011). Shuttle programme lifetime cost. Nature, 472(38). Available from http://dx.doi.org/10.1038/472038d.

Sforza, P. M. (2014). Commercial airplane design principles. Oxford, UK: Elsevier.

Snead, J. M. (2006). Cost estimates of near-term fully-reusable space access systems. AIAA 2006-7209, Space 2006 Conference, San Jose, CA.

Wertz, J. R. (2000). Economic Model of Reusable vs. Expendable Launch Vehicles. IAF Congress, Rio de Janeiro, Brazil, October 2_6, 2000.

Wertz, J. R., & Larson, W. J. (1996). Reducing space mission cost. Torrance, CA/ Dordrecht, the Netherlands: Microcosm Press/Kluwer Academic Publishers.

Whitfield, J., & Olds, J. R. (1998). Economic uncertainty of weight and market parameters for advanced space launch vehicles. AIAA 98-5179. 1998 defense and civil space programs conference and exhibit. Huntsville, AL, October 28_30.

附录 A　高超声速空气动力学

A.1　一维流关系式

考虑气体在稳态$(\partial/\partial t=0)$一维$[\vec{V}=u(x)\vec{i}]$流这种最简单条件下的高速流动。在这种流动中,假设气体是无摩擦的$(\mu=0)$、无热传导的$(k=0)$、无扩散的$(D_{ij}=0)$和无反应的$(\dot{m}_i=0)$。在这些条件下,质量、动量、能量守恒方程可写为

$$\mathrm{d}(\rho u)=0 \tag{A.1}$$

$$\mathrm{d}p+\rho u\mathrm{d}u=0 \tag{A.2}$$

$$\mathrm{d}h+u\mathrm{d}u=0 \tag{A.3}$$

积分上述公式可以得到流动中的质量流量$\dot{m}$、冲量函数I和总焓h_t,具体为

$$\dot{m}=\rho u \tag{A.4}$$

$$I=p+\rho u^2 \tag{A.5}$$

$$h_t=h+\frac{1}{2}u^2 \tag{A.6}$$

另外,热力学第一、第二定律和焓的定义可以表示为

$$\mathrm{d}q=\mathrm{d}e+p\mathrm{d}\left(\frac{1}{\rho}\right) \tag{A.7}$$

$$T\mathrm{d}s=\mathrm{d}q \tag{A.8}$$

$$h=e+\frac{p}{\rho} \tag{A.9}$$

在没有热传递$(\mathrm{d}q=0)$的假设下,对这些公式进行推导,得到

$$T\mathrm{d}s=p\mathrm{d}\left(\frac{1}{\rho}\right)+\mathrm{d}e=\mathrm{d}h-\frac{\mathrm{d}p}{\rho} \tag{A.10}$$

$$\mathrm{d}h_t=T\mathrm{d}s=0 \tag{A.11}$$

由式(A.11)可以看出,对于书中假设的绝热无摩擦流情况,总焓与熵均保持不变。

注意,式(A.1)～式(A.11)涉及u、p、ρ、h、s、e等6个变量并且对于这6个变量有5个独立方程,即式(A.1)～式(A.3)、式(A.7)和式(A.10)。加入状态方程作为第6个方程使方程组闭合,具体为

$$h=h(p,\rho) \tag{A.12}$$

A.1.1　化学反应效应

即便在这些严苛的流动假设条件下,我们也可以对其化学反应效应进行不失一般性且不过于复杂的分析。这里将给出两个重要的极端化学反应流,其符合当前的非耗散流(即 $ds=0$)假设。如果气体由 N 种不同组分混合而成,各组分用下标 i 表示,那么单位质量的流动混合物的焓就取决于焓 h_i 和其对应的质量分数 Y_i,具体表示为

$$h = \sum_{i=1}^{N} (Y_i h_i) \tag{A.13}$$

$$Y_i = \frac{\rho_i}{\rho} \tag{A.14}$$

焓的微分等于

$$dh = \sum_{i=1}^{N} (Y_i dh_i) + \sum_{i=1}^{N} (h_i dY_i) \tag{A.15}$$

把式(A.15)代入式(A.10)中,得到如下结果:

$$Tds = dh - \frac{dp}{\rho} - \sum_{i=1}^{N} (h_i - Ts_i) dY_i \tag{A.16}$$

合并式(A.2)和式(A.3),有

$$dh - \frac{dp}{\rho} = 0$$

因此,式(A.16)变为

$$Tds = -\sum_{i=1}^{N} (h_i - Ts_i) dY_i \tag{A.17}$$

式(A.17)等号右侧括号中的量为单位质量的吉布斯自由能:

$$g_i = h_i - Ts_i \tag{A.18}$$

以摩尔为度量,吉布斯自由能也常称为化学势:

$$G_i = W_i g_i = H_i - Ts_i \tag{A.19}$$

式(A.19)中采用了大写字母,表明它们是每摩尔物质成分的特性。化学反应中没有创造物质,因此质量守恒方程(A.1)依然成立。不过,各组分的质量可能会由于化学反应发生变化,那么各组分的质量守恒可以写成

$$d(\rho_i u) = \dot{\rho}_i dx \tag{A.20}$$

其中,$\dot{\rho}_i$ 为单位体积中组分 i 的质量生成率。式(A.20)表明,组分 i 在流动方向单位面积内的质量流变化等于其在单位面积乘以长度 dx 的体积内的生成率。利用式(A.1)和式(A.14),可以将式(A.20)简化为

$$dY_i = \frac{\dot{\rho}_i}{\dot{m}} dx \tag{A.21}$$

把式(A.20)代入熵关系式(A.17)中,可得

$$T\mathrm{d}s = -\sum_{i=1}^{N}(g_i\mathrm{d}Y_i) = -\sum_{i=1}^{N}\left[g_i\frac{\dot{\rho}_i}{\dot{m}}\mathrm{d}x\right] \tag{A.22}$$

还可以用单位体积单位时间内组分 i 的摩尔生成率 $\dot{n}_i$ 表示,具体如下:

$$\rho u T\frac{\mathrm{d}s}{\mathrm{d}x} = -\sum_{i=1}^{N}(G_i\dot{n}_i) \tag{A.23}$$

式(A.22)表示的熵增量还可以重写为如下有限差分形式:

$$T\mathrm{d}s \approx -\sum_{i=1}^{N}g_i\frac{1}{\rho}\frac{\Delta\rho_i}{\Delta t_c}\frac{\Delta x}{\Delta x/\Delta t_r} = \frac{\Delta t_r}{\Delta t_c}\left[-\sum_{i=1}^{N}\left(g_i\frac{\Delta\rho_i}{\rho}\right)\right] \tag{A.24}$$

$\Delta t_r/\Delta t_c$ 表示一流体质点在距离 $\mathrm{d}x$ 上的驻留时间与组分 i 完成生成所需时间之比。在所谓的"冻结"化学条件下,反应很慢,有 $\Delta t_r/\Delta t_c \ll 1$,并且熵变化基本上等于零。在平衡化学的条件下,物质的生成率是无限快的,总是瞬间就能满足局部条件下的化学平衡,而在特定温度和压力条件下的化学平衡的条件就是吉布斯自由能(即化学势)等于零。因此,化学势这项就为零,于是有

$$T\mathrm{d}s = 0$$

A.1.2 等熵流

因此,对于非黏性、无热传导、无扩散气体的平衡流或冻结流,熵是恒定的。假设气体为理想气体,则状态方程可写成

$$p = \rho R T = \frac{\rho R_u T}{W} \tag{A.25}$$

气体是由符合道尔顿定律的多种理想气体混合而成:

$$p = \sum_{i=1}^{N}p_i \tag{A.26}$$

假设所有组分的温度都是 T,则状态方程(A.25)可进一步写为

$$p = R_u T\sum_{i=1}^{N}\left(\frac{\rho_i}{W_i}\right) = \rho R_u T\sum_{i=1}^{N}\left(\frac{Y_i}{W_i}\right) \tag{A.27}$$

比较式(A.25)和式(A.27),得到混合气体的分子量为

$$W = \left[\sum_{i=1}^{N}\left(\frac{Y_i}{W_i}\right)\right]^{-1} \tag{A.28}$$

焓的微分和能量的微分分别为

$$\mathrm{d}h = c_p\mathrm{d}T \tag{A.29}$$

$$\mathrm{d}e = c_v\mathrm{d}T \tag{A.30}$$

把式(A.25)、式(A.29)、式(A.30)代入式(A.9),得

$$c_p - c_v = R\left(1 - \frac{\mathrm{d}\ln W}{\mathrm{d}\ln T}\right) \tag{A.31}$$

对式(A.10)重复这个步骤,得

$$p\left(\frac{\rho}{W}\right)^{\frac{1}{\frac{R}{c_p}-1}}=常数 \tag{A.32}$$

因此可见改变混合气体分子量的化学反应确实会影响流体的热力学特性。

但是如果分子量恒定不变,则式(A.31)和式(A.32)可简化为以下形式:

$$c_p-c_v=R=c_p\left(\frac{\gamma-1}{\gamma}\right) \tag{A.33}$$

$$p\rho^{-\frac{c_p}{c_v}}=p\rho^{-\gamma}=常数 \tag{A.34}$$

式中引入了比热比:

$$\gamma=\frac{c_p}{c_v} \tag{A.35}$$

把等熵关系式(A.34)代入动量方程(A.2)中,得到以下积分结果,有时也称作可压缩伯努利方程:

$$\frac{\gamma}{\gamma-1}\frac{p}{\rho}+\frac{u^2}{2}=\frac{\gamma}{\gamma-1}\frac{p_t}{\rho_t}=常数 \tag{A.36}$$

对于 γ 为常数的情况,把等熵关系式(A.34)代入 a^2(声速的平方)的定义式中,得到如下结果:

$$a^2=\left(\frac{\partial p}{\partial \rho}\right)_s=\frac{\gamma p}{\rho}=\sqrt{\gamma RT} \tag{A.37}$$

将 $a^2=\gamma p/\rho$ 代入可压缩伯努利方程(A.36)中,将其重写为

$$\frac{a^2}{\gamma-1}+\frac{u^2}{2}=\frac{a_t^2}{\gamma-1}=常数 \tag{A.38}$$

沿流线,可以从以下 4 个方程(分别为质量方程、动量方程、能量守恒方程、状态方程)分别得到 p、ρ、u、h:

$$\dot{m}=\rho u$$

$$\frac{\gamma}{\gamma-1}\frac{p}{\rho}+\frac{u^2}{2}=\frac{\gamma}{\gamma-1}\frac{p_t}{\rho_t} \tag{A.39}$$

$$h=\frac{1}{2}u^2=h_t$$

$$h=h(p,\rho) \tag{A.40}$$

这里要求 γ 为常数,并且知道流线上特定点(如滞止点)的所有变量。可以从如下的状态关系求得熵:

$$s=s(p,\rho)$$

A.1.3　等熵流方程

对于分子量和比热比为常数的理想气体混合物,结合等熵关系式(A.34)和状

态方程(A.25)可以得到

$$\frac{p}{p_t} = \left(\frac{\rho}{\rho_t}\right)^\gamma = \left(\frac{T}{T_t}\right)^{\frac{\gamma}{\gamma-1}} \tag{A.41}$$

按这些假设,焓可以表示为 $h=c_p T$,熵可以通过式(A.10)求得,等于

$$s = s^0 + c_p \ln\left(\frac{T}{T^0}\right) - R\ln\left(\frac{p}{p^0}\right) \tag{A.42}$$

式中,上标 0 表示标准条件,例如,p^0 表示大气压,T^0 表示 298.16K。把式(A.41)中的等熵流条件代入熵方程(A.42)中,得到 $s=s^0=$ 常数。把式(A.38)除以 a^2 并根据式(A.37)和式(A.41)重新组合,可得

$$1 + \frac{\gamma-1}{2}Ma^2 = \left(\frac{p}{p_t}\right)^{-1}\left[\frac{\rho}{\rho_t}\right]$$

式中引入了马赫数

$$Ma = \frac{u}{a}$$

把关系式 $p\rho^{-\gamma}=$ 常数代入重新组合后的公式中,得到如下等熵方程:

$$\frac{p}{p_t} = \left(1 + \frac{\gamma-1}{2}Ma^2\right)^{\frac{-\gamma}{\gamma-1}} \tag{A.43}$$

$$\frac{\rho}{\rho_t} = \left(1 + \frac{\gamma-1}{2}Ma^2\right)^{\frac{-1}{\gamma-1}} \tag{A.44}$$

同时,根据能量方程(A.6),得

$$T + \frac{u^2}{2c_p} = T + \gamma RT\frac{Ma^2}{2c_p} = T\left(1 + \frac{\gamma-1}{2}Ma^2\right) = T_t$$

最后温度的绝热关系式:

$$\frac{T}{T_t} = \left(1 + \frac{\gamma-1}{2}Ma^2\right)^{-1} \tag{A.45}$$

注意,把式(A.41)中 T 的关系式代入式(A.43)或式(A.44)中,将得到与式(A.45)相同的结果。这是因为对于等熵流,能量方程和动量方程不是线性独立的。式(A.45)是完全从能量方程导出的,因而结果的适用范围更广,并且只要流体是绝热的,即便不可逆,这个结果也成立。

高超声速流的基本定义是 $Ma \gg 1$。应当注意,在讨论具体流动条件时(如物体上流过的非黏性流或者表面附近的黏性流),还有能更加详细地确定高超声速流动的情形。考虑能量方程(A.6)的积分,可以得到

$$u^2 = 2(h_t - h)$$

所以如果允许焓(或者温度)可以降低到零,则其全部内能都将转化为动能,即

$$\lim_{h\to 0} u^2 \to 2h_t$$

因为滞止焓是不变的,所以存在最大速度。在允许 T 趋于零的过程中,声速

$a=\sqrt{\gamma RT}$ 也趋于零,因此马赫数 $Ma=u/a\rightarrow\infty$。尽管我们允许 T 接近于零,但不能让密度 ρ 等于零,因为质量不能等于零。因此,理想气体方程要求 p 和 T 必须同时接近于零。

A.2 正 激 波

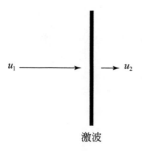

图 A.1 正激波把一维流分隔为两个区域

熵发生跳跃的不连续处把等熵流分为不同的区域。这种跳跃就叫激波,这时,一维流的守恒方程(A.1)~式(A.3),以及式(A.4)~式(A.6)得出的运动积分依然适用。考虑图 A.1 所示的不连续处,它是两个等熵流的分界。

下标 1 表示不连续处的上游,下标 2 表示其下游。由流动的积分方程可以得到如下关系式:

$$\rho_1 u_1 = \rho_2 u_2$$
$$p_1 + \rho_1 u_1^2 = p_2 + \rho_2 u_2^2$$
$$h_1 + \frac{u_1^2}{2} = h_2 + \frac{u_2^2}{2}$$

跨激波的密度比可表示为

$$\frac{\rho_1}{\rho_2} = \varepsilon = \frac{u_2}{u_1}$$

于是,跨激波的跳跃条件可写为

$$p_2 - p_1 = \rho_1 u_1^2 - \rho_2 u_2^2 = \dot{m} u_1 (1-\varepsilon)$$
$$h_2 - h_1 = \frac{1}{2}(u_1^2 - u_2^2) = \frac{1}{2}u_1^2(1-\varepsilon^2)$$
$$u_2 - u_1 = -u_1(1-\varepsilon)$$

由激波前后焓的关系

$$h_2 - h_1 = \frac{1}{2}u_1 u_1(1-\varepsilon^2) = \frac{1}{2}\left[\frac{p_2 - p_1}{\dot{m}(1-\varepsilon)}\right]u_1(1-\varepsilon)(1+\varepsilon)$$

可重新写为

$$h_2 - h_1 = \frac{p_2 - p_1}{2\rho_1}(1+\varepsilon) \tag{A.46}$$

式(A.46)称为于戈尼奥关系式,它只涉及跨正激波的热力学状态特性——式中没有出现速度。注意,在极限条件下:

$$\lim_{\varepsilon \to 1} h_2 - h_1 \rightarrow \frac{p_2 - p_1}{\rho_1}$$

于是,在 ε 趋于 1 的极限条件下,有

$$\mathrm{d}h = \frac{\mathrm{d}p}{\rho}$$

上式正好是式(A.10)给出的等熵流的情况。这就是极限条件下的等熵马赫波。

A.2.1　高超声速流中的极限激波条件

接下来,将得到密度比 ε 的一个极限值。于戈尼奥关系式(A.46)可重新写为

$$h_2 - h_1 = \frac{p_2 - p_1}{2}\left(\frac{1}{\rho_1} + \frac{1}{\rho_2}\right) \tag{A.47}$$

由式(A.47)求解 ε,得到如下关系式:

$$\varepsilon = \frac{(p_2 - p_1)/\rho_2}{2(h_2 - h_1) - (p_2 - p_1)/\rho_2}$$

根据 $2h = h + h = h + e + p/\rho$,上式可重新写为

$$\varepsilon = \frac{\dfrac{p_2}{\rho_2}\left(1 - \dfrac{p_1}{p_2}\right)}{(h_2 + e_2) - (h_1 + e_1) + \dfrac{p_1}{\rho_2}\left(1 - \dfrac{\rho_2}{\rho_1}\right)}$$

对于恒定的非零上游密度,若允许激波上游的焓、内能和压力全部趋于零,则可以得到 $Ma_\infty \to \infty$ 时的激波效应,即

$$h_1 = e_1 + \frac{p_1}{\rho_1} \to 0$$

这种假设是合理的,因为

$$e_1, p_1 \to 0$$

注意,这意味着 $T_1 \to 0$。同时,因为质量不能消失,所以密度

$$\rho_1 = \frac{p_1}{RT_1} \to \frac{0}{0} \to \text{固定值}$$

于是,在 $Ma \to \infty$ 的极限状态下,存在对应的极限密度比

$$\varepsilon_{\lim} = \frac{\dfrac{p_2}{\rho_2}}{h_2 + e_2} = \frac{\dfrac{p_2}{\rho_2}}{2h_2 - \dfrac{p_2}{\rho_2}} \tag{A.48}$$

这个极限密度比只取决于激波后的气体状态。把式(A.37)中的声速代入上式重新组合,得到

$$\varepsilon_{\lim} = \frac{1}{2\dfrac{\gamma h_2}{a_2^2} - 1}$$

其中,γ 为关系式 $p\rho^{-\gamma} = $ 常数中的等熵指数,当为理想气体(即 c_p 和 c_v 为常数)时,可设 $\gamma = c_p/c_v$。在这种情况下,得到:

$$\varepsilon_{\text{lim}} = \frac{1}{2\dfrac{h_2}{R_2 T_2} - 1}$$

注意,焓的定义为 $h = e + p/\rho$,则极限密度比还可写为

$$\varepsilon_{\text{lim}} = \frac{1}{2\dfrac{e_2}{R_2 T_2} + 1}$$

平移、旋转、振动、离解和电离等分子各自由度的运动均对单位质量流体的内能有贡献。故内能可写成

$$e = e_{\text{trans}} + e_{\text{rot}} + e_{\text{rib}} + e_{\text{diss}} + e_{\text{ion}}$$

这表明分子不同自由度的活化会影响 ε_{lim} 的值。重新考虑式(A.48),可以将其重写为

$$\varepsilon_{\text{lim}} = \frac{\left(\dfrac{p_2}{\rho_2}\right)}{h_2 + e_2} = \frac{\left(\dfrac{h_2}{e_2}\right) - 1}{\left(\dfrac{h_2}{e_2}\right) + 1} \tag{A.49}$$

目前,对气体的特性还没施加任何限制,但是需要注意的是,对于恒定比热 $\gamma = \dfrac{c_p}{c_v} = h/e$ 的特殊情况,设有效比热比为 $\gamma_\varepsilon = h/e$,则式(A.49)可写为

$$\varepsilon_{\text{lim}} = \frac{\gamma_\varepsilon - 1}{\gamma_\varepsilon + 1} \tag{A.50}$$

如果气体是量热理想的,则有 $\gamma = \gamma_\varepsilon$,且自由流条件按照式(A.51)决定了密度比的极限值:

$$\varepsilon_{\text{lim}} = \frac{\gamma - 1}{\gamma + 1} \tag{A.51}$$

对于 $\gamma = 7/5$ 的双原子气体,有 $\varepsilon_{\text{lim}} = 1/6$;对于 $\gamma = 5/3$ 的单原子气体则有 $\varepsilon_{\text{lim}} = 1/4$。于是,激波只能把密度增加这么多,且压力和温度按相同比例上升,以维持密度极限值的恒定。正激波过程的这种升温和升压可显著改变分子运动的自由度,从而改变 γ_ε 和 ε_{lim}。有效比热比可写成

$$\gamma_\varepsilon = \frac{h}{e} = 1 + \frac{p}{\rho e} = 1 + \frac{RT}{e}$$

必须注意,极限激波过程引起的升温会在分子内激励更多的自由度,从而增加内能,并会降低 γ_ε 值,使该值更接近于 1。在这种条件下,式(A.50)给出的极限密度比 ε_{lim} 可能会降至由式(A.51)给出数值的一半,甚至更低(即当 $\gamma = 7/5$ 时为 1/6,当 $\gamma = 5/3$ 时为 1/4)。

A.2.2　正激波关系式

以下列出了正激波关系式和 γ 为常值条件下的极值。这些公式的推导,可参

见诸如 Liepmann 等(2002)编制的空气动力学教材。

$$\frac{T_2}{T_1} = \left(\frac{a_2}{a_1}\right)^2 = \frac{\left[2\gamma Ma_1^2 - (\gamma-1)\right]\left[(\gamma-1)Ma_1^2 + 2\right]}{(\gamma+1)^2 Ma_1^2}$$

$$\lim_{Ma_1 \to \infty} \frac{T_2}{T_1} = \left(\frac{a_2}{a_1}\right)^2 \to 2\frac{\gamma(\gamma-1)}{(\gamma+1)^2}Ma_1^2 = \frac{2\gamma}{\gamma+1}\varepsilon_{\lim}Ma_1^2 \tag{A.52}$$

$$\frac{p_2}{p_1} = 1 + \frac{2\gamma}{\gamma+1}(Ma_1^2 - 1)$$

$$\lim_{Ma_1 \to \infty} \frac{p_2}{p_1} \to \frac{2\gamma}{\gamma+1}Ma_1^2 = \frac{2\gamma}{\gamma-1}\varepsilon_{\lim}Ma_1^2 \tag{A.53}$$

$$\frac{\rho_2}{\rho_1} = \frac{u_1}{u_2} = \frac{q_1}{q_2} = \frac{\gamma+1}{\gamma-1+2/Ma_1^2}$$

$$\lim_{Ma_1 \to \infty} \frac{\rho_2}{\rho_1} = \frac{u_1}{u_2} = \frac{q_1}{q_2} \to \frac{\gamma+1}{\gamma-1} = \frac{1}{\varepsilon_{\lim}} \tag{A.54}$$

$$Ma_2 = \frac{u_2}{a_2} = \left[\frac{(\gamma-1)Ma_1^2 + 2}{2\gamma Ma_1^2 - (\gamma-1)}\right]^{1/2} \tag{A.55}$$

$$\lim_{Ma_1 \to \infty} Ma_2 \to \sqrt{\frac{\gamma-1}{2\gamma}} = \sqrt{\frac{\gamma+1}{2\gamma}\varepsilon_{\lim}}$$

$$\frac{p_{t,2}}{p_{t,1}} = \left[1 + \frac{2\gamma}{\gamma+1}(Ma_1^2 - 1)\right]^{-1/(\gamma-1)}\left[\frac{(\gamma+1)Ma_1^2}{(\gamma-1)Ma_1^2 + 2}\right]^{\gamma/(\gamma-1)}$$

$$\lim_{Ma_1 \to \infty} \frac{p_{t,2}}{p_{t,1}} = \left(\frac{2\gamma}{\gamma+1}\varepsilon^\gamma Ma_1^2\right)^{-1/(\gamma-1)} \tag{A.56}$$

$$c_p = \frac{p_2 - p_1}{q_1} = \frac{4}{\gamma+1}\frac{Ma_1^2 - 1}{Ma_1^2}$$

$$\lim_{Ma_1 \to \infty} c_p \to \frac{4}{\gamma+1} = \frac{4}{\gamma-1}\varepsilon_{\lim} \tag{A.57}$$

注意,对于空气($\gamma=7/5$、$\varepsilon_{\lim}=1/6$),跨激波温度比的极值为

$$\lim_{Ma_1 \to \infty} \frac{T_2}{T_1} = \frac{2(7/5)}{12/5}\frac{Ma_1^2}{6} = \frac{7}{36}Ma_1^2 \approx 0.2Ma_1^2$$

在第 2 章中提到,高度 100km 以下的中层大气,其温度 $T_1 \approx 200K$,于是激波后的温度为 $T_2 \approx 40Ma_1^2$。这意味着,当 $Ma_1 = 10$ 时,激波后的温度为 4000K。但是,空气的实际值约为 3000K。显然,对于高超声速流来说,真实气体效应是非常重要的,这是因为高马赫数激波引起的高温使气体的比热和分子量都发生了变化。

还值得注意的是,跨激波的总压力比的极限随 $Ma^{-2/(\gamma-1)}$ 变化,表明正激波产生的总压力损失是显著的。式(A.10)的积分,可得到量热理想气体流过正激波时的熵变。熵一般可采用式(A.42)的形式表示,即相对标准状态的变化量,可以写成

$$s - s^0 = c_v \ln\left[\frac{p}{p^0}\left(\frac{\rho}{\rho^0}\right)^{-\gamma}\right]$$

于是,跨正激波的熵增为

$$s_2 - s_1 = c_v \ln\left[\frac{p_{t,2}/p_{t,1}}{(\rho_{t,2}/\rho_{t,1})^\gamma} \right]$$

激波是绝热压缩过程，总温度保持不变。根据状态方程，必须有

$$\frac{p_t}{\rho_t} = RT_t = 常数$$

于是，熵增可简化为

$$s_2 - s_1 = c_v \ln\left(\frac{p_{t,2}}{p_{t,1}} \right)^{1-\gamma}$$

也可写成

$$\frac{s_2 - s_1}{R} = -\ln\left(\frac{p_{t,2}}{p_{t,1}} \right) \tag{A.58}$$

所以，正激波在绝热压缩过程中的熵增与该过程中总的压力损失有直接关系。

A.3　高超声速流中物体上的滞止压力

如图 A.2 所示，在高超声速流中设有一对称物体，现在考虑其滞止点附近的区域。滞止流线位于对称的中线上，激波垂直于该中线。滞止流线两侧的流线必须朝远离滞止点（即流动静止的点）的方向弯曲，然后沿着物体轮廓加速流过。在滞止流线上穿过激波的紧临区域，A.2 节介绍的正激波关系式仍然适用。在跳跃点的两侧，沿流线的等熵关系式适用，但是各侧的熵值不同。

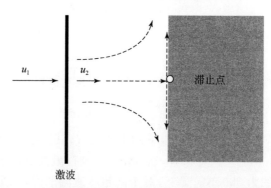

图 A.2　高超声速流中对称物体滞止点区域的流动示意图

如图 A.3 所示，可以在 $h\text{-}s$ 图上形象地表示沿滞止流线的流动过程。因为流动是处处绝热的，所以滞止焓 h_t 沿整个流线都是连续恒定的（在图 A.3 中用虚线表示）。沿流线的流动在点 1 处碰到激波，其压力、焓、熵和速度分别等于 p_1、h_1、s_1、u_1。注意，$h_1 + u_1^2/2$ 为总焓 h_t，即滞止焓。穿越激波后，这些值跳变为 p_2、h_2、s_2、u_2，且总焓 $h_t = h_2 + u_2^2/2$。对于量热理想气体，也可以用温度代替焓。

对于沿激波下游的滞止流线，流动是等熵的，并且有 $\gamma = \gamma_2 = 常数$，于是式（A.43）

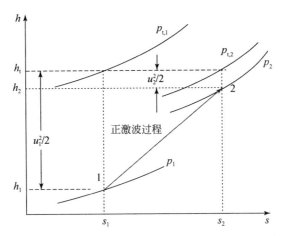

图 A.3　沿滞止流线的流动,其绝热正激波过程从自由流状态 1 发展到激波后的状态 2

变为

$$\frac{p_{t,2}}{p}=\left(1+\frac{\gamma_2-1}{2}Ma^2\right)^{\frac{\gamma_2}{\gamma_2-1}}$$

式中,$p_{t,2}$ 为由式(A.56)计算的正激波紧后的滞止压力,因为这条流线上的流动是等熵的,所以其值是恒定的。在激波后的马赫数 $Ma_2<1$,而且随着流动朝向滞止点方向流动,马赫数持续降低,在滞止点处达到 $Ma=0$。显然,由于等熵压缩,压力 p 将从激波下游的 p_2 持续增加,直到达到滞止点时的 $p=p_{t,2}$。于是,在自由流到滞止点之间有一个不可逆的正激波的绝热压缩过程,以及一个激波和滞止点之间的沿流线的等熵压缩过程。

A.4　斜　激　波

设想图 A.1 中的正激波以恒定速度 $V_{1,t}$ 相对于自己平行移动。对这个激波上的观察者来说,速度场看起来就像图 A.4 那样。

按照定义,速度的切向分量是常数,又因为质量必须守恒,所以必须满足以下条件:

$$\rho_1 V_{1,n}=\rho_2 V_{2,n}$$
$$V_{1,t}=V_{2,t}$$

利用这些条件,并把法向和切向动量守恒方程以及能量方程运用到跨激波流上,可得

$$p_1+\rho_1 V_{1,n}^2=p_2+\rho_2 V_{2,n}^2$$
$$\rho_1 V_{1,n}V_{1,t}=\rho_2 V_{2,n}V_{2,t}$$
$$h_1+\frac{1}{2}(V_{1,n}^2+V_{1,t}^2)=h_2+\frac{1}{2}(V_{2,n}^2+V_{2,t}^2)$$

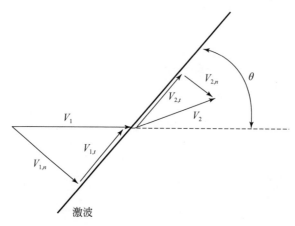

图 A.4　斜激波示意图

因为于戈尼奥关系式中既没包含流动常数,也没包含速度,其关系式和之前一致。式(A.52)~式(A.56)所示的正激波关系式稍加修饰也可用于斜激波,即用 $Ma_{1n}=Ma_1\sin\theta$ 代替 Ma_1、用 $Ma_{2n}=Ma_2\sin(\theta-\delta)$ 代替 Ma_2。然而,静态/滞止压力比的处理不同,而是等于

$$p_2/p_{t,1}=\frac{2\gamma Ma_1^2\sin^2\theta-(\gamma-1)}{\gamma+1}\left[\frac{2}{(\gamma-1)Ma_1^2+2}\right]^{\frac{\gamma}{\gamma-1}} \tag{A.59}$$

$$p_2/p_{t,2}=\left\{\frac{2\left[2\gamma Ma_1^2\sin^2\theta-(\gamma-1)\right]\left[(\gamma-1)Ma_1^2\sin^2\theta+2\right]}{(\gamma+1)^2 Ma_1^2\sin^2\theta\left[(\gamma-1)Ma_1^2+2\right]}\right\}^{\frac{\gamma}{\gamma-1}} \tag{A.60}$$

$$p_{t,2}/p_1=\left[\frac{\gamma+1}{2\gamma Ma_1^2\sin^2\theta-(\gamma-1)}\right]^{\frac{1}{\gamma-1}}\left\{\frac{(\gamma+1)Ma_1^2\sin^2\theta\left[(\gamma-1)Ma_1^2+2\right]}{2\left[(\gamma-1)Ma_1^2\sin^2\theta+2\right]}\right\}^{\frac{\gamma}{\gamma-1}}$$
$$\tag{A.61}$$

同理,跨斜激波的压力系数必须写成

$$C_p=\frac{p_1}{q_1}\left(\frac{p_2}{p_1}-1\right)=\frac{2}{\gamma Ma_1^2}\left[\frac{2\gamma Ma_1^2\sin^2\theta-(\gamma-1)}{\gamma+1}-1\right]=\frac{4(Ma_1^2\sin^2\theta-1)}{(\gamma+1)Ma_1^2} \tag{A.62}$$

沿激波后的流线,压力和密度的等熵流关系式就是式(A.43)和式(A.44),温度的绝热关系式就是式(A.45)。需要注意的是,在斜激波后,流线都是平行的,因此在斜激波后的所有流动特性都是恒定的,直到某个干扰(如一个固体)影响到流场和正激波后为止。注意,这和 A.3 节介绍的情况一样,即物体使流动减速到滞止点,且流线偏离均匀的平行状态。

A.4.1　熵层

对于量热理想气体,式(A.58)表明跨正激波的熵增可由下式计算得到:

$$\frac{s_2-s_1}{R}=-\ln\left(\frac{p_{t,2}}{p_{t,1}}\right)$$

在式(A.56)中,用 $Ma_1\sin\theta$ 代替 Ma_1,可从正激波的滞止压力比得到斜激波的滞止压力比:

$$\frac{p_{t,2}}{p_{t,1}}=\left[\frac{(\gamma+1)Ma_1^2\sin^2\theta}{(\gamma-1)Ma_1^2\sin^2\theta+2}\right]^{\frac{\gamma}{\gamma-1}}\left[\frac{\gamma+1}{2\gamma Ma_1^2\sin^2\theta-(\gamma-1)}\right]^{\frac{1}{\gamma-1}} \tag{A.63}$$

当 $Ma_1\sin\theta>0$ 且 $Ma_1\to\infty$ 时

$$\lim_{M_1\to\infty}\frac{p_{t,2}}{p_{t,1}}=\varepsilon_{\lim}^{\frac{\gamma}{\gamma-1}}\left(\frac{2\gamma}{\gamma+1}Ma_1^2\sin^2\theta\right)^{\frac{-1}{\gamma-1}} \tag{A.64}$$

$$\frac{s_2-s_1}{R}=\ln\left[\frac{2\gamma}{\gamma+1}Ma_1^2\sin^2\theta\,(\varepsilon_{\lim})^{\gamma}\right]^{\frac{1}{\gamma-1}} \tag{A.65}$$

对于特定的 Ma_1,当 $\theta=90°$(正激波)时,熵增量最大,随着 θ 的减小熵增量也跟着降低。高超声速飞行中钝体产生的曲线激波如图 A.5 所示。在滞止点区域,激波角与流动垂直($\theta=90°$),随着激波逐渐向下游流动,激波角逐渐降低。在高超声速流中,激波一般沿着物体的外形流动,详见后面的讨论。因为激波角度在变化,所以垂直于物体表面的流场具有图 A.5 所示的熵梯度。图 A.5 的流线用虚线表示,穿过激波正向部分的那条流线,其熵要高于穿越激波倾斜部分的流线。因此,激波产生了一个熵层,即围绕在物体周围的高熵的炙热气体区域。之所以采用熵层这个术语,是因为高熵层和黏性边界层有相似的特点。

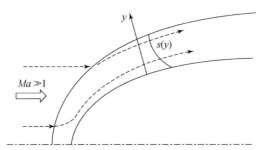

图 A.5　钝体上的高超声速流以及物体附近的高熵层示意图

克洛科定理就是从稳定、非黏性、非热传导、无反应流的守恒方程推导出来的(Liepmann et al,2002)。这个定理可表示为

$$T\nabla s=\nabla h_t-\vec{V}\times(\nabla\times\vec{V}) \tag{A.66}$$

于是,若 s 和 h_t 保持恒定,则等熵流是无旋的。但是,曲线激波背后的流体是非等熵的,因此即便是总焓恒定的激波,其流场也是有旋的。

A.4.2　流动偏转和激波角

Liepmann 等在 2002 年给出了如下激波角 θ 和偏转角 δ(图 A.6)之间的显式关系式:

$$\tan\delta=\frac{2}{\tan\theta}\frac{Ma_1^2\sin^2\theta-1}{Ma_1^2(\gamma+1-2\sin^2\theta)+2} \tag{A.67}$$

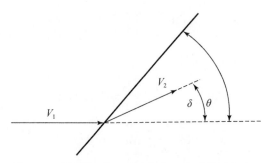

图 A.6　斜激波,其中激波角为 θ,流动偏转角为 δ

式(A.67)表明,对于 $\theta=90°$ 和 $\theta=\arcsin(1/Ma_1)$ 的这两个激波角,偏转角 $\delta=0$。当 $\theta=90°$ 时,流动穿过正激波,显然不会让流动偏转。但是,当 $\theta=\arcsin(1/Ma_1)$ 时,流动所穿过的马赫波是无限小扰动产生的。激波角和偏转角之间不存在简单的显式关系式。对于小激波角,$\theta\ll1$,在 $Ma_1\gg1$ 的高超声速范围内,式(A.67)中的关系式可表示为

$$\lim_{Ma_1\theta\gg1}\theta=\frac{\gamma+1}{2}\delta \tag{A.68}$$

注意,对于式(A.67)而言,必须有 $Ma_1\theta\gg1$,这样就保持了马赫波情形。因为 $\gamma=O(1)$,故式(A.68)表明在高超声速流中,激波非常贴近物体,这个结论很有用。

由式(A.62)跨斜激波流动的压力系数可表示为

$$C_p=\frac{4}{\gamma+1}\left(\frac{Ma_1^2\sin^2\theta-1}{Ma_1^2}\right)$$

在高超声速的限制条件下,压力系数变为

$$\lim_{Ma_1\to\infty}C_p=\frac{4}{\gamma+1}\left(\sin^2\theta-\frac{1}{Ma_1^2}\right)\to\frac{4}{\gamma+1}\sin^2\theta=2(1-\varepsilon_{\lim})\sin^2\theta \tag{A.69}$$

把式(A.68)中的激波角小偏转的极限情形代入式(A.69)中,得到

$$\lim_{Ma_1\to\infty}C_p=(\gamma+1)\delta^2 \tag{A.70}$$

可把式(A.67)重写为

$$Ma_1^2\sin^2\theta-1=\tan\theta\tan\delta\left[Ma_1^2\left(\frac{\gamma+1}{2}-\sin^2\theta\right)+1\right]$$

假设 $\delta\ll1$、$\theta\ll1$ 且 $M_1\gg1$,则上式变为

$$Ma_1^2\theta^2-1=\delta\theta\left[Ma_1^2\left(\frac{\gamma+1}{2}-\theta^2\right)+1\right]=\frac{\gamma+1}{2}Ma_1^2\delta\theta \tag{A.71}$$

这是个 θ 的二次方程,其解为

$$\frac{\theta}{\delta}=\frac{\gamma+1}{4}+\sqrt{\left(\frac{\gamma+1}{4}\right)^2+\frac{1}{(Ma_1\delta)^2}} \tag{A.72}$$

然后把式(A.71)和式(A.72)代入式(A.69)中,得到在高超声速限制条件下 C_p 的关系式为

$$C_p = 2\delta^2 \left[\frac{\gamma+1}{4} + \sqrt{\left(\frac{\gamma+1}{4}\right)^2 + \frac{1}{(Ma_1\delta)^2}} \right] \tag{A.73}$$

式(A.72)的近似结果给出了高超声速流偏转角和激波角之间的显式关系式。式(A.67)无法获得显式解,要获得公式的解比较麻烦。Wolf(1993)对比介绍了一种代数解法。

A.5　小扰动理论

考虑如图 A.7 所示的高超声速流中的尖状细长体。其中,假设 θ、δ 和 $\theta-\delta$ 都是小量,这样便有 $\sin\theta\approx\theta\approx\sin\delta\approx\delta$ 且 $\cos\theta\approx1\approx\cos\delta\approx1$。在高超声速的极限条件下,式(A.73)表明

$$\frac{C_p}{\delta^2} = f(\gamma, Ma_1\delta) \tag{A.74}$$

图 A.7　高超声速流中的典型尖头细长体

这与超声速小扰动理论形成对比,超声速小扰动理论的普朗特-格劳特法则可表示为

$$\frac{C_{p,\,\sup}}{\delta} = \frac{2}{\sqrt{Ma_1^2-1}} f(Ma_1) \tag{A.75}$$

如果式(A.75)中允许 $Ma_1 \to \infty$,则超声速流的压力系数可写成

$$\lim_{Ma_1 \to \infty} \frac{C_{p,\,\sup}}{\delta^2} = \frac{2}{\delta\sqrt{Ma_1^2-1}} \to \frac{2}{\delta Ma_1} = f(Ma_1\delta) \tag{A.76}$$

因此,当 $Ma_1 \to \infty$ 时,超声速流的压力系数的极限值在形式上与高超声速相似,只是高超声速关系式中多了 γ。因此,正如超声速流中的 C_p/δ 是普朗特-格劳特相似变量 $\sqrt{Ma_1^2-1}$ 的函数一样,在高超声速流中,C_p/δ^2 是高超声速相似变量 $Ma_1\delta$ 的函数。于是,对于两个不同细长体上不同马赫数的流动,如果两者的 $Ma_1\delta$ 是相同的,则两者的 C_p/δ^2 也相同。

参考正激波关系式(A.55),可以得到斜激波后的马赫数为

$$Ma_2 \sin(\theta - \delta) = \sqrt{\frac{(\gamma - 1)Ma_1^2 \sin^2\theta + 2}{2\gamma Ma_1^2 \sin^2\theta - (\gamma - 1)}} \tag{A.77}$$

为了完整性，以下写出了 TR 1135(1953)给出的 Ma_2 的解：

$$Ma_2^2 = \frac{(\gamma + 1)^2 Ma_1^4 \sin^2\theta - 4(Ma_1^2 \sin^2\theta - 1)(\gamma Ma_1^2 \sin^2\theta + 1)}{[2\gamma Ma_1^2 \sin^2\theta - (\gamma - 1)][(\gamma - 1)Ma_1^2 \sin^2\theta + 2]} \tag{A.78}$$

另外，依据式(A.68)计算高超声速极限下的式(A.77)，得到

$$Ma_2 \approx \frac{1}{\theta - \delta}\sqrt{\frac{\gamma - 1}{2}} = \frac{1}{\theta}\frac{\gamma + 1}{\sqrt{2\gamma(\gamma - 1)}} = \frac{1}{\delta}\sqrt{\frac{2}{\gamma(\gamma - 1)}} \tag{A.79}$$

对于小流动偏转的情况，有 $\theta \ll 1$ 和 $\delta \ll 1$，因此斜激波后的流体也可以是高超声速的。设 u_2 为斜激波后沿自由流方向的速度分量，v_2 为其法向分量。TR 1135 (1953)给出了以下相对于自由流速归一化后的速度分量的关系式：

$$\frac{u_2}{V_1} = 1 - \frac{2(Ma_1^2 \sin^2\theta - 1)}{(\gamma + 1)Ma_1^2}$$

$$\frac{v_2}{V_1} = \frac{2(Ma_1^2 \sin^2\theta - 1)}{(\gamma + 1)Ma_1^2}\cot\theta$$

在高超声速的极限条件下，这些分量近似为

$$\frac{u_2}{V_1} \approx 1 - \frac{2}{\gamma + 1}\theta^2$$

$$\frac{v_2}{V_1} \approx \frac{2}{\gamma + 1}\theta$$

从跨斜激波的速度分量变化得到扰动速度分量为

$$\frac{u'}{V_1} = \frac{u_2 - V_1}{V_1} \to -\frac{2}{\gamma + 1}\theta^2 = -\frac{\gamma + 1}{2}\delta^2$$

$$\frac{v'}{V_1} = \frac{v_2 - 0}{V_1} \to \frac{2}{\gamma + 1}\theta = \delta$$

因此，x 方向的扰动比 y 方向的扰动要小一个数量级。如图 A.8 所示，主要的影响是横向运动，而不是纵向运动。在细长体上的小扰动流中，横向和纵向运动之间的差异较大，这就得到了所谓的活塞类比。如果纵向速度相对于 V_1 变化不大，那么纵向坐标 x 就可以看作时间坐标 $t = x/V_1$，这样，问题就从稳定流转化为少一个空间坐标的非稳定流。物体形状模仿了活塞的横向运动，在其前面产生了一个激波。

在高超声速流中，激波角和物体表面坡度非常接近，这种情况下给出马赫角 $\mu = \arcsin(1/Ma)$，如图 A.9 所示。

在 $Ma_1 \gg 1$ 的极限条件下，由式(A.79)得到

$$\mu_2 \to \sqrt{\frac{\gamma(\gamma - 1)}{2}}\delta = \frac{\sqrt{2\gamma(\gamma - 1)}}{\gamma + 1}\theta$$

于是，马赫波会将信息传递给激波，然后被反射回来，如图 A.10 所示。在超

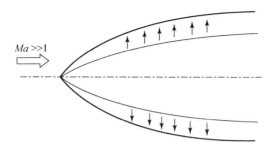

图 A.8　高超声速流中的细长体像"活塞"一样,把流体朝横向挤开,但在流动方向上变化不大

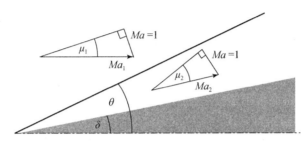

图 A.9　小扰动近似下的马赫数和马赫线

声速流中,激波角和马赫角较大。马赫波携带了关于物体的信息传给激波,并以较大角度反射回来。其总的效果就是激波的信息不太会影响到物体,改变那里的流动。此外,在高超声速流中,激波角和马赫角都非常小,激波的流动信息可以传递给物体。

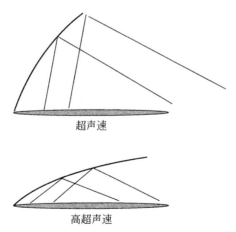

超声速

高超声速

图 A.10　细长体上超声速和高超声速流的特征,
图中显示了高超声速流物体表面上明显的反射效应

A.6 普朗特-迈耶尔膨胀

前面已经讨论了高超声速流中的压缩波,现在将注意力转向膨胀波。考虑图 A.11 所示的简单情形,其中流动相对于最初的自由流方向向下偏转。首先考虑自由流中的声波流,即 $Ma=1$,对应的马赫角为 $\mu=\arcsin(1/Ma)=\pi/2$。在某个点,水平壁突然向下转过 ν 角度,流动达到新的马赫数 Ma。

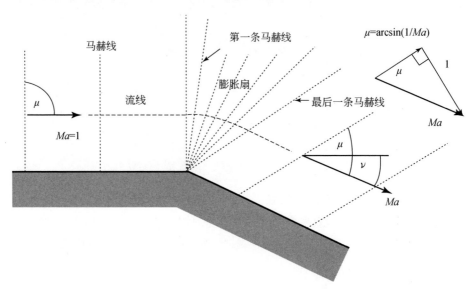

图 A.11 尖角上的普朗特-迈耶尔膨胀

在壁的顶点处,随着流体穿过一系列无穷小转角 $\Delta\nu$,产生了一组马赫波,马赫数也持续改变,直到流体穿过最后一条马赫线。对于 $Ma=1$ 的均匀流,流动的马赫角为 $\mu=\pi/2$。流动接收到的关于壁面变化的第一条信息,可以认为是由图 A.11 中所示的第一条马赫线携带的。我们需要计算马赫波产生的无穷小的马赫数变化。

设流体流经无穷小强度 $\Delta p=\mathrm{d}p$ 的波,使流体偏转了无穷小的角度 $\Delta\nu=\mathrm{d}\nu$。这个过程是等熵的,并且沿流线上的动量守恒关系式可表示为

$$\mathrm{d}p+\rho V\mathrm{d}V=0$$

重新整理关系式,可得

$$\frac{\mathrm{d}p}{p}=-\gamma Ma^2\left(\frac{\mathrm{d}V}{V}\right) \tag{A.80}$$

为了求出微弱扰动后的速度变化,可以采用图 A.12 所示的研究斜激波时用到的几何构型。这里,流体朝下而不是朝上偏转,并且 Ma_2 是增加的。根据该图以

及 $V_{1,t}=V_{2,t}$ 和 $V_2=V_1+dV$,得到

$$V_1\cos(\mu_2-d\nu)=V_2\cos\mu_2=(V_1+dV)\cos\mu_2 \tag{A.81}$$

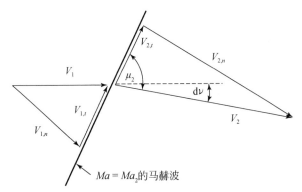

图 A.12   马赫数 Ma 由 Ma_1 变为 Ma_2 时马赫波的几何构型

引用常用的关系式,以及 $d\nu$ 为小角度的条件,得到

$$\cos(\mu_2-d\nu)=\cos\mu_2\cos(d\nu)+\sin\mu_2\sin(d\nu)\approx\cos\mu_2+d\nu\sin\mu_2$$

把该结果代入式(A.81)中,得到

$$\frac{dV}{V_1}=d\nu\tan\mu_2 \tag{A.82}$$

偏转使流体膨胀,引起速度出现等熵增加,在这种偏转下,$d\nu$ 的符号为正。如果偏转是朝上的,即压缩的,那么式(A.82)右手侧的符号将是负的,流速将降低,即等熵压缩。对于不变成分不变的理想气体的马赫数,可定义为

$$\frac{dMa}{Ma}=\frac{dV}{V}-\frac{da}{a}=\frac{dV}{V}-\frac{\gamma-1}{2\gamma}\frac{dp}{p} \tag{A.83}$$

把式(A.80)和式(A.82)代入式(A.83)中,得到

$$\frac{dMa}{Ma}=-\frac{1+\dfrac{\gamma-1}{2}Ma^2}{\sqrt{1-Ma^2}}d\nu \tag{A.84}$$

通过从 $Ma=1$ 到 Ma 为一般值积分式(A.84),并且 $Ma=1$ 时 $\nu=0$,可以得到偏转角,即普朗特-迈耶尔函数:

$$\nu=\sqrt{\frac{\gamma+1}{\gamma-1}}\arctan\sqrt{\frac{\gamma-1}{\gamma+1}(Ma^2-1)}-\text{arcatn}\sqrt{Ma^2-1} \tag{A.85}$$

对于特定的 γ 值,可以把普朗特-迈耶尔函数编制成不同 Ma 值的表格;TR 1135(1953)就给出了这样的表格以及全部的激波函数。

注意,在 $Ma\to\infty$ 和 $p\to0$ 的高超声速极限条件下,ν 存在极限值,为

$$\nu_{\max}=\left(\sqrt{\frac{\gamma+1}{\gamma-1}}-1\right)\times90°=130.45°(\gamma=1.4) \tag{A.86}$$

式(A.86)表明,在马赫数变为无穷大之前,特定的气体只能转动有限的角度。对于轨道上的火箭尾流($p\sim 0$),这个最大转动角具有实际意义。表 A.1 和表 A.2 给出了 $\gamma=1.2$ 和 1.4 以及马赫数不超过 20 的普朗特-迈耶尔角和静压/滞止压力比值。

表 A.1　$\gamma=1.2/1.4$ 和 $1<Ma<2.5$ 范围的普朗特-迈耶尔角和静态/总压力比

Ma	$\gamma=1.4$ 时的 $\nu/(°)$	$\gamma=1.4$ 时的 p/p_t	$\gamma=1.2$ 时的 $\nu/(°)$	$\gamma=1.2$ 时的 p/p_t
1.0	0	5.283×10^{-1}	0	5.645×10^{-1}
1.05	0.49	4.979×10^{-1}	0.53	5.339×10^{-1}
1.10	1.34	4.684×10^{-1}	1.47	5.039×10^{-1}
1.15	2.38	4.398×10^{-1}	2.63	4.746×10^{-1}
1.20	3.56	4.124×10^{-1}	3.95	4.461×10^{-1}
1.25	4.83	3.861×10^{-1}	5.39	4.185×10^{-1}
1.30	6.17	3.609×10^{-1}	6.92	3.918×10^{-1}
1.35	7.56	3.370×10^{-1}	8.52	3.662×10^{-1}
1.40	8.99	3.142×10^{-1}	10.17	3.417×10^{-1}
1.45	10.44	2.927×10^{-1}	11.87	3.182×10^{-1}
1.50	11.91	2.724×10^{-1}	13.60	2.959×10^{-1}
1.55	13.38	2.533×10^{-1}	15.35	2.748×10^{-1}
1.60	14.86	2.353×10^{-1}	17.12	2.547×10^{-1}
1.65	16.34	2.184×10^{-1}	18.91	2.358×10^{-1}
1.70	17.81	2.026×10^{-1}	20.71	2.180×10^{-1}
1.75	19.28	1.878×10^{-1}	22.50	2.013×10^{-1}
1.80	20.73	1.740×10^{-1}	24.30	1.856×10^{-1}
1.85	22.17	1.612×10^{-1}	26.10	1.710×10^{-1}
1.90	23.59	1.492×10^{-1}	27.90	1.573×10^{-1}
1.95	24.99	1.381×10^{-1}	29.68	1.446×10^{-1}
2.0	26.38	1.278×10^{-1}	31.46	1.328×10^{-1}
2.05	27.75	1.182×10^{-1}	33.23	1.218×10^{-1}
2.10	29.10	1.094×10^{-1}	34.98	1.117×10^{-1}
2.15	30.43	1.011×10^{-1}	36.72	1.023×10^{-1}
2.20	31.74	9.352×10^{-2}	38.45	9.363×10^{-2}
2.25	33.02	8.648×10^{-2}	40.16	8.563×10^{-2}
2.30	34.29	7.997×10^{-2}	41.86	7.826×10^{-2}

Ma	$\gamma=1.4$ 时的 $\nu/(°)$	$\gamma=1.4$ 时的 p/p_t	$\gamma=1.2$ 时的 $\nu/(°)$	$\gamma=1.2$ 时的 p/p_t
2.35	35.53	7.396×10^{-2}	43.53	7.149×10^{-2}
2.40	36.75	6.840×10^{-2}	45.20	6.526×10^{-2}
2.45	37.95	6.327×10^{-2}	46.84	5.955×10^{-2}
2.50	39.13	5.853×10^{-2}	48.47	5.431×10^{-2}

表 A.2　$\gamma=1.2/1.4$ 和 $2.5<Ma<20$ 范围的普朗特-迈耶尔角和静态/总压力比

Ma	$\gamma=1.4$ 时的 $\nu/(°)$	$\gamma=1.4$ 时的 p/p_t	$\gamma=1.2$ 时的 $\nu/(°)$	$\gamma=1.2$ 时的 p/p_t
2.5	39.13	5.853×10^{-2}	48.47	5.431×10^{-2}
2.6	41.42	5.012×10^{-2}	51.66	4.512×10^{-2}
2.8	45.75	3.685×10^{-2}	57.82	3.102×10^{-2}
3.0	49.76	2.722×10^{-2}	63.66	2.126×10^{-2}
3.2	53.48	2.023×10^{-2}	69.19	1.455×10^{-2}
3.4	56.91	1.512×10^{-2}	74.42	9.957×10^{-3}
3.6	60.10	1.138×10^{-2}	79.36	6.826×10^{-3}
3.8	63.05	8.629×10^{-3}	84.01	4.692×10^{-3}
4.0	65.79	6.586×10^{-3}	88.41	3.237×10^{-3}
4.2	68.34	5.062×10^{-3}	92.55	2.243×10^{-3}
4.4	70.71	3.918×10^{-3}	96.47	1.561×10^{-3}
4.6	72.93	3.053×10^{-3}	100.16	1.092×10^{-3}
4.8	74.99	2.394×10^{-3}	103.65	7.687×10^{-4}
5.0	76.93	1.890×10^{-3}	106.95	5.440×10^{-4}
5.2	78.74	1.501×10^{-3}	110.07	3.872×10^{-4}
5.4	80.44	1.200×10^{-3}	113.03	2.773×10^{-4}
5.6	82.04	9.643×10^{-4}	115.83	1.998×10^{-4}
5.8	83.54	7.794×10^{-4}	118.48	1.448×10^{-4}
6.0	84.96	6.334×10^{-4}	121.00	1.055×10^{-4}
6.2	86.30	5.173×10^{-4}	123.40	7.741×10^{-5}
6.4	87.57	4.247×10^{-4}	125.68	5.710×10^{-5}
6.6	88.77	3.503×10^{-4}	127.84	4.236×10^{-5}
6.8	89.90	2.902×10^{-4}	129.91	3.160×10^{-5}
8.0	95.63	1.024×10^{-4}	140.47	6.090×10^{-6}
10	102.32	2.356×10^{-5}	153.10	5.645×10^{-7}

续表

Ma	$\gamma=1.4$ 时的 $\nu/(°)$	$\gamma=1.4$ 时的 p/p_t	$\gamma=1.2$ 时的 $\nu/(°)$	$\gamma=1.2$ 时的 p/p_t
12	106.89	6.922×10^{-6}	161.88	7.497×10^{-8}
14	110.19	2.428×10^{-6}	168.29	1.309×10^{-8}
16	112.69	9.731×10^{-7}	173.18	2.823×10^{-9}
18	114.64	4.327×10^{-7}	177.02	7.203×10^{-10}
20	116.20	2.091×10^{-7}	180.11	2.105×10^{-10}

静压/滞止压力比可写为

$$\left(\frac{p}{p_t}\right)^{\frac{\gamma-1}{\gamma}}=\frac{1}{\gamma+1}\left\{1+\cos\left[2\sqrt{\frac{\gamma-1}{\gamma+1}}\left(\nu+\arctan\sqrt{Ma^2-1}\right)\right]\right\} \qquad (A.87)$$

在平衡化学或冻结化学条件下(即不存在有限速度过程、不存在摩擦、热传导等),膨胀过程是等熵的。于是,滞止压力是恒定的。

如图 A.11 所示的突然膨胀,会出现名为普朗特-迈耶尔膨胀扇的马赫波扇,但是普朗特-迈耶尔函数适用于图 A.13 所示的更缓和的连续膨胀。已知点 1 的流体膨胀有限角度 $\Delta\nu$ 后到达点 2。对于凸面,因为 $\Delta\nu=\Delta\delta$,所以如果知道 $\Delta\delta$,也就知道 ν_2 的值;于是可以通过迭代或插值的方法求出 Ma_2 的值,而不是直接求出,这是因为无法对式(A.85)再重新整体,求出 Ma。点 2 的普朗特-迈耶尔角等于

$$\nu_2=\Delta\nu+\nu_1$$

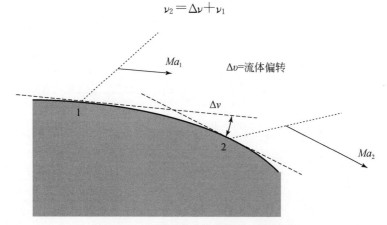

图 A.13　光滑凸面上的普朗特-迈耶尔流

可从普朗特-迈耶尔函数表上查得 Ma_2 的值。知道了点 1 和点 2 的马赫数,就可以利用等熵关系式以及滞止压力保持恒定的条件($p_{t,2}=p_{t,1}$),直接求得压力比,结果表示为

$$\frac{p_2}{p_1}=\left(\frac{p_{t,1}}{p_1}\right)\left(\frac{p_2}{p_{t,2}}\right)=\left(\frac{1+\dfrac{\gamma-1}{2}Ma_2^2}{1+\dfrac{\gamma-1}{2}Ma_1^2}\right)^{\frac{-\gamma}{\gamma-1}}$$

对于小偏转的情况 $\Delta\nu=\delta\ll1$,上述压力表达式可进一步表示为

$$\frac{p_2-p_1}{p_1}\approx\frac{-\gamma Ma_1^2}{\sqrt{Ma_1^2-1}}\Delta v=\frac{-\gamma Ma_1^2}{\sqrt{Ma_1^2-1}}\delta$$

压力系数为

$$C_{\mathrm{p}}=\frac{p_2-p_1}{p_1}\frac{p_1}{q_1}=\frac{-2\delta}{\sqrt{Ma_1^2-1}}$$

这就是典型的线性化的超声速结果。当 $Ma_1\to\infty$时,有

$$\frac{C_{\mathrm{p}}}{\delta^2}\approx\frac{-2}{\sqrt{Ma_1^2\delta^2-\delta^2}}\to\frac{-2}{Ma_1\delta}$$

如前面介绍的激波情况,式中同样出现了相似参数 $Ma_1\delta$,并且对于微小膨胀和微小压缩,有 $C_{\mathrm{p}}\sim\delta^2$。对于微小压缩($\Delta\nu<0$),由于流体是接近等熵的,因此可再次利用普朗特-迈耶尔关系式。

A.7　锥　形　流

截至目前,我们讨论的都是平面流。正圆锥是一种简单的三维物体,图 A.14 中表示了一个超声速流中的正圆锥。圆锥会产生与圆锥同轴的锥形激波。

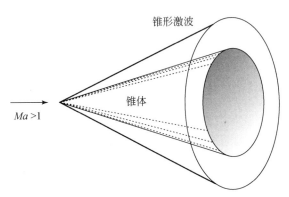

图 A.14　零攻角下,锥体上的超声速流

锥形激波是平直的,在激波上的任一点上所流经的流动都是二维的,这使通常的斜激波公式只能在局部成立。这意味着,紧随激波面后的流动特性都是恒定的。如果激波面后的流线是平行于物体表面的,则流线和物体表面间的距离会稳定增加。这种情况下,就无法满足连续性,因为紧随激波的流动的性质是必须是恒定

的,但是直线流线和圆锥体之间的流动面积却在增加。于是,流线将朝物体弯曲,物体本身就是一条流线,也是流动中唯一一条直线流线。于是,对于具有锥形激波的圆锥体来说,最简单的假设就是流动是锥形的,即流动性质沿放射线是恒定的。图 A.15 为典型的锥形放射线和流线的示意图。

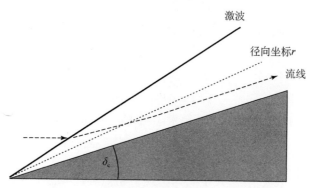

图 A.15　半顶角为 δ_c 的锥体上流动的流线

激波的下游表面是放射线,放射线上的所有性质都是恒定不变的。同理,圆锥表面也是放射线,其上的所有性质也是恒定的。它是唯一的同时为流线的放射线。从激波开始,各放射线的压力都比它们前面放射线的大,直至抵达圆锥表面,这个表面也是具有最高恒定压力的放射线。圆锥的作用如同等熵压缩表面,其在表面上产生的压力大于具有相同激波角的楔体上的表面压力。

Ferri(1949)详细介绍了锥形流。鉴于其基本性质,通常在空气动力学教材中介绍(Anderson,2003)。Sims(1964a;1964b)给出了锥形流的数据表,TR 1135(1953)给出了图示数据。Van Dyke(1954)提出了锥形流在高超声速条件下的小扰动公式,Rasmussen(1994)得出了这些公式的解析解:

$$\frac{C_p}{\sin^2\delta_c}=1+\frac{(\gamma+1)K^2+2}{(\gamma-1)K^2+2}\ln\left(\frac{\gamma+1}{2}+\frac{1}{K^2}\right) \tag{A.88}$$

其中,$K=Ma_\infty\sin\delta_c$,δ_c 表示圆锥的半顶角。当 δ_c 不超过 30°时,式(A.88)与准确结果吻合得很好。而且,对于平衡化学反应中的空气,得到的结果表明 p_c/p_∞ 基本上可以表示为 $Ma_\infty\sin\delta_c$ 的函数,并且几乎就是量热理想气体的结果。锥形激波层中的平衡化学是等熵的,熵值就等于激波紧后的值。如果根据 $\gamma=1.4$ 的结果和激波角得到 p_c,就可以计算 $s_2=s_c$,然后连同 p_c,可求得 p_c 和 T_c。对于较大的 K 值,锥体压力等于

$$\frac{p_c}{p_\infty}\approx\frac{\gamma}{2}K^2\left[1+\frac{(\gamma+1)}{(\gamma-1)}\ln\left(\frac{\gamma+1}{2}\right)\right] \tag{A.89}$$

对于 $\gamma=1.4$ 的气体,锥体表面压力与自由流压力之比可近似表示为

$$\frac{p_c}{p_\infty}\approx1.467\,K^2$$

对于半顶角为 δ_c 的圆锥，其激波角可用 Rasmussem 提出的式（A.90）计算（小角度时）：

$$\theta = \delta_c \sqrt{\frac{\gamma+1}{2} + \frac{1}{K^2}} \qquad (A.90)$$

在计算激波后的熵时，采用式（A.90）的近似方法就足以获得合理的激波角 θ 的值，这时有

$$Ma_1^2 \sin^2\theta \approx Ma_1^2 \sin^2\left(\delta_c\sqrt{\frac{\gamma+1}{2} + \frac{1}{Ma_1^2\sin^2\delta_c}}\right)$$

Hayes 等（1959）在恒定密度的近似条件下，给出了如下锥形流的结果：

$$\frac{1}{2}C_{p_c} = \frac{p_c - p_\infty}{q_\infty} = \frac{\sin^2\delta_c}{\left(1 - \frac{1}{4}\varepsilon\right)\cos^2(\theta - \delta_c)}$$

$$\frac{p_c}{p_\infty} = 1 + \frac{\gamma Ma_\infty^2 \sin^2\delta_c}{\left(1 - \frac{1}{4}\varepsilon\right)\cos^2(\theta - \delta_c)}$$

$$1.043 > \frac{1}{1 - \frac{1}{4}\varepsilon} > 1.025, \quad 1.4 \geqslant \gamma \geqslant 1.1$$

于是，可以假设

$$\frac{p_c}{p_\infty} = 1 + \frac{\gamma Ma_\infty^2 \sin^2\delta_c}{\left(1 - \frac{1}{4}\varepsilon\right)} \qquad (A.91)$$

激波角可由式（A.91）求得

$$\sin\delta_c = \left(1 - \frac{1}{2}\varepsilon\right)\sin\theta\cos(\theta - \delta_c)$$

或者

$$\theta - \delta_c = \frac{1}{2}\varepsilon\tan\theta$$

对于给定的激波角 θ，可采用斜激波的方法来计算 ε。于是

$$\delta_c = \theta - \frac{1}{2}\varepsilon\tan\theta$$

于是可计算

$$\frac{p_c}{p_\infty} = 1 + \frac{\gamma_\infty Ma_\infty^2 \sin^2\delta_c}{\left(1 - \frac{1}{4}\varepsilon\right)\cos^2(\theta - \delta_c)} \qquad (A.92)$$

然后，根据 p_c 且 $s_2 = s_c = $ 常数，可求得 T_c 和 p_c。

A.8　牛　顿　流

牛顿流依据了 $Ma \to \infty$ 和 $\gamma \to 1$ 时的假设,激波层与物体表面重合。然后,考虑动量关系式可以推导出表面压力与气流倾角之间的关系。当然,高超声速流中的激波层也非常薄,但并未同物体表面重合。实际上,当研究激波倾角时,考虑牛顿流是合理的,这时有

$$\lim_{\varepsilon \to 0} C_p = 2(1-\varepsilon)\sin^2\theta \to 2\sin^2\theta \tag{A.93}$$

且

$$\lim_{\theta \to \delta, \varepsilon \to 0} C_p = \frac{2\sin^2\delta}{(1-\varepsilon)\cos^2(\theta-\delta)} \to 2\sin^2\delta \tag{A.94}$$

一般而言,对于激波表面的某个点,式(A.94)变为

$$C_p = 2 \frac{(\overrightarrow{V_\infty} \cdot \hat{n})^2}{\overrightarrow{V_\infty} \cdot \overrightarrow{V_\infty}}(1-\varepsilon) \tag{A.95}$$

图 A.16 为激波的一个基本元的几何构型。向量 $\hat{n}$ 指向激波面的外法向,即指向激波的上游侧。当激波是正激波时,式(A.95)表明在 $\varepsilon \to 0$ 的极限状态下,激波和物体重合,且有 $p_2 = p_{t,2}$,于是

$$\lim_{\varepsilon \to 0} C_{p,\max} = \frac{p_2 - p_1}{q_1} = \frac{p_{t,2} - p_1}{q_1} = 2 \tag{A.96}$$

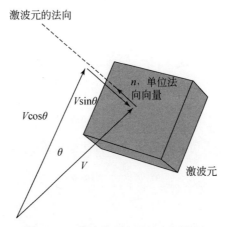

图 A.16　激波中基本元的几何构型

但是,在有限激波层的激波后,滞止压力 $p_{t,2}$ 为

$$\frac{\gamma}{\gamma-1}\frac{p_2}{\rho_2} + \frac{1}{2}u_2^2 = \frac{\gamma}{\gamma-1}\frac{p_{t,2}}{\rho_{t,2}}$$

下标 2 表示紧靠激波后的意思。物体感受到的压力就等于激波下游的滞止压

力,于是物体上滞止点的压力系数就等于

$$C_p = \frac{p_{t,2} - p_1}{q_1} = \frac{(p_2 - p_1) + (p_{t,2} - p_2)}{q_1}$$

在 A.2 节中给出了跨激波静压力差等于

$$\frac{p_2 - p_1}{q_1} = 2(1 - \varepsilon) \tag{A.97}$$

在激波下游,滞止压力和静压的差为

$$\frac{p_{t,2} - p_2}{q_1} = \left(\frac{p_{t,2}}{p_2} - 1\right)\frac{p_2}{q_1} = \left(\frac{p_{t,2}}{p_2} - 1\right)\frac{p_2}{q_2}\frac{q_2}{q_1}$$

$$\frac{p_{t,2} - p_2}{q_1} = \left[\left(1 + \frac{\gamma - 1}{2}M_2^2\right)^{\frac{\gamma}{\gamma - 1}} - 1\right]\frac{2}{\gamma Ma_2^2}\frac{\rho_2}{\rho_1}\frac{V_2^2}{V_1^2}$$

根据一维流的连续性条件,有 $\rho_1 V_1 = \rho_2 V_2$,上式又可写为

$$\frac{p_{t,2} - p_2}{q_1} = \left(1 + \frac{\gamma}{2}Ma_2^2 + \cdots - 1\right)\frac{2}{\gamma Ma_2^2}\varepsilon \approx \varepsilon \tag{A.98}$$

于是,物体上的最大压力系数为

$$C_{p,max} = \frac{p_2 - p_1}{q_1} + \frac{p_{t2} - p_2}{q_1} = 2(1 - \varepsilon) + \varepsilon = 2 - \varepsilon \tag{A.99}$$

故对于流经钝体的真实流,有 $C_{p,max} < 2$。二维流和轴对称流得到的结果也是相同的。并且,公式中的第一项也适用于恒定密度的分析中。

Lees(1956)提出,如果是钝体,应当采用实际的 $C_{p,max}$ 值对式(A.95)的牛顿流公式加以修正,即

$$C_p = (2 - \varepsilon)\frac{(\overrightarrow{V_\infty} \cdot \hat{n})^2}{\overrightarrow{V_\infty} \cdot \overrightarrow{V_\infty}} \tag{A.100}$$

这样得到的结果很有用。当然,随着物体倾角逐渐与自由流方向平行,则 $C_p \to 0$,结果也不再准确。如图 A.17 所示,当偏转角 $\delta > 35°$时,准确性也会下降。

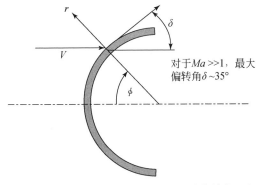

图 A.17　经过圆筒或球形头上的流动。在流动偏转角不超过 30°时,
牛顿近似法是较为准确的

如图 A.18 所示,对于尖体,也有类似的推导,即

$$C_p = \frac{C_{p,N}}{\sin^2\delta} \frac{(\vec{V}_\infty \cdot \hat{n})^2}{\vec{V}_\infty \cdot \vec{V}_\infty} \tag{A.101}$$

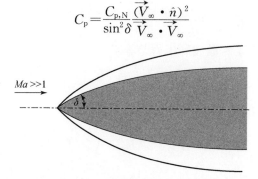

图 A.18　高超声速流中的尖细长体,头部半角为 δ

对于半角为 δ 的楔体和半角为 δ_c 的锥体,头部的压力系数为

$$C_{p,N,w} = \frac{2\sin^2\delta}{(1-\varepsilon)\cos^2(\theta-\delta)}$$

$$C_{p,N,c} = \frac{2\sin^2\delta_c}{\left(1-\dfrac{\varepsilon}{4}\right)\cos^2(\theta-\delta_c)} \tag{A.102}$$

其中,$C_{p,max}$ 的真值大于 2。在物体与 V_∞ 平行前,这种方法都能得出准确的结果。对于二维物体,$C_{p,N,w}$ 适用于楔体,这些方法适用于简单抽象的外形,并且计算结果准确。当然,物体上的某些点可以采用普朗特-迈耶尔膨胀关系式,这样就能在牛顿近似法失效的区域继续计算,如图 A.19 所示。

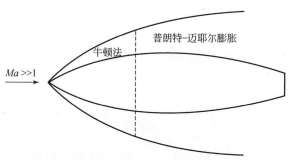

图 A.19　高超声速流中尖细长体构形,给出了牛顿法和普朗特-迈耶尔法适用的区域

普朗特-迈耶尔膨胀关系式可用于一般的二维物体,而对于轴对称(或三维)物体,则只能用在物体横向曲率较小的部位。即,由于物体外形产生的流线曲率所影响的压力分布已经超过了二维普朗特-迈耶尔膨胀单独计算的结果。

对于尖体在高马赫数且当普朗特-迈耶尔膨胀的匹配点在激波下游的某位置固定时,激波膨胀法计算效果好。如果物体尾部还具有明显的正坡度,通常只采用牛顿法就足够了。

A.9　物体形状的影响

牛顿法主要依据激波的形状,并且对物体的具体形状不敏感,因此在运用牛顿法时必须注意。设计具有非连续性表面的物体,但是产生的激波即具有连续的坡度,如图 A.20 所示。

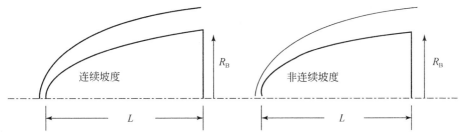

图 A.20　具有连续和不连续坡度的两个相似物体示意图,
两者产生的激波都具有连续坡度

此外,如图 A.21 所示,物体的纵向曲率可能会产生离心效应,从而改变跨激波层的压力分布。流线曲率引起的离心压力变化等于

$$\Delta p \approx +\rho V^2 \frac{\Delta r}{R_c}$$

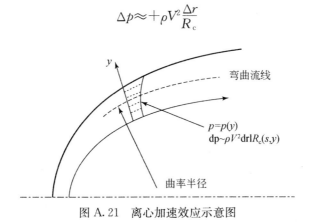

图 A.21　离心加速效应示意图

符号 R_c 表明流线的曲率半径。如图 A.22 所示,对于曲率变化较大的物体,并适合采用牛顿法分析。

头部的具体形状差异对激波形状的影响不大,在这些情况下,基于物体坡度的牛顿近似法的计算结果并不如在物体形状变化更加平缓的情形中那么有效。

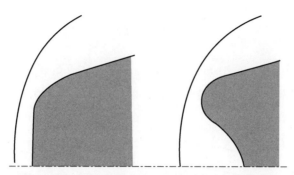

图 A.22　不同头部形状也可以产生非常相似的激波

A.10　攻角的影响

我们已经给出了对称体流动的理论推导,这些结果对于不需要升力的对称飞行应用非常重要。但是,在许多实际情况中,也需要产生垂直于飞行路径的升力。通常旋转对称体,形成一定的攻角来产生这样的升力。

A.10.1　有攻角的楔体

如图 A.23 所示,最简单的情形就是半角为 δ 的楔体,其中半角和攻角 α 都比较小,可确保激波和楔体顶点相连。楔体的两个表面没有信息传递,因此每个面都有各自的有效楔角,独立发挥作用:上表面楔角为 $\delta_u = \delta - \alpha$,下表面楔角为 $\delta_l = \alpha + \delta$。各有效楔角对应的激波角为 θ_u 和 θ_l。对于任何能产生附体激波的攻角 α,都可以计算上述参数。对于 $\gamma = 1.4$ 的情况,在楔角 $\delta = 45.4°$ 时将发生激波脱离。准确的二维激波计算结果为

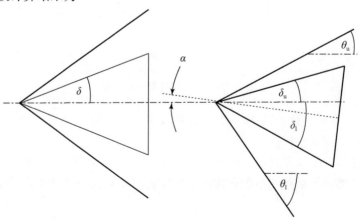

图 A.23　对称楔体,攻角 $\alpha = 0$(左)和 $\alpha > 0$(右)

$$C_{\mathrm{p,N}} = \frac{2\sin^2\delta}{(1-\varepsilon)\cos^2(\theta-\delta)} \tag{A.103}$$

A.10.2　有攻角的光滑钝体

图 A.24 所示为光滑、细长、对称的钝头体,这是一种常见的高超声速形体。在二维情况下,该物体可以看作机翼或轴对称的机身。要继续研究该问题,必须先找出近似的滞止点。当采用牛顿近似法时,选择 $\vec{V}_1 \cdot \hat{n}_{\mathrm{body}} = -1$ 的点作为近似的滞止点。

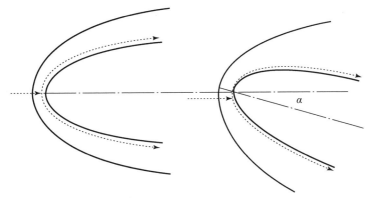

图 A.24　对称钝头细长体,攻角 $\alpha = 0$(左)和 $\alpha > 0$(右)。二者均用虚线表示滞止流线

在高超声速极限条件下,最大压力系数出现在假定的滞止点上,并且其值和正激波的结果相同:

$$C_{\mathrm{p,max}} = 2\left(1-\frac{\varepsilon}{2}\right) \tag{A.104}$$

A.10.3　具有零攻角的尖锥体

Rasmussen(1994)给出了的高超声速流中零攻角时尖锥体(图 A.25)压力系数的近似结果,具体为

$$C_{\mathrm{p,N}} = \sin^2\delta_{\mathrm{c}}\left[1+\frac{(\gamma+1)K^2+2}{(\gamma-1)K^2+2}\ln\left(\frac{\gamma+1}{2}+\frac{1}{K^2}\right)\right] \tag{A.105}$$

上述公式是针对附着激波流的,其计算结果跟试验情况吻合较好。对于 $\gamma = 1.4$ 的气体,当锥体半顶角 $\delta_{\mathrm{c}} = 58°$ 时,会出现激波脱离。C_{p} 值受 $K = Ma_1\sin\delta_{\mathrm{c}}$ 和 γ 的影响都不大。

Linell 等(1956)利用相似法则推导出了高超声速流中附着激波在锥体上的压力系数,具体为

$$C_{\mathrm{p,N}} = 4\sin^2\delta_{\mathrm{c}}\frac{2.5+8\beta\sin\delta_{\mathrm{c}}}{1+16\beta\sin\delta_{\mathrm{c}}} \tag{A.106}$$

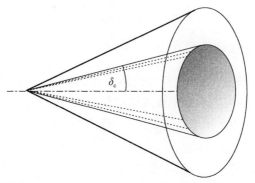

图 A.25　高超声速流中,零攻角下半顶角为 δ_c 的尖锥体。激波和锥体顶点相连

其中,$\beta=\sqrt{Ma_1^2-1}$ 为普朗特-格劳特因子。Linell-Bailey 公式既适用于超声速,也适用于高超声速。该公式与 γ 无关,如前所述,γ 对压力的影响也不大。如果有 $K\gg1$,根据不变密度理论得出的尖锥流的解就与 K 值没有直接关系。$K\geqslant4$ 时,该公式能给出较为准确的结果。

$$C_{p,N}=2\sin^2\delta_c\frac{2\sin^2\delta_c}{\left(1-\dfrac{\varepsilon}{4}\right)\cos^2(\theta-\delta_c)} \tag{A.107}$$

A.10.4　具有小攻角的尖锥体

有攻角的锥体产生的是三维流场。图 A.26 就给出了该流场的一般构型。认为在高超声速流中激波贴近物体,以近似计算锥体表面的压力系数。于是就有了这样的假设:锥体在方位角为 ϕ 的放射线上的压力系数等于

$$C_{p,N}=C_{p,N,eff}-(C_{p,N,eff}-C_{p,N,eff}^*)f(Ma)$$

其中,$C_{p,N,eff}$ 为锥体的牛顿压力系数,该锥体的半顶角 δ_c 等于对应锥体放射线的半顶角。故 $C_{p,N,eff}$ 是方位角 ϕ 的函数。压力系数 $C_{p,N,eff}^*$ 指 $\phi=90°$ 时的压力系数 $C_{p,N,eff}$。任意方位角处的有效圆锥角等于

$$\delta_{c,eff}=\arcsin(\sin\delta_c\cos\alpha+\cos\delta\sin\alpha\cos\phi)$$

$$\frac{Ma_c}{Ma_1}=\cos\delta_{c,eff}\left(1-\frac{\sin\delta_{c,eff}}{Ma_1}\right)^{1/2}([1+e^{-(1+1.52K_{eff})}])\left[1+\left(\frac{K_{eff}}{2}\right)^2\right]^{-1/2},\quad K_{eff}<1$$

$$\frac{Ma_c}{Ma_1}=\cos\delta_{c,eff}\left(1-\frac{\sin\delta_{c,eff}}{Ma_1}\right)^{1/2}(1+0.35\,K_{eff}^{3/2})^{-1/2},\quad K_{eff}\geqslant1$$

其中,$K_{eff}=Ma_1\cdot\sin\delta_{c,eff}$,且马赫数函数 $f(Ma)=(Ma_c^{-3/2})_{\phi=\pi/2}$。依据这几个方程,可以确定圆锥顶部周围的 $C_{p,N}$,接着可采用牛顿法或牛顿加普朗特-迈耶尔法求解之后的流场。

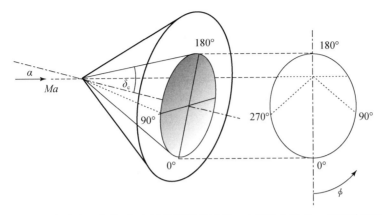

图 A.26 小攻角 α 条件下,尖锥体周围的流场。左图为方位角 ϕ 的四分视图,
右图为从锥底朝上看的示意

A.10.5 非常见形状

前面介绍的近似方法必须谨慎使用。在决定采用何种方法时,必须要考虑到具体的物理意义。牛顿法近似的基本观点是认为激波是贴近物体的。图 A.27 所示的两个物体形状就不太适合采用牛顿近似法计算其高超声速流。

第一种情形是半顶角较大的尖圆锥,这种情况不会产生附着激波。实际上,激波将会脱离锥体,形成更像是钝体的光滑弯曲激波。第二种情形是圆锥-圆柱-圆台形结构,在圆锥头部的顶点不会有附着的锥形激波产生。不过,尾部的圆台段很像一个大半顶角的圆锥,在圆台段前方将产生强烈的弯曲激波。

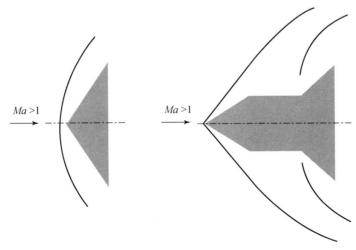

图 A.27 不适合牛顿近似法的物体形状,因为它们产生的激波不贴近物体表面

参 考 文 献

Anderson, J. D. (2003). Modern compressible flow: With historical perspective(3rd ed.). New York, NY: McGraw-Hill.

Blick, E. F. , & High, M. D. (1965). Cone pressure distribution at large and small angles of attack. AIAA Journal, 2(11), 2054_2055.

Ferri, A. (1949). Elements of aerodynamics of supersonic flows. New York, NY: Macmillan.

Hayes, W. D. , &Probstein, R. F. (1959). Hypersonic flow theory. New York, NY: Academic Press.

Lees, L. (1956). Laminar heat transfer over blunt-nosed bodies at hypersonic flight speeds. Jet Propulsion, 26, pp. 259_264 and 274.

Liepmann, H. W. , & Roshko, A. (2002). Elements of gasdynamics. New York, NY: Dover.

Linell, R. D. , & Bailey, J. Z. (1956). Similarity rule estimation methods for cones and parabolic noses. Journal of the Aeronautical Sciences, 23(8), 796_797.

Rasmussen, M. (1994). Hypersonic flow. New York, NY: John Wiley & Sons.

Sims, J. (1964a). Tables for supersonic flow around right circular cones at zero angle of attack. NASA SP-3004.

Sims, J. (1964b). Tables for supersonic flow around right circular cones at small angle of attack. NASA SP-3007.

TR 1135(1953). Equations, tables, and charts for compressible flow. NACA Report 1135.

Van Dyke, M. (1954). A study of hypersonic small-disturbance theory. NACA Report 1194.

Wolf, T. (1993). Comment on approximate formula of oblique shock wave angle. AIAA Journal, 31(7), 1363.

附录 B　太空飞机坐标

太空飞机的尺寸数据选自多个渠道,依据现有的图纸和照片等资料,它们的尺寸坐标是估计的。本书中的数据仅供参考,但是对尺寸的准确性不作保证。太空飞机的统计数据如下:

飞行器	表	图	注释
罗克韦尔航天飞机轨道器(美国)	B.1~B.3	B.1~B.3	1986~2011 年期间共飞行 135 次
X-24C(美国)	B.4~B.7	B.4~B.7	风洞试验
X-15(美国)	B.8~B.10	B.8~B.11	1959~1968 年期间共飞行 199 次
太空飞机 Bor-4(苏联)	B.11	B.12~B.17	1982~1984 年期间进行了 4 次轨道飞行(无人)
诺思洛普 HL-10 升力体(美国)	B.12 和 B.13	B.18~B.21	1966~1975 年期间进行了 35 次飞行($Ma<1.6$)
赫尔姆斯太空飞机(欧盟)	B.14~B.15	B.22~B.26	风洞试验
海姆斯太空飞机(日本)	B.16~B.18	B.27~B.29	风洞试验

除非另有说明,尺寸单位都为英寸。如图 8.3 所示,纵向、翼展方向和竖向的坐标分别为 x、y、z,可从上面表格中推导得出这些坐标关系。如果可能,会给出试验模型或全尺寸飞行器的照片。

利用第 8 章介绍的面板法,对其中几款飞行器进行了空气动力计算,计算结果列在表 B.19 和图 B.30 中。根据数据提供的几何信息,对计算面板进行划分。

图 B.31 和图 B.32 讨论和展示了成功飞行的 X-15 研究型飞机和提议的 X-24C 太空飞机之间的构造相似性。此外,图 B.33 还讨论和展示了上述两个飞行器以及 HL-10 升力体的惯性特点。

B.1　罗克韦尔航天飞机轨道器

表 B.1 和表 B.2 给出了罗克韦尔航天飞机轨道器上 10 个垂直于纵轴的站点的轮廓数据。表 B.3 给出了平面和立面坐标。由表 B.1~表 B.3 可以构造出如图 B.1~图 B.3 所示的轨道器视图。图 6.75 为轨道器的照片,图 8.70 为轨道器的图纸。

表 B.1　航天飞机轨道器机身站点 1~5 的轮廓坐标

射线	y/in	z/in	y/in	z/in	y/in	z/in	y/in	z/in	y/in	z/in
x/in	6.06	6.06	29.1	29.1	93.1	93.1	197.1	197.1	249	249
机身站点	1	1	2	2	3	3	4	4	5	5
1	0	−17	0	−30.7	0	−48.5	0	−58.2	0	−60.6
2	6.8	−15.6	12.1	−30	21.4	−48.5	31.1	−58.2	33.5	−60.6
3	12	−12	26	−22	42.8	−41	62.2	−55	67	−60.6
4	15.6	−6.8	33	−12	60	−20	93.3	−35	100.6	−50.9
5	17	0	36	0	64.2	0	93.3	0	100.6	0
6	16.8	3	36	7	64.2	6.1	93.3	55.2	100.6	55.7
7	16	6	34	13	62	24	91	70	96	70
8	14.6	8.6	31	18.5	57	35	86	83	90	85
9	13	11	28	23	51	45	77	95	83	100
10	11	13	23	28	43	52	66	103	73	115
11	8.6	14.6	17.5	32	34	60	52	109	60	135
12	6	16	12.5	34	23	66	37	111.5	40	160
13	3	16.8	6.5	36	11	69.5	15	111.5	20	162.4
14	0	17	0	36.4	0	70.3	0	111.5	0	162.4

表 B.2　航天飞机轨道器机身站点 6~10 的轮廓坐标

射线	y/in	z/in	y/in	z/in	y/in	z/in	y/in	z/in	y/in	z/in
x/in	349	349	1071	1071	1100	1100	1150	1150	1292	1292
机身站点	6	6	7	7	8	8	9	9	10	10
1	0	−63	0	−77.6	0	−77.6	0	−75	0	−75
2	35.3	−63	35.3	−77.6	35.3	−77.6	35.3	−75	35.3	−75
3	70.6	−63	70.6	−77.6	70.6	−77.6	70.6	−75	70.6	−75
4	106.1	−63	106.1	−77.6	106.1	−77.6	106.1	−75	106.1	−75
5	106.1	0	106.1	0	106.1	0	106.1	0	106.1	0
6	106.1	56	106.1	56	106.1	56	106.1	56	106.1	56
7	106.1	75.1	106.1	75.1	106.1	75.1	106.1	75.1	106.1	75.1
8	106.1	120.1	106.1	120.1	106.1	120.1	135	109	135	109
9	100	135.1	100	135.1	110	143	135	155	135	155
10	80	146.1	80	146.1	100	170	115	185	115	185
11	60	155.1	60	155.1	70	190	77	202	77	202
12	40	159.1	40	159.1	37	187	33	195	33	195
13	15	162.4	15	162.4	15	162.4	15	162.4	15	162.4
14	0	162.4	0	162.4	0	162.4	0	162.4	0	162.4

B.3　航天飞机轨道器的平面和立面坐标

坐标	x/in	y/in	$z_{上}/\text{in}$	$z_{下}/\text{in}$
机身平面和立面	0	0	0	0
	6	17	17	-17
	29	36	36	-31
	93	64	70	-49
	197	93	112	-58
	249	101	162	-61
	349	106	162.	-63
	1071	106	162	-78
	1100	106	162	-78
	1150	106	162	-75
	1292	106	162	-70
	1292	0	162	-63

坐标	x/in	y/in	z/in
机翼平面	285	106	-19
	733	181	-33
	797	208	-35
	1063	467	-43
	1198	467	-48
	1268	106	-49

坐标	x/in	y/in	z/in
垂直尾翼平面	1040	0	162
	1359	0	471
	1467	0	471
	1337	0	250

坐标	x/in	y/in
机身襟翼	1292	106
	1377	106
	1377	0
	1292	0

坐标	x/in	y/in	z/in
OMS 舱	1071	120.1	
	1071	162.4	120.1
	1100	190	75.1
	1150	202	75.1

续表

坐标	x/in	y/in	z/in
	1270	202	75.1
OMS 舱	1270	202	75.1
	1270	75.1	

坐标与参数	x/in	$z_上$/in	$z_下$/in	%c
	285	−19	−19	0
	334	6	−35	5
	383	16	−41	10
	482	28	−48	20
翼立面(内侧)	580	34	−52	30
NACA 64-409	733	31	−54	45.5
	797	26	−53	52
	1063	−12	−43	79
	1198	−35	−52	92
	1268	−49	−49	100

坐标与参数	x/in	$z_上$/in	$z_下$/in	%c
	797	−35	−35	0
	820	−23	−43	5
	842	−18	−55	10
	887	−14	−62	20
翼立面(外侧)	978	−13	−69	40
NACA 64(1)-012	1023	−15	−63	50
	1113	−23	−61	70
	1180	−41	−53	85
	1248	−50	−49	100

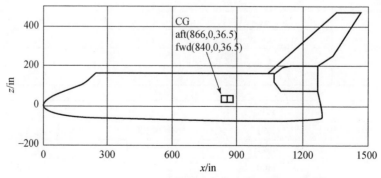

图 B.1　航天飞机轨道器立面图,标出了其重心范围

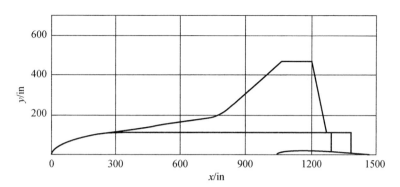

图 B.2 航天飞机轨道器平面图

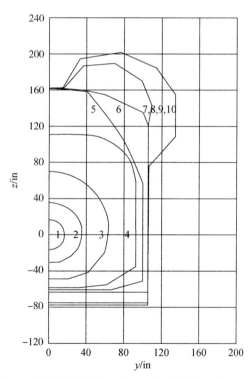

图 B.3 航天飞机轨道器轮廓图,标出了机身站点。在这个比例尺上,
轮廓线 7 和 8 无法分辨开,9 和 10 之间也一样无法分辨

B.2 X-24C

表 B.4 和表 B.5 给出了 X-24C 上垂直于纵轴的站点的轮廓数据。表 B.6 和

表 B.7 给出了平面和立面坐标。由表 B.4~表 B.7 可以构造出如图 B.4~图 B.6 所示的 X-24C 视图。X-24C 是没有建造成功的飞行器,图 B.7 还给出了一个风洞模型。X-24C 的设计属于 NASA 测试的几种升力体飞行器的副产品,图 6.67 和图 6.73 为其中的几个。

表 B.4　X-24C 机身站点 1~4 的轮廓坐标

射线	y/in	z/in	y/in	z/in	y/in	z/in	y/in	z/in
x/in	41.4	41.4	120	120	144.8	144.8	177.9	177.9
机身站点	1	1	2	2	3	3	4	4
1	0	−8.3	0	−12.4	0	−13.7	0	−15.4
2	2	−8.1	5	−12.4	5.5	−13.7	6.5	−15.4
3	5	−7.5	15.5	−12.4	18	−13.7	20.5	−15.4
4	7.5	−5	25	−12.4	31	−13.7	38	−15.4
5	9	−3	27.9	−9	34.1	−10.5	41.4	−12
6	10.3	0	27.9	0	34.1	0	41.4	0
7	10.3	5	27	8	33	8.5	40	9.5
8	8.5	8	23	18	29	19	36	20
9	5	11	13	27	21	29	29	31
10	1	12.3	2	29	12	34	21	37
11	0.75	12.4	1.5	29	10	38	17	43.5
12	0.5	12.4	1	29	8	42	12	48
13	0.25	12.4	0.5	29	4	44.5	6	49.5
14	0	12.4	0	29	0	45.5	0	49.7

表 B.5　X-24C 机身站点 5~9 的轮廓坐标

射线	y/in	z/in	y/in	z/in	y/in	z/in	y/in	z/in	y/in	z/in
x/in	215.2	215.2	331	331	384.8	384.8	480	480	579.3	579.3
机身站点	5	5	6	6	7	7	8	8	9	9
1	0	−17.3	0	−23.3	0	−26.1	0	−31	0	−4.1
2	7.5	−17.3	10.5	−23.3	12	−26.1	14.5	−31	14.5	−4.1
3	24	−17.3	34	−23.3	39	−26.1	46	−31	46	−4.1
4	46	−17.3	69	−23.3	86.9	−26.1	86.9	−31	86.9	−4.1
5	49.7	−14	74.5	−19	86.9	−22	86.9	−28	86.9	−2
6	49.7	0	74.5	0	86.9	0	86.9	0	86.9	0
7	48	10	73	12	82	14	82	14	82	14

续表

射线	y/in	z/in	y/in	z/in	y/in	z/in	y/in	z/in	y/in	z/in
8	45	22	67	26	76	27	76	27	76	27
9	39	33	59	37.5	71	40	71	40	71	40
10	32	42	48	47	66	54	66	54	66	54
11	26	48	37	52	46	54	46	54	46	54
12	18	51	24	54	54	54	24	54	24	54
13	10	53	11	54	11	54	11	54	11	54
14	0	54	0	54	0	54	0	54	0	54

表 B.6　X-24C 的平面坐标

坐标	x/in	y/in	坐标	x/in	y/in	z/in
机身平面	0	0	机翼平面	385	86.9	−25
	41.4	10.3		530	149	19
	120	27.9		633	149	13
	144.8	34.1		627.5	86.9	−39
	177.9	41.4		385	86.9	−25
	215.2	49.7				
	331	74.5				
	384.8	86.9				
	480	86.9				
	579.3	86.9	翼梢弦长	103		
	579.3	0	翼根弦长	243		

表 B.7　X-24C 的尾翼和尾部坐标

坐标	x/in	y/in	z/in	坐标	x/in	y/in	z/in
尾翼平面偏离中线	507	62	54	竖翼平面	478	0	54
	542	89	84		594	11.5	54
	585	89	84		594	3.2	108
	569	62	54		548	0	108
	507	62	54		594	3.2	108
		66	54		548	0	108
		92	84		478	0	54
		89	84				

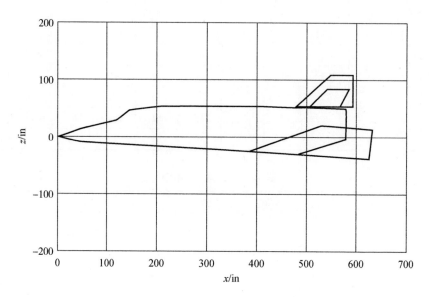

图 B. 4　X-24C 太空飞机的立面图

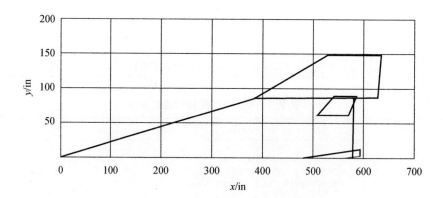

图 B. 5　X-24C 太空飞机的平面图

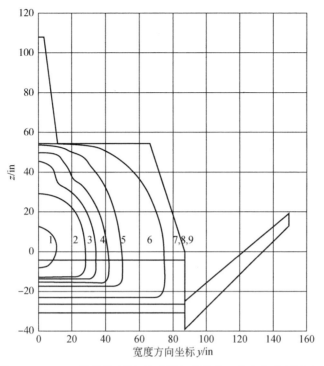

图 B.6　X-24C 轮廓线，图中显示了机身站点。在这个比例尺上，
轮廓线 7、8、9 之间无法分辨开

图 B.7　美国空军风洞中的 X-24C 模型

B.3　X-15

表 B.8 给出了 X-15 上垂直于纵轴的站点的轮廓数据。表 B.9 和表 B.10 给出了平面和立面坐标。由表 B.8~表 B.10 可以构造出如图 B.8~图 B.10 所示的 X-15 视图。图 B.11 为 X-15 的照片。

表 B.8　X-15 太空飞机的轮廓坐标

射线	y/in	z/in	y/in	z/in	y/in	z/in	y/in	z/in
x/in	88.6	88.6	114.6	114.6	160.6	160.6	204.8	204.8
机身站点	1	1	2	2	3	3	4	4
1	0.0	−19.6	0.0	−23.3	0.0	−25.8	0.0	−28.0
2	4.2	−19.3	3.8	−22.7	3.5	−25.4	3.1	−27.8
3	8.2	−17.7	8.0	−21.3	8.5	−24.3	8.0	−27.0
4	12.0	−15.6	12.6	−19.0	13.4	−22.0	12.5	−25.0
5	15.0	−12.4	16.5	−16.0	17.9	−18.6	16.6	−22.3
6	17.4	−9.0	19.6	−12.3	21.0	−14.5	20.4	−19.0
7	19.0	−5.0	21.7	−7.6	24.0	−10.0	23.5	−15.3
8	19.6	−1.0	23.0	−1.1	25.8	−1.2	25.8	−11.0
9	19.6	−0.5	23.0	−0.6	25.8	−0.7	31.3	−7.6
10	19.6	0.0	23.0	0.0	25.8	0.0	33.5	0.0
11	19.6	0.5	23.0	0.6	25.8	0.7	31.3	7.6
12	19.6	1.0	23.0	1.1	25.8	1.2	25.8	11.0
13	19.0	5.0	21.7	7.6	24.0	10.0	23.5	15.3
14	16.0	11.5	18.6	13.6	20.8	15.3	20.3	19.3
15	12.0	15.5	14.7	17.7	17.0	19.3	16.0	23.0
16	7.0	18.3	10.5	20.4	14.3	21.5	9.0	26.5
17	1.5	19.6	10.0	20.6	13.7	21.8	1.5	28.0
18	1.0	19.6	7.6	29.0	8.8	29.4	1.0	28.0
19	0.5	19.6	4.0	31.0	4.0	31.0	0.5	28.0
20	0.0	19.6	0.0	31.0	0.0	31.0	0.0	28.0
射线	y/in	z/in	y/in	z/in	y/in	z/in	y/in	z/in
x/in	323.9	323.9	456.8	456.8	595	595	609	609
机身站点	5	5	6	6	7	7	8	8
1	0.0	−28.0	0.0	−28.0	0.0	−25.0	0.0	−24.0

续表

射线	y/in	z/in	y/in	z/in	y/in	z/in	y/in	z/in
2	3.1	−27.8	3.1	−27.8	4.9	−24.6	5.0	−23.3
3	8.0	−27.0	8.0	−27.0	9.5	−23.3	10.0	−21.6
4	12.5	−25.0	12.0	−25.0	14.4	−20.5	14.4	−18.9
5	16.6	−22.3	16.6	−22.3	18.3	−17.2	18.3	−15.2
6	20.4	−19.0	20.4	−19.0	21.4	−13.2	21.0	−11.3
7	23.5	−15.3	23.5	−15.3	23.8	−8.0	23.0	−6.3
8	23.8	−14.9	23.8	−14.8	25.0	−1.3	24.0	−1.2
9	44.0	−3.5	44.0	−3.5	25.0	−0.7	24.0	−0.6
10	44.0	0.0	44.0	0.0	25.2	0.0	24.0	0.0
11	44.0	3.5	44.0	3.5	25.0	0.7	24.0	0.6
12	23.8	14.8	23.8	14.8	25.0	1.3	24.0	1.2
13	23.5	15.3	23.5	15.3	23.8	8.0	23.0	6.3
14	20.3	19.3	20.3	19.3	20.3	15.0	19.5	14.0
15	16.0	23.0	16.0	23.0	15.0	20.0	14.5	18.9
16	9.0	26.5	9.0	26.5	8.7	23.6	8.3	22.4
17	1.5	28.0	1.5	28.0	1.5	25.0	1.4	24.0
18	1.0	28.0	1.0	28.0	1.0	25.0	1.0	24.0
19	0.5	28.0	0.5	28.0	0.5	25.0	0.5	24.0
20	0.0	28.0	0.0	28.0	0.0	25.0	0.0	24.0

表 B.9　X-15 的平面坐标

坐标	x/in	y/in	坐标	x/in	y/in	z/in
机身平面	0	0	翼平面	288.7	0	0
	88.6	19.6		323.9	44	0
	114.6	23		395.8	134.16	0
	160.6	25.8		431.6	134.16	0
	204.8	33.5		455.8	44	0
	323.9	44		467.7	0	0
	456.8	44		455.8	44	0
	581.3	44		323.9	44	0
	595	25.2				
	609	24				
	609.05	0				

续表

坐标	x/in	y/in	z/in	坐标	x/in	y/in	z/in
	506.5	44	−5.6		472	0	28
	575.7	108.5	−22.9		595	10.8	83
	601	108.5	−22.9		595	0	83
水平尾翼	581.3	44	−5.6	垂直尾翼	504.3	0	28
	506.5	0	−5.6		595	7.9	83
	450	0	0		595	0	83
	570	0	0		458	0	0

表 B.10　X-15 的平面坐标和迎风面积

坐标	x/in	y/in	z/in	参数	x/in	A/ft^2
	470.6	0	−28		0	0.0
	595	10.9	−28		86	4.2
	595	0	−28		114.6	6.2
	499	0	−74		160.6	7.6
	595	8.4	−74		204.8	9.1
后机身下尾翼平面	595	0	−74	迎风面积随 x 的变化情况	323.9	10.5
	458	0	0		456.8	10.5
					581.3	10.5
					595	7.0
					609	6.2
					609	

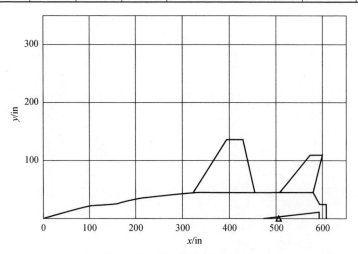

图 B.8　X-15 太空飞机平面图

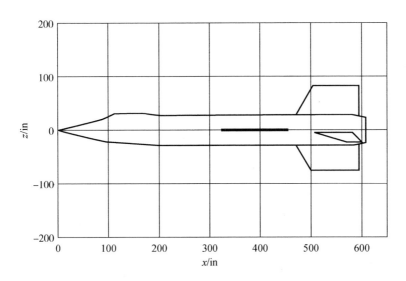

图 B.9　X-15 太空飞机立面图

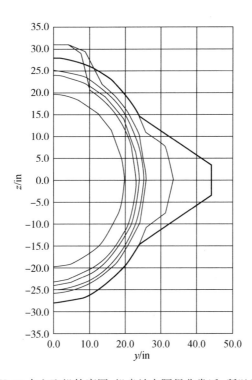

图 B.10　X-15 太空飞机轮廓图,机身站点隔得非常近,所以无法分辨出

图 B. 11　X-15 在 NASA0 德赖登飞行测试中心（NASA）着陆时的照片

B. 4　太空飞机 Bor-4

　　表 B. 11 给出了太空飞机 Bor-4 上垂直于纵轴的站点的轮廓数据。表 B. 11 给出了平面和立面坐标。由表 B. 11 可以构造出如图 B. 12～图 B. 14 所示的 Bor-4 视图。图 B. 15 和图 B. 16 为采用第 8 章方法算得的 Bor-4 升力和阻力特征。图 B. 17 为 Bor-4 的照片。

　　苏联 Bor-4 太空飞机的特征数据为：$S=55.2\text{ft}^2$、$c_{\text{mac}}=87\text{in}$、$x_0=109\text{in}$。数据取自（依据）照片和不同渠道的图纸。

表 B. 11　太空飞机 Bor-4 轮廓坐标

射线	y/in	z/in	y/in	z/in	y/in	z/in	y/in	z/in
x/in	1.6	1.6	7.9	7.9	29.5	29.5	35.8	35.8
机身站点	1	1	2	2	3	3	4	4
1	0	−3.2	0	−8.7	0	−15	0	−15
2	2.3	−3.1	5.9	−8.6	12.5	−15	17	−15
3	5	−2.4	9.2	−7.7	16.4	−13.5	19	−13.8
4	6.9	−1	12	−5	19	−10.6	21.2	−11.1
5	7.1	0	13	−2	20.4	−7.5	22	−8.8
6	6.9	1	12.5	0	20	−4	21.7	−4.5
7	6.9	1.9	11	1.9	15	1.5	19.2	1
8	5.5	2.4	9	3.5	12	4.7	15.6	6
9	4	3	7	4.8	9.8	6.5	13.2	8.1
10	2	3.1	3.8	5.8	6.3	9.2	10.5	10.1
11	1.1	3.2	2.1	6	4.7	10.2	5.7	17
12	0	3.2	0	6	0	10.2	0	18.2

射线	y/in	z/in	y/in	z/in	y/in	z/in	y/in	z/in
x/in	42.1	42.1	77.2	77.2	102.8	102.8	156.3	156.3
机身站点	5	5	6	6	7	7	8	8
1	0	−15	0	−15	0	−15	0	−15
2	19	−15	28	−15	33	−15	33	−15
3	21	−14	31	−14	36	−14	36	−14
4	23.2	−11.2	33.1	−11.2	37.9	−11.2	37.9	−11.2
5	24	−8.8	33.9	−8.8	38.6	−8.8	38.6	−8.8
6	23.7	−5	33.9	−5	38.6	−5	38.6	−5
7	22.4	0.7	31	0.7	36.2	0.7	38.6	4.5
8	19	6.7	25	8	32.5	4.5	32.5	4.5
9	15.7	10.2	16.4	12.8	21	9	21	4.5
10	13	15	11.6	12.7	12	9.6	12	4.5
11	7.1	19.5	7	18	7	15	7	7.8
12	0	20.5	0	18.5	0	16.5	0	8.5

尾翼坐标	x/in	y/in	z/in
x, z 平面	102.8	38.9	−6.5
	156.3	58.3	29.1
x, y 平面	165.8	58.3	29.1
	156.3	38.9	−6.5
	102.8		−6.5
y, z 平面		38.9	−6.5
		58.3	29.1
		56.3	29.1
		38.9	4.5
		38.9	4.5
		56.3	29.1
		58.3	29.1

垂直尾翼坐标	x/in	y/in	z/in
x, z 平面	120	0	13.3
	156.3	0	24.3
	164.3	0	24.3
	151.5	0	10

续表

垂直尾翼坐标	x/in	y/in	z/in
	151.5	0	10
y,z平面	151.5	2	10
	156.3	2	24.3
	156.3	0	24.3
	120	0	
x,y平面	120	2	
	164.3	2	
	164.3	0	

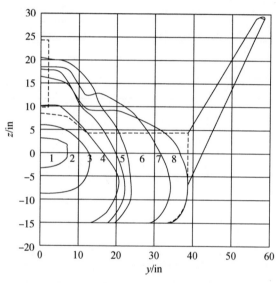

图 B.12　太空飞机 Bor-4 轮廓线,图中显示了中心尾翼和外侧尾翼

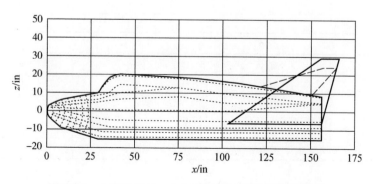

图 B.13　太空飞机 Bor-4 立面图,图中显示了左侧射线

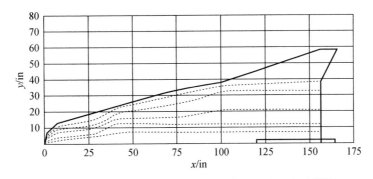

图 B.14　太空飞机 Bor-4 平面图,图中显示了上表面射线

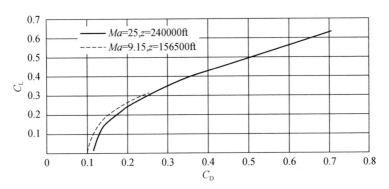

图 B.15　按第 8 章方法算得的太空飞机 Bor-4 的阻力极线

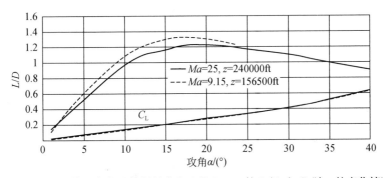

图 B.16　按照第 8 章方法算得的太空飞机 Bor-4 的 L/D 和 C_L 随 α 的变化情况

图 B. 17　澳大利亚 P-3 海军侦察飞机拍摄到的无人太空飞机 Bor-4 海上回收情况（NASA）

B. 5　诺思洛普 HL-10 升力体

　　表 B. 12 给出了诺思洛普 HL-10 上垂直于纵轴的站点的轮廓数据。表 B. 13 给出了平面和立面坐标。由表 B. 12 和表 B. 13 可以构造出如图 B. 18～图 B. 20 所示的诺思洛普 HL-10 视图。图 B. 21 为 NASA 飞行过的诺思洛普 HL-10 的照片。

表 B. 12　诺思洛普 HL-10 的轮廓坐标

射线	y/in	z/in	y/in	z/in	y/in	z/in	y/in	z/in
x/in	5. 5	5. 5	11. 7	11. 7	31. 2	31. 2	62. 3	62. 3
机身站点	1	1	2	2	3	3	4	4
1	0	−11	0	−15	0	−23. 5	0	−29. 6
2	2	−10. 5	3	−13. 5	6	−23. 5	9	−29. 6
3	5	−9. 5	6. 5	−12	11	−22	17	−29. 6
4	7. 5	−7. 5	9	−10	14	−19	23	−26
5	9	−5	11	−7	16	−15	26	−23
6	9. 2	−3	12	−5	17. 1	−10	26. 5	−16
7	9. 4	0	12. 5	0	17. 1	0	26. 5	0
8	9. 2	2. 5	12	3. 5	16. 5	4. 5	26	6
9	9	5	11	7	15	8. 5	22	11
10	7. 5	7. 5	9. 5	9. 5	13	13	17	16
11	5	9. 5	7	12	10	16	12	19
12	2	10. 5	3	13. 5	4	18	6	20
13	0	11	0	14	0	18. 7	0	20. 3

射线	y/in	z/in	y/in	z/in	y/in	z/in	y/in	z/in
x/in	98.2	98.2	154.3	154.3	202.5	202.5	250.9	250.9
机身站点	5	5	6	6	7	7	8	8
1	0	−34.3	0	−27.3	0	−15.6	0	−3.1
2	15	−34.3	16	−27.3	17	−15.6	20	−3.1
3	26	−34.3	30	−27.3	36	−15.6	40	−3.1
4	34	−33	40	−27.3	49	−15.6	58	−3.1
5	36.6	−27	48	−27.3	58	−15.6	67	−3.1
6	36.6	−18	53	−22	63.9	−10	70	−1.7
7	36.6	0	53	0	63.9	0	72	0
8	35.5	7.5	52	11	63.9	11	74	11
9	30	14	50	16	51	14	53	11
10	22	19	22	19	27	14	31	11
11	14	20	14	19	14	14	14	11
12	6	20.3	6	20.3	6	20.3	6	20.3
13	0	20.3	0	20.3	0	20.3	0	20.3

表 B.13 诺思洛普 HL-10 的平面和立面坐标

坐标	x/in	y/in	z/in
尾翼	202.5	63.9	11
	229	80	36.6
	260.9	90.6	50.4
	250.9	74	11

坐标	x/in	y/in	z/in
y、z 平面	202.5	61.9	12
	229	78	36.6
	260.9	88.6	50.4
	260.9	90.6	50.4
	202.5	63.9	

坐标	x/in	y/in	z/in
垂直尾翼	199.1	0	20.3
	227.5	0	78
	250.5	0	78

坐标	x/in	y/in	z/in
	250.9	0	20.3
	199.1	3.7	20.3
	227.5	2.35	78
	250.5	2	78
	250.9	0	78
垂直尾翼	199.1	0	
	250.9	3.7	
	250.9	0	
	227.5	0	
	250.9	2.35	
	250.9	0	

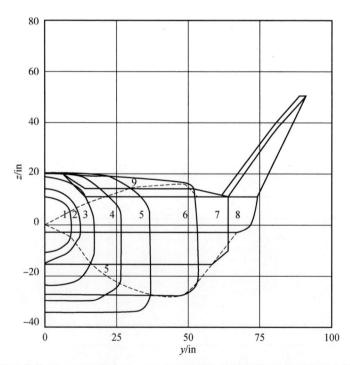

图 B.18 诺思洛普 HL-10 轮廓线（1～8），中心尾翼和外侧尾翼，以及两条纵向射线（5 和 9）

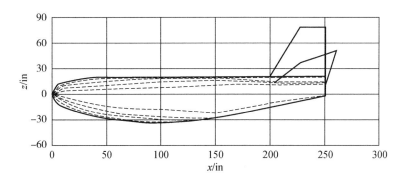

图 B.19　诺思洛普 HL-10 立面图,图中显示了左侧射线

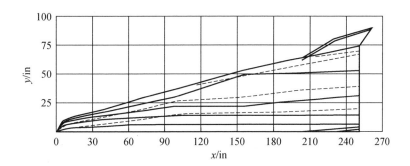

图 B.20　诺思洛普 HL-10 平面图,图中显示了上表面和下表面(虚线)射线

图 B.21　NASA 德莱顿研究中心坡道上的诺思洛普 HL-10 升力体(NASA,1966)

B.6　赫尔姆斯太空飞机

表 B. 14 给出了赫尔姆斯太空飞机上垂直于纵轴的站点的轮廓数据。表 B. 15 给出了平面和立面坐标。由表 B. 14 和表 B. 15 可以构造出如图 B. 22～图 B. 24 所示的赫尔姆斯太空飞机视图。图 B. 25 为赫尔姆斯太空飞机计划的名义飞行条件。图 B. 26 为按照第 8 章方法算得的 L/D。赫尔姆斯太空飞机从未建造成功过，也没有其风洞模型的照片。

表 B. 14　赫尔姆斯太空飞机的轮廓线坐标

射线	y/in	z/in	y/in	z/in	y/in	z/in	y/in	z/in
x/in	7.7	7.7	26.4	26.4	135.6	135.6	160.1	160.1
机身站点	1	1	2	2	3	3	4	4
1	0	15.1	0	28.2	0	62.4	0	92.4
2	2	15	4	28	13	62	13	91
3	5	14.3	8	27	18	60	25	87
4	7.5	13.7	13	26	30	56	37.5	70
5	11	12.1	19	23	40	50	47	58
6	13.5	10.4	22	21	46.5	43	53	49
7	16	8	26	17	53	34	58	38
8	18	4.5	32	9	60	17	64	18
9	18.8	0	33.9	0	61.2	0	65.1	0
10	18	−2.5	33	−3	60	−7	63	−8
11	17	−4.5	32	−5	57	−12	60	−14
12	16	−6	30	−8	54	−15	56	−17
13	15	−7	27.5	−10	50	−18	52	−20
14	12.5	−8.5	25	−12	44	−22	46	−22
15	10	−9.7	21	−14	38	−23	40	−23
16	5	−11	14	−16	21	−24	20	−24
17	0	−11.3	0	−17	0	−24	0	−24
射线	y/in	z/in	y/in	z/in	y/in	z/in	y/in	z/in
x/in	177	177	190	190	234	234	678	678
机身站点	5	5	6	6	7	7	8	8
1	0	103.6	0	105.6	0	113	0	113
2	15	101	15	103	18	112.5	18	112.5
3	27	91.5	29	96	35	110	35	110
4	40	73	43	79	55.5	96	55.5	96

射线	y/in	z/in	y/in	z/in	y/in	z/in	y/in	z/in
5	48	59	51.5	64	64	81	64	81
6	54	50	57	53	65.9	60	65.9	60
7	59	39	61	40	65.9	43	65.9	43
8	65	18.5	65	18	65.9	18	65.9	18
9	65.9	0	65.9	0	65.9	0	65.9	0
10	65	−9	65	−10	65.9	−10	65.9	−10
11	61.5	−14	63	−15	65	−16	65.9	−16
12	57	−17.5	60	−20	61.5	−21	65.9	−24.5
13	53	−20.5	56	−22	57.5	−24	60	−25.2
14	47	−22.5	50	−24	50	−25	50	−25.2
15	40	−23.5	40	−25	40	−25.2	40	−25.2
16	20	−24.5	20	−25.2	22	−25.2	22	−25.2
17	0	−25.2	0	−25.2	0	−25.2	0	−25.2

表 B.15 赫尔姆斯太空飞机的平面和立面坐标

坐标	x/in	y/in	z/in
内侧翼	233.5	65.9	0
	516	152.5	0
	661	152.5	0
	678	65.9	0
	678	0	0
外侧翼	516	152.5	0
	602.6	201.4	75
	644	201.4	75

坐标和参数	x/c/%	x/in	z/c/%	$z_上$/in	$z_下$/in	x/in	$z_上$/in	$z_下$/in
机翼立面以及根和梢翼型轮廓	0.0	233.5	0.00	−5.30	−5.30	516.0	0.00	0.00
	0.5	235.7	0.98	−2.04	−8.56	516.7	1.06	−1.06
	0.8	236.8	1.18	−1.37	−9.23	517.1	1.28	−1.28
	1.3	239.1	1.49	−0.34	−10.26	517.8	1.62	−1.62
	2.5	244.6	2.04	1.48	−12.08	519.6	2.21	−2.21
	5.0	255.7	2.81	4.06	−14.66	523.3	3.06	−3.06
	7.5	266.8	3.39	6.00	−16.60	526.9	3.69	−3.69
	10.0	277.9	3.87	7.59	−18.19	530.5	4.21	−4.21

续表

坐标和参数	$x/c/\%$	x/in	$z/c/\%$	$z_上/\text{in}$	$z_下/\text{in}$	x/in	$z_上/\text{in}$	$z_下/\text{in}$
机翼立面以及根和梢翼型轮廓	15.0	300.1	4.62	10.08	−20.68	537.8	5.02	−5.02
	20.0	322.3	5.17	11.93	−22.53	545.0	5.63	−5.63
	25.0	344.5	5.58	13.27	−23.87	552.3	6.06	−6.06
	30.0	366.7	5.84	14.16	−24.76	559.5	6.36	−6.36
	35.0	388.9	5.98	14.61	−25.21	566.8	6.50	−6.50
	40.0	411.1	5.98	14.62	−25.22	574.0	6.50	−6.50
	100.0	677.5	5.98	14.62	−25.22	661.0	6.50	−6.50

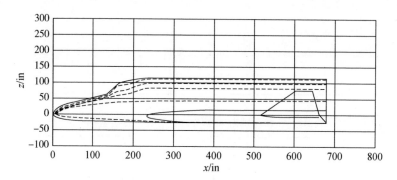

图 B.22　赫尔姆斯太空飞机立面图,图中显示了左侧射线

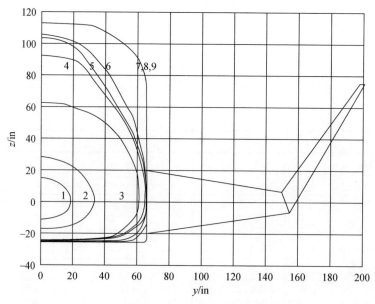

图 B.23　赫尔姆斯太空飞机轮廓线,图中显示了外侧尾翼。轮廓线 7、8、9 几乎重叠

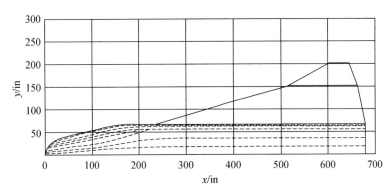

图 B.24 赫尔姆斯太空飞机平面图,图中显示了几个表面射线

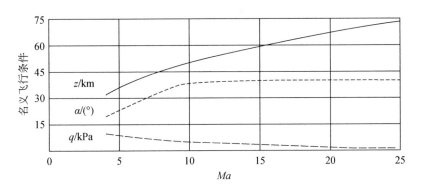

图 B.25 赫尔姆斯太空飞机的名义飞行条件

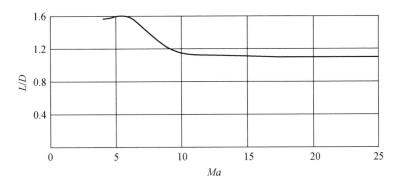

图 B.26 图 B.9 飞行条件下的赫尔姆斯太空飞机的 L/D

B.7　海姆斯太空飞机

表 B.16 和表 B.17 给出了海姆斯太空飞机上垂直于纵轴的站点的轮廓数据。表 B.18 给出了平面和立面坐标。由表 B.16~表 B.18 可以构造出如图 B.27~图 B.29 所示的海姆斯太空飞机视图。海姆斯太空飞机从未建造成功过,也没有其风洞模型的照片。

表 B.16　海姆斯太空飞机站点 1~4 的轮廓坐标

射线	y/in	z/in	y/in	z/in	y/in	z/in	y/in	z/in
x/in	5.5	5.5	21.9	21.9	46.6	46.6	192	192
机身站点	1	1	2	2	3	3	4	4
1	0	10.95	0	21.9	0	30.1	0	58.9
2	1.7	10.7	3	21.7	4.5	30.1	9	58.5
3	3.7	10.5	7	21	10.5	29.5	20	57.5
4	5.5	10.2	10.5	20	15	28	30	54.5
5	7	9.8	14	18	20	26	39	49.5
6	9	9	17	16	24	22.5	46	43
7	10.5	7.6	19	13.5	27.5	19	51	35.5
8	12	6	21	10.5	29.5	14	55	26.5
9	13.2	3	22.5	5.5	31.5	8	58	14.5
10	13.7	0	23.3	0	32.9	0	58.9	0
11	13.5	−1.2	22.8	−2.5	32.5	−3	57.5	−5.5
12	13.3	−2.1	22.5	−3.5	32	−5	55	−9
13	13	−2.8	22	−4.5	31.5	−6.5	53.5	−11
14	12.7	−3.4	21.8	−5.5	31	−8	51	−13.5
15	12.5	−3.8	21.5	−6.5	30	−9	49	−15
16	12.2	−4.5	21	−7	29.5	−10.5	46	−16.5
17	11.8	−4.8	20.5	−8.5	28	−12	43	−17.5
18	10.5	−6	19	−10	26	−14	35.5	−19.5
19	9	−7	15.5	−13	21	−17.5	25	−21
20	5.2	−8.1	10	−15	13	−20	14	−21.5
21	0	−8.2	0	−16.4	0	−20.5	0	−21.9

表 B.17 海姆斯太空飞机站点 5~8 的轮廓坐标

射线	y/in	z/in	y/in	z/in	y/in	z/in	y/in	z/in
x/in	318	318	371	371	424	424	476	476
机身站点	5	5	6	6	7	7	8	8
1	0	83.6	0	83.6	0	83.6	0	83.6
2	13	83	13	83	13	83	13	83
3	28	80	28	80	28	80	28	80
4	41.5	75	41.5	75	41.5	75	41.5	75
5	53.5	67	53.5	67	53.5	67	53.5	67
6	63	58.5	63	58.5	63	58.5	63	58.5
7	70	48.5	70	48.5	70	48.5	70	48.5
8	75.5	36	75.5	36	75.5	36	75.5	36
9	78.5	19	78.5	19	78.5	19	78.5	19
10	79.5	0	79.5	0	79.5	0	79.5	0
11	79	−7.5	79.5	−8	79.5	−8	79.5	−8
12	78	−12.5	79	−13	79.5	−13	79.5	−13.5
13	76.5	−16	78.5	−17.5	78	−17.5	79.5	−19
14	74	−19	76	−20.5	76	−21	79.5	−26
15	71	−21.5	73	−23.5	73	−23.5	75	−26
16	67	−23.5	70	−25	69	−24.5	71	−26
17	62	−25	62.5	−26	62.5	−26	62.5	−26
18	47	−26	47	−26	47	−26	47	−26
19	30.5	−26	30.5	−26	30.5	−26	30.5	−26
20	17	−26	17	−26	17	−26	17	−26
21	0	−26	0	−26	0	−26	0	−26

表 B.18 海姆斯太空飞机的平面和立面坐标

坐标	x/in	y/in
	337	79.5
	444	184
机翼平面	476	184
	476	79.5
	476	0

坐标	x/in	y/in	z/in
	411	54.8	68.5
	471	84.9	151
尾翼	515	84.9	151
	475	54.8	68.5
	411	54.8	68.5

坐标和参数	$x/c/\%$	$x/$in	$z/c/\%$	$z_上/$in	$z_下/$in	$x/$in	$z_上/$in	$z_下/$in
	0	337.0	0.00	−17.80	−17.80	444.0	−17.80	−17.80
	1	337.7	0.98	−16.46	−19.14	444.2	−17.51	−18.09
	1	338.0	1.18	−16.18	−19.42	444.2	−17.45	−18.15
	1	338.7	1.49	−15.76	−19.84	444.4	−17.35	−18.25
	3	340.4	2.04	−15.01	−20.59	444.8	−17.19	−18.41
	5	343.9	2.81	−13.95	−21.65	445.5	−16.96	−18.64
	8	347.3	3.39	−13.15	−22.45	446.3	−16.78	−18.82
机翼立面	10	350.7	3.87	−12.50	−23.10	447.0	−16.64	−18.96
	15	357.6	4.62	−11.47	−24.13	448.5	−16.41	−19.19
	20	364.4	5.17	−10.71	−24.89	450.0	−16.25	−19.35
	25	371.3	5.58	−10.16	−25.44	451.5	−16.13	−19.47
	30	378.1	5.84	−9.79	−25.81	453.0	−16.05	−19.55
	35	385.0	5.98	−9.61	−25.99	454.5	−16.01	−19.59
	40	391.8	5.98	−9.61	−25.99	456.0	−16.01	−19.59
	100	474.0	5.98	−9.61	−25.99	474.0	−16.01	−19.59

坐标	$y/$in	$z/$in
	79.5	−26
尾翼正面	184	−19.59
	184	−16
	79.5	−9.6

坐标	$y/$in	$z/$in
	54.8	68.5
尾翼正面	84.9	150.6
	80.8	150.6
	48.7	68.5

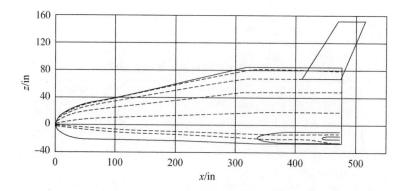

图 B.27　海姆斯太空飞机立面图,图中显示了左侧射线

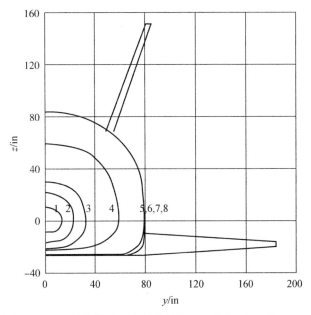

图 B.28 海姆斯太空飞机轮廓线及其有斜边的尾翼。注意,轮廓线 5~8 几乎是相同的

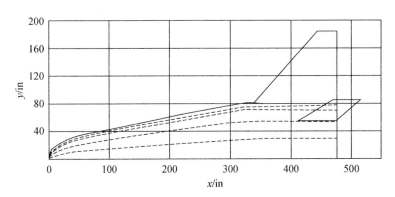

图 B.29 海姆斯太空飞机平面图,图中显示了上表面射线

B.8 几款太空飞机的升力阻力和力矩的估算数据

采用第 8 章介绍的简化面板法,对其中的 4 款太空飞机进行空气动力学计算。采用了典型的轨迹,对马赫数随高度的变化情况进行了计算,其中用到了几个有代表性的攻角。图 B.30 为表 B.19 中的升阻比变化情况,其中可看出,在高马赫数和伴随的大攻角下,所有飞行器的 L/D 都在 1 附近变化,仅当 $Ma < 10$ 时有些不同。

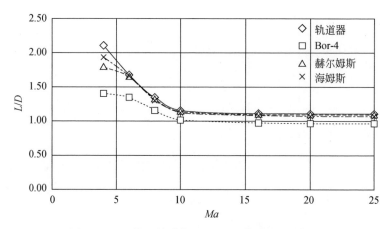

图 B. 30　几款飞行器的 L/D 随马赫数的变化情况

表 B. 19　几款太空飞机的升力阻力和力矩数据

飞行器数据	Ma	z/kft	z/km	$\alpha/(°)$	C_L	C_D	C_m	L/D
	25	240	73.15	40.0	0.77	0.70	0.039	1.10
	20	220	67.06	40.0	0.76	0.69	0.039	1.10
	16	200	60.96	40.0	0.75	0.68	0.040	1.10
罗克韦尔航天飞机轨道器	10	165	50.29	38.5	0.70	0.61	0.044	1.15
	8	150	45.72	33.5	0.59	0.44	0.049	1.34
	6	130	39.62	26.2	0.42	0.25	0.048	1.66
	4	102	31.09	20.0	0.40	0.19	0.047	2.10
	25	240	73.15	40.0	0.66	0.68	0.221	0.97
	20	220	67.06	40.0	0.66	0.68	0.221	0.97
	16	200	60.96	40.0	0.66	0.68	0.221	0.97
太空飞机 Bor-4	10	165	50.29	38.5	0.64	0.63	0.212	1.01
	8	150	45.72	33.5	0.55	0.47	0.184	1.15
	6	130	39.62	26.2	0.39	0.29	0.141	1.34
	4	102	31.09	20.0	0.26	0.18	0.103	1.40
	25	240	73.15	40.0	0.53	0.48	0.102	1.11
	20	220	67.06	40.0	0.53	0.48	0.102	1.11
赫尔姆斯太空飞机	16	200	60.96	40.0	0.53	0.47	0.102	1.11
	10	165	50.29	38.5	0.50	0.43	0.098	1.16
	8	150	45.72	33.5	0.41	0.31	0.081	1.35

飞行器数据	Ma	z/kft	z/km	$\alpha/(°)$	C_L	C_D	C_m	L/D
赫尔姆斯太空飞机	6	130	39.62	26.2	0.28	0.17	0.056	1.65
	4	102	31.09	20.0	0.16	0.09	0.034	1.80
海姆斯太空飞机	25	240	73.15	40.0	0.92	0.87	-0.016	1.06
	20	220	67.06	40.0	0.92	0.87	-0.015	1.06
	16	200	60.96	40.0	0.92	0.87	-0.015	1.06
	10	165	50.29	38.5	0.88	0.80	-0.039	1.11
	8	150	45.72	33.5	0.75	0.58	0.022	1.30
	6	130	39.62	26.2	0.54	0.33	0.047	1.63
	4	102	31.09	20.0	0.35	0.18	-0.055	1.92

B.9　高超声速太空飞机的相似性

图 B.31 和图 B.32 为成功的 X-15 研究型飞机和提议的 X-24C 太空飞机之间

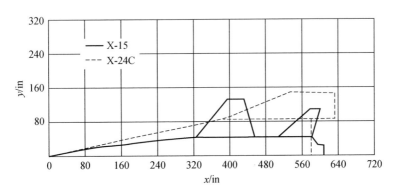

图 B.31　X-15 和 X-24C 的平面图

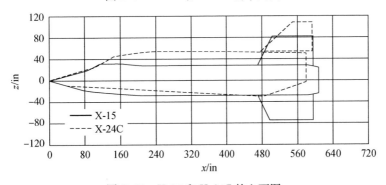

图 B.32　X-15 和 X-24C 的立面图

的构造相似性。它们在尺寸和重量上的相似表明 X-24C 会是不错的潜在飞行器。X-24C 从未制造出来过,只不过是进行了深入的风洞测试和 CFD 分析。由于几何上是相似的,因此惯性特征也会是相似的。

相对于 x、y、z 轴的无量纲回转半径为

$$\frac{r_x}{b} = \sqrt{\frac{I_x}{mb^2}}$$

$$\frac{r_y}{l} = \sqrt{\frac{I_y}{ml^2}}$$

$$\frac{r_z}{l} = \sqrt{\frac{I_z}{ml^2}}$$

表 B.20 给出了 X-15、X-24C、HL-10 不同重量的回转半径。结果如图 B.33 所示。

表 B. 20   几款飞行器的回转半径

数据	W/lbs	b/ft	l/ft	r_x/b	r_y/l	r_z/l
X-15	15560	22.4	50.8	0.123	0.253	0.256
X-24C	16137	24.8	48.3	0.122	0.253	0.260
HL-10	6466	13.6	21.2	0.191	0.266	0.286
X-15	32000	22.4	50.8	0.101	0.207	0.209
X-24C	55400	24.8	48.3	0.0885	0.209	0.215

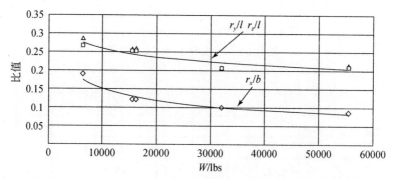

图 B.33   X-15、X-24C、HL-10 的无量纲回转半径,曲线仅表示趋势

注意,这三架飞行器的俯仰无量纲回转半径 r_y/l(即相对于 y 轴)和偏航无量纲回转半径 r_z/l(即相对于 z 轴)在大小上很接近。同样,这三架飞行器的侧滚无

量纲回转半径 r_x/b(即相对于 x 轴)也基本上相同。这意味着这三架飞行器的动力响应特征也会很相似。波音 747 飞机至少比这三架飞行器重一个数量级,不过其无量纲回转半径大约为 $r_x/b=0.149$、$r_y/l=0.18$、$r_z/l=0.22$。只有在侧滚响应上,波音 747 才与这几架太空飞机差别较大。显然,在设计飞行器时已经考虑了使用性能的要求。

彩　图

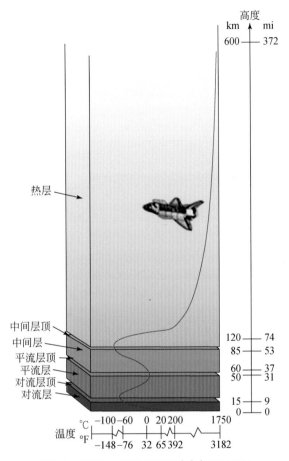

高度
km　mi
600 ── 372

热层

中间层顶
中间层
平流层顶
平流层
对流层顶
对流层

120 ── 74
85 ── 53
60 ── 37
50 ── 31

15 ── 9
0 ── 0

温度

℃ -100-60　0 20 200　1750
℉ -148-76　32 65 392　3182

图 2.1　按照温度描述的地球大气（NASA）

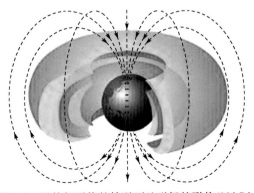

图 3.1　无外部干扰的情况下地磁场的形状（NASA）

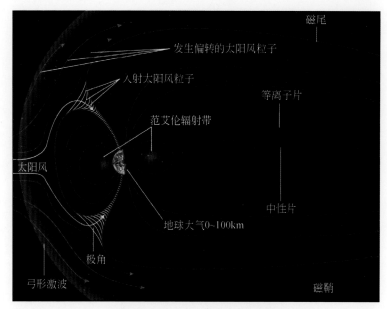

图 3.2　近地空间出现的各种效应的示意图（NASA）

图 3.3　内外范艾伦辐射带的总体形状示意图（NASA）

图 4.2　X-20 有人滑翔机在进入大气期间的概念图(USAF)，飞行器总长 10.8m，
翼展 6.32m,尾翼高 2.6m

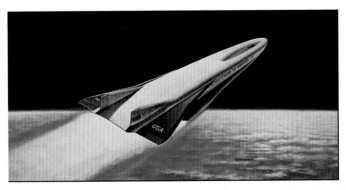

图 4.3　穿越地球大气层前往近地轨道过程中的 X-30 NASP 概念图(NASA)

图 4.4　动力试验飞行中的 DC-X "德尔塔快帆",用于研究垂直起飞
航天器尾部着陆的可行性(NASA)

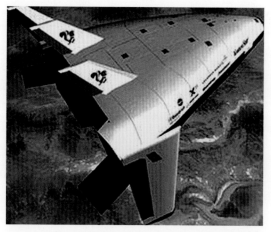

图 4.5　X-33 "冒险之星"概念图,半尺寸亚轨道火箭动力太空飞机,
用于测试可重复使用太空飞机技术

图 4.7　X-43A 全尺寸模型,上下颠倒安装在支柱上,在 NASA 的兰利 2.4m 高温风洞内进行测试。在模型的中间部分,可清晰地看到超燃冲压发动机的进气口

图 4.8　X-51A"乘波者"高超声速超燃冲压飞行器以及安装在尾部的火箭助推器,搭载在 B-52 飞机的机翼吊架上,正在准备进行空中发射(USAF)

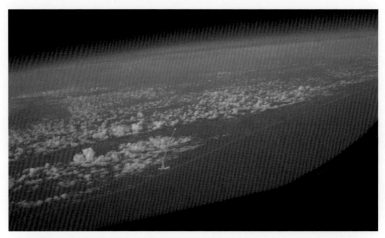

图 5.22　从 ISS 观看卡纳维拉尔角的亚特兰蒂斯号航天飞机(STS-115)的发射情形

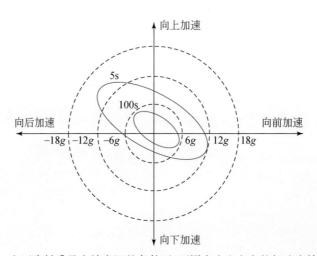

图 6.2　在不降低乘员有效意识的条件下,不同大小和方向的加速度持续时间

图 6.60　阿波罗 15 号的降落伞回收。其中一个降落伞没有正确充气

图 6.67　三个早期设计的升力体设计(NASA Dryden 研究中心),
从左到右分别为 X-24A、M2-F3、HL-10

图 6.73　正在着陆的 HL-10 升力体与观察其飞行状态的 F-104
战斗机(NASA 德莱顿研空中心)

图 6.74　正在着陆的 XD-15 与观察其飞行状态的 F-104 战斗机,注意 X-15 的适中攻角,
它的主起落装置采用了起落橇而不是轮子(NASA)

图 6.75　STS-46 亚特兰蒂斯号航天飞机着陆在肯尼迪航天中心 33 号跑道上（NASA）

图 7.1　1996 年 9 月 9 日，从 ISS 见到的卡纳维拉尔角发射 STS-115（NASA）

外部燃料箱

固体助推器

固体助推器

轨道器

(a)航天飞机 m_0=2580000kg
$(F_{vac}/W)_0$=1.27

(b)联盟 m_0=330000kg
$(F_{vac}/W)_0$=1.42

(c)长征 m_0=464000kg
$(F_{vac}/W)_0$=1.43

(d)水星宇宙神9
m_0=120000kg $(F_{vac}/W)_0$=1.58

(e)双子座大力神2
m_0=154200kg $(F_{vac}/W)_0$=1.52

(f)阿波罗土星5
m_0=3000000kg $(F_{vac}/W)_0$=1.34

图 7.5　当前及早期的有人航天器发射装置及其初始质量 m_0 和
初始真空推力与重量之比 $(F_{vac}/W)_0$

图 8.11　宇航员约翰·格伦的水星号航天器"友谊 7 号",从大西洋回收后的情形(NASA)

图 8.21　新墨西哥州阿伯奎克国家原子博物馆展出的大力神-2
洲际弹道导弹的 3.1m 长 Mark-6 再入飞行器(Stephen Sutton 摄)

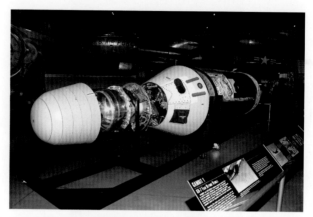

图 8.27　美国空军国家博物馆的 KH-7 侦察卫星。在离轨再入期间，
钝体保护着胶片舱

图 8.74　航天飞机尾部 RCS 照片，显示了左右侧 OMS 舱的情况。3 个大喷管是
SSME 的，两个稍小一点的是 OMS 喷管，最小是 12 个 RCS 推进器中的 5 个(NASA)

图 9.26　首次 KH-4 科罗纳卫星任务的炭化烧蚀热防护层照片(NASA)

图 9.44　于 2006 年 1 月 15 日返回的采集了 P/Wild 2 彗星星尘样本的星尘探测器,探测器热
防护层采用的材料为 PICA。再入条件为质量=45.8kg,直径=0.811m,
速度=12.8km/s(在 135km 的高度),再入角=−8°(NASA)

图 9.46　最后降落伞回收系统失败后,坠入沙漠中的起源号飞行器。
发现飞行器回收的部分样本依然可以用于分析(NASA)

图 9.47　猎户座号 CEV 的 5m 直径热防护屏原型(NASA)

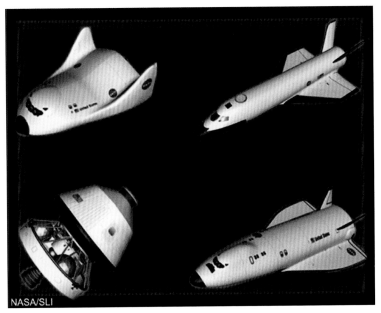

图 10.13 一般的有人航天器构型。从左下顺时针开始，
分别为太空舱、升力体、常规管和翼、有翼升力体（NASA）

图 10.14 2015 年 2 月 23 日，龙太空舱离开
加利福尼亚州霍索恩的太空探索技术公司（NASA）

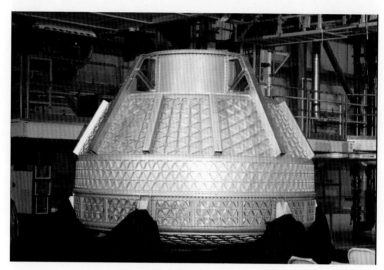

图 10.15　波音 CST-100 太空舱的压力舱，
佛罗里达州 NASA 的肯尼迪航天中心（NASA）

图 10.16　内华达山脉公司制造的追梦者号升力体太空飞机在滑行以及
系留带飞试验中，加利福尼亚州 NASA 阿姆斯特朗飞行试验场（NASA）

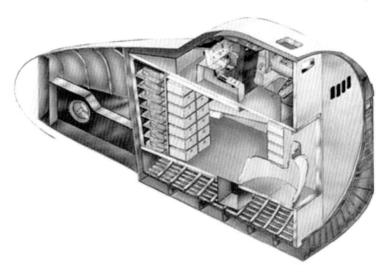

图 10.17 航天飞机轨道器两层乘员舱剖面图(NASA)

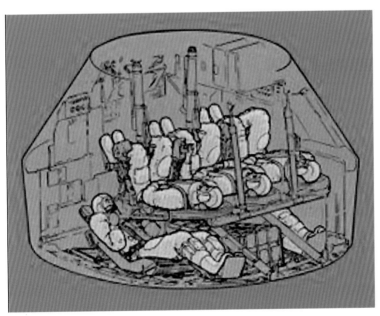

图 10.20 天空实验室救生指挥舱效果图(NASA)

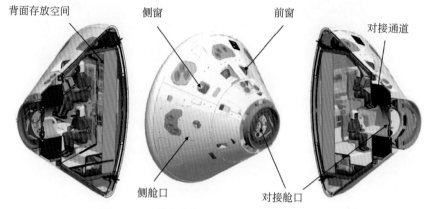

背面存放空间　　　　侧窗　　　　　　前窗　　　　　　　对接通道

侧舱口　　　　　　对接舱口

图 10.21　猎户座太空舱内部剖面图（NASA）

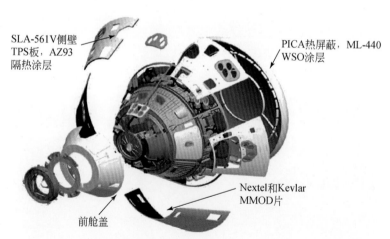

SLA-561V侧壁
TPS板，AZ93
隔热涂层

PICA热屏蔽，ML-440
WSO涂层

Nextel和Kevlar
MMOD片

前舱盖

图 10.24　猎户座太空舱早期版本的分解图。后期版本在热屏蔽中
采用了 Avcoat 烧蚀体而不是 PICA

图 11.9 推进失效:火箭发动机失效后,X-15 坠落在 NASA 德赖登飞行研究中心(NASA)

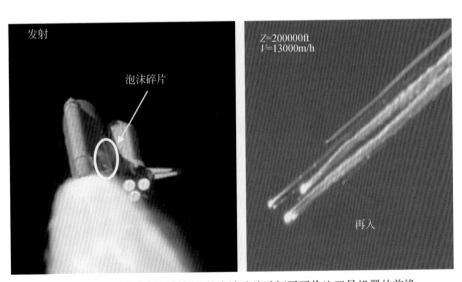

图 11.10 左图为外部燃料箱上的泡沫碎片破坏了哥伦比亚号机翼的前缘,
导致再入时飞行器的解体(右图)(NASA)

图 11.11　容器失效：O 形密封圈泄漏，导致 SRBM 故障，使挑战者号航天飞机失事（NASA）

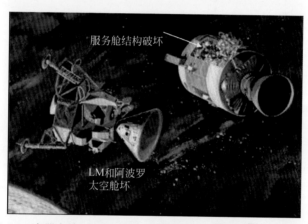

图 11.12　容器失效：在发射前的过载电流下，加热器开关被熔化失效，
服务舱的一个氧气储箱过热并爆炸

图 11.13　环境支持失效：阿波罗 1 号太空舱火灾使舱内温度和压力急剧上升，
最终导致这个太空压力舱破裂（NASA）

图 11.17　1963 年 11 月 7 日,阿波罗 LES 发射台中止测试(NASA)

图 11.24　猎户座 LAS,可看到顶部的姿态控制喷口、中间位置的倾斜主发动机喷管、
太空舱和发射逃逸火箭之间的整流罩(NASA)

图 12.11　2010 年 12 月 3 日,任务结束时,X-37B 无人太空飞机停
在加利福尼亚州范登堡空军基地(USAF)

图 12.12　1989 年第 38 届法国国际航空航天展上,苏联太空飞机暴风雪号搭乘在苏联
An-225 Mechta 摆渡飞机上。它只进行了一次轨道飞行,就被停止(USAF)

图 B.7　美国空军风洞中的 X-24C 模型

图 B.11　X-15 在 NASA0 德赖登飞行测试中心(NASA)着陆时的照片

图 B. 21　NASA 德莱顿研究中心坡道上的 HL-10 升力体(NASA,1966)